"十二五"普通高等教育本科国家级规划教材配套参考书

模拟电子技术基础（第五版）
学习辅导与习题解答

MONI DIANZI JISHU JICHU XUEXI FUDAO YU XITI JIEDA

华成英　编

高等教育出版社·北京

内容简介

　　本书是为配合清华大学电子学教研组编,童诗白、华成英主编的《模拟电子技术基础(第五版)》的使用而编写的,对教材中的每一章均按"内容概要""难点释疑""例题精解""习题解答"四个部分编写,提炼重点,解决难点,示范性地分析和解决问题。本书既可作为教师手册,又可作为学生的辅导教材,还可作为自学者的参考书。

图书在版编目(CIP)数据

模拟电子技术基础(第五版)学习辅导与习题解答/华成英编. --北京:高等教育出版社,2015.11(2024.12重印)
ISBN 978-7-04-043368-5

Ⅰ.①模… Ⅱ.①华… Ⅲ.①模拟电路-电子技术-高等学校-教学参考资料 Ⅳ.①TN710

中国版本图书馆 CIP 数据核字(2015)第 175040 号

| 策划编辑 | 欧阳舟 | 责任编辑 | 欧阳舟 | 封面设计 | 李卫青 | 版式设计 | 童　丹 |
| 插图绘制 | 杜晓丹 | 责任校对 | 张小镝 | 责任印制 | 高　峰 | | |

出版发行	高等教育出版社	咨询电话	400-810-0598
社　　址	北京市西城区德外大街4号	网　　址	http://www.hep.edu.cn
邮政编码	100120		http://www.hep.com.cn
印　　刷	固安县铭成印刷有限公司	网上订购	http://www.landraco.com
			http://www.landraco.com.cn
开　　本	787mm×1092mm　1/16		
印　　张	25.25	版　　次	2015年11月第1版
字　　数	620千字	印　　次	2024年12月第18次印刷
购书热线	010-58581118	定　　价	43.70元

本书如有缺页、倒页、脱页等质量问题,请到所购图书销售部门联系调换
版权所有　侵权必究
物　料　号　43368-00

前　言

本书是为配合清华大学电子学教研组编，童诗白、华成英主编的《模拟电子技术基础（第五版）》的使用而编写的，对教材中的每一章均按"内容概要""难点释疑""例题精解""习题解答"四个部分编写，提炼重点，解决难点，示范性地分析和解决问题。本书既可作为教师手册，又可作为学生的辅导教材，还可作为自学者的参考书。

本书结构和编写特点如下：

一、各章序号及名称与教材一一对应。第一至九章均按上述四个部分编写，第十章仅给出习题解答。

二、在"内容概要"中，对本章的基本内容做了简单明了的归纳，以突出重点。

三、在"难点释疑"中，作者将历届学生学习中经常提出的问题和难于理解的问题分门别类，一一进行了简要的分析，以帮助读者克服学习中的困难。

四、在"例题精解"中，首先归纳了本章习题的常见类型，然后按不同类别分别举例说明该类题目的求解思路、解题方法和步骤。在每个例题中，除详细叙述其求解过程外，还就该题的特殊性给出提示，例如考察的重点、涉及的基本知识等，以明确出题目的。同时，后面章节的例题除包含本章的基本内容外，还尽可能多地涉及前面章节的基本知识，以增强问题的综合性。

五、在"习题解答"中，对所有自测题和习题做了全面解析。对于设计型、故障分析型等具有多种答案的题目，虽给出了多解，但多数不是全部解，启发读者进一步思考。对 Multisim 方面的习题，既可采用分析工具又可借助于虚拟仪器，本书二者兼顾，对部分习题给出了两种方法；并且在第一次选用某种分析工具时均作了较为详细的说明。

本书由华成英编写。

由于水平所限，文中难免出现疏漏、欠妥和错误之处，恳请读者多加指正。

编　者
2015 年 5 月于清华园

目 录

第一章 常用半导体器件 ... 1
1.1 内容概要 ... 1
1.1.1 半导体基础知识 ... 1
1.1.2 半导体二极管 ... 1
1.1.3 双极型晶体管 ... 3
1.1.4 单极型晶体管 ... 4
1.2 难点释疑 ... 6
1.2.1 为什么半导体器件的性能受温度影响 ... 6
1.2.2 二极管的直流电阻和动态电阻 ... 7
1.2.3 二极管电路的折线化伏安特性 ... 8
1.2.4 双极型晶体管和单极型晶体管的工作区域 ... 8
1.3 例题精解 ... 9
1.3.1 半导体器件有关的基础知识 ... 10
1.3.2 二极管工作状态的判断 ... 11
1.3.3 二极管动态电阻的分析 ... 13
1.3.4 晶体管的特性及其主要参数 ... 13
1.3.5 晶体管类型和工作状态的判断 ... 14
1.3.6 场效应管的类型及工作状态的判断 ... 17
1.4 习题解答 ... 19
1.4.1 自测题 ... 19
1.4.2 习题 ... 21

第二章 基本放大电路 ... 33
2.1 内容概要 ... 33
2.1.1 基本概念 ... 33
2.1.2 放大电路的组成原则 ... 34
2.1.3 放大电路的分析方法 ... 34
2.1.4 双极型晶体管基本放大电路 ... 37
2.1.5 单极型晶体管基本放大电路 ... 40
2.2 难点释疑 ... 42
2.2.1 放大电路放大的本质 ... 42
2.2.2 放大电路中的直流量、交流量和瞬时总量 ... 43
2.2.3 直接耦合基本共射放大电路带负载情况下的分析 ... 43
2.2.4 放大电路中 Q 点和动态参数的关系 ... 44
2.2.5 NPN 型管和 PNP 型管共射放大电路的失真分析 ... 47
2.2.6 放大电路基本接法的识别 ... 48
2.3 例题精解 ... 49
2.3.1 放大电路的基本概念 ... 49
2.3.2 放大电路的组成原则 ... 51
2.3.3 双极型晶体管放大电路的分析与估算 ... 54
2.3.4 单极型晶体管放大电路的分析估算 ... 61
2.3.5 单管放大电路的基本接法及其性能比较 ... 63
2.4 习题解答 ... 66
2.4.1 自测题 ... 66
2.4.2 习题 ... 69

第三章 集成运算放大电路 ... 88
3.1 内容概要 ... 88
3.1.1 多级放大电路的一般问题 ... 88
3.1.2 集成运放电路的组成及其电压传输特性 ... 89
3.1.3 差分放大电路 ... 90
3.1.4 电流源电路 ... 93
3.1.5 互补输出级 ... 95
3.1.6 集成运放的主要性能指标及类型 ... 96
3.2 难点释疑 ... 97
3.2.1 对多级放大电路动态参数的分析 ... 97
3.2.2 差分放大电路输入信号和输出信号的分析 ... 98
3.2.3 消除交越失真电路的组成

　　　　原则 ························· 99
　3.2.4 集成运放中如何设置稳定的
　　　　静态工作点 ················· 99
　3.2.5 为什么在有源负载电路中要
　　　　考虑 $h_{22}(1/r_{ce})$ ············· 100
　3.2.6 读图方法 ··················· 101
3.3 例题精解 ························ 103
　3.3.1 多级放大电路的定性分析 ···· 103
　3.3.2 多级放大电路的组成 ········ 105
　3.3.3 差分放大电路的分析计算 ···· 107
　3.3.4 多级放大电路的分析计算 ···· 109
　3.3.5 集成运放的组成 ············· 113
　3.3.6 集成运放的参数及选用 ······ 114
　3.3.7 电流源电路及其应用 ········ 116
　3.3.8 集成运放电路的分析 ········ 119
3.4 习题解答 ························ 123
　3.4.1 自测题 ······················ 123
　3.4.2 习题 ························ 125

第四章 放大电路的频率响应 ········ 143
4.1 内容概要 ························ 143
　4.1.1 频率响应的基本概念 ········ 143
　4.1.2 放大管的高频等效电路 ······ 143
　4.1.3 单管放大电路的频率响应 ···· 144
　4.1.4 多级放大电路的频率响应 ···· 146
4.2 难点释疑 ························ 147
　4.2.1 放大电路要有合适的通频带 ·· 147
　4.2.2 折线化波特图的误差 ········ 147
　4.2.3 电容所在回路的等效电阻 ···· 148
4.3 例题精解 ························ 149
　4.3.1 频率响应的有关概念 ········ 149
　4.3.2 放大电路频率响应的定性分析 ·· 150
　4.3.3 放大电路频率响应的分析计算 ·· 153
4.4 习题解答 ························ 157
　4.4.1 自测题 ······················ 157
　4.4.2 习题 ························ 160

第五章 放大电路中的反馈 ·········· 172
5.1 内容概要 ························ 172
　5.1.1 反馈的概念 ·················· 172
　5.1.2 反馈的判断方法 ············· 172
　5.1.3 负反馈放大电路的方框图和一般
　　　　表达式 ······················ 173
　5.1.4 放大电路在深度负反馈条件下的
　　　　放大倍数 ···················· 174
　5.1.5 负反馈对放大电路性能的影响 ·· 176
　5.1.6 负反馈放大电路的稳定性 ···· 176
5.2 难点释疑 ························ 176
　5.2.1 电路中有无反馈的判断 ······ 176
　5.2.2 反馈量仅仅决定于输出量 ···· 177
　5.2.3 电压负反馈和电流负反馈 ···· 178
　5.2.4 反馈网络与反馈系数 ········ 179
　5.2.5 放大电路中存在两路级间反馈
　　　　时的分析 ···················· 180
　5.2.6 滞后补偿电容加在哪一级 ···· 180
5.3 例题精解 ························ 181
　5.3.1 反馈的概念 ·················· 181
　5.3.2 反馈的判断 ·················· 183
　5.3.3 放大电路中负反馈的引入 ···· 188
　5.3.4 负反馈放大电路的分析估算 ·· 192
　5.3.5 负反馈放大电路的稳定性 ···· 198
5.4 习题解答 ························ 200
　5.4.1 自测题 ······················ 200
　5.4.2 习题 ························ 202

第六章 信号的运算和处理 ·········· 217
6.1 内容概要 ························ 217
　6.1.1 理想运放及其线性工作区 ···· 217
　6.1.2 基本运算电路 ················ 217
　6.1.3 模拟乘法器及其在运算电路
　　　　中的应用 ···················· 220
　6.1.4 有源滤波电路 ················ 220
6.2 难点释疑 ························ 224
　6.2.1 必须引入深度负反馈才能成为
　　　　运算电路 ···················· 224
　6.2.2 "虚短"和"虚断"是分析运算电路
　　　　的基本出发点 ··············· 225
　6.2.3 多级运算电路中各级电路相互
　　　　独立 ························ 227

6.2.4 运算电路中的运算精度 …… 228
6.2.5 有源滤波器的分析 …… 228
6.3 例题精解 …… 230
6.3.1 由集成运放组成的运算电路的识别与分析 …… 230
6.3.2 模拟乘法器在运算电路中的应用 …… 235
6.3.3 运算电路的选择和设计 …… 238
6.3.4 滤波器的概念和选用 …… 242
6.3.5 有源滤波器的识别和分析 …… 243
6.3.6 集成运放工作在线性区的其它应用电路 …… 246
6.4 习题解答 …… 248
6.4.1 自测题 …… 248
6.4.2 习题 …… 249

第七章 波形的发生和信号的处理 …… 268
7.1 内容概要 …… 268
7.1.1 正弦波振荡电路 …… 268
7.1.2 电压比较器 …… 271
7.1.3 非正弦波发生电路 …… 273
7.1.4 集成运放应用电路的分析方法 …… 274
7.2 难点释疑 …… 275
7.2.1 正弦波振荡电路的起振与稳幅 …… 275
7.2.2 判断电路能否产生正弦波振荡时应注意的问题 …… 276
7.2.3 引入负反馈的电压比较器 …… 278
7.2.4 集成电压比较器的应用 …… 279
7.2.5 带有半导体管集成运放应用电路的分析 …… 280
7.3 例题精解 …… 281
7.3.1 正弦波振荡电路的识别和分析 …… 282
7.3.2 电压比较器的组成及其电压传输特性 …… 285
7.3.3 非正弦波形发生电路的分析 …… 291
7.3.4 波形的变换和信号的转换 …… 294
7.4 习题解答 …… 297
7.4.1 自测题 …… 297
7.4.2 习题 …… 301

第八章 功率放大电路 …… 323
8.1 内容概要 …… 323
8.1.1 功率放大电路的特点 …… 323
8.1.2 常见功率放大电路 …… 324
8.1.3 消除交越失真的 OCL 电路 …… 325
8.2 难点释疑 …… 325
8.2.1 如何获得最大输出功率 …… 325
8.2.2 功放管的选择原则 …… 326
8.2.3 功放管损坏的常见原因 …… 326
8.2.4 功率放大电路的识别 …… 327
8.3 例题精解 …… 328
8.3.1 功率放大电路的基本概念 …… 329
8.3.2 功率放大电路的识别和工作原理 …… 329
8.3.3 功率放大电路分析估算 …… 330
8.3.4 集成功放应用电路的分析估算 …… 334
8.4 习题解答 …… 336
8.4.1 自测题 …… 336
8.4.2 习题 …… 337

第九章 直流电源 …… 350
9.1 内容概要 …… 350
9.1.1 直流电源的组成及各部分的作用 …… 350
9.1.2 单相整流滤波电路 …… 350
9.1.3 稳压电路的性能指标 …… 351
9.1.4 稳压管稳压电路 …… 352
9.1.5 串联型线性稳压电路 …… 352
9.1.6 开关型稳压电路 …… 355
9.2 难点释疑 …… 356
9.2.1 倍压整流电路的分析 …… 356
9.2.2 串联型稳压电路必须引入深度电压负反馈 …… 356
9.2.3 如何理解稳压电路的性能指标 …… 358
9.2.4 直流稳压电源中的过流保护电路 …… 359
9.2.5 开关型稳压电源及其电路中的负反馈 …… 360
9.3 例题精解 …… 361

9.3.1 直流电源的基本知识 …………… 361
9.3.2 整流滤波电路的分析估算 ……… 363
9.3.3 稳压管稳压电路的分析估算 …… 365
9.3.4 串联型稳压电源的分析 ………… 367
9.3.5 集成稳压器应用电路的分析 …… 370
9.4 习题解答 ………………………………… 372
   9.4.1 自测题 …………………………… 372
   9.4.2 习题 ……………………………… 375

第十章 模拟电子电路读图 ………… 387
  习题解答 ……………………………… 387

第一章 常用半导体器件

半导体器件是组成电子电路的核心元件,只有掌握了它们的外特性,才能分析和设计电子电路。

1.1 内容概要

本章的重点是常用半导体器件的外特性及其主要参数,即二极管和稳压管的伏安特性和主要参数,晶体管的共射输入特性、输出特性和主要参数,以及场效应管的转移特性、输出特性和主要参数。了解它们内部载流子的运动是为了更好地理解它们的工作原理。

1.1.1 半导体基础知识

需了解的名词术语:
- 本征半导体:纯净的晶体结构的半导体。
- 共价键:晶体中的原子排列成整齐的点阵,相邻原子的最外层电子成为共用电子,称之为共价键。
- 自由电子与空穴:在热激发下,价电子挣脱共价键的束缚变为具有较高能量的电子,称为自由电子;在共价键中留下的空位置称为空穴。
- 载流子:能够运载电荷的粒子称为载流子。自由电子和空穴均为载流子,自由电子带负电,空穴带正电;在外加电压时,它们产生方向相反的定向移动,形成电流。当环境温度升高时,热运动加剧,本征半导体中载流子的浓度升高,因而导电性能增强。
- 复合:自由电子在运动过程中与空穴相遇而填补空穴,使二者同时消失,称为复合。
- N 型半导体和 P 型半导体:通过扩散工艺,在本征半导体中掺入五价元素就形成 N 型半导体,自由电子为其多数载流子;掺入三价元素就形成 P 型半导体,空穴为其多数载流子。杂质半导体主要靠多数载流子导电,因而控制掺入杂质的多少就可有效地改变其导电性,即实现了导电性能的可控性。
- 扩散运动、漂移运动和 PN 结:将两种杂质半导体制作在同一个硅片(或锗片)时,在它们的交界面处,载流子有两种有序的运动,因浓度差而产生的运动称为扩散运动,因电位差而产生的运动称为漂移运动。当两种运动达到动态平衡时,就形成了 PN 结。PN 结具有单向导电性,加正向电压(或称正向偏置、正向接法)导通,加反向电压(或称反向偏置,反向接法)截止。
- PN 结的电容效应:空间电荷区宽窄变化所等效的电容称为势垒电容,扩散运动区域内载流子浓度变化所等效的电容称为扩散电容,PN 结的等效电容等于它们之和。

1.1.2 半导体二极管

将 PN 结封装并引出两个电极,就构成半导体二极管。

一、普通二极管

二极管的伏安特性 $i=f(u)$ 如图 1.1.1 所示。当二极管所加正向电压大于开启电压 U_{on} 时,导通;当所加反向电压较小时,随 u 数值的增大反向电流逐渐增大,而当 u 的数值足够大时反向电流基本不变,称为反向饱和电流 I_S,由于 I_S 很小,可认为二极管截止。$U_{(BR)}$ 为击穿电压,不同型号二极管的击穿电压差别很大,从几十伏到几千伏。在温度升高时,二极管正向特性左移,即在电流不变的情况下端电压减小;反向特性下移,I_S 增大,击穿电压变小。

不同材料二极管的开启电压、导通电压和反向饱和电流如表 1.1.1 所示。

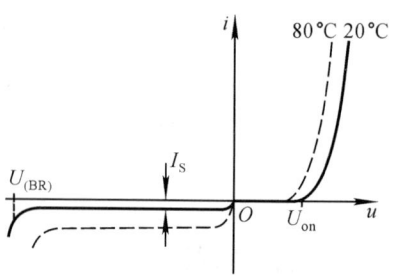

图 1.1.1 二极管的伏安特性

表 1.1.1 两种材料二极管比较

材料	开启电压 U_{on}/V	导通电压 U/V	反向饱和电流 $I_S/\mu A$
硅(Si)	≈0.5	0.6~0.8	<0.1
锗(Ge)	≈0.1	0.1~0.3	几十

二极管的伏安特性可近似用 PN 结的电流方程来描述,为

$$i=I_S(e^{\frac{u}{U_T}}-1) \tag{1.1.1}$$

式中 I_S 为反向饱和电流,U_T 为温度的电压当量,在温度为 300 K 时,约为 26 mV。式(1.1.1)可写成

$$\begin{cases} i \approx I_S e^{\frac{u}{U_T}} & (u>0 \text{ 且 } u \gg U_T) \\ i \approx -I_S & (u<0 \text{ 且 } |u| \gg U_T) \end{cases} \tag{1.1.2}$$

表明二极管的正向特性为指数曲线,反向特性在反向电压足够大时为横轴的平行线。

最大整流电流 I_F、最高反向工作电压 U_R、反向电流 I_R 和最高工作频率 f_M 是二极管的主要参数。I_F 为流过二极管的最大平均电流,U_R 是二极管工作时能够承受的最大反向电压的瞬时值,f_M 与结电容密切相关。

二、稳压二极管

稳压二极管(简称稳压管)的伏安特性如图 1.1.2 所示。图中 U_Z 为稳定电压,I_Z 为稳定电流,是稳压管进入稳压区的最小电流;I_{ZM} 为最大稳定电流,超过此值稳压管将因功耗过大而损坏,最大功耗 $P_{ZM}=I_{ZM}U_Z$;稳压管的反向电流变化时稳定电压稍有变化,动态电阻描述这种变化关系,等于端电压变化量与电流变化量之比,即 $\Delta U_Z/\Delta I_Z$。

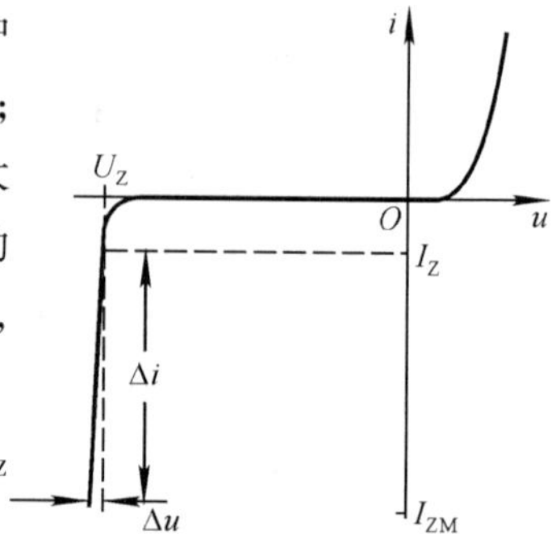

稳压管电路中必须有一个限流电阻使稳压管中电流大于 I_Z 以确保其工作在稳压状态,小于 I_{ZM} 以确保其不损坏。

此外,利用发光材料可制成发光二极管,利用 PN 结的光敏性

图 1.1.2 稳压管的伏安特性

可制成光电二极管。

1.1.3 双极型晶体管

双极型晶体管,也称晶体管或半导体三极管,后面简称晶体管。晶体管有 NPN 和 PNP 两种类型,下面以 NPN 型管为例进行分析。

一、晶体管具有电流放大作用

当晶体管的发射结处于正向偏置($u_{BE} > U_{on}$)且集电结处于反向偏置($u_{CE} \geq u_{BE}$)时,发射区中的多数载流子由于扩散运动而大量注入基区,其中仅有很少部分与基区的多数载流子复合,形成基极电流,而大部分在集电结外电场作用下形成漂移电流 i_C,体现出 i_B 对 i_C 的控制作用,可将 i_C 看成为由电流 i_B 控制的电流源。

二、晶体管的共射特性曲线及其三个工作区域

晶体管的输入特性曲线($i_B = f(u_{BE})|_{U_{CE}=常数}$)如图 1.1.3(a)所示,对于小功率管,$U_{CE}$ 大于 1 V 的任何一条曲线均可近似为 U_{CE} 大于 1V 的所有曲线。晶体管的输出特性曲线($i_C = f(u_{CE})|_{I_B=常数}$)如图 1.1.3(b)所示,为一组曲线,电流放大系数 β

$$\beta = \frac{\Delta i_C}{\Delta i_B} \Big|_{U_{CE}=常量} \tag{1.1.3}$$

如图中所标注。

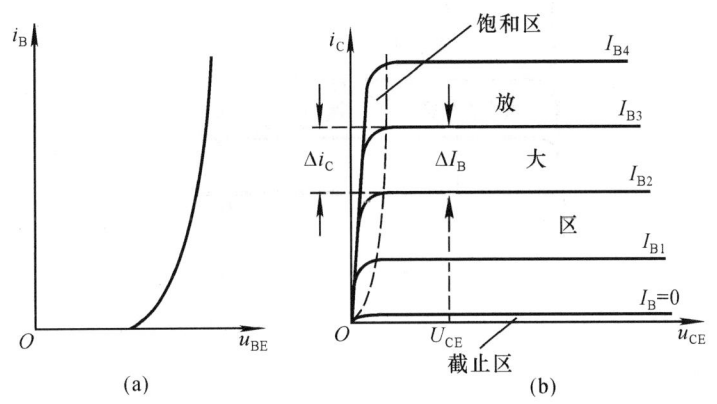

图 1.1.3 晶体管的共射特性曲线
(a) 输入特性 (b) 输出特性

晶体管有截止区、放大区、饱和区等三个工作区域,对于图 1.1.4 所示电路,晶体管在三个工作区的 u_{BE}、i_C、u_{CE} 如表 1.1.2 所示。表中 U_{on} 是 b-e 间的开启电压;I_{CEO} 是 i_B 为零时的 i_C,称为穿透电流。

温度升高时,晶体管的输入特性左移,说明当 i_B 不变情况下 u_{BE} 减小;输出特性上移,且当 i_B 等差变化时曲线间隔增大,说明 β、I_{CEO} 均增大。

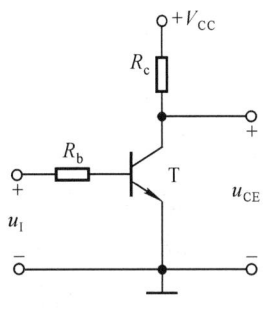

图 1.1.4 晶体管的共射电路

表 1.1.2 晶体管的三个工作区

工作状态	b-e 电压 u_{BE}	集电极电流 i_C	管压降 u_{CE}
截止区	$\leqslant U_{on}$	$= I_{CEO}$	$\approx V_{CC}$
放大区	$> U_{on}$	$= \beta i_B$	$= V_{CC} - i_C R_c$
饱和区	$> U_{on}$	$< \beta i_B$	$< u_{BE}$

三、晶体管的主要参数

晶体管的性能指标有 β 和 $I_{CBO}(I_{CEO})$，β 应适中，I_{CBO} 越小越好。极限参数有最大集电极电流 I_{CM}、最大管压降 $U_{(BR)CEO}$、最大集电极功耗 P_{CM}，晶体管的安全工作区如图 1.1.5 所示。此外，还有共基电流放大倍数 α

$$\alpha = \frac{\Delta i_C}{\Delta i_E}\bigg|_{U_{CB}=常量} = \frac{\beta}{1+\beta} \tag{1.1.4}$$

特征频率 f_T，f_T 是使 β 下降为 1 的信号频率，与晶体管两个 PN 结的结电容紧密相关。

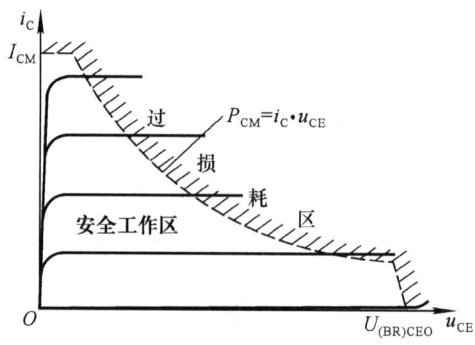

图 1.1.5 晶体管的安全工作区

特殊三极管与晶体管一样，也能够实现输入信号对 i_C 的控制。如光电三极管是用光的入射量来控制 i_C 的大小的。

1.1.4 单极型晶体管

场效应管是单极型晶体管，分为结型和绝缘栅型（又称 MOS 管）两种类型，每种类型均分为 N 沟道和 P 沟道两种，而 MOS 管又分为增强型和耗尽型两种形式。与双极型管相比，它具有输入回路等效电阻大（可达 $10^9\Omega$ 以上）、抗辐射能力强、噪声小等优点，并能构成低功耗电路。

一、场效应管的转移特性和输出特性

场效应管工作在恒流区时，可将 i_D 看成由电压 u_{GS} 控制的电流源，转移特性曲线描述了这种控制关系。输出特性曲线描述 u_{GS}、u_{DS} 与 i_D 三者之间的关系。各种场效应管的符号和特性曲线如表 1.1.3 所示。

表 1.1.3 各种场效应管的转移特性和输出特性曲线

分类		符号	转移特性曲线	输出特性曲线
结型场效应管	N沟道			
	P沟道			
绝缘栅型场效应管	N沟道	增强型		
		耗尽型		
	P沟道	增强型		
		耗尽型		

二、场效应管的三个工作区域

与晶体型管的截止区、放大区、饱和区相对应,场效应管有截止区(耗尽型管也称夹断区)、恒流区和可变电阻区三个工作区域。以 N 沟道增强型 MOS 管为例,场效应管的三个工作区域如图 1.1.6 所标注。$u_{DS} = u_{GS} - U_{GS(th)}$ (即 $u_{DG} = -U_{GS(th)}$) 的虚线称为预夹断轨迹,以它为界,左面的区域为可变电阻区,右面的区域为恒流区。在恒流区,场效应管的输出特性与晶体管的相类似,但当 u_{GS} 等差变化时 i_D 的变化不相等,i_D 越大变化越大。在管压降 u_{DS} 为常量的情况下,i_D 和 u_{GS} 变化量之比称为场效应管的低频跨导 g_m,即

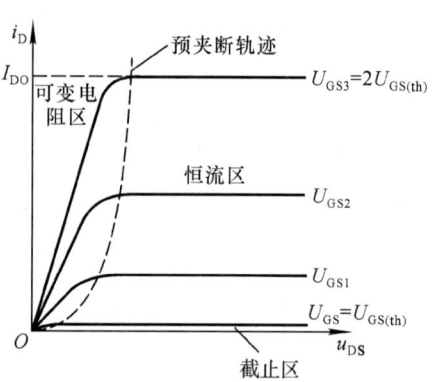

图 1.1.6 N 沟道增强型 MOS 管的三个工作区域

$$g_m = \frac{\Delta i_D}{\Delta u_{GS}} \bigg|_{U_{DS}=常量} \quad (1.1.5)$$

在可变电阻区,对应于不同的 u_{GS},曲线斜率不同;即对应于不同的 u_{GS},d-s 间的等效电阻 r_{DS} 不同,实现了 u_{GS} 对 r_{DS} 的控制作用。在恒流区,对应于不同的 u_{GS},i_D 不同,实现 u_{GS} 对 i_D 的控制作用。当 $u_{GS} < U_{GS(th)}$ 时,管子截止。

三、场效应管的电流方程和主要参数

对于结型场效应管,在恒流区的漏极电流和 g-s 电压的关系为

$$i_D = I_{DSS}\left(1 - \frac{u_{GS}}{U_{GS(off)}}\right)^2 \quad (1.1.6)$$

式中 I_{DSS} 为 $u_{GS} = 0$ 时的漏极电流,称为漏极饱和电流。

对于增强型 MOS 管,在恒流区的漏极电流和 g-s 电压的关系为

$$i_D = I_{DO}\left(\frac{u_{GS}}{U_{GS(th)}} - 1\right)^2 \quad (1.1.7)$$

式中 I_{DO} 为 $u_{GS} = 2U_{GS(th)}$ 时的漏极电流。

场效应管的主要参数除了有 $U_{GS(th)}$ 或 $U_{GS(off)}$、I_{DSS} 外,还有与晶体管相类似的几个极限参数,最大漏极电流 I_{DM}、d-s 间承受的最大电压 $U_{(BR)DS}$、漏极最大耗散功率 P_{DM},以及三个极之间的等效电容 C_{gs}、C_{ds}、C_{gd} 等,它们决定场效应管的工作频率。

1.2 难点释疑

1.2.1 为什么半导体器件的性能受温度影响

在半导体器件内部,当环境温度升高时,热运动加剧,致使共价键中电子具有的能量加大,以至于有更多的电子挣脱共价键的束缚,两种载流子将以同样数目增长。因为多数载流子数目很多,因而相对增长量较小;而少数载流子数目很少,故相对增长量很大。因此,尽管少数载流子的浓度远低于多数载流子,但它对温度的敏感性对半导体器件性能的影响是显著的。

对于半导体二极管,在热力学温度 300 K 附近,温度每升高 1℃,正向压降减小 2~2.5 mV;温度每升高 10℃,反向电流约增大一倍。

由此可见,温度对半导体器件的影响是客观存在的,对于多数模拟电子电路,不解决温度稳定性问题,就不能称其为实用电路,只能是"纸上谈兵"。

1.2.2 二极管的直流电阻和动态电阻

半导体器件是非线性器件,它们对直流量和交流量(或说动态量)呈现出不同的等效电阻。二极管的直流电阻是其工作在伏安特性上某一点时的端电压与其电流之比,而动态电阻是在一定的直流电压和电流下(即静态工作点 Q 下)、在低频小信号作用时的等效电阻。

在图 1.2.1(a)所示电路中,当交流信号为零时二极管的电流和电压称为静态工作点 Q,如图(b)中所标注,则该点的直流电阻为

$$r_D = \frac{U_D}{I_D} \tag{1.2.1}$$

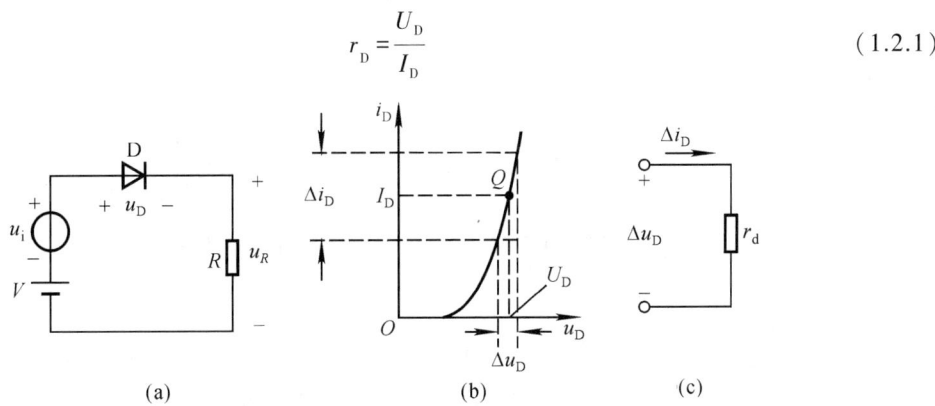

图 1.2.1 二极管的等效电阻
(a) 电路 (b) 二极管伏安特性 (c) 二极管的动态电阻

若在 Q 点的基础上外加微小的低频信号,二极管产生的电压变化量和电流变化量如图(c)中所标注,则二极管可等效成一个动态电阻 r_d,根据电流方程可得

$$r_d = \frac{\Delta u_D}{\Delta i_D}\Big|_Q \tag{1.2.2}$$

r_d 是以 Q 点为切点的切线斜率的倒数,利用 r_d 分析动态信号的实质是以 Q 点的切线(即直线)来近似其附近的曲线,因而 Q 点在伏安特性上的位置不同,r_d 的数值将不同。根据二极管的电流方程

$$i_D = I_S(e^{\frac{u_D}{U_T}} - 1)$$

可得

$$\frac{1}{r_d} = \frac{\Delta i_D}{\Delta u_D} \approx \frac{\mathrm{d} i_D}{\mathrm{d} u_D} = \frac{\mathrm{d}[I_S(e^{\frac{u_D}{U_T}} - 1)]}{\mathrm{d} u_D} \approx \frac{I_S}{U_T} \cdot e^{\frac{u_D}{U_T}} \approx \frac{I_D}{U_T}$$

因此

$$r_d \approx \frac{U_T}{I_D} \tag{1.2.3}$$

I_D 为静态电流,常温下 $U_T = 26$ mV。从式(1.2.3)可知,静态电流 I_D 越大,r_d 将越小。

设 $U_D = 0.7$ V,$I_D = 2$ mA,$U_T = 26$ mV,则 $r_D = 350$ Ω,$r_d = 13$ Ω,二者相差甚远,两个概念不可混淆。

1.2.3 二极管电路的折线化伏安特性

在近似分析中,可将二极管的伏安特性折线化,并由此得到不同的等效电路,如图 1.2.2 所示,它们的共同特点是截止时反向电流为零。图(a)所示为理想二极管的伏安特性,可等效为开关,导通时正向电压为零;图(b)所示伏安特性表明二极管的导通电压为常量;图(c)所示伏安特性表明二极管的导通电压与电流呈线性关系,r_D 为直流等效电阻,且动态电阻 r_d 等于 r_D。在近似分析中应根据具体情况选择不同的等效电路。

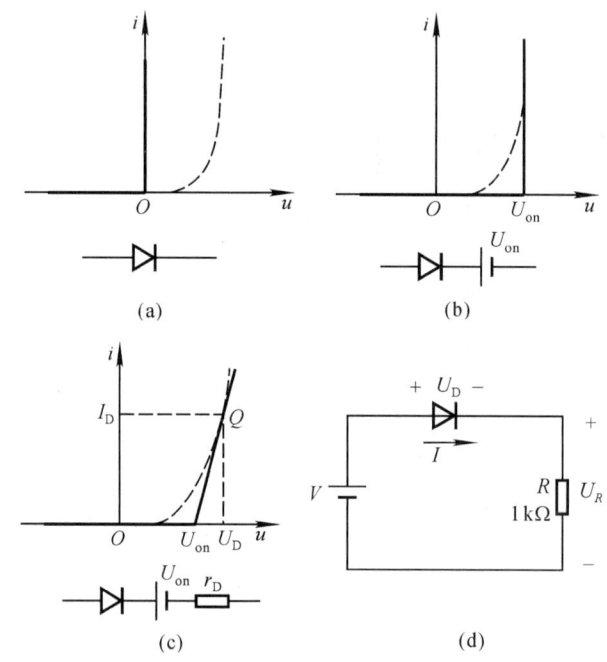

图 1.2.2 由折线化伏安特性获得的二极管等效电路
(a) 理想二极管 (b) 导通电压为常量 (c) 导通电阻为常量 (d) 直流电源作用于二极管关系

在图(d)所示电路中,设二极管为硅管,则其导通电压 U_D 约为 0.6~0.8 V。若 $V = 15$ V,远大于 U_D,则可认为 $I ≈ V/R = 15$ mA;若 $V = 6$ V,可取 $U_D = 0.7$ V,则 $I ≈ (V - U_D)/R = 5.3$ mA;与实际电流的误差不会超过5%。若 $V = 2$ V,则 U_D 取 0.5~0.8 V 中不同的值时计算出的 I 相差很多,因而需实测所用二极管的伏安特性,利用第二章所述图解法求出 Q 点,得到 U_D、I 和 r_D。可见,应根据 V 的数值和所能容许的误差来决定采用哪个等效电路。

1.2.4 双极型晶体管和单极型晶体管的工作区域

在放大电路中,只有晶体管工作在放大区,场效应管工作在恒流区,电路才能正常放大。在数字电路中,晶体管和场效应管多工作在开关状态,即晶体管不是工作在饱和区就是工作在截止区,场效应管不是工作在可变电阻区就是工作在截止区。

晶体管三个工作区域的极间电压如表 1.2.1 所示,场效应管三个工作区域的极间电压如表 1.2.2 所示。据此,既可判断已知放大电路的静态工作点是否合适,又可在设计放大电路时设置合适的静态工作点。

表 1.2.1　晶体管三个工作区域的极间电压

管子类型	截止区	放大区	饱和区
NPN 型管	$u_{BE}<U_{on}$	$u_{BE}>U_{on}$ 且 $u_{CE} \geqslant u_{BE}$	$u_{BE}>U_{on}$ 且 $u_{CE}<u_{BE}$
PNP 型管	$u_{BE}>U_{on}$	$u_{BE}<U_{on}$ 且 $u_{CE} \leqslant u_{BE}$（即 $u_C \geqslant u_B>u_E$）	$u_{BE}<U_{on}$ 且 $u_{BE}>u_{BE}$（即 $u_C<u_B<u_E$）

表 1.2.2　场效应管三个工作区域的极间电压

管子类型	截止区	恒流区	可变电阻区
N 沟道结型管	$u_{GS}<u_{GS(off)}$	$u_{GS(off)}<u_{GS}<0$ 且 $u_{GD}<u_{GS(off)}$	$u_{GS(off)}<u_{GS}<0$ 且 $u_{GD}>u_{GS(off)}$
P 沟道结型管	$u_{GS}>u_{GS(off)}$	$0<u_{GS}<u_{GS(off)}$ 且 $u_{GD}>u_{GS(off)}$	$0<u_{GS}<u_{GS(off)}$ 且 $u_{GD}<u_{GS(off)}$
N 沟道增强型 MOS 管	$u_{GS}<u_{GS(th)}$	$u_{GS}>u_{GS(th)}$ 且 $u_{GD}<u_{GS(th)}$	$u_{GS}>u_{GS(th)}$ 且 $u_{GD}>u_{GS(th)}$
N 沟道耗尽型 MOS 管	$u_{GS}<u_{GS(off)}$	$u_{GS}>u_{GS(off)}$,可大于 0 且 $u_{GD}<u_{GS(off)}$	$u_{GS}>u_{GS(off)}$,可大于 0 且 $u_{GD}>u_{GS(off)}$
P 沟道增强型 MOS 管	$u_{GS}>u_{GS(th)}$	$u_{GS}<u_{GS(th)}$ 且 $u_{GD}>u_{GS(th)}$	$u_{GS}<u_{GS(th)}$ 且 $u_{GD}<u_{GS(th)}$
P 沟道耗尽型 MOS 管	$u_{GS}>u_{GS(off)}$	$u_{GS}<u_{GS(off)}$,可大于 0 且 $u_{GD}>u_{GS(off)}$	$u_{GS}<u_{GS(off)}$,可大于 0 且 $u_{GD}<u_{GS(off)}$

1.3　例题精解

本章习题的常见类型:
(1) 半导体基础知识正确性的判断。
(2) 电子电路中二极管、稳压管、晶体管和场效应管工作状态的判断。
(3) 已知电子电路的输入电压求解输出电压。

(4) 根据管子的特性求解其主要参数。

1.3.1 半导体器件有关的基础知识

【例 1.3.1】 判断下列说法是否正确,用"√"和"×"来表示判断结果填入空内。
(1) 在 N 型半导体中如果掺入足够量的三价元素,可将其改型为 P 型半导体。（　　）
(2) 因为 N 型半导体的多子是自由电子,所以它带负电。（　　）
(3) PN 结在无光照、无外加电压时,结电流为零。（　　）
(4) 晶体管在放大区时的集电极电流是多子漂移运动形成的。（　　）
(5) 结型场效应管外加的栅-源电压应使栅-源间的耗尽层承受反向电压,才能保证其 R_{GS} 大的特点。（　　）
(6) 若耗尽型 N 沟道 MOS 管的 U_{GS} 大于零,则其输入电阻会明显变小。（　　）

提示:本题涉及半导体器件的基础知识,各小题所涉及的基本知识如下:
(1) 从半导体器件的制作过程可知,利用扩散工艺,不但可复合原先掺入的五价元素所产生的自由电子,而且因更多三价元素的掺入可使空穴成为多数载流子,从而形成 P 型半导体。
(2) N 型半导体虽然以自由电子为多数载流子,但就其组成而言,原子核所带正电与电子所带负电相等,故保持电中性。同理 P 半导体也呈电中性。它们在无外激发时电流为零。
(3) PN 结在热激发下,耗尽层产生变化,就会产生电流。在外电场作用下,自由电子和空穴产生定向移动,就会产生电流。
(4) 晶体管在放大状态下,发射极电流是多数载流子扩散运动形成的;基极电流是复合运动形成的;集电极电流主要是基区非平衡少子的漂移运动形成的,非平衡少子是指从发射区扩散而来的载流子,它们数目虽多,但就基区而言是少数载流子。
(5) 结型场效应管只有在栅-源间的耗尽层加反向电压时才具有 g-s 电阻非常大的特点。换言之,若在栅-源间加正向电压,则耗尽层将变窄,载流子将产生扩散运动,栅-源间将有电流,从而失去 g-s 电阻大的特点。
(6) 绝缘栅型场效应管是因为栅极与源极、栅极与漏极之间有 SiO_2 绝缘层而使的栅-源间和栅-漏间电阻非常大的。因此,若耗尽型 N 沟道 MOS 管的 U_{GS} 大于零,则其输入电阻不会明显变小。

解:(1) √,(2) ×,(3) √,(4) ×,(5) √,(6) ×。

【例 1.3.2】 选择正确答案填入空内。
(1) 二极管的电流方程是_____。
A. $I_S e^u$　　　　B. $I_S e^{\frac{u}{U_T}}$　　　　C. $I_S(e^{\frac{u}{U_T}}-1)$
(2) 稳压管的稳压区是其工作在_____。
A. 正向导通　　B. 反向截止　　C. 反向击穿
(3) 当晶体管工作在放大区时,发射结电压和集电结电压应为_____。
A. 前者反偏、后者也反偏　　　　B. 前者正偏、后者反偏
C. 前者正偏、后者也正偏
(4) $U_{GS}=0$ V 时,能够工作在恒流区的场效应管有_____。

A. 结型管　　　　B. 增强型 MOS 管　　C. 耗尽型 MOS 管

提示：本题考查是否了解半导体器件的外特性和正常工作时外部所加的电压。

分析选择题时，若不能直接判断正确答案，则可采用排除法，即逐一排除明显错误的答案，最终得到正确答案。

解：(1) 二极管的伏安特性及电流方程是应该掌握的基本知识。二极管正偏(端电压大于开启电压 U_{on})时导通，且正向电流 i_D 与端电压 u_D 为指数关系；反偏时截止，且反向电压足够大时反向电流为常量 I_S。A、B 均不能反映出上述特点，故答案为 C。

(2) 稳压管的特点是反向击穿后，当反向电流足够大时工作在稳压状态，且只要反向电流限定在一定范围内就不至于损坏，故答案为 C。

(3) 根据例 1.3.1(4) 的分析，答案为 B。

(4) 根据图 1.1.6 可知，答案为 A、C。

1.3.2　二极管工作状态的判断

【例 1.3.3】　两电路如图 1.3.1 所示，二极管导通时 $U_D = 0.7$ V。试分别求解各电路的输出电压。

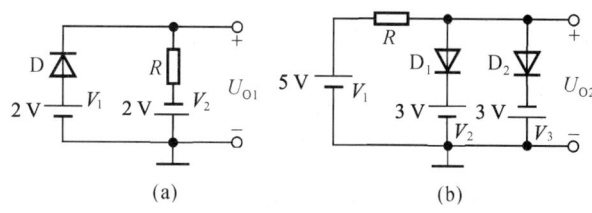

图 1.3.1　例 1.3.3 电路图

提示：通过二极管端电压的极性可以判断其工作状态。一般方法是：断开二极管，并以它的两个极作为端口，利用戴维宁定理求解端口电压，若该电压使二极管正偏，则导通，若反偏则截止。

本题考查是否掌握判断二极管工作状态的方法。

解：根据已知条件可知二极管的伏安特性如图 1.2.2(b) 所示。

(1) 在图 1.3.1(a) 中，以二极管 D 两个极(A 和 B)为端口向外看，如图 1.3.2(a) 所示；D 的阳极接 2 V 电源的正端，阴极接另一个 2 V 电源的负端，即二极管开路时 A-B 电压为 4 V，D 为正偏，处于导通状态，即 $U_D = 0.7$ V；故

$$U_{O1} = (2 - 0.7)\text{ V} = 1.3 \text{ V}$$

(2) 当有两只二极管时，应用上述方法分别判断每只管子的状态，从而得出输出电压。在图 1.3.1(b) 所示电路中，由于 V_2 和 V_3 均小于 V_1，似乎 D_1 和 D_2 管都有导通条件，但两只二极管的阴极电位不同，因而不可能同时导通。分析如下：首先判断 D_1 的端电压，如图 1.3.2(b) 所示；D_2 导通，A 的电位为 −2.3 V，B 的电位为 +3 V，D_1 反偏，故截止。然后判断 D_2 的工作状态，如图 1.3.2(c) 所示；D_1 导通，A 的电位为 +3.7 V，B 的电位为 −3 V，D_2 正偏，故导通。综上所述，D_1 截止，D_2 导通，输出电压

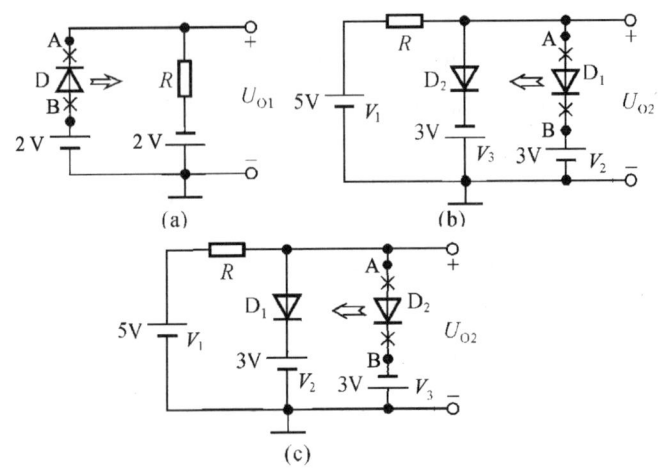

图 1.3.2　例 1.3.3 解答电路图

$$U_{O2} = V_3 + U_D = (-3+0.7)\text{V} = -2.3\text{ V}$$

【例 1.3.4】 电路如图 1.3.3 所示,已知 $u_I = 5\sin\omega t(\text{V})$,二极管导通电压 $U_D = 0.7\text{ V}$。试画出 u_I 与 u_O 的波形,并标出幅值。

提示:本题考查在有动态电压输入时二极管工作状态的判断,二极管的工作状态决定于电路中直流电源与交流信号的幅值关系。

解:由已知条件可知二极管的伏安特性如图 1.2.2(b)所示,即开启电压 U_{on} 和导通电压均为 0.7 V。

由于二极管 D_1 的阴极电位为 +3 V,而输入动态电压 u_I 作用于 D_1 的阳极,故只有当 u_I 高于 +3.7 V 时 D_1 才导通,且一旦 D_1 导通,其阳极电位即为 3.7 V,输出电压 $u_O = +3.7\text{ V}$。由于 D_2 的阳极电位为 -3 V,而 u_I 作用于二极管 D_2 的阴极,故只有当 u_I 低于 -3.7 V 时 D_2 才导通,且一旦 D_2 导通,其阴极电位即为 -3.7 V,输出电压 $u_O = -3.7\text{ V}$。当 u_I 在 -3.7 V 到 +3.7 V 之间时,两只管子均截止,故 $u_O = u_I$。

u_I 和 u_O 的波形如图 1.3.4 所示。

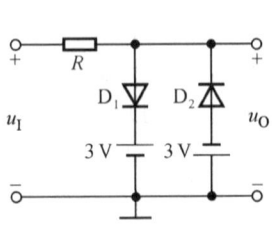

图 1.3.3　例 1.3.4 电路图

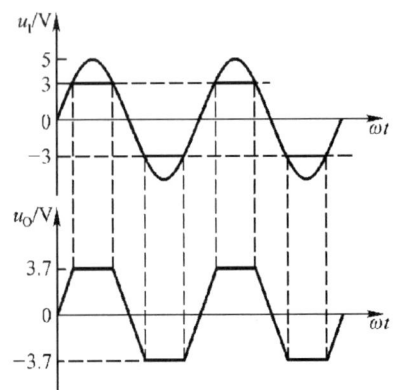

图 1.3.4　例 1.3.4 解图

1.3.3 二极管动态电阻的分析

【例 1.3.5】 电路如图 1.3.5(a)所示,二极管的伏安特性如图(b)所示,常温下 $U_T \approx 26\text{mV}$,电容 C 对交流信号可视为短路;u_i 为正弦波,有效值为 10 mV。试问:

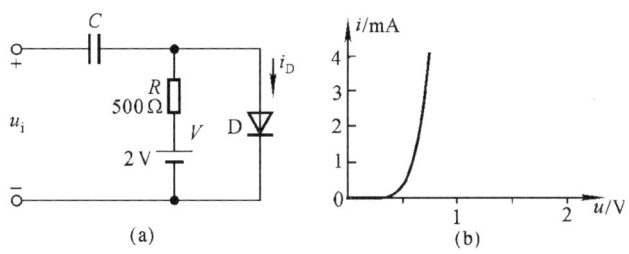

图 1.3.5 例 1.3.5 图

(1) 二极管在 u_i 为零时的电流和电压各为多少?
(2) 二极管中流过的交流电流有效值为多少?

提示:本题考查是否了解二极管静态、动态的概念以及小信号作用下动态电阻的求解方法。

在分析此类应用电路时,应首先分析静态电流和电压,即静态工作点 Q,然后求出在 Q 点下的动态电阻,再分析动态信号的作用。

解:(1) 利用图解法可以方便地求出二极管的 Q 点。在动态信号为零时,二极管导通,电阻 R 中电流与二极管电流相等。因此,二极管的端电压可写成

$$u_D = V - i_D R$$

在二极管的伏安特性坐标系中作直线($u_D = V - i_D R$),与伏安特性曲线的交点就是 Q 点,如图 1.3.6 所示。读出 Q 点的坐标值,即为二极管的直流电流和电压,约为

$$U_D \approx 0.7 \text{ V}, I_D \approx 2.6 \text{ mA}$$

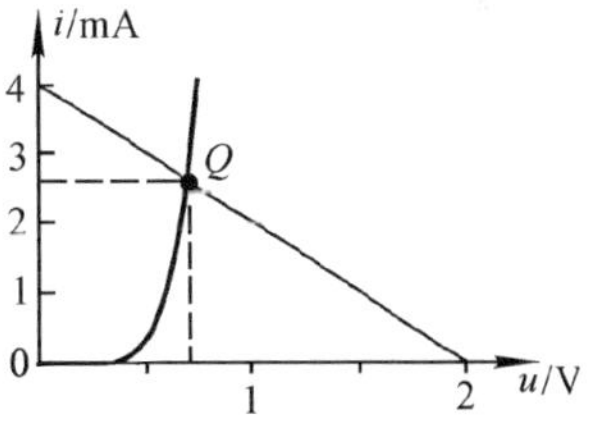

(2) 根据式(1.2.3),Q 点下小信号情况下的动态电阻

$$r_d \approx \frac{U_T}{I_D} = \left(\frac{26}{2.6}\right) \Omega = 10 \text{ } \Omega$$

图 1.3.6 例 1.3.5 图解 Q 点

根据已知条件,二极管上的交流电压有效值为 10 mV,故流过的交流电流有效值为

$$I_d = \frac{U_i}{r_d} = \left(\frac{10}{10}\right) \text{ mA} = 1 \text{ mA}$$

1.3.4 晶体管的特性及其主要参数

【例 1.3.6】 某晶体管的输出特性如图 1.3.7(a)所示。试求解:

(1) β、$\bar{\beta}$、α,并说明在什么情况下晶体管 $\bar{\beta}$ 和 β 处处相等。
(2) $U_{(BR)CEO}$、P_{CM}。

提示:本题考查是否理解晶体管主要参数的物理意义,并能从特性曲线中读出它们的数值。

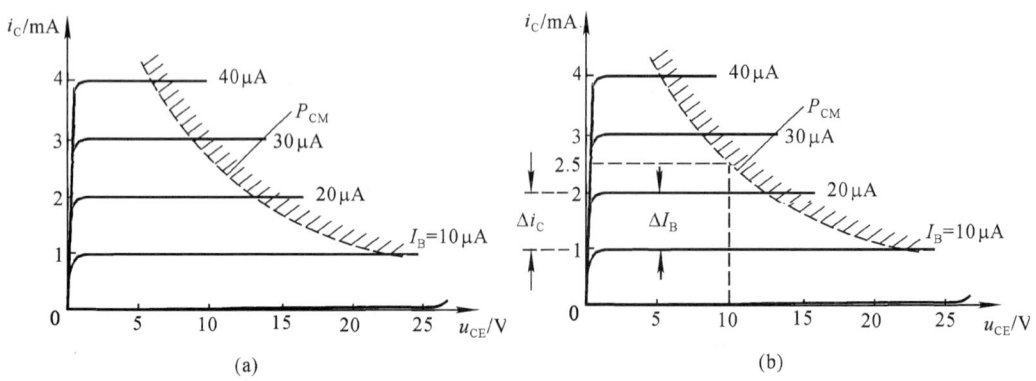

图 1.3.7　例 1.3.6 图及其解图

严格地讲，$\bar{\beta}$ 和 β 具有不同的物理意义，前者是直流电流放大系数，描述晶体管基极直流电流对集电极直流电流的控制作用，$\bar{\beta}=I_C/I_B$；后者是交流电流放大系数，描述晶体管基极动态电流(交流电流)对集电极动态电流(交流电流)的控制作用，因而 β 与 $I_B(I_C)$ 在什么数值的基础上产生变化有关，$\beta=\Delta i_C/\Delta i_B$。通常 I_C 太小或太大(接近最大集电极电流 I_{CM})$\bar{\beta}$ 和 β 均较小，而在中间部分较大。

α 为共基电路放大系数，描述晶体管发射极动态电流(交流电流)对集电极动态电流(交流电流)的控制作用，$\alpha=\Delta i_C/\Delta i_E$。

解：(1) 根据题目给出的输出特性，由于曲线基本上是平行于横轴的直线，作横轴的垂线，如图 1.3.7(b) 所示，可得

$$\bar{\beta}=I_C/I_B=2/0.02=100$$
$$\beta=\Delta i_C/\Delta i_B=(2-1)/(0.02-0.01)=100$$
$$\alpha=\Delta i_C/\Delta i_E=\beta/(1+\beta)=100/101\approx 0.99$$

分析 $\bar{\beta}$ 和 β 可知，只有当穿透电流为零，且在放大区内 I_B 等差变化时输出特性为横轴的等距离平行线，晶体管的 $\bar{\beta}$ 和 β 才处处相等。

(2) 根据输出特性可知，$U_{(BR)CEO}\approx 25$ V。

根据集电极最大耗散功率的定义 $P_{CM}=i_C u_{CE}$，在输出特性过 $(10,0)$ 作横轴的垂线与 P_{CM} 曲线相交，如图 1.3.7(b) 所示，得出坐标值 $(10,2.5)$，因此

$$P_{CM}=i_C u_{CE}=(2.5\times 10)\text{ mW}=25\text{ mW}$$

1.3.5　晶体管类型和工作状态的判断

一、根据晶体管各极直流电位判断其类型和管脚

在测得放大电路中晶体管的直流电位后，根据表 1.2.1 所示晶体管三个工作区域的极间电压以及硅管和锗管导通时 b-e 间的压差，可以判断出管型、管脚、材料及工作状态。

【**例 1.3.7**】　测得放大电路中三只晶体管三个电极的直流电位如图 1.3.8 所示。试分别判断它们管型、管脚和所用材料(即是硅管还是锗管)。

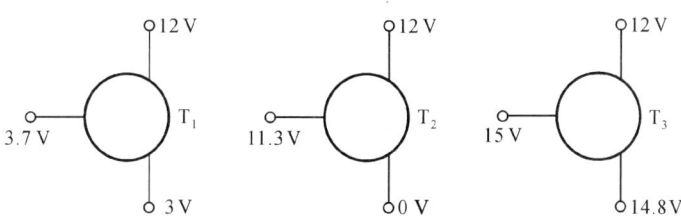

图 1.3.8 例 1.3.7 图

提示:本题考查是否掌握通过实验的方法判断管型和管脚的方法。

根据晶体管的放大原理,NPN 型管和 PNP 型管工作在放大状态时两个 PN 结的电压如图 1.3.9 所示。根据表 1.2.1 可知,对于小功率晶体管,可以认为,在集电结零偏压时工作在临界放大状态。因此,在放大区,NPN 型和 PNP 型晶体管三个极的电位关系分别为

$$U_C \geqslant U_B > U_E \tag{1.3.1}$$
$$U_C \leqslant U_B < U_E \tag{1.3.2}$$

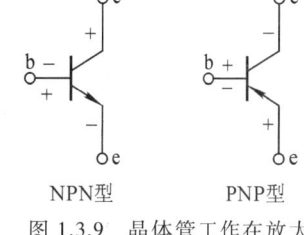

图 1.3.9 晶体管工作在放大区时的结电压

如果某极的电位明显高于或明显低于另外两个极的电位,则该极为集电极,居中者为基极,另一极为发射极;集电极电位最高,说明为 NPN 型管,最低则为 PNP 型管。硅材料管导通时的 $|U_{BE}|$ 约为 0.5~0.8 V,锗材料管导通时的 $|U_{BE}|$ 约为 0.1~0.3 V,据此可知管子所用材料。

解:根据图 1.3.9 和式(1.3.1)、(1.3.2),因为 T_1 和 T_2 管均有两个极的电位相差 0.7 V,故均为硅管。而由于 T_1 管的另一极电位最高,为集电极,故为 NPN 型管,且电位最低的为发射极;T_2 管的另一极电位最低,为集电极,故为 PNP 型管,且电位最高的为发射极。T_3 管有两个极的电位相差 0.2 V,故为锗管;电位最低的为集电极,电位最高的为发射极,是 PNP 型管。若晶体管三个极分别为上、中、下管脚,则答案如表 1.3.1 所示。

表 1.3.1 例 1.3.7 答案

管号	上	中	下	管型	材料
T_1	c	b	e	NPN	Si
T_2	e	b	c	PNP	Si
T_3	c	e	b	PNP	Ge

二、根据晶体管各极的电流和电位判断其工作状态

判断晶体管的工作状态时,首先根据 b-e 间电压判断管子是导通还是截止;若管子处于导通状态,则假设其处于放大或饱和状态,然后通过对电流和电压的分析来判断假是否成立,从而得到最终结论。

【**例 1.3.8**】 电路如图 1.3.10 所示,晶体管的 $\beta = 100$,$U_{BE} = 0.7$ V,饱和管压降 $U_{CES} = 0.4$ V;稳压管的稳定电压 $U_Z = 4$ V,正向导通电压 $U_D = 0.7$ V,稳定电流 $I_Z = 5$ mA,最大稳定电流 $I_Z =$

25 mA。试问：

(1) 当 u_I 分别为 0 V、1.5 V、2.5 V 时 u_O 各为多少？

(2) 若 R_c 短路，将产生什么现象？

提示：本题带有一定的综合性，除了考查是否掌握如何判断晶体管工作状态的方法外，还考查是否能够正确判断稳压管是否工作在稳压状态以及限流电阻的作用。

对于 NPN 型管，若 $u_{BE} > U_{on}$（开启电压），则处于导通状态；若同时满足式(1.3.1)，则处于放大状态，$I_C = \beta I_B$；若此时基极电流

$$I_B > I_{BS} = \frac{I_{CS}}{\beta} = \frac{V_{CC} - U_{CES}}{\beta R_c} \tag{1.3.3}$$

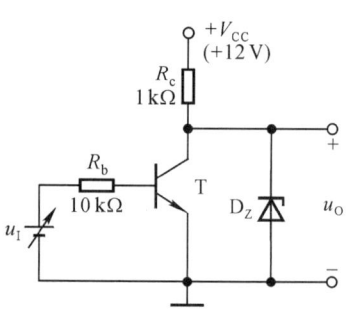

图 1.3.10 例 1.3.8 图

则处于饱和状态，式中 I_{CS} 为集电极饱和电流，I_{BS} 是使管子临界饱和时的基极电流。

稳压管所流过的反向电流大于稳定电流 I_Z 才工作在稳压区，反向电流小于最大稳定电流 I_{ZM} 才不会因功耗过大而损坏，因而在稳压管电路中限流电阻必不可少。图示电路中 R_c 既是晶体管的集电极电阻，又是稳压管的限流电阻。

解：(1) 根据上述分析，当 $u_I = 0$ 时，晶体管截止；稳压管的电流

$$I_{D_Z} = \frac{V_{CC} - U_Z}{R_c} = \left(\frac{12-4}{1}\right) \text{ mA} = 8 \text{ mA}$$

在 I_Z 和 I_{ZM} 之间，故 $u_O = U_Z = 4$ V。

当 $u_I = 1.5$ V 时，晶体管导通，基极电流

$$I_B = \frac{u_I - U_{BE}}{R_b} = \left(\frac{1.5-0.7}{10}\right) \text{ mA} = 0.08 \text{ mA}$$

假设晶体管工作在放大状态，则集电极电流

$$I_C = \beta I_B = (100 \times 0.08) \text{ mA} = 8 \text{ mA}$$

$$u_O = V_{CC} - I_C R_c = (12 - 8 \times 1) \text{ V} = 4 \text{ V}$$

由于 $u_O > U_{CES} = 0.4$ V，说明假设成立，即晶体管工作在放大状态。

值得指出的是，虽然当 u_I 为 0 V 和 1.5 V 时 u_O 均为 4 V，但是原因不同；前者因晶体管截止、稳压管工作在稳压区，且稳定电压为 4 V，使 $u_O = 4$ V；后者因晶体管工作在放大区使 $u_O = 4$ V，此时稳压管因电流为零而截止。

当 $u_I = 2.5$ V 时，晶体管导通，基极电流

$$I_B = \frac{u_I - U_{BE}}{R_b} = \left(\frac{2.5-0.7}{10}\right) \text{ mA} = 0.18 \text{ mA}$$

假设晶体管工作在放大状态，则集电极电流

$$I_C = \beta I_B = (100 \times 0.18) \text{ mA} = 18 \text{ mA}$$

$$u_O = V_{CC} - I_C R_c = (12 - 18 \times 1) \text{ V} = -6 \text{ V}$$

在正电源供电的情况下，u_O 不可能小于零，故假设不成立，说明晶体管工作在饱和状态。

实际上，也可以假设晶体管工作在饱和状态，根据式(1.3.3)求出临界饱和时的基极电流

$$I_{BS} = \frac{V_{CC} - U_{CES}}{\beta R_c} = \left(\frac{12-0.4}{100 \times 1}\right) \text{ mA} = 0.116 \text{ mA}$$

$I_\text{B} = 0.18$ mA$>I_\text{BS}$,说明假设成立,即晶体管工作在饱和状态。

(2) 若 R_c 短路,电源电压将加在稳压管两端,使稳压管损坏。若稳压管烧断,则 $u_\text{O} = V_\text{CC} = 12$ V。若稳压管烧成短路,则将电源短路;如果电源没有短路保护措施,则也将因输出电流过大而损坏。

1.3.6 场效应管的类型及工作状态的判断

一、根据场效应管的直流电位判断其类型及工作状态

结型场效管有三个管脚,为源极、栅极和漏极;而 MOS 管有四个管脚,除三个极外,还有衬底;据此来分辨两种管子。与晶体管工作状态的判断相类似,根据表 1.2.2 所示,首先判断管子是否导通;若导通,再判断管子是工作在恒流区还是可变电阻区。

【例 1.3.9】 测得某放大电路中五只场效应管的三个电极的电位分别如表 1.3.2 所示,它们的开启电压也在表中。试分析各管为哪种场效应管(① N 沟道结型场效应管、② P 沟道结型场效应管、③ N 沟道增强型 MOS 管、④ N 沟道耗尽型 MOS 管、⑤ P 沟道增强型 MOS 管、⑥ P 沟道耗尽型 MOS 管)及其工作状态(① 截止区、② 恒流区、③ 可变电阻区),并填入表内,可只填写编号。

表 1.3.2 例 1.3.9 表

	管号	$U_\text{GS(th)}$/V 或 $U_\text{GS(off)}$/V	U_S/V	U_G/V	U_D/V	管型	工作状态
结型	T_1	3	1	3	−10		
结型	T_2	−3	3	−1	10		
MOS	T_3	−4	5	0	−5		
MOS	T_4	4	−2	3	−1.2		
MOS	T_5	−3	0	0	10		

提示:本题考查是否能够通过场效应管各极的电位来判断管型及工作状态。应注意只有耗尽型 MOS 管在栅源电压大于零、等于零或小于零时均可导通。

解:由于 T_1 管为结型场效应管,且 $U_\text{GS(off)} = 3$ V>0,故为 P 沟道管;由于 $U_\text{GD} = U_\text{G} - U_\text{D} = [3-(-10)]$ V $= 13$ V$>U_\text{GS(off)}$,故管子工作在恒流区。

由于 T_2 管为结型场效应管,且 $U_\text{GS(off)} = -3$ V<0,故为 N 沟道管;由于 $U_\text{GS} = U_\text{G} - U_\text{S} = (-1-3)$ V $= -4$ V$<U_\text{GS(off)}$,故管子截止。

T_3 管为 MOS 管,由于 $U_\text{GS(th)} = -4$ V<0 且 $U_\text{DS} = U_\text{D} - U_\text{S} = (-5-5)$ V $= -10$ V<0,故为增强型 P 沟道管;由于 $U_\text{GS} = U_\text{G} - U_\text{S} = (0-5)$ V $= -5$ V$<U_\text{GS(th)}$,故工作在恒流区。

T_4 管为 MOS 管,由于 $U_\text{GS(th)} = 4$ V>0 且 $U_\text{DS} = U_\text{D} - U_\text{S} = [-1.2-(-2)]$ V $= 0.8$ V>0,故为增强型 N 沟道管;$U_\text{GD} = U_\text{G} - U_\text{D} = [3-(-1.2)]$ V $= 4.2$ V$>U_\text{GS(th)}$,故管子工作在可变电阻区。

T_5 管为 MOS 管,由于 $U_\text{GS(off)} = -3$ V<0 且 $U_\text{DS} = U_\text{D} - U_\text{S} = (10-0)$ V $= 10$ V>0,故为耗尽型 N 沟道管;$U_\text{GD} = U_\text{G} - U_\text{D} = (0-10)$ V $= -10$ V$<U_\text{GS(off)}$,故管子工作在恒流区。

答案见表 1.3.3。

表 1.3.3　例 1.3.9 答案

管号		$U_{GS(th)}$/V 或 $U_{GS(off)}$/V	U_S/V	U_G/V	U_D/V	管型	工作状态
结型	T_1	3	1	3	-10	②	②
	T_2	-3	3	-1	10	①	①
MOS	T_3	-4	5	0	-5	⑤	②
	T_4	4	-2	3	-1.2	③	③
	T_5	-3	0	0	10	④	②

二、从输出特性读取场效应管的参数并判断其工作状态

【例 1.3.10】 电路如图 1.3.11(a) 所示, 管子 T 的输出特性曲线如图 (b) 所示。

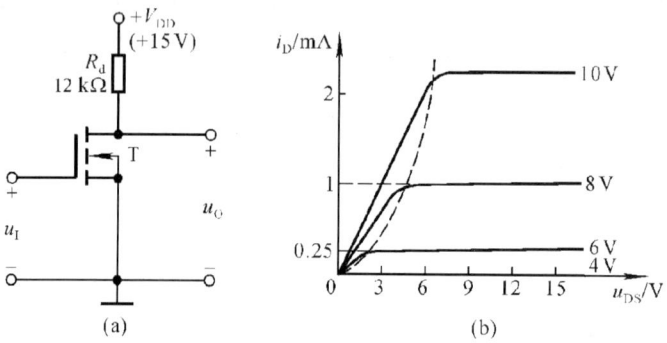

图 1.3.11　例 1.3.10 图

(1) 场效应管的开启电压 $U_{GS(th)}$ 和 I_{DO} 各为多少?
(2) u_I 为 0 V、8 V 两种情况下 u_O 分别为多少?
(3) u_I 为 10 V 时在可变电阻区内 g-s 间等效电阻 r_{DS} 为多少?

提示: 本题除了考查是否能够从特性曲线中读出场效应管的主要参数及利用特性曲线分析场效应管的工作状态外, 还涉及求解可变电阻区等效电阻的方法。

解: (1) 从图 (b) 可知 $U_{GS(th)} = 4$ V, I_{DO} 为 $U_{GS} = 2U_{GS(th)} = 8$ V 时的 I_D, 为 1 mA。

(2) 当 $u_{GS} = u_I = 0$ V 时, 管子处于夹断状态, 因而 $i_D = 0$。$u_O = u_{DS} = V_{DD} - i_D R_d = V_{DD} = 15$ V。

当 $u_{GS} = u_I = 8$ V 时, 从输出特性曲线可知, 管子工作在恒流区时的 $i_D = 1$ mA, 所以

$$u_O = u_{DS} = V_{DD} - i_D R_d = (15 - 1 \times 12) \text{ V} = 3 \text{ V}$$

$U_{GD} = U_G - U_D = (8-3)$ V $> U_{GS(th)}$, 故管子工作在可变电阻区。此时 g-s 间等效为一个电阻 r_{DS}, 与 R_d 分压得到输出电压。从输出特性中, 在 $u_{GS} = 8$ V 的曲线的可变电阻区内取一点, 读出坐标值, 如 (2, 0.5), 可得等效电阻

$$r_{DS} = U_{DS}/I_D \approx \left(\frac{2}{0.5}\right) \text{k}\Omega = 4 \text{ k}\Omega$$

所以输出电压

$$u_\text{O} = \frac{r_\text{DS}}{r_\text{DS}+R_\text{d}} \cdot V_\text{CC} \approx \left(\frac{4}{12+4}\times 15\right)\text{ V} = 3.75\text{ V}$$

（3）在 $u_\text{GS} = 10$ V 的曲线的可变电阻区内取一点，读出坐标值，如（3,1），可得等效电阻

$$r_\text{DS} = U_\text{DS}/I_\text{D} \approx \left(\frac{3}{1}\right)\text{ k}\Omega = 3\text{ k}\Omega$$

与 $u_\text{GS} = 8$ V 的等效电阻相比，在可变电阻区，u_GS 增大，等效电阻 r_DS 减小，体现出 u_GS 对 r_DS 的控制作用。

1.4 习题解答

1.4.1 自测题

一、判断下列说法是否正确，用"√"和"×"表示判断结果填入括号内。
（1）在 P 型半导体中如果掺入足够量的五价元素，可将其改型为 N 型半导体。（　　）
（2）因为 P 型半导体的多子是自由电子，所以它带正电。（　　）
（3）PN 结在无光照、无外加电压时，结电流为零。（　　）
（4）处于放大状态的晶体管，集电极电流是多子漂移运动形成的。（　　）
（5）结型场效应管外加的栅-源电压应使栅-源间的耗尽层承受反向电压，才能保证其 R_GS 大的特点。（　　）
（6）若耗尽型 N 沟道 MOS 管的 u_GS 大于零，则其输入电阻会明显变小。（　　）

解：（1）√　（2）×　（3）√　（4）×　（5）√　（6）×

二、选择正确答案填入空内。
（1）PN 结加正向电压时，空间电荷区将_____。
A. 变窄　　　　　　　B. 基本不变　　　　　　C. 变宽
（2）稳压管的稳压区是其工作在_____。
A. 正向导通　　　　　B. 反向截止　　　　　　C. 反向击穿
（3）当晶体管工作在放大区时，发射结电压和集电结电压应为_____。
A. 前者反偏、后者也反偏　　　　　　　B. 前者正偏、后者反偏
C. 前者正偏、后者也正偏
（4）$u_\text{GS} = 0$ V 时能够工作在恒流区的场效应管有_____。
A. 结型管　　　　　　B. 增强型 MOS 管　　　C. 耗尽型 MOS 管

解：（1）A　（2）C　（3）B　（4）A　C

三、求解图 T1.3 所示各电路的输出电压值，设二极管导通电压 $U_\text{D} = 0.7$ V。

解：首先判断各电路中二极管的工作状态，图 T1.3（a）～（f）中二极管分别工作在导通、截止、导通、截止、导通、截止状态，然后可得输出电压。

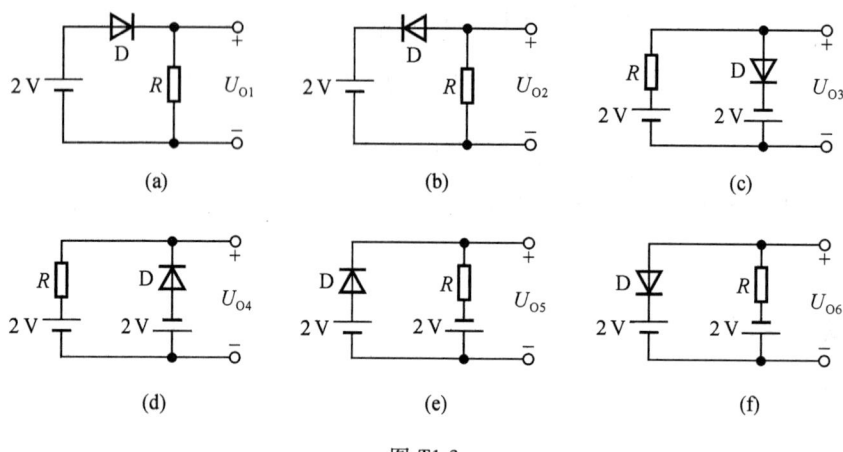

图 T1.3

$U_{O1}=1.3$ V,$U_{O2}=0$,$U_{O3}=-1.3$ V,$U_{O4}=2$ V,$U_{O5}=1.3$ V,$U_{O6}=-2$ V。

四、电路如图 T1.4 所示,已知稳压管的稳压值 $U_Z=6$ V,稳定电流的最小值 $I_{Zmin}=5$ mA。

(1) 若 $R_L=5$ kΩ,则 $R=500$ Ω 和 $R=5$ kΩ 两种情况下的 U_O 各为多少伏?

(2) 若 R_L 的电流变化范围为 5~20 mA,则稳压管的最大稳定电流至少应取多少毫安?

解:(1) 若 $R_L=5$ kΩ,则 $R=500$ Ω 时稳压管的电流

$$I_{D_Z}=I_R-I_{R_L}=\left(\frac{10-6}{0.5}-\frac{6}{5}\right) \text{mA}=6.8 \text{ mA}>I_{Zmin}$$

稳压管工作在稳压状态,故输出电压 $U_O=6$ V。

$R_L=5$ kΩ、$R=5$ kΩ 时稳压管的电流

$$I_{D_Z}=I_R-I_{R_L}=\left(\frac{10-6}{5}-\frac{6}{5}\right) \text{mA}=-0.4 \text{ mA}<I_{Zmin}$$

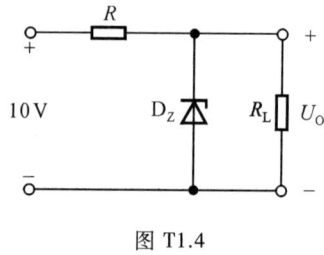

图 T1.4

说明稳压管工作在截止状态,U_{O2} 等于 R 和 R_L 对 10 V 的分压,由于 $R=R_L$,故 $U_{O2}=5$ V。

(2) 若 R_L 的电流变化范围为 5~20 mA,则应保证负载电流为 20 mA 时稳压管电流至少为 5 mA,因而最大稳定电流至少应取 25 mA。

五、电路如图 T1.5 所示,$\beta=100$,$U_{BE}=0.7$ V。试问:

(1) $R_b=50$ kΩ 时,$U_O=?$

(2) 若 T 临界饱和,则 $R_b\approx?$

解:(1) $R_b=50$ kΩ 时,基极电流、集电极电流和管压降分别为

$$I_B=\frac{V_{BB}-U_{BE}}{R_b}=26 \text{ μA}$$

$$I_C=\beta I_B=2.6 \text{ mA}$$

$$U_{CE}=V_{CC}-I_C R_c=2 \text{ V}$$

所以输出电压 $U_O=U_{CE}=2$ V。

(2) 设临界饱和时 $U_{CES}=U_{BE}=0.7$ V,则

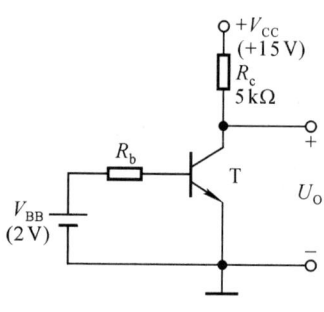

图 T1.5

$$I_{\mathrm{C}} = \frac{V_{\mathrm{CC}} - U_{\mathrm{CES}}}{R_{\mathrm{c}}} = 2.86 \text{ mA}$$

$$I_{\mathrm{B}} = \frac{I_{\mathrm{C}}}{\beta} = 28.6 \text{ μA}$$

$$R_{\mathrm{b}} = \frac{V_{\mathrm{BB}} - U_{\mathrm{BE}}}{I_{\mathrm{B}}} \approx 45.5 \text{ kΩ}$$

T 临界饱和时 $R_{\mathrm{b}} \approx 45.5$ kΩ。

六、测得某放大电路中三个 MOS 管的三个电极的电位如表 T1.6 所示,它们的开启电压也在表中。试分析各管的工作状态(截止区、恒流区、可变电阻区),并填入表内。

表 T1.6

管号	$U_{\mathrm{GS(th)}}$/V	U_{S}/V	U_{G}/V	U_{D}/V	工作状态
T_1	4	−5	1	3	
T_2	−4	3	3	10	
T_3	−4	6	0	5	

解：因为三只管子均有参数——开启电压 $U_{\mathrm{GS(th)}}$，所以它们均为增强型 MOS 管。各管子工作状态的判断如下：

T_1：$U_{\mathrm{GS(th)}} > 0$，为 N 沟道管。$U_{\mathrm{GS}} = U_{\mathrm{G}} - U_{\mathrm{S}} = 6$ V $> U_{\mathrm{GS(th)}}(4$ V$)$，且 $U_{\mathrm{GD}} = U_{\mathrm{G}} - U_{\mathrm{D}} = -2$ V $< U_{\mathrm{GS(th)}}$，说明 T_1 管工作在恒流区。

T_2：$U_{\mathrm{GS(th)}} < 0$，为 P 沟道管。$U_{\mathrm{GS}} = U_{\mathrm{G}} - U_{\mathrm{S}} = 0$ V $> U_{\mathrm{GS(th)}}(-4$ V$)$，说明 T_2 管工作在截止区。

T_3：$U_{\mathrm{GS(th)}} < 0$，为 P 沟道管。$U_{\mathrm{GS}} = U_{\mathrm{G}} - U_{\mathrm{S}} = -6$ V $< U_{\mathrm{GS(th)}}(-4$ V$)$，且 $U_{\mathrm{GD}} = U_{\mathrm{G}} - U_{\mathrm{D}} = -5$ V $< U_{\mathrm{GS(th)}}$，说明 T_3 管工作在可变电阻区。

结论如表解 T1.6 所示。

表解 T1.6

管号	$U_{\mathrm{GS(th)}}$/V	U_{S}/V	U_{G}/V	U_{D}/V	工作状态
T_1	4	−5	1	3	恒流区
T_2	−4	3	3	10	截止区
T_3	−4	6	0	5	可变电阻区

1.4.2 习题

1.1 选择合适答案填入空内。

(1) 在本征半导体中加入_____元素可形成 N 型半导体,加入_____元素可形成 P 型半导体。

A. 五价　　　　　　B. 四价　　　　　　C. 三价

(2) 当温度升高时,二极管的反向饱和电流将_____。

A. 增大　　　　　　B. 不变　　　　　　C. 减小

（3）工作在放大区的某晶体管，如果当 I_B 从 12 μA 增大到 22 μA 时，I_C 从 1 mA 变为 2 mA，那么它的 β 约为_____。

A. 83　　　　　　　B. 91　　　　　　　C. 100

（4）当场效应管的漏极直流电流 I_D 从 2 mA 变为 4 mA 时，它的低频跨导 g_m 将_____。

A. 增大　　　　　　B. 不变　　　　　　C. 减小

解：(1) A,C　(2) A　(3) C　(4) A

1.2 电路如图 P1.2 所示，已知 $u_i = 10\sin \omega t(\text{V})$，试画出 u_i 与 u_O 的波形。设二极管正向导通电压可忽略不计。

解：当 $u_i > 0$ 时，因二极管正向导通电压可忽略不计，故 $u_O = u_i$。当 $u_i < 0$ 时，二极管截止，$u_O = 0$。

u_i 和 u_O 的波形如图解 P1.2 所示。

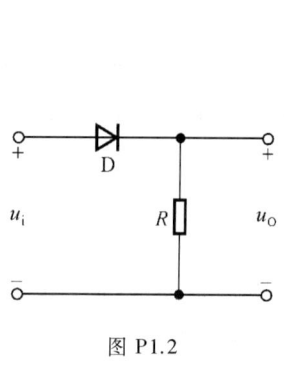

图 P1.2

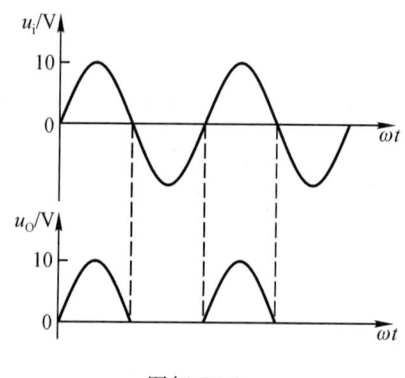

图解 P1.2

1.3 电路如图 P1.3 所示，已知 $u_i = 5\sin \omega t(\text{V})$，二极管导通电压 $U_D = 0.7$ V。试画出 u_i 与 u_O 的波形，并标出幅值。

解：当 $u_i \geq 3.7$ V 时，D_1 导通，将 u_O 钳位在 3.7 V；当 $u_i < -3.7$ V 时，D_2 导通，将 u_O 钳位在 -3.7 V；当 $-3.7 < u_i < 3.7$ V 时，D_1、D_2 均截止，$u_O = u_i$。

u_i、u_O 波形如图解 P1.3 所示。

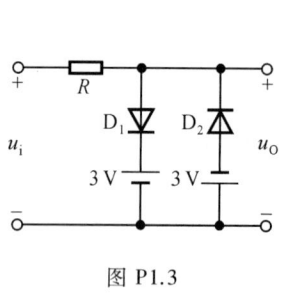

图 P1.3

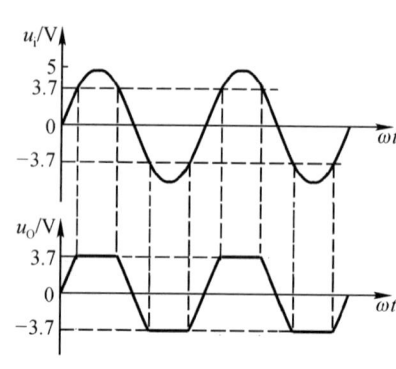

图解 P1.3

1.4 电路如图 P1.4 所示，二极管导通电压 $U_D = 0.7$ V，常温下 $U_T \approx 26$ mV，电容 C 对交流信号可视为短路；u_i 为正弦波，有效值为 10 mV。试问二极管中流过的交流电流有效值为多少？

解： 二极管的直流电流
$$I_D = (V - U_D)/R = 2.6 \text{ mA}$$
其动态电阻 $r_D \approx U_T/I_D = 10\ \Omega$。

故动态电流有效值
$$I_d = U_i/r_D \approx 1 \text{ mA}$$

1.5 现有两只稳压管，它们的稳定电压分别为 6 V 和 8 V，正向导通电压为 0.7 V。试问：

(1) 将它们串联相接，则可得到几种稳压值？各为多少？

(2) 将它们并联相接，则又可得到几种稳压值？各为多少？

解： (1) 两只稳压管串联，有三种可能的情况，如图解 P1.5(a)、(b)、(c) 所示。图 (a) 中 U_O 为 14 V，图 (b) 中 U_O 为 6.7 V 或 8.7 V，图 (c) 中 U_O 为 1.4 V。

因此可得 14 V、6.7 V、8.7 V 和 1.4 V 等四种稳压值。

(2) 两只稳压管并联时，有三种可能的情况，如图解 P1.5(d)、(e)、(f) 所示。图 (d) 和图 (e) 中 U_O 均为 0.7 V，图 (f) 中 U_O 为 6 V。

因此可得 0.7 V 和 6 V 两种稳压值。

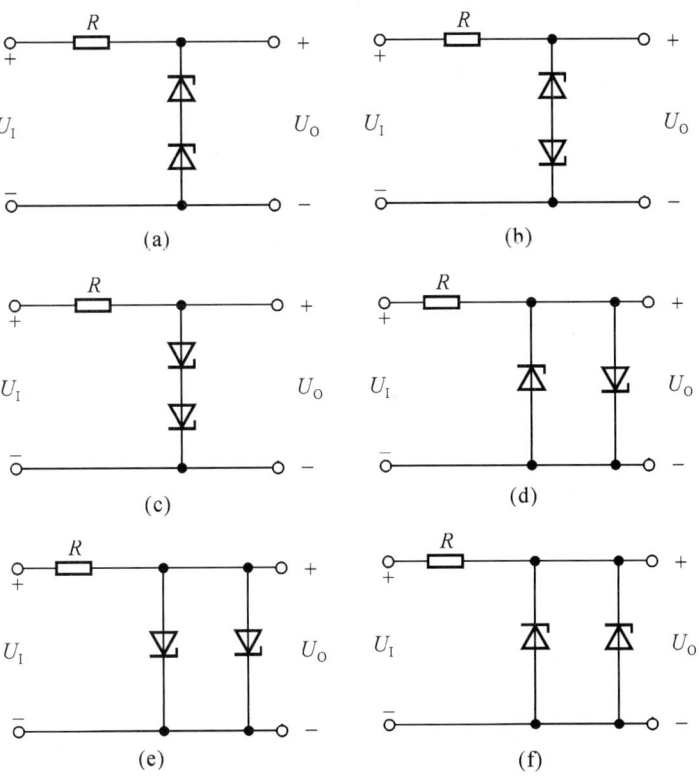

图 P1.4

图解 P1.5

1.6 已知图 P1.6 所示电路中稳压管的稳定电压 $U_Z = 6$ V，最小稳定电流 $I_{Zmin} = 5$ mA，最大稳定电流 $I_{Zmax} = 25$ mA。

（1）分别计算 U_I 为 10 V、15 V、35 V 三种情况下输出电压 U_O 的值；

（2）若 $U_I = 35$ V 时负载开路，则会出现什么现象？为什么？

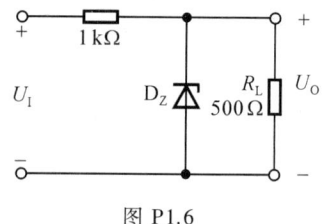

图 P1.6

解：(1) 当 $U_I = 10$ V 时，若 $U_O = U_Z = 6$ V，则限流电阻 R 的电流

$$I_R = \frac{U_I - U_O}{R} = 4 \text{ mA}$$

小于稳压管的最小稳定电流 5 mA，因而即使 I_R 全部流入稳压管，稳压管都不可能击穿。所以输出电压 U_O 决定于 R 和 R_L 对输入电压 U_I 的分压，即

$$U_O = \frac{R_L}{R + R_L} \cdot U_I \approx 3.33 \text{ V}$$

当 $U_I = 15$ V 时，假设稳压管工作在稳压状态，即 $U_O = U_Z = 6$ V，则稳压管中的电流为限流电阻 R 的电流与负载电阻 R_L 的电流之差，即

$$I_{D_Z} = I_R - I_{R_L} = \frac{U_I - U_Z}{R} - \frac{U_Z}{R_L} = -3 \text{ mA}$$

小于最小稳定电流 I_{Zmin}，说明假设稳压管工作在稳压状态不成立，输出电压 U_O 仍决定于 R 和 R_L 对输入电压 U_I 的分压，即 $U_O = 5$ V。

当 $U_I = 35$ V 时，假设稳压管工作在稳压状态，即 $U_O = U_Z = 6$ V，则稳压管中的电流

$$I_{D_Z} = I_R - I_{R_L} = \frac{U_I - U_Z}{R} - \frac{U_Z}{R_L} = 17 \text{ mA}$$

根据已知条件，$I_{Zmin} < I_{D_Z} < I_{Zmax}$，说明假设正确，$U_O = U_Z = 6$ V。

还可采用另一种方法来判断稳压管的工作状态，即假设稳压管工作在截止状态，计算稳压管的端电压，若该电压大于稳压管的稳定电压，则说明假设不成立，即稳压管工作在稳压状态；若该电压小于稳压管的稳定电压，则说明假设成立，即稳压管未被击穿。

（2）当负载开路时，稳压管的电流等于限流电阻中的电流，即

$$I_{D_Z} = (U_I - U_Z)/R = 29 \text{ mA} > I_{ZM} = 25 \text{ mA}$$

稳压管将因功耗过大而损坏。

1.7 在图 P1.7 所示电路中，发光二极管导通电压 $U_D = 1.5$ V，正向电流在 5～15 mA 时才能正常工作。试问：

（1）开关 S 在什么位置时发光二极管才能发光？

（2）R 的取值范围是多少？

解：(1) S 闭合时发光二极管才有正向电流，也才有可能发光。

（2）发光二极管的正向电流过小将不发光，过大将可能损坏。R 是限流电阻，其取值应保证发光二极管既发光又不至于损坏。根据已知条件，R 的范围为

$$R_{min} = (V - U_D)/I_{Dmax} \approx 233 \text{ Ω}$$
$$R_{max} = (V - U_D)/I_{Dmin} = 700 \text{ Ω}$$

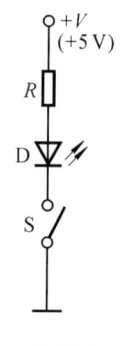

图 P1.7

1.8 现测得放大电路中两只晶体管两个电极的电流情况如图 P1.8 所示。分别求另一电极的电流,标出其实际方向,并在圆圈中画出管子,且分别求出它们的电流放大系数 β。

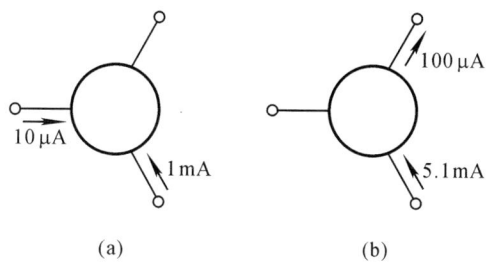

图 P1.8

解:由于晶体管的集电极电流与发射极电流近似相等,而图中两只管子的两个已知电流相差悬殊,故它们中的小者为基极电流,大者是集电极电流或发射极电流。

因为图(a)所示晶体管的基极电流(10 μA)流入管子,所以它是 NPN 型管;且根据 1 mA 电流的方向可知,该电流为集电极电流,电流放大系数

$$\beta \approx \overline{\beta} = I_C/I_B = 100$$

因为图(b)所示晶体管的基极电流(100 μA)流出管子,所以它是 PNP 型管;且根据 5.1 mA 电流的方向可知,该电流为发射极电流,$1+\overline{\beta} = I_E/I_B = 51$,电流放大系数

$$\beta \approx \overline{\beta} = 50$$

两只管子另一极的电流大小及其方向如图解 P1.8 所示。

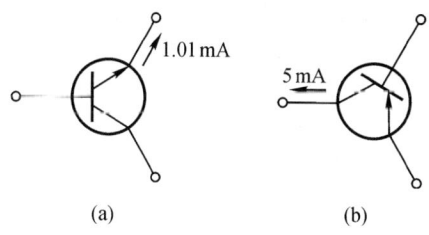

图解 P1.8

1.9 测得放大电路中六只晶体管的直流电位如图 P1.9 所示。在圆圈中画出管子,并分别说明它们是硅管还是锗管。

解:因为六只晶体管均在放大电路中,通常工作在放大状态,所以直流电位相近的两个极分别为发射极和基极,另一极为集电极;若集电极电位最高,则为 NPN 型管,电位最低的为发射极,电位居中的是基极;若集电极电位最低,则为 PNP 型管,电位最高的为发射极,电位居中的是基极。若 b-e 间电压在 0.1~0.3 V 之间,则为锗管;若 b-e 间电压在 0.6~0.8 V 之间,则为硅管。

设晶体管三个极分别为上、中、下管脚,根据上述原则判断,得出结论,答案如表解 P1.9 所示。

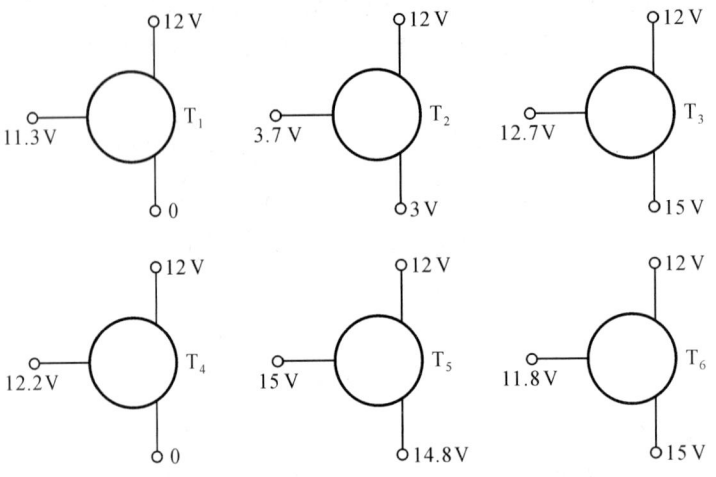

图 P1.9

表解 P1.9

管号	T_1	T_2	T_3	T_4	T_5	T_6
上	e	c	e	b	c	b
中	b	b	b	e	e	e
下	c	e	c	c	b	c
管型	PNP	NPN	NPN	PNP	PNP	NPN
材料	Si	Si	Si	Ge	Ge	Ge

1.10 电路如图 P1.10 所示,晶体管导通时 $U_{BE}=0.7\ V$,$\beta=50$。试分析 u_I 为 $0\ V$、$1\ V$、$3\ V$ 三种情况下 T 的工作状态及输出电压 u_O 的值。

解:(1) 当 $u_I=0$ 时,$u_{BE}<U_{on}$,T 截止,$u_O=12\ V$。

(2) 当 $u_I=1\ V$ 时,假设 T 工作在放大状态,则

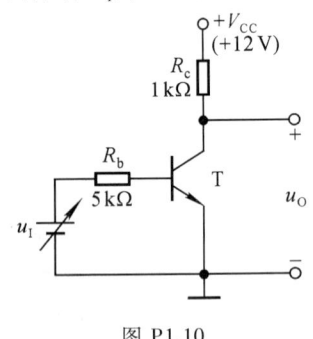

图 P1.10

$$I_B=\frac{u_I-U_{BE}}{R_b}=60\ \mu A$$

$$I_C=\beta I_B=3\ mA$$

$$u_O=V_{CC}-I_C R_c=9\ V$$

$u_{CE}>u_{BE}$,故假设成立,T 处于放大状态,$u_O=9\ V$。

(3) 当 $u_I=3\ V$ 时,假设 T 工作在放大状态,则

$$I_B=\frac{u_I-U_{BE}}{R_b}=0.46\ mA$$

$$I_C=\beta I_B=23\ mA$$

$$u_O=V_{CC}-I_C R_c=-11\ V<U_{BE}=0.7\ V$$

$u_{CE}<u_{BE}$,说明假设不成立,即 T 处于饱和状态,$u_{CE}=U_{CES}\approx U_{BE}=0.7\ V$,式中 U_{CES} 为饱和管压降。
$u_O=u_{CE}\approx 0.7\ V$。

还可采用另一种方法来判断其工作在放大状态还是饱和状态。方法如下：首先计算晶体管处于临界饱和(也可称临界放大)状态时的基极电流 I_{BS}，对于图 P1.10 所示电路，该电流为

$$I_{BS} = \frac{I_{CS}}{\beta} = \frac{V_{CC} - U_{CES}}{\beta R_c} = 0.226 \text{ mA}$$

然后求出电路中实际的基极电流 I_B，对于图 P1.10 所示电路，该电流为

$$I_B = \frac{u_I - U_{BE}}{R_b} = 0.46 \text{ mA}$$

因为 $I_B > I_{BS}$，说明晶体管工作在饱和状态，$u_O = U_{CES} \approx 0.7$ V。

1.11 电路如图 P1.11 所示，晶体管的 $\beta = 50$，$|U_{BE}| = 0.2$ V，饱和管压降 $|U_{CES}| = 0.1$ V；稳压管的稳定电压 $U_Z = 5$ V，正向导通电压 $U_D = 0.5$ V。试问：当 $u_I = 0$ 时 $u_O = ?$ 当 $u_I = -5$ V 时 $u_O = ?$

解：当 $u_I = 0$ 时，晶体管截止，稳压管击穿，$u_O = -U_Z = -5$ V。

当 $u_I = -5$ V 时，基极电流

$$|I_B| = \frac{|u_I| - |U_{BE}|}{R_b} = 0.48 \text{ mA}$$

临界饱和时的基极电流

$$|I_{BS}| = \frac{V_{CC} - |U_{CES}|}{\beta R_c} = 0.238 \text{ mA}$$

$|I_B| > |I_{BS}|$，说明晶体管饱和，故 $u_O = -0.1$ V。

1.12 分别判断图 P1.12 所示各电路中晶体管是否有可能工作在放大状态。

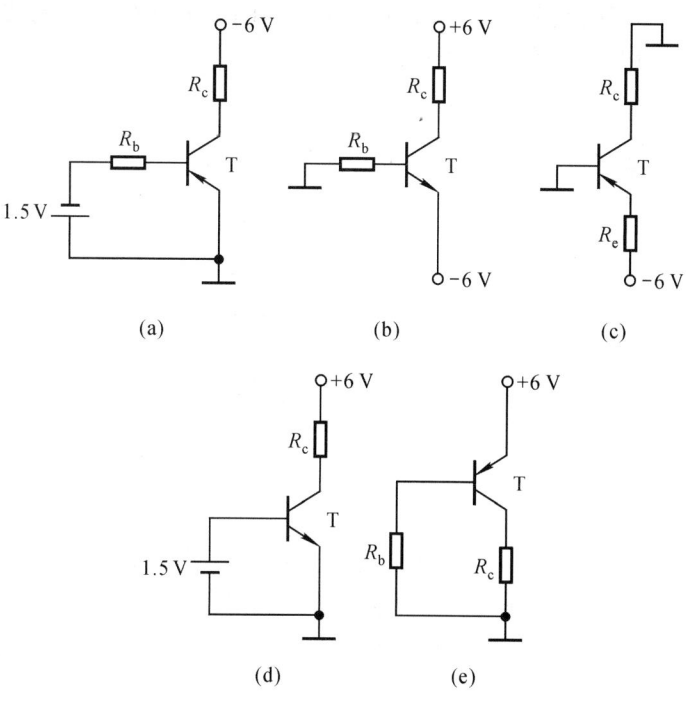

图 P1.12

解：因为图(a)中，T的发射结正偏，集电结有可能反偏，所以T有可能工作在放大状态。

同理可得，图(b)和(e)中的晶体管均可能工作在放大状态。

因为图(c)中T的发射结反偏，所以T截止。

因为图(d)中T的发射结电压为1.5 V，根据PN结的电流方程，它会因电流过大而损坏，所以T不可能工作在放大状态。

结论：(a) 可能；(b) 可能；(c) 不能；(d) 不能；(e) 可能。

1.13 已知放大电路中一只N沟道场效应管三个极①、②、③的电位分别为4 V、8 V、12 V，管子工作在恒流区。

试判断它可能是哪种管子（结型管、MOS管、增强型、耗尽型），并说明 ①、②、③ 与 g、s、d 的对应关系。

解：根据表1.2.2所示，管子可能是增强型管、耗尽型管和结型管，三个极①、②、③与 g、s、d 的对应关系如图解P1.13所示。

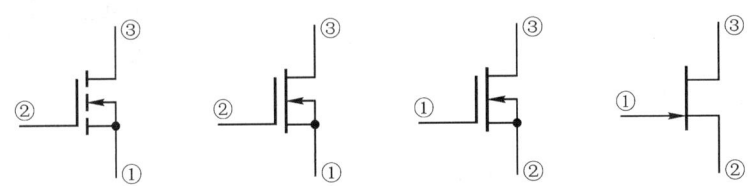

图解 P1.13

1.14 电路如图P1.14(a)所示，T的输出特性如图P1.14(b)所示，分析当 $u_I = 4$ V、8 V、12 V 三种情况下场效应管分别工作在什么区域。

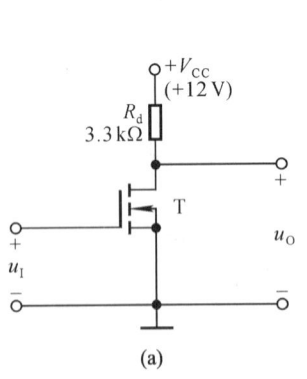

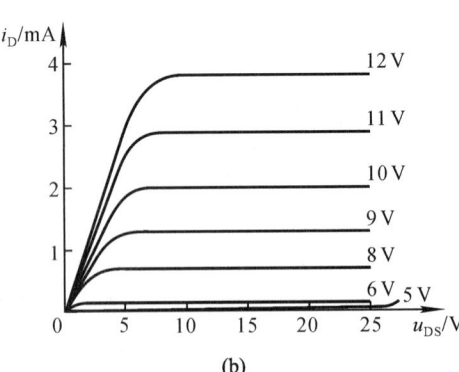

图 P1.14

解：根据图P1.14(a)所示电路可知，T为N沟道增强型MOS管。

根据图(b)所示T的输出特性可知，图(a)所示电路中管子的开启电压 $U_{GS(th)}$ 为 5 V。

当 $u_I = 4$ V 时，$u_{GS} = 4$ V，小于开启电压，故T截止。

当 $u_I = 8$ V 时，设T工作在恒流区，根据输出特性可知 $i_D \approx 0.6$ mA，管压降

$$u_{DS} \approx V_{DD} - i_D R_d \approx 10 \text{ V}$$

由于 $u_{GD}=u_{GS}-u_{DS}\approx -2\text{ V}$，小于开启电压，说明假设成立，即 T 工作在恒流区。

当 $u_I=12\text{ V}$ 时，由于 $V_{DD}=12\text{ V}$，必然使 T 工作在可变电阻区。

1.15 分别判断图 P1.15 所示各电路中的场效应管是否有可能工作在恒流区。

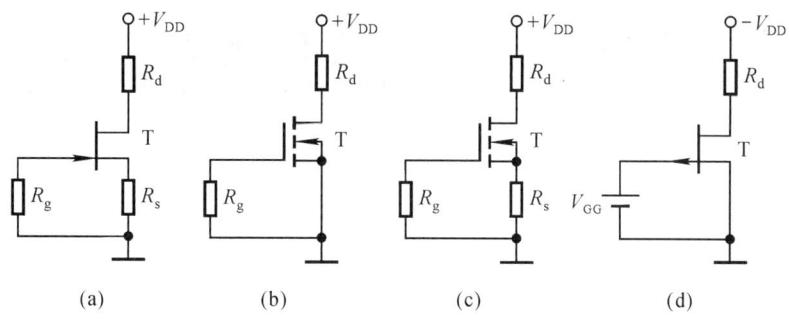

图 P1.15

解：图(a) 所示电路中的 T 为 N 沟道结型场效应管，夹断电压 $U_{GS(off)}<0$。因为其栅-源电压有可能是 $0\sim U_{GS(off)}$ 的某值，且 V_{DD} 有可能使 $U_{GD}<U_{GS(off)}$，所以 T 有可能工作在恒流区。

图(b)、(c) 所示电路中的 T 均为 N 沟道 MOS 管，开启电压 $U_{GS(th)}>0$。因为它们的栅极电位均为 0，栅-源电压不可能大于 $U_{GS(th)}$，所以它们均处于截止状态。

图(d) 所示电路中的 T 为 P 沟道结型场效应管，夹断电压 $U_{GS(off)}>0$。因为其栅-源电压有可能是 $0\sim U_{GS(off)}$ 的某值，且 V_{DD} 有可能使 $U_{GD}>U_{GS(off)}$，所以 T 有可能工作在恒流区。

结论：图(a)、(d) 所示电路中的场效应管可能工作在恒流区，而图(b)、(c) 所示电路中的场效应管不可能工作在恒流区。

1.16 利用 Multisim 研究图 P1.4 所示电路在 R 的阻值变化时二极管的直流电压和交流电流的变化，并总结仿真结果。

解：在 Multisim 环境下搭建图 P1.4 所示电路，二极管采用实际二极管 1N3064，其它元件采用虚拟元件，如图解 P1.16(a) 所示，其中 V_1 取 12 V。

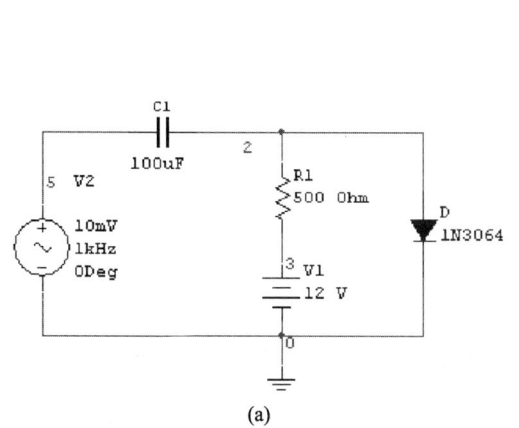
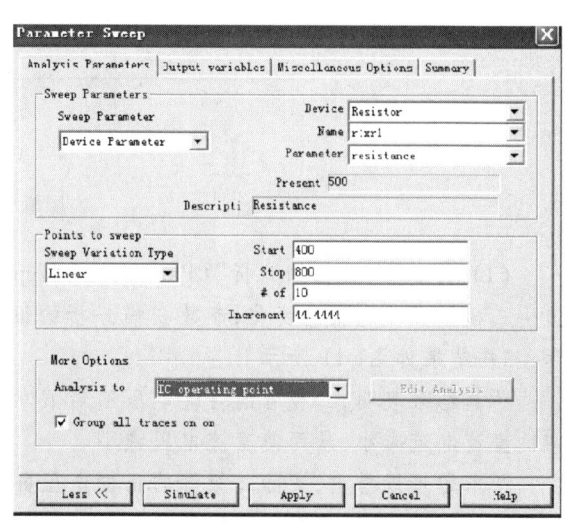

(a)   (b)

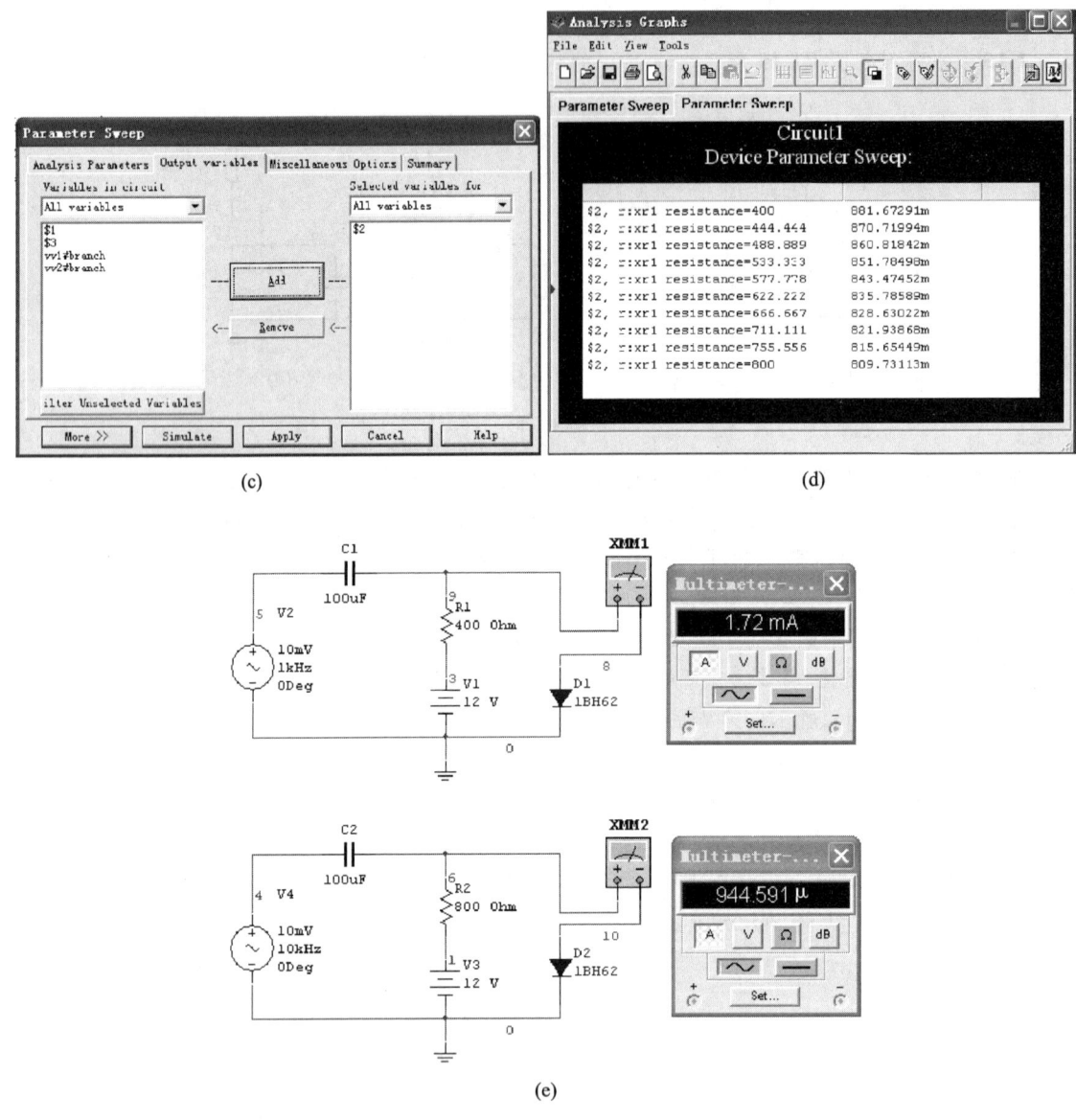

图解 P1.16

(1) 利用"参数扫描分析"(Parameter Sweep Analysis)分析 R 从 400 Ω 到 800 Ω 十个不同阻值下二极管直流电压的变化,参数扫描分析的设置如图(b)所示,输出变量的选定如图(c)所示,扫描结果如图(d)所示。

仿真结果表明,二极管的直流电压随着 R 的阻值的增大而减小,这是因为 R 增大使二极管中的直流电流减小,从而使直流电压减小。

从本题可以看出,实际二极管的正向电压并不是 0.7V。对于同一只管子,在不同的电流下管压降是不同的;而且对于不同的管子,在同一电流下管压降也是不同的。

（2）利用万用表交流电流挡分别测量 R 为不同值时二极管的交流电流,如图解 P1.16(e) 所示,可得当 $R=400\ \Omega$ 时 $I_d=1.72\ \text{mA}$,当 $R=800\ \Omega$ 时 $I_d\approx 0.945\ \text{mA}$。

仿真结果表明,交流电流随着 R 的阻值的增大而减小,这是因为二极管的交流压降在 R 变化时基本不变,R 的增大使二极管中的直流电流减小,从而使二极管的动态电阻增大,因而其交流电流减小。

1.17 利用 Multisim 研究图 P1.10 所示电路中的晶体管在 u_I 为何值时从截止状态变为导通状态,u_I 为何值时从放大状态变为饱和状态。

解:在 Multisim 环境下搭建图 P1.10 所示电路,如图解 P1.17(a) 所示,其中晶体管型号为 2N2222A,其电流放大系数 $\beta=220$,其它采用虚拟元件。

采用"直流扫描分析"(DC Sweep Analysis)分析当 u_I 变化时 u_{BE} 与 u_{CE} 的变化情况,直流扫描分析的设置如图(b)所示,输出变量的选定如图(c)所示,扫描结果如图(d)所示。

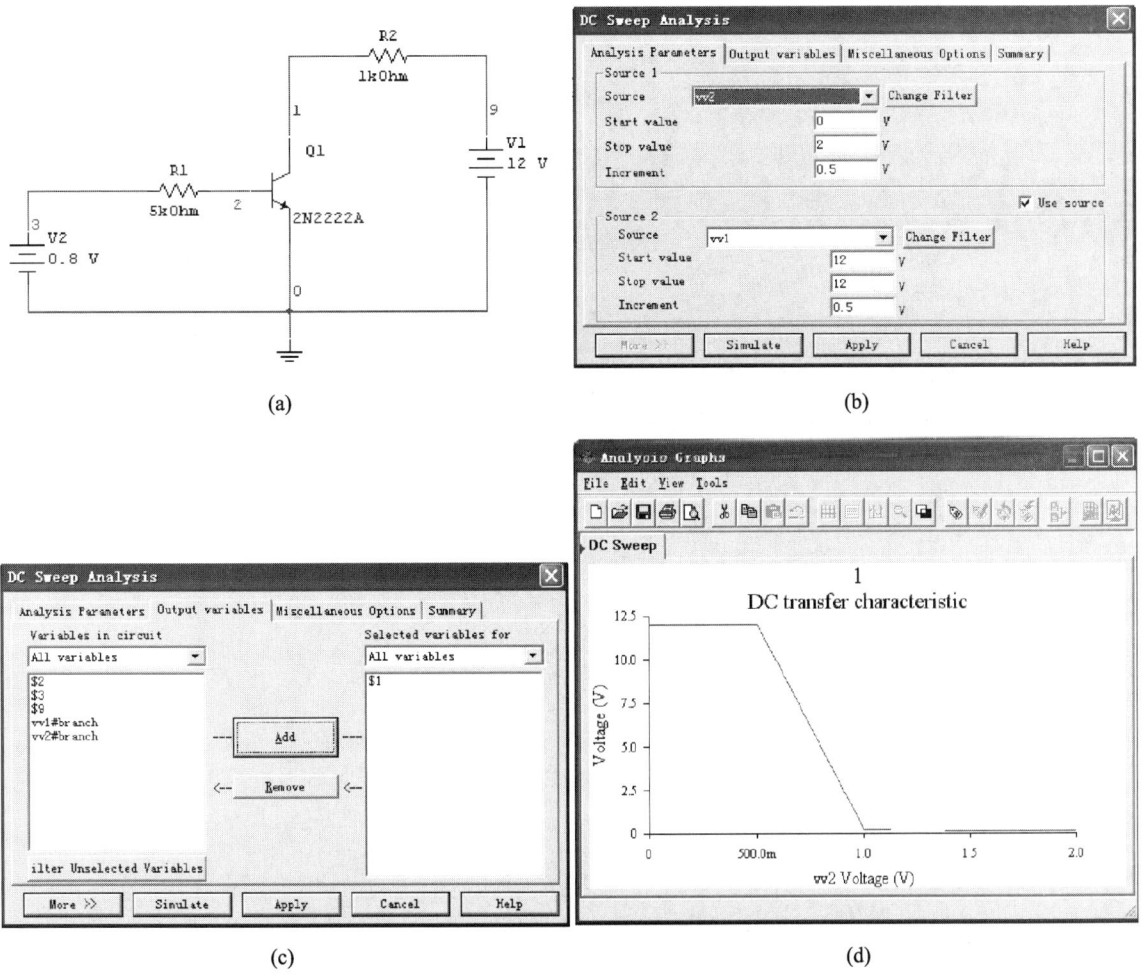

图解 P1.17

仿真结果表明,当 $u_I<0.5$ V 时输出电压 u_O 基本不变,为电源电压 12 V,表明晶体管工作在截止状态。当 0.5 V$<u_I<1$ V 时 u_O 基本随 u_I 线性变化,表明晶体管工作在放大状态。当 $u_I>1$ V 时 u_O 变得很小,表明晶体管工作在饱和状态。

结论:当 u_I 约为 0.5 V 时晶体管从截止状态变为导通状态,当 u_I 约为 1 V 时晶体管从放大状态变为饱和状态。

第二章 基本放大电路

基本放大电路是组成多级放大电路和其它模拟电子电路的基本单元电路,本章所讲述的基本概念、基本电路和基本分析方法是学习后面各章的基础,因而是模拟电子技术基础课程的重点之一。

2.1 内容概要

本章的重点是双极型晶体管和单极型晶体管基本放大电路的组成、工作原理、动态参数和性能特点,以及放大电路静态工作点和动态参数的一般分析方法。

2.1.1 基本概念

一、放大的概念

在电子电路中,**放大的对象是变化量**,测试信号常用正弦波。**放大的本质是能量的控制和转换**,即在输入信号的作用下,通过有源元件(如晶体管或场效应管)使负载从直流电源中获得大于输入电压的输出电压,或者大于输入电流的输出电流,或者二者兼而有之。可见,负载上获得的能量比信号源向放大电路提供的能量大,因此**放大的特征是功率放大**。

放大的前提是不失真,换言之,如果电路输出波形产生失真便谈不上放大。

二、静态工作点与失真

放大电路的核心元件是有源元件,即晶体管(或场效应管)。因晶体管截止而产生的失真为截止失真,因晶体管饱和而产生的失真为饱和失真。在基本放大电路中,只有在信号的任意时刻晶体管都工作在放大区或场效应管都工作在恒流区,输出电压才不会失真。为此,放大电路必须设置静态工作点 Q。当输入信号为零时,晶体管和场效应管各电极间的电流与电压称为 Q 点。对于晶体管,Q 点包括基极电流 I_{BQ}、集电极(或发射极)电流 I_{CQ}(或 I_{EQ})、b-e 间电压 U_{BEQ} 和管压降 U_{CEQ};对于场效应管,Q 点包括栅-源电压 U_{GSQ}、漏极电流 I_{DQ} 和管压降 U_{DSQ}。

当有电压信号输入时,在放大管的输入回路产生动态信号,并驮载在静态之上,输出回路电流随之产生相应的变化,再由电阻转换成电压的变化,从而实现了电压放大。

三、放大电路的性能指标

若将放大电路看成一个黑盒子,且输入电压和电流分别为 $\dot{U}_i$、$\dot{I}_i$,输出电压和电流分别为 $\dot{U}_o$、$\dot{I}_o$,如图 2.1.1 所示,则电压放大倍数、电流放大倍数、电压-电流(互阻)放大倍数和电流-电压(互导)放大倍数分别为

$$\dot{A}_u = \frac{\dot{U}_o}{\dot{U}_i} \quad \dot{A}_i = \frac{\dot{I}_o}{\dot{I}_i} \quad \dot{A}_{ui} = \frac{\dot{U}_o}{\dot{I}_i} \quad \dot{A}_{iu} = \frac{\dot{I}_o}{\dot{U}_i} \tag{2.1.1}$$

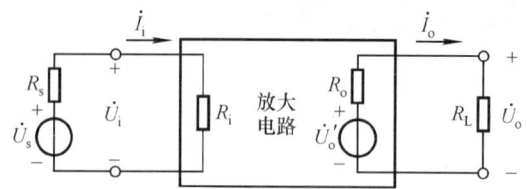

图 2.1.1　放大电路示意图

本章着重研究电压放大倍数 $\dot{A}_u$。这里用复数表示各物理量,是因为要从幅值和相位两个角度研究它们。

输入电阻 R_i 是从放大电路的输入端口看进去的等效电阻,反映放大电路从信号源索取电流的大小。

$$R_i = \frac{U_i}{I_i} \tag{2.1.2}$$

式中 U_i、I_i 分别是输入电压和输入电流的有效值。

从放大电路输出端口看进去等效成有内阻的信号源,输出电阻 R_o 就是这个内阻,说明放大电路的带负载能力。若空载时输出电压有效值为 U_{oo},带上负载电阻 R_L 后输出电压有效值为 U_o,则 R_o 为

$$R_o = \left(\frac{U_{oo}}{U_o} - 1\right) R_L \tag{2.1.3}$$

还可用另一种分析方法,即令信号源电压为零,在输出端加正弦波电压 U_o(有效值),从而产生电流 I_o(有效值),则

$$R_o = \frac{U_o}{I_o} \tag{2.1.4}$$

放大电路能够输出的不失真的最大电压,称为最大不失真输出电压,通常用有效值表示。
放大电路的频率参数见第四章,功率放大电路的指标参数见第八章。

2.1.2　放大电路的组成原则

组成放大电路的基本原则为:
(1) 根据所用的放大管的特性选择供电电源的数值和极性。
(2) 选择合适的电阻阻值,与直流电源相配合建立合适的静态工作点,保证在输入信号的最大幅值下晶体管工作在放大区,场效应管工作在恒流区,即保证电路不失真。
(3) 输入信号应能够有效地作用于晶体管的 b-e 回路或场效应管的 g-s 回路;输出信号能够作用于负载之上;动态信号传递通畅,没有被短路和断路的地方。

2.1.3　放大电路的分析方法

放大电路的分析应遵循"先静态、后动态"的顺序,在已知静态工作点合适的基础上,再分析动态才有意义。应当指出,Q 点不但影响电路的输出是否失真,而且与大多数动态参数密切相关。

一、放大电路的直流通路和交流通路

从基本放大电路的工作原理可知,在放大电路中交流量(变化量)和直流量往往共存,由于电容和电感的存在,直流量流经的通路和交流量流经的通路不同,为方便分析,引入直流通路和交流通路。

在直流电源作用下直流量所流经的通路为直流通路,电路中的电容开路,电感因线圈阻值很小而视为短路;信号源短路,但要保留其内阻。在输入信号作用下动态量所流经的通路为交流通路,因而电路中的容量大的电容(如耦合电容、旁路电容)和内阻为零的直流电源可视为短路。直流通路用于分析静态工作点,交流通路用于分析动态参数。

二、放大电路的静态分析

在分析放大电路的静态工作点时,首先要画出直流通路,然后通过估算法或图解法求出 Q 点。

1. 估算法

在估算法中,认为晶体管的 b-e 间电压为已知量,常取硅管的 U_{BEQ} 为 0.7 V,锗管的 U_{BEQ} 为 0.2 V;集电极电流仅决定于基极电流,$I_{CQ}=\bar{\beta}I_{BQ}$;即认为晶体管的直流模型如图 2.1.2 所示,图中二极管为理想二极管,它只表示电流的流向,导通时压降为零。

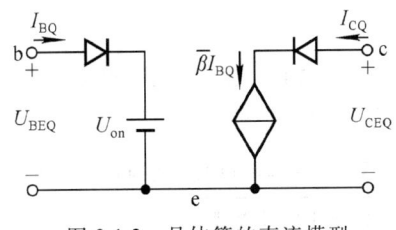

图 2.1.2 晶体管的直流模型

利用估算法求解静态工作点时,应首先画出放大电路的直流通路,然后列回路方程,并将 $I_{CQ}=\bar{\beta}I_{BQ}$ 代入,解方程即可。

2. 图解法

在实测放大电路中晶体管输入、输出特性曲线的前提下,可用图解法求解静态工作点。

对于图 2.1.3(a)所示共射放大电路,首先在输入特性坐标系中作输入回路负载线,与输入特性曲线的交点就是 Q 点,如图(b)所示,读其坐标值,得出 I_{BQ} 和 U_{BEQ};然后在输出特性坐标系中作输出回路负载线,它与 $I_B=I_{BQ}$ 的那条输出特性曲线的交点就是 Q 点,如图(c)所示,读出坐标值,即为 I_{CQ} 和 U_{CEQ}。图解法可以直观地描述出 Q 点在输出特性坐标系中的位置。如果实测特性曲线和作图都比较准确,所得结果应比较符合实际情况。

三、放大电路的动态分析

放大电路的动态分析就是求解各动态参数和分析输出波形。通常,利用等效电路法求解 $\dot{A}_u$、R_i 和 R_o,利用图解法分析 U_{om} 和失真情况。

1. 双极型管和单极型管的 h 参数等效模型

h 参数等效模型是适于低频小信号的模型,双极型管和单极型管简化的 h 参数等效模型及其参数来源如表 2.1.1 所示。

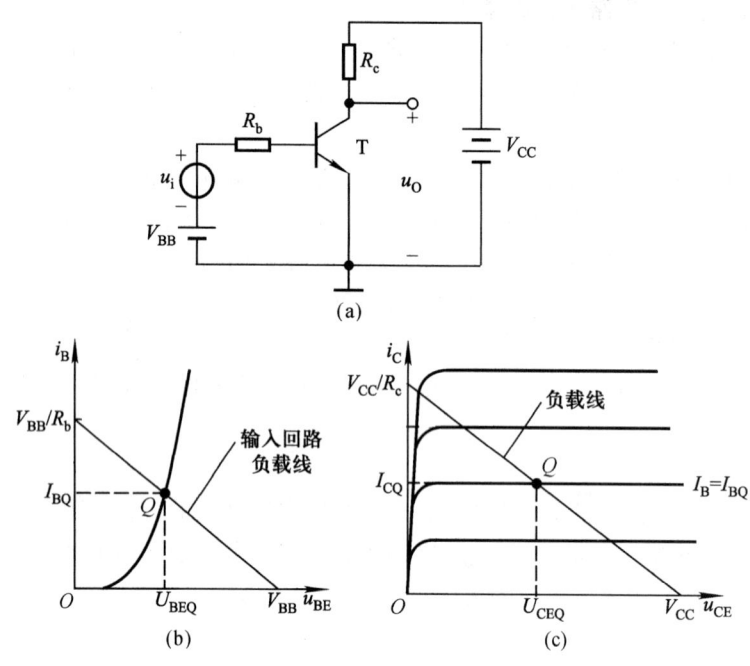

图 2.1.3 图解静态工作点
(a) 基本共射放大电路 (b) 求解 I_{BQ} 和 U_{BEQ} (c) 求解 I_{CQ} 和 U_{CEQ}

表 2.1.1 双极型管和单极型管的简化 h 参数等效模型

放大管	低频小信号模型	参数来源
双极型管 （NPN 和 PNP 管）	（b-c 等效电路：$\dot{U}_{be}$、r_{be}、$\beta\dot{i}_b$、$\dot{U}_{ce}$）	1. 实测 β 2. $r_{be} = r_{bb'} + (1+\beta)\dfrac{26 \text{ mV}}{I_{EQ}}$
单极型管 （结型、绝缘栅 型场效应管）	（g-d 等效电路：$\dot{U}_{gs}$、$g_m\dot{U}_{gs}$）	1. N 沟道结型管的 $g_m = $ $-\dfrac{2}{U_{GS(off)}}\sqrt{I_{DSS}I_{DQ}}$ 2. N 沟道增强型 MOS 的 $g_m = $ $\dfrac{2}{U_{GS(th)}}\sqrt{I_{DO}I_{DQ}}$

2. 求解 $\dot{A}_u$、R_i 和 R_o 的方法和步骤

在利用等效电路法求解 $\dot{A}_u$、R_i 和 R_o 时，应首先画出放大电路的交流通路，并用晶体管简化的 h 参数等效模型取代其中的晶体管，从而得出交流等效电路；然后写出输入电压 $\dot{U}_i$（或信号源

电压 $\dot{U}_s$)和输出电压 $\dot{U}_o$ 的表达式,根据 $\dot{A}_u$(或 $\dot{A}_{us}$)的定义,利用 $\dot{I}_c = \beta \dot{I}_b$,描述出 $\dot{U}_o$ 与 $\dot{U}_i$(或 $\dot{U}_s$)的关系,进而得出 $\dot{A}_u$(或 $\dot{A}_{us}$)的值;最后根据 R_i 和 R_o 的物理意义,观察交流等效电路,得出结论。

图 2.1.3(a)所示基本共射放大电路的交流等效电路如图 2.1.4 所示,因而 $\dot{U}_i = \dot{I}_i(R_b+r_{be}) = \dot{I}_b(R_b+r_{be})$,$\dot{U}_o = -\dot{I}_c R_c = -\beta \dot{I}_b R_c$,所以 $\dot{A}_u$、R_i 和 R_o 为

$$\dot{A}_u = -\frac{\beta R_c}{R_b + r_{be}} \tag{2.1.5}$$

$$R_i = R_b + r_{be} \tag{2.1.6}$$

$$R_o = R_c \tag{2.1.7}$$

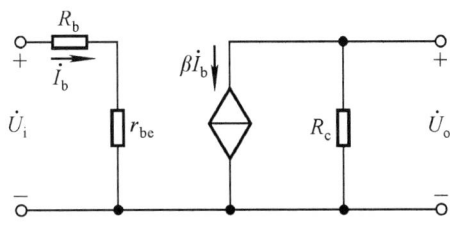

图 2.1.4 基本共射放大电路的交流等效电路

3. 求解最大不失真输出电压 U_{om} 的方法和步骤

图解法可以直观地描述出 Q 点在输出特性坐标系中的位置,因而有利于判断电路在输入信号时是否会产生失真,以及在输入信号增大时电路容易产生截止失真还是饱和失真,故应用图解法可以方便地求解 U_{om}。

对于图 2.1.3(a)所示电路,从图(c)可知,不产生饱和失真的最大输出电压的峰值为($U_{CEQ}-U_{CES}$),不产生截止失真的最大输出电压的峰值为($V_{CC}-U_{CEQ}$)。取($U_{CEQ}-U_{CES}$)和($V_{CC}-U_{CEQ}$)中小者除以 $\sqrt{2}$ 就是最大不失真输出电压。

2.1.4 双极型晶体管基本放大电路

晶体管基本放大电路有共射、共集和共基三种接法。
一、原理电路
在空载情况下三种接法的原理电路及动态参数如表 2.1.2 所示。

表 2.1.2 晶体管基本放大电路的比较

基本接法	共射电路	共集电路	共基电路
原理电路			

续表

基本接法	共射电路	共集电路	共基电路
Q 点	$I_{BQ} = \dfrac{V_{BB}-U_{BEQ}}{R_b}$ $I_{CQ} = \beta I_{BQ}$ $U_{CEQ} = V_{CC} - I_{CQ}R_c$	$I_{BQ} = \dfrac{V_{BB}-U_{BEQ}}{R_b+(1+\beta)R_e}$ $I_{EQ} = (1+\beta)I_{BQ}$ $U_{CEQ} = V_{CC} - I_{EQ}R_e$	$I_{BQ} = \dfrac{V_{BB}-U_{BEQ}}{(1+\beta)R_e}$ $I_{CQ} = \beta I_{BQ}$ $U_{CEQ} = V_{CC} - I_{CQ}R_c + U_{BEQ}$
电压放大倍数	$-\dfrac{\beta R_c}{R_b+r_{be}}$	$\dfrac{(1+\beta)R_e}{R_b+r_{be}+(1+\beta)R_e}$	$\dfrac{\beta R_c}{r_{be}+(1+\beta)R_e}$
电流放大倍数	β	$1+\beta$	$\alpha = \dfrac{\beta}{1+\beta} \approx 1$
输入电阻	$R_b + r_{be}$	$R_b + r_{be} + (1+\beta)R_e$	$R_e + \dfrac{r_{be}}{1+\beta}$
输出电阻	R_c	$R_e \mathbin{/\mkern-6mu/} \dfrac{r_{be}+R_b}{1+\beta}$	R_c
频带	窄	中	宽
用途	一般放大	输入级、输出级	宽频带放大器

二、阻容耦合基本放大电路

在实用电路中,为了使信号源与放大电路、放大电路与负载电阻共地,也为了使负载电阻上无直流分量,常采用阻容耦合放大电路,它们的电路及动态参数如表 2.1.3 所示。其中共基电路是典型的工作点稳定电路,电容 C_2 为旁路电容,在交流通路中可视为短路。

表 2.1.3 阻容耦合晶体管基本放大电路的比较

基本接法	共射电路	共集电路	共基电路
原理电路	(电路图)	(电路图)	(电路图)
Q 点	$I_{BQ} = \dfrac{V_{BB}-U_{BEQ}}{R_b}$ $I_{CQ} = \beta I_{BQ}$ $U_{CEQ} = V_{CC} - I_{CQ}R_c$	$I_{BQ} = \dfrac{V_{BB}-U_{BEQ}}{R_b+(1+\beta)R_e}$ $I_{EQ} = (1+\beta)I_{BQ}$ $U_{CEQ} = V_{CC} - I_{EQ}R_e$	$I_{EQ} = \dfrac{U_{BQ}-U_{BEQ}}{R_e}$ $I_{BQ} = \dfrac{I_{EQ}}{1+\beta}$ $U_{CEQ} \approx V_{CC} - I_{CQ}(R_c+R_e)$

续表

基本接法	共射电路	共集电路	共基电路
交流等效电路			
电压放大倍数	$-\dfrac{\beta(R_c /\!/ R_L)}{r_{be}}$	$\dfrac{\beta(R_e /\!/ R_L)}{r_{be}+(1+\beta)(R_e /\!/ R_L)}$	$\dfrac{\beta(R_c /\!/ R_L)}{r_{be}}$
输入电阻	$R_b /\!/ r_{be} \approx r_{be}$	$R_b /\!/ [r_{be}+(1+\beta)(R_e /\!/ R_L)]$	$R_e /\!/ \dfrac{r_{be}}{1+\beta}$
输出电阻	R_c	$R_e /\!/ \dfrac{r_{be}+R_b /\!/ R_s}{1+\beta}$	R_c

由表可知,共集放大电路的输入电阻可达一百千欧以上,输出电阻可至百欧以下;共基放大电路的输入电阻最小,也可至百欧以下。

三、静态工作点稳定电路

当环境温度变化时,由于晶体管的穿透电流、电流放大系数等参数随之变化使得 Q 点产生变化,造成原本不失真的电路产生失真。由于 r_{be} 与 Q 点相关,由表2.1.1 和表2.1.2 可知,放大电路的多数动态参数又与 r_{be} 有关,因而温度变化动态参数也将随之变化。因此,稳定 Q 点不但可在环境温度变化时使电路不产生失真,而且可减小温度对动态参数的影响。

所谓 Q 点稳定是指在温度变化时 Q 点在晶体管输出特性坐标系中的位置基本不变,为此,在温度升高时要减小 I_{BQ},温度降低时要增大 I_{BQ}。通过引入直流负反馈和温度补偿的方法能够稳定静态工作点。

图 2.1.5(a)、(b) 为典型的静态工作点稳定电路,前者为直接耦合电路,后者为阻容耦合电路,图(c)为它们的直流通路。通常,$I_1 \gg I_{BQ}$,因此基极静态电位

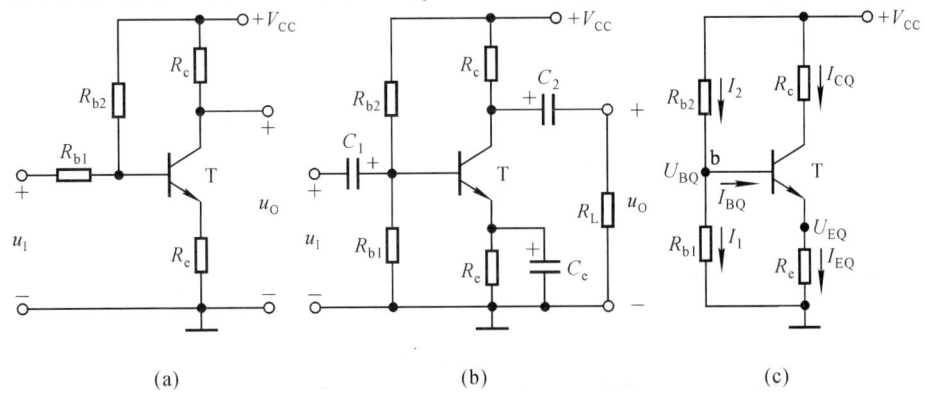

图 2.1.5 典型的静态工作点稳定电路
(a) 直接耦合电路 (b) 阻容耦合电路 (c) 直流通路

$$U_{BQ} \approx \frac{R_{b1}}{R_{b1}+R_{b2}} \cdot V_{CC}$$

U_{BQ} 基本不随温度的变化而变。

静态工作点

$$I_{EQ} = \frac{U_{BQ}-U_{BEQ}}{R_e}, I_{BQ} = \frac{I_{EQ}}{1+\beta}, U_{CEQ} = V_{CC} - I_{CQ}R_c - I_{EQ}R_e$$

电路通过射极电阻 R_e 引入直流负反馈来稳定工作点。若在图 2.1.5(b) 所示电路中 R_{b1} 用负温度系数的热敏电阻或 R_{b2} 用正温度系数的热敏电阻,来实现温度补偿,则 Q 点更加稳定。

图 2.1.5(b) 所示电路的电压放大倍数、输入电阻和输出电阻为

$$\dot{A}_u = -\frac{\beta(R_c /\!/ R_L)}{r_{be}}, R_i = R_{b1} /\!/ R_{b2} /\!/ r_{be}, R_o = R_c$$

若旁路电容开路,则

$$\dot{A}_u = -\frac{\beta(R_c /\!/ R_L)}{r_{be}+(1+\beta)R_e}, R_i = R_{b1} /\!/ R_{b2} /\!/ [r_{be}+(1+\beta)R_e], R_o = R_c$$

$|\dot{A}_u|$ 减小, R_i 增大。

2.1.5 单极型晶体管基本放大电路

场效应管放大电路的共源接法、共漏接法与晶体管放大电路的共射、共集接法相对应,但比晶体管电路输入电阻高、噪声系数低且在同样负载条件下电压放大倍数小,适用于作电压放大电路的输入级。

一、静态工作点的设置方法

根据所用场效应管的类型及其特性,在其输入回路和输出回路分别加合适的直流电源,即可设置合适的静态工作点,组成放大电路。根据表 1.1.3 所示各种场效应管的转移特性和输出特性,或者根据表 1.2.2 所示场效应管三个工作区域的极间电压,可以组成的各种场效应管基本共源放大电路,如图 2.1.6 所示,由于耗尽型 MOS 管电路的栅-源电压可为正值、零或负值,故其输入回路也可加 $+V_{GG}$ 或 $-V_{GG}$。

在实用电路中,常采用自给偏压电路和分压式偏置电路,如图 2.1.7 所示,它们均为阻容耦合电路。在图 2.1.7(a) 中

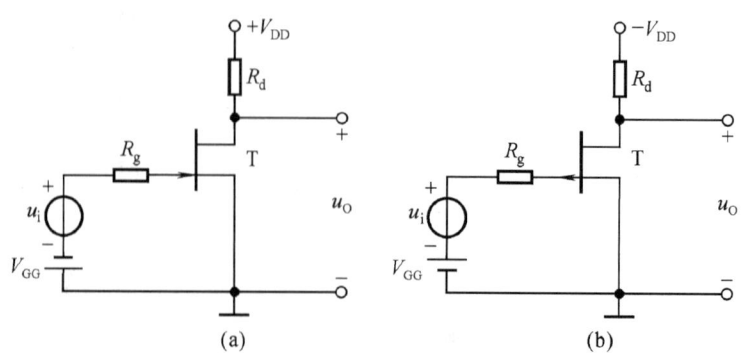

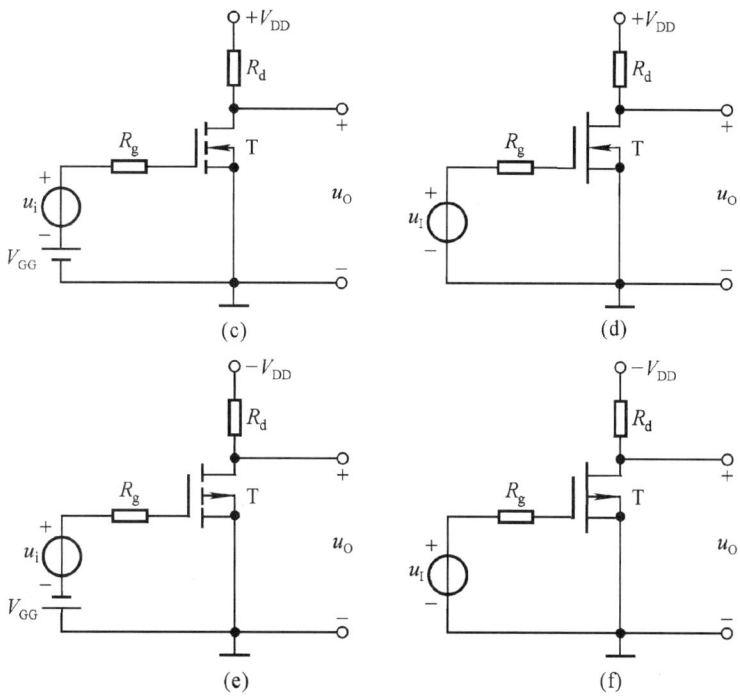

图 2.1.6 场效应管原理性共源放大电路一览

（a）N 沟道结型场效应管共源电路　（b）P 沟道结型场效应管共源电路　（c）N 沟道增强型 MOS 管共源电路　（d）N 沟道耗尽型 MOS 管共源电路　（e）P 沟道增强型 MOS 管共源电路　（f）P 沟道耗尽型 MOS 管共源电路

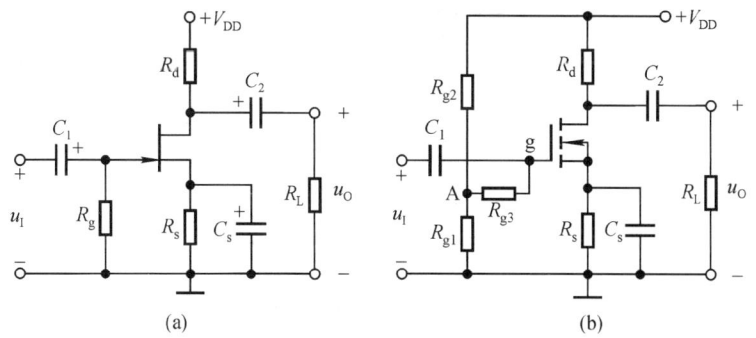

图 2.1.7 场效应管放大电路静态工作点的设置

（a）自给偏压电路　（b）分压式偏置电路

$$\begin{cases} U_{\text{GSQ}} = -I_{\text{DQ}}R_s & (2.1.8a) \\ I_{\text{DQ}} = I_{\text{DSS}}\left(1 - \dfrac{U_{\text{GSQ}}}{U_{\text{GS(off)}}}\right)^2 & (2.1.8b) \\ U_{\text{DSQ}} = V_{\text{DD}} - I_{\text{DQ}}(R_d + R_s) & (2.1.8c) \end{cases}$$

由于在正直流电源供电的情况下,通过源极电阻上的压降使放大管获得负偏压,而得名"自给偏压电路"。

在图 2.1.7(b)中

$$\begin{cases} U_{GSQ} = \dfrac{R_{g1}}{R_{g1}+R_{g2}} \cdot V_{DD} - I_{DQ}R_s & (2.1.9a) \\ I_{DQ} = I_{DO}\left(\dfrac{U_{GSQ}}{U_{GS(th)}} - 1\right)^2 & (2.1.9b) \\ U_{DSQ} = V_{DD} - I_{DQ}(R_d + R_s) & (2.1.9c) \end{cases}$$

由于栅极电位是两个电阻对直流电源的分压,从而得到偏置电压,故称为"分压式偏压"。

二、动态分析

与分析晶体管放大电路相同,画出场效应管放大电路的交流等效电路,根据各动态参数的定义,利用 $\dot{I}_d = g_m \dot{U}_{gs}$ 的关系,即可求出它们的表达式。由 N 沟道增强型 MOS 管组成的基本共源电路、共漏电路及其动态参数如表 2.1.4 所示。

表 2.1.4 场效应管基本放大电路的比较

基本接法	共源电路	共漏电路
原理电路	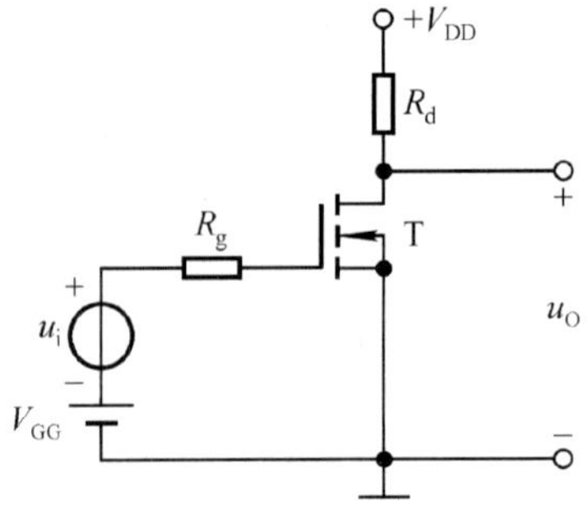	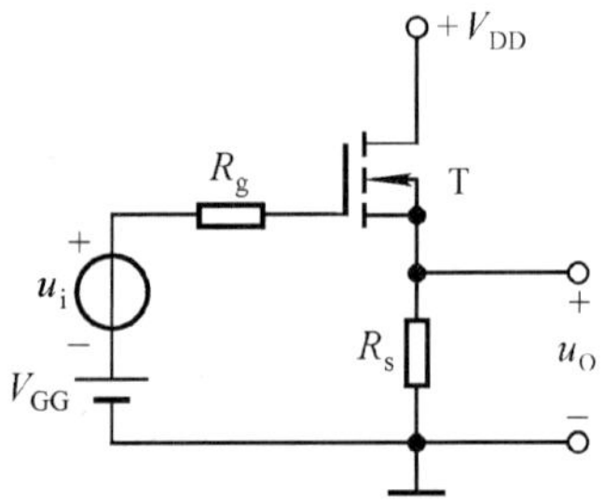
电压放大倍数	$-g_m R_d$	$\dfrac{g_m R_s}{1+g_m R_s}$
输入电阻	∞	∞
输出电阻	R_d	$R_s // \dfrac{1}{g_m}$

在基本放大电路不能满足性能要求时,可将放大管采用复合管结构或两种接法组合的方式构成放大电路,前者可使等效管的电流放大系数约增大到组成它的各管的电流放大系数之积,后者可集中两种接法的优点于一个电路。在单级放大电路不能满足性能要求时,可采用多级放大电路,掌握各种基本放大电路的特点后,就可以在组成多级放大电路时正确地选择各级电路。

2.2 难点释疑

2.2.1 放大电路放大的本质

在物理学中,利用放大镜放大微小物体(光学中的放大),利用杠杆原理用小力移动重物(力学中的放大)和利用变压器将低电压变换为高电压(电学中的放大)等,在放大前后都遵循能量守恒的原则。从现象上看,放大电路和上述放大的对象均为变化量(或说差异),但放大电路放大却与它们有着本质的区别。在放大电路中,负载上获得的能量总是大于信号源提供的能量。因此,放大电路一定具有功率放大的特征,表现为输出电压大于输入电压,或者输出电流大于输入电流,或者二者兼而有之。换言之,不能将"放大"仅理解为电压放大。晶体管三种接法的放大电路虽然均实现了放大,但是共射放大电路既能放大电压又能放大电流,共集放大电路只能放大电流不能放大电压,共基放大电路只能放大电压不能放大电流。

放大电路中负载所获得的能量不是来源于信号源,而是来源于为电路供电的直流电源,可见放大的本质是能量的转换和控制。那么,负载究竟是怎样从直流电源中获得交流功率的呢?在图 2.1.3(a)所示基本共射放大电路中,设静态工作点合适,信号源为晶体管输入回路提供了基极动态电流 i_b,于是产生集电极动态电流 i_c($i_c=\beta i_b$),改变了集电极回路从 V_{CC} 索取的电流,R_c 上电压产生相应的变化,使得管压降产生相反的变化,这个变化就是输出电压。放大电路通过晶体管将直流电源的直流功率转换为交流功率输出,并由输入信号控制直流电源为输出提供交流功率的大小。其它放大电路的原理相类似。放大电路中就是靠晶体管和场效应管来实现能量的控制和转换的。能够控制能量的电子元件是有源元件,因而晶体管和场效应管均为有源元件。

2.2.2 放大电路中的直流量、交流量和瞬时总量

在基本放大电路中,总是交、直流量共存,当有交流信号输入时,放大管各极的电流、电位均为瞬时总量。

图 2.1.3(a)所示基本共射放大电路在不失真情况下输入电压 u_i、$i_B(i_C)$ 和放大管管压降 u_{CE} 的波形如图 2.2.1 所示。以 u_{CE} 为例,在图(c)中,虚线为静态管压降 U_{CEQ},即在直流通路中 c-e 之间的电压;实线的正弦波电压是 c-e 之间电压的交流分量 u_{ce},即在图 2.1.4 所示交流等效电路中 c-e 之间的电压,即输出电压;而在图(c)中所读出波形某一点的纵坐标值则为 c-e 之间电压在这一时刻的瞬时总量 u_{CE}。同理可知图(b)中基极电流 I_{BQ}、i_b、i_B 的物理意义。可见,在交流等效电路中,虽然由于 u_i 为交变信号使得基极回路电流随输入信号的极性有正、负的变化,但在实际电路中基极电流的方向是不变的,只不过在输入信号的正半周期时总量增大、而负半周总量变小而已。

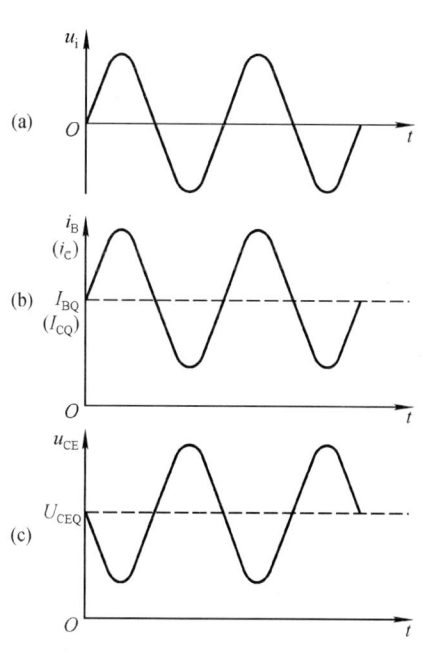

图 2.2.1 共射电路的波形分析

2.2.3 直接耦合基本共射放大电路带负载情况下的分析

若图 2.1.3(a)所示基本共射放大电路与负载的连接方式为直接耦合方式,则如图 2.2.2(a)所示。在分析模拟电子电路时,应特别注意电路分析中的基本定理(如戴维宁定理、诺顿定理、叠加定理等)的应用。

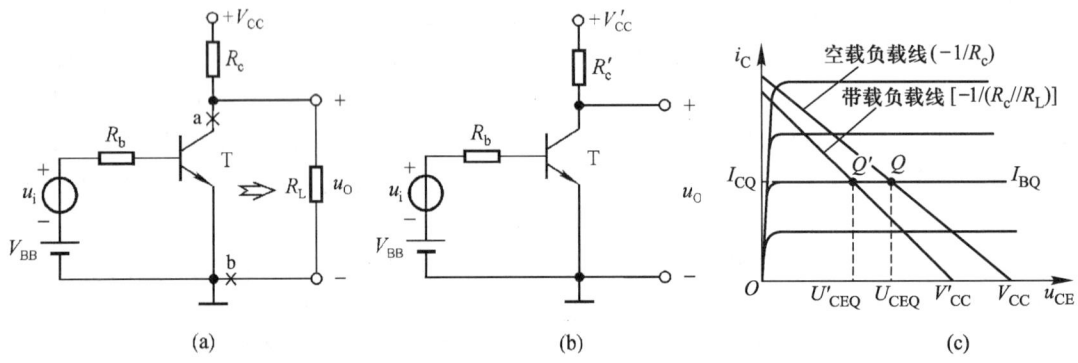

图 2.2.2　基本共射放大电路带负载情况下的分析
（a）基本共射放大电路　（b）等效变换　（c）负载线

在图 2.2.2(a) 所示电路中，若从 a、b 断开（如图中所示），按箭头方向利用戴维宁定理对 V_{CC}、R_c、R_L 所组成的电路进行等效变换，得图 2.2.2(b) 所示电路，其中

$$\begin{cases} V'_{CC} = \dfrac{R_L}{R_c+R_L} \cdot V_{CC} \\ R'_c = R_c /\!/ R_L \end{cases}$$

图 2.2.2(b) 所示电路与图 2.1.3(a) 所示电路形式完全一样，因而其静态工作点与电压放大倍数表达式形式完全一样。Q' 点为

$$\begin{cases} I_{BQ} = \dfrac{V_{BB}-U_{BE}}{R_b} \\ I_{CQ} = \beta I_{BQ} \\ U_{CEQ} = V'_{CC} - I_{CQ} R'_c \end{cases}$$

电压放大倍数

$$\dot{A}_u = -\dfrac{\beta(R_c /\!/ R_L)}{R_b + r_{be}}$$

而且对于直接耦合基本放大电路，直流负载线与交流负载线总是重合的，其空载负载线和带载负载线如图 2.2.2(c) 所示，带负载后静态工作点从 Q 移到 Q'，电压放大倍数的数值减小，而且最大不失真输出电压也产生变化。

2.2.4　放大电路中 Q 点和动态参数的关系

一、Q 点的设置首先应保证电路不失真

放大电路放大的前提是不失真，换言之，若电路已产生失真，则其它的分析将没有意义。因而若所设置的 Q 点在输入信号最大时放大电路既不产生饱和失真又不产生截止失真，则从不失真的角度看该 Q 点是合适的。通常，满足不失真要求的 Q 点不是唯一的，它在直流负载线上有一个范围，因此究竟选择该范围中的哪一点应取决于对动态参数 $\dot{A}_u$、R_i 和 R_o 的要求。

二、Q 点、$\dot{A}_u$、R_i 和 R_o

在晶体管的 h 参数等效电路中

$$r_{be} = r_{bb'} + r_{b'e} = r_{bb'} + (1+\beta)\frac{U_T}{I_{EQ}} \tag{2.2.1}$$

I_{EQ} 为晶体管发射极静态电流。

下面以提高图 2.2.3 所示阻容耦合共射放大电路 $|\dot{A}_u|$ 的方法为例,来说明 Q 点与 $\dot{A}_u$、R_i 和 R_o 的关系。为使问题简单起见,设电路某一参数变化时其余参数不变。

图 2.2.3 所示电路的电压放大倍数为

$$\dot{A}_u = -\frac{\beta(R_c /\!/ R_L)}{r_{be}} \tag{2.2.2}$$

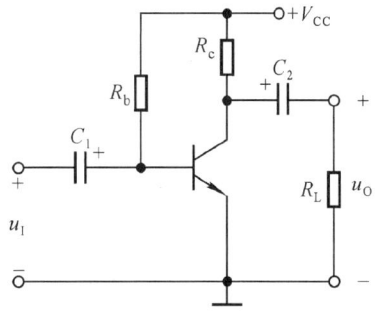

图 2.2.3 阻容耦合共射放大电路

仅从数学式子上看,可以通过增大 β、R_c、R_L 和减小 r_{be} 来增大 $|\dot{A}_u|$,这些方法是否合理且行之有效呢?

(1) R_L 是由用户决定的,通常不宜改变。

(2) 增大 R_c 可使 $|\dot{A}_u|$ 增大。但是需考虑到,一方面由于输出电阻 R_o 为 R_c,增大 R_c 就是增大 R_o,使电路带负载能力变弱;另一方面,当 R_c 远远大于 R_L 时,增大 R_c 对提高电压放大能力将影响不大,而且增大 R_c 会使静态管压降减小,R_c 增大到一定数值电路将产生饱和失真。

(3) 若 $r_{b'e} \gg r_{bb'}$ 且 $\beta \gg 1$,根据式 (2.2.1) 可得

$$r_{be} \approx r_{b'e} = (1+\beta)\frac{U_T}{I_{EQ}} \approx \beta\frac{U_T}{I_{EQ}} \tag{2.2.3}$$

则式 (2.2.2) 可变换为

$$\dot{A}_u \approx -\frac{R_c /\!/ R_L}{U_T / I_{EQ}} \tag{2.2.4}$$

说明换管子增大 β 对 $|\dot{A}_u|$ 影响不大。换言之,在 I_{EQ} 相同的情况下,β 大的管子 r_{be} 也大,只有在不满足式 (2.2.3) 时增大 β 才是有效的方法。同时应注意,增大 β 会使 Q 点沿直流负载线上移,易产生饱和失真。

(4) 减小 R_b 使 I_{BQ} 增大,I_{EQ} 随之增大,r_{be} 必然减小,根据式 (2.2.2) 可知,$|\dot{A}_u|$ 一定增大。从表 2.1.2、2.1.3 可知,电压放大倍数均与 r_{be} 有关,几乎对所有的单管放大电路,减小 r_{be} 都是增大 $|\dot{A}_u|$ 行之有效的方法。但是由于输入电阻 R_i 为 $R_b /\!/ r_{be}$,减小 R_b、r_{be} 将减小 R_i,从而增大从信号源索取的电流;而且减小 R_b 会使 Q 点沿直流负载线上移,易产生饱和失真。

综上所述,各种方法中减小 R_b 是提高图 2.2.3 所示电路电压放大能力的最常用的有效方法。无论用哪种方法均不能顾此失彼,应考虑对 Q 点的影响,以及由于 Q 点变化对输入电阻和输出电阻的影响,只有这些影响在容许的范围内,这种方法才是适用的。上述分析也说明,不能将电子电路中的表达式看成为纯数学式子,应对照电路深入理解式中各物理量的意义及其相互关系。

三、Q 点和 U_{om}

空载时,图 2.2.3 所示阻容耦合共射放大电路的交、直流负载线合二而一,输出电压沿图

2.2.4 中所示直流负载线变化。当静态工作点在 Q_1 处,增大输入电压将首先出现截止失真,这时有

$$U_{om} = \frac{V_{CC} - U_{CEQ}}{\sqrt{2}}$$

Q 点沿直流负载线上移时,最大不失真输出电压 U_{om} 将随之增大,若上移到某一点,有

$$U_{CEQ} - U_{CES} = V_{CC} - U_{CEQ}$$

则 U_{om} 最大,输入电压增大到一定值时电路同时出现截止失真和饱和失真,有

$$U_{om} = \frac{U_{CEQ} - U_{CES}}{\sqrt{2}} = \frac{V_{CC} - U_{CEQ}}{\sqrt{2}}$$

若 Q 点再继续上移则 U_{om} 将减小,上移至 Q_2 时,增大输入电压将首先出现饱和失真,有

$$U_{om} = \frac{U_{CEQ} - U_{CES}}{\sqrt{2}}$$

在带负载的情况下,求解 U_{om} 时,应首先画出放大电路的交流负载线,如图 2.2.4 所示,其斜率为 $-1/R'_L$($R'_L = R_c /\!/ R_L$)且过 Q 点,与横轴的交点为($U_{CEQ} + I_{CQ}R'_L$, 0),输出电压将沿交流负载线变化。输出电压不产生饱和失真的最大幅值 U_{omax1} 为($U_{CEQ} - U_{CES}$),输出电压不产生截止失真的最大幅值 U_{omax2} 为 $I_{CQ}R'_L$。

若 $U_{omax1} < U_{omax2}$,说明当输入电压增大时电路首先出现饱和失真,则

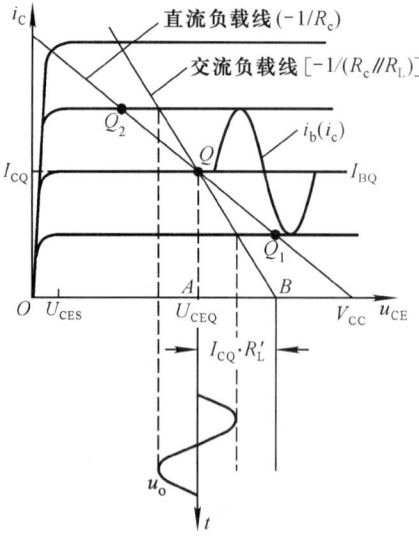

图 2.2.4 阻容耦合共射放大电路的直流负载线和交流负载线

$$U_{om} = \frac{U_{CEQ} - U_{CES}}{\sqrt{2}}$$

若 $U_{omax1} > U_{omax2}$,说明当输入电压增大时电路首先出现截止失真,则

$$U_{om} = \frac{I_{CQ}R'_L}{\sqrt{2}}$$

当 $U_{CEQ} - U_{CES} = I_{CQ}R'_L$,即 Q 点约在交流负载线中点时 U_{om} 最大,为

$$U_{om} = \frac{U_{CEQ} - U_{CES}}{\sqrt{2}} = \frac{I_{CQ}R'_L}{\sqrt{2}}$$

综上所述，U_{om} 随 Q 点的变化而变，应根据交流负载线求解阻容耦合共射放大电路的 U_{om}。对于任何放大电路，使 U_{om} 最大的 Q 点是唯一的。

应当指出，直接耦合共射放大电路直流负载线和交流负载线总是重合的，因而其 U_{om} 的分析方法与阻容耦合共射放大电路空载时相同。

2.2.5 NPN 型管和 PNP 型管共射放大电路的失真分析

NPN 型管基本共射放大电路如图 2.2.5(a) 所示，其输出电压与输入电压反相。u_{CE} 中的动态电压就是输出电压，因而可通过 u_{CE} 判断输出电压的失真情况。设晶体管的饱和管压降和穿透电流均为零。由于集电极电阻上电压 u_{R_c} 与管压降 u_{CE} 之和等于电源电压 V_{CC}，是常量，所以当输入如图 2.2.5(b) 所示正弦波电压 u_i 时，若在 u_i 正半周峰值附近的一段时间内，u_{CE} 不能随 u_i 线性变化，u_{CE} 趋于零，底部失真，则为饱和失真，如图(c)所示；若在 u_i 负半周峰值附近的一段时间内，u_{CE} 不能随 u_i 线性变化，u_{CE} 趋于 V_{CC}，顶部失真，则为截止失真，如图(d)所示。

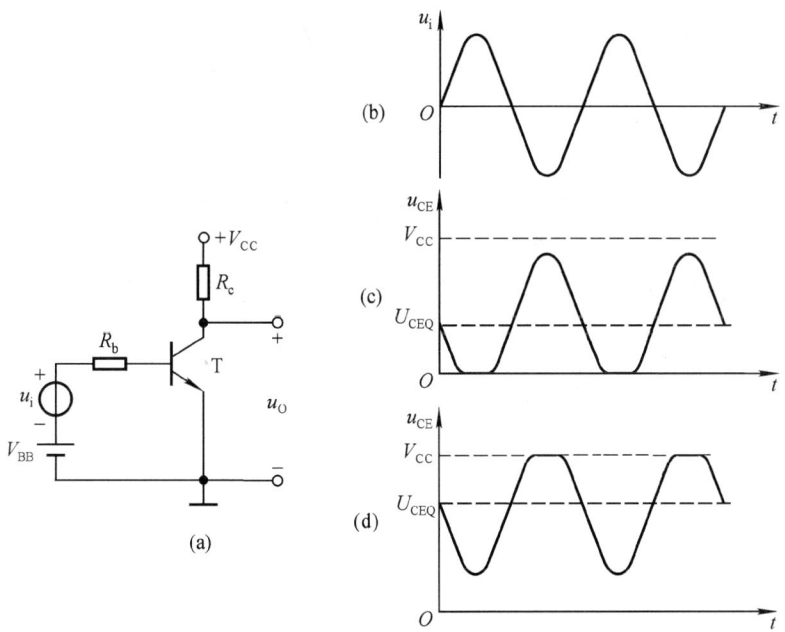

图 2.2.5 NPN 型管基本共射放大电路的失真分析

对于图 2.2.6(a) 所示 PNP 型管共射放大电路，应如何从 u_{CE} 的波形来判断其失真的性质呢？由图可知，集电极电阻上电压 u_{R_c} 与管压降 u_{CE} 之和等于电源电压 $-V_{CC}$，是常量，$u_{CE}<0$。在不失真的情况下，在 u_i 的正半周，晶体管的基极回路电压为 $(-V_{BB}+u_i)$，使 $|i_B|$ 小于 $|I_{BQ}|$，$|i_C|$ 与 R_c 上电压随 $|i_B|$ 成线性变化，因而 $|u_{CE}|$ 大于 $|U_{CEQ}|$，即集电极电位向 $-V_{CC}$ 变化；同理，在 u_i 的负半周时，上述各物理量均向相反方向变化。可见，PNP 型管共射放大电路的输出电压也与输入电压反相。设 u_i 波形如图(b)所示，晶体管的饱和压降和穿透电流均为零，在 u_i 的正半周峰值附近，

若$|u_{CE}|$增大到接近V_{CC},波形底部失真,则为截止失真,如图(c)所示;若$|u_{CE}|$减小到接近零,波形顶部失真,则为饱和失真,如图(d)所示。

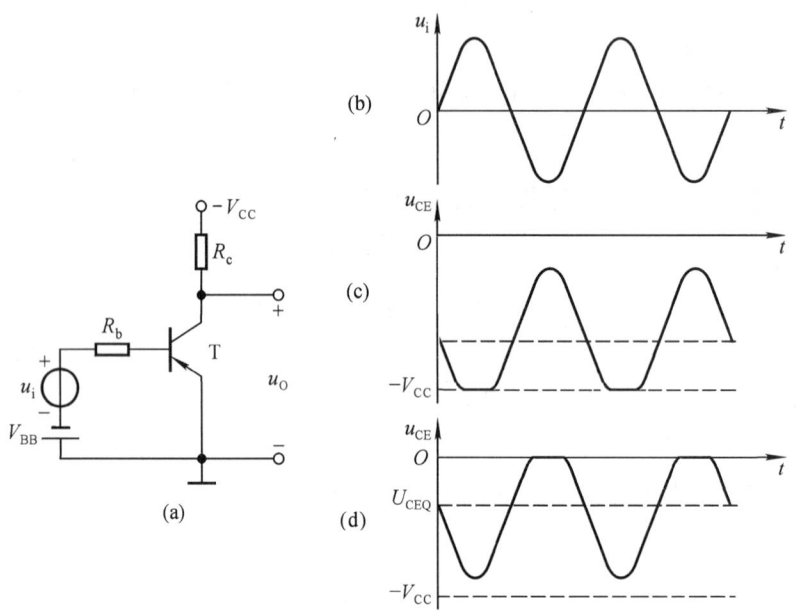

图 2.2.6　PNP 型管基本共射放大电路的失真分析

利用上述方法可以分析其它由不同类型管子作放大管的基本放大电路$\dot{U}_o$与$\dot{U}_i$的相位关系以及波形失真的性质。综上所述可知:

(1)$\dot{U}_o$与$\dot{U}_i$的相位关系只和放大电路的基本接法有关,与所用放大管是 NPN 型管还是 PNP 型管无关,共射放大电路$\dot{U}_o$与$\dot{U}_i$反相。类似分析可得共源放大电路$\dot{U}_o$与$\dot{U}_i$反相,共基、共集、共漏、共栅放大电路$\dot{U}_o$与$\dot{U}_i$同相。

(2)同种接法的放大电路,在输出波形相同时,会因为所用放大管的类型不同而失真性质不同。例如,共射放大电路的输出电压底部失真,若用 NPN 型管作放大管则为饱和失真,若用 PNP 型管作放大管则为截止失真。

2.2.6　放大电路基本接法的识别

晶体管放大电路有共射、共集和共基三种接法,场效应管有共源、共漏和共栅三种接法,不同接法的电路具有不同的特点,也就具有不同的适用场合,因而判断电路属于哪种基本接法是判断其基本性能的基础。

对于实用电路,常常不采用观察晶体管或场效应管哪个极接"地"的方法来判断其接法,因为在不少电路中放大管的三个极都不直接接"地"。例如,在图 2.1.5(a)所示电路中就是如此。通常,可通过信号的传递方式,即看输入信号作用于哪个极和输出信号通过哪个极作用于负载来判断基本接法,如表 2.2.1 所示。

表 2.2.1 基本放大电路接法的判断

基本接法	双极型晶体管		基本接法	单极型晶体管	
	输入端	输出端		输入端	输出端
共射	b	c	共源	g	d
共集	b	e	共漏	g	s
共基	e	c	共栅	s	d

2.3 例题精解

本章习题的常见类型为：
(1) 对放大电路基本概念的理解。
(2) 单管放大电路的组成方法及电子电路能否放大动态信号的判断。
(3) 各种基本放大电路的性能特点及其选用。
(4) 放大电路的直流通路和交流通路的求解。
(5) 共射、共集、共基、共源、共漏放大电路静态和动态的分析方法。
(6) 基本放大电路失真的判断及消除失真的方法，最大不失真输出电压的求解方法。
(7) 单管放大电路基本接法（属于哪种基本放大电路）的判断。

2.3.1 放大电路的基本概念

放大电路的基本概念：放大，有源元件，直流通路和交流通路，静态工作点，截止失真和饱和失真，动态参数电压放大倍数、输入电阻、输出电阻、最大不失真输出电压、下限频率、上限频率和通频带，晶体管和场效应管的 h 参数等效模型，放大电路的交流等效电路。

【例 2.3.1】 在图 2.3.1 所示电路中，已知晶体管的 $\beta=100$，$r_{be}=1\ \text{k}\Omega$；静态时 $U_{BEQ}=0.7\ \text{V}$，$U_{CEQ}=6\ \text{V}$，$I_{BQ}=20\ \mu\text{A}$；输入电压 $=20\ \text{mV}$；耦合电容对交流信号可视为短路。判断下列结论是否正确，凡对的在括号内打"√"，否则打"×"。

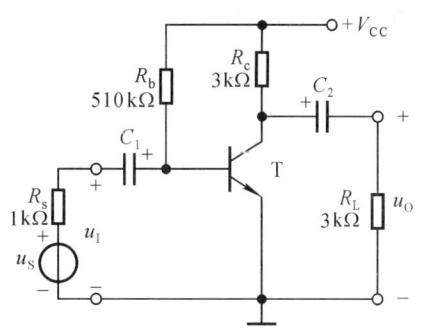

图 2.3.1 例 2.3.1 电路图

(1) 电路的电压放大倍数

① $\dot{A}_u = \dfrac{U_{CEQ}}{\dot{U}_i} = -\dfrac{6}{20\times 10^{-3}} = -300$ (   )

② $\dot{A}_u = \dfrac{U_{CEQ}}{U_{BEQ}} = -\dfrac{6}{0.7} \approx -8.57$ (   )

③ $\dot{A}_u = -\dfrac{\beta R_c}{r_{be}} = -\dfrac{100\times 3}{1} = -300$ (   )

④ $\dot{A}_u = -\dfrac{\beta(R_c /\!/ R_L)}{r_{be}} = -\dfrac{100\times 1.5}{1} = -150$ (   )

（2）电路的输入电阻

① $R_i = \dfrac{\dot{U}_i}{I_{BQ}} = \dfrac{20}{20}$ kΩ = 1 kΩ（   ） ② $R_i = \dfrac{U_{BEQ}}{I_{BQ}} = \dfrac{0.7}{0.02}$ kΩ = 35 kΩ（   ）

③ $R_i = R_b // r_{be} \approx 1$ kΩ（   ） ④ $R_i = R_s + R_b // r_{be} \approx 2$ kΩ（   ）

（3）电路的输出电阻

① $R_o = R_c // R_L \approx 1.5$ kΩ（   ） ② $R_o = R_c = 3$ kΩ（   ）

③ $R_o = \dfrac{U_{CEQ}}{I_{CQ}} = \dfrac{6}{100 \times 0.02 \times 3}$ kΩ = 1 kΩ

（4）信号源的电压有效值

① $U_s \approx U_i = 20$ mV（   ） ② $U_s = \dfrac{R_s + R_i}{R_i} \cdot U_i \approx 40$ mV（   ）

提示：本题考查是否掌握放大电路的静态和动态的概念，以及各个动态参数的物理意义。

在大多数放大电路中，总是直流电源和信号源同时作用。直流电源决定静态工作点，需用直流通路求解。信号源为电路的输入回路提供动态电流和电压，通过放大电路对能量的控制和转换作用使负载从直流电源获得放大了的动态信号。电压放大倍数、输入电阻和输出电阻均为动态参数，需用交流等效电路求解。

混淆静态和动态的概念而误用静态参数求解动态参数和不能正确理解各个动态参数的物理意义是在本题中得出错误结论的根本原因。

解：为了得到正确结论，可首先画出图 2.3.1 所示电路的交流等效电路，如图 2.3.2 所示；然后按各动态参数的定义分别求解它们的数值，来判断结论的正确与否。

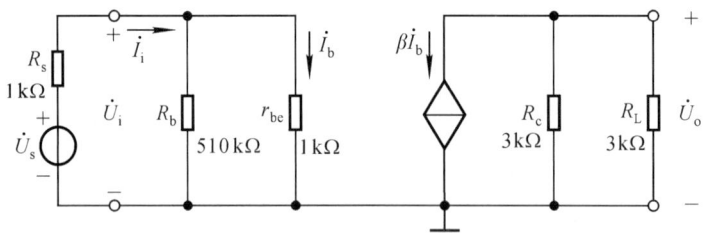

图 2.3.2　例 2.3.1 电路的交流等效电路

由图可得

$$\dot{A}_u = -\dfrac{\beta(R_c // R_L)}{r_{be}} = -150, \quad R_i = R_b // r_{be} \approx 1 \text{ kΩ}, \quad R_o = R_c = 3 \text{ kΩ}$$

（1）①、②均用静态量求解 $\dot{A}_u$，故不正确。当电路带负载时，输出电压应为考虑了负载作用的 $\dot{U}_o$，③为空载时的 $\dot{A}_u$，故也不正确。

结论：①×、②×、③×、④√。

（2）①、②均用静态量求解 R_i，故不正确；放大电路的输入电阻 R_i 是放大电路自身的参数，与信号源内阻 R_s 无关，故④也不正确。

结论：①×、②×、③√、④×。

（3）输出电阻 R_o 是放大电路自身的参数，与负载电阻 R_L 无关，故①不正确；③用静态量求解 R_o，故也不正确。

结论：①×，②√，③×。

（4）从图 2.3.2 可知，U_i 是 U_s 在 R_s 和 R_i 回路中 R_i 所得的电压。故①×，②√。

2.3.2 放大电路的组成原则

放大电路能够放大交流信号的基本条件，一是能够设置合适的静态工作点 Q，即有合适极性和数值的直流电源，以及放大管输入回路和输出回路合适阻值的外接电阻；二是交流信号能够作用于放大管的输入回路，并能够控制输出回路的信号作用于负载，即在交流通路中信号能顺利传递，没有短路和断路的地方。

【**例 2.3.2**】 试判断图 2.3.3 所示各电路是否可能放大交流信号。

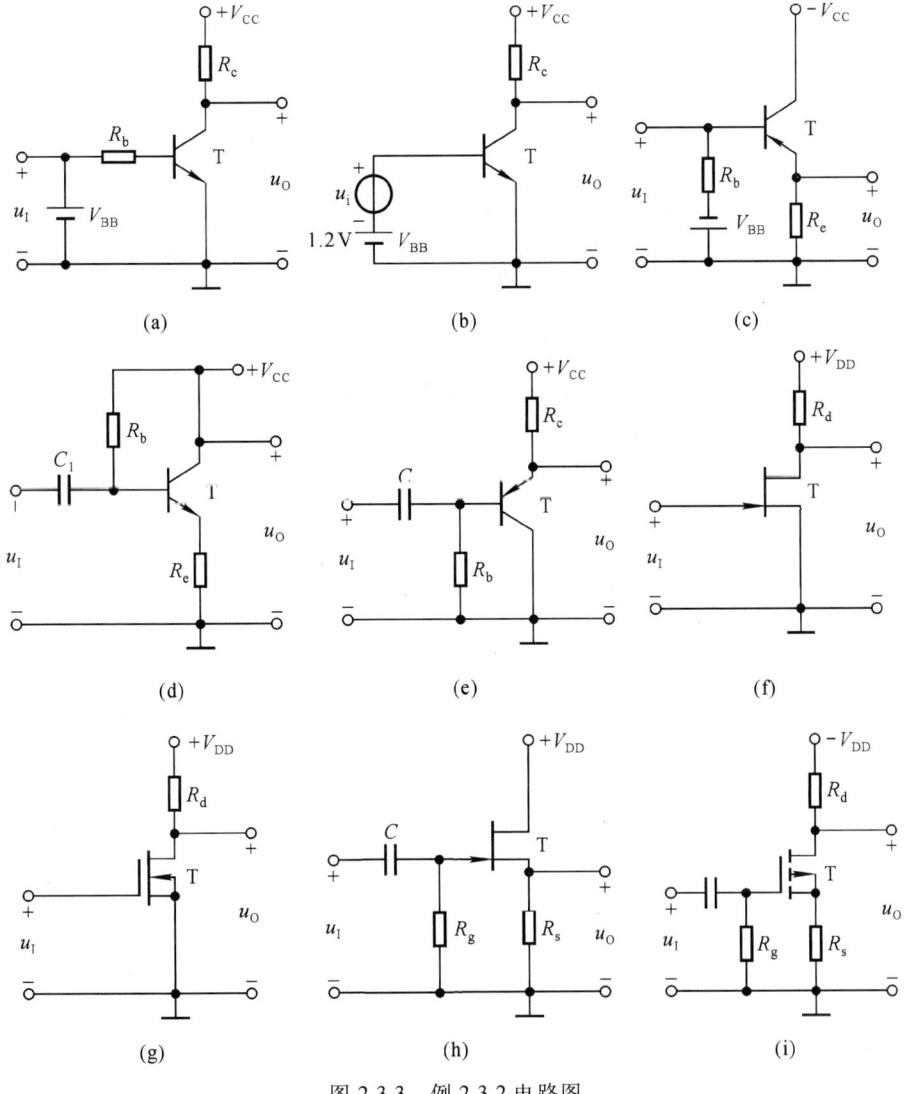

图 2.3.3 例 2.3.2 电路图

提示：本题虽然每个电路都比较简单，但涉及放大电路关于放大的本质、放大的基本特征、对放大电路的基本要求、静态工作点的设置、放大电路的交直流通路等多个基本问题，因而带有一定的综合性。

分析此类题目时，应能根据放大管的类型判断设置 Q 点需加的直流电源，以及电路的交、直流通路，并应建立下列正确的概念：

（1）放大的本质是利用有源元件（晶体管和场效应管）实现能量的控制和转换。负载电阻的能量主要取自于直流电源，而不是信号源和有源元件。

（2）对放大电路的基本要求是不失真地放大。在基本放大电路中，动态信号总是驮载在直流量之上，且只有在信号的整个周期内晶体管始终工作在放大区，场效应管始终工作在恒流区，输出信号才不失真。因此必须设置合适的 Q 点。

（3）为了设置合适的 Q 点，需根据晶体管工作在放大区的条件和场效应管工作在恒流区的条件外加合适的直流电源，而且管子输出回路的直流电源也是负载电阻的供电电源。为限制晶体管输入回路的电流，需在回路中串联合适的电阻；为使放大管有合适的管压降，并将输出电流的变化转换为电压的变化，也需在输出回路中串联合适的电阻。

（4）直流电源和信号源所产生电流流经的通路不完全相同，直流通路和交流通路是为了分析放大电路而引入的；交流通路不是实际工作电路，没有直流电源放大电路不能工作。

解：电路（a）：V_{BB} 为理想的直流电源，内阻为零。因而 V_{BB} 将输入信号短路，故不可能放大。

电路（b）：静态时 $U_{BEQ}=V_{BB}=1.2\text{ V}$，输入回路中没有限流电阻，发射结会因电流过大而损坏，故不可能放大。

电路（c）：观察图示电路的直流通路可知，V_{BB} 不能为晶体管设置合适的偏置电压，输入信号为零时晶体管截止，输入信号不能驮载在直流分量之上。因此，当输入信号较小时输出信号为零，而当输入信号较大时输出信号严重失真，故该电路不可能放大。

电路（d）：输出电压因被 V_{CC} 短路而恒等于零，故不可能放大。

电路（e）：电路能够放大交流信号，但因从射极输出，故仅放大电流，不放大电压。

电路（f）：放大管为 N 沟道结型场效应管。由于 g-s 间的电压可能大于零，耗尽层处于正偏，使管子失去输入等效电阻大的特点，故电路不合理，不能作为放大电路。

电路（g）：放大管为 N 沟道耗尽型 MOS 管。静态时 $U_{GSQ}=0$，且漏极电源极性合适，交流信号无短路和断路情况，故能够放大交流信号。

电路（h）：放大管为 N 沟道结型场效应管，电路采用源极输出形式。静态时 g-s 间可以获得负偏压，交流信号无短路和断路情况，故能够放大交流信号。

电路（i）：放大管为 P 沟道增强型 MOS 管，开启电压 $U_{GS(th)}<0$，而栅极静态电位为 0，U_{GSQ} 不可能小于开启电压，管子处于截止状态，故不可能放大交流信号。

【**例 2.3.3**】 未画完的单管放大电路如图 2.3.4 所示，试将合适的双极型管或单极型管作为放大管接入电路，使之能够正常放大。要求给出可能的所有方案，并分别说明它们是哪种基本放大电路。

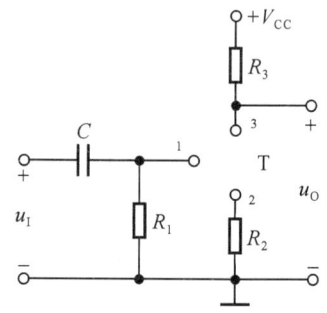

图 2.3.4　例 2.3.3 电路图

提示：本题考查是否掌握由不同类型管子作放大管时放大电路设置静态工作点的方法，并能灵活运用。

从图 2.3.4 可知，信号源与放大电路采用阻容耦合方式，放大电路的输出采用直接耦合方式，放大管的三个极没有短路和断路，因而只要所用放大管的输入回路有合适的偏置，输出回路有电流通路，即能够设置合适的静态工作点，电路就能正常放大。

解：(1) 考虑采用双极型管的情况：静态时，若直流电源作用于双极型管的输入和输出均能形成电流回路，就可能设置合适的 Q 点。NPN 型管无论三个极怎样接入，都不能形成基极电流，故不能作为该电路的放大管。而将 PNP 型管接入电路，如图 2.3.5(a) 所示，可以建立合适的 Q 点，故能正常放大。

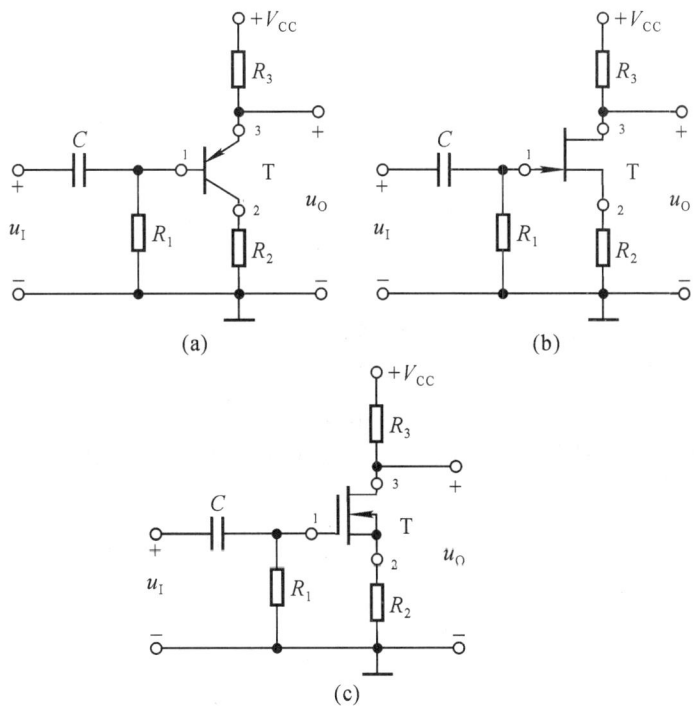

图 2.3.5　例 2.3.3 解电路图

(2) 考虑采用单极型管的情况：若采用 P 沟道场效应管，则无论源极、栅极和漏极如何接，管子都不可能工作在恒流区，所以不能正常放大。考虑采用 N 沟道场效应管，若栅极接 2，则无论漏极和源极如何接，由于栅极静态电位为零，增强型 MOS 管都不可能工作在恒流区，故不能正常放大。

若采用 N 沟道结型场效应管，则可构成自给偏压式电路，能够设置合适的静态工作点，如图 2.3.5(b) 所示，能够正常放大。若采用 N 沟道耗尽型 MOS 管，则栅-源之间可得负偏压，如图 2.3.5(c) 所示，具有合适的静态工作点，能够正常放大。

图(a) 所示为共集放大电路，图(b)、(c) 所示均为共源放大电路。

2.3.3 双极型晶体管放大电路的分析与估算

放大电路的分析总是遵循"先静态,后动态"的顺序进行,不管题目是否要求求解静态工作点,都应首先求出 Q 点,只有确定晶体管工作在放大区,动态分析才有意义。

静态分析时应利用放大电路的直流通路,采用估算法和图解法求解 Q 点。

动态分析时应利用放大电路的交流等效电路,根据定义求出放大电路的放大倍数、输入电阻和输出电阻。

此外,因图解法直观形象,故适于分析放大电路的失真情况和最大不失真输出电压。

一、共射放大电路的分析和估算

【例 2.3.4】 电路如图 2.3.6 所示,已知晶体管 $\beta=100$,$r_{bb'}$ 为 $100\ \Omega$,静态时 $U_{BEQ}=0.7\ \text{V}$,饱和管压降 $U_{CES}=0.5\ \text{V}$。

(1) 静态时集电极电位 $U_{CQ}\approx$?

(2) 若输入的交流电压有效值为 $10\ \text{mV}$,则输出电压的有效值 $U_o\approx$?

(3) 当增大输入电压时,电路首先出现饱和失真还是截止失真?输出电压的波形是顶部失真还是底部失真?最大不失真输出电压的有效值 $U_{om}\approx$?

提示:掌握放大电路静态工作点和动态参数的估算方法是本课程的基本要求。

在直接耦合放大电路中,由于负载电阻 R_L 存在于直流通路之中,而影响晶体管的静态管压降 U_{CEQ}。通常,首先利用戴维宁定理进行等效变换,然后再求解 Q 点和动态参数。

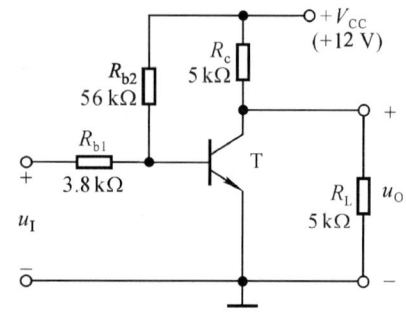

图 2.3.6 例 2.3.4 电路图

解:(1) 首先画出图 2.3.6 所示电路的直流通路,并利用戴维宁定理将其输出回路等效变换,如图 2.3.7(a) 所示。V'_{CC} 和 R'_L 分别为

$$V'_{CC}=\frac{R_L}{R_c+R_L}\cdot V_{CC}=\frac{5}{5+5}\times 12\ \text{V}=6\ \text{V}$$

$$R'_L=R_c\ //\ R_L=\frac{1}{1/5+1/5}\ \text{k}\Omega=2.5\ \text{k}\Omega$$

由图可知,静态时基极电流等于 R_{b2} 中电流与 R_{b1} 中电流之差,即

$$I_{BQ}=\frac{V_{CC}-U_{BEQ}}{R_{b2}}-\frac{U_{BEQ}}{R_{b1}}=\left(\frac{12-0.7}{56}-\frac{0.7}{3.8}\right)\text{mA}\approx 0.017\ 6\ \text{mA}$$

集电极电流和电位为

$$I_{CQ}=\beta I_{BQ}\approx 100\times 0.017\ 6\ \text{mA}=1.76\ \text{mA}$$

$$U_{CQ}=U_{CEQ}=V'_{CC}-I_{CQ}R'_L\approx(6-1.76\times 2.5)\ \text{V}=1.6\ \text{V}$$

(2) 首先画出图 2.3.6 所示电路的交流等效电路,如图 2.3.7(b) 所示;然后求出 r_{be},再求出 $\dot{A}_u$,将其绝对值乘以输入电压有效值,即可得到输出电压有效值。

$$r_{be}=r_{bb'}+(1+\beta)\frac{26\ \text{mV}}{I_{EQ}}=r_{bb'}+\beta\cdot\frac{26\ \text{mV}}{I_{CQ}}\approx\left(100+\frac{101\times 26}{1.76}\right)\Omega\approx 1.59\ \text{k}\Omega$$

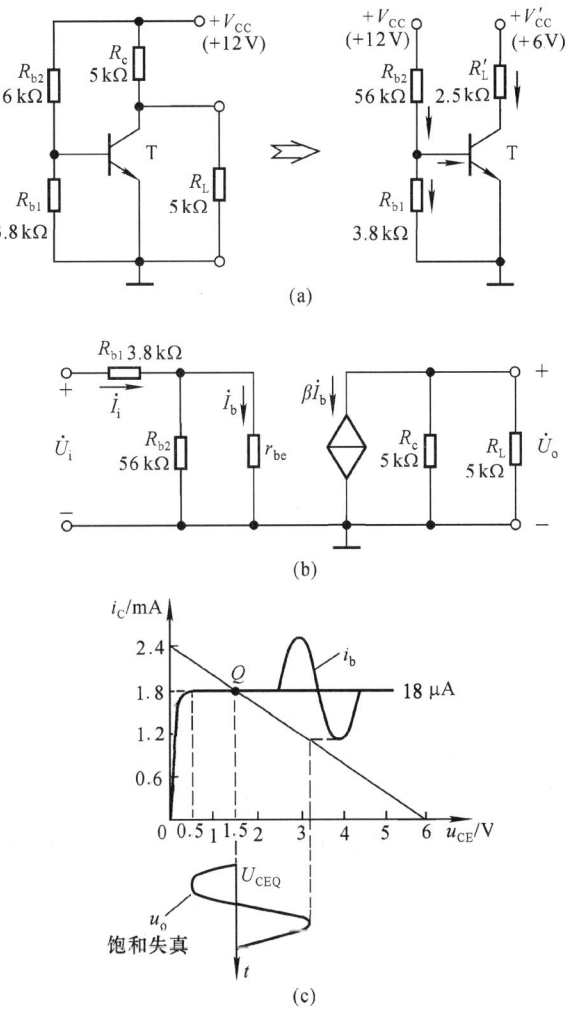

图 2.3.7 例 2.3.4 解图

由于 $R_{b2} \gg r_{be}$,$\dot{U}_i = \dot{I}_i(R_{b1}+R_{b2}/\!/r_{be}) \approx \dot{I}_b(R_{b1}+r_{be})$,电压放大倍数

$$\dot{A}_u = \frac{\dot{U}_o}{\dot{U}_i} \approx -\frac{\beta(R_c/\!/R_L)}{R_{b1}+r_{be}} \approx -\frac{100\times 2.5}{3.8+1.58} \approx -46.5$$

输出电压有效值 $U_o = |\dot{A}_u|U_i \approx (46.5\times 10)$ mV $= 465$ mV

(3) 为了求出 U_{om},取 $I_{BQ} \approx 18$ μA,根据 $\beta = 100$ 此时 $I_{CQ} \approx 1.8$ mA,$U_{CEQ} \approx 1.5$ V,作 $I_B = I_{BQ}$ 的输出特性曲线,并根据图 2.3.7(a)的右图作负载线,如图(c)所示,得到 Q 点,如图中所标注。

由于输出为直接耦合方式,该电路的直流负载线和交流负载线为一条。根据 Q 点位置可知,在输入信号增大到一定幅值时电路首先出现饱和失真,输出电压的波形底部失真。

定性画出输出电压失真的波形,如图(c)所示。

最大不失真输出电压的峰值

$$U_{\text{omax}} = U_{\text{CEQ}} - U_{\text{CES}} = (1.5-0.5)\ \text{V} = 1\ \text{V}$$

因而其有效值为

$$U_{\text{om}} = \frac{U_{\text{omax}}}{\sqrt{2}} \approx \left(\frac{1}{\sqrt{2}}\right)\ \text{V} \approx 0.707\ \text{V}$$

【例 2.3.5】 若将图 2.3.6 所示电路中的 NPN 型管换成 PNP 型管,直流电源 $+V_{\text{CC}}$ 换成 $-V_{\text{CC}}$,$U_{\text{BEQ}} = -0.7\ \text{V}$,其它参数不变,则例 2.3.4 中所分析的结论有哪些产生改变? 如何改变?

提示:本题考查是否理解 PNP 型管共射放大电路的工作原理和分析方法。由于各种教科书中多以 NPN 型管放大电路为例来讲述放大原理和分析方法,因此,若不能掌握其本质,举一反三,则不能很好地分析 PNP 型管放大电路。

根据放大电路的组成原则,若将图 2.3.6 所示电路中的 NPN 型管换成 PNP 型管,并将直流电源 $+V_{\text{CC}}$ 换成 $-V_{\text{CC}}$,其它参数不变,电路能够正常放大,且例 2.3.4 的分析中所得的数值均不变,但有些物理量的极性产生变化。

解:(1) 经戴维宁定理等效变换后 $V'_{\text{CC}} = -6\ \text{V}$。PNP 型管的基极电流从发射极流向基极,集电极电流从发射极流向集电极,静态时 $I_{\text{BQ}} \approx 0.017\ 6\ \text{mA}$,$I_{\text{CQ}} \approx 1.76\ \text{mA}$,集电极电位

$$U_{\text{CQ}} \approx -1.6\ \text{V}$$

(2) 电压放大倍数不变,因此在输入电压有效值为 10 mV 时输出电压有效值仍为 $U_{\text{o}} \approx 465\ \text{mV}$。

(3) 在输入信号增大到一定幅值时电路仍首先出现饱和失真,但输出电压的波形是顶部失真。最大不失真输出电压有效值仍为 $U_{\text{om}} \approx 0.707\ \text{V}$。

【例 2.3.6】 电路如图 2.3.8 所示,晶体管的 $\beta = 100$,$r_{\text{be}} = 1.5\ \text{k}\Omega$;静态时 $U_{\text{BEQ}} = 0.7\ \text{V}$;所有电容对于交流信号均可视为短路。

(1) 求解 Q 点、$\dot{A}_u$、R_i、R_o 和 $\dot{A}_{us}$;

(2) 当输入信号增大时,空载和带 3 kΩ 负载两种情况下各首先出现饱和失真还是截止失真?

(3) 若 C_3 开路,则 Q 点、$\dot{A}_u$、R_i 和 R_o 中哪些参数将产生变化? 变为多少?

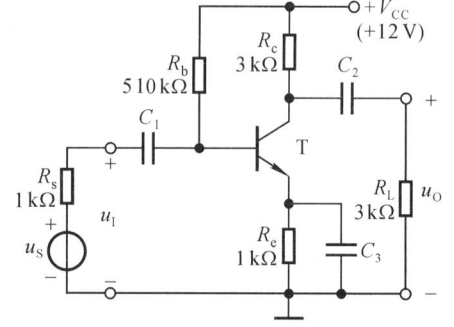

图 2.3.8 例 2.3.6 电路图

提示:本题属于基本题目,很直接地考查是否掌握阻容耦合共射放大电路的分析方法,以及发射极电阻有、无旁路电容时对放大电路性能指标的影响。

解:(1) 断开所有电容,就可得图示电路的直流通路。列出晶体管基极和集电极回路方程,如下

$$V_{\text{CC}} = I_{\text{BQ}}R_b + U_{\text{BEQ}} + I_{\text{EQ}}R_e$$
$$V_{\text{CC}} = I_{\text{CQ}}R_c + U_{\text{CEQ}} + I_{\text{EQ}}R_e$$

Q 点为

$$I_{\text{BQ}} = \frac{V_{\text{CC}} - U_{\text{BEQ}}}{R_b + (1+\beta)R_e} = \left(\frac{12-0.7}{510+101\times 1}\right)\ \text{mA} \approx 0.018\ 5\ \text{mA}$$

$$I_{\text{CQ}} = \beta I_{\text{BQ}} \approx (100 \times 0.018\ 5)\ \text{mA} = 1.85\ \text{mA}$$

$$U_{CEQ}=V_{CC}-I_{CQ}R_c-I_{EQ}R_e \approx V_{CC}-I_{CQ}(R_c+R_e)$$
$$\approx (12-1.85\times 4) \text{ V}=4.6 \text{ V}$$

图 2.3.8 所示电路的交流等效电路如图 2.3.9(a)所示。$\dot{A}_u$、R_i、R_o 和 $\dot{A}_{us}$ 为

$$\dot{A}_u=-\frac{\beta(R_c /\!/ R_L)}{r_{be}}=-\frac{100\times\dfrac{1}{1/3+1/3}}{1.5}=-100$$

$$R_i=R_b /\!/ r_{be} \approx r_{be}=1.5 \text{ k}\Omega$$

$$R_o=R_c=3 \text{ k}\Omega$$

$$\dot{A}_{us}=\frac{R_i}{R_s+R_i}\cdot \dot{A}_u=\frac{1.5}{1+1.5}\times(-100)=-60$$

(2) 图 2.3.8 所示电路的直流负载线的斜率为 $-[1/(R_c+R_e)]$,与横轴的交点为 (12,0);交流负载线的斜率为 $-[1/(R_c /\!/ R_L)]$,与横轴的交点为 $[U_{CEQ}+I_{CQ}(R_c /\!/ R_L),0]$,约为 (7.4,0);如图 2.3.9(b)所示。

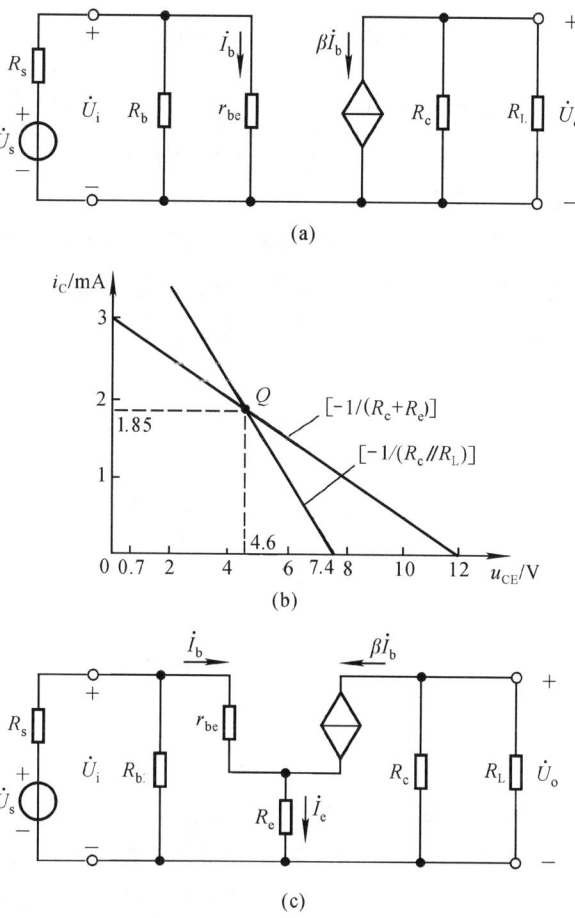

图 2.3.9 例 2.3.6 解图

空载时,交、直流负载线重合。设临界饱和管压降为 0.7 V,由图可知,输出电压不出现饱和失真的最大幅值为

$$U_{CEQ} - U_{CES} = 3.9 \text{ V}$$

不出现截止失真的最大幅值为

$$V_{CC} - U_{CEQ} = 7.4 \text{ V}$$

所以当输入信号增大时,空载情况下输出电压首先出现饱和失真。

带 3 kΩ 负载时,交、直流负载线不重合,如图(b)所示。输出电压不出现饱和失真的最大幅值仍为 3.9 V,不出现截止失真的最大幅值为

$$I_{CQ}(R_c // R_L) \approx 2.8 \text{ V}$$

所以当输入信号增大时,带 3 kΩ 负载情况下输出电压首先出现截止失真。

(3) 在图 2.3.8 所示电路中,若旁路电容开路,则直流通路没变,故 Q 点不变;交流等效电路如图 2.3.9(c)所示,晶体管基极回路等效电阻增大,故 R_i 增大、$\dot{A}_u$ 的数值减小,但 R_o 不变。

$$\dot{A}_u = -\frac{\beta(R_c // R_L)}{r_{be} + (1+\beta)R_e} = -\frac{100 \times \dfrac{1}{1/3 + 1/3}}{1.5 + 101 \times 1} \approx -1.5$$

$$R_i = R_b // [r_{be} + (1+\beta)R_e] = \left(\dfrac{1}{\dfrac{1}{510} + \dfrac{1}{1.5 + 101 \times 1}}\right) \text{k}\Omega \approx 85 \text{ k}\Omega$$

二、共基放大电路的分析和估算

【例 2.3.7】 在图 2.3.10 所示电路中,晶体管的 $\beta = 120$,$r_{be} = 3$ kΩ;静态时 $U_{BEQ} = 0.7$ V;所有电容对于交流信号均可视为短路;其余参数如图中所标注。试求解:

(1) 直流通路和交流通路;

(2) Q 点;

(3) $\dot{A}_u$、R_i 和 R_o。

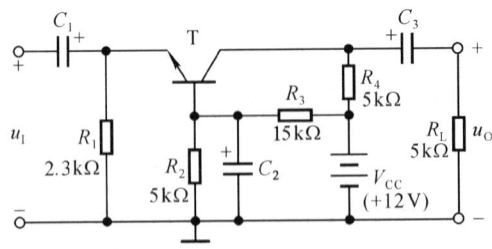

图 2.3.10　例 2.3.7 电路图

提示:本题电路为阻容耦合共基放大电路,并采用典型的工作点稳定电路。本题考查交、直流通路的画法、静态工作点稳定电路 Q 点的求解方法和共基放大电路动态参数的分析方法。

求解基本放大电路的 Q 点时,通常按先求 I_{BQ},再求 I_{CQ},最后得 U_{CEQ} 的顺序进行。而在典型的 Q 点稳定电路中,$I_{EQ}(I_{CQ})$ 主要决定于晶体管之外的电路(外接的电阻、直流电源),因而 I_{CQ} 和 U_{CEQ} 在温度变化时基本不变;在求解 Q 点时,按先求 I_{EQ},再求 I_{BQ} 和 U_{CEQ} 的顺序进行。

共基放大电路是晶体管放大电路三种接法中输入电阻最小的一种,在求解输入电阻时要注意 r_{be} 需除以 $(1+\beta)$。

解:(1) 图示电路的直流通路如图 2.3.11(a)所示。由于在交流通路中所有电容和直流电源均可视为短路,R_2 和 R_3 被短路,故交流通路如图(b)所示。

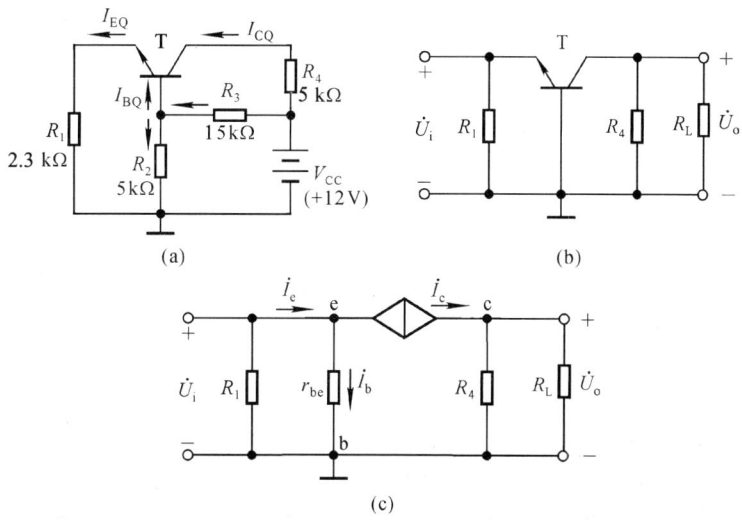

图 2.3.11 例 2.3.7 解图

(2) 由图(a)可知,电路是典型的静态工作点稳定电路。由于 $(1+\beta)R_1 = (101\times1.3)$ kΩ ≈ 131 kΩ ≫ $R_2 = 5$ kΩ,基极静态电位

$$U_{BQ} \approx \frac{R_2}{R_2+R_3} \cdot V_{CC} = \left(\frac{5}{5+15}\times 12\right) \text{ V} = 3 \text{ V}$$

晶体管的 $I_{EQ}(I_{CQ})$、I_{BQ} 和 U_{CEQ} 为

$$I_{CQ} \approx I_{EQ} = \frac{U_{BQ}-U_{BEQ}}{R_1} \approx \left(\frac{3-0.7}{2.3}\right) \text{ mA} = 1 \text{ mA}$$

$$I_{BQ} = \frac{I_{CQ}}{\beta} \approx \left(\frac{1}{120}\right) \text{ mA} \approx 8.33 \text{ μA}$$

$$\begin{aligned} U_{CEQ} &= V_{CC} - I_{CQ}R_4 - I_{EQ}R_1 \\ &\approx V_{CC} - I_{CQ}(R_4+R_1) \\ &\approx [12-1\times(5+2.3)] \text{ V} \\ &= 4.7 \text{ V} \end{aligned}$$

(3) 交流等效电路如图 2.3.11(c)所示,动态参数

$$\dot{A}_u = \frac{\dot{U}_o}{\dot{U}_i} = \frac{\dot{I}_c(R_4/\!/R_L)}{\dot{I}_b r_{be}} = \frac{\beta(R_4/\!/R_L)}{r_{be}} = \frac{120\times\dfrac{1}{1/5+1/5}}{3} = 100$$

$$R_i = R_1 /\!/ \frac{r_{be}}{1+\beta} \approx \left(\frac{3\,000}{120+1}\right) \text{ Ω} \approx 25 \text{ Ω}$$

$$R_o = R_c = 5 \text{ k}\Omega$$

三、共集放大电路的分析和估算

【例 2.3.8】 电路如图 2.3.12 所示,晶体管的 $\beta = 120, r_{be} = 1.6 \text{ k}\Omega$,静态时 $U_{BEQ} = 0.7 \text{ V}$;耦合电容对交流信号可视为短路。试求出:

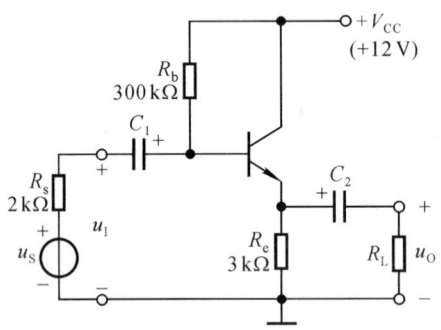

图 2.3.12 例 2.3.8 电路图

(1) Q 点;

(2) $R_L = \infty$ 和 $R_L = 3 \text{ k}\Omega$ 两种情况下的 $\dot{A}_u \cdot \dot{A}_{us}(\dot{U}_o/\dot{U}_s) \cdot R_i$ 和 R_o。

提示:本题属于基本题目,很直接地考查是否掌握阻容耦合共集放大电路的分析方法。

共集放大电路只能放大电流不能放大电压,而且其输入电阻与负载电阻有关,输出电阻与信号源内阻有关。由于其输入电阻很大,在信号源内阻不大时 $\dot{U}_i \approx \dot{U}_s$,因而 $\dot{A}_{us} \approx \dot{A}_u$。

解:(1) 将耦合电容断开,得直流通路,列出基极回路和集电极回路的方程

$$V_{CC} = I_{BQ}R_b + U_{BEQ} + I_{EQ}R_e$$
$$V_{CC} = U_{CEQ} + I_{EQ}R_e$$

可解出 Q 点为

$$I_{BQ} = \frac{V_{CC} - U_{BEQ}}{R_b + (1+\beta)R_e} = \left(\frac{12 - 0.7}{300 + 121 \times 3}\right) \text{ mA} \approx 0.017 \text{ mA} = 17 \text{ μA}$$

$$I_{EQ} = (1+\beta)I_{BQ} \approx (121 \times 0.017) \text{ mA} \approx 2.06 \text{ mA}$$

$$U_{CEQ} = V_{CC} - I_{EQ}R_e \approx (12 - 2.06 \times 3) \text{ V} = 5.82 \text{ V}$$

(2) 图 2.3.12 所示电路的交流等效电路如图 2.3.13 所示。

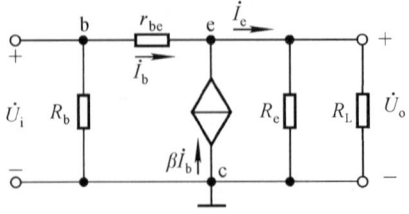

图 2.3.13 例 2.3.8 电路的交流等效电路

① $R_L = \infty$ 时,$\dot{A}_u$、R_i 和 R_o 为

$$\dot{A}_u = \frac{(1+\beta)R_e}{r_{be} + (1+\beta)R_e} = \frac{121 \times 3}{1.6 + 121 \times 3} \approx 0.996$$

$$R_i = R_b /\!/ [r_{be} + (1+\beta)R_e] = \left[\frac{1}{1/300 + 1/(1.6 + 121\times 3)}\right] \text{k}\Omega \approx 165 \text{ k}\Omega$$

$$\dot{A}_{us} = \frac{R_i}{R_s + R_i} \cdot \dot{A}_u \approx \frac{165}{2+165} \times 0.996 \approx 0.984$$

$$R_o = R_e /\!/ \frac{r_{be} + R_b /\!/ R_s}{1+\beta}$$

因为 $R_b \gg R_s$、$R_e \gg \dfrac{r_{be} + R_b /\!/ R_s}{1+\beta}$，所以

$$R_o \approx \frac{r_{be} + R_s}{1+\beta} = \left(\frac{1.6+2}{121}\right) \text{k}\Omega \approx 0.0298 \text{ k}\Omega = 29.8 \text{ }\Omega$$

② $R_L = 3$ kΩ 时，$\dot{A}_u$、R_i 和 R_o 为

$$\dot{A}_u = \frac{(1+\beta)(R_e /\!/ R_L)}{r_{be} + (1+\beta)(R_e /\!/ R_L)} = \frac{121 \times 1.5}{1.6 + 121 \times 1.5} \approx 0.991$$

$$R_i = R_b /\!/ [r_{be} + (1+\beta)(R_e /\!/ R_L)]$$

$$= \left[\frac{1}{1/300 + 1/(1.6 + 121 \times 1.5)}\right] \text{k}\Omega \approx 114 \text{ k}\Omega$$

$$\dot{A}_{us} = \frac{R_i}{R_s + R_i} \cdot \dot{A}_u \approx \frac{114}{2+114} \times 0.991 \approx 0.974$$

输出电阻不变，仍约为 29.8 Ω。

2.3.4 单极型晶体管放大电路的分析估算

单极型晶体管放大电路的分析方法与双极型晶体管放大电路的没有根本的区别，只是由于管子特性不同，使电路组成和等效电路有差别，从而分析过程有所不同。

【**例 2.3.9**】 已知图 2.3.14(a)所示电路中场效应管的转移特性如图(b)所示。求解电路的 Q 点和 $\dot{A}_u$、R_i、R_o。

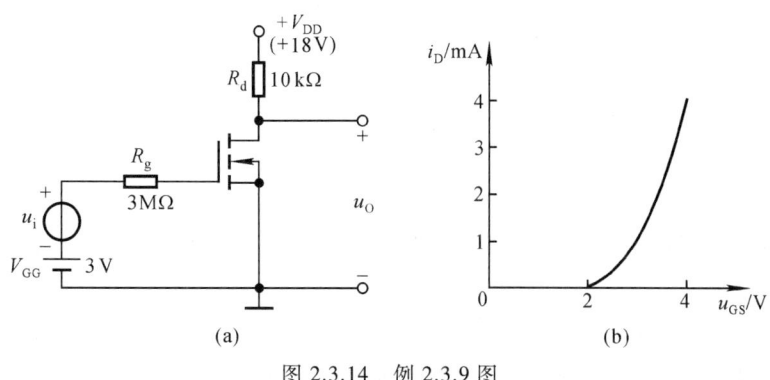

图 2.3.14　例 2.3.9 图

提示：本题很直接地考查是否掌握基本共源放大电路的分析方法以及从转移特性查阅参数的方法。

解：图 2.3.14(a)所示电路是原理性共源放大电路。

(1) 求 Q 点:根据电路图可知

$$U_{GSQ} = V_{GG} = 3 \text{ V}$$

从转移特性查得,当 $U_{GSQ} = 3$ V 时的漏极电流

$$I_{DQ} = 1 \text{ mA}$$

见图 2.3.15。因此管压降

$$U_{DSQ} = V_{DD} - I_{DQ}R_d = (18 - 1 \times 10) \text{ V} = 8 \text{ V}$$

(2) 求动态参数:从转移特性查得,$I_{DO} = 4$ mA,开启电压 $U_{GS(th)} = 2$ V;静态时 $I_{DQ} = 1$ mA,所以跨导

$$g_m = \frac{2}{U_{GS(th)}}\sqrt{I_{DQ}I_{DO}}$$

$$= \left(\frac{2}{2}\sqrt{1 \times 4}\right) \text{ mS} = 2 \text{ mS}$$

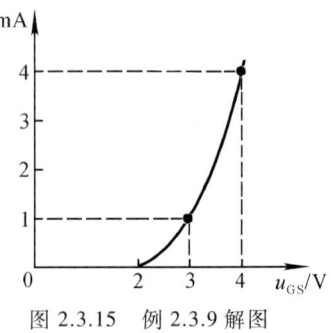

图 2.3.15 例 2.3.9 解图

电压放大倍数

$$\dot{A}_u = -g_m R_d = -(2 \times 10) = -20$$

输入电阻和输出电阻为

$$R_i = \infty$$

$$R_o = R_d = 10 \text{ k}\Omega$$

【例 2.3.10】 已知图 2.3.16(a) 所示电路中场效应管的输出特性如图(b) 所示,其夹断电压 $U_{GS(off)}$ 为 -4 V,饱和漏极电流 I_{DSS} 为 4 mA。

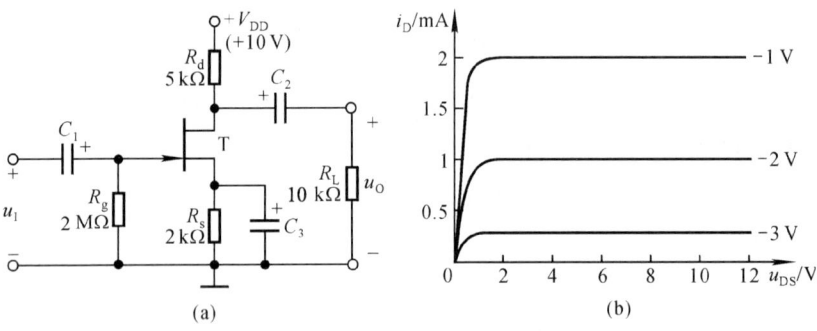

图 2.3.16 例 2.3.10 图

(1) 利用图解法求解 Q 点;

(2) 利用等效电路法求解 $\dot{A}_u$、R_i 和 R_o。

提示:考查是否掌握场效应管共源放大电路静态工作点的图解方法以及场效应管放大电路动态参数的求解方法。

解:在图 2.3.16(a) 所示电路中,采用了自给偏压方式设置静态工作点。

(1) 在输出特性中作直流负载线 $u_{DS} = V_{DD} - i_D(R_d + R_s)$,如图 2.3.17(b) 所示。作转移特性的坐标系,按 $u_{DS} = V_{DD} - i_D(R_d + R_s)$ 的变化规律作转移特性曲线,并作直线 $u_{GS} = -i_D R_s$,与转移特性的交点即为 Q 点;读出坐标值,得出 $I_{DQ} = 1$ mA,$U_{GSQ} = -2$ V,如图 2.3.17(a) 所示。在输出特性中,直流负载线与 $U_{GSQ} = -2$ V 的那条输出特性曲线的交点为 Q 点,$U_{DSQ} \approx 3.2$ V。

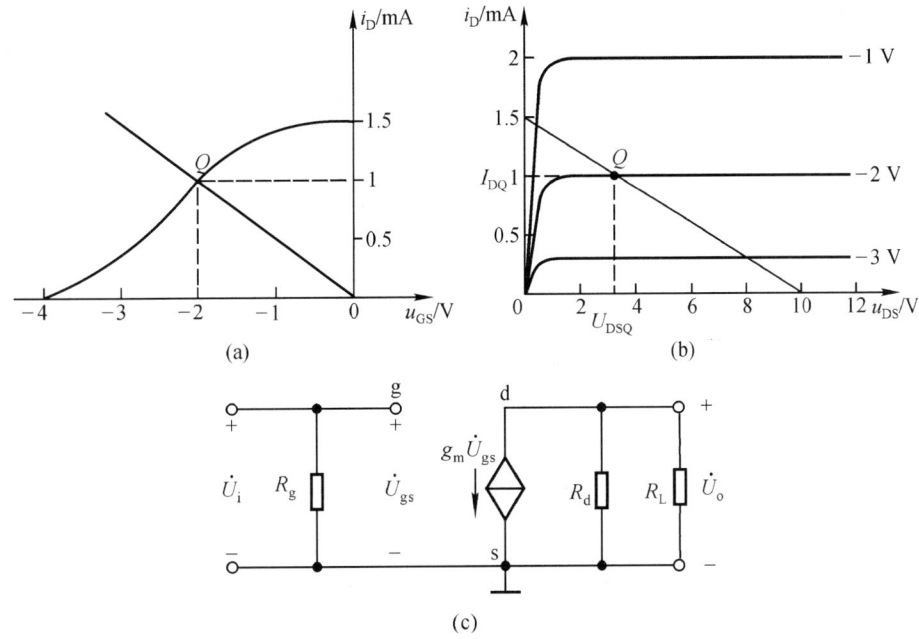

图 2.3.17　例 2.3.10 解图

上述方法是利用图解法分析共源放大电路 Q 点的一般方法,简述为:首先实测电路中场效应管的输出特性,并在其中画出直流负载线;然后求出该负载线下的转移特性,并在其中画出输入回路的负载线得出 U_{GSQ} 和 I_{DQ} 进而在输出特性中得 U_{DSQ}。

(2) 首先画出图 2.3.16(a) 所示电路的交流等效电路,如图 2.3.17(c) 所示,然后进行动态分析。

已知场效应管的夹断电压 $U_{GS(off)}$ 为 -4 V,漏极饱和电流 I_{DSS} 为 4 mA;静态时 I_{DQ} 为 1 mA,因而跨导

$$g_m = \frac{\partial i_D}{\partial u_{GS}}\bigg|_{U_{DS}} = \frac{-2}{U_{GS(off)}}\sqrt{I_{DSS}I_{DQ}} = \left(\frac{-2}{-4}\sqrt{4\times 1}\right) \text{ mS} = 1 \text{ mS}$$

电压放大倍数、输入电阻和输出电阻为

$$\dot{A}_u = \frac{\dot{U}_o}{\dot{U}_i} = -g_m(R_d // R_L) = -1 \times \frac{1}{1/5 + 1/10} \approx -3.33$$

$$R_i = R_g = 2 \text{ M}\Omega$$

$$R_o = R_d = 5 \text{ k}\Omega$$

以上分析可知,共源放大电路的输入电阻大于任何接法双极型晶体管放大电路的输入电阻;虽然它可与共射放大电路相类比,但在 R_c 与 R_d 相等情况下其电压放大能力远不如后者。

2.3.5 单管放大电路的基本接法及其性能比较

正确识别电路是正确判断电路基本性能和选用电路的基础。下面以共射电路为例来说明放大电路基本接法的判断方法。图 2.3.18 所示三个电路均为共射电路,电路(a)以发射极作为公共端,即"地";在电路(b)的交流等效电路中以发射极作为公共端;电路(c)的发射极既在其输

入回路又在其输出回路;那么它们共同的特点是什么呢？观察电路,从信号的传递方式可得,共射电路的特点是,从基极回路输入信号(即输入信号作用于基极回路),并从集电极输出信号,据此可判断电路是否为共射接法。依此类推,可得到共射、共集、共基、共源、共漏、共栅接法的判断方法,如表 2.3.1 所示。此外,各种接法输出电压与输入电压的相位关系,也在表中一并给出,它们将用于对复杂放大电路输出电压与输入电压相位关系的判断。

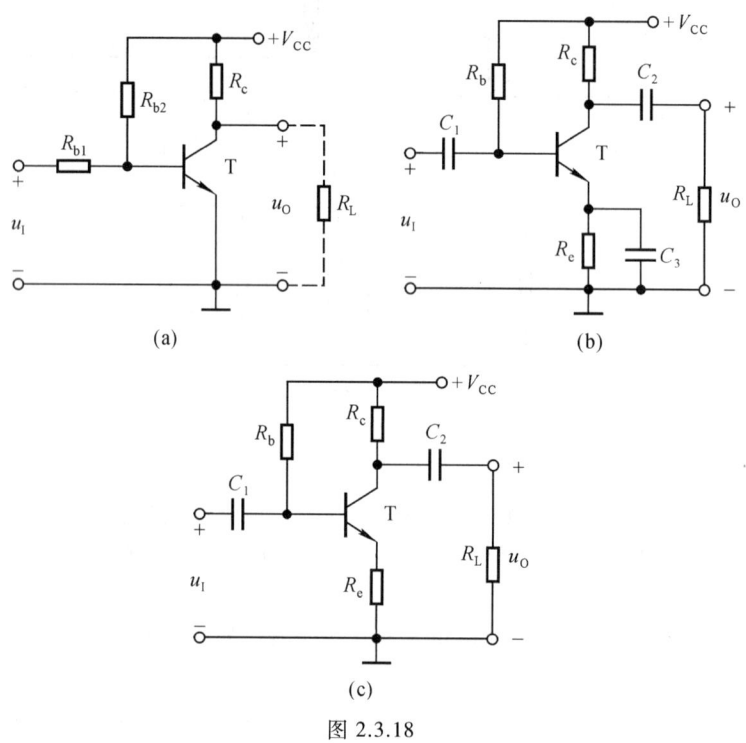

图 2.3.18

表 2.3.1 晶体管放大电路基本接法的判断以及输出电压与输入电压之间的相位关系

接法	共射	共集	共基	共源	共漏	共栅
输入	b	b	e	g	g	s
输出	c	e	c	d	s	d
相位	反相	同相	同相	反相	同相	同相

场效应管放大电路较晶体管放大电路抗辐射能力强、噪声小,且输入电阻可达 $10^9 \Omega$ 以上;而通常晶体管的放大能力比前者强。三种晶体管基本放大电路的性能比较如表 2.3.2 所示。

表 2.3.2 三种基本接法晶体管放大电路的比较

基本接法	共射电路	共集电路	共基电路
$\mid \dot{A}_u \mid$	大	小于 1	大
A_i	β	$1+\beta$	$\alpha = \dfrac{\beta}{1+\beta} \approx 1$

续表

基本接法	共射电路	共集电路	共基电路
R_i	中	大	小
R_o	大	小	大
频带	窄	中	宽
用途	一般放大	输入级、输出级	宽频带放大器

表中 A_i 是放大管输出电流与输入电流之比。

【例 2.3.11】 电路如图 2.3.19 所示。

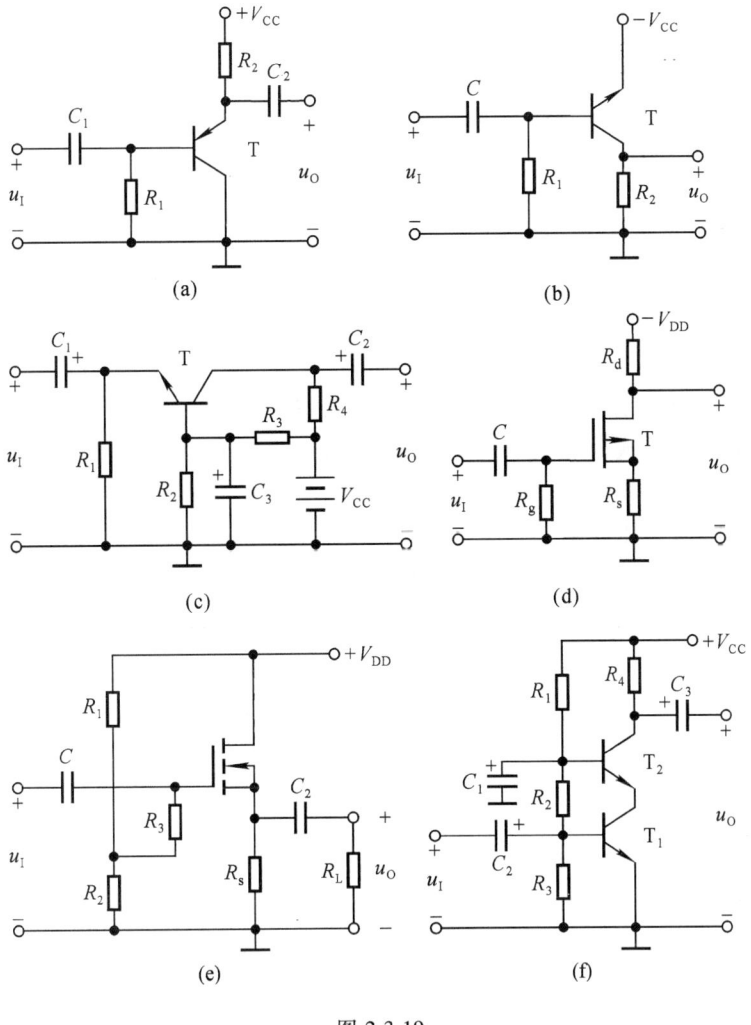

图 2.3.19

(1) 分别判断各电路属于哪种基本接法,即是哪种基本放大电路(共射、共集、共基、共源、共漏等放大电路);

(2) 通常情况下,各电路中电压放大倍数最小、输入电阻最大、输入电阻最小、输出电阻最小、频带最宽的可能是哪个电路?

（3）哪些电路输出电压与输入电压反相?

提示：单管放大电路的基本性能，如电压放大能力和电流放大能力的强弱、输入电阻和输出电阻的大小、频带的宽窄、抗辐射能力和噪声的大小，与放大管的类型（是双极型管还是单极型管）及其基本接法（共射、共集、共基、共源、共漏、共栅）紧密相关，因此正确判断出某放大电路的基本接法就可了解该电路的基本性能。掌握基本放大电路的组成和性能是教学基本要求。

解：（1）根据表 2.3.1 可得，图 2.3.19（a）所示电路为 PNP 型管构成的共集放大电路，图（b）所示电路为 NPN 型管构成的共射放大电路，图（c）所示电路为 NPN 型管构成的共基放大电路，图（d）所示电路为 P 沟道耗尽型 MOS 管构成的共源放大电路，图（e）所示电路为 N 沟道增强型 MOS 管构成的共漏放大电路，图（f）所示电路为共射-共基组合的单级放大电路。

（2）根据表 2.3.2 可得，各电路中电压放大倍数最小的是图 2.1.19（a）或（e）所示电路，输入电阻最大的是图（d）或（e）所示电路，输入电阻最小的是图（c）所示电路，输出电阻最小的是图（a）所示电路，频带最宽的是图（c）或（f）所示电路。

（3）根据表 2.3.1 可得图（b）、（d）、（f）所示电路输出电压与输入电压反相。

2.4 习题解答

2.4.1 自测题

一、在括号内用"√"或"×"表明下列说法是否正确。

（1）只放大电压不放大电流或只放大电流不放大电压的电路不能称其为放大电路。（　）

（2）可以说任何放大电路都有功率放大作用。（　）

（3）放大电路中输出的电流和电压都是由有源元件提供的。（　）

（4）电路中各电量的交流成分是交流信号源提供的。（　）

（5）放大电路必须加上合适的直流电源才能正常工作。（　）

（6）由于放大的对象是变化量，所以当输入信号为直流信号时，任何放大电路的输出都毫无变化。（　）

（7）只要是共射放大电路，输出电压的底部失真都是饱和失真。（　）

解：在放大电路中，负载上获得的能量总是大于信号源提供的能量。因此，放大电路一定具有功率放大的特征，表现为输出电压大于输入电压，或者输出电流大于输入电流，或者二者兼而有之；换言之，不能将"放大"仅理解为电压放大。例如，共射放大电路既能放大电压又能放大电流，共集放大电路只能放大电流不能放大电压，而共基放大电路只能放大电压不能放大电流。放大电路中负载所获得的能量不是来源于信号源，而是来源于为电路供电的直流电源，放大电路通过晶体管和场效应管将直流电源的直流功率转换为交流功率输出，并根据输入信号控制直流电源为输出提供交流功率的大小，可见放大的本质是能量的转换和控制。因此，（1）~（5）的结论分别是：（1）×；（2）√；（3）×；（4）×；（5）√。

通常称变化缓慢且变化时极性不变的信号为直流信号，直接耦合放大电路在直流信号的作用下将输出放大了的直流信号,故(6)×。

(7)×,因为对于 PNP 型管组成的共射放大电路,当输出电压底部失真时为截止失真,其分析见 2.2.5 节。

二、试分析图 T2.2 所示各电路是否能够放大正弦交流信号,简述理由。设图中所有电容对交流信号均可视为短路。

解:(a) 不能。因为输入信号被 V_{BB} 短路。

(b) 可能。电路为共射放大电路。

(c) 不能。因为输入信号作用于基极与地之间,不能驮载在静态电压之上,必然失真。

(d) 不能。V_{BB} 直接作用于晶体管的发射结,无限流电阻,致使基极电流过大而损坏。

(e) 不能。因为输入信号被 C_2 短路。

(f) 不能。因为输出信号被 V_{CC} 短路,恒为零。

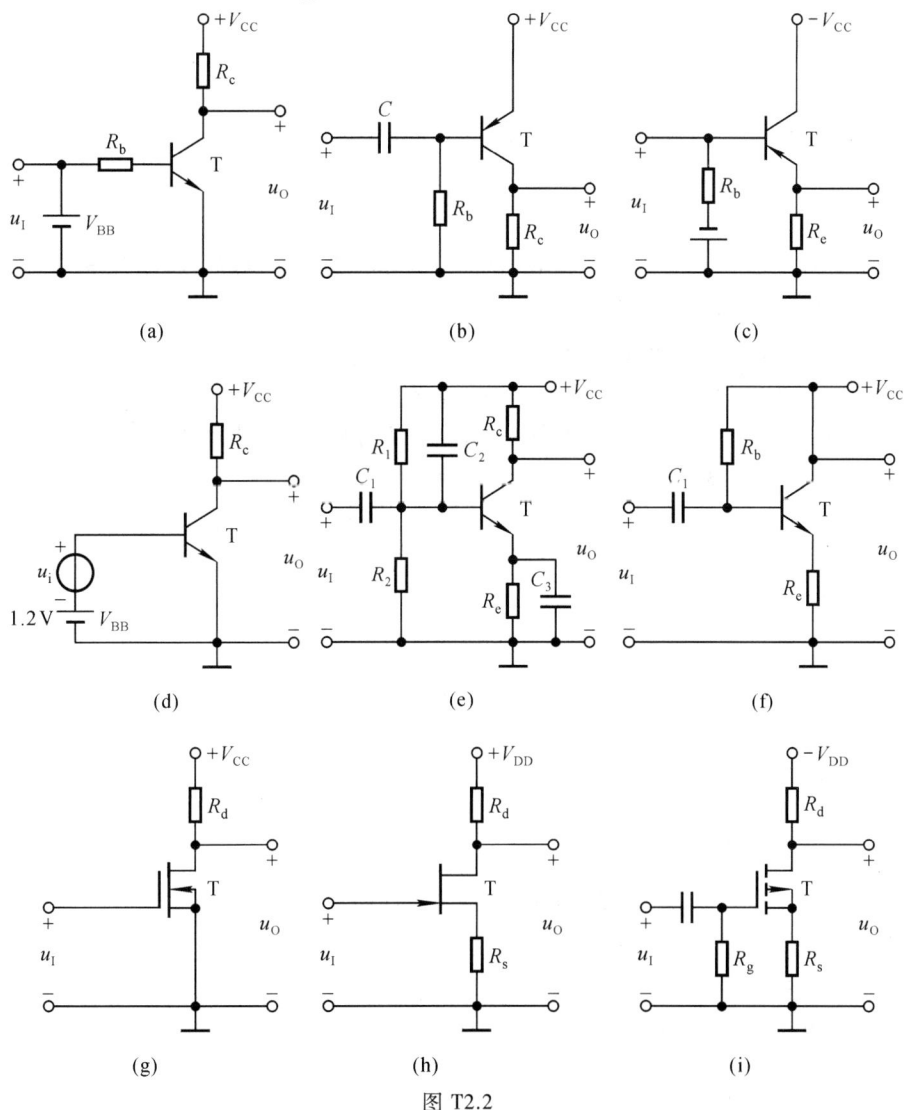

图 T2.2

(g) 可能。电路为 N 沟道耗尽型 MOS 管组成的共源放大电路,可以设置静态时 $U_{GSQ}=0$ V。

(h) 可能。电路为 N 沟道结型场效应管组成的共源放大电路,自给偏压,静态时 $U_{GSQ}=-I_{DQ}\cdot R_S$。

(i) 不能。因为 T 截止。

三、在图 T2.3 所示电路中,已知 $V_{CC}=12$ V,晶体管的 $\beta=100$,$R_b'=100$ kΩ。填空:要求先填文字表达式后填得数。

(1) 当 $\dot{U}_i=0$ 时,测得 $U_{BEQ}=0.7$ V,若要基极电流 $I_{BQ}=20$ μA,则 R_b' 和 R_w 之和 $R_b=$ _____ ≈ _____ kΩ;而若测得 $U_{CEQ}=6$ V,则 $R_c=$ _____ ≈ _____ kΩ。

(2) 若测得输入电压有效值 $U_i=5$ mV,输出电压有效值 $U_o'=0.6$ V,则电压放大倍数 $\dot{A}_u=$ _____ ≈ _____ ;若负载电阻 R_L 值与 R_c 相等,则带上负载后输出电压有效值 $U_o=$ _____ = _____ V。

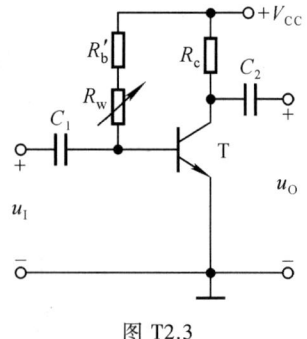

图 T2.3

解:(1) $(V_{CC}-U_{BEQ})/I_{BQ}$,565;$(V_{CC}-U_{CEQ})/\beta I_{BQ}$,3。

(2) $-U_o/U_i$,-120;$\dfrac{R_L}{R_c+R_L}\cdot U_o'$,0.3。

四、已知图 T2.3 所示电路中 $V_{CC}=12$ V,$R_c=3$ kΩ,静态管压降 $U_{CEQ}=6$ V;并在输出端加负载电阻 R_L,其阻值为 3 kΩ。选择一个合适的答案填入空内。

(1) 该电路的最大不失真输出电压有效值 $U_{om}\approx$ _____。

A. 2 V B. 3 V C. 6 V

(2) 当 $U_i=1$ mV 时,若在不失真的条件下,减小 R_w,则输出电压的幅值将 _____。

A. 减小 B. 不变 C. 增大

(3) 在 $U_i=1$ mV 时,将 R_w 调到输出电压最大且刚好不失真,若此时增大输入电压,则输出电压波形将 _____。

A. 顶部失真 B. 底部失真 C. 为正弦波

(4) 若发现电路出现饱和失真,则为消除失真可将 _____。

A. R_w 减小 B. R_c 减小 C. V_{CC} 减小

解:(1) A;(2) C;(3) B;(4) B。

五、现有直接耦合基本放大电路如下:

A. 共射电路 B. 共集电路 C. 共基电路

D. 共源电路 E. 共漏电路

它们的电路分别如图 2.2.1、图 2.5.1(a)、图 2.5.4(a)、图 2.7.2 和图 2.7.9(a)所示;设图中 $R_e<R_b$,且 I_{CQ},I_{DQ} 均相等。选择正确答案填入空内,只需填 A、B、…。

(1) 输入电阻最小的电路是 _____,最大的是 _____;

(2) 输出电阻最小的电路是 _____;

(3) 有电压放大作用的电路是 _____;

(4) 有电流放大作用的电路是 _____;

(5) 高频特性最好的电路是_____;

(6) 输出电压与输入电压同相的电路是_____,反相的电路是_____。

解:(1) C、D、E;(2) B;(3) A、C、D;(4) A、B、D、E;(5) C;(6) B、C、E,A、D。

六、未画完的场效应管放大电路如图 T2.6 所示,试将合适的场效应管接入电路,使之能够正常放大。要求给出两种方案。

解:根据电路接法和各种场效应管的转移特性、输出特性,可分别采用耗尽型 N 沟道和 P 沟道 MOS 管,如图解 T2.6 所示。

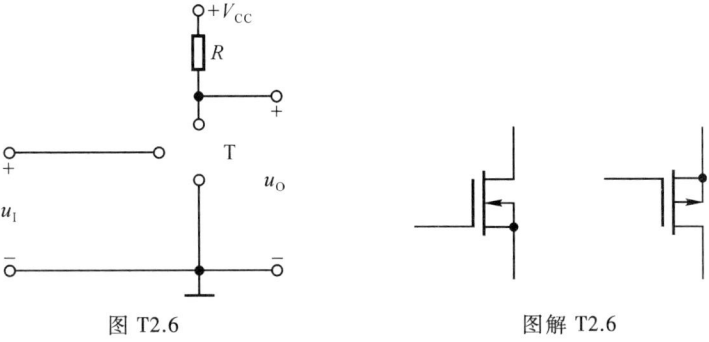

图 T2.6 图解 T2.6

2.4.2 习题

2.1 分别改正图 P2.1 所示各电路中的错误,使它们有可能放大正弦波信号。要求保留电路原来的共射接法。

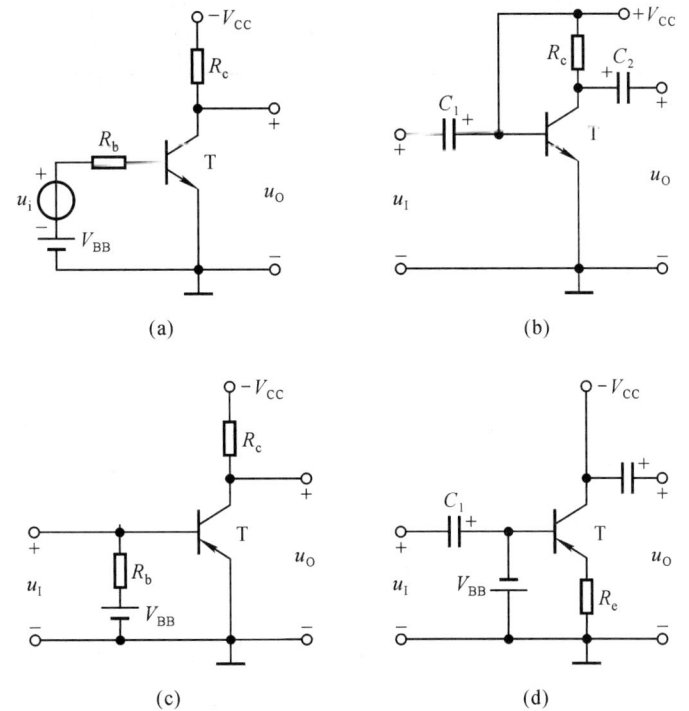

图 P2.1

解:(a) 将 $-V_{CC}$ 改为 $+V_{CC}$。
(b) 在 $+V_{CC}$ 与基极之间加 R_b。
(c) 将 V_{BB} 反接,且在输入端串联一个电阻或一个电容。
(d) 在 V_{BB} 支路加 R_b,电容极性左边为"+",在 $-V_{CC}$ 与集电极之间加 R_c。
改正后的电路如图解 P2.1 所示。

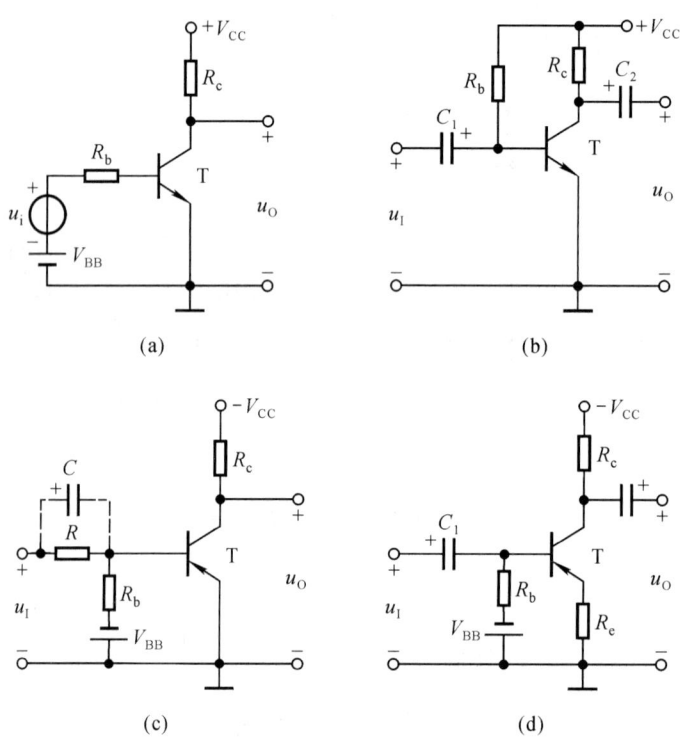

图解 P2.1

2.2 画出图 P2.2 所示各电路的直流通路和交流通路。设图中所有电容对交流信号均可视为短路。

解: 将图 P2.2 所示各电路中的电容开路、变压器线圈短路,即可得其直流通路,如图解 P2.2.1 所示。

将图 P2.2 所示各电路中的电容和直流电源短路,即可得其交流通路,如图解 P2.2.2 所示。

2.3 分别判断图 P2.2(a)、(b) 所示两电路各是共射、共集、共基放大电路中的哪一种,并写出 Q、$\dot{A}_u$、R_i 和 R_o 的表达式。

解:(1) 图 P2.2(a) 所示电路为共射放大电路,根据图解 P2.2.1(a),其 Q 点为

$$I_{BQ} = \frac{V_{CC} - U_{BEQ}}{R_1 + R_2 + (1+\beta) R_3}$$

$$I_{CQ} = \beta I_{BQ}$$

$$U_{CEQ} = V_{CC} - (1+\beta) I_{BQ} R_3$$

2.4 习题解答 71

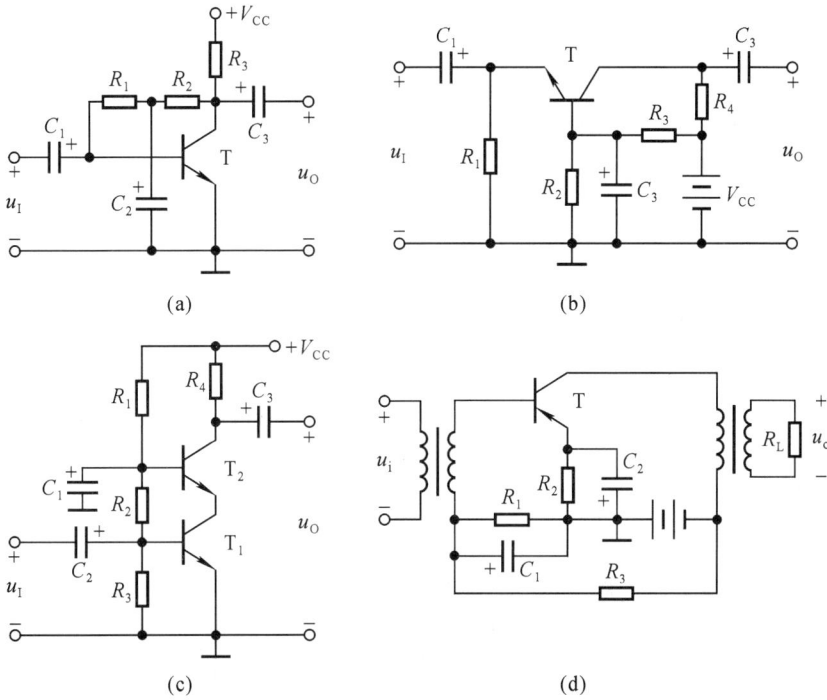

图 P2.2

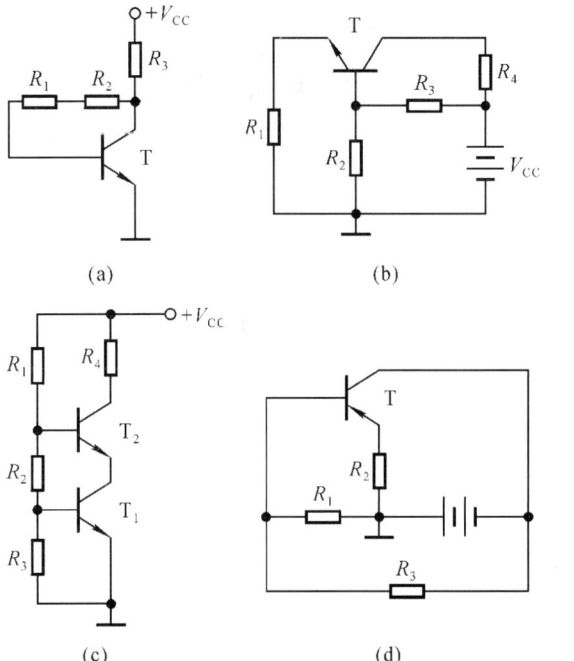

图解 P2.2.1

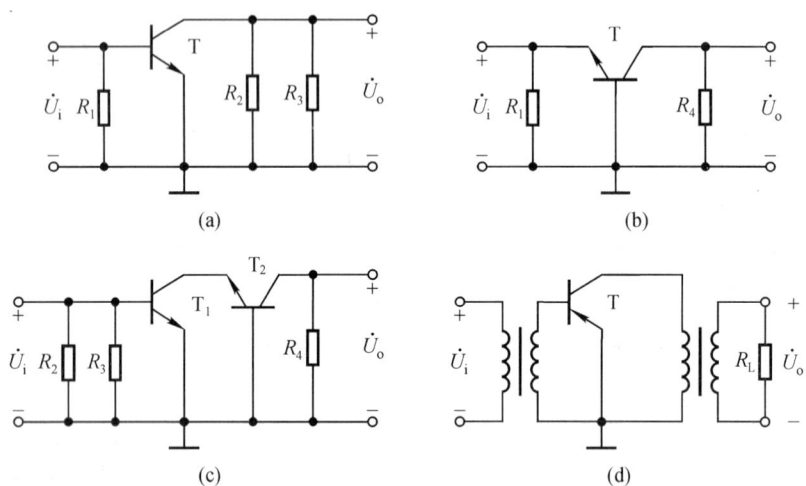

图解 P2.2.2

根据图解 P2.2.2(a)，$\dot{A}_u$、R_i 和 R_o 的表达式分别为

$$\dot{A}_u = -\beta \frac{R_2 /\!/ R_3}{r_{be}}, R_i = r_{be} /\!/ R_1, R_o = R_2 /\!/ R_3$$

（2）图 P2.2(b) 所示电路为共基放大电路，且为典型的静态工作点稳定电路。根据图解 P2.2.1(b)，为求解其 Q 点，首先利用戴维宁定理对输入回路进行等效变换，得出等效电源和等效的基极电阻，为

$$V_{BB} = \frac{R_2}{R_2 + R_3} \cdot V_{CC}$$

$$R_b = R_2 /\!/ R_3$$

则 I_{BQ}、I_{CQ} 和 U_{CEQ} 为

$$I_{BQ} = \frac{V_{BB} - U_{BEQ}}{R_b + (1+\beta) R_1}$$

$$I_{CQ} = \beta I_{BQ}$$

$$U_{CEQ} \approx V_{CC} - I_{CQ}(R_4 + R_1)$$

根据图解 P2.2.2(b)，$\dot{A}_u$、R_i 和 R_o 的表达式分别为

$$\dot{A}_u = \frac{\beta R_4}{r_{be}}$$

$$R_i = R_1 /\!/ \frac{r_{be}}{1+\beta}$$

$$R_o = R_4$$

2.4 电路如图 P2.4(a) 所示，图(b) 是晶体管的输出特性，静态时 $U_{BEQ} = 0.7$ V。利用图解法分别求出 $R_L = \infty$ 和 $R_L = 3$ kΩ 时的静态工作点和最大不失真输出电压 U_{om}（有效值）。

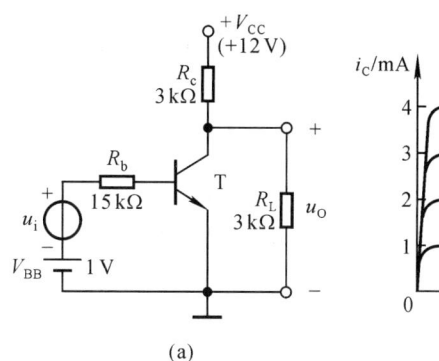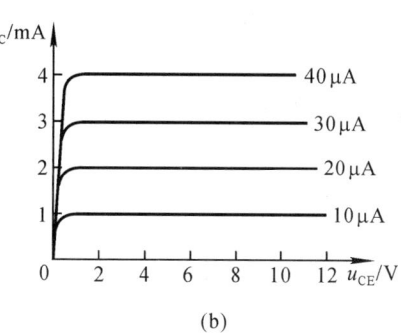

图 P2.4

解：令 $u_i = 0$，估算静态基极电流

$$I_{BQ} = \frac{V_{BB} - U_{BEQ}}{R_b} = 20 \ \mu A$$

在空载情况下作负载线，负载线与 $i_B = I_{BQ}$ 的那条输出特性曲线的交点即为静态工作点 Q_1，如图解 P2.4 所示。读 Q_1 的值，得 $I_{BQ} = 20 \ \mu A$，$I_{CQ} = 2$ mA，$U_{CEQ} = 6$ V。最大不失真输出电压峰值

$$U_{omax} = U_{CEQ} - U_{CES} \approx U_{CEQ} - U_{BEQ} = 5.3 \ V$$

除以 $\sqrt{2}$，得有效值 U_{om}，约为 3.75 V。

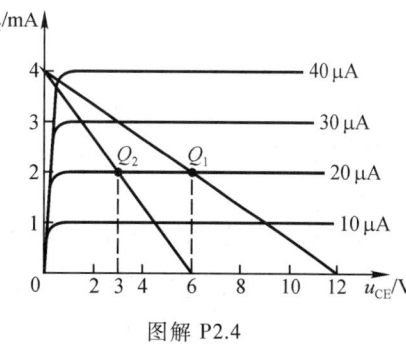

图解 P2.4

负载 $R_L = 3 \ k\Omega$ 时，首先利用戴维宁定理对输出回路进行等效变换，得出等效电源和等效的集电极电阻，为

$$V'_{CC} = \frac{R_L}{R_c + R_L} \cdot V_{CC}$$

$$R'_c = R_c // R_L$$

作负载线 $u_{CE} = V'_{CC} - i_C R'_c$，负载线与 $i_B = I_{BQ}$ 的那条输出特性曲线的交点即为静态工作点 Q_2，如图解 P2.4 所示。读 Q_2 的值，得 $I_{BQ} = 20 \ \mu A$，$I_{CQ} = 2$ mA，$U_{CEQ} = 3$ V。最大不失真输出电压峰值

$$U_{omax} = U_{CEQ} - U_{CES} \approx U_{CEQ} - U_{BEQ} = 2.3 \ V$$

除以 $\sqrt{2}$，得有效值 U_{om}，约为 1.63 V。

2.5 在图 P2.5 所示电路中，已知晶体管的 $\beta = 80$，$r_{be} = 1 \ k\Omega$，$U_i = 20$ mV；静态时 $U_{BEQ} = 0.7$ V，$U_{CEQ} = 4$ V，$I_{BQ} = 20 \ \mu A$。判断下列结论是否正确，对的在括号内打"√"，否则打"×"。

(1) $\dot{A}_u = -\dfrac{4}{20 \times 10^{-3}} = -200$ (   )

(2) $\dot{A}_u = -\dfrac{4}{0.7} \approx -5.71$ (   )

(3) $\dot{A}_u = -\dfrac{80 \times 5}{1} = -400$ (   )

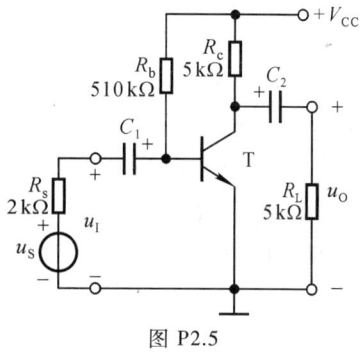

图 P2.5

(4) $\dot{A}_u = -\dfrac{80 \times 2.5}{1} = -200$ (　　)　　　　(5) $R_i = \dfrac{20}{20}\text{k}\Omega = 1\ \text{k}\Omega$ (　　)

(6) $R_i = \dfrac{0.7}{0.02}\text{k}\Omega = 35\ \text{k}\Omega$ (　　)　　　　(7) $R_i \approx 3\ \text{k}\Omega$ (　　)

(8) $R_i \approx 1\ \text{k}\Omega$ (　　)　　　　(9) $R_o = 5\ \text{k}\Omega$ (　　)

(10) $R_o = 2.5\ \text{k}\Omega$ (　　)　　　　(11) $U_s \approx 20\ \text{mV}$ (　　)

(12) $U_s \approx 60\ \text{mV}$ (　　)

解:(1) ×;(2) ×;(3) ×;(4) √;(5) ×;(6) ×;(7) ×;(8) √;(9) √;(10) ×;(11) ×;(12) √。

本题的分析见例 2.1.1。

2.6 电路如图 P2.6 所示,已知晶体管 $\beta = 120$, $U_{BE} = 0.7\ \text{V}$,饱和管压降 $U_{CES} = 0.5\ \text{V}$。在下列情况下,用直流电压表测晶体管的集电极电位,应分别为多少?

(1) 正常情况;　　(2) R_{b1} 短路;　　(3) R_{b1} 开路;

(4) R_{b2} 开路;　　(5) R_{b2} 短路;　　(6) R_c 短路。

解:用直流电压表测晶体管的集电极电位,实际上是测量集电极的静态电位,故应令 $u_I = 0$。

(1) 正常情况下的基极静态电流

$$I_{BQ} = \dfrac{V_{CC} - U_{BE}}{R_{b2}} - \dfrac{U_{BE}}{R_{b1}} \approx 0.011\ 6\ \text{mA}$$

故集电极电位

$$U_C = V_{CC} - I_C R_c = V_{CC} - \beta I_{BQ} R_c \approx 7.9\ \text{V}$$

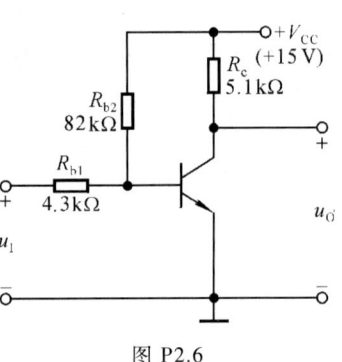

图 P2.6

(2) 若 R_{b1} 短路,则由于 $U_{BE} = 0\ \text{V}$,T 截止,$U_C = 15\ \text{V}$。

(3) 若 R_{b1} 开路,则由于基极静态电流

$$I_B = \dfrac{V_{CC} - U_{BE}}{R_{b2}} \approx 0.174\ \text{mA}$$

而临界饱和基极电流

$$I_{BS} = \dfrac{V_{CC} - U_{CES}}{\beta R_c} \approx 0.024\ \text{mA}$$

$I_B > I_{BS}$,故 T 饱和,$U_C = U_{CES} = 0.5\ \text{V}$。

(4) 若 R_{b2} 开路,则 T 将截止,$U_C = 15\ \text{V}$。

(5) 若 R_{b2} 短路,则因 $U_{BE} = V_{CC} = 15\ \text{V}$ 使 T 损坏。若 b-e 间烧断,$U_C = 15\ \text{V}$;若 b-e 间烧成短路,则将影响 V_{CC},难以判断 U_C 的值。

(6) 若 R_c 短路,则由于集电极直接接直流电源,$U_C = V_{CC} = 15\ \text{V}$。

2.7 电路如图 P2.7 所示,晶体管的 $\beta = 80$, $r_{bb'} = 100\ \Omega$。分别计算 $R_L = \infty$ 和 $R_L = 3\ \text{k}\Omega$ 时的 Q 点、$\dot{A}_u$、R_i 和 R_o。

解:(1) 空载情况下,电路的静态工作点为

$$I_{BQ} = \dfrac{V_{CC} - U_{BEQ}}{R_b} - \dfrac{U_{BEQ}}{R} \approx 22\ \mu\text{A}$$

$$I_{CQ} = \beta I_{BQ} \approx 1.76 \text{ mA}$$
$$U_{CEQ} = V_{CC} - I_{CQ}R_c \approx 6.2 \text{ V}$$

b-e 间动态电阻

$$r_{be} = r_{bb'} + (1+\beta) \frac{26 \text{ mV}}{I_{EQ}} \approx 1.3 \text{ k}\Omega$$

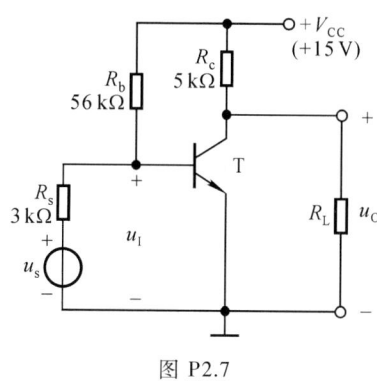

图 P2.7

因此,电压放大倍数、输入电阻和输出电阻分别为

$$\dot{A}_u = -\frac{\beta R_c}{r_{be}} \approx -308$$

$$R_i = R_b // r_{be} \approx r_{be} \approx 1.3 \text{ k}\Omega$$

$$R_o = R_c = 5 \text{ k}\Omega$$

(2) 负载电阻 R_L 为 3 kΩ 情况下,静态基极和集电极电流、r_{be} 与空载时相同,为

$$I_{BQ} \approx 22 \text{ μA}, I_{CQ} \approx 1.76 \text{ mA}, r_{be} \approx 1.3 \text{ k}\Omega$$

静态管压降

$$U_{CEQ} = \frac{R_L}{R_c + R_L} \cdot V_{CC} - I_{CQ}(R_c // R_L) \approx 2.3 \text{ V}$$

式中 $\frac{R_L}{R_c + R_L} \cdot V_{CC}$ 和 $R_c // R_L$ 分别为晶体管输出回路经戴维南定理变换后的等效电源和等效集电极电阻。

电压放大倍数、输入电阻和输出电阻分别为

$$\dot{A}_u = -\frac{\beta R'_L}{r_{be}} \approx -115$$

$$R_i = R_b // r_{be} \approx r_{be} \approx 1.3 \text{ k}\Omega$$

$$R_o = R_c = 5 \text{ k}\Omega$$

2.8 若将图 P2.7 所示电路中的 NPN 型管换成 PNP 型管,其它参数不变,则为使电路正常放大,电源应作如何变化? Q 点、$\dot{A}_u$、R_i 和 R_o 变化吗? 若变,则如何变化? 若输出电压波形底部失真,说明电路产生了什么失真,如何消除。

解:(1) 若换成 PNP 型管,则为使电路正常放大,电源正负极互换。

(2) Q 点数值不变,但 U_{BEQ}、U_{CEQ} 的极性均为"-"。$\dot{A}_u$、R_i 和 R_o 不变。

(3) 若输出电压波形底部失真,则说明电路产生截止失真,减小 R_b 可消除失真。

2.9 已知图 P2.9 所示电路中晶体管的 $\beta = 100, r_{be} = 1 \text{ k}\Omega$。

(1) 现已测得静态管压降 $U_{CEQ} = 6 \text{ V}$,估算 R_b 约为多少千欧;

(2) 已知负载电阻 $R_L = 5 \text{ k}\Omega$。若保持 R_b 不变,则为了使输入电压有效值 $U_i = 1 \text{ mV}$ 时输出电压有效值 $U_o > 200 \text{ mV}$, R_c 至少应选取多少千欧?

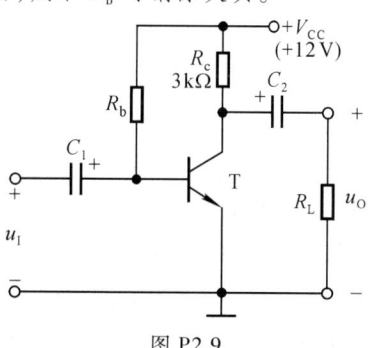

图 P2.9

解:(1) 求解 R_b:步骤是先求 I_{CQ},再求 I_{BQ},最后求 R_b。

$$I_{CQ} = \frac{V_{CC} - U_{CEQ}}{R_c} = 2 \text{ mA}$$

$$I_{BQ} = \frac{I_{CQ}}{\beta} = 20 \text{ μA}$$

$$R_b = \frac{V_{CC} - U_{BEQ}}{I_{BQ}} \approx 565 \text{ kΩ}$$

(2)求解 R_c:由于 $\dot{A}_u = -U_o/U_i = -200$,根据 $\dot{A}_u = -\frac{\beta R'_L}{r_{be}}$ 可得 $R'_L = 2 \text{ kΩ}$,表明 $\frac{1}{R_c} + \frac{1}{R_L} = \frac{1}{2}$,所以 $R_c \approx 3.3 \text{ kΩ}$。$R_c$ 取值应大于 3.3 kΩ。

2.10 在图 P2.9 所示电路中,设静态时 $I_{CQ} = 2 \text{ mA}$;晶体管的 $\beta = 100$,饱和管压降 $U_{CES} = 0.6 \text{ V}$。试问:当负载电阻 $R_L = 3 \text{ kΩ}$ 时电路的最大不失真输出电压为多少伏?若要使最大不失真输出电压最大,则在其它电路参数不变的情况下 R_b 应选取多少千欧?

解:由于 $I_{CQ} = 2 \text{ mA}$,所以 $U_{CEQ} = V_{CC} - I_{CQ}R_c = 6 \text{ V}$。

当 $R_L = 3 \text{ kΩ}$ 时,$(U_{CEQ} - U_{CES}) > [I_{CQ}(R_c // R_L)]$,说明当输入信号增大到一定幅值,电路首先出现截止失真。故

$$U_{om} = \frac{I_{CQ}R'_L}{\sqrt{2}} \approx 2.12 \text{ V}$$

为使 U_{om} 最大,应令 $U_{CEQ} - U_{CES} = I_{CQ}(R_c // R_L)$,即 $V_{CC} - I_{CQ}R_c = U_{CEQ} = I_{CQ}(R_c // R_L)$,解得 $I_{CQ} \approx 2.53 \text{ mA}$。根据

$$I_{BQ} = \frac{I_{CQ}}{\beta}, \quad R_b = \frac{V_{cc} - U_{BEQ}}{I_{BQ}}$$

取 $U_{BEQ} \approx 0.7 \text{ V}$,解得 $R_b \approx 447 \text{ kΩ}$;此时 $U_{om} \approx 2.68 \text{ V}$。

2.11 电路如图 P2.11 所示,晶体管的 $\beta = 100$,$r_{bb'} = 100 \text{ Ω}$。

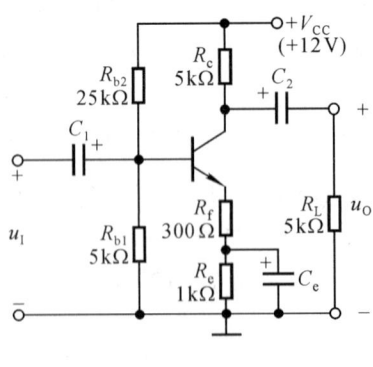

图 P2.11

(1)求电路的 Q 点、$\dot{A}_u$、R_i 和 R_o;
(2)若改用 $\beta = 200$ 的晶体管,则 Q 点如何变化?
(3)若电容 C_e 开路,则将引起电路的哪些动态参数发生变化?如何变化?

解:(1)静态分析:因为 $(1+\beta)(R_f+R_e) \gg (R_{b1} // R_{b2})$,所以基极静态电位

$$U_{BQ} \approx \frac{R_{b1}}{R_{b1}+R_{b2}} \cdot V_{CC} = 2 \text{ V}$$

静态工作点

$$I_{EQ} = \frac{U_{BQ}-U_{BEQ}}{R_f+R_e} \approx 1 \text{ mA}$$

$$I_{BQ} = \frac{I_{EQ}}{1+\beta} \approx 10 \text{ μA}$$

$$U_{CEQ} \approx V_{CC} - I_{EQ}(R_c+R_f+R_e) = 5.7 \text{ V}$$

动态分析:

$$r_{be} = r_{bb'} + (1+\beta)\frac{26 \text{ mV}}{I_{EQ}} \approx 2.73 \text{ kΩ}$$

$$\dot{A}_u = -\frac{\beta(R_c // R_L)}{r_{be}+(1+\beta)R_f} \approx -7.6$$

$$R_i = R_{b1} // R_{b2} // [r_{be}+(1+\beta)R_f] \approx 3.7 \text{ kΩ}$$

$$R_o = R_c = 5 \text{ kΩ}$$

(2) 若改用 $\beta=200$ 的晶体管,则 I_{EQ} 基本不变,因而 U_{CEQ} 也基本不变,分别为 $I_{EQ} \approx 1 \text{ mA}$, $U_{CEQ} \approx 5.7 \text{ V}$。但 I_{BQ} 明显变小,为

$$I_{BQ} = \frac{I_{EQ}}{1+\beta} \approx 5 \text{ μA}$$

(3) 若电容 C_e 开路,则 R_i 增大,变为

$$R_i = R_{b1} // R_{b2} // [r_{be}+(1+\beta)(R_f+R_e)] \approx 4.1 \text{ kΩ}$$

$|\dot{A}_u|$ 减小,变为

$$\dot{A}_u \approx -\frac{R_L'}{R_f+R_e} \approx -1.92$$

2.12 电路如图 P2.12 所示,晶体管的 $\beta=80$, $r_{be}=1 \text{ kΩ}$。

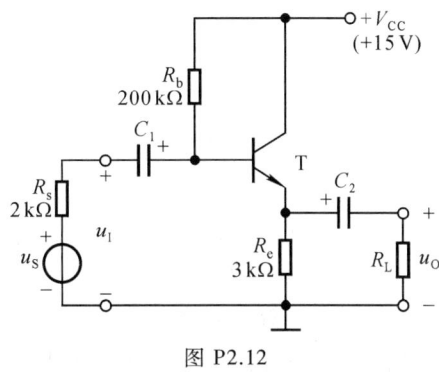

图 P2.12

(1) 求出 Q 点;

(2) 分别求出 $R_L = \infty$ 和 $R_L = 3 \text{ kΩ}$ 时电路的 $\dot{A}_u$、R_i 和 R_o。

解: (1) 求解 Q 点:

$$I_{BQ} = \frac{V_{CC}-U_{BEQ}}{R_b+(1+\beta)R_e} \approx 32.3 \text{ μA}$$

$$I_{EQ} = (1+\beta)I_{BQ} \approx 2.62 \text{ mA}$$

$$U_{CEQ} = V_{CC}-I_{EQ}R_e \approx 7.14 \text{ V}$$

(2) 求解输入电阻和电压放大倍数：

$R_L = \infty$ 时

$$R_i = R_b // [r_{be}+(1+\beta)R_e] \approx 110 \text{ kΩ}$$

$$\dot{A}_u = \frac{(1+\beta)R_e}{r_{be}+(1+\beta)R_e} \approx 0.996$$

$R_L = 3$ kΩ 时

$$R_i = R_b // [r_{be}+(1+\beta)(R_e // R_L)] \approx 76 \text{ kΩ}$$

$$\dot{A}_u = \frac{(1+\beta)(R_e // R_L)}{r_{be}+(1+\beta)(R_e // R_L)} \approx 0.992$$

求解输出电阻：由于输出电阻与负载无关，因而两种情况下的输出电阻相等，为

$$R_o = R_e // \frac{R_s // R_b + r_{be}}{1+\beta} \approx 37 \text{ Ω}$$

2.13 电路如图 P2.13 所示，晶体管的 $\beta = 60$，$r_{bb'} = 100$ Ω。

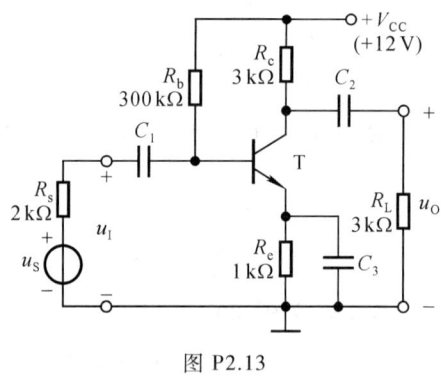

图 P2.13

(1) 求解 Q 点、$\dot{A}_u$、R_i 和 R_o；

(2) 设 $U_s = 10$ mV（有效值），问 $U_i = ?$ $U_o = ?$ 若 C_3 开路，则 $\dot{U}_i = ?$ $\dot{U}_o = ?$

解：(1) Q 点：

$$I_{BQ} = \frac{V_{CC}-U_{BEQ}}{R_b+(1+\beta)R_e} \approx 31 \text{ μA}$$

$$I_{CQ} = \beta I_{BQ} \approx 1.86 \text{ mA}$$

$$U_{CEQ} \approx V_{CC}-I_{EQ}(R_c+R_e) = 4.56 \text{ V}$$

$\dot{A}_u$、R_i 和 R_o 的分析：

$$r_{be} = r_{bb'}+(1+\beta)\frac{26 \text{ mV}}{I_{EQ}} \approx 939 \text{ Ω}$$

$$R_i = R_b /\!/ r_{be} \approx 939 \ \Omega$$

$$\dot{A}_u = -\frac{\beta(R_c /\!/ R_L)}{r_{be}} \approx -96$$

$$R_o = R_c = 3 \ \text{k}\Omega$$

（2）设 $U_s = 10$ mV（有效值），则

$$U_i = \frac{R_i}{R_s + R_i} \cdot U_s \approx 3.2 \ \text{mV}$$

$$U_o = |\dot{A}_u| U_i \approx 307 \ \text{mV}$$

若 C_3 开路，则

$$R_i = R_b /\!/ [r_{be} + (1+\beta)R_e] \approx 51.3 \ \text{k}\Omega$$

$$\dot{A}_u \approx -\frac{R_c /\!/ R_L}{R_e} = -1.5$$

$$U_i = \frac{R_i}{R_s + R_i} \cdot U_s \approx 9.6 \ \text{mV}$$

$$U_o = |\dot{A}_u| U_i \approx 14.4 \ \text{mV}$$

2.14 改正图 P2.14 所示各电路中的错误，使它们有可能放大正弦波电压。要求保留电路的共源接法。

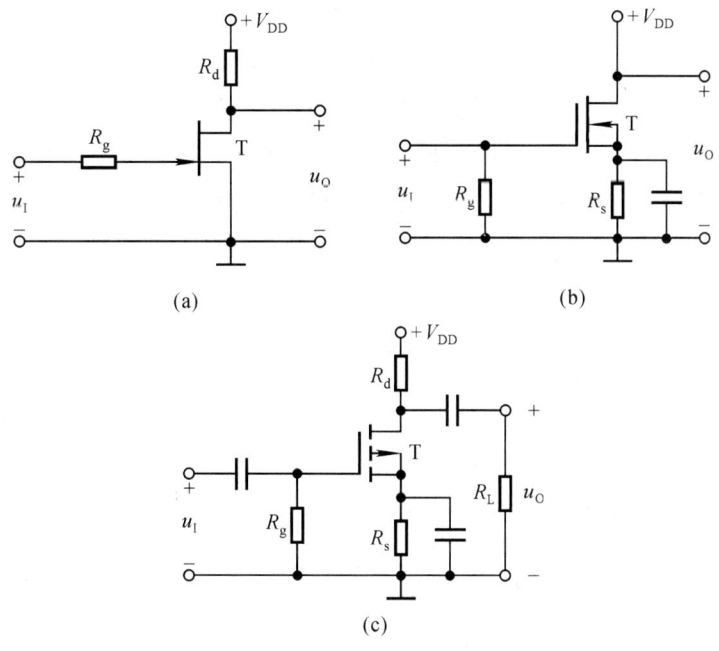

图 P2.14

解：在图 P2.14(a) 中，为使输入信号时栅源电压不大于 0，需在源极加电阻 R_s，为栅-源设置负偏压。改正电路如图解 P2.14(a) 所示。

在图 P2.14(b) 中，为将漏极电流的变化转换成电压的变化，需在漏极加电阻 R_d。该电路采

用自给偏压的方式设置静态栅-源偏压,故可在输入端加耦合电容。改正电路如图解 P2.14(b) 所示。

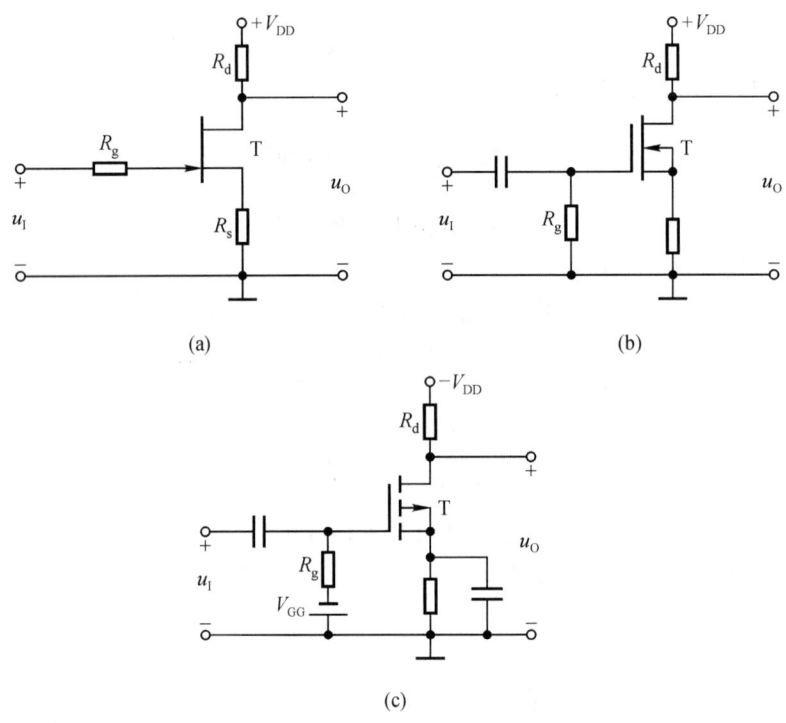

图解 P2.14

在图 P2.14(c) 中,T 为 P 沟道增强型管,故栅源电压应小于 0,为此在 R_g 支路加 $-V_{GG}$;漏源电压应为负值,为此 $+V_{DD}$ 应改为 $-V_{DD}$。改正电路如图解 P2.14(c) 所示。

2.15 已知图 P2.15(a) 所示电路中场效应管的转移特性和输出特性分别如图 P2.15(b)、(c) 所示。

(1) 利用图解法求解 Q 点;

(2) 利用等效电路法求解 $\dot{A}_u$、R_i 和 R_o。

解:(1) 在转移特性中作直线 $u_{GS}=-i_D R_s$,与转移特性的交点即为 Q 点;读出坐标值,得出 $I_{DQ}=1 \text{ mA}$,$U_{GSQ}=-2 \text{ V}$。如图解 P2.15(a) 所示。

在输出特性中作直流负载线 $u_{DS}=V_{DD}-i_D(R_d+R_s)$,与 $U_{GSQ}=-2 \text{ V}$ 的那条输出特性曲线的交点为 Q 点,$U_{DSQ}\approx 3 \text{ V}$。如图解 P2.15(b) 所示。

(2) 首先画出交流等效电路,如图解 P2.15(c) 所示。然后进行动态分析。

$$g_m=\frac{\partial i_D}{\partial u_{GS}}\bigg|_{U_{DS}} \approx \frac{-2}{U_{GS(off)}}\sqrt{I_{DSS}I_{DQ}}=1 \text{ mS}$$

$$\dot{A}_u=-g_m R_d=-5$$

$$R_i=R_g=1 \text{ M}\Omega$$

$$R_o=R_d=5 \text{ k}\Omega$$

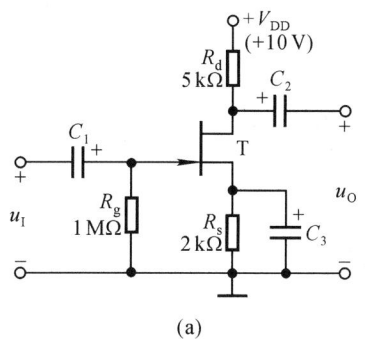

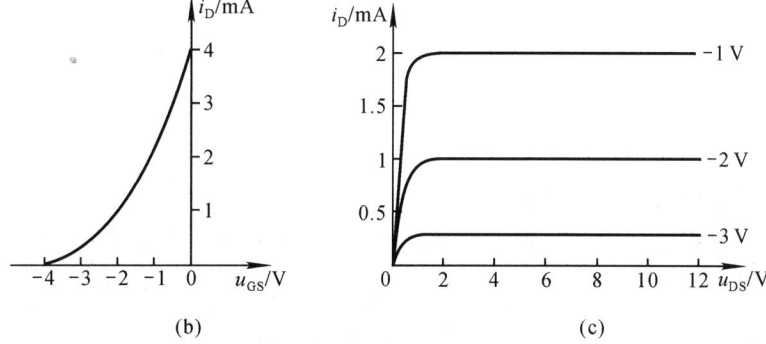

图 P2.15

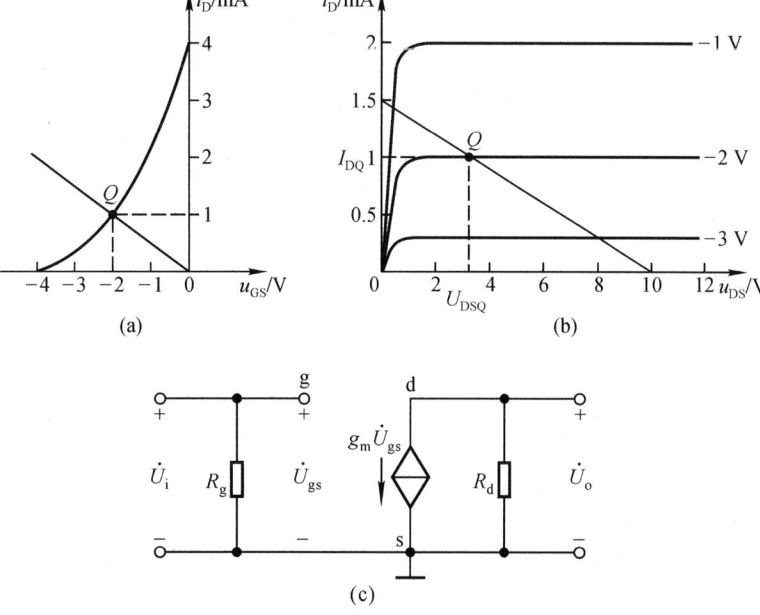

图解 P2.15

2.16 已知图 P2.16(a) 所示电路中场效应管的转移特性如图 P2.16(b) 所示。求解电路的 Q 点和 $\dot{A}_u$。

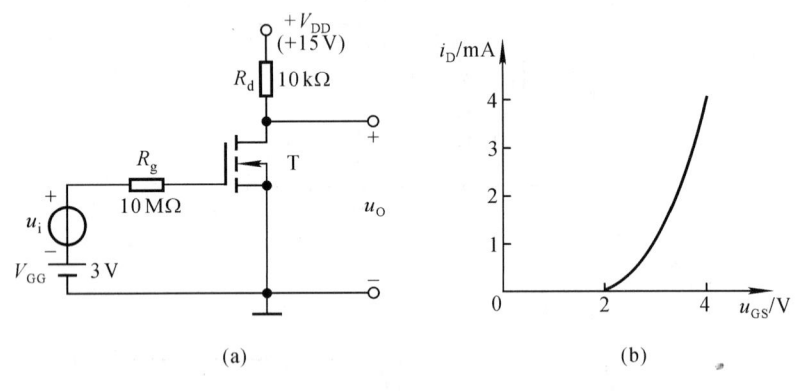

图 P2.16

解：(1) 求 Q 点：

根据电路图可知，$U_{GSQ} = V_{GG} = 3$ V。

从转移特性查得，当 $U_{GSQ} = 3$ V 时的漏极电流 $I_{DQ} = 1$ mA，因此管压降 $U_{DSQ} = V_{DD} - I_{DQ}R_d = 5$ V。

(2) 求电压放大倍数：

$$g_m \approx \frac{2}{U_{GS(th)}}\sqrt{I_{DQ}I_{DO}} = 2 \text{ mS}$$

$$\dot{A}_u = -g_m R_d = -20$$

2.17 电路如图 P2.17 所示。

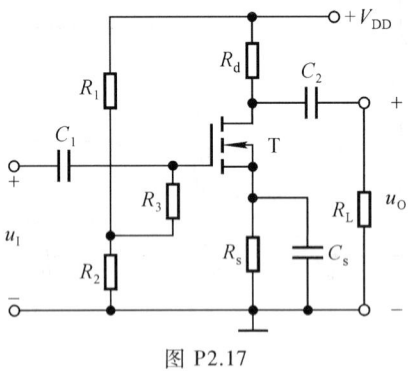

图 P2.17

(1) 若输出电压波形底部失真，则可采取哪些措施？若输出电压波形顶部失真，则可采取哪些措施？

(2) 若想增大 $|\dot{A}_u|$，则可采取哪些措施？

解：(1) 若输出电压波形底部失真，则可通过增大 R_1、R_s，减小 R_2、R_d 等方法消除。若输出电压波形顶部失真，则可通过减小 R_1、R_s，增大 R_2 等方法消除。

(2) 可通过减小 R_1、减小 R_s、增大 R_2 来增大 I_{DQ}，从而增大 g_m；或者增大 R_d 等方法来增大 $|\dot{A}_u|$。

2.18 图 P2.18 中的哪些接法可以构成复合管？标出它们等效管的类型（如 NPN 型、PNP 型、N 沟道结型等）及管脚（b、e、c、d、g、s）。

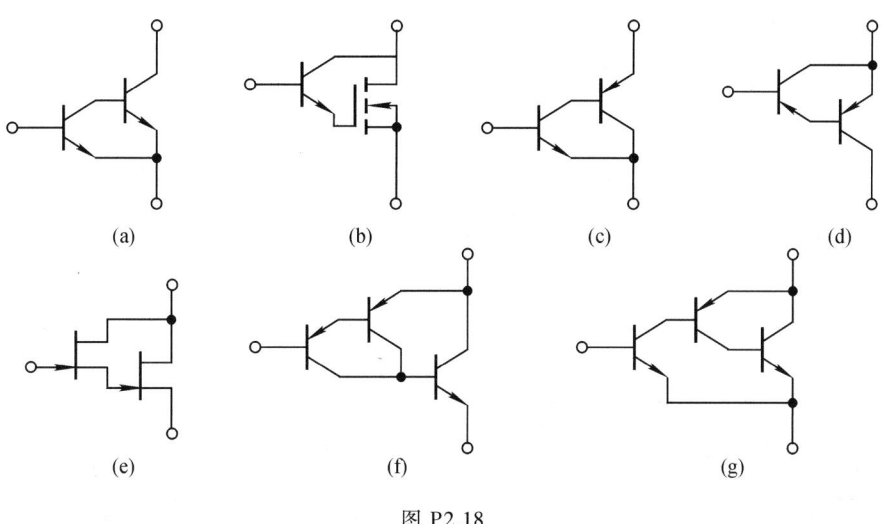

图 P2.18

解：若在复合管外加合适的电压后，每只管子的各极均有电流通路，则表明它们能够组成复合管，否则不能。为叙述问题方便起见，设每个复合管从左起第一只管子为 T_1，第二只管子为 T_2，依此类推。

电路（a）不能。因为 T_1 无集电极电流通路。

电路（b）不能。因为 T_2 为 MOS 管，栅源电阻趋于无穷大，使 T_1 无集电极（发射极）电流通路。

电路（c）构成 NPN 型管，上端为集电极，中端为基极，下端为发射极。

电路（d）不能。因为 T_1 无集电极电流通路。

电路（e）不能。因为 T_2 为场效应管，栅源电阻趋于无穷大，使 T_1 无漏极（源极）电流通路。

电路（f）构成 PNP 型管，上端为发射极，中端为基极，下端为集电极。

电路（g）构成 NPN 型管，上端为集电极，中端为基极，下端为发射极。

2.19 利用 Multisim 分析图 P2.5 所示电路中 R_b、R_c 和晶体管参数变化对 Q 点、$\dot{A}_u$、R_i、R_o 和 U_{om} 的影响。

解：(1) 在 Multisim 环境下搭建图 P2.5 所示电路，并接入信号源及测试仪器仪表，如图解 P2.19(a) 所示。为便于设置和修改电路参数，以研究参数对性能的影响，全部元件均采用了虚拟元件。

图中 XFG1 为函数发生器，作为放大电路的信号源。万用表 XMM1 和 XMM2 分别测量晶体管的静态基极 I_{BQ} 和集电极电流 I_{CQ}。XMM3 测量晶体管的静态管压降 U_{CEQ}。XSC1 是双踪示波器，用于测量输入电压和输出电压的幅值、频率（周期）和相位关系，从中可得到电压放大倍数。

应当特别指出的是，只有在仿真环境下才采用串联电流表的方法测量电流。在用常用电子仪器实际测量时，为避免干扰，应注意测量仪器与测试电路需"共地"，因此是通过测量电位和简单计算来获得电流的。

（2）利用 Multisim 中的虚拟仪器测试电路来分析 R_b、R_c 和晶体管参数 β、$r_{bb'}$ 变化时，Q 点、$\dot{A}_u$、R_i 和 R_o 的变化。

函数发生器给放大电路的是频率为 1 kHz、峰值为 1 mV 的电压信号 U_{smax}。利用仪器仪表可测得 I_{BQ}、I_{CQ}、U_{CEQ}、输入电压峰值 U_{imax}、空载输出电压峰值 U_{oomax} 和带 5 kΩ 负载时的输出电压峰值 U_{omax}，可通过下列算式得到 $\dot{A}_u$、R_i 和 R_o。

$$\dot{A}_u = U_{omax}/U_{imax}, \quad R_i = \frac{U_{imax}}{U_{smax} - U_{imax}} \cdot R_s, \quad R_o = \left(\frac{U_{oomax}}{U_{omax}} - 1\right) \cdot R_L$$

当 $R_c = 5$ kΩ、$\beta = 80$、$r_{bb'} = 100$ Ω 时，R_b 变化所产生的影响如表解 P2.19.1 所示。当 $R_b = 510$ kΩ、$\beta = 80$、$r_{bb'} = 100$ Ω 时，R_c 变化所产生的影响如表解 P2.19.2 所示。当 $R_b = 510$ kΩ、$R_c = 5$ kΩ 时，β 和 $r_{bb'}$ 变化所产生的影响如表解 P2.19.3 所示。

表解 P2.19.1

R_b/kΩ	I_{BQ}/μA	I_{CQ}/mA	U_{CEQ}/V	U_{imax}/mV	U_{omax}/V	$\dot{A}_u$	R_i/kΩ
510	27.987	2.237	3.813	0.339 662	−65.790	−194	1.03
600	23.759	1.9	5.501	0.372 436	−62.432	−168	1.19
700	20.272	1.622	6.891	0.406 549	−59.120	−145	1.37

表解 P2.19.2

R_c/kΩ	I_{BQ}/μA	I_{CQ}/mA	U_{CEQ}/V	U_{imax}/mV	U_{omax}/V	U_{oomax}/V	$\dot{A}_u$	R_i/kΩ	R_o/kΩ
5	27.987	2.237	3.813	0.339 662	−65.790	−132.057	−194	1.028	5.036
4	27.987	2.237	6.051	0.338 735	−58.492	−105.370	−173	1.025	4.007
3	27.987	2.237	8.286	0.338 536	−49.467	−79.048	−146	1.026	2.990

表解 P2.19.3

β	$r_{bb'}$/Ω	I_{BQ}/μA	I_{CQ}/mA	U_{CEQ}/V	U_{imax}/mV	U_{omax}/V	$\dot{A}_u$	R_i/kΩ
80	100	27.987	2.237	3.813	0.339 662	−65.790	−194	1.03
80	200	27.987	2.237	3.813	0.358 691	−63.929	−178	1.12
60	100	27.987	1.679	6.602	0.337 530	−49.538	−147	1.02

结论：

① 当 R_b 增大时，I_{BQ} 减小、I_{CQ} 减小、U_{CEQ} 增大、$|\dot{A}_u|$ 减小、R_i 增大。

② 当 R_c 减小时，I_{BQ} 不变、I_{CQ} 基本不变、U_{CEQ} 增大、$|\dot{A}_u|$ 减小、R_i 基本不变、R_o 减小。

③ 当 $r_{bb'}$ 增大时，$|\dot{A}_u|$ 减小、R_i 增大。当 β 减小时，$|\dot{A}_u|$ 减小、R_i 变化不大。

上述结论与理论分析基本相同。

（3）通过 Multisim 中的"参数扫描分析"也可分析 R_b、R_c 变化对 Q 点的影响。

图解 P2.19（b）所示为 R_b 从 500~800 Ω 中五个不同取值情况下 U_{BEQ} 和 U_{CEQ} 的变化情况。图解 P2.19（c）所示为 R_c 从 3~5 kΩ 中十个不同取值情况下 U_{CEQ} 的变化情况。

2.4 习题解答 85

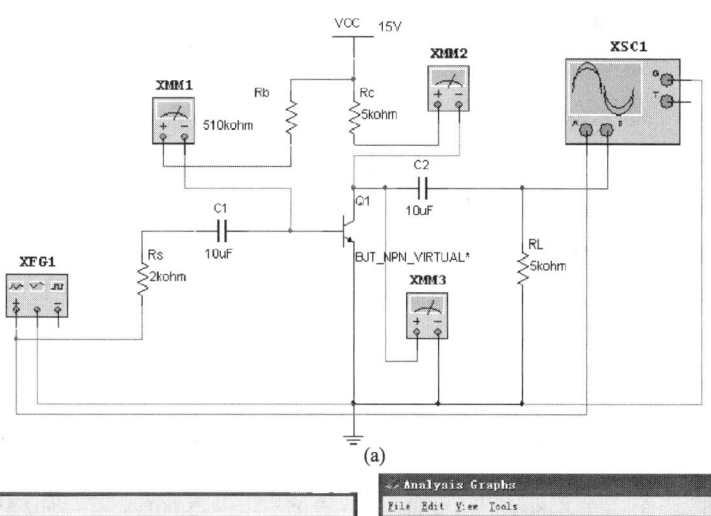

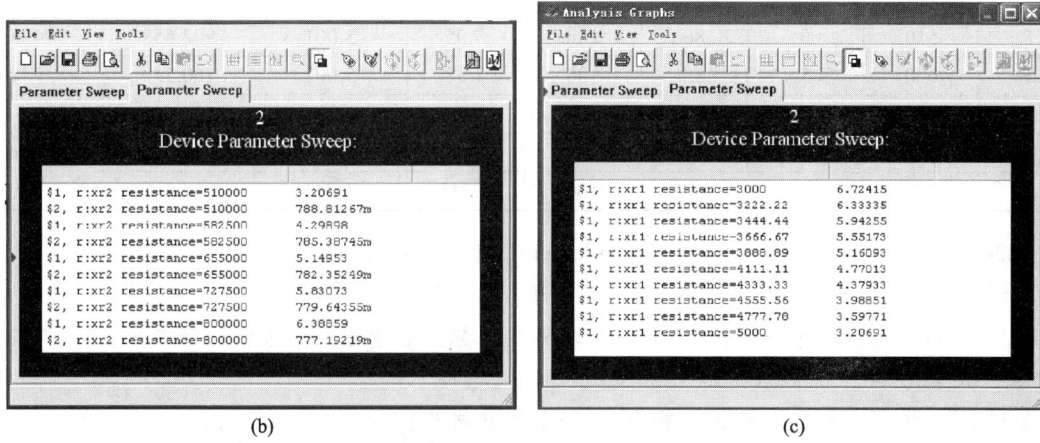

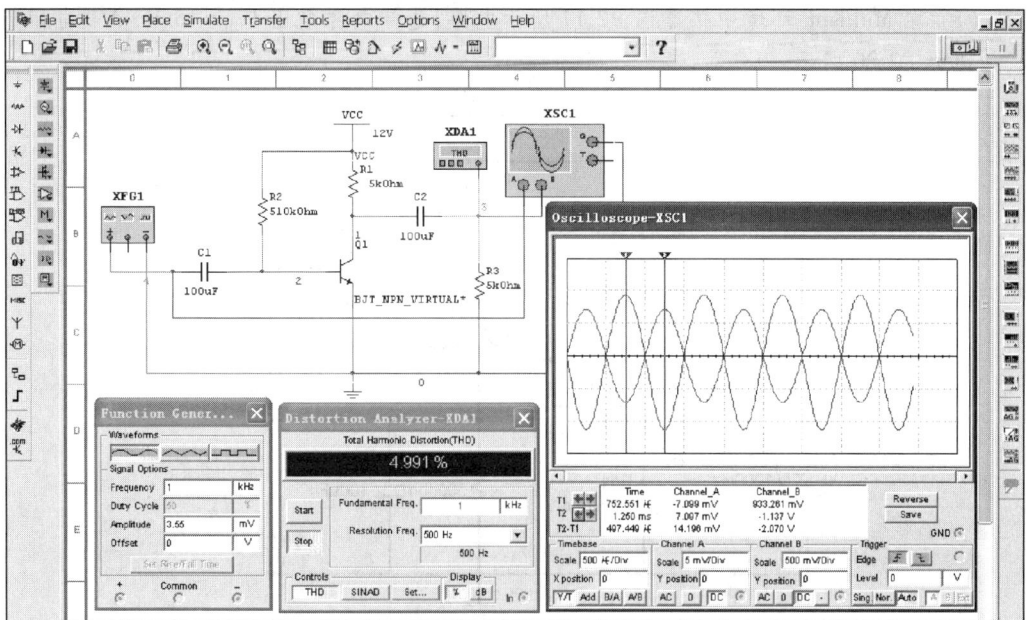

图解 P2.19

(4) 利用 Multisim 中的虚拟仪器"失真度分析仪"(Distortion Analyzer)辅助测试最大不失真输出电压。

对于实际电路,由于放大管特性的非线性,很少能看到输出电压"平顶"或"平底"的失真情况。通常,若人们从示波器观察到了失真,则失真情况已非常严重了。因此,可借助于失真度分析仪对最大不失真输出电压进行科学的测试。具体做法是:在用户指定的基准频率下设定总谐波失真失真度的百分比(如 5%),在放大电路输出电压失真度为设定值时用示波器测得的输出电压峰值,就是该放大电路的最大不失真输出电压峰值。测试电路如图解 P2.19(d)所示。

设定失真度为 5%,不同参数下的最大不失真输出电压峰值如表解 P2.19.4 所示。当然,也可用交流电压表直接测量最大不失真输出电压的有效值。

表解 P2.19.4

序号	$R_b/\text{k}\Omega$	$R_c/\text{k}\Omega$	β	$r_{bb'}/\Omega$	U_i/mV	失真度/%	$+U_{omax}/\text{mV}$	$-U_{omax}/\text{mV}$
1	510	5	80	100	3.05	5.001	902.558	−994.000
2	600	5	80	100	2.98	5.002	760.340	−839.451
3	510	4	80	100	3.05	4.997	790.683	−900.619
4	510	5	80	200	3.55	4.994	972.485	−1074
5	510	5	60	100	3.045	4.994	650.430	−787.915

2.20 电路如图 P2.17 所示。利用 Multisim 研究下列问题:

(1) 确定一组电路参数,使电路的 Q 点合适。

(2) 若输出电压波形底部失真,则可采取哪些措施?若输出电压波形顶部失真,则可采取哪些措施?调整 Q 点约在交流负载线的中点。

(3) 要想提高电路的电压放大能力,可采取哪些措施?

解:(1) 在 Multisim 环境中搭建图 P2.17 所示电路,选择电源电压 $V_{DD} = 15$ V,负载电阻 $R_L = 5$ kΩ,如图解 P2.20 所示。

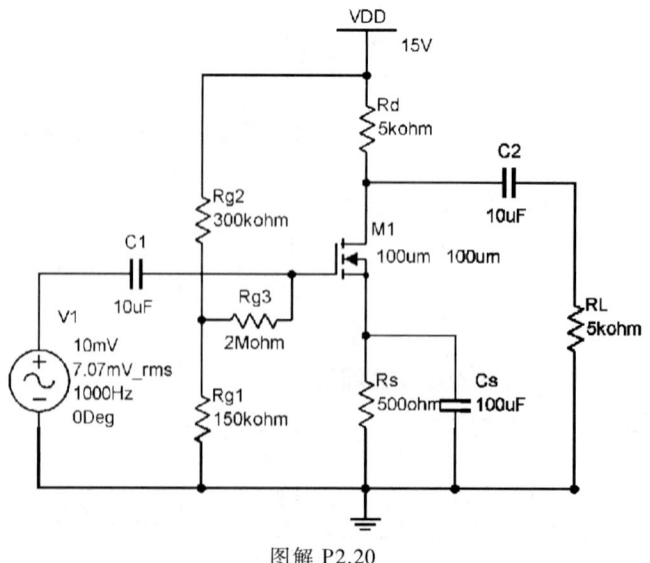

图解 P2.20

电路中采用虚拟 N 沟道 MOS 场效应管，其沟道长度 Channel length = 100 μm、沟道宽度 Channel width = 100 μm，模型参数 VT = $U_{GS(th)}$ = 2 V，KP = $2*I_{DO}/U_{GS(th)}^2$ = $1*10^{-3}$ mA/V²。

输入信号采用峰值为 1 mV、频率为 1 kHz 的虚拟正弦波信号源。

（2）选择电路中电容和电阻的数值：

确定耦合电容 C_1 和 C_2 为 10 μF，旁路电容 C_s 为 100 μF。

设定静态管压降 U_{DSQ} = 4 V，漏极电流 I_{DQ} = 2 mA。为使电路有足够大的输入电阻，R_{g3} 确定为 2 MΩ；为使电路有足够大的电压放大倍数，R_d 确定为 5 kΩ；选定 R_{g1} 为 150 kΩ，R_s 为 500 Ω；然后采用"参数扫描分析"，得到满足静态参数 R_{g2} 为 300 kΩ；见图中标注。

（3）仿真结果：

① 用数字万用表测量静态工作点 U_{GSQ} = 4 V，U_{DSQ} = 4 V，I_{DQ} = 2 mA。

② 用示波器测得 $\dot{A}_u \approx -5$。设失真度为 5%，测得最大不失真输出电压峰值约为 200 mV。

③ 增大输入电压峰值，输出电压波形将出现底部失真，即由于场效应管进入可变电阻区而产生的失真，类似晶体管共射放大电路中的饱和失真。此时可采用减小 R_d 以增大 U_{DSQ}、增大 R_{g1} 以减小 I_{DQ}、减小 R_{g2} 以减小 I_{DQ} 等方法，来消除失真。将 R_{g2} 增大至 500 kΩ，增大输入电压峰值，输出电压波形将出现顶部失真，即截止失真。此时增大 R_{g1}、减小 R_{g2} 或 R_s 可消除失真。

应当指出，无论是在实验中，还是在仿真中，均很难看到如理论分析中出现"平顶"或"平底"的失真现象，因而常借助于失真度仪来帮助我们确定失真的程度。

④ 在其它参数不变的情况下，当 R_{g2} 为 312 kΩ 时，Q 点约在交流负载线的中点。

⑤ 采用增大 R_{g1}、减小 R_{g2} 或减小 R_s 以增大 I_{DQ}，从而增大跨导 g_m，或者增大 R_d 等方法，均可增大 $|\dot{A}_u|$。

本题消除失真和增大电压放大倍数方法的测试方法和具体数据从略，读者在解本题时应给出测试方法和具体数据。

第三章 集成运算放大电路

实用的放大电路多为多级放大电路。集成运算放大电路,简称集成运放,是高性能的直接耦合多级放大电路,广泛应用于各种模拟电路之中。

3.1 内容概要

本章学习的重点是多级放大电路的耦合方式及分析方法,集成运放的组成及各部分的特点、电压传输特性、主要性能指标的物理意义及其选用;其次是集成运放中常用的基本电路,包括差分放大电路、电流源电路和互补输出级,以及它们在集成运放中的应用。

3.1.1 多级放大电路的一般问题

一、多级放大电路的耦合方式

用第二章所述的多个基本放大电路合理连接就构成多级放大电路。常见的耦合方式有直接耦合、阻容耦合和变压器耦合。另外,为避免信号远距离传送时的干扰或需要实现信号的隔离,不少场合也选用光电耦合方式。

放大电路直接相连称为直接耦合,如图 3.1.1(a)所示。直接耦合放大电路低频特性好,能够放大变化缓慢的信号,便于集成化;但前后级的静态工作点相互联系,存在零点漂移现象。零点漂移现象主要是因温度变化、半导体器件参数变化而产生的,故也称为温度漂移。在实用的直接耦合放大电路中常采用 NPN 和 PNP 型管混合使用。

放大电路用容量足够大的电容相连接称为阻容耦合,如图 3.1.1(b)所示。在阻容耦合放大电路中,耦合电容起"隔离直流、通过交流"的作用,使各级静态工作点相互独立,且交流信号在耦合电容上几乎没有损失。但其低频特性差,不能放大变化缓慢的信号;由于集成电路中难于制作大容量电容,不便于集成化;目前,仅在必须使用分立元件电路的情况下才采用。

用变压器连接放大电路称为变压器耦合,如图 3.1.1(c)所示。变压器耦合放大电路的 Q 点相互独立,低频特性差,但能够实现阻抗变换,常用作调谐放大电路或输出功率很大的功率放大电路。设变压器为理想变压器,即一次侧损耗的功率等于二次负载上获得的功率,根据图 3.1.1(d)可得从一次侧看到的等效电阻为

$$R'_L = \left(\frac{N_1}{N_2}\right)^2 R_L \quad (3.1.1)$$

二、多级放大电路的分析

1. 静态分析

由于阻容耦合和变压器耦合方式的各级直流通路之间没有关系,故解多级放大电路的静态工作点就是分别求解各个单级放大电路的静态工作点。由于直接耦合放大电路各级的直流通路相通,求解静态工作点时必须列出所有回路的方程,利用 $I_{CQ}=\beta I_{BQ}$,求解多元一次方程组。

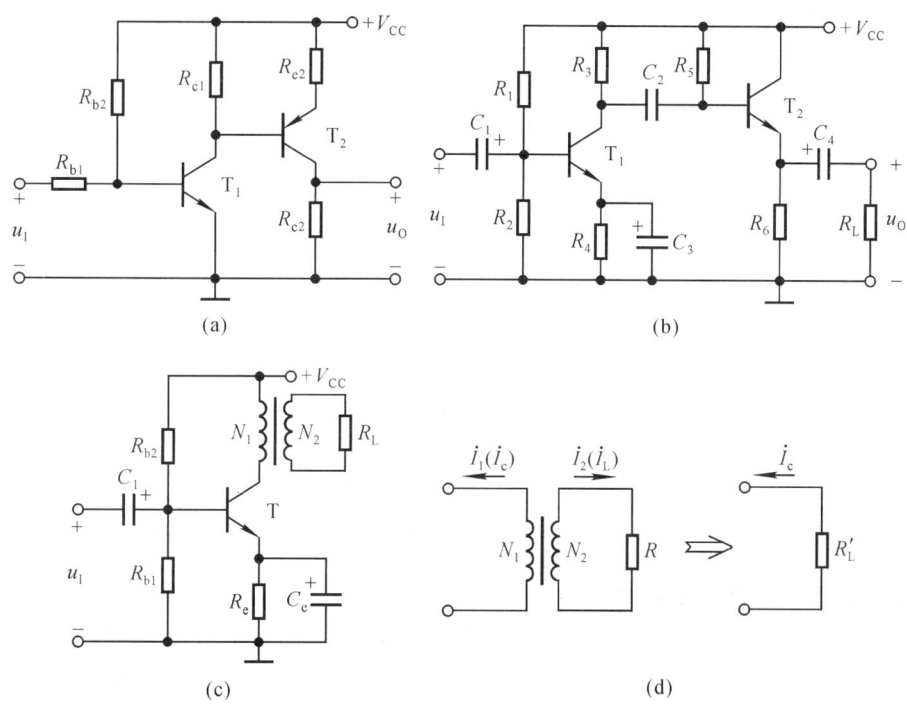

图 3.1.1 三种耦合方式的放大电路
(a) 直接耦合 (b) 阻容耦合 (c) 变压器耦合 (d) 变压器耦合方式的阻抗变换

2. 动态参数

多级放大电路的电压放大倍数等于组成它的各级电路电压放大倍数之积,对于 N 级放大电路

$$\dot{A}_u = \prod_{j=1}^{N} \dot{A}_{uj}, R_i = R_{i1}, R_o = R_{oN} \tag{3.1.2}$$

在求解某一级的电压放大倍数时,应将后级输入电阻作为负载。多级放大电路的输入电阻等于第一级的输入电阻,输出电阻等于末级的输出电阻。若第一级为共集放大电路,则输入电阻与第二级的输入电阻有关;若末级为共集放大电路,输出电阻与次末级的输出电阻有关。

多级放大电路输出电压波形失真时,应首先判断从哪一级开始产生失真,然后再判断失真的性质。在前级所有电路均无失真的情况下,末级的最大不失真输出电压就是整个电路的最大不失真输出电压。

3.1.2 集成运放电路的组成及其电压传输特性

一、集成运放的组成及其各部分的作用

集成运放常由输入级、中间级、输出级和偏置电路四部分组成,如图 3.1.2 所示。通用型集成运放各部分的作用见表 3.1.1。

分析由双极型管构成的通用型集成运放时,应首先将集成运放"化整为零",分割为输入级、中间级、输出级和偏置电路四部分;然后"分析功能",即按表 3.1.1 所示每一部分电路的要求,分析各部分电路的特点及采用哪些措施提高性能;进而"统观整体",分析整个电路的性能特点;最后观察细节问题,如补偿电容、调零部分等,必要时再进行参数的估算。

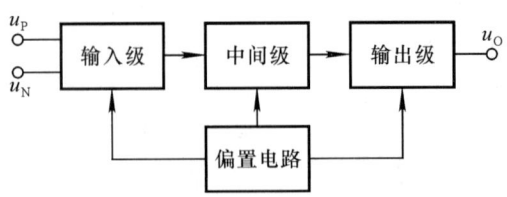

图 3.1.2 集成运放的组成

表 3.1.1 通用型集成运放的组成

组成部分	输入级(前置级)	中间级(主放大级)	输出级(功率级)	偏置电路
采用的电路	差分放大电路	共射放大电路	准互补输出级	多路电流源
性能基本要求	R_i 大、A_d 数值大、K_{CMR} 大	放大能力强	R_o 小、U_{om} 的幅值接近电源电压	温度稳定性好

二、集成运放的电压传输特性

集成运放的符号如图 3.1.3(a)所示,它有同相输入和反相输入两个输入端,对地输出电压为 u_O。电压传输特性[$u_O = f(u_P - u_N)$]如图 3.1.3(b)所示,在线性区,u_O 与 u_P 和 u_N 的差值成线性关系,即

$$u_O = A_{od}(u_P - u_N) \tag{3.1.3}$$

A_{od} 为集成运放的开环差模放大倍数,可达几十万倍;在非线性区,输出电压不是 $+U_{OM}$ 就是 $-U_{OM}$,$\pm U_{OM}$ 是集成运放输出电压的最大幅值。

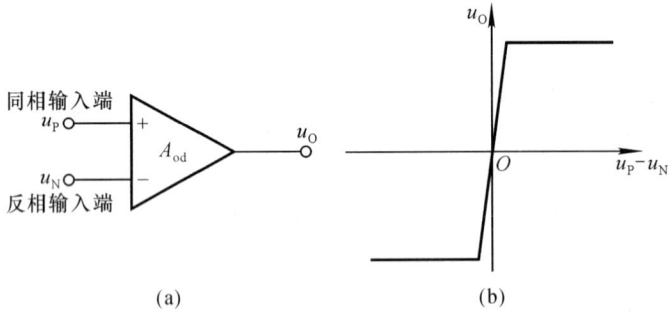

图 3.1.3 集成运放的符号和电压传输特性
(a) 符号 (b) 电压传输特性

从外部看,集成运放是一个高输入电阻、低输出电阻、高差模放大倍数和共模抑制比的双端输入、单端输出的差分放大电路。

3.1.3 差分放大电路

一、零点漂移现象

直接耦合放大电路在输入电压为零时输出电压不为零,且产生缓慢变化的现象称为零点漂移现象。因其主要原因是半导体器件的温度稳定性差,故也称零点漂移为温度漂移,简称温漂。

采用引入直流负反馈、温度补偿的方法可以克服零点漂移。

二、长尾式差分放大电路

差分放大电路能够有效地克服温漂,是组成直接耦合多级放大电路的基本电路,常用作集成放大电路的输入级。它一方面利用参数的理想对称性,使一对放大管的温漂相等,以抵消在输出端产生的漂移;另一方面利用发射极电阻的共模负反馈作用,来克服每只放大管的温漂。

在差分放大电路的两个输入端,若所加输入信号数值相等、极性相同,则称之为共模信号;若所加输入信号数值相等、极性相反,则称之为差模信号。差分放大电路抑制共模信号 u_{Ic},放大差模信号 u_{Id}。其动态参数有输入电阻 R_i、输出电阻 R_o、差模放大倍数 A_d、共模放大倍数 A_c、共模抑制比 K_{CMR},其中

$$A_d = \frac{\Delta u_{Od}}{\Delta u_{Id}}, A_c = \frac{\Delta u_{Oc}}{\Delta u_{Ic}}, K_{CMR} = \left|\frac{A_d}{A_c}\right| \tag{3.1.4}$$

根据信号源接地和负载电阻接地情况,差分放大电路有四种接法,长尾式电路在参数理想对称情况下的静态和动态分析如表 3.1.2 所示。

通常,由于 R_b 的数值较小,I_{BQ} 的数值也很小,因而表 3.1.2 中近似认为晶体管的基极静态电位为零,故发射极电位 $U_{EQ} \approx -U_{BEQ}$。

四种接法电路的特点归纳为:

(1) 四种接法电路的输入电阻均为 $2(R_b + r_{be})$。

(2) A_d、A_c、R_o、K_{CMR} 与输出方式有关。

(3) 对于单端输入接法,在输入 差模信号的同时总伴随着共模信号输入。若输入信号为 Δu_I,其差模输入电压 $\Delta u_{Id} = \Delta u_I$,共模输入电压 $\Delta u_{Ic} = \Delta u_I / 2$。

(4) 若表中所有电路均为具有恒流源的差分放大电路,则其共模放大倍数均为 0,共模抑制比均为无穷大。

(5) R_e 只对共模信号有负反馈作用,在差模信号作用下 R_e 中电流不变,故对差模信号无反馈作用。

三、具有恒流源的差分放大电路

为更有效地抑制每一边电路的温漂,为使共模负反馈等效电阻趋于无穷大,常将发射极电阻用恒流源取代,如图 3.1.4(a)所示。可用静态工作点稳定电路作为恒流源,如图(b)所示。

在图(b)所示电路中,$I_2 \gg I_{B3}$,R_2 的电压

$$U_{R_2} \approx \frac{R_2}{R_1 + R_2} \cdot V_{EE}$$

差分管的发射极电流

$$I_{EQ} = \frac{U_{R_2} - U_{BE}}{2R_3}$$

几乎为恒流,因此对于共模信号等效为无穷大电阻。

在实用电路中,为了弥补电路参数的非对称性,常在两只差分管的发射极加一个小阻值的电位器,如图 3.1.5 所示,调整电路在输入差模信号为零时输出电压为零。若电位器的滑动端在中点,则

表 3.1.2 差分放大电路四种接法的比较

接法	双端输入双端输出	双端输入单端输出	单端输入双端输出	单端输入单端输出
电路	(电路图)	(电路图)	(电路图)	(电路图)
Q点	$I_{EQ} \approx \dfrac{V_{EE}-U_{BEQ}}{2R_e}$ $I_{BQ} = \dfrac{I_{EQ}}{1+\beta}$ $U_{CEQ} = V_{CC} - I_{CQ}R_c + U_{BEQ}$	$I_{EQ} \approx \dfrac{V_{EE}-U_{BEQ}}{2R_e}$ $I_{BQ} = \dfrac{I_{EQ}}{1+\beta}$ $U_{CEQ1} = V'_{CC} - I_{CQ}R'_L + U_{BEQ}$ $V'_{CC} = \dfrac{R_L V_{CC}}{R_c+R_L}$ $R'_L = R_c // R_L$	$I_{EQ} \approx \dfrac{V_{EE}-U_{BEQ}}{2R_e}$ $I_{BQ} = \dfrac{I_{EQ}}{1+\beta}$ $U_{CEQ} = V_{CC} - I_{CQ}R_c + U_{BEQ}$	$I_{EQ} \approx \dfrac{V_{EE}-U_{BEQ}}{2R_e}$ $I_{BQ} = \dfrac{I_{EQ}}{1+\beta}$ $U_{CEQ1} = V'_{CC} - I_{CQ}R'_L + U_{BEQ}$ $V'_{CC} = \dfrac{R_L V_{CC}}{R_c+R_L}$ $R'_L = R_c // R_L$
u_{Id}	u_i	u_i	u_i	u_i
u_{Ic}	0	0	$u_i/2$	$u_i/2$
R_i	$2(R_b+r_{be})$	$2(R_b+r_{be})$	$2(R_b+r_{be})$	$2(R_b+r_{be})$
R_o	$2R_c$	R_c	$2R_c$	R_c
A_c	0	$-\dfrac{\beta(R_c//R_L)}{R_b+r_{be}+2(1+\beta)R_e}$	0	$-\dfrac{\beta(R_c//R_L)}{R_b+r_{be}+2(1+\beta)R_e}$
K_{CMR}	∞	$\dfrac{R_b+r_{be}+2(1+\beta)R_e}{2(R_b+r_{be})}$	∞	$\dfrac{R_b+r_{be}+2(1+\beta)R_e}{2(R_b+r_{be})}$

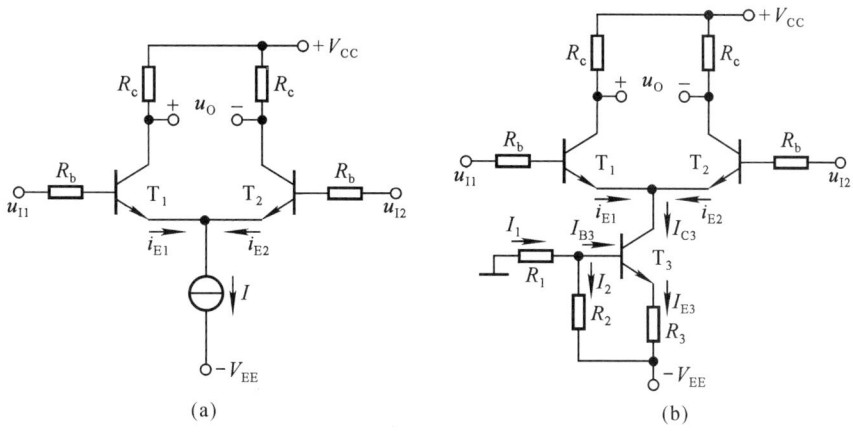

图 3.1.4 具有恒流源的差分放大电阻
(a) 原理电路　(b) 一种实际电路

$$A_d = -\frac{\beta R_c}{r_{be}+(1+\beta)\frac{R_w}{2}}, R_i = 2r_{be}+(1+\beta)R_w \tag{3.1.5}$$

为增大输入电阻,常用场效应管作差分管,如图 3.1.6 所示,其差模放大倍数、输入电阻、输出电阻为

$$A_d = -g_m R_d, R_i = \infty, R_o = 2R_d \tag{3.1.6}$$

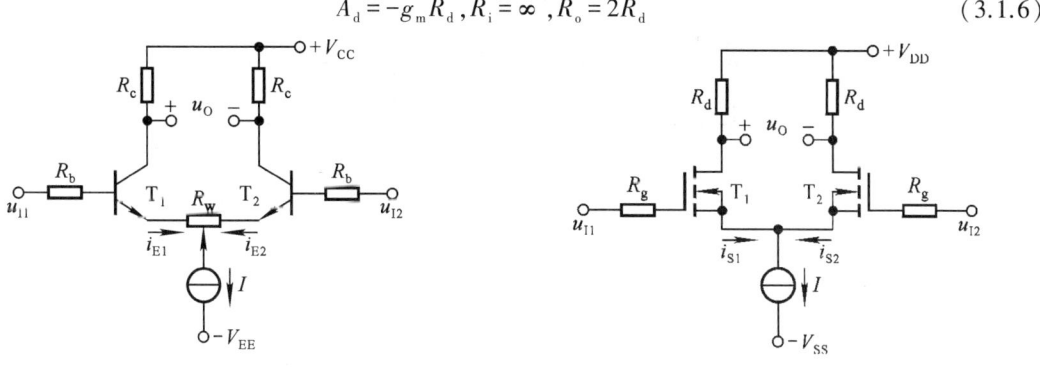

图 3.1.5　带调零电位器的差分放大电路　　　图 3.1.6　场效应管差分放大电路

3.1.4 电流源电路

一、常见的电流源电路

图 3.1.7 所示为几种常见的电流源电路,图中各管子均具有理想对称特性。

图 3.1.7(a) 所示为镜像电流源, I_R 为基准电流,输出电流

$$I_{C1} = \frac{\beta}{\beta+2} \cdot I_R = \frac{\beta}{\beta+2} \cdot \frac{V_{CC}-U_{BE}}{R} \tag{3.1.7}$$

若 $\beta \gg 2$,则 $I_{C1} \approx I_R$。

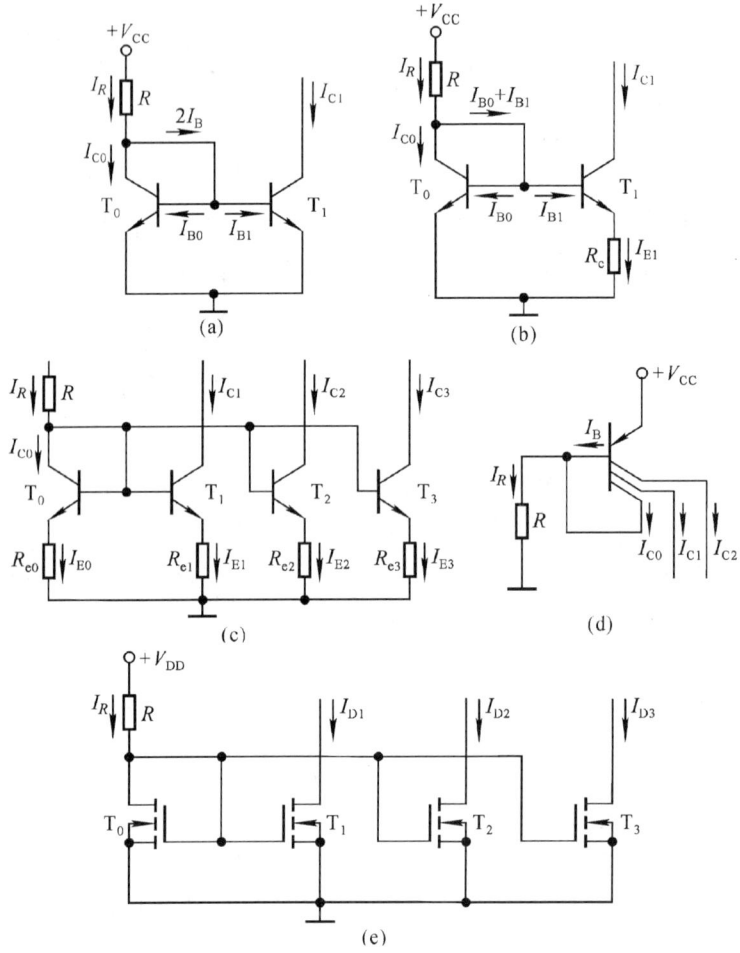

图 3.1.7 集成运放中常见的电流源电路
(a) 镜像电流源 (b) 微电流源 (c) 晶体管组成的多路电流源
(d) 多集电极组成的多路电流源 (e) MOS 管组成的多路电流源

图(b)所示为微电流源,输出电流

$$I_{C1} = \frac{U_{BE0} - U_{BE1}}{R_e} \tag{3.1.8}$$

由于 U_{BE0} 和 U_{BE1} 的差值很小,因而在 R_e 取值不大的情况下就可得到很小的输出电流,来满足输入级静态电流的需要。图(c)所示为晶体管组成的多路电流源,在 U_{BE0}、U_{BE1}、U_{BE2}、U_{BE3} 差别不大;且 β 远大于 1 的情况下,三路输出电流与射极电阻的关系近似为

$$I_{C0}R_{e0} \approx I_{C1}R_{e1} \approx I_{C2}R_{e2} \approx I_{C3}R_{e3} \tag{3.1.9}$$

图(d)所示为多集电极晶体管组成的多路电流源,当基极电流一定时,集电极电流之比等于它们的集电区面积之比,即设各集电区面积分别为 S_0、S_1、S_2,则

$$\frac{I_{C1}}{I_{C0}} = \frac{S_1}{S_0}, \frac{I_{C2}}{I_{C0}} = \frac{S_2}{S_0} \tag{3.1.10}$$

图(e)所示为场效应管组成的多路电流源,漏极电流正比于沟道的宽长比。设沟道的宽长

比 $W/L=S$,各管子宽长比分别为 S_0、S_1、S_2,则

$$\frac{I_{D1}}{I_{D0}}=\frac{S_1}{S_0},\frac{I_{D2}}{I_{D0}}=\frac{S_2}{S_0},\frac{I_{D3}}{I_{D0}}=\frac{S_3}{S_0} \tag{3.1.11}$$

二、以电流源作有源负载的放大电路

若用电流源接到共射放大电路放大管的集电极上,如图 3.1.8(a)所示,则在交流通路中等效的集电极电阻趋于无穷大,因而输入信号作用下所得变化的集电极电流几乎全部流向负载(或下级电路),增大了放大倍数。若用电流源接到差分放大电路差分管的集电极上,如图(b)所示,则在输入信号作用下 T_1 管变化的集电极电流将通过 T_3 和 T_4 的镜像关系传递到输出,使单端输出电路的差模放大倍数几乎等于双端输出时的情况。

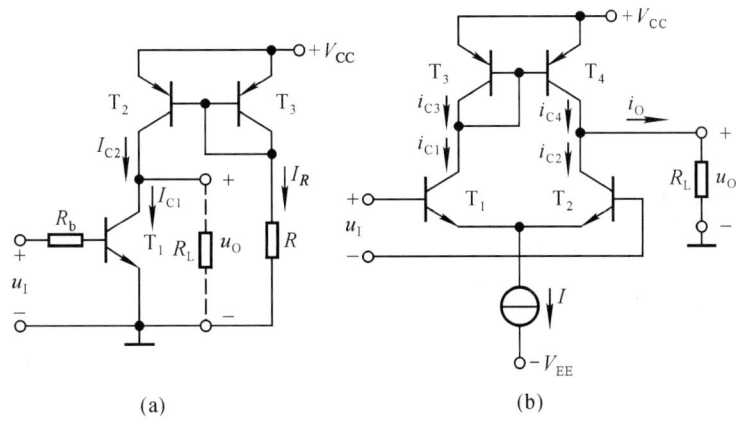

图 3.1.8 有源负载放大电路
(a)共射放大电路 (b)差分放大电路

3.1.5 互补输出级

基本互补输出电路由具有对称特性的 NPN 型和 PNP 型管组成,它们的集电极分别接正、负电源,基极与基极相连作为输入端,发射极与发射极相连作为输出端,如图 3.1.9(a)所示。静态时,输出电压为零,即零输入时零输出;有信号时两只管子交替工作,两路电源交替供电,信号的正、负半周均为射极跟随形式,具有很强的带负载能力;适于做直接耦合多级放大电路的输出级。

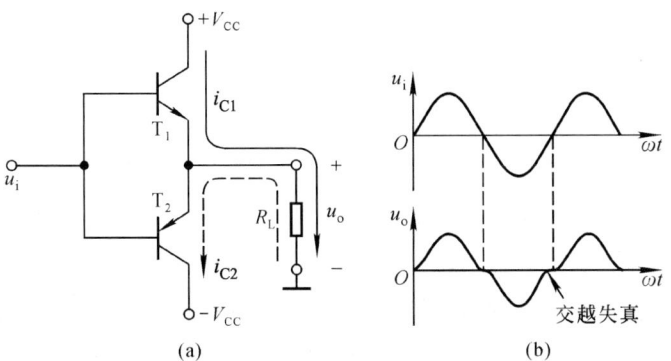

图 3.1.9 互补输出级基本电路及交越失真
(a)电路 (b)交越失真

由于当 $|u_{BE}|$ 小于开启电压时两只管子均截止,故输入信号在零附近将产生失真,称为交越失真,如图 3.1.9(b)所示。消除交越失真的方法是设置合适的静态工作点,使 T_1 和 T_2 基极之间的静态电压为两倍的开启电压,均处于临界导通状态,从而使输入电压过零时至少有一只晶体管导通。

3.1.6 集成运放的主要性能指标及类型

一、集成运放的主要性能指标

集成运放的主要指标及其物理意义如表 3.1.3 所示,F007 为一种通用型集成运放。

表 3.1.3 集成运放的主要指标及其物理意义

指标	符号	物理意义	F007 的典型数值
开环差模增益	A_{od}	$20\lg|u_O/(u_P-u_N)|$	>94 dB
差模输入电阻	r_{id}	对差模电压信号源的输入电阻	>2 MΩ
共模抑制比	K_{CMR}	$20\lg|A_d/A_c|$	>80 dB
输入失调电压	U_{IO}	使输出电压为零在输入端所加的补偿电压	<2 mV
U_{IO} 的温漂	dU_{IO}/dT	U_{IO} 的温度系数	<20 μV/℃
输入失调电流	I_{IO}	两个输入端静态电流之差 $|I_{B1}-I_{B2}|$	
I_{IO} 的温漂	dI_{IO}/dT	I_{IO} 的温度系数	
最大共模输入电压	U_{Icmax}	所输入的共模信号大于此值时电路不能正常放大差模信号	±13 V
最大差模输入电压	U_{Idmax}	所输入的差模信号大于此值时输入级放大管将损坏	±30 V
−3 dB 带宽频率	f_H	上限频率	7 Hz
单位增益带宽	f_C	使差模增益下降到 0 dB 的频率	
转换速率	SR	$|du_O/dt|_{max}$	

二、按性能指标分类的特殊型集成运放

某一方面性能特别优秀的运放为特殊型运放。差模输入电阻很高的运放称为高阻型运放,单位增益带宽和转换速率高的称为高速型运放,低失调、低温漂、低噪声、高增益的称为高精度型运放,静态功耗小、工作电源低的称为低功耗型运放,能够输出高电压的称为高压型运放,能够输出大功率的称为大功率型运放,等等。此外,还有电流放大型、跨导型、互阻型、增益可控型等。特殊类型集成运放的性能特点和用途如表 3.1.4 所示。

表 3.1.4 特殊运放的性能特点

类型	性能特点	用途
高阻型	高输入电阻，r_{id} 可达 $10^9\Omega$ 以上	作测量放大器
高速型	单位增益带宽和转换速率高，有的单位增益带宽高达 10 MHz，有的转换速率高达每微秒数千伏	数-模和模-数转换器、视频放大器、锁相环电路
低功耗型	工作电源低，为几伏；静态功耗低，只有几毫瓦，甚至到微瓦	空间技术、军事科学或工业中的遥感遥测电路中
高精度型	低失调、低温漂、低噪声、高增益，失调电压和失调电流比通用型的小两个数量级，共模抑制比大于 100 dB	微弱信号的精密测量和运算、高精度仪器
高压型	能够输出高电压，如 100 V	高电压输出，需高电压驱动的负载
大功率型	能够输出大功率、大电流，如几安	功率放大器，需大电流驱动的负载

3.2 难点释疑

3.2.1 对多级放大电路动态参数的分析

如果已知各个单级放大电路的动态参数，那么如何考虑它们连接成多级放大电路后的动态参数呢？本节通过对多级放大电路动态参数的分析，来进一步说明放大电路连接后的相互影响。

以两级放大电路为例，设已知两个单级放大电路的空载电压放大倍数、输入电阻、输出电阻分别为 $\dot{A}_{u10}$、R_{i1}、R_{o1} 和 $\dot{A}_{u20}$、R_{i2}、R_{o2}，将它们连接起来，方框图如图 3.2.1 所示。前级是后级的信号源，后级的输入电阻是前级的负载，此时 $\dot{U}_{o1} \neq \dot{U}'_{o1}$、$\dot{U}_o \neq \dot{U}'_o$。各级空载时（即未连接时）的电压放大倍数为

$$\dot{A}_{u10} = \frac{\dot{U}'_{o1}}{\dot{U}_i}, \dot{A}_{u20} = \frac{\dot{U}'_{o2}}{\dot{U}_{o1}} \tag{3.2.1}$$

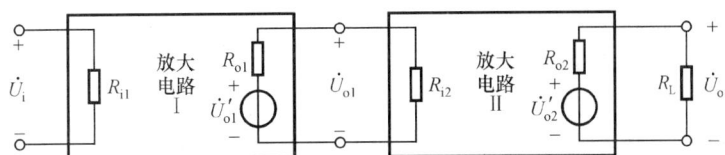

图 3.2.1 两级放大电路方框图

连接后带负载情况下的电压放大倍数为

$$\begin{cases} \dot{A}_{u1} = \dfrac{\dot{U}_{o1}}{\dot{U}_i} = \dfrac{\dot{U}'_{o1}}{\dot{U}_i} \cdot \dfrac{\dot{U}_{o1}}{\dot{U}'_{o1}} = \dot{A}_{u10} \cdot \dfrac{R_{i2}}{R_{o1} + R_{i2}} & (3.2.2a) \\[2ex] \dot{A}_{u2} = \dfrac{\dot{U}_o}{\dot{U}_{o1}} = \dfrac{\dot{U}'_{o2}}{\dot{U}_{o1}} \cdot \dfrac{\dot{U}_{o2}}{\dot{U}'_{o2}} = \dot{A}_{u20} \cdot \dfrac{R_L}{R_{o2} + R_L} & (3.2.2b) \end{cases}$$

整个电路的电压放大倍数为

$$\dot{A}_u = \dot{A}_{u1} \cdot \dot{A}_{u2} = \dot{A}_{u1O} \cdot \frac{R_{i2}}{R_{o1}+R_{i2}} \cdot \dot{A}_{u2O} \cdot \frac{R_L}{R_{o2}+R_L} \quad (3.2.3)$$

3.2.2 差分放大电路输入信号和输出信号的分析

一、单端输出电路的输出信号

图 3.2.2(a)为单端输入、单端输出差分放大电路,从表 3.1.2 可知,这时电路输入的差模信号为 u_1,共模信号为 $u_1/2$。当用一个精密的直流电压表测量输出电压时,则读出的数据包含哪些物理量呢? 应包含静态时的集电极电位 U_{CQ2},由 u_1 引起的差模输出电压 u_{Od} 和 $u_1/2$ 引起的共模输出电压 u_{Oc},即

$$u_O = U_{CQ2} + A_d u_1 + A_c u_1/2$$

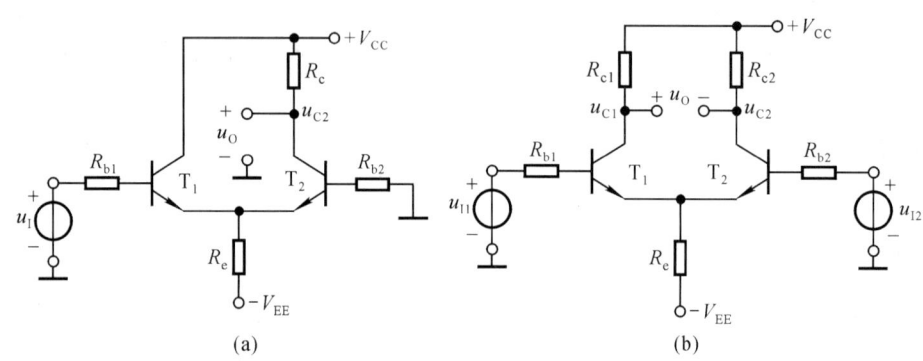

图 3.2.2 差分放大电路
(a) 单端输入、单端输出差分放大电路 (b) 两个输入端分别输入信号的情况

由上式可知,在已知电路参数的情况下,应首先求出静态发射极电流,然后求出 r_{be},进而求出 A_d、A_c,在已知 u_1 的情况下最后求出 u_O。

应当指出,单端输出电路的输出电压可能与输入电压同相,也可能反相,决定于是从 T_1 还是 T_2 的集电极输出,图(a)所示电路的输出电压与输入电压同相。

二、两个输入端分别输入信号的情况

在图 3.2.2(b)所示差分放大电路中,两个输入端分别对地输入信号。在这种情况下,到底输入了多少共模信号、多少差模信号呢?

已知单端输入情况下,当输入电压为 u_1 时,差模输入电压为 u_1、共模输入电压为 $u_1/2$。利用这一结论,可对图(b)中的 u_{11} 和 u_{12} 分别考虑,即令 u_{12} 为零时分析 u_{11} 对电路的作用,再令 u_{11} 为零时分析 u_{12} 对电路的作用,然后根据叠加原理将它们作用的结果相加即可得到它们共同作用的结果。设差模信号的假设正方向为左边输入端为"+"、右边输入端为"−"。u_{11} 单独作用时的差模信号和共模信号分别为

$$u_{Id1} = u_{11}, \quad u_{Ic1} = u_{11}/2$$

u_{12} 单独作用时的差模信号和共模信号分别为

$$u_{Id2} = -u_{12}, \quad u_{Ic2} = u_{12}/2$$

因此,u_{11} 和 u_{12} 同时作用时的差模信号和共模信号分别为

$$\begin{cases} u_{\mathrm{Id}} = u_{\mathrm{Id1}} + u_{\mathrm{Id2}} = u_{\mathrm{I1}} - u_{\mathrm{I2}} \\ u_{\mathrm{Ic}} = u_{\mathrm{Ic1}} + u_{\mathrm{Ic2}} = \dfrac{u_{\mathrm{I1}} + u_{\mathrm{I2}}}{2} \end{cases} \quad (3.2.4)$$

若 $u_{\mathrm{I1}} = 10$ mV，$u_{\mathrm{I2}} = 5$ mV，则 $u_{\mathrm{Id}} = 5$ mV，$u_{\mathrm{Ic}} = 7.5$ mV。

3.2.3 消除交越失真电路的组成原则

在互补输出级中，消除交越失真电路的组成原则一是使两只放大管静态时均处于临界导通状态，二是动态损失小。即两只放大管基极之间的静态电压约为 2 倍 b-e 间的开启电压，而对于交流信号两只放大管基极之间的动态电压约为零。

在图 3.2.3 所示电路中，在 V_{CC} 的作用下，D_1、D_2 导通，b_1、b_2 之间的静态电压

$$U_{\mathrm{B1B2}} = U_{\mathrm{D1}} + U_{\mathrm{D2}}$$

由于 D_1、D_2 与 T_1、T_2 用同样的材料，使 T_1、T_2 均有一个很小的集电极电流，处于微导通状态。在动态信号作用时，二极管呈现出动态电阻，其阻值很小，因而可以认为 D_1、D_2 的动态电压近似为零，即 $u_{\mathrm{b1}} \approx u_{\mathrm{b2}} \approx u_{\mathrm{i}}$。

图 3.2.4 所示为集成运放中的准互补输出级，它采用复合管作为功放管，且接负载电阻的一对管子均为 NPN 型管，用 U_{BE} 倍增电路来消除交越失真。静态时由于 R_4 中电流远远大于 T_5 管的基极电流，b_1、b_2 间电压

$$U_{\mathrm{B1B2}} \approx \left(1 + \dfrac{R_3}{R_4}\right) U_{\mathrm{BE}}$$

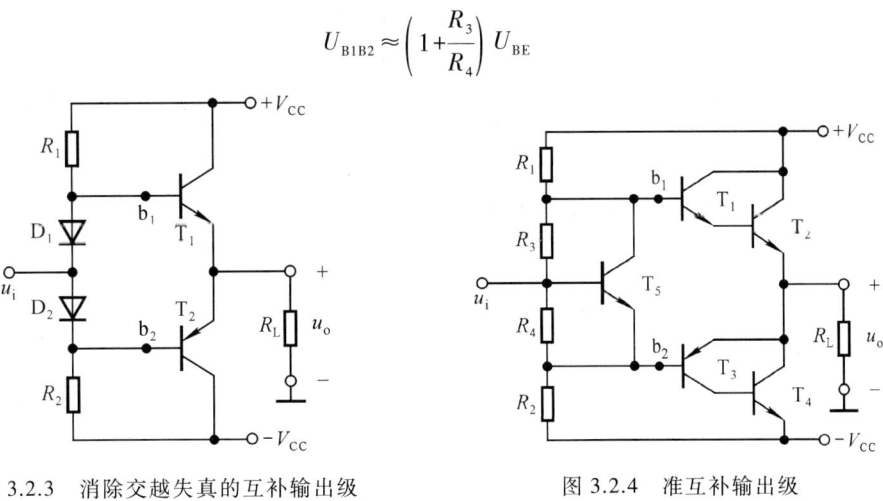

图 3.2.3 消除交越失真的互补输出级　　　图 3.2.4 准互补输出级

只有在 $R_3 \ll R_1$、$R_3 \ll R_2$ 且 $R_4 \ll R_1$、$R_4 \ll R_2$，才能认为 R_3、R_4 上的动态电压可忽略不计，即 $u_{\mathrm{b1}} \approx u_{\mathrm{b2}} \approx u_{\mathrm{i}}$。实际上，在集成运放中，$R_1$ 常用电流源取代，等效的动态电阻可视为无穷大，故 $u_{\mathrm{b1}} = u_{\mathrm{b2}} = u_{\mathrm{i}}$。

3.2.4 集成运放中如何设置稳定的静态工作点

为使各级电器均有稳定的静态工作点，集成运放中不是采用给晶体管 b-e 间或场效应管 g-s 间加偏置电压来决定输出回路电流的方法设置 Q 点，而是为每级放大管输出回路注入恒定电流（I_{CQ}、I_{EQ} 或 I_{DQ}、I_{SQ}）的方法来设置 Q 点，这种方法在具有恒流源的差分放大电路中曾采用

过,多路电流源实现了上述目的。

为什么可以认为多路电流源中每一路电流都是稳定的呢?

在第二章中曾经讲到,稳定静态工作点的基本措施是引入直流负反馈和温度补偿,Q 点稳定就是静态集电极电流稳定。实际上,在图 3.1.7 所示各种晶体管电流源电路中,电阻 R 均起直流负反馈作用;可以设想,若温度升高,则各个晶体管的集电极电流增大,T_0 管的集电极电流也增大,导致其集电极电位降低,使各个管子的基极电位降低,基极电流随之减小,集电极电流也就减小;当温度降低时上述物理量均向相反方向变化,从而使集电极电流得到稳定。

此外,在图 3.1.7(b)~(d) 所示电路中,发射极电阻也起直流负反馈作用。若温度升高,集电极电流增大,则一方面 R 的负反馈作用使基极电位降低,另一方面 R_e 的负反馈作用使发射极电位升高,基极电流随之减小,集电极电流也就减小,两方面的负反馈作用将使 Q 点更加稳定。

在图 3.2.5 所示电路中,T_2 和 T_3 应为特性完全相同的一对管子,它们组成镜像电流源,在 $\beta \gg 2$ 的情况下,

$$I_{C2} \approx I_R = \frac{V_{CC} - U_{EB}}{R}$$

为使电路正常工作,输入电压中应有直流分量,在 T_1 的基极回路形成基极的静态电流 I_{B1}。那么 T_1 的集电极静态电流究竟决定于 I_{C2} 还是 $\beta_1 I_{B1}$ 呢? 由图 3.2.5 可知,$I_{C1} = I_{C2}$,因此是 I_{C1} 对 u_1 中直流分量的大小提出要求,从而使 $I_{B1} = I_{C1}/\beta_1$;而且,当温度变化使 β_1 变化时,由于 I_{C2} 基本不变,u_1 中直流分量的大小需自动调整以维持 $I_{B1} = I_{C1}/\beta_1$。可见,这种设置静态工作点的方法使得 Q 点稳定。

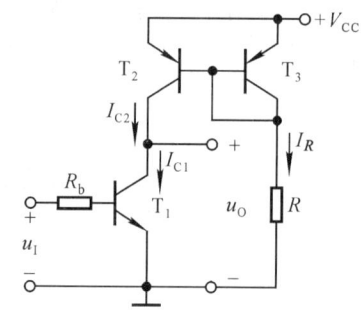

图 3.2.5 有源负载共射放大电路

3.2.5 为什么在有源负载电路中要考虑 $h_{22}(1/r_{ce})$

在大多数放大电路中,因为集电极电阻 R_c 和发射极电阻 R_e 只有几千欧或十几千欧,而 c-e 间动态等效电阻 $r_{ce}(1/h_{22})$ 常为几百千欧,所以均可用简化的 h 参数等效电路作为晶体管在低频小信号作用下的模型,即认为 r_{ce} 趋于无穷大。

图 3.2.5 所示共射放大电路的交流等效电路如图 3.2.6(a) 所示,T_2 管 c-e 间动态等效电阻 r_{ce2} 是 T_1 管等效的集电极电阻 R_c,与 T_1 管 c-e 间动态等效电阻 r_{ce1} 等数量级;利用诺顿定理将晶体管输出回路的受控电流源与 r_{ce1} 变换为有内阻的电压源,如图 3.2.6(b) 所示。若 $r_{ce1} = r_{ce2}$,则它们的电压各为 $\dot{U}_{oo}$ 的 1/2,充分说明不考虑 r_{ce} 所带来的误差。该结论具有普遍性,即在实际电路中,凡遇两个电阻数量级相当时不能忽略其中的任何一个。由图 3.2.6(a) 可知,空载时电压放大倍数

$$\dot{A}_u = \frac{\dot{U}_o}{\dot{U}_i} = -\frac{\beta_1(r_{ce1} /\!/ r_{ce2})}{R_b + r_{be1}}$$

数值很大,说明有源负载提高了电路的电压放大倍数能力。电路带负载电阻时的电压放大倍数为

$$\dot{A}_u = \frac{\dot{U}_o}{\dot{U}_i} = -\frac{\beta_1(r_{ce1} /\!/ r_{ce2} /\!/ R_L)}{R_b + r_{be1}}$$

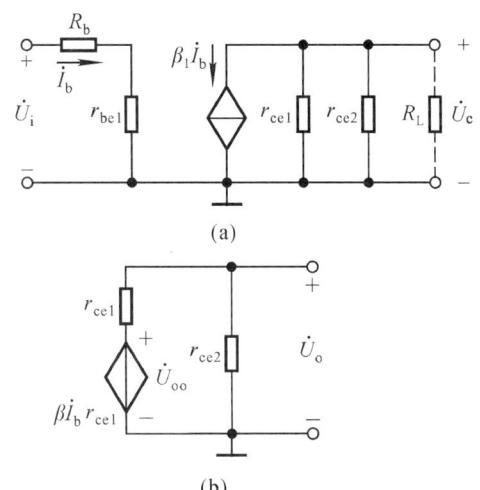

图 3.2.6 有源负载共射放大电路的交流等效电路
(a) 输出回路的等效变换 (b) 带负载时的交流等效电路

当 $r_{ce1} // r_{ce2} \gg R_L$ 时,

$$\dot{A}_u \approx -\frac{\beta_1 R_L}{R_b + r_{be1}}$$

说明有源负载使放大电路输出电阻很大,以至于集电极动态电流几乎全部流向负载。

3.2.6 读图方法

集成运放的读图始终是学习的难点。作为以使用为目的的课程,仅要求基本读懂即可;切忌在读图时不分主次、开始就陷入细节的做法。读图的一般方法和步骤为:

(1) 将偏置电路分离出来。首先找出多路电流源的基准电流;通常,在集成运放电路中若有一个支路的电流可以估算出来,则该电流就是基准电流。然后找出与基准电流存在镜像、比例等关系的那部分电路,它们组成偏置电路。

(2) 简化电路,将偏置电路的多路电流用电流源取代,仅剩下与信号放大有关的部分。

(3) 读放大电路,集成运放内部电路中的晶体管很多,但作为放大的管子并不多,分析时要按信号流通顺序将其分成为若干级,通常为三级。其基本电路特征及性能要求见表 3.1.1。

(4) 进一步分析电路的性能特点。

例如,在图 3.2.7 所示集成运放的原理电路中,T_1 与 T_2、T_3 与 T_4、T_5 与 T_6、T_7 与 T_8、T_9 与 T_{10} 均为特性完全相同的对管,T_{14} 与 T_{15}、T_{16} 与 T_{17} 各组成的复合管特性也完全相同。从 $+V_{CC}$ 到 $-V_{CC}$ 观察各个回路,只有 R_1 所在回路的电流可估算出

$$I_{R_1} = \frac{2V_{CC} - U_{EB9} - U_{BE8}}{R_1}$$

因而 I_{R_1} 为偏置电路的基准电流。与 I_{R_1} 相关的电路即为偏置电路,如图 3.2.8 所示。T_8 与 T_7 组成微电流源,T_6 与 T_5 组成镜像电流源,在 $\beta \gg 2$ 的情况下,$I_1 \approx I_{C6} = I_{C7}$,$I_1$ 为第一级提供静态电流;T_9 与 T_{10} 组成镜像电流源,在 $\beta \gg 2$ 的情况下,$I_2 \approx I_{R_1}$,I_2 为第二级提供静态电流。

在图 3.2.7 所示电路中,用电流源取代偏置电路,得出其放大电路部分,如图 3.2.9 所示。按

信号流通方向,第一级是双端输入、单端输出的差分放大电路,从 T_2 的集电极输出作用于 T_{11} 的基极;第二级从集电极输出,是由复合管作放大管的共射放大电路;第三级为准互补输出级。

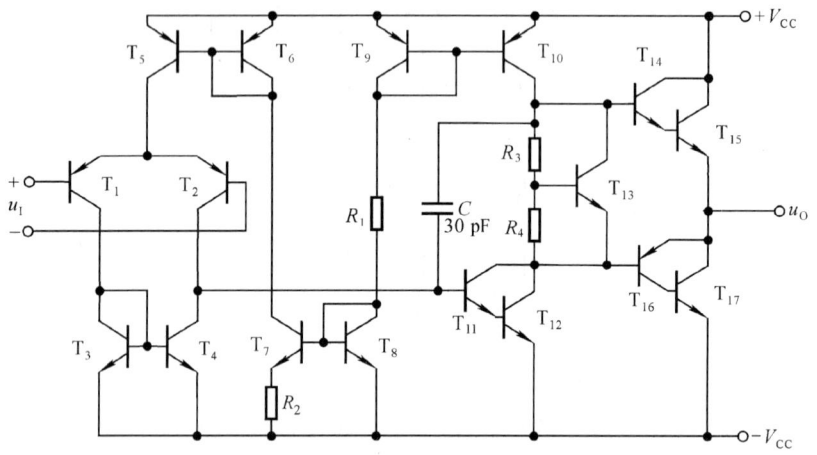

图 3.2.7　集成运放原理电路

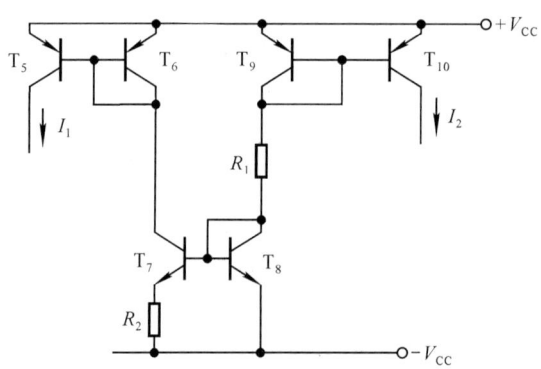

图 3.2.8　集成运放原理电路中的偏置电路

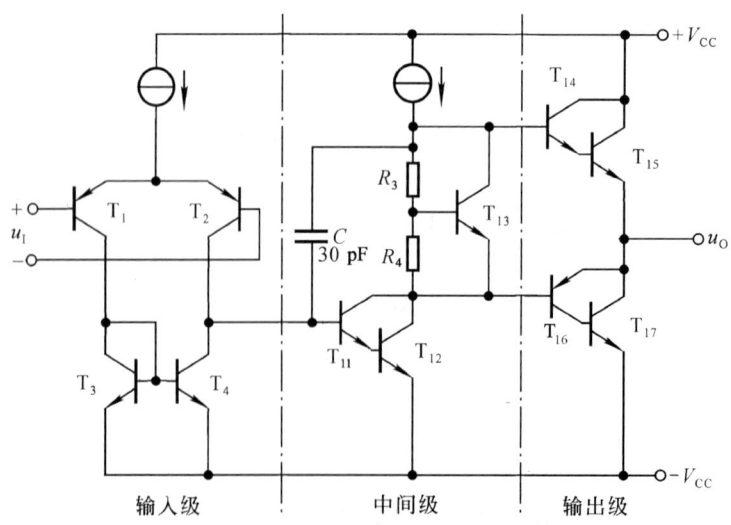

图 3.2.9　集成运放原理电路中的放大电路部分

各级特点:输入级用镜像电流源作有源负载,增大差模放大倍数,使单端输出电路的放大倍数近似等于双端输出时的放大倍数;中间级以复合管作放大管、以电流源作有源负载,具有很强的放大能力,由于其输出电阻趋于无穷大,其集电极动态电流几乎全部流向输出级;输出级采用复合管,增大电流放大能力,并利用 U_{BE} 倍增电路消除交越失真。另外,电容 C 用于滞后补偿,避免电路引入负反馈后产生自激振荡,详细分析见频率响应和负反馈放大电路的稳定性。

3.3 例题精解

本章习题的常见类型为:
(1) 多级放大电路的定性分析,包括判断各级电路属于哪种基本放大电路、耦合方式、性能特点等;定量估算。
(2) 根据性能指标要求组成多级放大电路。
(3) 差分放大电路的分析计算。
(4) 电流源电路及其应用电路的分析。
(5) 集成运放内部电路主要部分的分析。
(6) 集成运放的选用与保护措施。

3.3.1 多级放大电路的定性分析

放大电路的定性分析是在不作计算的前提下,通过观察电路,对电路的组成和性能做出判断。观察多级放大电路信号的流通,即可得出电路的级数;观察每一级电路输入信号作用于晶体管和场效应管的哪一极以及从哪一极输出信号作用于负载,即可得出各级电路属于哪种基本放大电路,参阅表 2.3.1。

多级放大电路输入电阻的大小取决于输入级所用放大管的类型和电路的基本形式,带负载能力的大小(即输出电阻的大小)取决于输出级电路的基本形式,低频特性的好坏取决于电路的耦合方式及耦合电容、旁路电容的大小,放大能力取决于各级电路的放大倍数。不同接法基本放大电路的性能可参阅表 2.3.2。

【例 3.3.1】 三个两级放大电路如图 3.3.1 所示,已知图中所有晶体管的 β 均为 100,r_{be} 均为 1 kΩ,所有电容均为 10 μF,V_{CC} 均相同。

填空:
(1) 填入共射放大电路、共基放大电路等电路名称。

图(a) 的第一级为_____,第二级为_____;
图(b) 的第一级为_____,第二级为_____;
图(c) 的第一级为_____,第二级为_____。

(2) 三个电路中输入电阻最大的电路是_____,最小的电路是_____;输出电阻最大的电路是_____,最小的电路是_____;电压放大倍数数值最大的电路是_____;低频特性最好的电路是_____;若能调节 Q 点,则最大不失真输出电压最大的电路是_____;输出电压与输入电压同相的电路是_____。

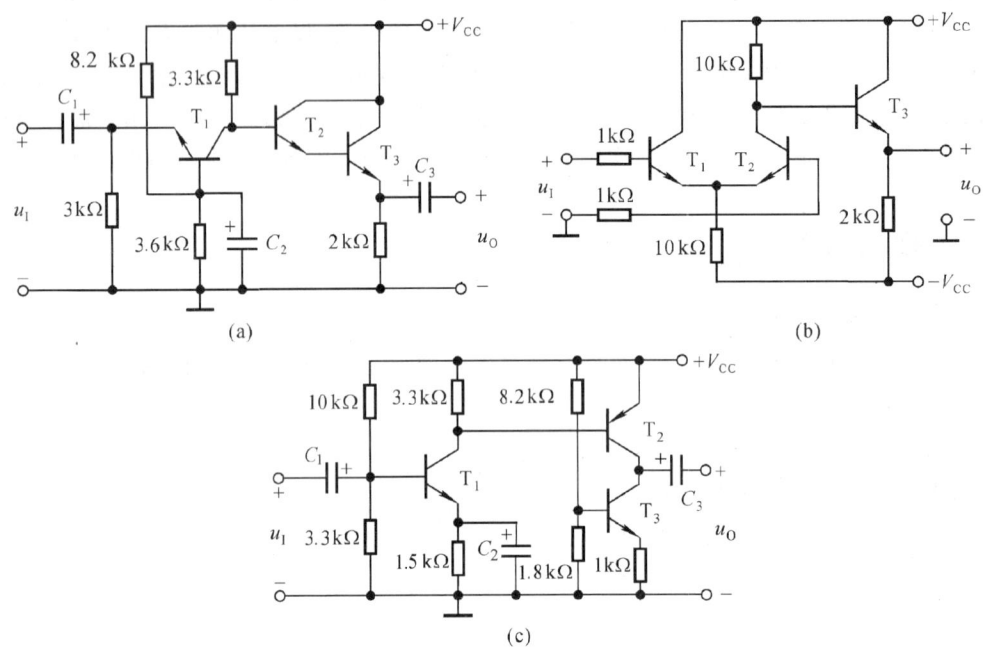

图 3.1.1　例 3.1.1 电路图

提示：本题具有综合性，不仅考查是否掌握多级放大电路不同耦合方式及其特点，而且涉及晶体管放大电路三种接法的性能特点，以及多级放大电路动态参数与组成它的各级电路的关系。

解：图 3.3.1 所示三个电路均为两级放大电路。

（1）在电路（a）中，T_1 为第一级的放大管，信号作用于其发射极，又从集电极输出，作用于负载（即第二级电路），故第一级是共基放大电路；T_2 和 T_3 组成的复合管为第二级的放大管，第一级的输出信号作用于 T_2 的基极，又从复合管的发射极输出，故第二级是共集放大电路。

在电路（b）中，T_1 和 T_2 为第一级的放大管，构成差分放大电路，信号作用于 T_1 和 T_2 的基极，又从 T_2 的集电极输出，作用于负载（即第二级电路），是双端输入单端输出形式，故第一级是差分放大电路；T_3 为第二级的放大管，第一级的输出信号作用于 T_3 的基极又从其发射极输出，故第二级是共集放大电路。

在电路（c）中，第一级是典型的 Q 点稳定电路，信号作用于 T_1 的基极，又从集电极输出，作用于负载（即第二级电路），故为共射放大电路；T_2 为第二级的放大管，第一级的输出信号作用于 T_2 的基极，又从其集电极输出，故第二级是共射放大电路。

应当特别指出，电路（c）中 T_3 和三个电阻（8.2 kΩ、1.8 kΩ、1 kΩ）组成的电路构成电流源，等效成 T_2 的集电极负载，理想情况下等效电阻趋于无穷大。电流源的特征是其输入回路没有动态信号的作用。要特别注意电路（c）的第二级电路与互补输出级的区别。

（2）本题是研究多级放大电路动态参数与组成它的各级电路的关系，研究的基础一是要掌握各种晶体管基本放大电路的参数特点，二是要掌握单级放大电路连接成多级后相互间的影响。如果不能想象出电路的交流通路，则可画之。

比较三个电路的输入回路,电路(a)的输入级为共基电路,它的 e-b 间等效电阻为 $r_{be}/(1+\beta)$,R_i 小于 $r_{be}/(1+\beta)$;电路(b)的输入级为差分电路,R_i 大于 $2r_{be}$;电路(c)的输入级为共射电路,R_i 是 r_{be} 与 10 kΩ、3.3 kΩ 电阻并联,R_i 不可能小于 $r_{be}/(1+\beta)$;因此,输入电阻最小的电路为(a),最大的电路为(b)。

电路(c)的输出端接 T_2 和 T_3 的集电极,对于具有理想输出特性的晶体管,它们对"地"看进去的等效电阻均为无穷大,故电路(c)的输出电阻最大。比较电路(a)和电路(b),虽然它们的输出级均为射极输出器,但前者的信号源内阻(即其第一级的输出电阻)为 3.3 kΩ,后者的信号源内阻(即其第一级的输出电阻)为 10 kΩ;且由于前者采用复合管作放大管,从射极回路看进去的等效电阻表达式中有系数 $1/(1+\beta)^2$,而后者从射极回路看进去的等效电阻表达式中仅有系数 $1/(1+\beta)$,故电路(a)的输出电阻最小。

由于电路(c)采用两级共射放大电路,且因第二级等效的集电极电阻趋于无穷大,而使其电压放大倍数数值趋于无穷大;而电路(a)和(b)均只有第一级有电压放大作用,故电压放大倍数数值最大的电路是(c)。

由于只有电路(b)采用直接耦合方式,故其低频特性最好。

由于只有电路(b)采用 $\pm V_{CC}$ 两路电源供电,故若 Q 点可调节,则其最大不失真输出电压的峰值可接近 V_{CC},故最大不失真输出电压最大的电路是(b)。

由于共射电路的输出电压与输入电压反相,共集和共基电路的输出电压与输入电压同相,可以逐级判断相位关系,从而得出各电路输出电压与输入电压的相位关系。电路(a)和(b)中两级电路的输出电压与输入电压均同相,故两个电路的输出电压与输入电压均同相。电路(c)中两级电路的输出电压与输入电压均反相,故整个电路的输出电压与输入电压也同相。

综上所述,答案为(1)共基放大电路,共集放大电路;差分放大电路,共集放大电路;共射放大电路,共射放大电路。(2)(b),(a);(c),(a);(c);(b);(b);(a),(b),(c)。

3.3.2 多级放大电路的组成

根据性能指标组成多级放大电路是考查综合应用所学基本知识的结合点,这类题目带有设计性质。为了达到设计目的,一要选择合适的耦合方式,因而必须了解直接耦合、阻容耦合、变压器耦合和光电耦合方式的特点和适用场合;二要考虑组成多级放大电路中的每一级应选择什么基本放大电路。通常,实用的(非原理性)基本放大电路动态参数的数量级如表 3.3.1 所示,当然有些情况也可能超出此范围。

表 3.3.1 实用基本放大电路动态参数的数量级(空载情况下)

基本接法	$\lvert \dot{A}_u \rvert$	A_i	R_i	R_o
共射	>100	β(几十~几百)	几百欧~几千欧	几百欧~几千欧
共基	>100	α(<1)	最小可达十几欧	几百欧~几千欧
共集	<1	$1+\beta$(几十~几百)	几十千欧~100 千欧以上	最小可达几十欧
共源	几~几十		1 MΩ 以上,可趋于无穷大	几百欧~几千欧
共漏	<1		1 MΩ 以上,可趋于无穷大	几百欧~几千欧

由表 3.3.1 可知,对于多级放大电路,若要求输入电阻在兆欧级以上,则输入级需选用场效应管放大电路;要求输出电阻在百欧以下,则其输出级需选用共集放大电路;若要求电路获得尽可能大的输入电压,则输入级需选用场效应管放大电路或共集放大电路;若要求电路获得尽可能大的输入电流,则输入级需选用共基放大电路;若要求有电压放大能力,则需选用共射放大电路或共基放大电路;若要实现电压跟随,则需选用共集放大电路或共漏放大电路;若要实现电流跟随,则需选用共基放大电路;等等。然而上述结论只是给出为达到某项性能指标的可能性,而要真正实现设计目标,还要充分考虑级联后前后级的相互影响,因为这种影响有可能使电路失去作为单级放大电路时的优点。例如,虽然共集放大电路具有输入电阻大、能够实现电压跟随的特点,但若共集放大电路以共基放大电路为负载电路,则由于后者的输入电阻小到只有几十欧,致使前者的输入电阻明显变小,而且输出电压明显小于输入电压,不能跟随输入电压。可见,在选用多级放大电路的每一级电路时不能顾此失彼,要综合考虑。

此外,表 3.3.1 中没有涉及的性能也不可忽视,如共基放大电路上限频率很高,适于做宽频带放大电路。

【例 3.3.2】 现有基本放大电路:
A. 共射电路 B. 共集电路 C. 共基电路
D. 共源电路 E. 共漏电路

输入电阻为 R_i,电压放大倍数的数值为 $|\dot{A}_u|$,输出电阻为 R_o。根据要求选择合适的电路组成两级放大电路。

(1) 要求 R_i 为 1~3 kΩ,$|\dot{A}_u|>10^4$,第一级应采用_____,第二级应采用_____。

(2) 要求 R_i 大于 10 MΩ,$|\dot{A}_u|$ 为 500 左右,第一级应采用_____,第二级应采用_____。

(3) 要求 R_i 约为 150 kΩ,$|\dot{A}_u|$ 约为 100,第一级应采用_____,第二级应采用_____。

(4) 要求 $|\dot{A}_u|$ 约为 10,R_i 大于 10 MΩ,R_o 小于 100 Ω,第一级应采用_____,第二级应采用_____。

(5) 设信号源为内阻很大的电压源,要求将输入电流转换成输出电压,且 $|\dot{A}_{uis}|=|\dot{U}_o/\dot{I}_s|>1\,000$,$R_o$ 小于 100 Ω,第一级应采用_____,第二级应采用_____。

提示:本题考查是否能够根据性能指标组成多级放大电路。

解:(1) 由于 R_i = 1~3 kΩ,第一级应采用共射放大电路;由于 $|\dot{A}_u|>10^4$,第二级也应采用共射放大电路。

同样具有较强的电压放大能力,为什么第二级不能选用共基放大电路呢?因为共基放大电路的输入电阻很小,使第一级的电压放大倍数变得很小,甚至完全不能放大,所以若采用共基电路,则不能满足电压放大倍数的要求。

(2) 由于 R_i 大于 10 MΩ,第一级应采用场效应管放大电路。若采用共漏放大电路,则因其不具有电压放大能力,单靠第二级难以实现 $|\dot{A}_u|$ 为 500 左右的要求,故第一级应采用共源放大电路,第二级应采用共射放大电路。

(3) 由于 R_i 约为 150 kΩ,第一级应采用共集放大电路;由于 $|\dot{A}_u|$ 约为 100,第二级应采用共

射放大电路。

（4）由于 R_i 大于 10 MΩ，第一级应采用场效应管放大电路；由于 R_o 小于 100 Ω，第二级应采用共集放大电路；要求 $|\dot{A}_u|$ 约为 10，第一级应采用共源放大电路。

（5）为使信号源电流尽可能多地流入放大电路，放大电路的输入电阻应远远小于信号源内阻，本题中没有给出信号源内阻的数量级，故第一级应采用输入电阻最小的共基放大电路。由于 R_o 小于 100 Ω，第二级应采用共集放大电路。这样，第一级实现将输入电流转换成电压，第二级的输出电压近似等于第一级的输出电压，且具有很强的带负载能力。

综上所述，答案为（1）A，A；（2）D，A；（3）B，A；（4）D，B；（5）C，B。

3.3.3 差分放大电路的分析计算

与一般放大电路相同，分析差分放大电路时，仍遵循"先静态、后动态"的顺序进行，只有在静态工作点正常的前提下，动态分析才有意义。而由于差分电路的特殊性，即电路结构和参数具有对称性、输入信号有差模信号和共模信号之分、输入和输出有双端和单端之分等，使之在分析时要特别注意判断电路是否具有理想对称性、输入和输出的接法以及由此带来的特点，例如，理想对称时双端输出电路的共模放大倍数为零，单端输出时的输出电阻是双端输出的二分之一，单端输入时在输入差模信号的同时伴随有共模信号输入，等等，以便初步检验估算结果。为了描述差分电路的特殊性，引入差模输入电阻、差模放大倍数、共模放大倍数和共模抑制比等参数。而在分析差模信号和共模信号作用时，应首先按照它们所流经的通路，分别画出差分电路的交流等效电路，然后根据各动态参数的物理意义分别求解其值。

一、带有调零电位器的差分放大电路

【例 3.3.3】图 3.3.2 所示电路参数理想对称，晶体管的 β 均为 80，$r_{bb'}=100\ \Omega$，$U_{BEQ}\approx0.7\ V$；R_w 滑动端在中点。试估算：

（1）T_1 管和 T_2 管的发射极静态电流 I_{EQ}；
（2）差模放大倍数 A_d、共模放大倍数 A_c、输入电阻 R_i 和输出电阻 R_o。

提示：本题考查差分放大电路的有关概念和分析方法，属于基本题目。

在实际差分放大电路中，为了补偿电路的非对称性，常在差分管的两个发射极之间加调零电位器 R_w，如图 3.3.2 所示。R_w 对 Q 点和动态参数均产生影响，本题就是研究这种影响。

解：由于电路参数的对称性，$\beta_1=\beta_2=\beta$，$U_{BEQ1}=U_{BEQ2}=U_{BEQ}$，$I_{EQ1}=I_{EQ2}=I_{EQ}$，$r_{be1}=r_{be2}=r_{be}$。

（1）R_w 滑动端在中点时 T_1 管和 T_2 管输入回路的方程为

$$V_{EE}=U_{BEQ}+I_{EQ}\cdot\frac{R_w}{2}+2I_{EQ}R_e$$

因而发射极静态电流

$$I_{EQ}=\frac{V_{EE}-U_{BEQ}}{\frac{R_w}{2}+2R_e}=\frac{6-0.7}{0.1/2+2\times5.1}\ mA\approx0.517\ mA$$

（2）b-e 间动态电阻

$$r_{be}=r_{bb'}+(1+\beta)\frac{26\ mV}{I_{EQ}}\approx\left[100+(1+80)\times\frac{26}{0.517}\right]\Omega\approx4\ 170\ \Omega=4.17\ k\Omega$$

图 3.3.2 所示电路对差模信号的交流等效电路如图 3.3.3 所示。输入电流为 Δi_B，输入电压和输出电压为

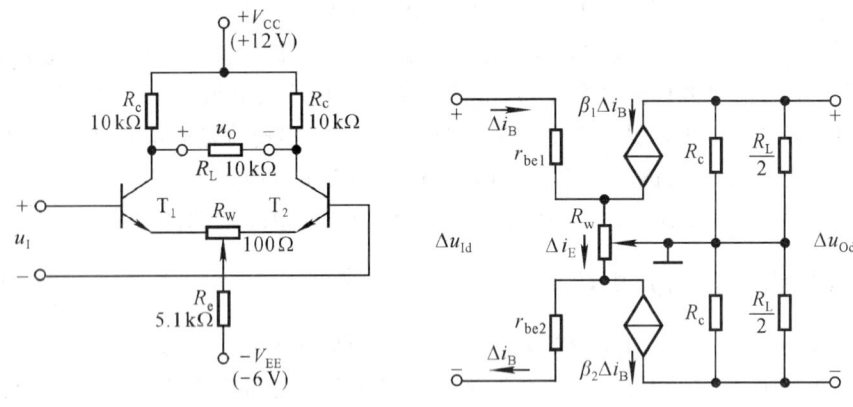

图 3.3.2　例 3.3.3 电路图　　　　图 3.3.3　例 3.3.3 解图

$$\Delta u_{Id} = \Delta i_B \cdot 2r_{be1} + \Delta i_E R_w = 2\Delta i_B r_{be1} + (1+\beta)\Delta i_B R_w$$

$$\Delta u_{Od} = 2\Delta i_C \left(R_c // \frac{R_L}{2}\right) = 2\beta \Delta i_B \left(R_c // \frac{R_L}{2}\right)$$

因而 A_d、R_i 和 R_o 分别为

$$A_d = -\frac{\beta\left(R_c // \frac{R_L}{2}\right)}{r_{be} + (1+\beta)\frac{R_w}{2}} \approx -\frac{80 \times \frac{1}{1/10 + 1/5}}{4.17 + (1+80) \times \frac{0.1}{2}} \approx -32.4$$

$$R_i = 2r_{be} + (1+\beta)R_w \approx [2 \times 4.17 + (1+80) \times 0.1] \text{ k}\Omega \approx 16.4 \text{ k}\Omega$$

$$R_o = 2R_c = 2 \times 10 \text{ k}\Omega = 20 \text{ k}\Omega$$

由于电路参数理想对称，且又采用双端输出方式，$A_c = 0$。

二、具有恒流源的差分放大电路

【例 3.3.4】　图 3.3.4 所示电路参数理想对称，晶体管的 β 均为 80，$r_{be} = 7$ kΩ，$U_{BEQ} \approx 0.7$ V；T_1 管和 T_2 管的发射极静态电流 $I_{EQ} = 0.3$ mA。试估算：

（1）R_{e3}；

（2）集电极静态电位 U_{CQ1} 和 U_{CQ2}；

（3）A_d、A_c、R_i 和 R_o；

（4）若直流信号 $u_I = 10$ mV，则 $u_O = ?$。

提示：本题考查简单电路的读图能力和差分放大电路的分析方法。对于未见过的电路，在作定量分析之前，首先要分析电路的组成。在图 3.3.4 所示电路中，T_3、R_{e3}、R 和 D_Z 组成了电流源电路，因而该电路为具有恒流源的差分放大电路。电流源为 T_1 和 T_2 管设置发射极静

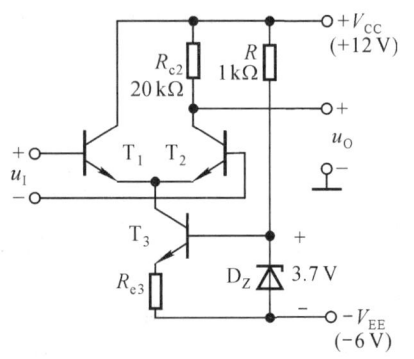

图 3.3.4　例 3.3.4 电路图

态电流,并对共模信号等效成无穷大的负反馈电阻。

解:(1)本小题带有设计性质,是在一定的需求下选择电路参数。

R_{e3} 中电流约为 T_1、T_2 发射极电流之和,即 $I_{R_{e3}} \approx 2I_{EQ} = 0.6$ mA,故

$$R_{e3} \approx \frac{U_Z - U_{BE3}}{2I_{EQ}} = \frac{3.7-0.7}{2\times 0.3} \text{ k}\Omega = 5 \text{ k}\Omega$$

(2)集电极静态电位 U_{CQ1} 和 U_{CQ2} 分别为

$$U_{CQ1} = V_{CC} = 12 \text{ V}$$
$$U_{CQ2} = V_{CC} - I_{CQ}R_{c2} \approx (12-0.3\times 20) \text{ V} = 6 \text{ V}$$

(3)空载时,单端输出电路的差模放大倍数是双端输出的一半,且由于在 T_2 集电极输出,输出电压与输入电压同相,故

$$A_d = \frac{\beta R_c}{2r_{be}} = \frac{80\times 20}{2\times 7} = 114$$

R_i 和 R_o 分别为

$$R_i = 2r_{be} = 2\times 7 \text{ k}\Omega = 14 \text{ k}\Omega$$
$$R_o = R_c = 20 \text{ k}\Omega$$

由于电路是具有恒流源的差分放大电路,故 $A_c = 0$。

(4)若直流信号 $u_I = 10$ mV,则 u_O 的变化量

$$\Delta u_O = A_d u_I \approx 114\times 0.01 \text{ V} = 1.14 \text{ V}$$

因此

$$u_O = U_{CQ2} + \Delta u_O \approx (6+1.14) \text{ V} = 7.14 \text{ V}$$

3.3.4 多级放大电路的分析计算

【**例 3.3.5**】 电路如图 3.3.5 所示。晶体管 $T_1 \sim T_3$ 的电流放大系数为 $\beta_1 \sim \beta_3$,b-e 间的动态电阻为 $r_{be1} \sim r_{be3}$。各级静态工作点均合适。试求解:

(1)电压放大倍数 $\dot{A}_u$、输入电阻 R_i 和输出电阻 R_o 的表达式。

(2)若电阻 R_4 短路,则输出电压将为多少?

提示:在分析多级放大电路的动态参数时,应首先读懂各级电路属于哪种基本电路,并画出其交流等效电路。本题考查多级放大电路的分析方法。

解:(1)图示电路为两级放大电路,第一级为共射-共基组合放大电路,第二级为共集放大电路;其交流等效电路如图 3.3.6 所示。

第二级的输入电阻

$$R_{i2} = r_{be3} + (1+\beta_3)(R_5 // R_L)$$

由于 T_2 管的集电极电流 $\dot{I}_{c2}$ 为发射极电流 $\dot{I}_{e2}$ 的 α 倍,且 $\dot{I}_{e2}$ 等于 T_1 管的集电极电流 $\dot{I}_{c1}$,即

$$\dot{I}_{c2} = \alpha_2 \dot{I}_{e2} = \frac{\beta_2}{1+\beta_2} \cdot \dot{I}_{e2} \approx \dot{I}_{e2} = \dot{I}_{c1}$$

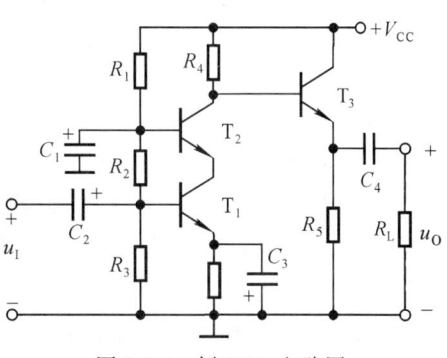

图 3.3.5 例 3.3.5 电路图

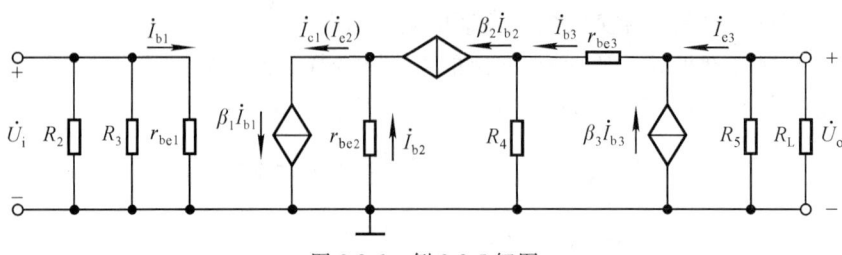

图 3.3.6 例 3.3.5 解图

第一级电路的电压放大倍数

$$\dot{A}_{u1} = \frac{\dot{U}_{o1}}{\dot{U}_{i}} = -\frac{\dot{I}_{c2}(R_4 /\!/ R_{i2})}{\dot{I}_{b1} r_{be1}}$$

$$\approx -\frac{\dot{I}_{c1}(R_4 /\!/ R_{i2})}{\dot{I}_{b1} r_{be1}}$$

$$= -\frac{\beta_1 \{ R_4 /\!/ [r_{be3} + (1+\beta_3)(R_5 /\!/ R_L)] \}}{r_{be1}}$$

第二级电路的电压放大倍数

$$\dot{A}_{u2} = \frac{\dot{U}_{o}}{\dot{U}_{i2}} = \frac{(1+\beta_3)(R_5 /\!/ R_L)}{r_{be3} + (1+\beta_3)(R_5 /\!/ R_L)}$$

整个电路的电压放大倍数

$$\dot{A}_u = \dot{A}_{u1} \cdot \dot{A}_{u2}$$

输入电阻和输出电阻为

$$R_i = R_2 /\!/ R_3 /\!/ r_{be1}$$

$$R_o = R_5 /\!/ \frac{r_{be3} + R_4}{1+\beta_3}$$

也可认为是三级放大电路,第一级为共射放大电路,第二级是共基放大电路,第三级是共集放大电路。

(2) 若电阻 R_4 短路,则 T_3 的基极接 $+V_{CC}$ 而无交流信号作用,故输出电压将为 0。

【例 3.3.6】 电路如图 3.3.7 所示,已知晶体管 $T_1 \sim T_7$ 的电流放大系数为 $\beta_1 \sim \beta_7$,且 $\beta_1 = \beta_2$、$\beta_4 = \beta_6$、$\beta_5 = \beta_7$;$T_1 \sim T_7$ 的 b-e 间动态电阻为 $r_{be1} \sim r_{be7}$,且 $r_{be1} = r_{be2}$、$r_{be4} = r_{be6}$、$r_{be5} = r_{be7}$;静态时设 $T_1 \sim T_7$ 的 U_{BEQ} 和二极管的导通电压 U_D 均为 0.7 V,输出电压为 0。

试问:

(1) 图示电路是几级放大电路?各级分别是哪种基本放大电路?R_3、D_1、D_2 的作用是什么?

(2) 静态时 u_O、U_{CQ3}、U_{BQ6} 各为多少伏?

(3) 若 $I = 200 \ \mu A$,则 T_1 和 T_2 的集电极电流约为多少?

(4) 若 $R_3 = 200 \ \Omega$,$R_4 = 15 \ k\Omega$,$V_{CC} = 24 \ V$,则 T_3 的静态集电极电流约为多少?

(5) 若静态时输出电压稍微偏离 0 V,则应调整哪个元件参数?若静态时输出电压远离 0 V,则应调整哪些元件参数?

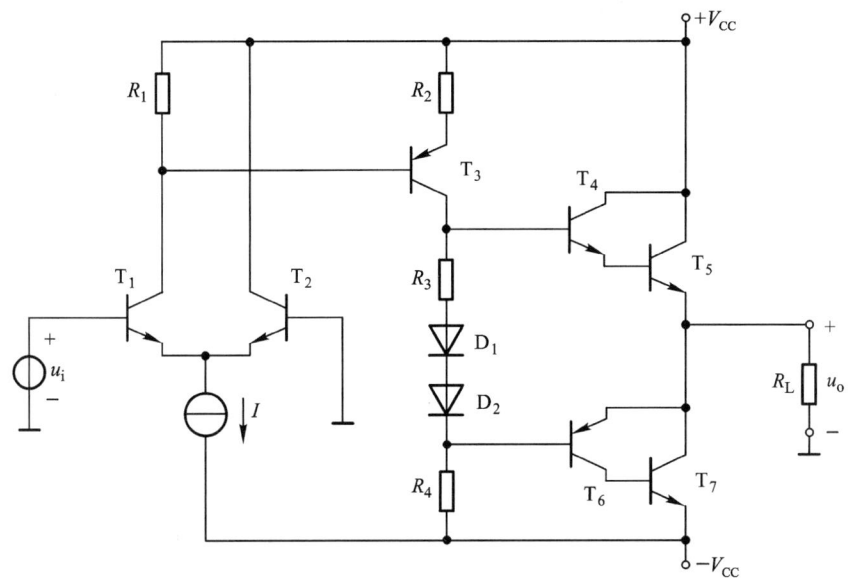

图 3.3.7　例 3.3.6 电路图

(6) 电路的电压放大倍数 $\dot{A}_u$、输入电阻 R_i 和输出电阻 R_o 的表达式。

提示：本题具有综合性，涉及放大电路的识别，差分放大电路和互补输出级的特点，直接耦合多级放大电路静态工作点的设置、调试和动态分析等。考查基本知识的应用能力。

解：(1) 图示电路是三级放大电路，第一级是具有恒流源的单端输入单端输出差分放大电路，第二级为共射放大电路，第三级是利用复合管的准互补输出级，R_3、D_1、D_2 的作用是消除输出级的交越失真。

(2) 由于静态时 $T_4 \sim T_7$ 的 U_{BEQ} 均为 0.7 V，且电路在输入为 0 时输出为 0，故 $u_O = 0$ V，$U_{CQ3} = 1.4$ V，$U_{BQ6} = -0.7$ V。

(3) 由于差分放大电路具有对称性，而 $I = 200$ μA，$\beta_1 = \beta_2 \gg 1$，故 $I_{CQ1} = I_{CQ2} \approx I/2 = 100$ μA。

(4) 若 $R_4 = 15$ kΩ，则在忽略互补输出级基极电流的情况下，T_3 的静态集电极电流近似为 R_4 的电流，即

$$I_{CQ3} \approx \frac{U_{CQ6} - (-V_{CC})}{R_4} = \frac{-0.7 + 24}{15} \text{ mA} \approx 1.55 \text{ mA}$$

为什么不能通过 R_3 的阻值及其电压求解呢？若用 R_3 的阻值及其电压求解 T_3 的静态集电极电流，则

$$I_{CQ3} = \frac{U_{BEQ4} + U_{BEQ5} + U_{EBQ6} - U_{D1} - U_{D2}}{R_3} = \frac{0.7}{0.2} \text{ mA} = 3.5 \text{ mA}$$

式中是以晶体管 b-e 间和二极管导通时的结压降为常量(0.7 V)作为分析的基础的。但是，实际上无论是晶体管还是二极管，导通时的结压降均不是常数(0.7 V)，因而采用此法计算出的数据将存在很大的误差；而结压降取0.6~0.8 V对 R_4 上电压的影响很小，R_4 上电压远远大于结压降可能的变化范围，所以通过 R_4 的阻值及其电压求解出的电流与实际电流接近，误差可忽略不计。

(5) 若静态时输出电压稍微偏离 0 V,则应调整 R_3 的阻值。若静态时输出电压远离 0 V,则应调整两对复合管,使它们的参数基本对称;若确定两对复合管具有较好的对称性,则应调整 R_4 的阻值。

通常 R_4 远远大于 R_3,可见,在静态调试时,在输出级具有良好的对称性条件下,输出电压与 0 的"小偏差调小电阻,大偏差调大电阻"。

(6) 电路的交流等效电路如图 3.3.8 所示。图中 R_3、D_1、D_2 上的动态电压可忽略不计,相当于短路;互补输出级的两对复合管在信号的正、负半周交替工作,故仅画出 T_4 和 T_5 部分。

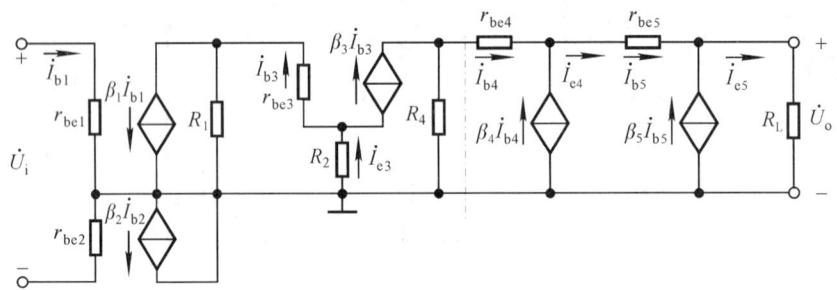

图 3.3.8 例 3.3.6 解图

第二级和第三级的输入电阻为

$$R_{i2} = r_{be3} + (1+\beta_3)R_2$$

$$R_{i3} = r_{be4} + (1+\beta_4)[r_{be5} + (1+\beta_5)R_L]$$

首先求出各级电路的电压放大倍数,然后求解整个电路的电压放大倍数 $\dot{A}_u$,如下:

$$\dot{A}_{u1} = -\frac{1}{2} \cdot \frac{\beta_1(R_1 /\!/ R_{i2})}{r_{be1}}$$

$$= -\frac{1}{2} \cdot \frac{\beta_1 \{R_1 /\!/ [r_{be3}+(1+\beta_3)R_2]\}}{r_{be1}}$$

$$\dot{A}_{u2} = -\frac{\beta_3(R_4 /\!/ R_{i3})}{r_{be3}+(1+\beta_3)R_2}$$

$$= -\beta_3 \cdot \frac{R_4 /\!/ \{r_{be4}+(1+\beta_4)[r_{be5}+(1+\beta_5)R_L]\}}{r_{be3}+(1+\beta_3)R_2}$$

$$\dot{A}_{u3} = \frac{(1+\beta_4)(1+\beta_5)R_L}{r_{be4}+(1+\beta_4)[r_{be5}+(1+\beta_5)R_L]}$$

$$\dot{A}_u = \dot{A}_{u1}\dot{A}_{u2}\dot{A}_{u3}$$

输入电阻 R_i 和输出电阻 R_o 的表达式为

$$R_i = 2r_{be1}$$

$$R_o = \frac{r_{be5}+\dfrac{r_{be4}+R_4}{1+\beta_4}}{1+\beta_5}$$

3.3.5 集成运放的组成

通用型集成运放由输入级、中间级、输出级和偏置电路四部分组成,它们所采用的基本电路、电路的结构特点和主要作用如表 3.1.1 所示。其所以采用表中所示的电路结构是为了满足性能的基本要求。

由于芯片上无法制造大电容,集成运放均采用直接耦合形式。由于芯片上元件具有良好的一致性,不但构成了对称性很好的差分放大电路,还可构成各种电流源电路。由于芯片上无法制造大电阻,电流源电路不但作为偏置电路,而且还取代大电阻,作为有源负载。根据上述分析,可以进一步理解集成运放的组成和性能特点。

【例 3.3.7】 选择正确答案填入空内。

(1) 集成运放电路采用直接耦合方式是因为_____。
 A. 可获得很大的放大倍数　　　　B. 可使温漂小
 C. 集成工艺难于制造大容量电容

(2) 通用型集成运放适用于放大_____。
 A. 高频信号　　　　B. 低频信号
 C. 任何频率信号

(3) 集成运放制造工艺使得同类半导体管的_____。
 A. 指标参数准确　　　　B. 参数不受温度影响
 C. 参数一致性好

(4) 集成运放的输入级多采用差分放大电路是因为可以_____。
 A. 减小温漂　　　　B. 增大放大倍数
 C. 提高输入电阻

(5) 为增大电压放大倍数,双极型晶体管构成的集成运放的中间级多采用_____。
 A. 共射放大电路　　　　B. 共集放大电路
 C. 共基放大电路

(6) 集成运放中采用有源负载是为了_____。
 A. 减小温漂　　　　B. 增大电压放大倍数
 C. 提高输入电阻

(7) 为增强带负载能力、使最大不失真输出电压尽可能大,且减小直流功耗,集成运放的输出级多采用_____。
 A. 共射放大电路　　　　B. 共集放大电路
 C. 互补输出级(OCL 电路)

(8) 在双极型晶体管构成的集成运放中,设置静态工作点的方法是利用电流源为放大管_____。
 A. 提供稳定的偏置电压　　　　B. 提供稳定的偏置电流
 C. 提供稳定的集电极电流或发射极电流

(9) 从外部看,集成运放可等效为高性能的_____。
 A. 双端输入双端输出的差分放大电路

B. 双端输入单端输出的差分放大电路

C. 单端输入双端输出的差分放大电路

D. 单端输入单端输出的差分放大电路

提示： 本题考查是否了解关于集成运放组成的基本知识，这是教学基本要求。

解：(1) 增大放大倍数与耦合方式不相关，直接耦合方式恰好容易产生温漂，故 A 和 B 均不正确。由于集成电路内制作电容要占有芯片的面积，即使将整个芯片均制成电容，容量也不够大，故集成放大电路不能采用阻容耦合方式。答案为 C。

(2) 由于集成运放中有很多晶体管，存在很多 PN 结，也就存在很多结电容，此外还有分布电容等，使之高频特性很差，故通用性集成运放仅适合放大低频信号。答案为 B。

(3) 半导体器件参数的分散性和对温度的敏感性总是存在，因而 A 和 B 不正确。在很小的硅片上制造集成运放时，由于相邻晶体管在材料、环境温度等方面均相同，使之参数具有很好的一致性，故答案为 C。

(4) 增大放大倍数和提高输入电阻均可采用其它方式的放大电路，因而 B 和 C 不正确。集成运放的输入级采用差分放大电路的原因是减小温漂，答案为 A。

(5) 因为晶体管放大电路三种接法中共集电路不能放大电压，故 B 不正确；共基电路因输入电阻太小会使前级电路电压放大倍数减小，C 也不正确；共射电路电压放大能力强，且输入电阻较大，故正确答案为 A。

(6) 有源负载的交流等效电阻为无穷大，因而可以增大电压放大倍数，故正确答案为 B。

(7) 共射放大电路带负载能力较差，且与共集放大电路一样，直流功耗大，故 A 和 B 不正确。OCL 电路满足所有要求，故正确答案为 C。

(8) 在集成运放中各级具有稳定的静态工作点，是因为用电流源为各级放大管提供稳定的集电极电流或发射极电流，故正确答案为 C。

(9) 集成运放有两个输入端（均不直接接地）、一个输出端，故等效为双端输入单端输出的差分放大电路，答案为 B。

3.3.6 集成运放的参数及选用

集成运放性能指标及其物理意义如表 3.1.3 所示，特殊类型集成运放的性能特点和用途如表 3.3.2 所示。在没有特殊要求时应选用通用型集成运放，以便获得较高的性价比。在有特殊要求时选用专用型集成运放会使电路的性能大大提高。

表 3.3.2 特殊运放的性能特点

类型	性能特点	用途
高阻型	高输入电阻，r_{id} 可达 $10^9 \Omega$ 以上	作测量放大器
高速型	单位增益带宽和转换速率高，有的单位增益带宽高达 10 MHz，有的转换速率高达每微秒数千伏	数模和模数转换器、视频放大器、锁相环电路
低功耗型	工作电源低，为几伏；静态功耗低，只有几毫瓦，甚至到微瓦	空间技术、军事科学或工业中的遥感遥测电路中

续表

类型	性能特点	用途
高精度型	低失调、低温漂、低噪声、高增益,失调电压和失调电流比通用型的小两个数量级,共模抑制比大于 100 dB	微弱信号的精密测量和运算、高精度仪器
高压型	能够输出高电压,如 100 V	高电压输出,需高电压驱动的负载
大功率型	能够输出大功率、大电流,如几安	功率放大器,需大电流驱动的负载

【例 3.3.8】 判断下列说法是否正确,用"√"或"×"表示判断结果填入括号内。

(1) 开环差模增益描述在无反馈情况下集成运放对两个输入端电位差放大的能力。(   )

(2) 集成运放的差模输入电阻是从它的两个输入端看进去的等效电阻。(   )

(3) 集成运放的输入失调电压 U_{IO} 是两输入端电位之差。(   )

(4) 输入失调电流 I_{IO} 是集成运放两输入端静态电流之差。(   )

(5) 集成运放的共模抑制比 $K_{CMR} = \left| \dfrac{A_{od}}{A_{oc}} \right|$。(   )

(6) 集成运放的最大共模输入电压 U_{Icmax} 是使之输入级不至于损坏、在输入端能够加的最大的共模电压。(   )

(7) 集成运放的最大差模输入电压 U_{Idmax} 是使之输入级不至于损坏、在两个输入端能够加的最大的电压。(   )

(8) 转换速率 SR 是在输入交流信号时输出交流信号变化的最大值。(   )

提示:本题考查是否理解了集成运放主要参数的物理意义。正确理解集成运放主要参数的物理意义,对合理选用运放具有指导意义。

解:根据表 3.1.2 可知,U_{IO} 是使输出电压为零时在输入端所加的补偿电压;U_{Icmax} 在差模信号能正常放大时能够输入的最大共模电压;SR 是在大信号作用下,在单位时间里输出电压的最大变化量,即 $SR = |\mathrm{d}u_O/\mathrm{d}t|_{\max}$;故(3)、(6)、(8) 不正确。

答案为:(1) √,(2) √,(3) ×,(4) √,(5) √,(6) ×,(7) √,(8) ×。

【例 3.3.9】 根据下列要求,将应优先考虑使用的集成运放填入空内。已知现有集成运放的类型是:① 通用型、② 高阻型、③ 高速型、④ 低功耗型、⑤ 高精度型、⑥ 高压型、⑦ 大功率型。

(1) 放大变化缓慢的直流信号,应选用_____。

(2) 放大 10~100 MHz 的交流信号,应选用_____。

(3) 测量微弱信号幅值时的前置放大器,应选用_____。

(4) 放大内阻很大的传感器的输出信号,应选用_____。

(5) 使扬声器获得 5 W 的音频信号功率,应选用_____。

(6) 要求输出电压幅值范围为 0~±50 V 的放大器,应选用_____。

(7) 遥控器中所用的放大器,应选用_____。

提示:本题考查是否能够根据需求合理选择集成运放。

解：根据表 3.1.3 和表 3.3.2 所示，答案为：(1) ①，(2) ③，(3) ⑤，(4) ②，(5) ⑦，(6) ⑥，(7) ④。

3.3.7 电流源电路及其应用

利用芯片中元件性能良好的一致性，不但可以构成较为理想的差分放大电路，而且可以构成各种电流源电路。而电流源电路不但成为集成运放的偏置电路，而且作为有源负载，以增强放大电路的放大能力，解决芯片中难于制造大阻值电阻的问题。

通常，在集成运放中均有一个多路电流源。分析时，首先求解其基准电流，然后根据电路组成求解各路的输出电流。输出电流常与基准电流成镜像关系、比例关系、微电流关系等等。电流源电路的应用均是基于上述关系。

一、电流源电路的分析

【例 3.3.10】 多路电流源电路如图 3.3.9 所示，已知所有晶体管的特性均相同，U_{BE} 均为 0.7 V。试问：

（1）I_{C1}、I_{C2} 各约为多少？

（2）T_3 的作用是什么？简述理由。

提示：本题考查是否理解电流源电路的原理及分析方法。观察图示电路可知，这是一个多路电流源，且为了减小基极电流对基准电流的分流，加由 T_3 管构成的射极输出器，使管子的电流放大倍数对输出电流与基准电流近似程度的影响更小。

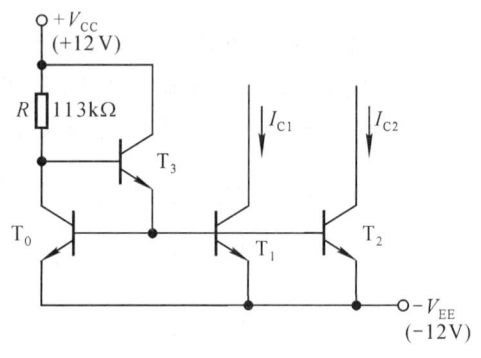

图 3.3.9 例 3.3.10 电路图

解：(1) 首先求出 R 的电流：

$$I_R = \frac{2V_{CC} - U_{BE3} - U_{BE0}}{R} = \frac{2 \times 12 - 0.7 - 0.7}{113} \text{ mA} = 0.2 \text{ mA}$$

因为 T_0、T_1、T_2 的特性均相同，且 U_{BE} 均相同，所以它们的基极、集电极电流均相等，设它们分别为 I_B、I_C。由于 T_3 的发射极电流是 T_0、T_1、T_2 的基极电流之和，故在 T_0 集电极节点

$$I_R = I_C + I_{B3} = I_C + \frac{3I_B}{1+\beta} = I_C + \frac{3I_C}{\beta(1+\beta)}$$

求出 I_{C1}、I_{C2}，为

$$I_C = \frac{\beta(1+\beta)}{\beta(1+\beta)+3} \cdot I_R \tag{3.3.1}$$

因此，当 $\beta(1+\beta) \gg 3$ 时

$$I_{C1} = I_{C2} = I_C \approx I_R = 0.2 \text{ mA}$$

在 β 较小时就可满足 $\beta(1+\beta) \gg 3$，如 $\beta = 10$，$\beta(1+\beta) = 110$，代入式(3.3.1) 可得

$$I_{C1} = I_{C2} = \frac{110}{113} \cdot I_R \approx 0.973 I_R$$

I_{C1}、I_{C2} 接近 I_R。

（2）T_3 的作用是使 I_{C1}、I_{C2} 更接近 I_R，从而更稳定。

由于在图示电路中，$2V_{CC} \gg U_{BE}$，任何原因引起的 U_{BE} 的变化对 I_R 的影响都很小，即 I_R 稳定；而 I_{C1}、I_{C2} 近似为 I_R，故也基本稳定。

若无 T_3，T_1、T_2 的基极直接接 T_0 的集电极，如图 3.3.10 所示，则为保证 I_R 不变，R 的取值应为 116.5 kΩ。此时基准电流

$$I_R = I_{C0} + 3I_B = I_C + \frac{3I_C}{\beta} = 0.2 \text{ mA}$$

T_1、T_2 的集电极电流

$$I_C = \frac{\beta}{\beta + 3} \cdot I_R \tag{3.3.2}$$

当 $\beta \gg 3$ 时，才得到 $I_{C1} = I_{C2} = I_C \approx I_R$。而在 β 较小时，如 $\beta = 10$，则代入式（3.3.2）可得

$$I_{C1} = I_{C2} = \frac{10}{13} \cdot I_R \approx 0.769 I_R$$

I_{C1}、I_{C2} 与 I_R 相差约四分之一，而且由于 β 随温度而变化，I_{C1} 与 I_R 的关系也将随之变化，使 I_C 没有足够的稳定性。

二、电流源电路的应用

【例 3.3.11】 在图 3.3.11 所示电路中，已知 $T_1 \sim T_3$ 管的特性完全相同，$\beta \gg 2$；反相输入端的输入电流为 i_{I1}，同相输入端的输入电流为 i_{I2}。

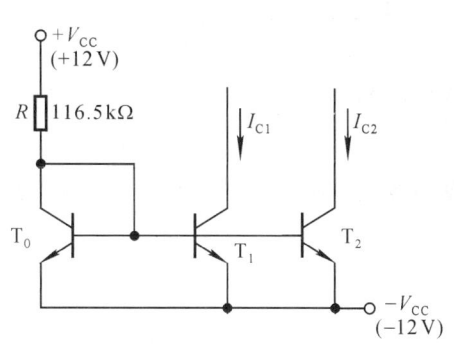

图 3.3.10　例 3.3.10 解图

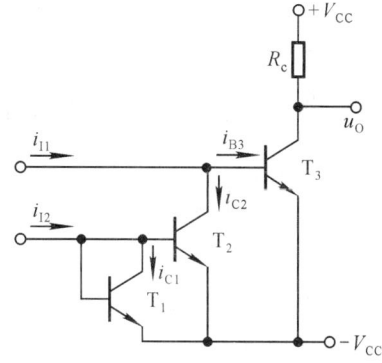

图 3.3.11　例 3.3.11 电路图

试问：

（1）$i_{C2} \approx$?

（2）$i_{B3} \approx$?

（3）$A_{ui} = \Delta u_O / (i_{I1} - i_{I2}) \approx$?

提示：本题虽然电路简单，但具有一定的综合性，既考查是否能够掌握镜像电流源的电路特点，并能灵活用于电子电路分析之中，又考查是否了解互阻放大器。

本题求解的关键是能否看出 T_1 和 T_2 具有镜像关系；在此基础上列节点电流方程，即可得到 T_3 管的基极电流，从而得到其集电极电流和电位。

解：（1）因为 T_1 和 T_2 为镜像关系，且 $\beta \gg 2$，所以 $i_{C2} \approx i_{C1} \approx i_{I2}$。

(2) T_3 管基极电流

$$i_{B3} = i_{I1} - i_{C2} \approx i_{I1} - i_{I2}$$

(3) T_3 管集电极电流变化量

$$\Delta i_{C3} = \beta \Delta i_{B3} = \beta \Delta (i_{I1} - i_{I2})$$

输出电压的变化量和放大倍数分别为

$$\Delta u_O = -\Delta i_{C3} R_c = -\beta \Delta i_{B3} R_c$$
$$A_{ui} = \Delta u_O / \Delta (i_{I1} - i_{I2}) \approx \Delta u_O / \Delta i_{B3} = -\beta R_c$$

【例 3.3.12】 在图 3.3.12 所示电路中,已知 $V_{CC} = 12$ V, $V_{EE} = 6$ V;晶体管具有理想特性,发射结电压 U_{BE} 均约为 0.7 V, r_{be} 均约为 1 kΩ, β 均为 100, T_1 和 T_2 、T_3 和 T_4 、T_5 和 T_6 的特性完全相同;静态时 $I_{C1} = 0.2$ mA, $I_{C9} = 1.5$ mA; $u_1 = 0$ V 时, $u_O = 0$ V。

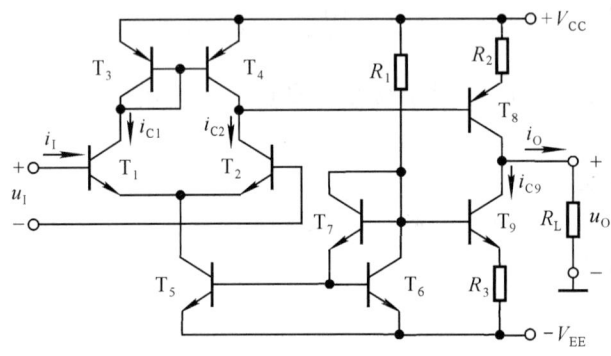

图 3.3.12 例 3.3.12 电路图

回答下列问题:

(1) 图示电路为几级放大电路?各级为哪种基本放大电路?电路组成有什么特点?

(2) $R_1 \approx$?

(3) $R_3 \approx$?

(4) 输入电阻 $R_i \approx$?

(5) 输出电阻 $R_o \approx$?

(6) 设 $R_L = 10$ kΩ,求 $A_u = \Delta u_O / \Delta u_1 \approx$?

提示:本题具有综合性,考查电路的识别能力、估算能力,以及应用基本知识的灵活性。涉及的知识有:

(1) 基本放大电路的识别;

(2) 电流源电路的识别、用途及估算;

(3) 理解放大电路电压放大倍数是靠有足够的电流放大倍数通过电阻转换成电压来实现的。

解:(1) 图示电路为两级放大电路。第一级是以 T_1 和 T_2 管为放大管、以 T_3 和 T_4 管组成的镜像电流源为有源负载、双端输入单端输出的差分放大电路。第二级是以 T_8 管为放大管、以 T_9 组成的电流源为有源负载的共射放大电路。

(2) T_5 与 T_6、T_7 管组成的镜像电流源为第一级提供静态发射极电流，T_5 管集电极电流

$$I_{C5} = I_{C6} \approx \frac{V_{CC} + V_{EE} - U_{BE7} - U_{BE6}}{R_1} \approx 2I_{C1} = 0.4 \text{ mA}$$

代入已知数据，解得

$$R_1 \approx \frac{12 + 6 - 0.7 - 0.7}{0.4} \text{ k}\Omega \approx 41.5 \text{ k}\Omega$$

(3) 由图可知，R_3 的电压

$$U_{R_3} = U_{BE7} + U_{BE6} - U_{BE9} \approx 0.7 \text{ V}$$

由于 R_3 的电流等于 T_9 管的发射极电流 I_{E9}，$I_{E9} \approx I_{C9} = 1.5 \text{ mA}$，故

$$R_3 \approx \frac{0.7}{1.5} \text{ k}\Omega \approx 476 \text{ }\Omega$$

(4) 输入电阻 $R_i = 2r_{be} \approx 2 \text{ k}\Omega$。

(5) 由于 T_8、T_9 管具有理想特性，它们的 c-e 等效电阻为无穷大，故电路的输出电阻为无穷大。

(6) 电路的电压放大倍数实际上就是差模放大倍数。在差模信号作用下，由于 T_1 和 T_2 管以 T_3 和 T_4 管组成的镜像电流源为有源负载，故第一级的输出电流，即 T_8 管的基极动态电流 $\Delta i_{B8} \approx 2\Delta i_{C1} = 2\beta \Delta i_{B1}$。

由于第二级 T_8 管以 T_9 管组成的电流源为有源负载，故负载电流 $\Delta i_L = \beta \Delta i_{B8} = 2\beta^2 \Delta i_{B1}$。

输入电压 $\Delta u_I = 2r_{be} \Delta i_{B1}$，输出电压 $\Delta u_O = -2\beta^2 \Delta i_{B1} R_L$，故电压放大倍数

$$A_u = \frac{\Delta u_O}{\Delta u_I} = -\frac{2\beta^2 \Delta i_{B1} R_L}{2r_{be} \Delta i_{B1}} = -10^5$$

由以上分析可知，两级放大电路首先积累电流放大系数，最后通过负载电阻转换成输出电压，从而获得较强的电压放大能力。

3.3.8 集成运放电路的分析

集成运放的读图始终是学习的难点。作为以使用为目的的课程，仅要求基本读懂即可；切忌在读图时不分主次，开始就陷入细节的做法。读图的一般方法和步骤为：

(1) 将偏置电路分离出来。首先找出多路电流源的基准电流；通常，在集成运放电路中若有一个支路的电流可以估算出来，则该电流就是基准电流。然后找出与基准电流存在镜像、比例等关系的那部分电路，它们组成偏置电路。

(2) 简化电路，将偏置电路的多路电流用电流源取代，只剩下与信号放大有关的部分。

(3) 读放大电路，集成运放内部电路中的晶体管很多，但作为放大的管子并不多，分析时要按信号流通顺序将其分成为若干级，通常为三级。其基本电路特征及性能要求见表 3.1.1。

(4) 进一步分析电路的性能特点。

【例 3.3.13】 集成运放原理电路如图 3.3.13 所示，T_1 与 T_2、T_3 与 T_4、T_5 与 T_6、T_7 与 T_8、T_9 与 T_{10} 均为特性完全相同的对管，T_{14} 与 T_{15}、T_{16} 与 T_{17} 各组成的复合管特性也完全相同。分析以下问题：

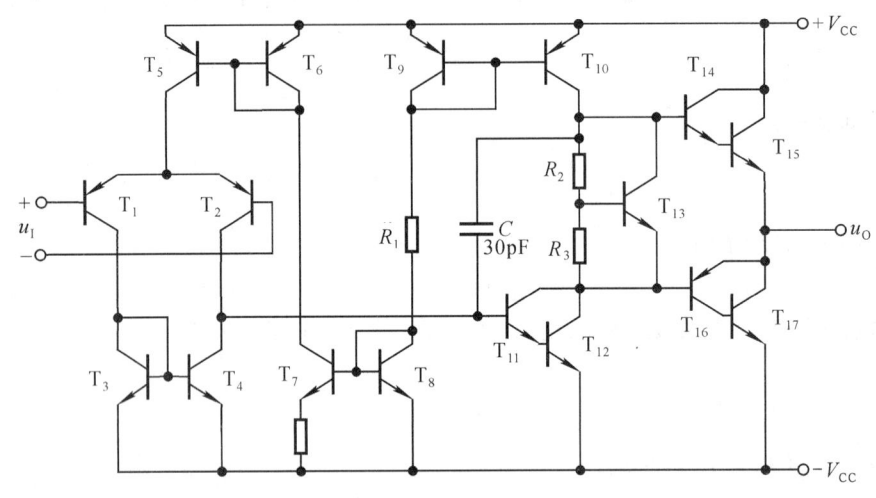

图 3.3.13 例 3.3.13 电路图

(1) 分离出偏置电路,写成其基准电流表达式,并说明各路电流的作用;
(2) 简化偏置电路部分,得出放大电路部分,说明其各级电路的特点。

提示:考查读图能力。题中的问题是带有引导性地读出电路的主要部分:偏置电路、三级放大电路。

解:(1) 从 $+V_{CC}$ 到 $-V_{CC}$ 观察各个回路,只有 R_1 所在回路的电流可估算出,故该电流为偏置电路的基准电流,其表达式为

$$I_{R_1} = \frac{2V_{CC} - U_{EB9} - U_{BE8}}{R_1}$$

与 I_{R_1} 相关的电路即为偏置电路,如图 3.3.14(a) 所示。

T_8 与 T_7 组成微电流源,又通过 T_6 与 T_5 组成的镜像电流源为第一级提供静态电流 I_1,在 $\beta \gg 2$ 的情况下,$I_1 \approx I_{C6} \approx I_{C7}$。$T_9$ 与 T_{10} 组成镜像电流源,在 $\beta \gg 2$ 的情况下,$I_2 \approx I_{R_1}$,I_2 为第二级、第三级提供静态电流。

(2) 在图 3.3.13 所示电路中,用电流源取代偏置电路,得出其放大电路部分,如图 3.3.14(b) 所示。按信号流通方向,第一级是双端输入、单端输出的差分放大电路,从 T_2 的集电极输出作用于 T_{11} 的基极;第二级从集电极输出,是由复合管作放大管的共射放大电路;第三级为准互补输出级。

各级特点:输入级用镜像电流源作有源负载,增大差模放大倍数,使单端输出电路的放大倍数近似等于双端输出时的放大倍数;中间级以复合管作放大管、以电流源作有源负载,具有很强的放大能力,由于其输出电阻趋于无穷大,复合管集电极动态电流几乎全部流向输出级;输出级采用复合管,增大电流放大能力,并利用 U_{BE} 倍增电路消除交越失真。

另外,电容 C 用于滞后补偿,避免电路引入负反馈后产生自激振荡,详细分析见频率响应和负反馈放大电路稳定性的有关章节。

【例 3.3.14】 图 3.3.15 所示为简化的集成运放电路,输入级具有理想对称性。选择正确答案填入空内。

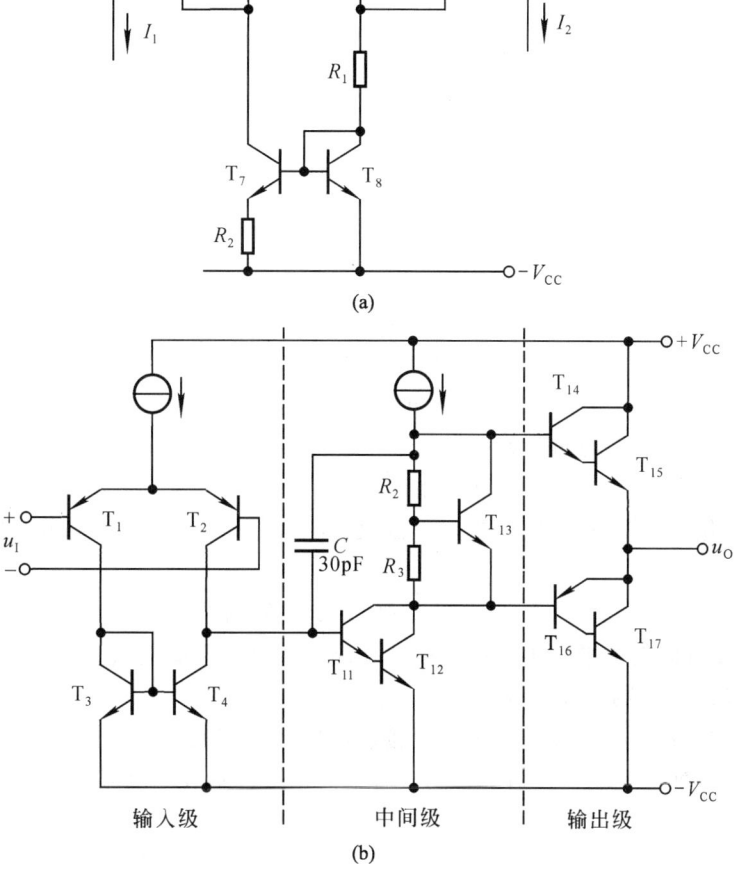

图 3.3.14 例 3.3.13 解图

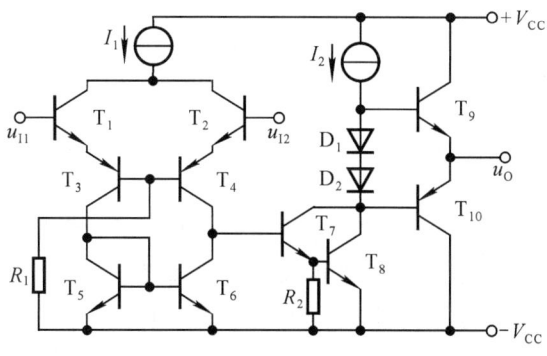

图 3.3.15 例 3.3.14 电路图

(1) 该电路输入级采用了_____。
A. 共集-共射接法　　　　　B. 共集-共基接法　　　　　C. 共射-共基接法

(2) 输入级采用上述接法是为了_____。
A. 展宽频带　　　　　　　　B. 增大输入电阻　　　　　　C. 增大电流放大系数

(3) T_5 和 T_6 作为 T_3 和 T_4 的有源负载是为了_____。
A. 增大输入电阻　　　　　　B. 抑制温漂　　　　　　　　C. 增大差模放大倍数

(4) 该电路的中间级采用_____。
A. 共射电路　　　　　　　　B. 共基电路　　　　　　　　C. 共集电路

(5) 中间级的放大管为_____。
A. T_7　　　　　　　　　　B. T_8　　　　　　　　　　C. T_7 和 T_8 组成的复合管

(6) 该电路的输出级采用_____。
A. 共射电路　　　　　　　　B. 共基电路　　　　　　　　C. 互补输出级

(7) D_1 和 D_2 的作用是为了消除输出级的_____。
A. 交越失真　　　　　　　　B. 饱和失真　　　　　　　　C. 截止失真

(8) 输出电压 u_O 与 u_{I1} 的相位关系为_____。
A. 反相　　　　　　　　　　B. 同相　　　　　　　　　　C. 不可知

提示：本题简化了偏置电路部分，重点分析放大电路部分，考查是否对放大电路具有基本的读图能力。

解：(1) 输入信号作用于 T_1 和 T_2 管的基极，并从它们的发射极输出分别作用于 T_3 和 T_4 管的发射极，又从 T_4 管的集电极输出作用于第二级，故为共集-共基接法。

(2) 上述接法可以展宽频带。

为什么不是增大输入电阻呢？因为共基接法的输入电阻很小，即 T_1 和 T_2 管等效的发射极电阻很小，所以达不到增大输入电阻的目的。因为共基接法不放大电流，所以不能增大电流放大系数。

(3) T_5 和 T_6 作为 T_3 和 T_4 的有源负载是为了增大差模放大倍数。利用镜像电流源作有源负载，可使单端输出差分放大电路的差模放大倍数增大到近似等于双端输出时的差模放大倍数。

(4) 为了完成"主放大器"的功能，中间级采用共射放大电路。

(5) 根据第一级的输出信号作用于 T_7 的基极以及 T_7 和 T_8 的连接方式可得，T_7 和 T_8 组成的复合管为中间级的放大管。

(6) T_9 和 T_{10} 的基极相连作为输入端，发射极相连作为输出端，故输出级为互补输出级。

(7) D_1 和 D_2 的作用是为了消除输出级交越失真。

(8) 若在输入端 u_{I1} 加"+"、u_{I2} 加"-"的差模信号，则 T_2 的共集接法使其发射极（即 T_4 的发射极）电位为"-"，T_4 的共基接法使其集电极（即 T_7 的基极）电位也为"-"；以 T_7、T_8 构成的复合管为放大管的共射放大电路输出与输入反相，它们的集电极电位为"+"；互补输出级的输出与输入同相，输出电压为"+"；故 u_{I1} 一端为同相输入端，u_{I2} 一端为反相输入端。

综上所述，答案为(1) B，(2) A，(3) C，(4) A，(5) C，(6) C，(7) A，(8) B。

3.4 习题解答

3.4.1 自测题

一、现有基本放大电路：

A. 共射电路　　　　B. 共集电路　　　　C. 共基电路
D. 共源电路　　　　E. 共漏电路

根据要求选择合适的电路组成两级放大电路。

(1) 要求输入电阻为 1 kΩ 至 2 kΩ，电压放大倍数大于 3 000，第一级应采用_____，第二级应采用_____。

(2) 要求输入电阻大于 10 MΩ，电压放大倍数大于 300，第一级应采用_____，第二级应采用_____。

(3) 要求输入电阻为 100~200 kΩ，电压放大倍数数值大于 100，第一级应采用_____，第二级应采用_____。

(4) 要求电压放大倍数的数值大于 10，输入电阻大于 10 MΩ，输出电阻小于 100 Ω，第一级应采用_____，第二级应采用_____。

(5) 设信号源为内阻很大的电压源，要求将信号源电流转换成输出电压，且 $|\dot{A}_{uis}| = |\dot{U}_o/\dot{I}_s| > 1\,000$，输出电阻 $R_o < 100$，第一级应采用_____，第二级应采用_____。

解：(1) A,A；(2) D,A；(3) B,A；(4) D,B；(5) C,B。
具体分析见例 3.3.2。

二、选择合适答案填入空内。

(1) 直接耦合放大电路存在零点漂移的原因是_____。
A. 元件老化　　　　　　　　　B. 晶体管参数受温度影响
C. 放大倍数不够稳定　　　　　D. 电源电压不稳定

(2) 集成放大电路采用直接耦合方式的原因是_____。
A. 便于设计　　　　　　　　　B. 放大交流信号
C. 不易制作大容量电容

(3) 差分放大电路的差模信号是两个输入端信号的_____，共模信号是两个输入端信号的_____。
A. 差　　　　　　　B. 和　　　　　　　C. 平均值

(4) 用恒流源取代长尾式差分放大电路中的发射极电阻 R_e，将使电路的_____。
A. 差模放大倍数数值增大　　　B. 抑制共模信号能力增强
C. 差模输入电阻增大

(5) 通用型集成运放适用于放大_____。
A. 高频信号　　　　　　　　　B. 低频信号
C. 任何频信号

(6) 集成运放的输入级采用差分放大电路是因为可以_____。

A. 减小温漂 B. 增大放大倍数

C. 提高输电阻

(7) 为了增大电压放大倍数,集成运放的中间级多采用_____。

A. 共射放大电路 B. 共集放大电路

C. 共基放大电路

(8) 集成运放的末级采用互补输出级是为了_____。

A. 电压放大倍数大 B. 不失真输出电压大

C. 带负载能力强

解:(1) A、B、D;(2) C;(3) A,C;(4)B;(5) B;(6) A;(7) A;(8) B,C。

三、电路如图 T3.3 所示,所有晶体管均为硅管,β 均为 200,$r_{bb'} = 200\ \Omega$,静态时 $|U_{BEQ}| \approx 0.7$ V。试求:

(1) 静态时 T_1 管和 T_2 管的发射极电流。

(2) 若静态时 $u_O > 0$,则应如何调节 R_{c2} 的值才能使 $u_O = 0$ V? 若静态 $u_O = 0$ V,则 $R_{c2} = ?$ 电压放大倍数为多少?

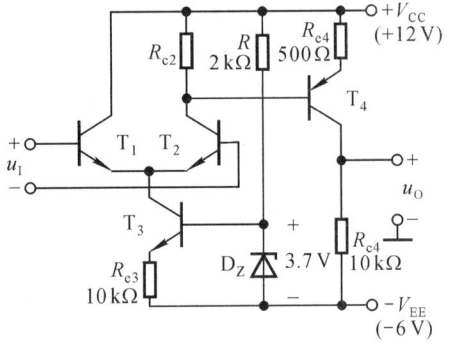

图 T3.3

解:(1) T_3 管的集电极电流

$$I_{C3} = (U_Z - U_{BEQ3})/R_{e3} = 0.3\ \text{mA}$$

静态时 T_1 管和 T_2 管的发射极电流

$$I_{E1} = I_{E2} = 0.15\ \text{mA}$$

(2) 若静态时 $u_O > 0$,则应减小 R_{c2}。

当 $u_1 = 0$ 时 $u_O = 0$,T_4 管的集电极电流 $I_{CQ4} = V_{EE}/R_{e4} = 0.6$ mA。R_{c2} 的电流及其阻值分别为

$$I_{R_{c2}} = I_{C2} - I_{B4} = I_{C2} - \frac{I_{CQ4}}{\beta} = 0.147\ \text{mA}$$

$$R_{c2} = \frac{I_{E4}R_{e4} + |U_{BEQ4}|}{I_{R_{c2}}} \approx 6.8\ \text{k}\Omega$$

电压放大倍数求解过程如下:

$$r_{be2} = r_{bb'} + (1+\beta)\frac{26\ \text{mV}}{I_{EQ2}} \approx 35\ \text{k}\Omega$$

$$r_{be4} = r_{bb'} + (1+\beta)\frac{26\ \text{mV}}{I_{EQ4}} \approx 8.87\ \text{k}\Omega$$

$$\dot{A}_{u1} = \frac{\beta\{R_{c2} // [r_{be4} + (1+\beta)R_{e4}]\}}{2r_{be2}} \approx \frac{\beta R_{c2}}{2r_{be2}} \approx 19.4$$

$$\dot{A}_{u2} = -\frac{\beta R_{e4}}{r_{be4} + (1+\beta)R_{e4}} \approx -18.4$$

$$\dot{A}_u = \dot{A}_{u1} \cdot \dot{A}_{u2} \approx -357$$

四、电路如图 T3.4 所示,已知 $\beta_1=\beta_2=\beta_0=100$。各管的 U_{BE} 均为 0.7 V,试求 I_{C2} 的值。

解：分析估算如下：

$$I_R = \frac{V_{CC}-U_{BE2}-U_{BE1}}{R}=100\ \mu A$$

$$I_{C0}=I_{C1}=I_C$$

$$I_{E2}=I_{E1}$$

$$I_R=I_{C0}+I_{B2}=I_{C0}+I_{B1}=I_C+\frac{I_C}{\beta}$$

$$I_{C2}=I_C=\frac{\beta}{1+\beta}\cdot I_R \approx I_R = 100\ \mu A$$

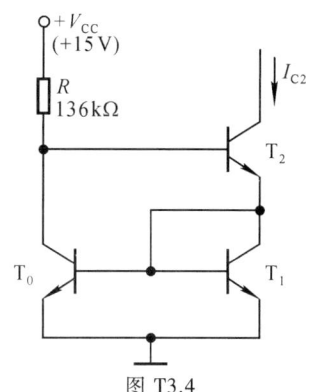

图 T3.4

五、某型号集成运放的简化,电路如图 T3.5 所示。

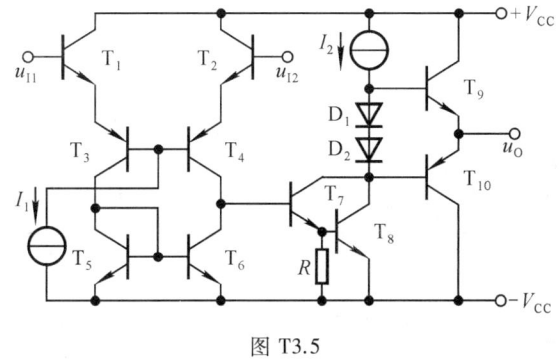

图 T3.5

(1) 说明电路是几级放大电路,各级分别是哪种形式的放大电路(共射、共集、差分等)。
(2) 分别说明各级采用了哪些措施来改善其性能指标(如增大放大倍数或输入电阻等)。

解：(1) 电路是三级放大电路,第一级为共集-共基双端输入、单端输出差分放大电路,第二级是共射放大电路,第三级是互补输出级。

(2) 第一级采用共集-共基形式,使电路输入电阻较大,频带较宽;利用有源负载(T_5、T_6)增大差模放大倍数,使单端输出电路的差模放大倍数近似等于双端输出电路的差模放大倍数,同时减小共模放大倍数。

第二级为共射放大电路,以 T_7、T_8 构成的复合管为放大管、以恒流源作集电极负载,增大放大能力。

第三级为互补输出级,利用 D_1、D_2 的导通压降使 T_9 和 T_{10} 在静态时处于临界导通状态,从而消除交越失真。

3.4.2 习题

3.1 判断图 P3.1 所示各两级放大电路中,T_1 和 T_2 管分别组成哪种组态(共射、共集……接法)。设图中所有电容对于交流信号均可视为短路。

解：图 P3.1(a) 中的 T_1 管为共射接法,T_2 管为共基接法。

图(b)中的 T_1 和 T_2 管均为共射接法。

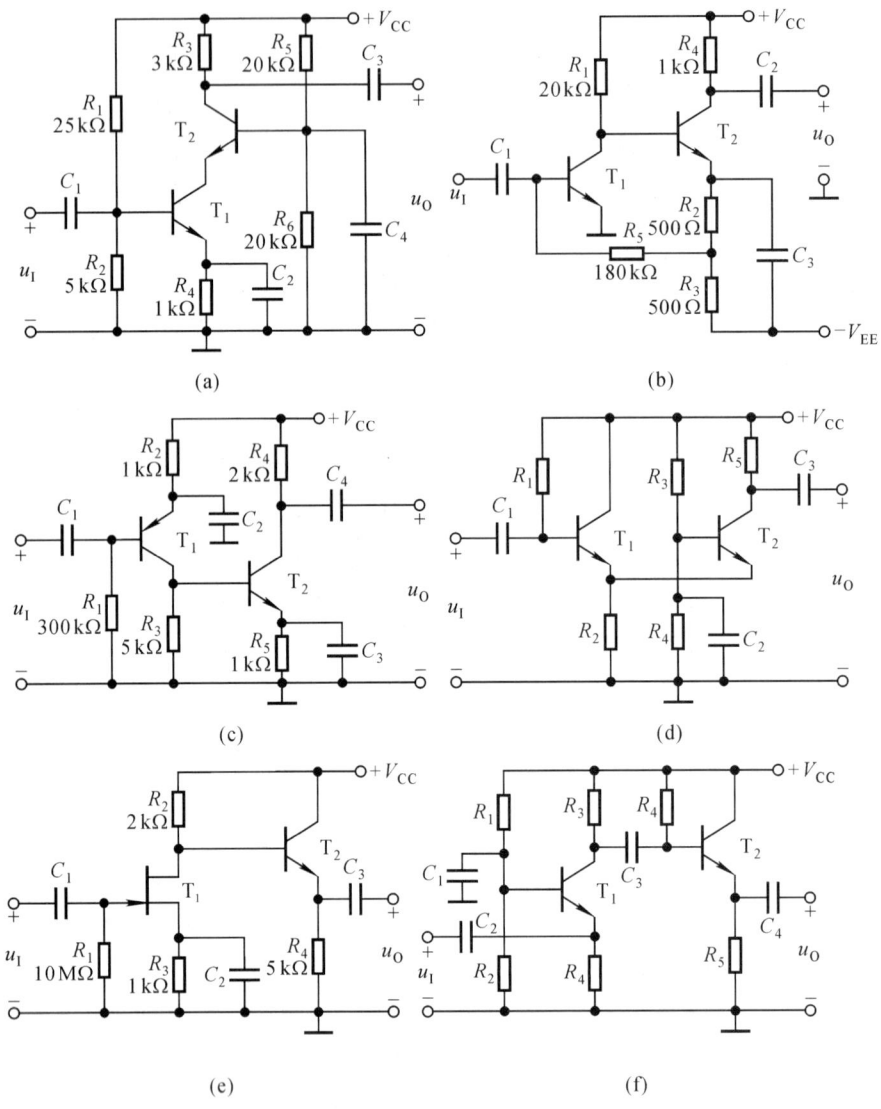

图 P3.1

图(c)中的 T_1 和 T_2 管均为共射接法。

图(d)中的 T_1 管为共集接法,T_2 管为共基接法。

图(e)中的 T_1 管为共源接法,T_2 管为共集接法。

图(f)中的 T_1 管为共基接法,T_2 管为共集接法。

3.2 设图 P3.2 所示各电路的静态工作点均合适,分别画出它们的交流等效电路,并写出 $\dot{A}_u$、R_i 和 R_o 的表达式。

解:图示各电路均为两级放大电路,它们的交流等效电路如图解 P3.2 所示,电压放大倍数均为 $\dot{A}_u = \dot{A}_{u1} \cdot \dot{A}_{u2}$。

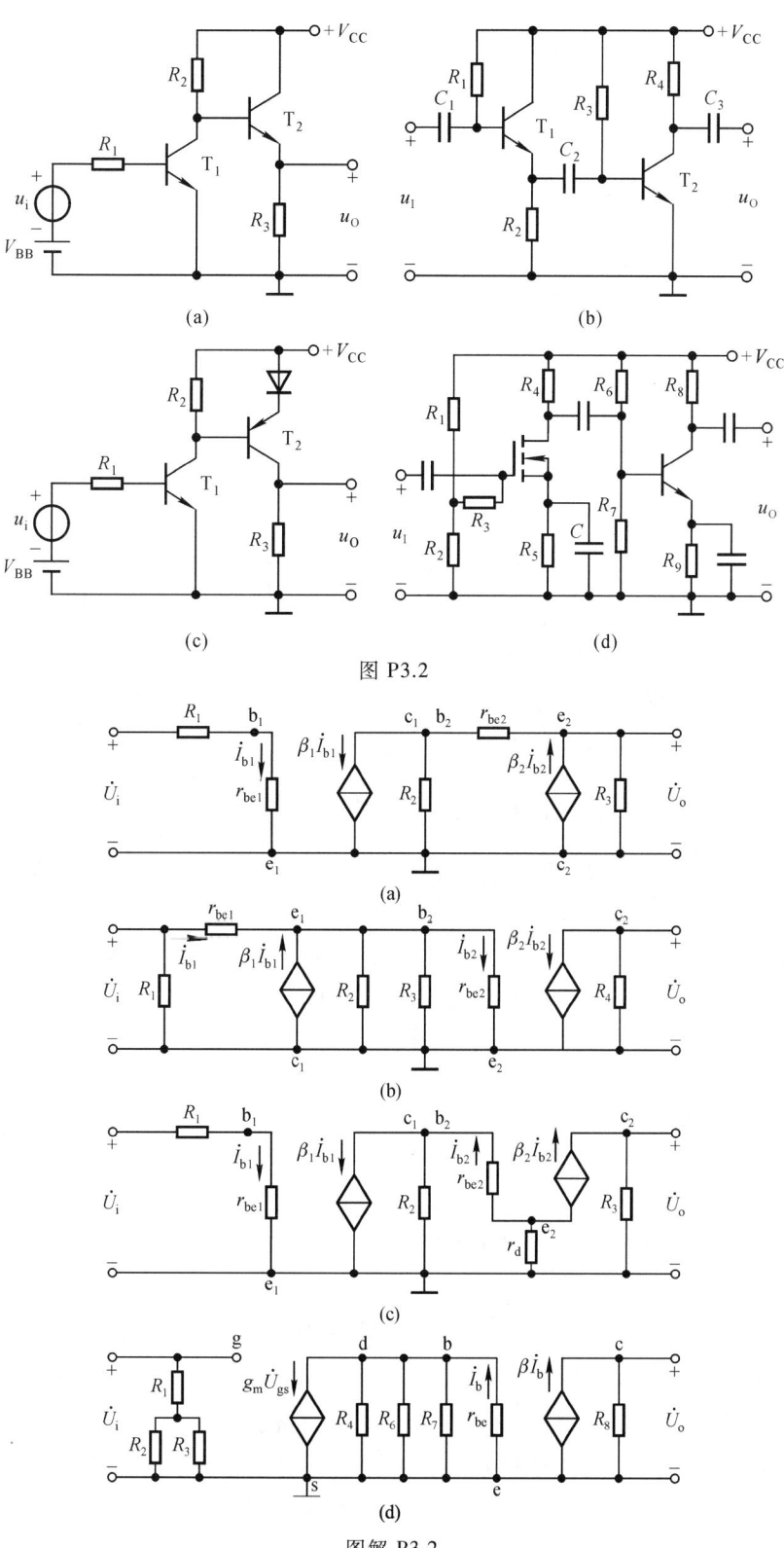

图 P3.2

图解 P3.2

(1) 图(a)所示电路 $\dot{A}_u$、R_i 和 R_o 的表达式为

$$\dot{A}_u = -\frac{\beta_1\{R_2 \mathbin{/\mkern-6mu/} [r_{be2}+(1+\beta_2)R_3]\}}{R_1+r_{be1}} \cdot \frac{(1+\beta_2)R_3}{r_{be2}+(1+\beta_2)R_3}$$

$$R_i = R_1 + r_{be1}$$

$$R_o = R_3 \mathbin{/\mkern-6mu/} \frac{r_{be2}+R_2}{1+\beta_2}$$

(2) 图(b)所示电路 $\dot{A}_u$、R_i 和 R_o 的表达式为

$$\dot{A}_u = \frac{(1+\beta_1)(R_2 \mathbin{/\mkern-6mu/} R_3 \mathbin{/\mkern-6mu/} r_{be2})}{r_{be1}+(1+\beta_1)(R_2 \mathbin{/\mkern-6mu/} R_3 \mathbin{/\mkern-6mu/} r_{be2})} \cdot \left(-\frac{\beta_2 R_4}{r_{be2}}\right)$$

$$R_i = R_1 \mathbin{/\mkern-6mu/} [r_{be1}+(1+\beta_1)(R_2 \mathbin{/\mkern-6mu/} R_3 \mathbin{/\mkern-6mu/} r_{be2})]$$

$$R_o = R_4$$

(3) 图(c)所示电路 $\dot{A}_u$、R_i 和 R_o 的表达式为

$$\dot{A}_u = -\frac{\beta_1\{R_2 \mathbin{/\mkern-6mu/} [r_{be2}+(1+\beta_2)r_d]\}}{R_1+r_{be1}} \cdot \left[-\frac{\beta_2 R_3}{r_{be2}+(1+\beta_2)r_d}\right]$$

$$R_i = R_1 + r_{be1}$$

$$R_o = R_3$$

(4) 图(d)所示电路 $\dot{A}_u$、R_i 和 R_o 的表达式为

$$\dot{A}_u = [-g_m(R_4 \mathbin{/\mkern-6mu/} R_6 \mathbin{/\mkern-6mu/} R_7 \mathbin{/\mkern-6mu/} r_{be2})] \cdot \left(-\frac{\beta_2 R_8}{r_{be2}}\right)$$

$$R_i = R_3 + R_1 \mathbin{/\mkern-6mu/} R_2$$

$$R_o = R_8$$

3.3 基本放大电路如图P3.3(a)、(b)所示,图(a)点画线框内为电路Ⅰ,图(b)点画线框内为电路Ⅱ。由电路Ⅰ、Ⅱ组成的多级放大电路如图P3.3(c)、(d)、(e)所示,它们均正常工作。试说明图P3.3(c)、(d)、(e)所示电路中

(1) 哪些电路的输入电阻比较大;

(2) 哪些电路的输出电阻比较小;

(3) 哪个电路的 $\dot{A}_{us} = |\dot{U}_o/\dot{U}_s|$ 最大。

解:(1) 因为图(d)、(e)所示电路的输入级为共集放大电路,所以它们的输入电阻均较大。

(2) 因为图(c)、(e)所示电路的输出级为共集放大电路,所以它们的输出电阻均较小。

(3) 设图(a)所示共射放大电路的空载电压放大倍数为 $\dot{A}_{ua}$,图(b)所示共集放大电路的空载电压放大倍数为 $\dot{A}_{ub} \approx 1$。由于共射放大电路的输入电阻较小,通常在信号源有内阻情况下,图(a)所示电路输出电压对信号源电压的放大倍数数值明显小于 $|\dot{A}_{ua}|$;而且由于输出电阻较大,通常在带负载情况下,图(a)所示电路的电压放大倍数数值也明显小于 $|\dot{A}_{ua}|$。由于共集放大电路的输入电阻较大,通常在信号源有内阻情况下,图(b)所示电路输出电压对信号源电压的放大倍数仍近似为1;而且由于输出电阻较小,通常在带负载情况下,图(b)所示电路的电压放大倍数也仍近似为1。

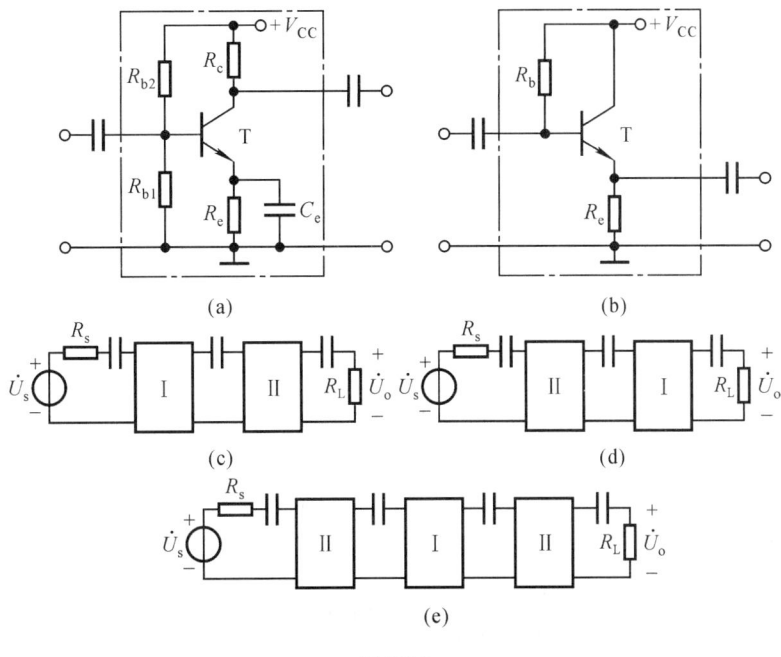

图 P3.3

根据上述分析,因为图(c)所示电路的电压放大倍数近似为第一级的电压放大倍数,且明显小于 $|\dot{A}_{ua}|$;图(d)所示电路的电压放大倍数近似为第二级的电压放大倍数,且也明显小于 $|\dot{A}_{ua}|$;图(e)所示电路的电压放大倍数近似为第二级的电压放大倍数,近似为 $\dot{A}_{ua}$;所以结论是图(e)所示电路的 $|\dot{A}_{us}|$ 最大。

3.4 电路如图 P3.1(e) 所示,晶体管的 β 为 200,r_{be} 为 3 kΩ,场效应管的 g_m 为 15 mS;Q 点合适。求解 $\dot{A}_u$、R_i 和 R_o。

解:图 P3.1(e) 所示电路的交流等效电路如图解 P3.4 所示,第一级为共源放大电路,第二级为共集放大电路。

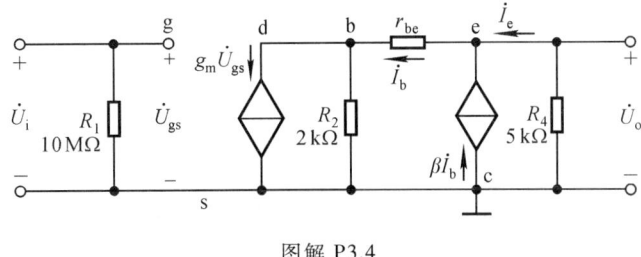

图解 P3.4

第二级的输入电阻为

$$R_{i2} = r_{be} + (1+\beta) R_4$$

电路的 $\dot{A}_u$、R_i 和 R_o 分析如下:

$$\dot{A}_{u1} = -g_m \{ R_2 \mathbin{/\mkern-6mu/} [r_{be} + (1+\beta) R_4] \} \approx -g_m R_2 = -15 \times 2 = -30$$

$$\dot{A}_{u2} = \frac{(1+\beta)R_4}{r_{be}+(1+\beta)R_4} \approx 1$$

$$\dot{A}_u = \dot{A}_{u1} \cdot \dot{A}_{u2} \approx -30$$

$$R_i = R_1 = 10 \text{ M}\Omega$$

$$R_o = R_4 // \frac{r_{be}+R_2}{1+\beta} \approx 25 \text{ }\Omega$$

3.5 图 P3.5 所示电路参数理想对称，晶体管的 β 均为 100，$r_{bb'} = 100 \text{ }\Omega$，$U_{BEQ} \approx 0.7 \text{ V}$。试计算 R_w 滑动端在中点时 T_1 管和 T_2 管的发射极静态电流 I_{EQ}，以及动态参数 A_d 和 R_i。

解：R_w 滑动端在中点时 T_1 管和 T_2 管的发射极静态电流分析如下：

$$U_{BEQ} + I_{EQ} \cdot \frac{R_w}{2} + 2I_{EQ}R_e = V_{EE}$$

$$I_{EQ} = \frac{V_{EE} - U_{BEQ}}{\frac{R_w}{2} + 2R_e} \approx \frac{6-0.7}{0.05+2\times5.1}\text{mA} \approx 0.517 \text{ mA}$$

$$r_{be} = r_{bb'} + (1+\beta)\frac{26 \text{ mV}}{I_{EQ}} \approx \left[100+(1+100)\times\frac{26}{0.517}\right]\Omega \approx 5.18 \text{ k}\Omega$$

图 P3.5 所示电路对差模信号的交流等效电路如图解 P3.5 所示。

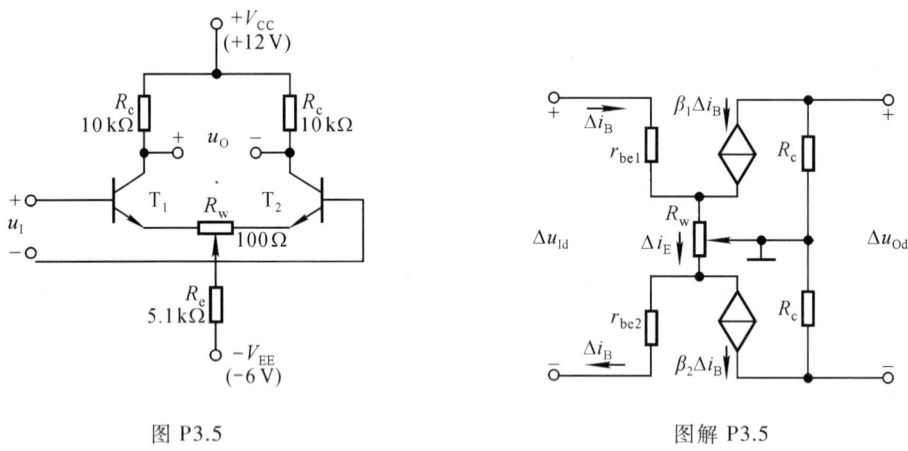

图 P3.5　　　　　　　　　　图解 P3.5

A_d 和 R_i 分析如下：

$$A_d = -\frac{\beta R_c}{r_{be}+(1+\beta)\frac{R_w}{2}} \approx \frac{-100\times10}{5.18+101\times0.05} \approx -98$$

$$R_i = 2r_{be}+(1+\beta)R_w \approx (2\times5.18+101\times0.1)\text{k}\Omega = 20.5 \text{ k}\Omega$$

3.6 电路如图 P3.6 所示，已知 T_1 管和 T_2 管的 β 均为 140，r_{be} 均为 $4 \text{ k}\Omega$。试问：若输入直流信号 $u_{I1} = 20 \text{ mV}$，$u_{I2} = 10 \text{ mV}$，则电路的共模输入电压 $u_{IC} = ?$ 差模输入电压 $u_{Id} = ?$ 输出动态电压 $\Delta u_O = ?$

解：因为当 u_{I1} 单独作用时，电路获得的共模信号为 $u_{I1}/2$，差模信号为 u_{I1}；当 u_{I2} 单独作用时，电路获得的共模信号为 $u_{I2}/2$，差模信号为 $-u_{I2}$；所以当 u_{I1} 和 u_{I2} 共同作用时，电路的共模输入电压 u_{Ic}、差模输入电压 u_{Id} 分别为

$$u_{Ic} = \frac{u_{I1}+u_{I2}}{2} = \frac{20+10}{2}\text{mV} = 15 \text{ mV}$$

$$u_{Id} = u_{I1} - u_{I2} = (20-10)\text{ mV} = 10 \text{ mV}$$

差模放大倍数

$$A_d = -\frac{\beta R_c}{2r_{be}} = -\frac{140 \times 10}{2 \times 4} = -175$$

由于电路的共模放大倍数为零，故动态电压 Δu_O 仅由差模输入电压和差模放大倍数决定，即
$$\Delta u_O = A_d u_{Id} = -175 \times 10 \text{ mV} \approx -1.75 \text{ V}$$

3.7 电路如图 P3.7 所示，T_1 和 T_2 的低频跨导 g_m 均为 10 mS。试求解差模放大倍数和输入电阻。

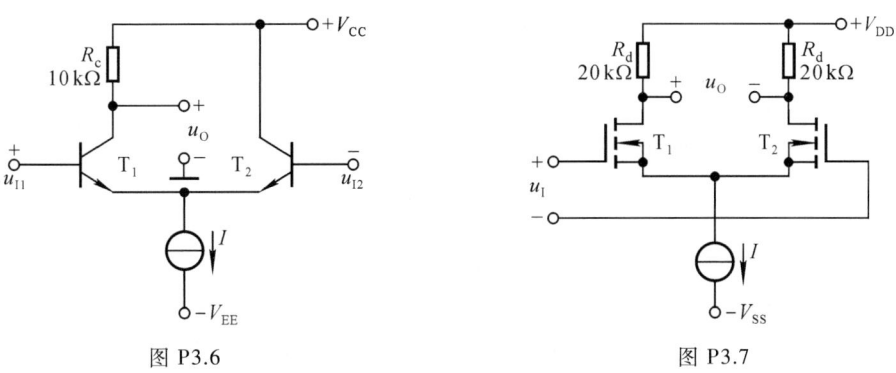

图 P3.6　　　　　　　　　图 P3.7

解：差模放大倍数和输入电阻分别为

$$A_d = -g_m R_d = -200$$
$$R_i = \infty$$

3.8 电路如图 P3.8 所示，$T_1 \sim T_5$ 的电流放大系数分别为 $\beta_1 \sim \beta_5$，b-e 间动态电阻分别为 $r_{be1} \sim r_{be5}$，写出 $\dot{A}_u$、R_i 和 R_o 的表达式。

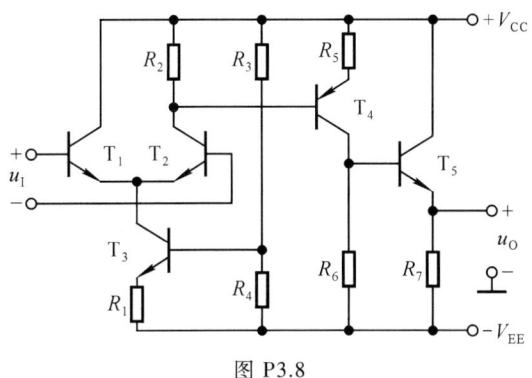

图 P3.8

解:图示电路为三级放大电路,其交流等效电路如图解 P3.8 所示。

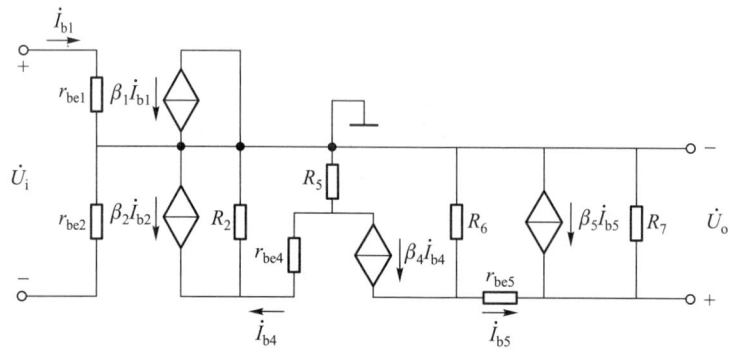

图解 P3.8

第一级为双端输入、单端输出的差分放大电路,其输入电阻

$$R_{i1} = r_{be1} + r_{be2}$$

第二级为 PNP 型管组成的共射放大电路,其输入电阻和输出电阻分别为

$$R_{i2} = r_{be4} + (1+\beta_4)R_5$$

$$R_{o2} = R_6$$

第三级为 NPN 型管组成的共集放大电路,其输入电阻和输出电阻分别为

$$R_{i3} = r_{be5} + (1+\beta_5)R_7$$

$$R_{o3} = R_7 // \frac{r_{be5} + R_{o2}}{1+\beta_5} = R_7 // \frac{r_{be5} + R_6}{1+\beta_5}$$

A_u、R_i 和 R_o 的表达式分析如下:

$$A_{u1} = \frac{\Delta u_{O1}}{\Delta u_1} = \frac{\beta_2(R_2 // R_{i2})}{r_{be1} + r_{be2}} = \frac{\beta_2\{R_2 // [r_{be4} + (1+\beta_4)R_5]\}}{r_{be1} + r_{be2}}$$

$$A_{u2} = \frac{\Delta u_{O2}}{\Delta u_{12}} = -\frac{\beta_4(R_6 // R_{i3})}{r_{be4} + (1+\beta_4)R_5} = -\frac{\beta_4\{R_6 // [r_{be5} + (1+\beta_5)R_7]\}}{r_{be4} + (1+\beta_4)R_5}$$

$$A_{u3} = \frac{\Delta u_{O3}}{\Delta u_{13}} = \frac{(1+\beta_5)R_7}{r_{be5} + (1+\beta_5)R_7}$$

$$A_u = \frac{\Delta u_O}{\Delta u_1} = A_{u1} \cdot A_{u2} \cdot A_{u3}$$

$$R_i = R_{i1} = r_{be1} + r_{be2}$$

$$R_o = R_{o3} = R_7 // \frac{r_{be5} + R_6}{1+\beta_5}$$

3.9 电路如图 P3.9 所示。已知电压放大倍数为 -100,输入电压 $\dot{U}_i$ 为正弦波,T_2 和 T_3 管的饱和压降 $|U_{CES}| = 1\ V$。试问:

(1) 在不失真的情况下,输入电压最大有效值 U_{imax} 为多少伏?

(2) 若 $U_i = 10\ mV$(有效值),则 $U_o = ?$ 若此时 R_3 开

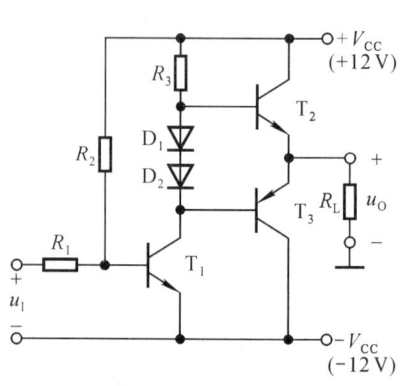

图 P3.9

路,则 $U_o = ?$ 若 R_3 短路,则 $U_o = ?$

解:(1) 最大不失真输出电压有效值为

$$U_{om} = \frac{V_{CC} - U_{CES}}{\sqrt{2}} \approx 7.78 \text{ V}$$

因电压放大倍数数值为 100,故在不失真的情况下,输入电压最大有效值 U_{imax}

$$U_{imax} = \frac{U_{om}}{|\dot{A}_u|} \approx 77.8 \text{ mV}$$

(2) 若 $U_i = 10$ mV,则 $U_o = 1$ V(有效值)。

若 R_3 开路,则电路如图解 P3.9(a) 所示,T_1 和 T_3 组成复合管,等效的电流放大倍数 $\beta \approx \beta_1\beta_3$。由于 T_1 管的基极回路没有变化,故静态基极电流不变。有下列的可能性:

① 若 R_L 较大,则 T_1 进入饱和区,$u_O = -(V_{CC} - U_{EB3} - U_{CES1}) \approx -11$ V(直流)。

② 若 R_L 较小,T_1、T_3 均工作在放大状态,则由于 T_3 的集电极电流约为 $\beta_1\beta_3$ 倍的 T_1 管基极电流,数值较大,且管压降也较大,因而很可能使得 T_3 因功耗过大而损坏。

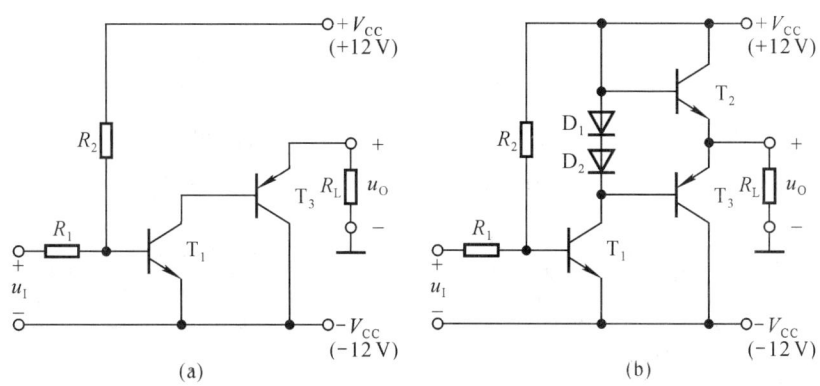

图解 P3.9

若 R_3 短路,则电路如图解 P3.9(b) 所示,由于 PN 结的钳位作用,$u_o = V_{CC} - U_{BE2} \approx 11.3$ V(直流)。

3.10 根据下列要求,将应优先考虑使用的集成运放填入空内。已知现有集成运放的类型是:

① 通用型 ② 高阻型 ③ 高速型 ④ 低功耗型 ⑤ 高压型 ⑥ 大功率型 ⑦ 高精度型。

(1) 作低频放大器,应选用_____。

(2) 作宽频带放大器,应选用_____。

(3) 作幅值为 1 μV 以下微弱信号的测量放大器,应选用_____。

(4) 作内阻为 100 kΩ 信号源的放大器,应选用_____。

(5) 负载需 5 A 电流驱动的放大器,应选用_____。

(6) 要求输出电压幅值为 ±80 V 的放大器,应选用_____。

(7) 宇航仪器中所用的放大器,应选用_____。

解:参阅表 3.1.3 可得:(1) ①;(2) ③;(3) ⑦;(4) ②;(5) ⑥;(6) ⑤;(7) ④。

3.11 已知几个集成运放的参数如表 P3.11 所示,试分别说明它们各属于哪种类型的运放。

表 P3.11

特性指标	A_{od} /dB	r_{id} /MΩ	U_{IO} /mV	I_{IO} /nA	I_{IB} /nA	$-3dB\ f_H$ /Hz	K_{CMR} /dB	SR /(V/μV)	单位增益带宽/MHz
A_1	100	2	5	200	600	7	86	0.5	
A_2	130	2	0.01	2	40	7	120	0.5	
A_3	100	1 000	5	0.02	0.03		86	0.5	5
A_4	100	2	2	20	150		96	65	12.5

解: 参阅表 3.1.3 可得: A_1 为通用型运放, A_2 为高精度型运放, A_3 为高阻型运放, A_4 为高速型运放。

3.12 多路电流源电路如图 P3.12 所示,已知所有晶体管的特性均相同, U_{BE} 均为 0.7 V。试求 I_{C1}、I_{C2} 各为多少。

解: 因为 T_0、T_1、T_2 的特性均相同,且 U_{BE} 均相同,所以它们的基极、集电极电流均相等,设集电极电流为 I_C。先求出 R 中电流,再求解 I_{C1}、I_{C2}。

$$I_R = \frac{V_{CC}-U_{BE3}-U_{BE0}}{R} = 100\ \mu A$$

$$I_R = I_{C0}+I_{B3} = I_{C0}+\frac{3I_B}{1+\beta} = I_C+\frac{3I_C}{\beta(1+\beta)}$$

$$I_C = \frac{\beta^2+\beta}{\beta^2+\beta+3} \cdot I_R$$

当 $\beta(1+\beta) \gg 3$ 时

$$I_{C1} = I_{C2} \approx I_R = 100\ \mu A$$

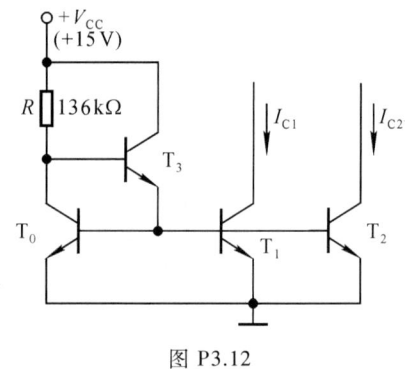

图 P3.12

3.13 电路如图 P3.13 所示,T 管的低频跨导为 g_m, T_1 和 T_2 管 d-s 间的动态电阻分别为 r_{ds1} 和 r_{ds2}。试求解电压放大倍数 $A_u = \Delta u_O/\Delta u_I$ 的表达式。

解: 由于 T_2 和 T_3 所组成的镜像电流源是以 T_1 为放大管的共源放大电路的有源负载, T_1、T_2 管 d-s 间动态电阻分别为 r_{ds1}、r_{ds2},所以电压放大倍数 A_u 的表达式为

$$A_u = \Delta u_O/\Delta u_I = -\Delta i_D(r_{ds1}/\!/r_{ds2})/\Delta u_I = -g_m(r_{ds1}/\!/r_{ds2})$$

3.14 电路如图 P3.14 所示, T_1 与 T_2 管特性相同,它们的低频跨导为 g_m; T_3 与 T_4 管特性对称; T_2 与 T_4 管 d-s 间动态电阻为 r_{ds2} 和 r_{ds4}。试求出电压放大倍数 $A_u = \Delta u_O/\Delta(u_{I1}-u_{I2})$ 的表达式。

解: 在图示电路中, T_1 和 T_2 是一对差分管,它们在差模信号作用下产生大小相等、极性相反的集电极电流; T_3 和 T_4 组成镜像电流源,它们的漏极电流近似相等。若有动态信号输入,设 $T_1 \sim T_4$ 的漏极动态电流分别为 $\Delta i_{D1} \sim \Delta i_{D4}$,则它们具有如下关系:

$$\Delta i_{D1} = -\Delta i_{D2} = \Delta i_{D3} = \Delta i_{D4}$$

$$\Delta i_O = \Delta i_{D2} - \Delta i_{D4} = \Delta i_{D2} - \Delta i_{D1} = -2\Delta i_{D1}$$

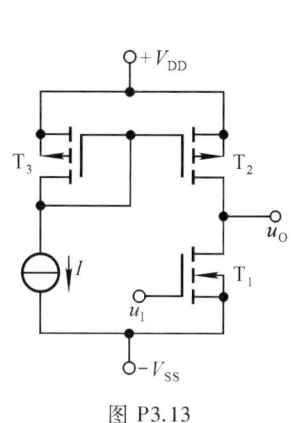

图 P3.13

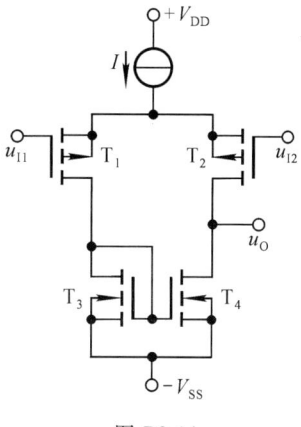

图 P3.14

$$\Delta i_{D1} = g_m \cdot \frac{\Delta(u_{I1}-u_{I2})}{2}$$

$$g_m = -\frac{\Delta i_O}{\Delta(u_{I1}-u_{I2})}$$

因而电压放大倍数

$$\begin{aligned}A_u &= \Delta u_O / \Delta(u_{I1}-u_{I2}) \\ &= -\Delta i_O (r_{ds2} /\!/ r_{ds4}) / \Delta(u_{I1}-u_{I2}) \\ &= g_m (r_{ds2} /\!/ r_{ds4})\end{aligned}$$

3.15 电路如图 P3.15 所示,T_1 与 T_2 管为超 β 管,电路具有理想的对称性。选择合适的答案填入空内。

(1) 该电路采用了_____。
A. 共集-共基接法　　B. 共集-共射接法
C. 共射-共基接法

(2) 电路所采用的上述接法是为了_____。
A. 增大输入电阻　　B. 增大电流放大系数
C. 展宽频带

(3) 电路采用超 β 管能够_____。
A. 增大输入级的耐压值　　B. 增大放大能力
C. 增大带负载能力

(4) T_1 与 T_2 管的静态管压降约为_____。
A. 0.7 V　　　　　　　B. 1.4 V
C. 不可知

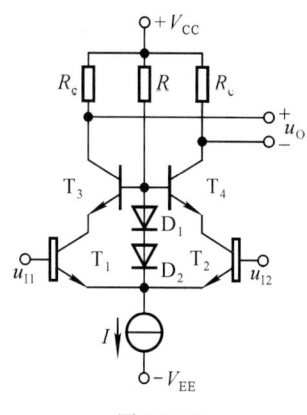

图 P3.15

解:(1) C　(2) C　(3) B　(4) A

3.16 在图 P3.16 所示电路中,已知 $T_1 \sim T_3$ 管的特性完全相同,$\beta \gg 2$;反相输入端的输入电流为 i_{I1},同相输入端的输入电流为 i_{I2}。试问:

(1) $i_{C2} \approx$?
(2) $i_{B2} \approx$?
(3) $A_{ui} = \Delta u_O / (i_{I1} - i_{I2}) \approx$?

解：(1) 因为 T_1 和 T_2 为镜像关系，且 $\beta \gg 2$，所以 $i_{C2} \approx i_{C1} \approx i_{I2}$。

(2) $i_{B3} = i_{I1} - i_{C2} \approx i_{I1} - i_{I2}$

(3) 输出电压的变化量和放大倍数分别为

$$\Delta u_O = -\Delta i_{C3} R_c = -\beta_3 \Delta i_{B3} R_c$$
$$A_{ui} = \Delta u_O / \Delta(i_{I1} - i_{I2}) \approx \Delta u_O / \Delta i_{B3} = -\beta_3 R_c$$

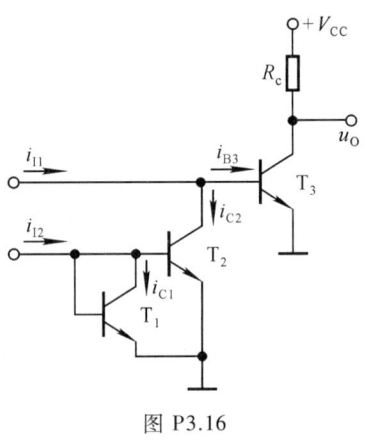

图 P3.16

3.17 比较图 P3.17 所示两个电路，分别说明它们是如何消除交越失真和如何实现过流保护的。

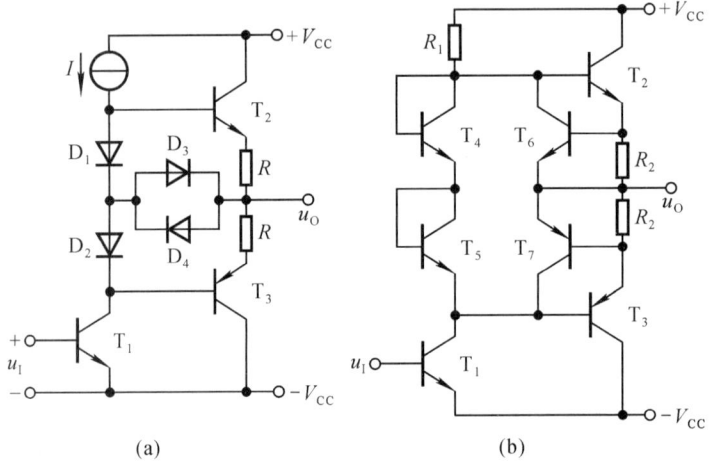

图 P3.17

解：在图 (a) 所示电路中，D_1、D_2 使 T_2、T_3 微导通，可消除交越失真。R 为电流采样电阻，D_3 对 T_2 起过流保护作用。当 T_2 导通时，$u_{D3} = u_{BE2} + i_O R - u_{D1}$，未过流时 $i_O R$ 较小，因 u_{D3} 小于开启电压使 D_3 截止；过流时因 u_{D3} 大于开启电压使 D_3 导通，为 T_2 基极分流。D_4 对 T_4 起过流保护作用，原因与上述相同。

在图 (b) 所示电路中，T_4、T_5 使 T_2、T_3 微导通，可消除交越失真。R_2 为电流采样电阻，T_6 对 T_2 起过流保护作用。当 T_2 导通时，$u_{BE6} = i_O R_2$，未过流时 $i_O R_2$ 较小，因 u_{BE6} 小于开启电压使 T_6 截止；过流时因 u_{BE6} 大于开启电压使 T_6 导通，为 T_2 基极分流。T_7 对 T_3 起过流保护作用，原因与上述相同。

3.18 图 P3.18 所示为简化的高精度运放电路原理图，试分析：
(1) 两个输入端中哪个是同相输入端，哪个是反相输入端；
(2) T_3 与 T_4 的作用；
(3) 电流源 I_3 的作用；
(4) D_2 与 D_3 的作用。

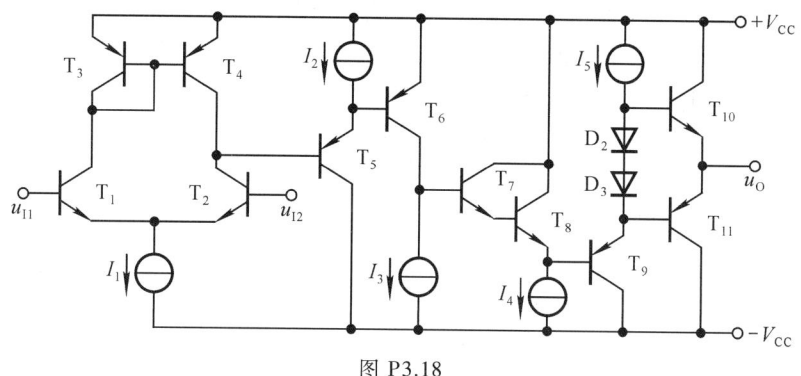

图 P3.18

解:(1)假设输入信号的极性,并以此为依据,根据放大电路的基本接法逐级判断出各级输出信号与输入信号的极性关系,最终得到输出电压与输入电压的极性关系。

结论:u_{I1} 为反相输入端,u_{I2} 为同相输入端。

(2)T_3 与 T_4 组成镜像电流源,作为 T_1 和 T_2 管的有源负载,并将 T_1 管集电极电流变化量转换到本级的输出,使单端输出差分放大电路的差模放大倍数近似等于双端输出时的放大倍数。

(3)电流源 I_3 为 T_6 设置静态电流,且是 T_6 的集电极有源负载,增大共射放大电路的放大能力。

(4)D_2 与 D_3 的作用是消除交越失真。

3.19 通用型运放 F747 的内部电路如图 P3.19 所示,试分析:

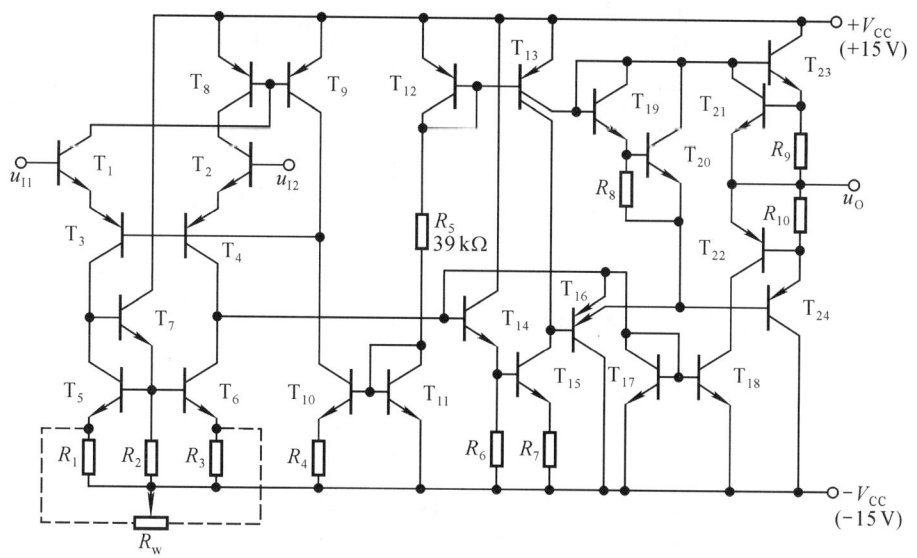

图 P3.19

(1)偏置电路由哪些元件组成?基准电流约为多少?

(2)哪些是放大管?组成几级放大电路?每级各是什么基本电路?

(3)T_{19}、T_{20} 和 R_8 组成的电路的作用是什么?

解:(1)观察图 P3.19 所示电路,R_5(39 kΩ)上的电流是电路各个回路中唯一能够估算出的电流,因而这个电流是偏置电路中的基准电流,与之产生连带关系的元件组成偏置电路。T_{11}、T_{10} 组成微电流源,T_9、T_8 组成镜像电流源,T_{12}、T_{13} 组成多路电流源。

因此,T_{10}、T_{11}、T_9、T_8、T_{12}、T_{13}、R_5 构成偏置电路。基准电流

$$I_{R_5}=\frac{2V_{CC}-U_{EB12}-U_{BE11}}{R_5}\approx 0.733\ \text{mA}$$

(2) 图示电路为三级放大电路。

信号从 T_1、T_2 的基极输入,又从它们的发射极输出,并作用于 T_3、T_4 的发射极,第一级电路从 T_4 的集电极输出;可见,T_1、T_2 是共集接法,T_3、T_4 是共基接法。因此,第一级是由 $T_1 \sim T_4$ 构成的共集-共基差分放大电路,且双端输入、单端输出。

第一级的输出从 T_{14} 的基极输入,发射极输出后作用于 T_{15} 的基极,并从 T_{15} 的集电极输出后作用于 T_{16} 的基极,第二级电路从 T_{16} 的发射极输出;可见,T_{14} 是共集接法,T_{15} 是共射接法,T_{16} 是共集接法。因此,第二级是由 $T_{14} \sim T_{16}$ 构成的共集-共射-共集电路。

第二级的输出作用于 T_{23}、T_{24} 的基极,并从它们的发射极输出,因此第三级是由 T_{23}、T_{24} 构成的互补输出级。

(3) T_{19}、T_{20} 和 R_8 是输出电路的偏置电路,用于消除交越失真。互补输出级两只管子的基极之间电压 $U_{B23-B24}=U_{BE20}+U_{BE19}$,使 T_{23}、T_{24} 处于微导通,从而消除交越失真。

3.20 型号为 5G28 的集成运放内部电路如图 P3.20 所示。试分析:

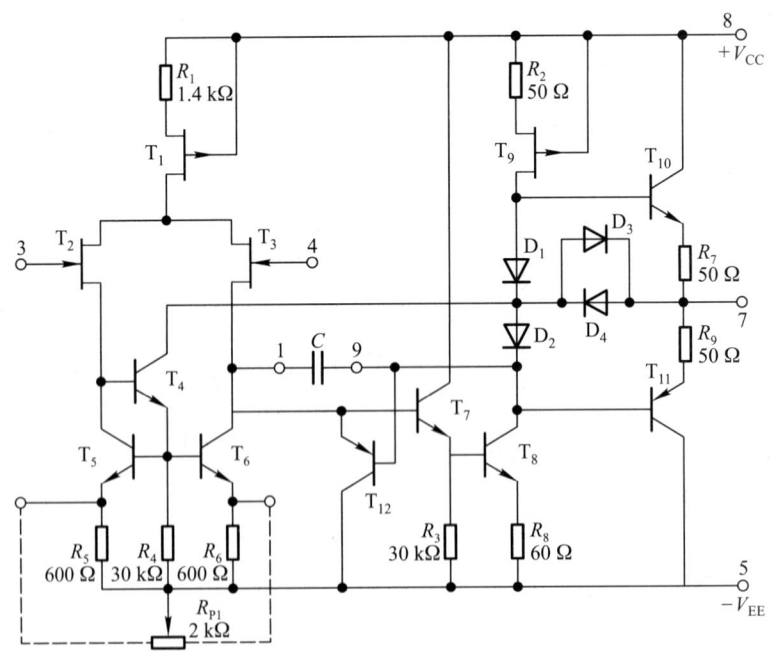

图 P3.20

(1) 该运放属于哪种类型的运放(双极型、单极型……);
(2) 哪些是放大管?组成几级放大电路?每级各是什么基本电路;

(3) R_7、R_9 的作用是什么。

(4) 电容 C 的作用是什么。

解:(1) 双极型和单极型管混合结构,Bi-FET 电路。

(2) 三级放大电路。第一级是双端输入、单端输出的差分放大电路,T_2 和 T_3 为放大管;第二级是共射放大电路,T_7 和 T_8 为放大管;第三级是互补输出级,T_{10} 和 T_{11} 为放大管。

(3) R_7、R_9 的作用是对负载电流采样,与 D_3、D_4 构成过流保护电路。

(4) 电容 C 是补偿电容,用于消除运放引入负反馈后可能引起的自激振荡。

3.21 利用 Multisim 研究图 P3.5 所示电路在下列情况下对电路静态和动态的影响:

(1) 两个 R_c 阻值相差 5%;

(2) R_w 不在中点;

(3) 两个差分管的电流放大倍数不相等。

解:在 Multisim 环境下搭建图 P3.5 所示电路,如图解 P3.21.1 所示。为便于调节晶体管参数,采用虚拟晶体管,Q1 为 T_1,Q2 为 T_2,$\beta = 150$。R_3 和 R_2 分别为 T_1 和 T_2 的集电极电阻,电位器用两个电阻 R_4 和 R_5 模拟。

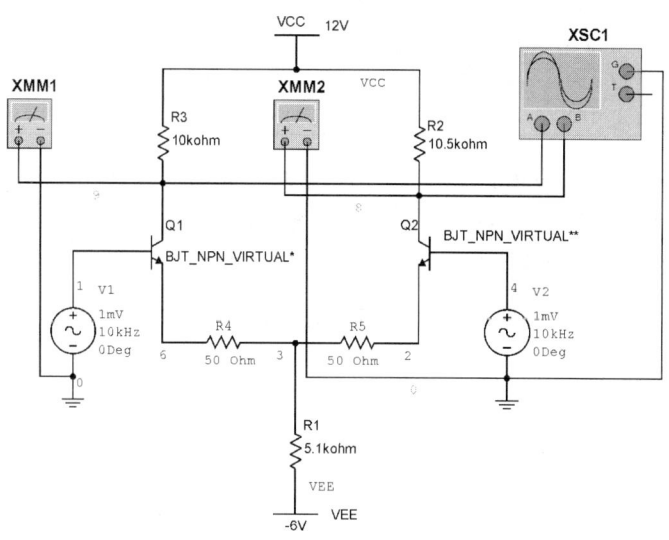

图解 P3.21.1

在 Multisim 环境下,可以采用仪器仪表测量的方法得到题目中问题的结论,也可采用其分析功能,得到答案,这里采用了后一种方法。以下对题目中的三个问题分静态和动态两部分进行分析。

(1) 利用 Multisim 的"静态工作点分析"可得到理想对称、R_c 阻值相差 5%、R_w 不在中点和两个差分管电流放大倍数不等时的静态工作点,如图解 P3.21.2(a)~(d) 所示,图中节点 9 是 Q1 的集电极,6 是 Q1 的发射极,8 是 Q2 的集电极,2 是 Q2 的发射极,3 是 R_1、R_4 和 R_5 的连接点。由图可知,R_c 阻值不同使得两只差分管的管压降不同,而不影响基极和集电极电流;R_w 不在中点和 $\beta_1 \neq \beta_2$ 将使两只差分管的发射结电压不同,基极和集电极电流也就不同,从而管压降不同。Q 点总结如表解 P3.21.1 所示。

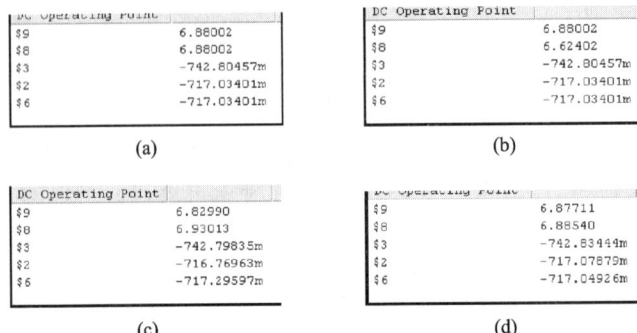

图解 P3.21.2

(a) 理想对称时的 Q 点　(b) $R_3 = 10$ kΩ、$R_2 = 10.5$ kΩ 时的 Q 点
(c) $R_4 = 49$ kΩ、$R_5 = 51$ kΩ 时的 Q 点　(d) $\beta_1 = 150$、$\beta_2 = 140$ 时的 Q 点

表解 P3.21.1

电路参数			I_{CQ1}、I_{CQ2}/mA	I_{BQ1}、I_{BQ2}/μA	U_{BEQ1}、U_{BEQ2}/V	U_{CEQ1}、U_{CEQ2}/V
R_3、R_2/kΩ	R_4、R_5/Ω	β_1、β_2				
10、10	50、50	150、150	0.512、0.512	3.413、3.413	0.717 0、0.717 0	7.597、7.597
10、10.5	50、50	150、150	0.512、0.512	3.413、3.413	0.717 0、0.717 0	7.597、7.341
10、10	49、51	150、150	0.517、0.507	3.447、3.420	0.716 8、0.717 3	7.547、7.647
10、10	50、50	150、140	0.512、0.511	3.413、3.650	0.717 1、0.717 04	7.594、7.602 45

（2）利用 Multisim 的"传递函数分析"可获得电路在差模信号作用下的电压放大倍数、输入电阻（阻抗）和输出电阻（阻抗），如图解 P3.21.3 所示，图中左列以 V1 为输入、Q1 的集电极为输出，右列以 V2 为输入、Q2 的集电极为输出。

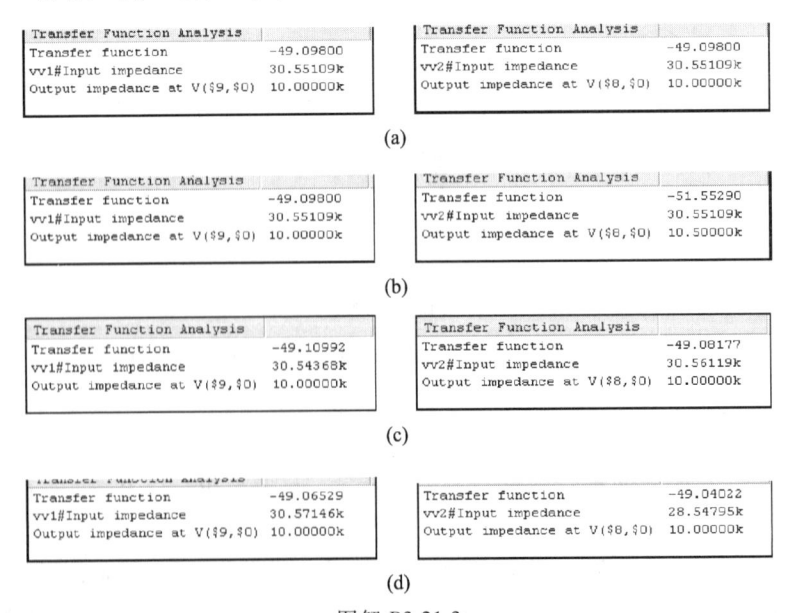

图解 P3.21.3

(a) 理想对称时　(b) $R_3 = 10$ kΩ、$R_2 = 10.5$ kΩ 时　(c) $R_4 = 49$ Ω、$R_5 = 51$ Ω 时　(d) $\beta_1 = 150$、$\beta_2 = 140$ 时

整理图解 P3.21.3 仿真数据,并根据图解 P3.21.1 测试在共模信号作用下的电压放大倍数,得出表解 P3.21.2。由表可知,两个 R_c 阻值有差别和 R_w 不在中点将明显影响 A_d、R_o 和 A_c 的值,而两只管子电流放大倍数不同将明显影响 A_d 和 R_i 的值。

表解 P3.21.2

电路参数			A_d	R_i/kΩ	R_o/kΩ	A_c
R_3、R_2/kΩ	R_4、R_5/Ω	β_1、β_2				
10、10	50、50	150、150	−98.196	61.102	20	0.023 26
10、10.5	50、50	150、150	−100.65	61.102	20.5	0.045 88
10、10	49、51	150、150	−98.191 7	61.105	20	0.030 44
10、10	50、50	150、140	−98.105 5	59.119	20	0.023 26

3.22 利用 Multisim 为图 P3.8 所示电路选择电路参数,使之正常工作,并测试 Q 点、电压放大倍数和输入电阻。

解:在 Multisim 环境下搭建图 P3.8 所示电路,选择电路参数;并接入测试仪器,用万用表测量静态工作点,用示波器测量电压放大倍数,如图解 P3.22 所示。设 Q1~Q5 为 T_1~T_5,其中 NPN 型晶体管采用实际晶体管 2N2222A,其 $\beta = 220$;PNP 型晶体管采用实际晶体管 2N3702,其 $\beta = 133.8$。选取 $V_{CC} = 12$ V,$V_{EE} = -9$ V。

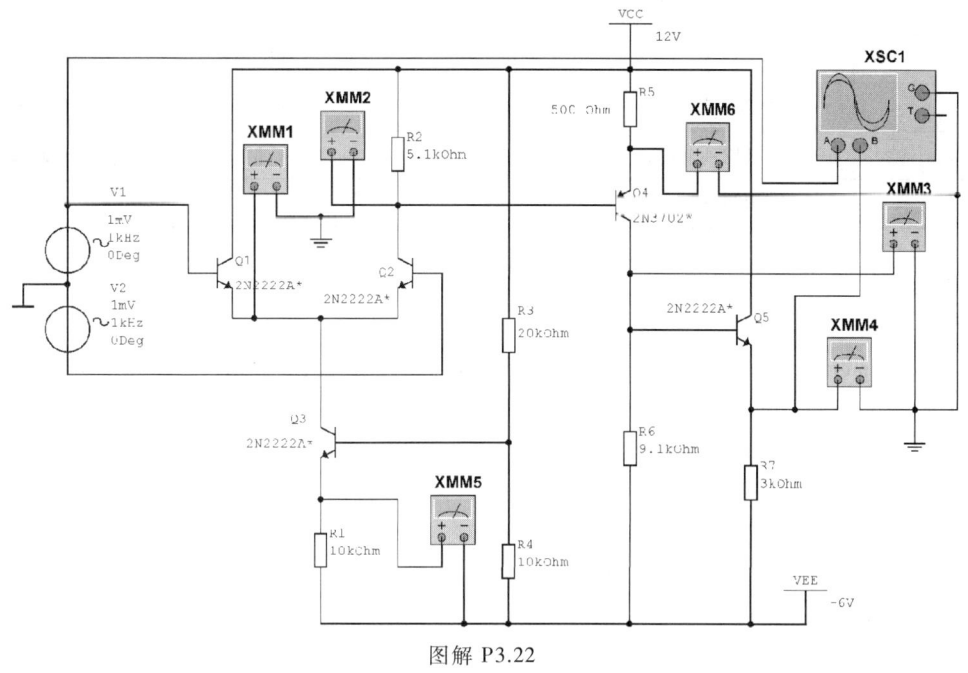

图解 P3.22

(1)电路参数的选择

为使电路的输入电阻大些,应使第一级的静态电流小些,设置 T_1 和 T_2 的发射极静态电流为 250~300 μA。为使电流源电流稳定,取 R_1 为 12 kΩ,T_3 基极对 V_{EE} 电位为 7 V,因而取 R_3、R_4 分别为 20 kΩ、10 kΩ。

$$I_{EQ} = \frac{\dfrac{R_4}{R_3+R_4} \cdot (V_{CC}-V_{EE}) - U_{BEQ}}{2R_1} \approx 263 \ \mu A$$

第一级的集电极电阻 R_2 可取 5.1 kΩ。为使第一级电压放大倍数数值大些，R_5 取值应大些，但是为使第二级电压放大倍数数值大些，R_5 取值应小些，最后调整其值为 500 Ω。

为使第二级电压放大倍数数值大些，R_6 取值应大些。为使第三级最大不失真输出电压最大，T_5 发射极静态电位应约为 1.5 V；为使输出电流较大，第三级的静态电流不能太小。根据上述原则，经多次调试，最终 R_6 取 10 kΩ，R_7 取 5.1 kΩ。

（2）静态测试结果：

R_1 上电压 U_{R_1} = 6.372 V

T_1、T_2 发射极电位 $U_{EQ1,2}$ = −590.232 mV

T_2 集电极电位 U_{CQ2} = 10.708 V

T_4 发射极电位 U_{EQ4} = 11.435 V

T_4 集电极电位 U_{CQ4} = 2.124 V

T_5 发射极电位 U_{EQ5} = 1.48 mV

经整理 Q 点如表解 P3.22 所示。

表解 P3.22

管号	$I_{EQ}(I_{CQ})$ /mA	I_{BQ}/μA	U_{BEQ}/V	U_{CEQ}/V
T_1	0.265 5	1.206 8	0.590 232	12.590
T_2	0.265 5	1.206 8	0.590 232	11.298
T_4	1.112 4	8.314	0.727	−10.323
T_5	2.054 9	9.34	0.644	10.52

表中 I_{EQ1} 和 I_{EQ2} 的值与估算值近似相等。

（3）电压放大倍数和输入电阻

利用 Multisim 的"传递函数分析"，如题 3.21 中的分析，可得 $A_u = \Delta u_O/\Delta u_I \approx 891$，$R_i \approx 90.7$ kΩ，$R_o \approx 55.6$ Ω。也可利用测试的方法获得动态参数。

第四章 放大电路的频率响应

任何放大电路的放大倍数均为频率的函数,即仅适应于一定频率范围内信号的放大。

4.1 内容概要

本章的重点是与频率响应相关的基本概念、晶体管和场效应管的高频等效模型、具有一个 RC 环节电路的截止频率的求解方法、波特图的分析和求解,其次是了解多级放大电路的频率响应。

4.1.1 频率响应的基本概念

频率响应描述放大电路对不同频率信号的适应能力,在设计放大电路时,应研究输入信号的频率范围,它们应在所设计电路的通频带内;在使用放大电路前,应了解其通频带,以确定放大电路的适用范围。

一、下限频率、上限频率和通频带

耦合电容和旁路电容在低频段使放大倍数的数值下降,且产生超前相移。极间电容在高频段使放大倍数的数值下降,且产生滞后相移。

设中频放大倍数为 $|\dot{A}_\mathrm{m}|$,在低频段使放大倍数的数值下降到约为 $0.707|\dot{A}_\mathrm{m}|$ 并产生 $+45°$ 相移的频率为下限频率 f_L;在高频段使放大倍数的数值下降到约为 $0.707|\dot{A}_\mathrm{m}|$ 并产生 $-45°$ 相移的频率为上限频率 f_H;放大电路的通频带为

$$f_\mathrm{bw} = f_\mathrm{H} - f_\mathrm{L} \tag{4.1.1}$$

截止频率的一般表达式为

$$f_\mathrm{L}(f_\mathrm{H}) = \frac{1}{2\pi\tau} = \frac{1}{2\pi RC} \tag{4.1.2}$$

C 为决定截止频率的电容,R 为 C 所在回路的等效电阻,τ 为时间常数。

二、波特图

放大电路的频率响应用频率特性曲线来描述,包括放大倍数的幅值与频率的关系曲线(称为幅频特性曲线)和放大倍数的相位与频率的关系曲线(称为相频特性曲线)。为了在有限的数轴上有更开阔的视野,常将横轴取 $\lg f$;为了将放大倍数的乘法运算变换为加法运算,将幅频特性的纵轴取 $20\lg|\dot{A}|$,单位为分贝,记作 dB;这种采用对数坐标的频率特性曲线图称为波特图。

4.1.2 放大管的高频等效电路

一、晶体管的高频等效电路

简化的晶体管的高频等效电路如图 4.1.1 所示,其中 $r_\mathrm{bb'}$ 为基区体电阻,$r_\mathrm{b'e}$ 为发射结电阻,C'_π

是 b'-e 间的等效电容，g_m 为跨导，而且

$$r_{b'e} = (1+\beta)\frac{U_T}{I_{EQ}} \quad (4.1.3a)$$

$$g_m \approx \frac{I_{EQ}}{U_T} \quad (4.1.3b)$$

$$C'_\pi = C_\pi + (1+|\dot{K}|)C_\mu \quad (4.1.3c)$$

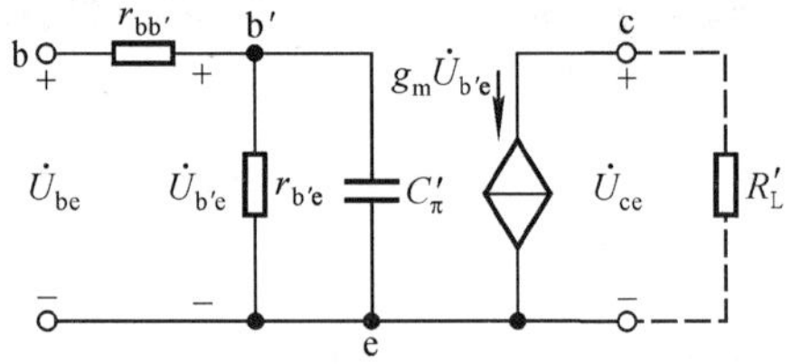

图 4.1.1 晶体管简化的高频等效电路

式中 C_π 为发射结电容，C_μ 为集电结电容，$\dot{K}$ 是 $\dot{U}_{ce}$ 与 $\dot{U}_{b'e}$ 之比，常温下 $U_T = 26$ mV，从手册中可以查得 $r_{bb'}$ 和 C_{ob}（近似为 C_μ），C_π 可从以下分析中得到。

从高频等效电路可知 β 是频率的函数，分析可得

$$\dot{\beta} = \frac{\dot{I}_c}{\dot{I}_b}\bigg|_{U_{CE}} = \frac{\beta_0}{1+j\dfrac{f}{f_\beta}} \quad \left(f_\beta = \frac{1}{2\pi r_{b'e}(C_\pi + C_\mu)}\right) \quad (4.1.4)$$

可写成

$$\begin{cases} 20\lg|\dot{\beta}| = 20\lg\beta_0 - 20\lg\sqrt{1+\left(\dfrac{f}{f_\beta}\right)^2} & (4.1.5a) \\ \varphi = -\arctan\dfrac{f}{f_\beta} & (4.1.5b) \end{cases}$$

β_0 是晶体管低频电流放大系数（即晶体管的电流放大系数），当 $f \ll f_\beta$ 时，$\dot{\beta} \approx \beta_0$，$\phi \approx 0$；当 $f = f_\beta$ 时，$|\dot{\beta}| \approx 0.707\beta_0$，即下降 3 dB，$\phi = -45°$；当 $f \gg f_\beta$ 时，$|\dot{\beta}| \approx \dfrac{f_\beta}{f}\beta_0$，即频率增大十倍电流放大系数的数值下降十倍，或者说频率每增大十倍电流增益下降 20 dB。$\dot{\beta}$ 折线化的波特图如图 4.1.2 所示。

使 $|\dot{\beta}| = 1$ 的频率为晶体管的特征频率 f_T，f_T 与 f_β 的近似关系为

$$f_T \approx \beta_0 f_\beta \quad (4.1.6)$$

通常在手册中可查得 f_T 或 f_β，根据式（4.1.4）中 f_β 的表达式求出 C_π。

二、场效应管的高频等效电路

场效应管简化的高频等效电路如图 4.1.3 所示，其中 g_m 为跨导，g-s 之间的等效电容

$$C'_{gs} = C_{gs} + (1+|\dot{K}|)C_{gd} \quad (\dot{K} = -g_m R'_L) \quad (4.1.7)$$

式中 C_{gs} 为栅-源极间电容，C_{gd} 为栅-漏极间电容，$\dot{K}$ 是 $\dot{U}_{ds}$ 与 $\dot{U}_{gs}$ 之比。

在研究放大电路的高频特性时，应采用放大管的高频等效模型。

4.1.3 单管放大电路的频率响应

图 4.1.4(a) 所示单管放大电路的中频段交流等效电路如图 (b) 所示，低频段交流等效电路如图 (c) 所示，高频段交流等效电路如图 (d) 所示。

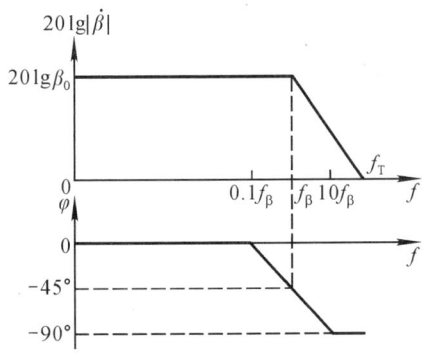

图 4.1.2 $\dot{\beta}$ 折线化的波特图

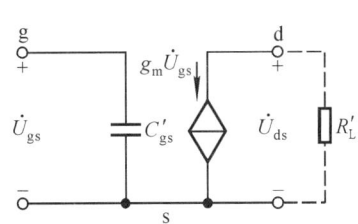

图 4.1.3 场效应管简化的高频等效电路

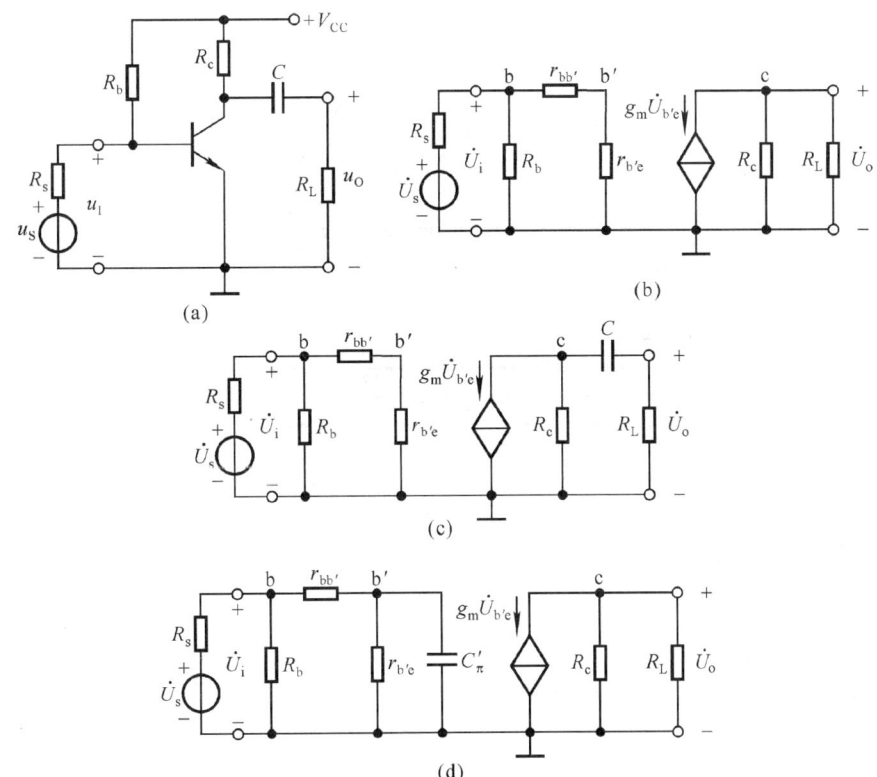

图 4.1.4 单管放大电路的交流等效电路
(a) 电路 (b) 中频段等效电路 (c) 低频段等效电路
(d) 高频段等效电路

根据图(b)可得中频电压放大倍数

$$\dot{A}_{us} = \frac{\dot{U}_o}{\dot{U}_s} = \frac{\dot{U}_i}{\dot{U}_s} \cdot \frac{\dot{U}_{b'e}}{\dot{U}_i} \cdot \frac{\dot{U}_o}{\dot{U}_{b'e}} = \frac{R_b // r_{be}}{R_s + R_b // r_{be}} \cdot \frac{r_{b'e}}{r_{be}} \cdot [-g_m(R_c // R_L)] \tag{4.1.8}$$

下限频率决定于耦合电容 C 所在回路的时间常数,根据图(c)可得下限频率

$$f_L = \frac{1}{2\pi\tau_C} = \frac{1}{2\pi(R_c+R_L)C} \tag{4.1.9}$$

上限频率决定于 C'_π 所在回路的时间常数,根据图(d)可得上限频率

$$f_H = \frac{1}{2\pi\tau_{C'_\pi}} = \frac{1}{2\pi[r_{b'e}//(r_{bb'}+R_s//R_b)]C'_\pi} \tag{4.1.10}$$

因此,适用于信号频率从零至无穷大的电压放大倍数的表达式为

$$\dot{A}_{us} = \frac{\dot{A}_{usm}}{\left(1+\frac{f_L}{jf}\right)\left(1+j\frac{f}{f_H}\right)} = \frac{\dot{A}_{usm}\left(j\frac{f}{f_L}\right)}{\left(1+j\frac{f}{f_L}\right)\left(1+j\frac{f}{f_H}\right)} \tag{4.1.11}$$

根据上式,折线化波特图如图 4.1.5 中实线所示,虚线为实际曲线。

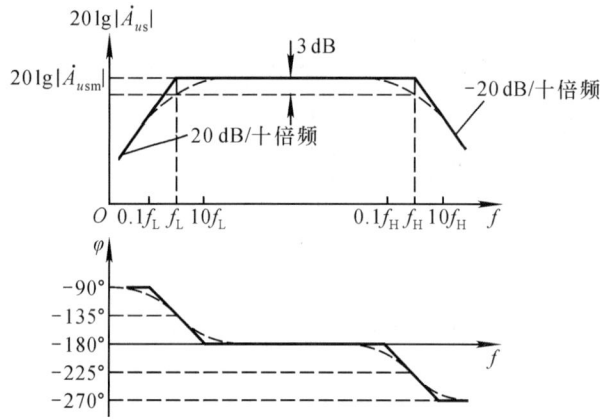

图 4.1.5 单管共射放大电路折线化的波特图

在折线化波特图中,幅频特性以截止频率为拐点,当 $f=f_L$ 或 $f=f_H$ 时,增益下降 3 dB,附加相移为 $+45°$ 或 $-45°$。通频带 $f_{bw}=f_H-f_L$。

在一定条件下,增益带宽积 $|\dot{A}_{um}f_{bw}|$(或 $|\dot{A}_{usm}f_{bw}|$)约为常量。要想高频特性好,首先应选择截止频率高的放大管,然后合理选择参数,使 C'_π 所在回路的等效电阻尽可能小。要想低频特性好,应采用直接耦合方式。

4.1.4 多级放大电路的频率响应

多级放大电路的下限频率高于组成它的任何一级放大电路的下限频率,上限频率低于组成它的任何一级放大电路的上限频率。因为 n 级放大电路的电压放大倍数的表达式为

$$\dot{A}_u = \prod_{k=1}^{n}\dot{A}_{uk}$$

所以波特图是已考虑了前后级相互影响的各级波特图的代数和。多级放大电路的下限频率和上限频率分别为

$$f_L \approx 1.1\sqrt{\sum_{k=1}^{n} f_{Lk}^2} \qquad (4.1.12)$$

$$\frac{1}{f_H} \approx 1.1\sqrt{\sum_{k=1}^{n} \frac{1}{f_{Hk}^2}} \qquad (4.1.13)$$

式中的 1.1 为修正系数。

若 n 级放大电路中有 q 个耦合电容和旁路电容,则考虑信号频率从零到无穷大的电压放大倍数为

$$\dot{A}_u = \frac{\dot{A}_{um}}{\left[\prod_{i=1}^{q}\left(1+\frac{f_{Li}}{jf}\right)\right]\left[\prod_{k=1}^{n}\left(1+j\frac{f}{f_{Hk}}\right)\right]} \qquad (4.1.14)$$

若在多级放大电路中某一级电路的下限频率远远高于其它各级电路的下限频率,则可近似认为整个电路的下限频率就是该级下限频率;同样,若在多级放大电路中某一级电路的上限频率远远低于其它各级电路的上限频率,则可近似认为整个电路的上限频率就是该级上限频率。若两级放大电路是由两个具有相同频率响应的单管放大电路组成,则其上、下限频率分别为

$$f_H \approx 0.643 f_{H1} = 0.643 f_{H2}, \quad f_L \approx 1.56 f_{L1} = 1.56 f_{L2} \qquad (4.1.15)$$

若三级放大电路是由三个具有相同频率响应的单管放大电路组成,则其上、下限频率分别为

$$f_H \approx 0.52 f_{H1} = 0.52 f_{H2}, f_L \approx 1.91 f_{L1} = 1.91 f_{L2} \qquad (4.1.16)$$

4.2 难点释疑

4.2.1 放大电路要有合适的通频带

放大电路的通频带是否越宽越好呢?放大电路有多宽的通频带是合适的呢?实际上,对于一般放大电路,增宽通频带将使放大能力变弱,因而通频带不是越宽越好。在已知信号频率范围的情况下,只要放大电路的下限频率略低于信号的最低频率、上限频率略高于信号的最高频率,放大电路的通频带即为合适。

在通信电路中,为使某一频率的信号不受干扰的放大和传输,所采用的放大电路常具有选频特性,称为选频放大电路,其通频带越窄选频特性越好,电路的性能也越好。

4.2.2 折线化波特图的误差

在折线化波特图中拐点的横坐标值为截止频率,在图 4.1.5 所示单管共射放大电路波特图中,当 $f = f_H$ 或 f_L 时,增益的误差为 -3 dB;在 $f = 0.1 f_H$、$f = 10 f_H$ 或 $f = 0.1 f_L$、$f = 10 f_L$ 时,相位误差的数值均约为 $\pm 5.71°$。

若直接耦合放大电路的对数幅频特性如图 4.2.1 所示,则说明 $20\lg|\dot{A}_{um}| = 60$ dB,$\dot{A}_{um} = \pm 10^3$;拐点的

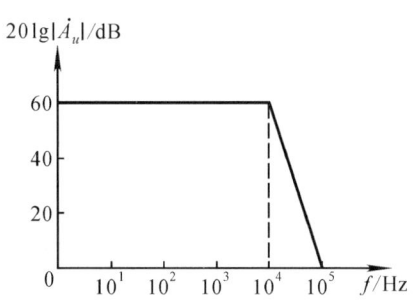

图 4.2.1 某放大电路折线化的对数幅频特性

横坐标值为 10^4 Hz,当 $f=10^5$ Hz 时增益下降为 0,说明曲线下降速率为 -60 dB/十倍频,即这个电路为三级放大电路,且每一级的上限频率均为 10^4 Hz。电压放大倍数

$$\dot{A}_u = \frac{\pm 10^3}{\left(1+\mathrm{j}\dfrac{f}{10^4}\right)^3}$$

实际上,在 $f=10^4$ Hz 时增益已下降 9 dB。根据式(4.1.16)可得

$$f_\mathrm{H} \approx 0.52 f_\mathrm{H1}$$

将 $f_\mathrm{H1}=10^4$ Hz 代入,得 $f_\mathrm{H} \approx 520$ Hz,可见整个电路的上限频率仅约为每一级上限频率的 1/2。若认为 $f_\mathrm{H}=10^4$ Hz,则产生近 50% 的误差。

4.2.3 电容所在回路的等效电阻

从频率响应的分析可知,求解电路的截止频率就是求解某电容所在回路的时间常数,而求解时间常数的关键是求解该电容所在回路的等效电阻。

图 4.2.2(a)所示两级阻容耦合放大电路的低频等效电路如图(b)所示,当求解某一电容所在回路的等效电阻时,应令其它电容短路。设 $C_1 \sim C_4$ 所在回路的等效电阻分别为 $R_{C1} \sim R_{C4}$,则

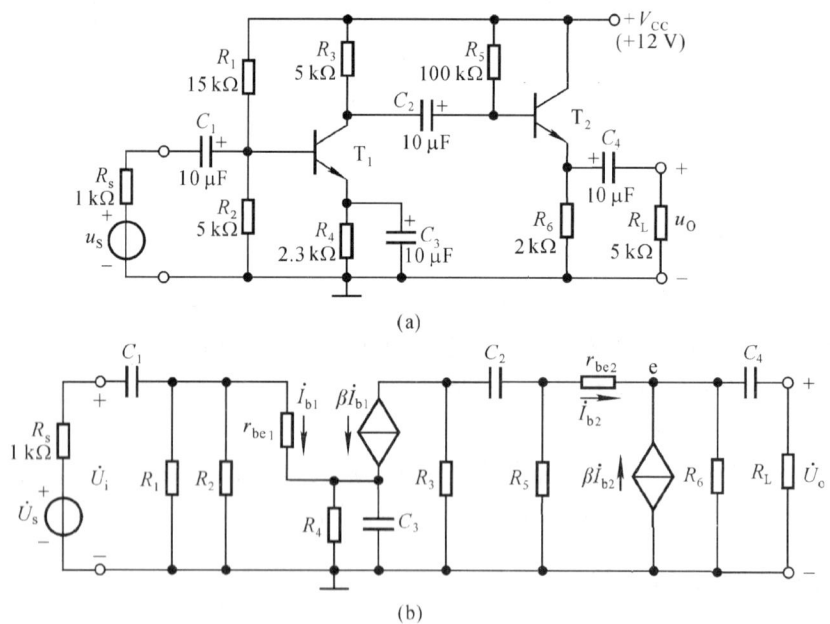

图 4.2.2 两级阻容耦合放大电路
(a) 电路 (b) 低频等效电路

$$R_{C1} = R_\mathrm{s} + R_1 \mathbin{/\mkern-5mu/} R_2 \mathbin{/\mkern-5mu/} r_\mathrm{be1}$$

$$R_{C2} = R_3 + R_5 \mathbin{/\mkern-5mu/} [\, r_\mathrm{be2} + (1+\beta_2) R_6 \mathbin{/\mkern-5mu/} R_\mathrm{L} \,]$$

$$R_{C3} = R_4 \mathbin{/\mkern-5mu/} \frac{r_\mathrm{be1} + R_1 \mathbin{/\mkern-5mu/} R_2 \mathbin{/\mkern-5mu/} R_\mathrm{s}}{1+\beta_1}$$

$$R_{C4} = R_6 // \frac{r_{be2}+R_3 // R_5}{1+\beta_2}+R_L$$

上式说明求解等效电阻时,要特别注意电阻的等效变换,有时要乘以(1+β),有时要除以(1+β)。

根据 $R_{C1} \sim R_{C4}$ 的表达式和电路参数

$$R_{C3} \ll R_{C1}, \quad R_{C3} \ll R_{C2}, \quad R_{C3} \ll R_{C4}$$

由于所有的电容容量相同,因此 $R_{C3}C_3$ 最小,且远小于其它的时间常数,故可近似认为整个电路的下限频率

$$f_H \approx \frac{1}{2\pi R_{C3} C_3}$$

由此可见,从电路分析的角度看,虽然电路中有四个电容,但决定下限频率近似值的电容只有一个;而从电路设计的角度看,四个电容不应选同样容量,为改善电路的低频特性,C_3 容量应远大于其它电容。

虽然多级放大电路的频率响应不是教学基本要求,但应掌握上述分析方法。

4.3 例题精解

本章习题的常见类型为:
(1)对频率响应有关基本概念的正确理解。
(2)放大电路频率响应的定性分析。
(3)放大电路上限频率和下限频率的求解。
(4)根据电压放大倍数画波特图。
(5)根据波特图求放大电路的频率参数及电压放大倍数。

4.3.1 频率响应的有关概念

学习放大电路的频率响应,首先要搞清有关概念,包括研究放大电路频率响应的必要性、高通和低通电路的基本形式、放大倍数在低频段和高频段数值下降并产生相移的原因、什么是 f_L 和 f_H、什么是波特图、为什么用波特图描述放大电路的频率响应、如何画折线化的波特图、如何测试放大电路的频率响应,等等。

【例 4.3.1】 选择正确答案填入空内。
(1)在图 4.3.1 所示电路中,低通电路是_____,高通电路是_____;

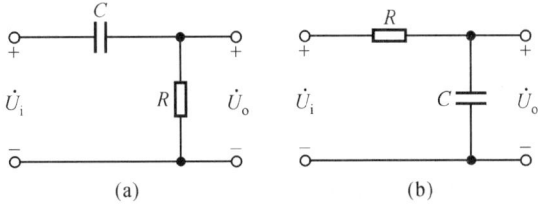

图 4.3.1 例 4.3.1 电路图

电路(a)在_____时$\dot{U}_o/\dot{U}_i$趋于1,在_____时$\dot{U}_o/\dot{U}_i$趋于零;电路(b)在_____时$\dot{U}_o/\dot{U}_i$趋于1,在_____时$\dot{U}_o/\dot{U}_i$趋于零。

A. 输入电压频率趋于零

B. 输入电压频率趋于无穷大

(2) 放大电路在高频信号作用时放大倍数数值下降的原因是_____,而低频信号作用时放大倍数数值下降的原因是_____。

A. 耦合电容和旁路电容的存在

B. 半导体管极间电容和分布电容的存在

C. 半导体管的非线性特性

D. 放大电路的静态工作点不合适

(3) 当信号频率等于放大电路的f_L或f_H时,放大倍数的值约下降到中频时的_____。

A. 0.5 倍　　　　B. 0.7 倍　　　　C. 0.9 倍

即增益下降_____。

A. 3 dB　　　　B. 4 dB　　　　C. 5 dB

(4) 对于单管共射放大电路,若其上、下限频率分别为f_H和f_L,则当$f=f_L$时,$\dot{U}_o$与$\dot{U}_i$相位关系是_____;

A. +45°　　　　B. -90°　　　　C. -135°

当$f=f_H$时,$\dot{U}_o$与$\dot{U}_i$的相位关系是_____。

A. -45°　　　　B. -135°　　　　C. -225°

(5) 测试放大电路输出电压幅值与相位的变化,可以得到它的频率响应,条件是_____。

A. 输入电压幅值不变,改变频率

B. 输入电压频率不变,改变幅值

C. 输入电压的幅值与频率同时变化

提示:本题考查能否正确理解频率响应的部分概念,包括高通电路和低通电路的识别及其频率特性、放大倍数在低频段和高频段数值下降并产生相移的原因、信号频率为f_L和f_H时对共射放大电路电压放大倍数数值及相位的影响、频率响应的测试方法。

解:答案为:(1)(b),(a);B,A;A,B。

(2) B,A。

(3) B,A。

(4) 应当注意,共射放大电路电压放大倍数在中频段时相角为-180°。因此,当$f=f_L$时加附加相移+45°,为-135°;当$f=f_H$时加附加相移-45°,为-225°。答案为 C,C。

(5) 测试频率响应时应在输入电压幅值不变条件下改变信号频率,测得输出电压幅值和相位的变化,即反应电压放大倍数随频率的变化。注意所加输入信号的幅值应较小,电路没有非线性失真。答案为 A。

4.3.2　放大电路频率响应的定性分析

放大电路频率响应的定性分析就是在不计算频率参数的前提下通过观察电路的基本接法、级数、电容所在回路时间常数等对电路的频率响应作出判断,如频带的宽窄、截止频率的高低等。

通常有以下结论可作为判断的依据：

（1）共基电路的上限频率高，因而频带宽。

（2）直接耦合放大电路的低频特性好。阻容耦合放大电路中的耦合电容、旁路电容越多，低频特性越差，下限频率越高。

（3）放大电路的级数越多，上限频率越低，频带越窄。

（4）对于单管放大电路，集电极工作电流越大，电压放大倍数越大，b'-e 的等效电容 C'_π 越大，上限频率越低，频带越窄。

（5）放大电路中任何一个电容所确定的截止频率的表达式均为

$$f_\text{L}(f_\text{H}) = \frac{1}{2\pi\tau} \tag{4.3.1}$$

τ 为该电容所在回路的时间常数。因而判断截止频率的高低实质上是判断电容所在回路等效电阻的大小。

一、单管放大电路频率响应的定性分析

【例 4.3.2】 电路如图 4.3.2 所示。已知：晶体管的 β、$r_{bb'}$、C_μ、f_β 均相等，所有电容的容量均相等；静态时所有电路中晶体管的发射极电流 I_{EQ} 均相等。定性分析各电路，将结论填入空内。

（1）低频特性最差即下限频率最高的电路是_____；

（2）低频特性最好即下限频率最低的电路是_____；

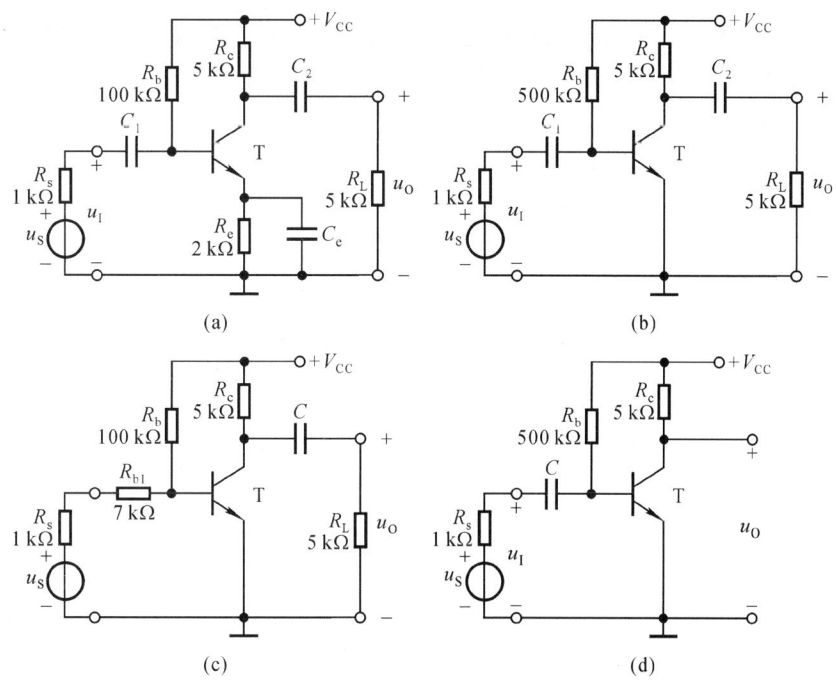

图 4.3.2 例 4.3.2 电路图

(3) 高频特性最差即上限频率最低的电路是_____。

提示：考查是否能够通过观察或简单估算了解放大电路的频率特性。求解本题的关键是正确判断各电容所在回路等效电阻的大小。此外，还要了解晶体管的跨导、b'-e极间电容和b'-e间等效电容的表达式，如下

$$g_\mathrm{m} \approx I_\mathrm{EQ}/U_\mathrm{T} \tag{4.3.2}$$

$$C_\pi = \frac{1}{2\pi r_{\mathrm{b'e}} f_\beta} - C_\mu \tag{4.3.3}$$

$$C'_\pi \approx C_\pi + [1 + g_\mathrm{m}(R_\mathrm{c} /\!/ R_\mathrm{L})] C_\mu \tag{4.3.4}$$

放大电路输入端耦合电容所在回路的等效电阻为 $(R_\mathrm{s} + R_\mathrm{i})$，$R_\mathrm{i}$ 为输入电阻；输出端耦合电容所在回路的等效电阻为 $(R_\mathrm{o} + R_\mathrm{L})$，$R_\mathrm{o}$ 为输入电阻；图(a)所示电路中发射极旁路电容所在回路的等效电阻为 $R_\mathrm{e} /\!/ \dfrac{r_\mathrm{be} + R_\mathrm{s} /\!/ R_\mathrm{b}}{1+\beta}$，相当于射极输出器的输出电阻。

解：观察图示四个电路，可以得出以下结论：它们所有的耦合电容、旁路电容均为 10 μF，输出电阻均为 5 kΩ，信号源内阻均为 1 kΩ；由于 C_μ、f_β、r_bb 均相等，且 I_EQ 均相等，各电路中晶体管的 $r_\mathrm{b'e}$、C_π、g_m 也就相等。电路(a)、(b)、(d)的输入电阻均约为 r_be，电路(a)的输入电阻均约为 $(7\ \mathrm{k\Omega} + r_\mathrm{be})$；由于电路(d)空载，而 $g_\mathrm{m}R_\mathrm{c} = 2g_\mathrm{m}R'_\mathrm{L}$，故其 C'_π 最大。

(1) 由于电路(a)中的 C_e 所在回路的等效电阻最小，因而下限频率最高。

(2) 由于电路(c)和(d)均只有一个耦合电容，比较两个电容所在回路的等效电阻，电路(c)的更大些，故电路(c)的下限频率最低。

(3) 由于电路(a)、(b)、(d)从晶体管基极和"地"向左看的等效电阻均约为 1 kΩ，而电路(c)的约为 8 kΩ，使其 C'_π 所在回路的等效电阻最大，故上限频率最低。

综上所述，答案为(1) (a)；(2) (c)；(3) (c)。

二、多级放大电路频率响应的定性分析

【例 4.3.3】 电路如图 4.3.3 所示，试定性分析下列问题，并简述理由。

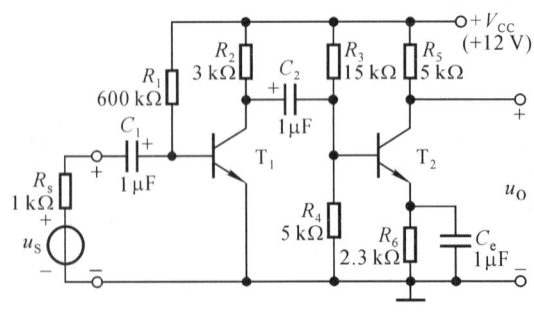

图 4.3.3　例 4.3.3 电路图

(1) 若要改善电路的低频特性，应首先改变哪一个电容的容量，如何改？

(2) 若 T_1 和 T_2 静态时发射极电流相等，且 r_bb 和 C'_π 相等，则哪一级的上限频率低。

提示:考查对多级放大电路频率特性定性分析的能力。

在耦合电容和旁路电容容量相同的情况下,如果有一个电容所在回路的等效电阻明显小于其它电容所在回路的等效电阻,则可以近似认为该电容所确定的下限频率就是整个电路的下限频率,因此要改善低频特性,就要增大该电容或其所在回路的等效电阻。与此相类比,可判断电路哪级的上限频率最低。

解:(1)若要改善图示电路的低频特性,需首先了解哪个电容所决定的下限频率最高。由于图示电路中所有电容容量均为 $1\ \mu F$,C_e 所在回路的等效电阻约为

$$\frac{r_{be}+R_2//R_3//R_4}{1+\beta}$$

远小于 C_1、C_2 所在回路的等效电阻,因而 C_e 所确定的下限频率 f_{Le} 远高于 C_1、C_2 所确定的下限频率 f_{L1}、f_{L2},即可以近似认为电路的下限频率 f_L 就是 f_{Le}。因此,要改善的低频特性,首先应增大 C_e。

(2)因为 T_1 管基极和"地"向左看的等效电阻为 $R_1//R_s$,约为 $1\ k\Omega$;T_2 管基极和"地"向左看的等效电阻为 $R_2//R_3//R_4$,大于 $1\ k\Omega$;即 $C'_{\pi 2}$ 所在回路的等效电阻大于 $C'_{\pi 1}$ 所在回路的等效电阻,也就是 $C'_{\pi 2}$ 所在回路的时间常数大于 $C'_{\pi 1}$ 所在回路的时间常数,所以第二级的上限频率低。

4.3.3 放大电路频率响应的分析计算

根据式(4.3.1)可知,求解截止频率就是求解电容所在回路的时间常数,其关键是求解电容所在回路的等效电阻。在求等效电阻时,要特别注意有些电阻的等效变换,如有时乘以 $(1+\beta)$,有时除以 $(1+\beta)$。

本节还包含已知电压放大倍数如何画波特图,以及已知波特图如何求解放大电路的频率参数和电压放大倍数。

一、放大电路频率参数和波特图的求解

【**例 4.3.4**】 电路如图 4.3.4 所示,已知晶体管 $\beta=100$,$r_{bb'}=100\ \Omega$,$C_\mu=5\ pF$,共射截止频率 $f_\beta=400\ kHz$;静态时集电极电流 $I_{CQ}=1\ mA$。试求解:

(1)中频电压放大倍数 $\dot{A}_{usm}$;
(2)f_L 和 f_H;
(3)$\dot{A}_u$;
(4)画出近似波特图。

提示:求解在高、低频段均只有一个电容影响频率响应的放大电路的截止频率并画出波特图是教学的基本要求,本题很直接地考查上述基本要求。

解:影响图 4.3.4 所示电路低频特性的是耦合电容 C,影响其高频特性的是晶体管 b'-e 的等效电容 C'_π;画出适合于信号频率从 $0\sim\infty$ 的交流等效电路,如图 4.3.5 所示。

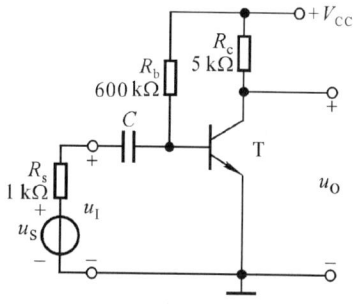

图 4.3.4 例 4.3.4 电路图

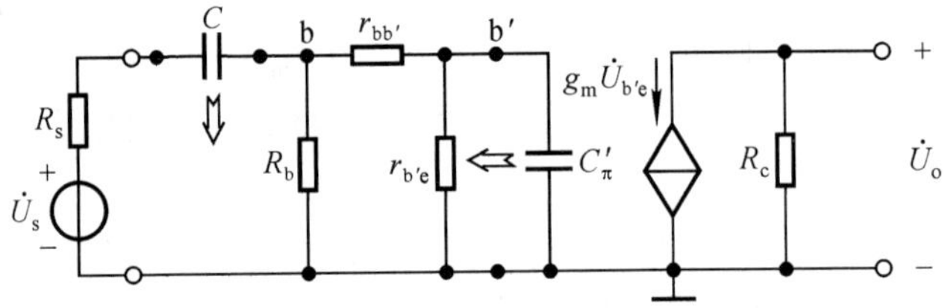

图 4.3.5 图 4.3.4 所示电路的交流等效电路

(1) 在求解中频电压放大倍数时,应将图 4.3.5 中的 C 短路、C'_π 开路。$r_{b'e}$ 和 r_{be} 分别为

$$r_{b'e} = (1+\beta)\frac{U_T}{I_{EQ}} = \beta \cdot \frac{U_T}{I_{CQ}} = 100 \times \frac{26}{1} \Omega = 2\,600\ \Omega = 2.6\ \text{k}\Omega$$

$$r_{be} = r_{bb'} + r_{b'e} = (100 + 2\,600)\ \Omega = 2.7\ \text{k}\Omega$$

输入电阻

$$R_i = R_b // r_{be} \approx r_{be} = 2.7\ \text{k}\Omega$$

中频电压放大倍数

$$\dot{A}_{um} = \frac{\dot{U}_o}{\dot{U}_i} = -\frac{\beta R_c}{r_{be}} = -\frac{100 \times 5}{2.7} \approx -185$$

$$\dot{A}_{usm} = \frac{\dot{U}_o}{\dot{U}_s} = \frac{R_i}{R_s + R_i} \cdot \dot{A}_{um} \approx \frac{2.7}{1+2.7} \times (-185) \approx -135$$

(2) 在求解下限频率时,应将图 4.3.5 中的 C'_π 开路,考虑耦合电容 C 的影响。以 C 两端为端口,求解它所在回路的等效电阻

$$R = R_s + R_i = R_s + R_b // r_{be} \approx R_s + r_{be} = (1+2.7)\ \text{k}\Omega = 3.7\ \text{k}\Omega$$

下限频率

$$f_L = \frac{1}{2\pi RC} \approx \frac{1}{2\pi \times 3.7 \times 10^3 \times 1 \times 10^{-6}}\ \text{Hz} \approx 43\ \text{Hz}$$

在求解上限频率时,应将图 4.3.5 中的 C 短路,考虑极间电容 C'_π 的影响。根据式(4.3.3)

$$C_\pi = \frac{1}{2\pi r_{b'e} f_\beta} - C_\mu$$

$$= \left(\frac{10^{12}}{2\pi \times 2.6 \times 10^3 \times 4 \times 10^5} - 5\right)\ \text{pF} \approx 148\ \text{pF}$$

根据式(4.3.2)跨导

$$g_m \approx \frac{I_{EQ}}{U_T} \approx \frac{I_{CQ}}{U_T} = \frac{1}{26}\ \text{S} \approx 0.038\,5\ \text{S}$$

根据式(4.3.4)

$$C'_\pi = C_\pi + (1+g_m R_c) C_\mu$$

$$\approx [148 + (1 + 0.038\,5 \times 5 \times 10^3) \times 5]\ \text{pF} \approx 1\,116\ \text{pF}$$

C'_π 所在回路的等效电阻

$$R' = r_{b'e} // (r_{bb'} + R_b // R_s) \approx r_{b'e} // (r_{bb'} + R_s)$$
$$\approx \frac{1}{1/2.6 + 1/(0.1+1)} \times 10^3 \ \Omega = 773 \ \Omega$$

上限频率
$$f_H = \frac{1}{2\pi R' C'_\pi} = \frac{1}{2\pi \times 773 \times 1\ 116 \times 10^{-12}} \ \text{Hz} \approx 184 \ \text{kHz}$$

（3）对于在高、低频段均只有一个电容影响频率响应的放大电路，电压放大倍数的一般表达式为

$$\dot{A}_u = \frac{\dot{A}_{um}}{\left(1+\frac{f_L}{jf}\right)\left(1+j\frac{f}{f_H}\right)} = \frac{\dot{A}_{um}\left(j\frac{f}{f_L}\right)}{\left(1+j\frac{f}{f_L}\right)\left(1+j\frac{f}{f_H}\right)} \tag{4.3.5}$$

代入数据可得

$$\dot{A}_{us} \approx \frac{-135 \times \left(j\frac{f}{43}\right)}{\left(1+j\frac{f}{43}\right)\left(1+j\frac{f}{184\times 10^3}\right)} \approx \frac{-3.14j\ f}{\left(1+j\frac{f}{43}\right)\left(1+j\frac{f}{184\times 10^3}\right)}$$

（4）对于在高、低频段均只有一个电容影响频率响应的放大电路，在画近似（折线化）波特图时，低频段的幅频特性曲线以 f_L 为拐点，按 20 dB/十倍频斜率变化至频率趋于零；相频特性曲线以 $0.1f_L$、$10f_L$ 为拐点，$f = 0.1f_L$ 时的附加相移为 $+90°$，$f = f_L$ 时的附加相移为 $+45°$，$f = 10f_L$ 时的附加相移为 $0°$。高频段的幅频特性曲线以 f_H 为拐点，按 -20 dB/十倍频斜率变化至频率趋于无穷大；相频特性曲线以 $0.1f_H$、$10f_H$ 为拐点，$f = 0.1f_L$ 时的附加相移为 $0°$，$f = f_L$ 时的附加相移为 $-45°$，$f = 10\ f_L$ 时的附加相移为 $-90°$。

图 4.3.4 所示电路在中频段的电压增益为
$$20\lg|\dot{A}_{usm}| \approx 20\lg 135 \ \text{dB} \approx 43 \ \text{dB}$$
由以上分析可得近似波特图，如图 4.3.6 所示。

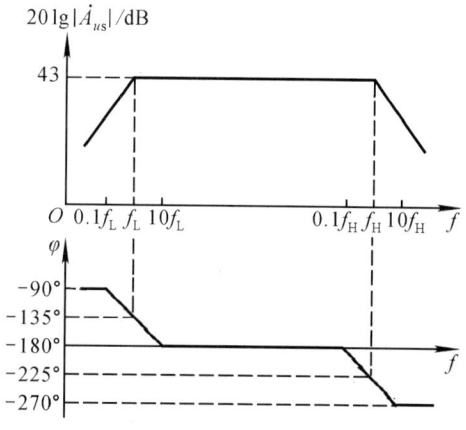

图 4.3.6　例 4.3.4 解图

二、从波特图分析放大电路

【**例 4.3.5**】 某放大电路的波特图如图 4.3.7 所示,填空:

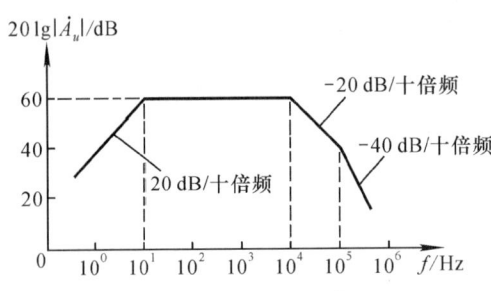

图 4.3.7 例 4.3.5 图

(1) 中频电压增益 $20\lg|\dot A_{um}|$ = _____ dB, $\dot A_{um}$ = _____ ;

(2) 电压放大倍数 $\dot A_u$ = _____ ;

(3) 电路的下限频率 f_L = _____ Hz,上限频率 f_H ≈ _____ Hz;

(4) 当 $f = 10^5$ Hz 时,附加相移为 _____ ;

(5) 该放大电路为 _____ 级放大电路(填入一、两、三……)。

提示: 考查是否能够从波特图读出频率响应的主要参数、有多个电容影响频率响应以及放大电路截止频率的近似分析。

若放大电路在低频段有 $f_{L1} \sim f_{LN}$ 个截止频率,在高频段有 $f_{H1} \sim f_{HM}$ 个截止频率,则其电压放大倍数的表达式为

$$\dot A_u = \frac{\dot A_{um} \prod_{i=1}^{N}\left(j\dfrac{f}{f_{Li}}\right)}{\prod_{i=1}^{N}\left(1+j\dfrac{f}{f_{Li}}\right) \cdot \prod_{k=1}^{M}\left(1+j\dfrac{f}{f_{Hk}}\right)} \tag{4.3.6}$$

若在低频段有 f_{L1} 远大于 $f_{L2} \sim f_{LN}$,则整个电路的下限频率近似为 f_{L1};若在高频段有 f_{H1} 远小于 $f_{H2} \sim f_{HM}$,则整个电路的上限频率近似为 f_{H1}。

解:(1) 由图可知,$20\lg|\dot A_{um}| = 60$ dB;因为波特图不能表述放大电路的接法,所以输出电压与输入电压的相位关系不可知,故 $\dot A_{um} = +10^3$ 或 -10^3。

(2) 根据式(4.3.6)

$$\dot A_u = \frac{\pm 10^3 \times j\dfrac{f}{10}}{\left(1+j\dfrac{f}{10}\right)\left(1+j\dfrac{f}{10^4}\right)\left(1+j\dfrac{f}{10^5}\right)}$$

$$= \frac{\pm 10^2 j f}{\left(1+j\dfrac{f}{10}\right)\left(1+j\dfrac{f}{10^4}\right)\left(1+j\dfrac{f}{10^5}\right)}$$

（3）下限频率只有一个，故 $f_L = 10$ Hz。上限频率有 f_{H1} 和 f_{H2}，分别为 10^4 Hz 和 10^5 Hz，由于 $f_{H1} \ll f_{H2}$，故可认为 $f_H \approx f_{H1} = 10^4$ Hz。

（4）由于 $f_{H2} = 10 f_{H1}$，当 $f \approx 10^5$ Hz 时，因 f_{H1} 引起的附加相移约为 $-90°$，f_{H2} 引起的附加相移为 $-45°$，故总的附加相移为 $-135°$。

（5）在高频段，电压增益最大的下降速率为 -40 dB/十倍频，一级电路的下降速率为 -20 dB/十倍频，故电路为两级放大电路。

综上所述，答案为：（1）60 dB，$\pm 10^3$；

（2）$\dot{A}_u = \dfrac{\pm 10^2 \mathrm{j} f}{\left(1 + \mathrm{j}\dfrac{f}{10}\right)\left(1 + \mathrm{j}\dfrac{f}{10^4}\right)\left(1 + \mathrm{j}\dfrac{f}{10^5}\right)}$；

（3）10 Hz，10^4 Hz；（4）$-135°$；（5）两级。

4.4 习题解答

4.4.1 自测题

一、选择正确答案填入空内。

（1）测试放大电路输出电压幅值与相位的变化，可以得到它的频率响应，条件是_____。

A. 输入电压幅值不变，改变频率

B. 输入电压频率不变，改变幅值

C. 输入电压的幅值与频率同时变化

（2）放大电路在高频信号作用时放大倍数数值下降的原因是_____，而低频信号作用时放大倍数数值下降的原因是_____。

A. 耦合电容和旁路电容的存在

B. 半导体管极间电容和分布电容的存在

C. 半导体管的非线性特性

D. 放大电路的静态工作点不合适

（3）当信号频率等于放大电路的 f_L 或 f_H 时，放大倍数的值约下降到中频时的_____。

A. 0.5　　　　　B. 0.7　　　　　C. 0.9

即增益下降_____。

A. 3 dB　　　　B. 4 dB　　　　C. 5 dB

（4）对于单管共射放大电路，当 $f = f_L$ 时，$\dot{U}_o$ 与 $\dot{U}_i$ 相位关系是_____。

A. $+45°$　　　B. $-90°$　　　C. $-135°$

当 $f = f_H$ 时，$\dot{U}_o$ 与 $\dot{U}_i$ 的相位关系是_____。

A. $-45°$　　　B. $-135°$　　　C. $-225°$

解：（1）A　（2）B,A　（3）B,A　（4）C,C

二、电路如图 T4.2 所示。已知：晶体管的 $C_\mu = 4$ pF，$f_T = 50$ MHz，$r_{bb'} = 100$ Ω，$\beta_0 = 80$。试求解：

(1) 中频电压放大倍数 $\dot{A}_{usm}$;
(2) C'_π;
(3) f_H 和 f_L;
(4) 画出波特图。

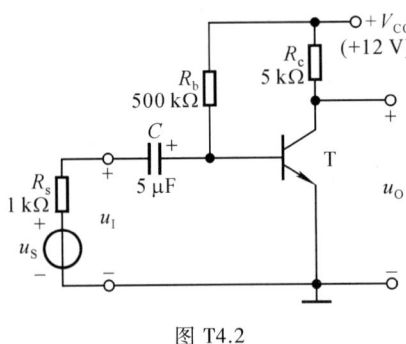

图 T4.2

解:(1) 静态工作点的分析估算:

$$I_{BQ} = \frac{V_{CC} - U_{BEQ}}{R_b} \approx \frac{12 - 0.7}{500} \text{ mA} \approx 22.6 \text{ μA}$$

$$I_{EQ} = (1+\beta_0)I_{BQ} \approx 81 \times 22.6 \text{ μA} \approx 1.8 \text{ mA}$$

$$U_{CEQ} = V_{CC} - I_{CQ}R_c \approx (12 - 1.8 \times 5) \text{ V} = 3 \text{ V}$$

动态参数的分析估算:

$$r_{b'e} = (1+\beta_0)\frac{26\text{mV}}{I_{EQ}} = 1.17 \text{ kΩ}$$

$$r_{be} = r_{bb'} + r_{b'e} \approx 1.27 \text{ kΩ}$$

$$R_i = r_{be} // R_b \approx r_{be} \approx 1.27 \text{ kΩ}$$

$$g_m = \frac{I_{EQ}}{U_T} \approx 69.2 \text{ mS}$$

$$\dot{A}_{usm} = \frac{R_i}{R_s + R_i} \cdot \frac{r_{b'e}}{r_{be}}(-g_m R_c) \approx -178$$

(2) 估算 C'_π:

$$f_T \approx \frac{\beta_0}{2\pi r_{b'e}(C_\pi + C_\mu)}$$

$$C_\pi \approx \frac{\beta_0}{2\pi r_{b'e} f_T} - C_\mu \approx 214 \text{ pF}$$

$$C'_\pi \approx C_\pi + (1 + g_m R_c)C_\mu \approx 1\ 602 \text{ pF}$$

(3) 求解 C'_π 所在回路的等效电阻:

$$R = r_{b'e} // (r_{b'b} + R_s // R_b) \approx r_{b'e} // (r_{b'b} + R_s) \approx 567 \text{ Ω}$$

求解上限、下限截止频率：

$$f_H = \frac{1}{2\pi RC'_\pi} \approx 175 \text{ kHz}$$

$$f_L = \frac{1}{2\pi(R_s + R_i)C} \approx 14 \text{ Hz}$$

（4）中频段的增益为 $20\lg|\dot{A}_{usm}| \approx 45$ dB，频率特性曲线如图解 T4.2 所示。

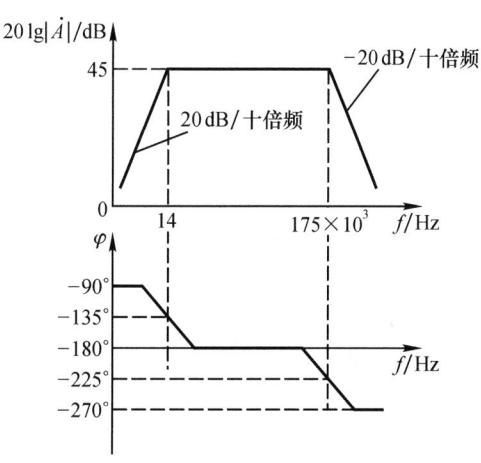

图解 T4.2

三、已知某放大电路的波特图如图 T4.3 所示，填空：

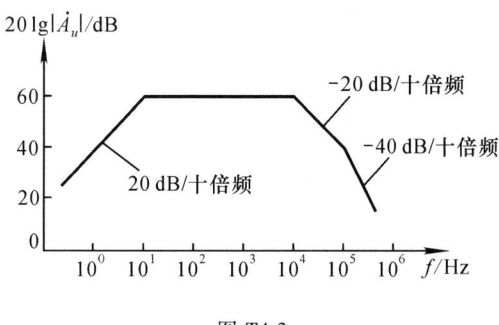

图 T4.3

（1）电路的中频电压增益 $20\lg|\dot{A}_{um}| = $ _____ dB，$\dot{A}_{um} = $ _____。
（2）电路的下限频率 $f_L \approx$ _____ Hz，上限频率 $f_H \approx$ _____ kHz。
（3）电路的电压放大倍数的表达式 $\dot{A}_u = $ _____。

解：（1）60，$\pm 10^3$。
（2）10，10^4。

（3）$\dfrac{\pm 10^3}{\left(1+\dfrac{10}{\mathrm{j}f}\right)\left(1+\mathrm{j}\dfrac{f}{10^4}\right)\left(1+\mathrm{j}\dfrac{f}{10^5}\right)}$ 或 $\dfrac{\pm 100\mathrm{j}f}{\left(1+\mathrm{j}\dfrac{f}{10}\right)\left(1+\mathrm{j}\dfrac{f}{10^4}\right)\left(1+\mathrm{j}\dfrac{f}{10^5}\right)}$。

4.4.2 习题

4.1 在图 P4.1 所示电路中，已知晶体管的 $r_{bb'}$、C_μ、C_π，$R_i \approx r_{be}$。

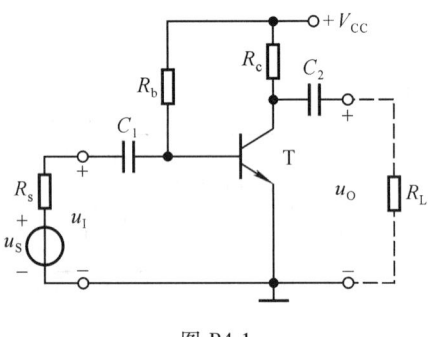

图 P4.1

填空：除要求填写表达式的之外，其余各空填入① 增大、② 基本不变、③ 减小。

（1）在空载情况下，下限频率的表达式 $f_L = $ _____。当 R_b 减小时，f_L 将 _____；当带上负载电阻后，f_L 将 _____。

（2）在空载情况下，若 b'-e 间等效电容为 C_π'，则上限频率的表达式 $f_H = $ _____；当 R_s 为零时，f_H 将 _____；当 R_b 减小时，g_m 将 _____，C_π' 将 _____，f_H 将 _____。

解：（1）$\dfrac{1}{2\pi(R_s + R_b \mathbin{/\mkern-6mu/} r_{be})\, C_1}$。①；①。

（2）$\dfrac{1}{2\pi[\, r_{b'e} \mathbin{/\mkern-6mu/} (r_{bb'} + R_b \mathbin{/\mkern-6mu/} R_s)\,]\, C_\pi'}$；①；①，①，③。

4.2 已知某电路的波特图如图 P4.2 所示，试写出 $\dot A_u$ 的表达式。

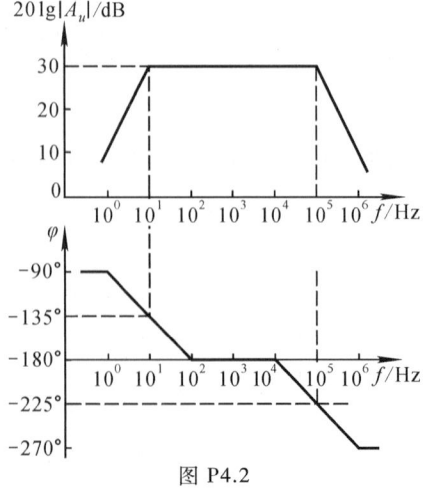

图 P4.2

解:因为 $20\lg|\dot A_{um}| = 30$ dB,所以 $|\dot A_{um}| \approx 31.6$。由于在高频段只有一个拐点,表明电路是单管放大电路;由于其上限频率不高,而中频段有一定的电压放大能力,故推论电路为基本共射放大电路或基本共源放大电路。因此电压放大倍数

$$\dot A_u \approx \frac{-31.6}{\left(1+\frac{10}{\mathrm{j}f}\right)\left(1+\mathrm{j}\frac{f}{10^5}\right)} \quad \text{或} \quad \dot A_u \approx \frac{-3.16\mathrm{j}f}{\left(1+\mathrm{j}\frac{f}{10}\right)\left(1+\mathrm{j}\frac{f}{10^5}\right)}$$

4.3 已知某共射放大电路的波特图如图 P4.3 所示,试写出 $\dot A_u$ 的表达式。

解:观察波特图可知,中频电压增益为 40 dB,即中频放大倍数为 100;下限频率为 1 Hz 和 10 Hz,上限频率为 250 kHz。故电路 $\dot A_u$ 的表达式为

$$\dot A_u = \frac{-100}{\left(1+\frac{1}{\mathrm{j}f}\right)\left(1+\frac{10}{\mathrm{j}f}\right)\left(1+\mathrm{j}\frac{f}{2.5\times 10^5}\right)}$$

$$= \frac{10f^2}{(1+\mathrm{j}f)\left(1+\mathrm{j}\frac{f}{10}\right)\left(1+\mathrm{j}\frac{f}{2.5\times 10^5}\right)}$$

4.4 已知某电路的幅频特性如图 P4.4 所示,试问:

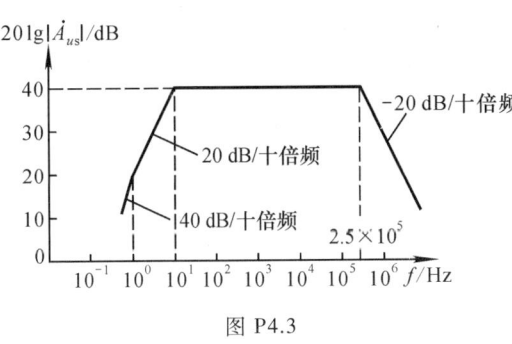

图 P4.3

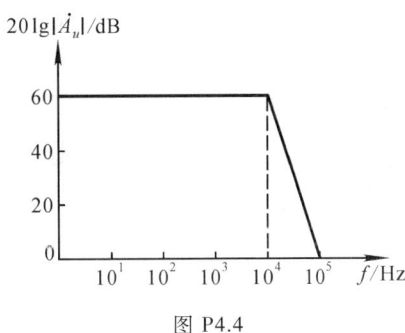

图 P4.4

(1) 该电路的耦合方式;
(2) 该电路由几级放大电路组成;
(3) 当 $f = 10^4$ Hz 时,附加相移为多少? 当 $f = 10^5$ 时,附加相移又为多少?
(4) 该电路的上限频率 f_H 约为多少?

解:(1) 因为仅有上限截止频率,所以电路为直接耦合电路。
(2) 因为在高频段幅频特性为 -60 dB/十倍频,所以电路为三级放大电路。
(3) 当 $f = 10^4$ Hz 时,$\varphi' = -135°$;当 $f = 10^5$ Hz 时,$\varphi' \approx -270°$。
(4) 从幅频特性高频段衰减斜率可知,该三级放大电路各级的上限频率均为 10^4 Hz,故整个电路的上限频率

$$f \approx 0.52f_1^{①} = 5.2 \text{ kHz}$$

---

① 参阅《模拟电子技术基础》(第五版) 4.5.2 节。

4.5 已知某电路电压放大倍数

$$\dot{A}_u = \frac{-10\mathrm{j}f}{\left(1+\mathrm{j}\dfrac{f}{10}\right)\left(1+\mathrm{j}\dfrac{f}{10^5}\right)}$$

试求解 $\dot{A}_{um}$、f_L、f_H，并画出波特图。

解：(1) 变换电压放大倍数的表达式，求出 $\dot{A}_{um}$、f_L、f_H。

$$\dot{A}_u = \frac{-100 \cdot \mathrm{j}\dfrac{f}{10}}{\left(1+\mathrm{j}\dfrac{f}{10}\right)\left(1+\mathrm{j}\dfrac{f}{10^5}\right)}$$

$\dot{A}_{um} = -100$，$f_L = 10\ \mathrm{Hz}$，$f_H = 10^5\ \mathrm{Hz}$

(2) $20\lg|\dot{A}_{um}| = 40\ \mathrm{dB}$，波特图如图解 P4.5 所示。

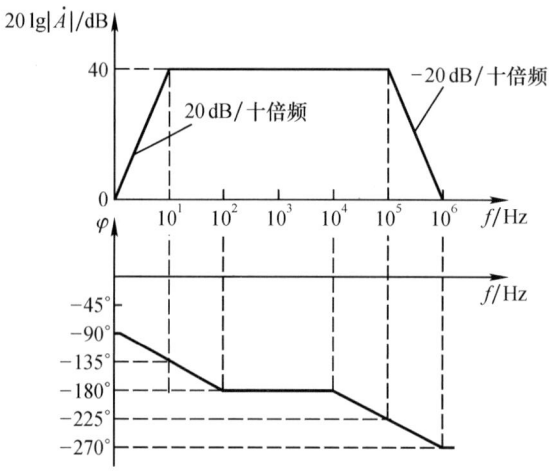

图解 P4.5

4.6 已知两级共射放大电路的电压放大倍数

$$\dot{A}_u = \frac{200\mathrm{j}f}{\left(1+\mathrm{j}\dfrac{f}{10}\right)\left(1+\mathrm{j}\dfrac{f}{10^4}\right)\left(1+\mathrm{j}\dfrac{f}{10^5}\right)}$$

试求解 $\dot{A}_{um}$、f_L、f_H，并画出波特图。

解：(1) 变换电压放大倍数的表达式，求出 $\dot{A}_{um}$、f_L、f_H。

$$\dot{A}_u = \frac{2\times 10^3 \cdot \mathrm{j}\dfrac{f}{10}}{\left(1+\mathrm{j}\dfrac{f}{10}\right)\left(1+\mathrm{j}\dfrac{f}{10^4}\right)\left(1+\mathrm{j}\dfrac{f}{10^5}\right)}$$

得出 $\dot{A}_{um} = 2\times 10^3$，$f_L = 10\ \mathrm{Hz}$。

由于两级的上限频率分别为 $10^4\ \mathrm{Hz}$ 和 $10^5\ \mathrm{Hz}$，而 $10^4 \ll 10^5$，故可近似认为整个电路的上限

频率 $f_H \approx 10^4$ Hz。

（2） $20\lg|\dot{A}_{um}| \approx 66$ dB，波特图如图解 P4.6 所示。

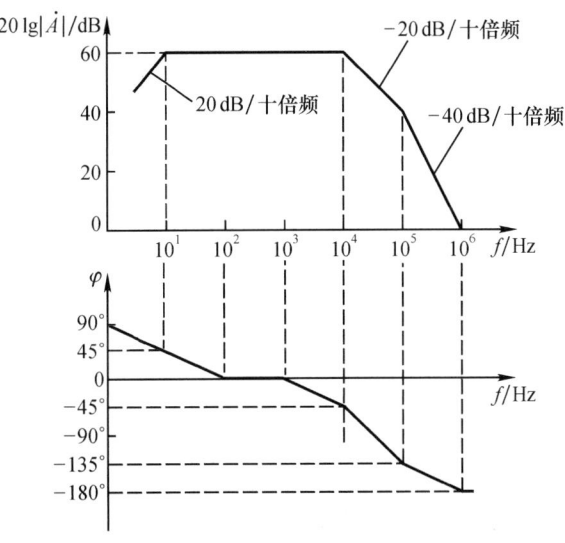

图解 P4.6

4.7 电路如图 P4.7 所示。已知：晶体管的 β、$r_{bb'}$、C_μ 均相等，所有电容的容量均相等，静态时所有电路中晶体管的发射极电流 I_{EQ} 均相等。定性分析各电路，将结论填入空内。

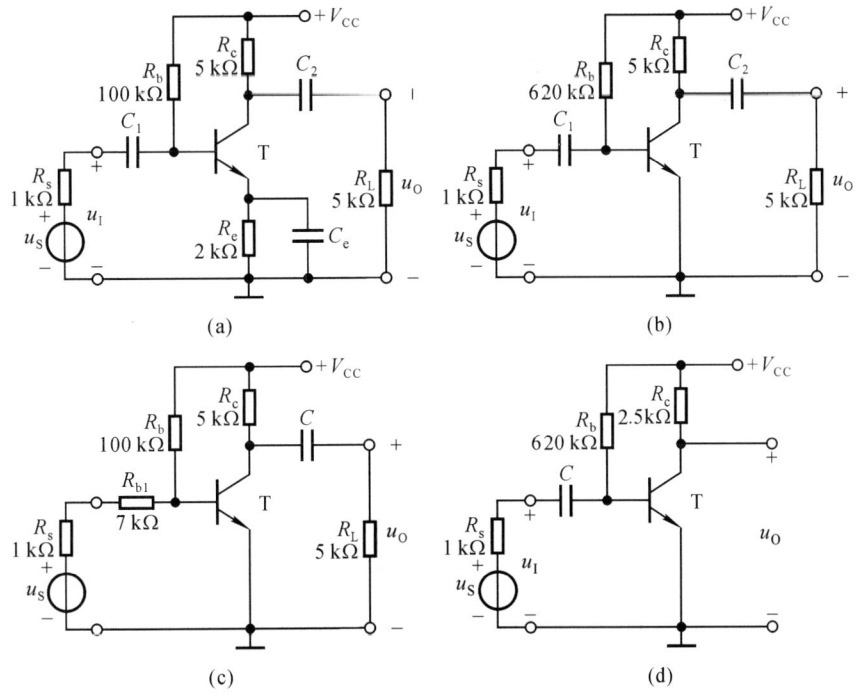

图 P4.7

(1) 低频特性最差即下限频率最高的电路是_____;
(2) 低频特性最好即下限频率最低的电路是_____;
(3) 高频特性最差即上限频率最低的电路是_____。

解:(1)(a);(2)(c);(3)(c)。

本题分析可参阅例 4.3.3。

4.8 在图 P4.7(b) 所示电路中,若要求 C_1 与 C_2 所在回路的时间常数相等,且已知 $r_{be}=1\text{ k}\Omega$,则 $C_1:C_2=?$ 若 C_1 与 C_2 所在回路的时间常数均为 25 ms,则 C_1、C_2 各为多少?下限频率 $f_L \approx ?$

解:(1) 求解 $C_1:C_2$。

根据 $C_1(R_s+R_i)=C_2(R_c+R_L)$,将电阻值代入上式,求出

$$C_1:C_2=5:1$$

(2) 求解 C_1、C_2 的容量和下限频率。

$$C_1=\frac{\tau}{R_s+R_i} \approx 12.5 \text{ μF}$$

$$C_2=\frac{\tau}{R_c+R_L} \approx 2.5 \text{ μF}$$

$$f_{L1}=f_{L2}=\frac{1}{2\pi\tau} \approx 6.4 \text{ Hz}$$

$$f_L \approx 1.1\sqrt{2}f_{L1}^{①} \approx 10 \text{ Hz}$$

4.9 在图 P4.7(a) 所示电路中,若 C_e 突然开路,则中频电压放大倍数 $\dot{A}_{usm}$、f_H 和 f_L 各产生什么变化(是增大、减小、还是基本不变)?为什么?

解:$|\dot{A}_{usm}|$ 将减小,因为在同样幅值的 $\dot{U}_i$ 作用下,$|\dot{I}_b|$ 将减小,$|\dot{I}_c|$ 随之减小,$|\dot{U}_o|$ 必然减小。

f_L 减小,因为少了一个影响低频特性的电容。

f_H 增大。因为 C'_π 会因电压放大倍数数值的减小而大大减小,所以虽然 C'_π 所在回落的等效电阻有所增大,但时间常数仍会减小很多,故 f_H 增大。

4.10 电路如图 P4.10 所示,已知 $C_{gs}=C_{gd}=5 \text{ pF}$,$g_m=5 \text{ mS}$,$C_1=C_2=C_s=10 \text{ μF}$。试求 f_H、f_L 各约为多少,并写出 $\dot{A}_{us}$ 的表达式。

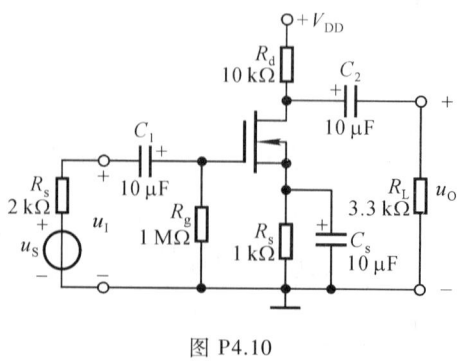

图 P4.10

---

① 参阅《模拟电子技术基础》(第五版) 4.5.2 节。

解:中频段电压放大倍数

$$\dot{A}_{usm} = \frac{R_i}{R_s + R_i}(-g_m R'_L) \approx -g_m R'_L \approx -12.4$$

由于 $C_1 = C_2 = C_s$,而 C_s 所在回路的等效电阻远小于另两个电容所在回路的等效电阻,故可以近似认为下限频率决定于 C_s 所在回路的时间常数,即

$$f_L \approx \frac{1}{2\pi \left(R_s // \frac{1}{g_m}\right) C_s} \approx 95.5 \text{ Hz}$$

式中 R_s、C_s 分别是场效应管的源极电阻和电容。

先求出 g-s 之间的等效电容 C'_{gs},再求解其所在回路的时间常数 R,即可得到上限频率,分析如下:

$$C'_{gs} = C_{gs} + (1 + g_m R'_L) C_{gd} \approx 72 \text{ pF}$$

$$R = R_s // R_g \approx R_s$$

$$f_H = \frac{1}{2\pi\tau} = \frac{1}{2\pi(R_s // R_g) C'_{gs}} \approx \frac{1}{2\pi R_s C'_{gs}} \approx 1.1 \text{ MHz}$$

式中的 R_s 为信号源内阻。

电压放大倍数

$$\dot{A}_{us} \approx \frac{-12.4 \cdot \left(j\dfrac{f}{95.5}\right)}{\left(1 + j\dfrac{f}{95.5}\right)\left(1 + j\dfrac{f}{1.1 \times 10^6}\right)} \approx \frac{0.13j f}{\left(1 + j\dfrac{f}{95.5}\right)\left(1 + j\dfrac{f}{1.1 \times 10^6}\right)}$$

4.11 在图 4.4.7(a)①所示电路中,已知 $R_g = 2 \text{ M}\Omega$,$R_d = R_L = 10 \text{ k}\Omega$,$C = 10 \text{ μF}$;场效应管的 $C_{gs} = C_{gd} = 4 \text{ pF}$,$g_m = 10 \text{ mS}$。试画出电路的波特图,并标出有关数据。

解:首先求出中频电压放大倍数、下限频率和上限频率,如下:

$$\dot{A}_{um} = -g_m R'_L = -50, \quad 20\lg|\dot{A}_{um}| \approx 34 \text{ dB}$$

$$f_L \approx \frac{1}{2\pi(R_d + R_L)C} \approx 0.796 \text{ Hz}$$

$$C'_{gs} = C_{gs} + (1 + g_m R'_L) C_{gd} = 208 \text{ pF}$$

$$f_H = \frac{1}{2\pi R_g C'_{gs}} \approx 383 \text{ Hz}$$

其波特图参考图 P4.2。

4.12 已知一个两级放大电路各级电压放大倍数分别为

$$\dot{A}_{u1} = \frac{\dot{U}_{o1}}{\dot{U}_i} = \frac{-25j f}{\left(1 + j\dfrac{f}{4}\right)\left(1 + j\dfrac{f}{10^5}\right)}, \quad \dot{A}_{u2} = \frac{\dot{U}_o}{\dot{U}_{i2}} = \frac{-2j f}{\left(1 + j\dfrac{f}{50}\right)\left(1 + j\dfrac{f}{10^5}\right)}$$

(1) 写出该放大电路的电压放大倍数的表达式;

---

① 《模拟电子技术基础》(第五版)P200。

(2) 求出该电路的 f_L 和 f_H 各约为多少；
(3) 画出该电路的波特图。

解：(1) 电压放大电路的表达式

$$\dot{A}_u = \dot{A}_{u1}\dot{A}_{u2} = \frac{-50f^2}{\left(1+j\dfrac{f}{4}\right)\left(1+j\dfrac{f}{50}\right)\left(1+j\dfrac{f}{10^5}\right)^2}$$

(2) 由已知条件可得第一、二级放大电路的下限频率和上限频率，即

$$f_{L1} = 4 \text{ Hz}, \quad f_{H1} = 10^5 \text{ Hz}$$
$$f_{L2} = 50 \text{ Hz}, \quad f_{H2} = 10^5 \text{ Hz}$$

由于 $f_{L2} \gg f_{L1}$，故该电路的下限频率

$$f_L \approx 50 \text{ Hz}$$

由于 $f_{H1} = f_{H2}$，$f_H \approx 0.643 f_{H1}$[①] $= 64.3$ kHz

(3) 根据电压放大倍数的表达式变换可得

$$\dot{A}_u = \frac{10^4 \times \left(j\dfrac{f}{4}\right)\left(j\dfrac{f}{50}\right)}{\left(1+j\dfrac{f}{4}\right)\left(1+j\dfrac{f}{50}\right)\left(1+j\dfrac{f}{10^5}\right)^2}$$

说明中频段电压放大倍数 $\dot{A}_{um} = 10^4$，即增益为 $20\lg|\dot{A}_{um}| = 80$ dB，波特图如图解 P4.12 所示。

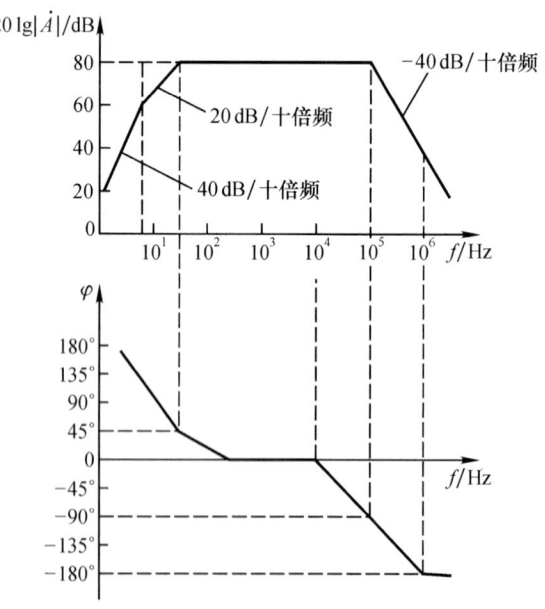

图解 P4.12

[①] 参阅《模拟电子技术基础》(第五版)4.5.2 节。

4.13 电路如图 P4.13 所示。试定性分析下列问题,并简述理由。
(1) 哪一个电容决定电路的下限频率;
(2) 若 T_1 和 T_2 静态时发射极电流相等,且 $r_{bb'}$ 和 C'_π 相等,则哪一级的上限频率低。

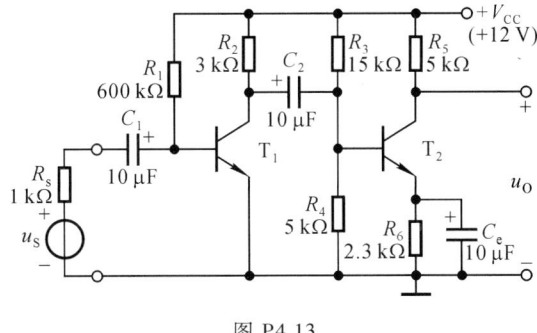

图 P4.13

解:(1) 因为图中所有电容的容量相等,而 C_e 所在回路的等效电阻最小,所以决定电路下限频率的是 C_e。

(2) 因为 $R_2 // R_3 // R_4 > R_1 // R_s$,说明 $C'_{\pi 2}$ 所在回路的时间常数大于 $C'_{\pi 1}$ 所在回路的时间常数,所以第二级的上限频率低。

4.14 利用 Multisim 来从下列几个方面研究图 P4.7(b)所示电路的频率响应。
(1) 设 $C_1 = C_2 = 10\ \mu F$,分别测试它们所确定的下限频率;
(2) $C_1 = C_2 = 10\ \mu F$ 时电路的频率响应及 C_1、C_2 取值对低频特性的影响;
(3) 放大管的集电极静态电流对上限频率的影响。

解:用 Multisim 搭建图 P4.7(b)所示电路,并接入测试仪器,如图解 P4.14(a)所示。电路中晶体管采用高频小功率晶体管,如 ZTX325。用万用表测量晶体管集电极电位,可判断出其工作状态;用函数发生器作信号源,并在放大电路输入端接 1 kΩ,等效为信号源内阻;用波特图仪测量幅频特性。

也可用 Multisim 中的"交流分析"分析电路的频率响应,分析结果如图解 P4.14(b)所示。

(1) 测得图解 P4.14(a)所示电路的增益为 42.332 dB,下降约 3 dB 时的频率如表解 P4.14.1 所示。

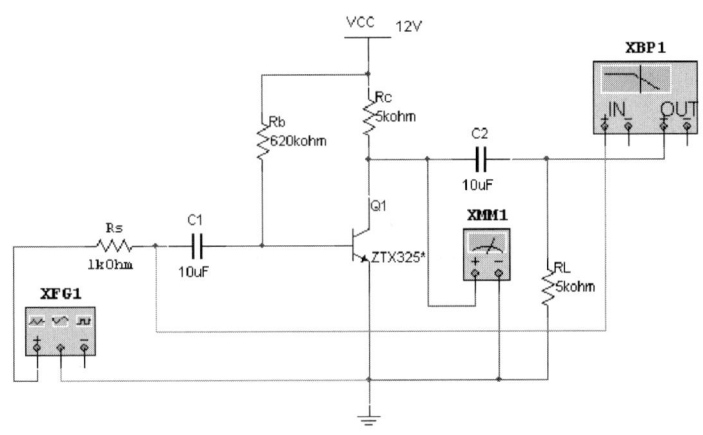

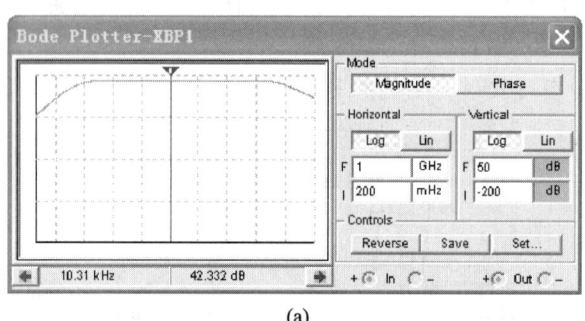

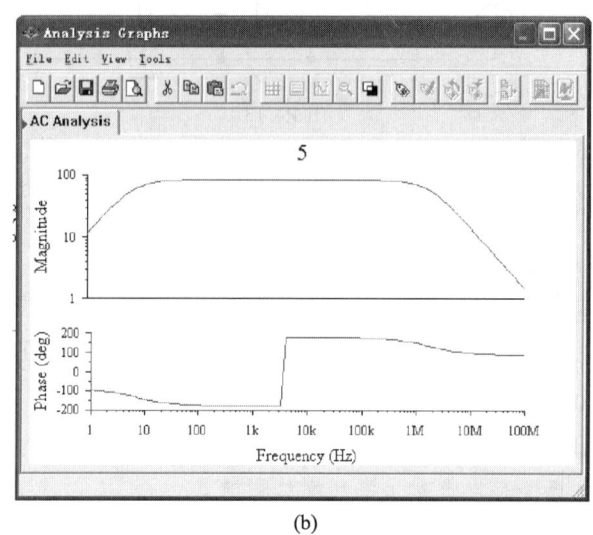

图解 P4.14

由表可知,C_1 所确定的下限频率约为 10.444 Hz,C_2 所确定的下限频率约为 1.684 Hz。

表解 P4.14.1

$C_1/\mu F$	$C_2/\mu F$	f_L/Hz	增益/dB
10	500	10.444	39.129
500	10	1.684	39.315

(2)$C_1 = C_2 = 10\ \mu F$ 时电路的频率响应及 C_1、C_2 取值对低频特性的影响,测试结果如表解 P4.14.2 所示。

表解 P4.14.2

$C_1/\mu F$	$C_2/\mu F$	f_L/Hz	增益/dB	对 f_L 的影响
10	10	10.953	39.242	原参数
20	10	5.821	39.257	减小

续表

$C_1/\mu F$	$C_2/\mu F$	f_L/Hz	增益/dB	对 f_L 的影响
5	10	22.897	39.504	增大
10	20	10.953	39.315	不变
10	5	12.17	39.46	增大
10	2	15.024	39.338	增大

由表可知,电路的下限频率主要决定于 C_1 所在回路的时间常数。C_1 增大,下限频率明显减小;C_1 减小,下限频率明显增大。而由于 C_2 所在回路的等效电阻远大于 C_1 所在回路的等效电阻,C_2 增大几乎对下限频率无影响,只有当 C_2 减小到一定程度,下限频率才明显增大。

(3) 放大管的集电极静态电流对上限频率的影响,测试结果如表解 P4.14.3 所示。

表解 P4.14.3

$R_b/k\Omega$	U_{CQ}/V	I_{CQ}/mA	中频增益/dB	f_H/MHz
500	2.95	1.81	40.927	43.804
600	4.284	1.543 2	42.566	49.901
620	4.505	1.499	42.332	52.361
700	5.270	1.346	41.487	56.848
800	6.038	1.192 4	40.534	64.762

由表可知,当 I_{CQ} 减小时,电路的增益减小,而上限频率增大。

4.15 利用 Multisim 从下列两个方面研究图 P4.10 所示电路的频率响应。

(1) 为改善低频特性,应增大三个耦合电容中哪一个的容量最有效?

(2) 场效应管的漏极静态电流对上限频率的影响。

解: 用 Multisim 搭建图 P4.10 所示电路,并接入测试仪器,如图解 P4.15(a) 所示。电路中场效应管采用虚拟 N 沟道耗尽型 MOS 管,便于设置参数。例如,设置虚拟 MOS 管的沟道长度 Channel length = 100 μm、沟道宽度 Channel width = 100 μm,设置模型参数 VT = $U_{GS(th)}$ = −2 V, KP = $1*10^{-3}$ mA/V^2,CGSO = $1*10^{-8}$ F/m,CGDO = $2*10^{-8}$ F/m。

用万用表测量场效应管的栅极、源极和漏极静态电位,可判断出其工作状态;用函数发生器作信号源,并在放大电路输入端接 2 kΩ,等效为信号源内阻;用波特图仪测量幅频特性。

也可用 Multisim 中的"交流分析"分析电路的频率响应,分析结果如图解 P4.15(b) 所示。

(1) 三个电容容量变化时对低频特性的影响如表解 P4.15.1 中测量值所示。

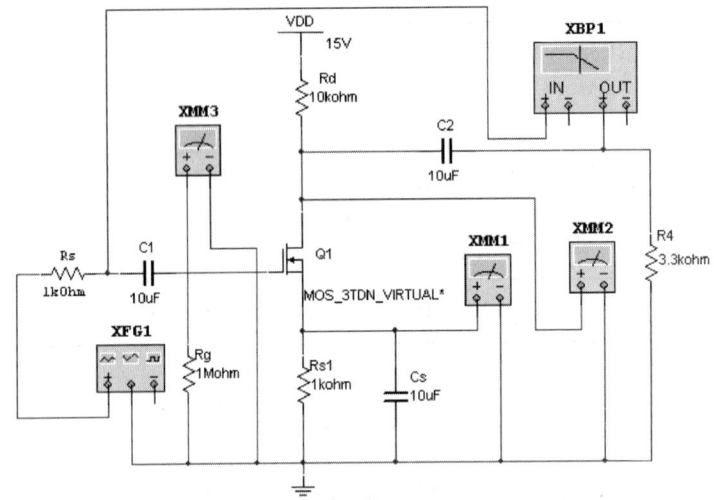

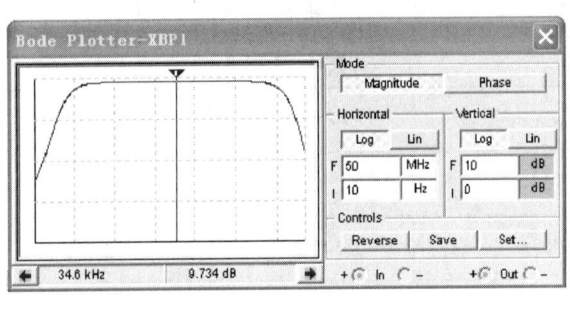

(a)

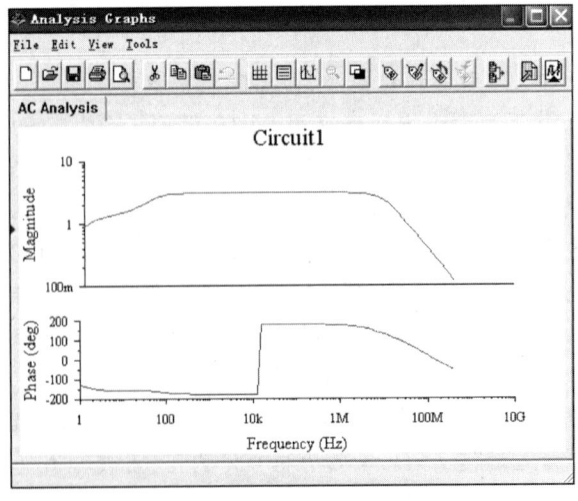

(b)

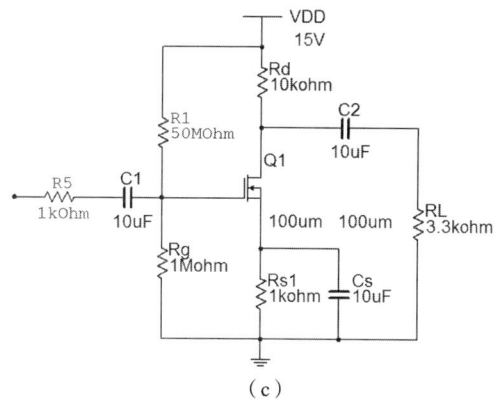

图解 P4.15

表解 P4.15.1

$C_1/\mu F$	$C_2/\mu F$	$C_s/\mu F$	f_L/Hz	对 f_L 的影响
10	10	10	27.694	原参数
20	10	10	27.694	基本不变
10	20	10	27.694	基本不变
10	10	20	13.378	明显减小

由表可知,为改善低频特性,应增大 C_s。

(2) 为方便调节 I_{DQ},在场效应管的栅极与电源之间加电阻 R_1,构成工作点稳定电路,如图解 P4.15(c) 所示。场效应管的漏极静态电流对上限频率的影响如表解 P4.15.2 所示。

表解 P4.15.2

$R_1/M\Omega$	$R_{s1}/k\Omega$	U_{GQ}/V	U_{SQ}/V	U_{DQ}/V	I_{DQ}/mA	中频增益/dB	f_H/MHz
∞	1	0	0.763 932	7.361	0.763 4	9.734	36.257
50	1	0.293 829	0.930 006	5.7	0.93	10.848	34.829

由表可知,I_{DQ} 增大,增益变大,上限频率减小。

第五章 放大电路中的反馈

在实用的放大电路中总要引入这样或那样的反馈,因而反馈是模拟电子技术基础课程的重点。

5.1 内容概要

本章的重点是反馈的基本概念及反馈的判断方法、负反馈放大电路的方块图及一般表达式、深度负反馈条件下放大倍数的估算方法、负反馈对放大电路性能的影响和引入负反馈的原则,其次是了解放大电路稳定性的判断方法和自激振荡的消除方法。

5.1.1 反馈的概念

在电子电路中,将输出量(输出电压或输出电流)的一部分或全部通过一定的电路形式作用到输入回路,用来影响其输入量(放大电路的输入电压或输入电流)的措施称为反馈。将反馈放大电路的交流通路网络化后,按照功能可将其分为基本放大电路和反馈网络两部分,如图 5.1.1 所示。前者用于放大信号,后者用于传递反馈信号;$\dot{X}_\text{i}$ 为输入量,$\dot{X}_\text{o}$ 为输出量,$\dot{X}_\text{f}$ 为反馈量,$\dot{X}_\text{i}'$ 为净输入量。

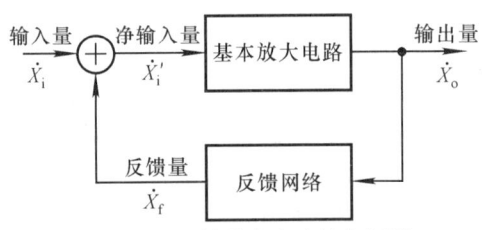

图 5.1.1 反馈放大电路的方框图

若反馈的结果使输出量的变化减小,则称之为负反馈;反之,则称之为正反馈。若反馈仅存在于直流通路中,则称为直流反馈;若反馈仅存在于交流通路中,则称为交流反馈。本章重点研究交流负反馈。

交流负反馈放大电路共有四种组态:电压串联负反馈,电压并联负反馈,电流串联负反馈,电流并联负反馈。若反馈量取自输出电压,则称之为电压反馈;若反馈量取自输出电流,则称之为电流反馈;输入量 $\dot{X}_\text{i}$、反馈量 $\dot{X}_\text{f}$ 和净输入量 $\dot{X}_\text{i}'$ 以电压形式相叠加,即 $\dot{U}_\text{i} = \dot{U}_\text{i}' + \dot{U}_\text{f}$,称为串联反馈;以电流形式相叠加,即 $\dot{I}_\text{i} = \dot{I}_\text{i}' + \dot{I}_\text{f}$,称为并联反馈。

5.1.2 反馈的判断方法

观察放大电路输出回路和输入回路是否有通路相连接,即是否存在反馈通路,有反馈通路的说明引入了反馈,否则没有引入反馈。观察反馈通路是存在于直流通路还是交流通路,若在直流通路中存在反馈通路,则说明引入了直流反馈;若在交流通路中存在反馈通路则说明引入了交流反馈。

通常用瞬时极性法来判断电路中引入的是正反馈还是负反馈(即反馈极性)。具体做法是,加输入信号且规定其极性,并以此为依据判断放大电路中各级电路相关的电流和电压的极性,从而获得输出信号的极性,最终得到反馈信号的极性;若净输入信号等于输入信号与反馈信号之差,即反馈的结果使净输入量减小,则为负反馈;若净输入信号等于输入信号与反馈信号之和,即反馈的结果使净输入量增大,则为正反馈。

对于交流负反馈放大电路。若净输入电压等于输入电压与反馈电压之差,则为串联反馈;若净输入电流等于输入电流与反馈电流之差,则为并联反馈。令输出电压等于零(将输出端短路),若反馈量随之为零,则为电压反馈;若反馈量依然存在,则为电流反馈。

在判断反馈性质时切记反馈量是仅仅决定于输出量和反馈网络的物理量。

5.1.3 负反馈放大电路的方框图和一般表达式

任何负反馈放大电路均可用图 5.1.2 所示方框图来描述,上方的方框为负反馈放大电路的基本放大电路,它是在断开反馈且考虑了反馈网络的负载效应情况下得到的;下方的方框为反馈网络,它由决定反馈量与输出量关系的所有元件组成。根据方框图和定义,可得基本放大电路的放大倍数 $\dot{A}$、反馈系数 $\dot{F}$ 和反馈放大电路的放大倍数 $\dot{A}_f$ 的表达式为

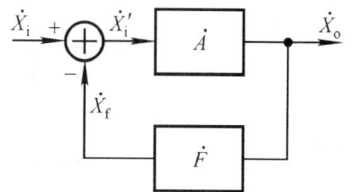

图 5.1.2 负反馈放大电路的方框图

$$\dot{A}=\frac{\dot{X}_o}{\dot{X}'_i}, \quad \dot{F}=\frac{\dot{X}_f}{\dot{X}_o}, \quad \dot{A}_f=\frac{\dot{X}_o}{\dot{X}_i}=\frac{\dot{A}}{1+\dot{A}\dot{F}} \quad (5.1.1)$$

式中 $\dot{A}\dot{F}$ 称为电路的环路放大倍数。

反馈的组态不同,$\dot{X}_i$、$\dot{X}_f$、$\dot{X}'_i$、$\dot{X}_o$ 的量纲也就不同,因而 $\dot{A}$、$\dot{F}$、$\dot{A}_f$ 的物理意义也不同,四种反馈组态电路的方框图、它们的 $\dot{A}$、$\dot{F}$、$\dot{A}_f$ 及其量纲如表 5.1.1 所示。

表 5.1.1 四种反馈组态的方框图及 $\dot{A}$、$\dot{F}$、$\dot{A}_f$ 一览表

反馈组态	方框图	$\dot{A}$	$\dot{F}$	$\dot{A}_f$	功能
电压串联	(见图)	$\dot{A}_{uu}=\dfrac{\dot{U}_o}{\dot{U}'_i}$ 量纲为一	$\dot{F}_{uu}=\dfrac{\dot{U}_f}{\dot{U}_o}$ 量纲为一	$\dot{A}_{uuf}=\dfrac{\dot{U}_o}{\dot{U}_i}$ 量纲为一	$\dot{U}_i$ 控制 $\dot{U}_o$ 电压放大

续表

反馈组态	方框图	$\dot{A}$	$\dot{F}$	$\dot{A}_f$	功能
电压并联		$\dot{A}_{ui} = \dfrac{\dot{U}_o}{\dot{I}'_i}$ 电阻	$\dot{F}_{iu} = \dfrac{\dot{I}_f}{\dot{U}_o}$ 电导	$\dot{A}_{uif} = \dfrac{\dot{U}_o}{\dot{I}_i}$ 电阻	$\dot{I}_i$ 控制 $\dot{U}_o$ 电流转换成电压
电流串联		$\dot{A}_{iu} = \dfrac{\dot{I}_o}{\dot{U}'_i}$ 电导	$\dot{F}_{ui} = \dfrac{\dot{U}_f}{\dot{I}_o}$ 电阻	$\dot{A}_{iuf} = \dfrac{\dot{I}_o}{\dot{U}_i}$ 电导	$\dot{U}_i$ 控制 $\dot{I}_o$ 电压转换成电流
电流并联		$\dot{A}_{ii} = \dfrac{\dot{I}_o}{\dot{I}'_i}$ 量纲为一	$\dot{F}_{ii} = \dfrac{\dot{I}_f}{\dot{I}_o}$ 量纲为一	$\dot{A}_{iif} = \dfrac{\dot{I}_o}{\dot{I}_i}$ 量纲为一	$\dot{I}_i$ 控制 $\dot{I}_o$ 电流放大

由表可知：

(1) 对于电压串联负反馈电路，$\dot{A}_f$ 为电压放大倍数；对于电压并联负反馈电路，$\dot{A}_f$ 为输出电压对输入电流的放大倍数，也称为互阻放大倍数；对于电流串联负反馈电路，$\dot{A}_f$ 为输出电流对输入电压的电压放大倍数，也称为互导放大倍数；对于电流并联负反馈电路，$\dot{A}_f$ 为电流放大倍数。

(2) 虽然不同反馈组态 $\dot{A}$、$\dot{F}$、$\dot{A}_f$ 量纲不同，但 $\dot{A}$ 与 $\dot{A}_f$ 量纲相同。

(3) 环路放大倍数 $\dot{A}\dot{F}$ 量纲为一，由于在负反馈条件下 $\dot{A}\dot{F}>0$，故 $\dot{A}$ 和 $\dot{F}$ 符号相同，都为"+"或都为"−"。

(4) 串联反馈适用于信号源为近似恒压源的情况，并联反馈适用于信号源为近似恒流源的情况。换言之，若给串联反馈电路加恒流信号，则基本放大电路的净输入电压将不随反馈的强弱而改变，因而反馈不起作用；同理，若给并联反馈电路加恒压信号，则基本放大电路的净输入电流将不随反馈的强弱而改变，因而反馈不起作用。

5.1.4 放大电路在深度负反馈条件下的放大倍数

一、深度负反馈的实质

在式(5.1.1)中，若环路放大倍数 $\dot{A}\dot{F} \gg 1$，则称之为深度负反馈，此时负反馈放大电路放大

倍数

$$\dot{A}_\mathrm{f} \approx \frac{1}{\dot{F}} \quad (5.1.2)$$

表明 $\dot{X}_\mathrm{i} \approx \dot{X}_\mathrm{f}$,即深度负反馈的本质是忽略净输入量,认为若电路引入了深度串联负反馈则 $\dot{U}_\mathrm{i} \approx \dot{U}_\mathrm{f}$,若电路引入深度并联负反馈则 $\dot{I}_\mathrm{i} \approx \dot{I}_\mathrm{f}$。

二、深度负反馈条件下的电压放大倍数

若求出四种组态负反馈放大电路的反馈系数 $\dot{F}$,则可根据式(5.1.2)得到 $\dot{A}_\mathrm{f}$,并可求出电压放大倍数。若表 5.1.1 所示方框图中并联负反馈电路所加信号源为 $\dot{U}_\mathrm{s}$,且其内阻为 R_s,则四种组态负反馈放大电路的电压放大倍数如表 5.1.2 所示。

表 5.1.2 四种组态负反馈放大电路的电压放大倍数

反馈组态	电压串联	电压并联	电流串联	电流并联
$\dot{A}_{uf}$ 或 $\dot{A}_{usf}$	$\dfrac{\dot{U}_\mathrm{o}}{\dot{U}_\mathrm{i}} = \dot{A}_{uuf} \approx \dfrac{1}{\dot{F}_{uu}}$	$\dfrac{\dot{U}_\mathrm{o}}{\dot{U}_\mathrm{s}} = \dfrac{\dot{A}_{uif}}{R_\mathrm{s}} \approx \dfrac{1}{\dot{F}_{iu}} \cdot \dfrac{1}{R_\mathrm{s}}$	$\dfrac{\dot{U}_\mathrm{o}}{\dot{U}_\mathrm{i}} = \dot{A}_{iuf} R'_\mathrm{L} \approx \dfrac{1}{\dot{F}_{ui}} \cdot R'_\mathrm{L}$	$\dfrac{\dot{U}_\mathrm{o}}{\dot{U}_\mathrm{s}} = \dot{A}_{iif} \cdot \dfrac{R'_\mathrm{L}}{R_\mathrm{s}} \approx \dfrac{1}{\dot{F}_{ii}} \cdot \dfrac{R'_\mathrm{L}}{R_\mathrm{s}}$

表中 R'_L 为电路输出端的总负载电阻。由表 5.1.2 可以看出,电压负反馈电路的电压放大倍数与负载无关,说明其输出近似为恒压源;电流负反馈电路的电压放大倍数与负载电阻呈线性关系,说明其输出近似为恒流源;电压放大倍数与放大管参数无关,因而稳定。而且,$\dot{A}$、$\dot{F}$、$\dot{A}_\mathrm{f}$、$\dot{A}_{uf}$ 或 $\dot{A}_{usf}$ 的符号均相同。

三、由集成运放组成的四种组态负反馈放大电路

对于由集成运放组成的负反馈放大电路,在进行分析时,均可认为运放是理想运放,因而可利用其工作在线性区所具有的"虚短"和"虚断"的特点求解电压放大倍数。理想运放组成的四种组态负反馈放大电路及其电压放大倍数如表 5.1.3 所示。

表 5.1.3 集成运放组成的四种组态负反馈放大电路

反馈组态	电压串联	电压并联	电流串联	电流并联
电路	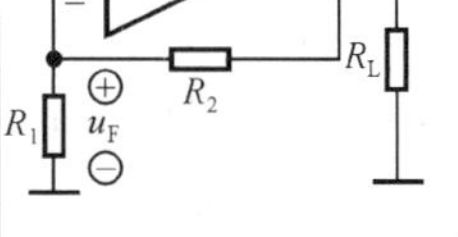 (电路图)	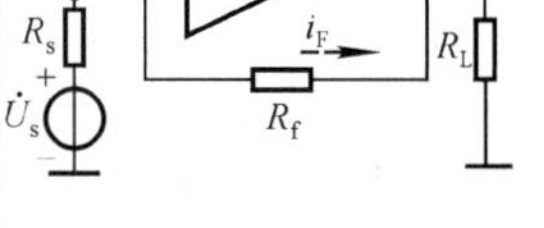 (电路图)	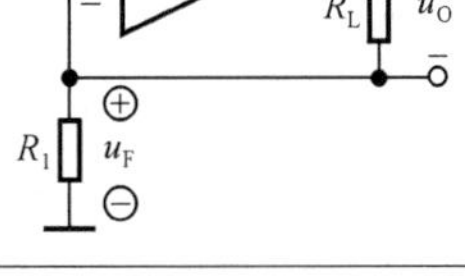 (电路图)	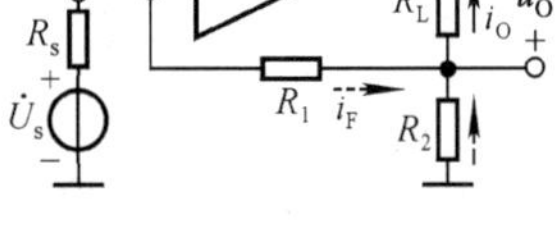 (电路图)
$\dot{A}_\mathrm{f}$	$\dfrac{\dot{U}_\mathrm{o}}{\dot{U}_\mathrm{i}} = 1 + \dfrac{R_2}{R_1}$	$\dfrac{\dot{U}_\mathrm{o}}{\dot{U}_\mathrm{s}} = -\dfrac{R_\mathrm{f}}{R_\mathrm{s}}$	$\dfrac{\dot{U}_\mathrm{o}}{\dot{U}_\mathrm{i}} = \dfrac{R_\mathrm{L}}{R_1}$	$\dfrac{\dot{U}_\mathrm{o}}{\dot{U}_\mathrm{s}} = -\left(1 + \dfrac{R_2}{R_1}\right) \cdot \dfrac{R_\mathrm{L}}{R_\mathrm{s}}$

表中各电路中电压和电流的瞬时极性如图中所标注。

5.1.5 负反馈对放大电路性能的影响

放大电路引入直流负反馈能够稳定静态工作点;引入交流负反馈能够改善多方面的性能,如提高放大倍数的稳定性、展宽频带、减小非线性失真,改变输入电阻和输出电阻等。交流负反馈对输入、输出电阻的影响如表 5.1.4 所示。

表 5.1.4　交流负反馈对输入电阻和输出电阻的影响

反馈阻态	电压串联负反馈	电压并联负反馈	电流串联负反馈	电流并联负反馈
输入电阻	增大(∞)	减小(0)	增大(∞)	减小(0)
输出电阻	减小(0)	减小(0)	增大(∞)	增大(∞)

注:表中括号内为理想情况下的数值。

在一定的需求下,根据表 5.1.1 所述各种组态负反馈所实现的功能和表 5.1.4 所述不同反馈组态对输入电阻、输出电阻所产生的影响,应引入不同组态的负反馈。

5.1.6 负反馈放大电路的稳定性

负反馈放大电路的级数愈多,反馈愈深,产生自激振荡的可能性愈大,因而实用的负反馈放大电路以三级最常见。对于直接耦合方式组成的负反馈放大电路,则只可能产生高频振荡。对于阻容耦合方式的负反馈放大电路,所用耦合电容、旁路电容的数目愈多,产生低频振荡的可能性愈大。

若已知 $\dot{A}\dot{F}$ 的频率特性,设使 $20\lg|\dot{A}\dot{F}|=0$ dB 的信号频率为 f_c,使附加相移 $\varphi'_A+\varphi'_F=\pm 180°$ 的频率为 f_0,则可以根据 f_0 和 f_c 的关系判断电路的稳定性。若 $f_0<f_c$,则电路不稳定,会产生自激振荡;若 $f_0>f_c$,则电路稳定,不会产生自激振荡。为使电路具有足够的稳定性,幅值裕度应不大于 -10 dB 且相位裕度应不小于 $45°$。

为了消除电路在高频段所产生的自激振荡,可采用简单滞后补偿、密勒补偿、RC 滞后补偿和超前补偿等方法。为了消除电路在低频段所产生的自激振荡,应适当改变耦合电容和旁路电容的容量。

5.2　难点释疑

5.2.1　电路中有无反馈的判断

观察放大电路,若其输出回路与输入回路有通路,则说明电路中引入了反馈。

在图 5.2.1(a)中,可以清楚地看到,电阻 R_2 将输出端与集成运放的反相输入端连接起来,故电路引入了反馈。而在图(b)中,虽然输出端与输入回路无直接联系,但是发射极电阻 R_e 将晶体管输出回路的电流转换成电压来影响 b-e 间电压,因而也引入了反馈。

可见,反馈不一定从输出端引出。判断电路是否引入了反馈,要特别注意既在输出回路又在输入回路的元件,正是它将输出量引回输入回路,形成反馈通路,如图(b)中的 R_e。

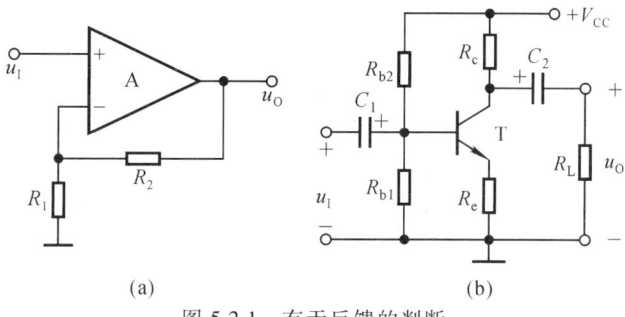

图 5.2.1 有无反馈的判断
(a) 从输出端引回反馈 (b) R_e 为反馈电阻

5.2.2 反馈量仅仅决定于输出量

在反馈放大电路中,反馈量是仅仅决定于输出量的物理量;换言之,虽然反馈量总是表现为某一电阻上的电压或电流,但却不是该电阻的实际电压或电流,而只是输出量作用的结果。

例如,在图 5.2.2(a)所示电压并联负反馈放大电路中,R_2 为反馈网络,它的实际电流

$$i_{R_2} = \frac{u_N - u_O}{R_2} = \frac{u_N}{R_2} + \frac{-u_O}{R_2}$$

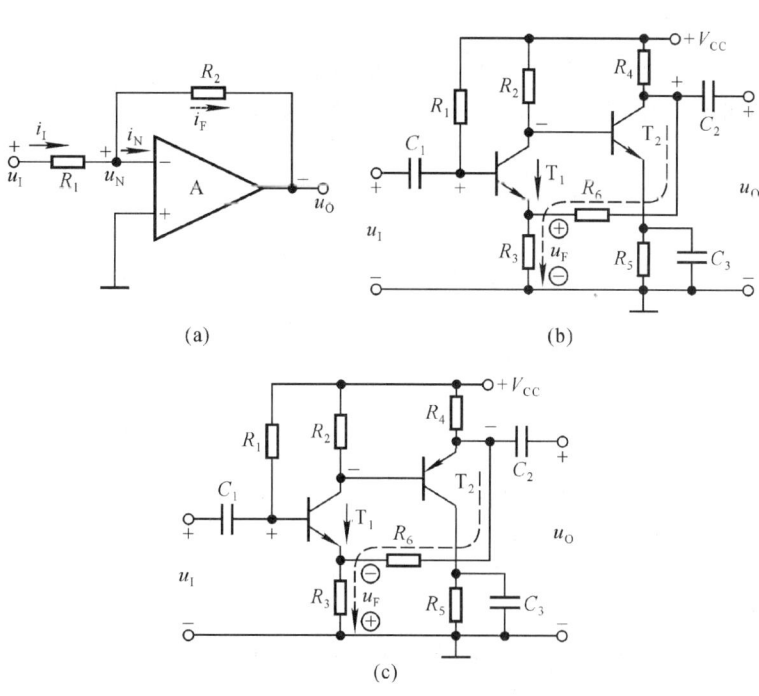

图 5.2.2 反馈量仅决定于输出量
(a) 反馈电流的分析 (b) 反馈电压的分析 (c) 反馈量的极性

式中第一项是输入信号直接作用产生的电流,而第二项是输出电压作用的结果,因而反馈电流是第二项,即

$$i_F = -u_O/R_2 \tag{5.2.1}$$

可见,在求解反馈电流时应令输入信号直接作用的部分为零;即在图(a)电路中应令集成运放的反相输入端接地,并根据反馈电流的表达式确定其方向,如图(a)中所示,也正是因为 i_1、i_F 和 i_N 的叠加关系才判断出电路引入的是并联负反馈。

又例如,在图(b)所示电压串联负反馈放大电路中,R_6 和 R_3 组成反馈网络,在 R_3 上获得反馈电压。R_3 的实际电压为

$$u_{R_3} = i_{E1} R_3 + \frac{R_3}{R_6 + R_3} \cdot u_O$$

式中第一项是输入级信号作用产生的电压,i_{E1} 为 T_1 管的发射极电流;第二项是输出电压作用的结果,因而反馈电压是第二项,即

$$u_F = \frac{R_3}{R_6 + R_3} \cdot u_O \tag{5.2.2}$$

可见,在求解反馈电压时应令输入级作用的那一部分为零,即在图(b)电路中应令 T_1 管的发射极开路,并根据反馈电压的表达式确定其方向,如图(b)中所示,也正是因 u_1、u_F 和 T_1 管 u_{BE} 的叠加关系才判断出电路引入的是串联负反馈。

再例如,在图(c)所示电路中,输出电压与输入电压反相,R_3 的实际电压为

$$u_{R_3} = i_{E1} R_3 - \frac{R_3}{R_6 + R_3} \cdot u_O$$

根据上述原则,可得反馈电压为

$$u_F = -\frac{R_3}{R_6 + R_3} \cdot u_O$$

使 T_1 管 u_{BE} 增大,故电路引入了正反馈。值得指出的是,i_{E1} 在 R_3 上的压降与反馈电压极性相反;按照电路工作原理,R_3 的实际电压应为上"+"下"−";可见,反馈量与实际电压或电流不一定是同极性。

5.2.3 电压负反馈和电流负反馈

从放大电路与反馈网络在输出端的连接方式上看,负反馈放大电路引入的不是电压负反馈就是电流负反馈。通常,电压反馈电路容易判断,因为它们的明显特征是从放大电路的输出端通过电阻(或电阻电容)或直接引回到输入回路,如图 5.2.2(a)、(b)所示。令输出电压 u_O 为零,即将输出端短路,从式(5.2.1)和(5.2.2)可以看出,两个电路的反馈量均随之为零,因而它们引入的均为电压反馈。

图 5.2.3(a)所示电路的瞬时极性如图中所标注,反馈电压使 T_1 管 b−e 间电压减小,故引入了负反馈,且为串联负反馈。令 $u_O = 0$,因为输出电流 i_O 为 T_3 管输出回路的电流(i_C 或 i_E),仅受其基极电流的控制,因而依然存在,使得反馈电压也依然存在,故电路引入的不是电压负反馈,而是电流负反馈。应当指出,对于分立元件放大电路,其输出电流 i_O 往往是输出级的集电极电流(或发射极电流),或者是场效应管的漏极电流(或源极电流)而不是负载电流 i_L。放大电路引入

电流负反馈稳定了引出反馈的那个支路的电流,使之等效电阻增大,近似为恒流源。在图(a)电路中,$R_7 /\!/ R_L$ 的电流得到稳定,而负载电流 i_L 将随 R_L 变化。

图 5.2.3(b)所示电路的瞬时极性如图中所标注,反馈电流使集成运放反相输入端电流减小,故引入了负反馈,且为并联负反馈。与上述分析相同,由于集成运放的输出电流受控于输出级的输入电流,令 $u_0 = 0$,反馈电流 i_F 依然存在,故电路引入的是电流负反馈。

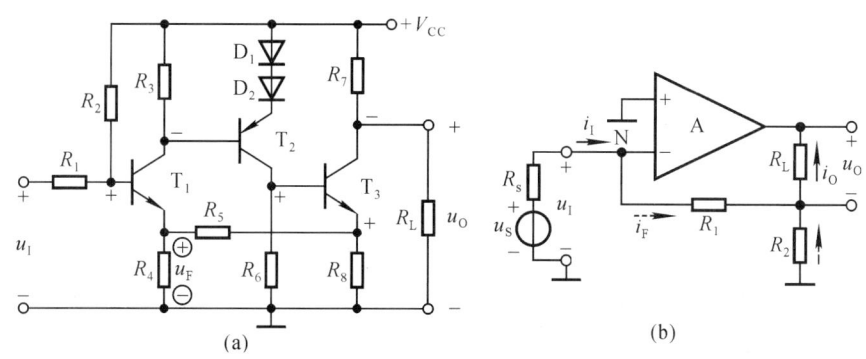

图 5.2.3 电流负反馈电路
(a) 分立元件电路 (b) 集成运放电路

5.2.4 反馈网络与反馈系数

既然反馈量无论是数值还是极性均仅仅决定于输出量,而反馈网络是以输出量作为输入、以反馈量作为输出的网络,那么反馈网络就应该是输出量通过反馈通路能够产生作用的所有元件所构成的网络。换言之,不能认为反馈网络就是连接放大电路输出回路和输入回路的一个电阻或电阻、电容构成的一个支路。

例如,在图 5.2.3(a)所示电路中,虽然由于 R_5 使电路引入了反馈,但是反馈网络不仅仅由 R_5 组成。因为输出电流 i_o 先通过 R_5 和 R_4、R_8 两个支路分流,再经过 R_5 和 R_4 分压,才在 R_4 上获得反馈电压,所以反馈网络由 R_5、R_4、R_8 组成。断开 T_1 管发射极,使输出电流单独作用,即可得反馈电压,与输出电流之比即为反馈系数。根据本电路的瞬时极性可知 $\dot{F}$ 为"–"号,为

$$\dot{F} = \frac{\dot{U}_f}{\dot{I}_o} = -\frac{R_4 R_8}{R_4 + R_5 + R_8}$$

再例如,在图 5.2.3(b)所示电路中,虽然 R_1 将放大电路的输出回路和输入回路相连接形成反馈通路,但是因为输出电流 i_o 通过 R_1 和 R_2 两个支路分流,才在 R_1 上获得反馈电流,所以反馈网络由 R_1、R_2 组成。令集成运放的反相输入端电位为零,即将其接地,使输出电流单独作用,即可得反馈电压,与输出电流之比即为反馈系数。根据本电路的瞬时极性可知 $\dot{F}$ 为"–"号,为

$$\dot{F} = \frac{\dot{I}_f}{\dot{I}_o} = -\frac{R_2}{R_1 + R_2}$$

由以上分析可知,求解反馈系数的步骤是:首先判断引入的交流负反馈的组态,从而确定输出量和反馈量是电压还是电流;然后确定反馈网络的组成;最后令输出信号单独作用,求出网络

的输出信号与输入信号之比,就是反馈系数。在求解过程中,可假设输出量为独立源作用于反馈网络。

5.2.5 放大电路中存在两路级间反馈时的分析

当放大电路中引入了两路反馈时,应分别判断它们的极性。同时,明确两路反馈的目的,通常它们的目的具有一致性。

例如,在图 5.2.4 所示电路中,电容 C_1 和 C_2 对于交流信号均可视为短路。观察电路可知其存在两路反馈,第一路为输出电压作用于 R_4 和并联电阻 $R_2 // R_3$,在 $R_2 // R_3$ 上得到反馈电压;另一路是输出电压通过 R_4 在 R_1 上产生反馈电流。利用瞬时极性法可判断引入反馈的极性,如图中所标注。因此,前者使集成运放的净输入电压减小,为负反馈;后者使集成运放的净输入电流增大,为正反馈。

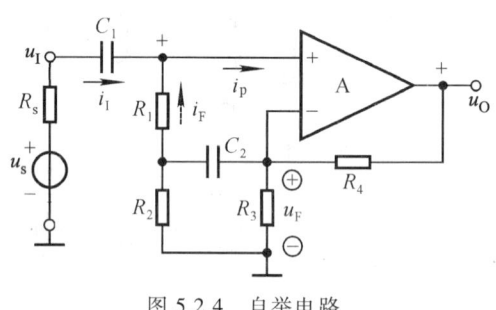

图 5.2.4 自举电路

根据负反馈组态的判断方法,第一路是串联负反馈,增大输入电阻。另一路虽然在某些方面削弱了负反馈的影响,但在增大输入电阻这一点上与前者目的相同。可以想象,若断开 C_2,则正反馈不复存在,因为从集成运放同相输入端看进去的等效电阻趋于无穷大,所以电路的输入电阻约为 (R_1+R_2)。而引入正反馈后,R_2 和 R_3 并联,从集成运放同相输入端看进去的等效电阻仍趋于无穷大,R_1 并联在集成运放的输入端,其电流为

$$\dot{I}_{R_1} = \frac{\dot{U}_\text{p} - \dot{U}_\text{n}}{R_1} = \frac{\dot{U}_\text{i} - \dot{U}_\text{f}}{R_1}$$

数值很小。R_1 等效到整个放大电路输入端的电阻为

$$R'_1 = \frac{\dot{U}_\text{i}}{\dot{I}_{R_1}} = \frac{\dot{U}_\text{i}}{\dfrac{\dot{U}_\text{i} - \dot{U}_\text{f}}{R_1}} = \frac{\dot{U}_\text{i}}{\dot{U}_\text{i} - \dot{U}_\text{f}} \cdot R_1$$

在引入的负反馈足够深的情况下,$\dot{U}_\text{i} \approx \dot{U}_\text{f}$,因而 R'_1 趋于无穷大,故整个电路的输入电阻也趋于无穷大,使电路的输入电压近似等于信号源电压,即 $\dot{U}_\text{i} \approx \dot{U}_\text{s}$。即使 R'_1 不趋于无穷大,其数值也非常大,所以电路引入正反馈的结果是增大了输入电阻,使得输入电压升高。这种通过引入正反馈提高输入电压的方法称为"自举",这类电路称为自举电路。

5.2.6 滞后补偿电容加在哪一级

当负反馈放大电路产生自激振荡时,需通过加补偿电路的方法消振,最简单易行的方法是加滞后补偿电容,简单滞后补偿的缺点是使频带变窄。实际上,在放大电路的任何一级加滞后补偿,都可以达到消振的目的,所不同的是补偿后对频带的影响不同。滞后补偿的原则是在消振的前提下使放大电路频带的变化尽可能小。那么应在哪一级加消振电容呢?

若直接耦合放大电路引入交流负反馈,且反馈网络是纯电阻网络,则说明附加相移仅由放大

电路产生，也只可能产生高频振荡。在消振时，应在该放大电路中上限频率最低的一级加消振电容，因而确定哪一级的上限频率最低是关键。根据频率响应的基本知识可知，对于共射放大电路，上限频率

$$f_{H1} = \frac{1}{2\pi RC'_\pi}$$

C'_π 为发射结等效电容，R 为 C'_π 所在回路的等效电阻。因此，RC'_π 最大的一级上限频率最低。由于

$$C'_\pi \approx C_\pi + (1 + g_m R'_L) C_\mu$$

因而电压放大倍数数值最大的往往是上限频率最低的。在三级电压放大电路中，中间级常为主放大级，放大倍数的数值最大，因而消振电容常加在中间级放大管的基极和地之间或 c–b 之间。

例如，图 5.2.3(a) 所示电路中，由于第一级和第三级均在发射极有反馈电阻，电压放大倍数的数值可能均比第二级小；因此，若产生高频振荡，则应考虑在 T_2 管基极与地之间或 T_2 的 c–b 之间加一小电容。当然，电路如有具体参数，则可通过简单计算来准确判断。

5.3 例题精解

本章习题主要围绕"会判、会算、会引、会判振消振"这"四会"的教学基本要求来拟定的。所谓"四会"的"会判"，是指能够判断电路是否引入了反馈及反馈的性质；"会算"，是指能够估算负反馈放大电路的反馈系数和放大倍数；"会引"，是指能够根据需求在放大电路中引入合适组态的负反馈；"会判振消振"，是指能够判断负反馈放大电路的稳定性，并在其产生自激振荡时采取措施消振。

本章习题的常见类型为：
（1）对反馈基本概念的理解。
（2）反馈和反馈性质的判断方法；判断电路中是否引入反馈；若引入了反馈，则应区分引入的是直流反馈还是交流反馈，是正反馈还是负反馈；若引入的是交流负反馈，则应区分引入的是四种组态中的哪一种，等等。
（3）深度负反馈条件下放大倍数的估算方法。
（4）根据需求引入合适负反馈的原则及方法。
（5）根据环路增益的频率特性来判断电路闭环后是否稳定及简单的消振方法。

5.3.1 反馈的概念

反馈的概念包括什么是反馈、直流反馈和交流反馈、正反馈和负反馈、电压反馈和电流反馈、串联反馈和并联反馈、负反馈放大电路的方块图、什么样的负反馈放大电路容易产生高频或低频振荡，等等。

【例 5.3.1】 在括号内填入"√"或"×"，表明下列说法是否正确。
（1）若从放大电路的输出回路有通路引回到其输入回路，则说明电路引入了反馈。（   ）
（2）若放大电路的放大倍数为"+"，则引入的反馈一定是正反馈，若放大电路的放大倍数为"–"，则引入的反馈一定是负反馈。（   ）

（3）直接耦合放大电路引入的反馈为直流反馈，阻容耦合放大电路引入的反馈为交流反馈。（　　）

（4）既然电压负反馈可以稳定输出电压，即负载上的电压，那么它也就稳定了负载电流。（　　）

（5）若放大电路的净输入电压等于输入电压与反馈电压之差，则说明电路引入了串联负反馈；若净输入电流等于输入电流与反馈电流之差，则说明电路引入了并联负反馈。（　　）

（6）将负反馈放大电路的反馈断开，就得到它方框图中的基本放大电路。（　　）

（7）反馈网络是由影响反馈系数的所有的元件组成的网络。（　　）

（8）阻容耦合放大电路的耦合电容、旁路电容越多，引入负反馈后，越容易产生低频振荡。（　　）

提示：本题考查是否掌握反馈的有关概念，几乎包括了所有的基本概念。

解：（1）通常，将输出量引回并影响净输入量的电流通路称为反馈通路。反馈是指输出量通过一定的方式回授，影响净输入量。因而只要输出回路与输入回路之间有反馈通路，就说明电路引入了反馈，而反馈通路不一定将放大电路的输出端和输入端相连接。例如，在图 5.3.1 所示反馈放大电路中，R_2 构成反馈通路，但它并没有把输出端和输入端连接起来，故本题说法正确。

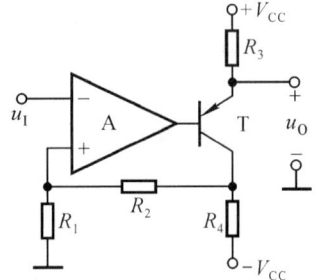

图 5.3.1　例 5.3.1 解图

（2）正、负反馈决定于反馈的结果是使净输入量或输出量的变化增大了还是减小了，若增大则为正反馈，否则为负反馈；与放大电路放大倍数的极性无关。换言之，无论放大倍数的符号是"+"还是"-"，放大电路均既可引入正反馈，又可引入负反馈，故本题说法错误。

（3）直流反馈是放大电路直流通路中的反馈，交流反馈是放大电路交流通路中的反馈，与放大电路的耦合方式无直接关系。本题说法错误。

（4）电压负反馈稳定输出电压，是指在输出端负载变化时输出电压变化很小，因而若负载变化则其电流会随之变化，故本题说法错误。

（5）根据串联负反馈和并联负反馈的定义，本题说法正确。

（6）本题说法错误。负反馈放大电路方框图中的基本放大电路需满足两个条件，一是断开反馈，二是考虑反馈网络对放大电路的负载效应。虽然本课程并不要求利用方块图求解负反馈放大电路，但是应正确理解方块图的组成。

（7）反馈网络包含所有影响反馈系数的元件组成反馈网络。例如，在图 5.3.1 所示电路中，反馈网络由 R_1、R_2 和 R_4 组成，而不仅仅是 R_2，故本题说法正确。

（8）在低频段，阻容耦合负反馈放大电路由于耦合电容、旁路电容的存在而产生附加相移，若满足了自激振荡的条件，则产生低频振荡。根据自激振荡的相位条件，在电路中有三个或三个以上耦合电容、旁路电容，就有可能产生低频振荡，而且电容数量越多越容易产生自激振荡，故本题说法正确。

综上所述，答案为（1）√,（2）×,（3）×,（4）×,（5）√,（6）×,（7）√,（8）√。

5.3.2 反馈的判断

反馈的判断方法可简述为：① 有无反馈"找联系"，即找输出回路和输入回路之间有无连接的通路；② 直流反馈和交流反馈"看通路"，即看反馈是在直流通路还是在交通通路中；③ 正、负反馈的判断采用瞬时极性法，看反馈的结果是使净输入量增大还是减小；④ 电压反馈和电流反馈的判断是令输出电压为零，前者反馈量为零，后者反馈量依然存在；⑤ 串联反馈和并联反馈的区别是输入量、净输入量和反馈量是以电压的方式叠加还是以电流的方式叠加，前者为串联反馈，后者为并联反馈。切记反馈量仅仅决定于输出量。

从理论上讲，在判断交流反馈时应画出放大电路的交流通路，但实际上，若研究原电路中各电量瞬时的变化，则就是考虑动态信号的作用，因而不必画出交流通路。此外，通常研究的对象是级间反馈，即连接整个电路输出回路与输入回路的反馈，而不是每一级电路的局部反馈。

一、集成运放电路中反馈的判断

【例 5.3.2】 判断图 5.3.2 所示各电路中是否引入了反馈；若引入了反馈，则判断是正反馈还是负反馈，是直流反馈还是交流反馈；若引入了交流负反馈，则判断是哪种组态的负反馈。设图中所有电容对交流信号均可视为短路。

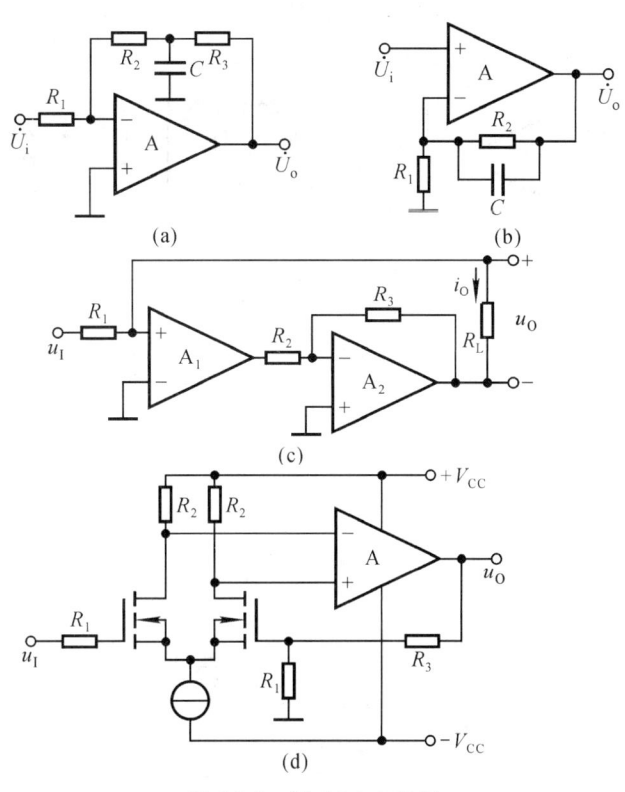

图 5.3.2 例 5.3.2 电路图

提示:本题考查是否掌握判断反馈的基本方法。反馈的判断是本课程的基本要求,包括有无反馈、直流反馈和交流反馈、正负反馈、交流负反馈的四种组态等反馈性质的判断方法。正确理解反馈的概念是正确判断反馈的基础;不但如此,反馈的判断还涉及放大电路的组成及有关放大的概念。因而此类题目具有一定的综合性。

应当注意的是,对于集成运放组成的反馈放大电路,在判断反馈极性时,电路的净输入电压往往指集成运放两个输入端所加的差模电压,净输入电流往往指集成运放某个输入端的输入电流。实际上,在判断反馈极性的同时就可以判断出是串联反馈还是并联反馈。对于单个集成运放,若反馈网络为电阻、电容等无源元件组成,则反馈引回到反相输入端的为负反馈,引回到同相输入端的为正反馈。

解:在电路(a)中,R_2 和 R_3 把输出端与集成运放的反相输入端连接起来,故电路中引入了反馈;在其交流通路中电容 C 短路,如图 5.3.3(a)所示,R_2 和 R_3 分别接在集成运放的输入端和输出端,无反馈通路;故电路中只引入了直流反馈,没有交流反馈。断开电容 C 就得到直流通路,若输出端电位由于某种原因升高,集成运放反相输入端电位将随之升高,则使输出端电位降低,说明电路引入的是直流负反馈。

在电路(b)中,断开电容 C 就得到直流通路,输出端电位通过 R_2 作用于反相输入端,故电路引入了直流负反馈。将电容 C 短路就得到其交流通路,如图 5.3.3(b)所示,输出电压全部作为反馈电压作用于反相输入端,故电路引入了交流负反馈,且为串联负反馈;令 $\dot{U}_o = 0$,则 $\dot{U}_f = 0$,故电路引入了电压负反馈。因此,该电路既引入了直流负反馈又引入了电压串联交流负反馈。

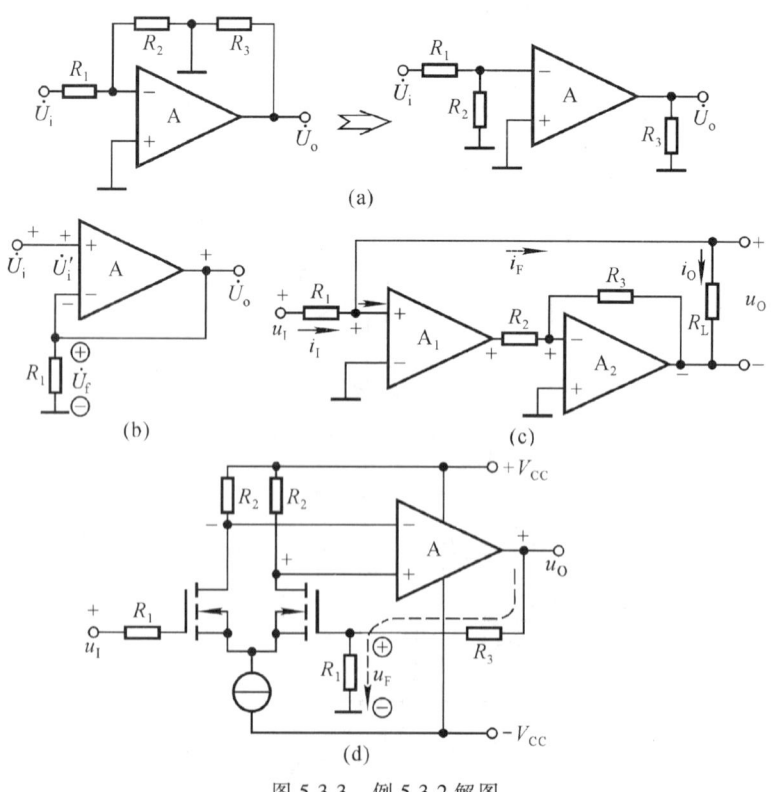

图 5.3.3 例 5.3.2 解图

电路(c)采用直接耦合方式,且反馈通路中无电容,输出回路与输入回路靠 R_L 连接,故电路中交、直流反馈共存。设输入电压 u_I 对"地"为"+",利用瞬时极性法可得电路各点的电位极性及电流的方向,如图 5.3.3(c)中所标注。由于集成运放的输出端电位为"-",使反馈电流 i_F 如图中所示方向,集成运放的输入电流等于输入电流 i_1 与 i_F 之差,故电路引入了并联负反馈。令 $u_O=0$,i_F 依然存在,故电路引入了电流负反馈。因此,该电路引入了直流负反馈和电流并联交流负反馈。

与电路(c)相同,电路(d)采用直接耦合方式,且反馈通路中无电容,输出回路与输入回路靠 R_3 连接,故电路中交、直流反馈共存。设输入电压 u_I 对"地"为"+",利用瞬时极性法可得电路各点的电位极性方向,如图 5.3.3(d)中所标注。由于输出端电位为"+",输出电压作用于 R_3、R_1 产生电流,在 R_1 上得到的电压即是反馈电压 u_F。u_I 与 u_F 之差为场效应管差分电路的差模输入,故电路引入了串联负反馈。令 $u_O=0$,则 $u_F=0$,故电路引入了电压负反馈。因此,该电路引入了直流负反馈和电压串联交流负反馈。

二、分立元件放大电路中反馈的判断

【**例 5.3.3**】 试判断图 5.3.4 所示各电路中是否引入了反馈。若引入了反馈,则判断是正

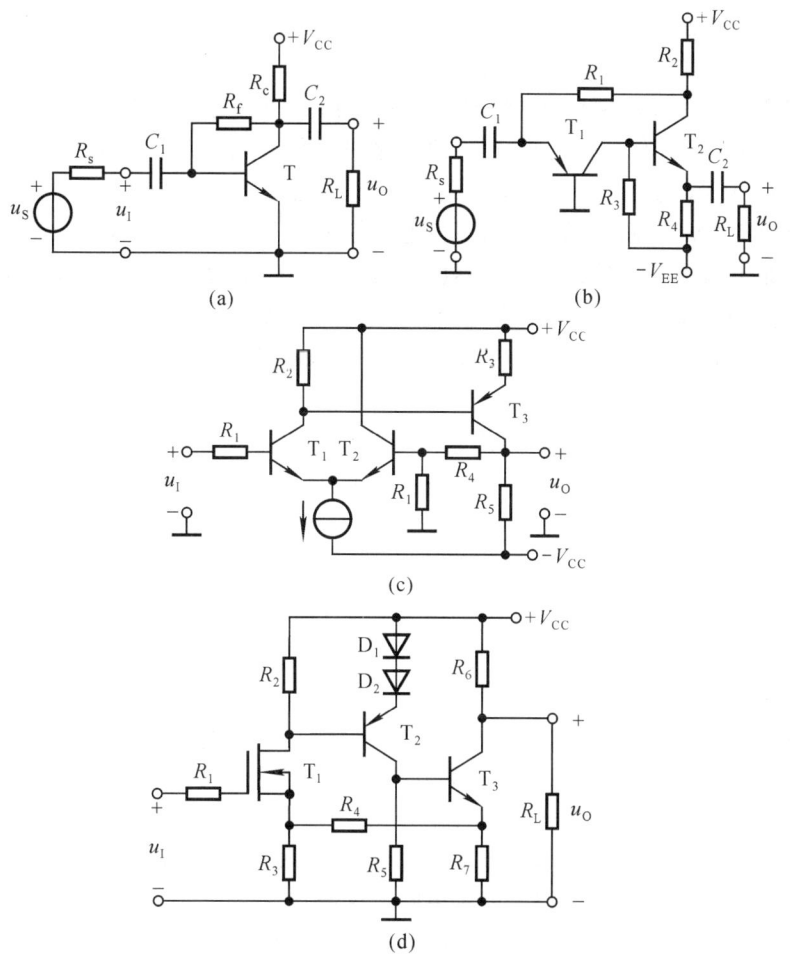

图 5.3.4 例 5.3.3 电路图

反馈还是负反馈,是直流反馈还是交流反馈。若引入了交流负反馈,则判断是哪种组态的负反馈。设图中所有电容对交流信号均可视为短路。

提示:本题考查是否掌握分立元件放大电路反馈的判断方法。

分立元件放大电路反馈的判断与集成运放反馈放大电路相比有其特殊性。

(1) 正确判断反馈极性的基础是能够正确判断各级电路的基本接法(共射、共基、共集、共源、共漏、共栅接法),从而得出各级电路输出与输入的相位关系。

不同接法基本放大电路输出电压 $\dot{U}_\mathrm{o}$ 与输入电压 $\dot{U}_\mathrm{i}$ 的极性关系如表 5.3.1 所示。

表 5.3.1 基本放大电路输出电压与输入电压的相位关系

基本接法	共射	共集	共基	共源	共漏	共栅
$\dot{U}_\mathrm{o}$ 与 $\dot{U}_\mathrm{i}$ 的极性关系	反相	同相	同相	反相	同相	同相

(2) 电路的净输入电压往往指输入级放大管输入回路所加的电压(如晶体管的 b-e 或 e-b 间的电压、场效应管的 g-s 或 s-g 间的电压),净输入电流往往指输入级放大管的基极电流、射极电流或源极电流。在电流负反馈放大电路中,输出电流往往指输出级晶体管的集电极电流、发射极电流或场效应管的漏极电流、源极电流。

解:在图 5.3.4(a)所示电路中,R_f 将输出回路与输入回路连接起来,故电路引入了反馈;且反馈既存在于直流通路又存在于交流通路,故电路引入了直流反馈和交流反馈。利用瞬时极性法,在规定输入电压瞬时极性时,可得到放大管基极、集电极电位的瞬时极性以及输入电流、反馈电流方向,如图 5.3.5(a)所示。晶体管的基极电流等于输入电流与反馈电流之差,故电路引入了负反馈,且为并联负反馈。当输出电压为零(即输出端短路)时,R_f 将并联在 T 的 b-e 之间,如图 5.3.5(a)中虚线所示。此时尽管 R_f 中有电流,但这个电流是 u_i 作用的结果,输出电压作用所得的反馈电流为零,故电路引入了电压负反馈。综上所述,电路引入了直流负反馈和交流电压并联负反馈。

在图 5.3.4(b)所示电路中,R_1 将输出回路与输入回路连接起来,故电路引入了反馈;且反馈既存在于直流通路又存在于交流通路,故电路引入了直流反馈和交流反馈。利用瞬时极性法,在规定输入电压瞬时极性时,可得到放大管各极电位的瞬时极性以及输入电流、反馈电流方向,如图 5.3.5(b)所示。由于反馈减小了 T_1 管的射极电流,故电路引入了并联负反馈。令输出电压为零,由于 T_2 管的集电极电流(为输出电流)仅受控于它的基极电流,且 R_1、R_2 对其分流关系没变,反馈电流依然存在,故电路引入了电流负反馈。综上所述,该电路引入了直流负反馈和交流电流并联负反馈。

在图 5.3.4(c)所示电路中,R_4 在直流通路和交流通路中均将输出回路与输入回路连接起来,故电路引入了直流反馈和交流反馈。按 u_i 的假设方向,可得电路中各点的瞬时极性,如图 5.3.5(c)所示。输出电压 u_O 作用于 R_4、R_1,在 R_1 上产生的电压就是反馈电压 u_F,它使得差分管的净输入电压减小,故电路引入了串联负反馈。由于 u_F 取自于 u_O,电路引入了电压负反馈。综上所述,电路引入了直流负反馈和交流电压串联负反馈。

根据上述分析方法,图 5.3.4(d)所示电路的瞬时极性如图 5.3.5(d)所示。电路引入了直流负反馈和交流电流串联负反馈。

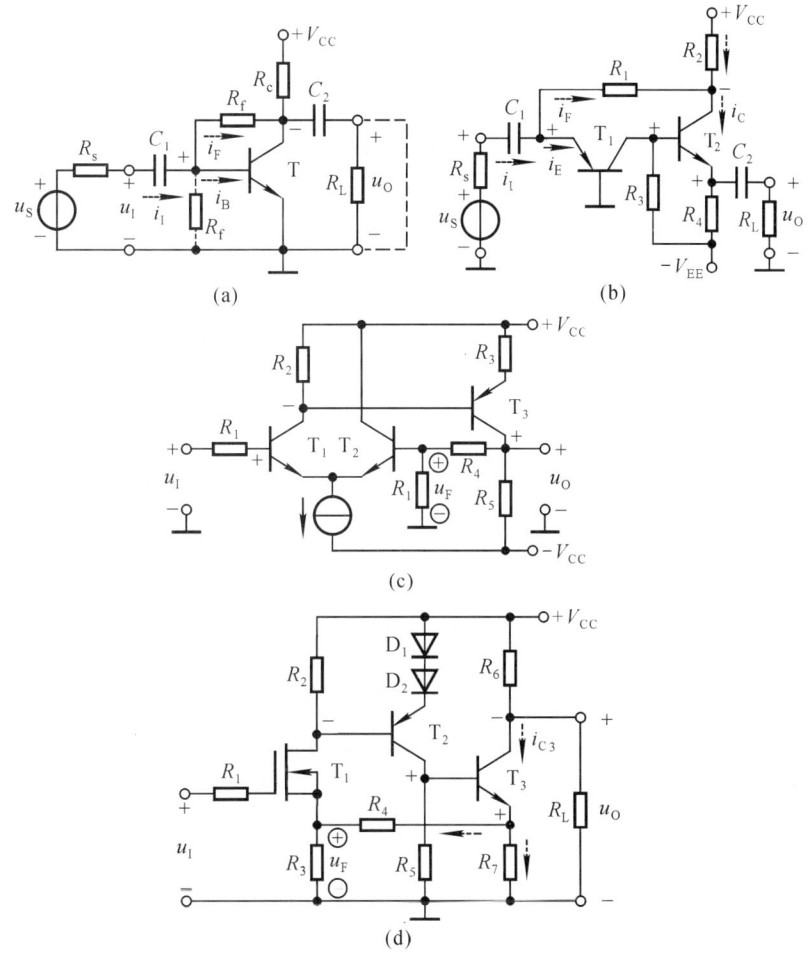

图 5.3.5 例 5.3.3 解图

从图 5.3.4(b) 和 (d) 所示电路可知,它们的输出电流均为输出级放大管的集电极电流,而不是负载中的电流。

三、自举电路的分析

【例 5.3.4】 图 5.3.6 所示电路为自举电路,试分析所引入的正反馈和负反馈。设所有电容对交流信号均可视为短路。

提示:考查是否能够灵活掌握反馈的判断方法,并用来分析有多路反馈的放大电路。

在实用的放大电路中,有时也引入正反馈来改善性能。当然,正反馈不宜太强,否则易产生自激振荡。自举电路是典型的利用交流正反馈提高输入电阻的电路,因而在信号源电压不变的情况下使输入电压增大,即放大电路输入端动态电位升高,因其通过自身升高输入端电位,故而得名。

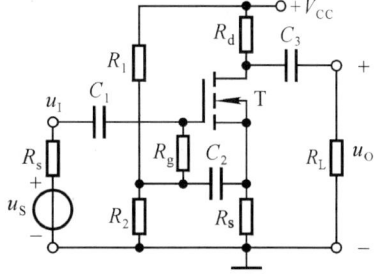

图 5.3.6 例 5.3.4 电路图

通常,自举电路中的正反馈通过电容耦合。

当放大电路中引入了两路反馈时,应分别判断它们的极性。同时,搞清两路反馈的目的,通常它们的目的具有一致性。

解:在图 5.3.6 所示电路中,由于所有电容对于交流信号均可视为短路,其交流通路如图 5.3.7(a)所示。观察电路可知其存在两路反馈,一路是漏极动态电流在 R_s 和并联电阻 $R_1 /\!/ R_2$ 上产生反馈电压,影响 g-s 电压;另一路是源极动态电压通过 R_g 反馈至栅极,影响栅极电位。利用瞬时极性法可判断引入反馈的极性,如图中所标注。前者使 g-s 电压减小,因而为负反馈;后者使栅极电位升高,因而为正反馈。

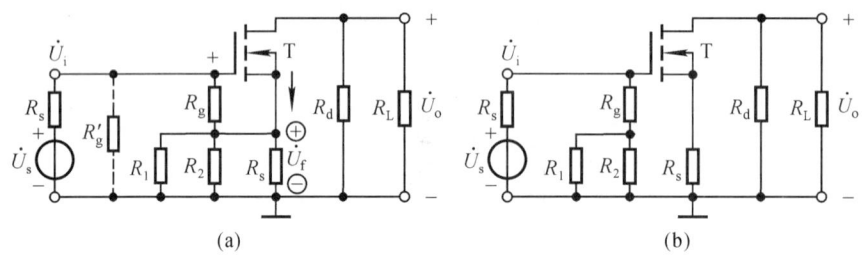

图 5.3.7　例 5.3.4 解图

可以想象,若在图 5.3.6 所示电路中没有电容 C_2,则其交流通路如图 5.3.7(b)所示,由于电路中场效应管输入回路的等效电阻为无穷大,输入电阻近似为$(R_g+R_1 /\!/ R_2)$。

当有电容 C_2 时,即电路引入正反馈后,R_g 的电流

$$I_{R_g}=\frac{\dot{U}_g-\dot{U}_s}{R_g}$$

设 R_g 等效到输入端的电阻为 R'_g,如图 5.3.7(a)中虚线所示,其电流不变,但其阻值与 R_g 的关系为

$$R'_g=\frac{\dot{U}_i}{\dfrac{\dot{U}_g-\dot{U}_s}{R_g}}=\frac{\dot{U}_g}{\dfrac{\dot{U}_g-\dot{U}_s}{R_g}}=\frac{\dot{U}_g}{\dot{U}_g-\dot{U}_s}\cdot R_g$$

由于 $\dot{U}_g$ 与 $\dot{U}_s$ 差值很小,使 $R'_g \gg R_g$。在认为场效应管栅极不取电流的情况下,输入电阻约为 R'_g,可见引入正反馈后使输入电阻大大提高。

5.3.3 放大电路中负反馈的引入

根据负反馈对放大电路的影响,可在不同需求下引入不同组态的负反馈。引入负反馈的基本原则如下:

(1)若要稳定静态工作点,则应引入直流负反馈。直流负反馈能够克服直接耦合放大电路的零点漂移。

(2)若要改善放大电路的性能,则应引入交流负反馈。交流负反馈能够提高放大倍数的稳定性,改变输入电阻和输出电阻,展宽频带,减小非线性失真等。若要稳定输出电压,则应引入电压负反馈;若要稳定输出电流,则应引入电流负反馈;换言之,引入电压负反馈会使输出电阻减

小,而引入电流负反馈会使输出电阻增大。若要增大输入电阻,则应引入串联负反馈;若要减小输入电阻,则应引入并联负反馈。

应当注意,不同组态负反馈放大电路放大倍数的物理意义不同,量纲也就不同,因此稳定和展宽频带的对象也不同。不同组态交流负反馈放大电路放大倍数、所实现的功能以及反馈对输入电阻和输出电阻的影响如表 5.1.1 和表 5.1.4 所示。

一、反馈的选择

【例 5.3.5】 选择合适的答案填入空内。

（1）为了实现下列目的,应引入

A. 直流负反馈　　　　　　　B. 交流负反馈

① 为了稳定静态工作点,应引入_____;

② 为了稳定放大倍数,应引入_____;

③ 为了改变输入电阻和输出电阻,应引入_____;

④ 为了抑制温漂,应引入_____;

⑤ 为了展宽频带,应引入_____。

（2）交流负反馈有以下几种情况:

A. 电压　　　B. 电流　　　C. 串联　　　D. 并联

① 为了稳定放大电路的输出电压,应引入_____负反馈;

② 为了稳定放大电路的输出电流,应引入_____负反馈;

③ 为了增大放大电路的输入电阻,应引入_____负反馈;

④ 为了减小放大电路的输入电阻,应引入_____负反馈;

⑤ 为了增大放大电路的输出电阻,应引入_____负反馈;

⑥ 为了减小放大电路的输出电阻,应引入_____负反馈。

（3）已知交流负反馈有四种组态:

A. 电压串联负反馈　　　　　　B. 电压并联负反馈

C. 电流串联负反馈　　　　　　D. 电流并联负反馈

① 欲得到电流-电压转换电路,应在放大电路中引入_____;

② 欲将电压信号转换成与之成比例的电流信号,应在放大电路中引入_____;

③ 欲减小电路从信号源索取的电流,增大带负载能力,应在放大电路中引入_____;

④ 欲从信号源获得更大的电流,并稳定输出电流,应在放大电路中引入_____。

提示:考查是否掌握各种反馈对放大电路性能的影响。

解:（1）稳定静态工作点应引入直流反馈,改变动态性能应引入交流反馈,故答案为① A,② B,③ B,④ A,⑤ B。

（2）电压负反馈稳定输出电压,使输出电阻减小;电流负反馈稳定输出电流,使输出电阻增大;串联负反馈使输入电阻增大;并联负反馈使输入电阻减小。故① A,② B,③ C,④ D,⑤ B,⑥ A。

（3）① 电流-电压转换电路的输入量为电流,输出量为电压,因而电路应引入电压并联负反馈。

② 将电压信号转换成与之成比例的电流信号,需引入电流串联负反馈。

③ 减小电路从信号源索取的电流,增大带负载能力,就是要增大输入电阻,减小输出电阻,故应引入电压串联负反馈。

④ 从信号源获得更大的电流就是要减小输入电阻,又要稳定输出电流,故应引入电流并联负反馈。

综上所述,答案为:① B,② C,③ A,④ D。

二、利用集成运放组成负反馈放大电路

【例 5.3.6】 用集成运放和若干电阻分别完成以下功能,要求画出电路来,并求出它们的反馈系数。

(1) 具有稳定的电压放大倍数的放大电路;
(2) 具有稳定的电流放大倍数的放大电路;
(3) 实现电压-电流转换;
(4) 实现电流-电压转换。

提示:考查是否熟悉用集成运放组成的负反馈放大电路。

目前,在没有特殊要求的情况下,实用放大电路几乎均由集成运放组成,而实用的放大电路总要引入这样或那样的反馈。因此,熟悉由集成运放组成的负反馈放大电路就显得非常重要。

信号源有电压源和电流源之分,对于前者,放大电路应具有比信号源内阻大得多的输入电阻,以获取更大的输入电压,因而应引入串联负反馈;对于后者,放大电路应具有比信号源内阻小得多的输入电阻,以获取更大的输入电流,因而应引入并联负反馈。负载电阻对放大电路输出信号的要求有两种,一种为稳定的电压,即希望放大电路的输出近似为恒压源,输出电阻尽可能小,因而需引入电压负反馈;一种为稳定的电流,即希望放大电路的输出近似为恒流源,输出电阻尽可能大,因而需引入电流负反馈。所以,从输入量和输出量是电压还是电流就可以判断出需要引入的交流负反馈的组态。

解:要求(1)的输入量和输出量均为电压,故应引入电压串联负反馈,如图 5.3.8(a) 所示。R_1 和 R_2 组成反馈网络,故反馈系数

$$\dot{F} = \frac{\dot{U}_f}{\dot{U}_o} = \frac{R_1}{R_1 + R_2}$$

要求(2)的输入量和输出量均为电流,故应引入电流并联负反馈,如图 5.3.8(b) 所示。R_1 和 R_2 组成反馈网络,故反馈系数

$$\dot{F} = \frac{\dot{I}_f}{\dot{I}_o} = -\frac{R_2}{R_1 + R_2}$$

要求(3)的输入量为电压,输出量为电流,故应引入电流串联负反馈,如图 5.3.8(c) 所示。R_1、R_2 和 R_3 组成反馈网络,输出电流通过 R_1 和 R_2、R_3 两个支路分流,在 R_1 上的压降就是反馈电压。因而反馈系数为

$$\dot{F} = \frac{\dot{U}_f}{\dot{I}_o} = \frac{R_1 R_3}{R_1 + R_2 + R_3}$$

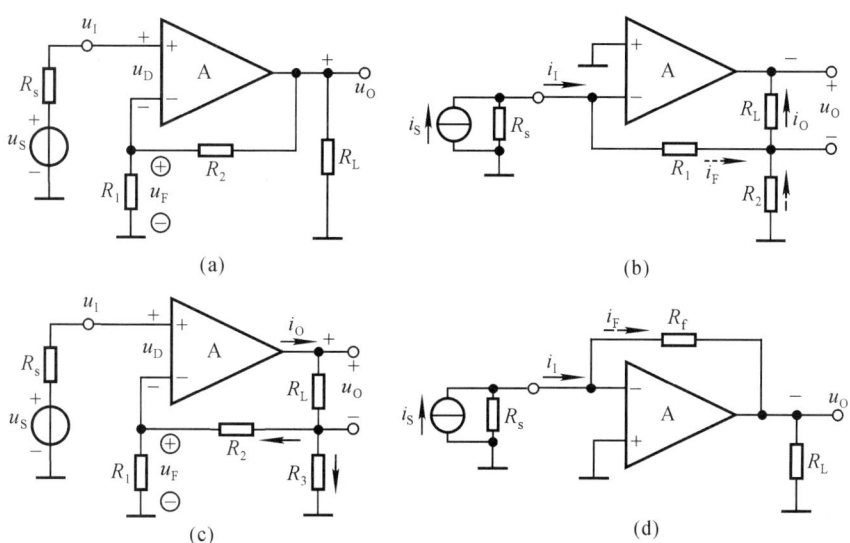

图 5.3.8　例 5.3.6 解图

要求(4)的输入量为电流,输出量为电压,故应引入电压并联负反馈,如图 5.3.8(d)所示。各电路的瞬时极性如图中所标注。R_f 组成反馈网络,故反馈系数

$$\dot{F}=\frac{\dot{I}_f}{\dot{U}_o}=-\frac{1}{R_f}$$

在理想信号源情况下,图 5.3.8(a)和(c)中的 R_s 为零,图 5.3.8(b)和(d)中的 R_s 为无穷大。应当指出,图 5.3.8 所示电路不是唯一的答案。

三、根据需求在具体的放大电路中引入合适的负反馈

【例 5.3.7】　电路如图 5.3.9 所示,试合理连线,引入合适组态的反馈,分别满足下列要求。

(1) 减小放大电路从信号源索取的电流,并增强带负载能力;
(2) 减小放大电路从信号源索取的电流,稳定输出电流。

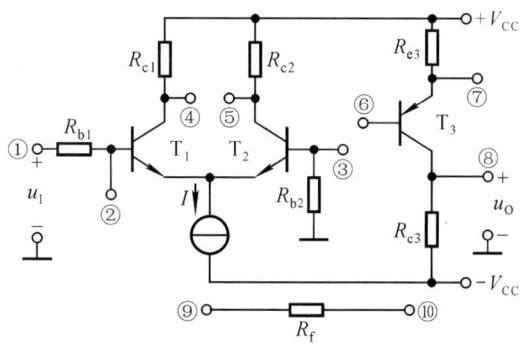

图 5.3.9　例 5.3.7 电路图

提示：考查是否能够根据需求在分立元件放大电路中引入负反馈。

在分立元件放大电路中正确地引入负反馈，除了要掌握反馈的概念、负反馈对放大电路性能的影响等外，还要熟悉基本放大电路各种接法的基础知识，因而使得此类题目具有一定的综合性和难度。

解：图示电路的第一级为差分放大电路，输入电压 u_1 对"地"为"+"时差分管 T_1 的集电极（即④）电位为"−"，T_2 的集电极（即⑤）电位为"+"。第二级为共射放大电路，若 T_3 管基极（即⑥）的瞬时极性为"+"，则其集电极（即⑧）电位为"−"，发射极（即⑦）电位为"+"；若反之，则⑧的电位为"+"，⑦的电位为"−"。

（1）减小放大电路从信号源索取的电流，即增大输入电阻；增强带负载能力，即减小输出电阻；故应引入电压串联负反馈。

因为要引入电压负反馈，所以应从⑧引出反馈；因为要引入串联负反馈，以减小差分管的净输入电压，所以应将反馈引回到③，故而应把电阻 R_f 接在③、⑧之间。R_{b2} 上获得的电压为反馈电压，极性应为上"+"下"−"，即③的电位为"+"。因而要求在输入电压对"地"为"+"时⑧的电位为"+"，由此可推导出⑥的电位为"−"，需将⑥接到④。

结论是，需将③接⑨、⑩接⑧、⑥接④。

（2）减小放大电路从信号源索取的电流，即增大输入电阻；稳定输出电流，即增大输出电阻；故应引入电流串联负反馈。

根据上述分析，R_f 的一端应接在③上；由于需引入电流负反馈，R_f 的另一端应接在⑦上。为了引入负反馈，要求⑦的电位为"+"，由此可推导出⑥的电位为"+"，需将⑥接到⑤。

结论是，需将③接⑨、⑩接⑦、⑥接⑤。

【例 5.3.8】 电路如图 5.3.10 所示，为了稳定电流表中的电流，请引入交流负反馈。

提示：本题考查是否掌握在放大电路中引入负反馈的方法。

对于初学者，在引入交流负反馈时，往往特别注意输出回路与输入回路如何连接，即反馈的组态，而忽略了反馈极性，结果引入了正反馈。应当指出，对于多级放大电路，在不改变其内部接法的情况下，不可能分别引入四种组态的交流负反馈。例如，若电路能引入电压串联负反馈，则一定不可能引入电流串联负反馈。本题中，为了稳定电流表的电流则必须引入电流负反馈，因而在求解本题时首先应判断该电路是能够引入电流串联负反馈还是电流并联负反馈。

解：为了稳定电流表中的电流，需引入电流负反馈。由于电流表中的电流等于晶体管的发射极电流，因而应从 T 的集电极引出反馈。设输入电压对"地"为"+"，则各点电位的瞬时极性如图 5.3.11 所示。为使引入的反馈为负反馈，R_4 应接在集成运放的同相输入端，即必须引入电流串联负反馈，如图 5.3.11 所示。

5.3.4　负反馈放大电路的分析估算

负反馈放大电路的分析估算，就是求解其反馈系数和深度负反馈条件下的放大倍数、电压放大倍数。从表 5.1.1 可知不同组态负反馈放大电路放大倍数的物理意义。由于电子电路在测试时总是通过测量电位来获得电压和电流的，因而无论哪种组态的负反馈放大电路，通常还关心它们的电压放大倍数。

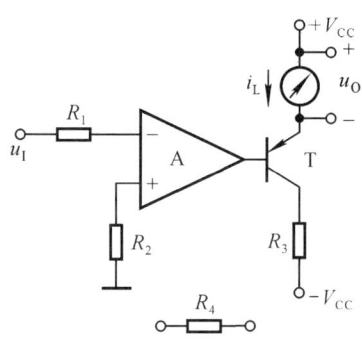
图 5.3.10 例 5.3.8 电路图

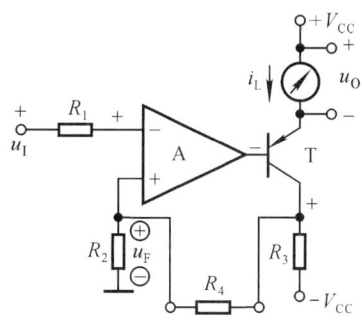
图 5.3.11 例 5.3.8 解图

（1）对于集成运放组成的放大电路，首先应确认电路中引入了负反馈，然后将集成运放参数理想化，利用其具有"虚短"和"虚断"的特点求解。求解时，首先列出关键节点的电流方程。所谓"关键节点"，指的是与输入、输出产生关系的节点，如集成运放的同相输入端和反相输入端。然后求解方程，即可得到输出量与输入量的关系，即放大倍数和电压放大倍数。

还可用下面所述分立元件负反馈放大电路的分析方法来求解由集成运放组成的负反馈放大电路。

（2）对于由分立元件组成的负反馈放大电路，在深度负反馈条件下，通过估算也可以方便地得到电压放大倍数。在分析放大倍数时，应首先正确判断电路的反馈组态；然后求解反馈系数 $\dot{F}$，最后得到放大倍数 $\dot{A}_f(\approx 1/\dot{F})$ 和电压放大倍数 $\dot{A}_{uf}$ 或 $\dot{A}_{usf}$。对于并联负反馈电路，通常求解其 $\dot{A}_{usf}(\dot{A}_{usf}=\dot{U}_o/\dot{U}_s$ 或 $A_{usf}=\Delta u_O/\Delta u_S)$；对于串联负反馈电路，通常求解 $\dot{A}_{uf}(\dot{A}_{uf}=\dot{U}_o/\dot{U}_i$ 或 $A_{uf}=\Delta u_O/\Delta u_S)$。求解过程可简述如下：

$$判断反馈组态 \to 分离出反馈网络 \to 求解\ \dot{F} \to 求解\ \dot{A}_f \to 求解\ \dot{A}_{uf}\ 或\ \dot{A}_{usf}$$

四种组态负反馈放大电路反馈系数和电压放大倍数的表达式如表 5.3.2 所示。

表 5.3.2 负反馈放大电路的反馈系数和电压放大倍数

反馈组态	$\dot{F}$	深度负反馈条件下 $\dot{A}_{uf}$ 或 $\dot{A}_{usf}$ 表达式
电压串联	$\dot{F}_{uu}=\dfrac{\dot{U}_f}{\dot{U}_o}$ 量纲为一	$\dot{A}_{uuf}=\dot{A}_{uf}=\dfrac{\dot{U}_o}{\dot{U}_i}\approx\dfrac{\dot{U}_o}{\dot{U}_f}=\dfrac{1}{\dot{F}_{uu}}$
电压并联	$\dot{F}_{iu}=\dfrac{\dot{I}_f}{\dot{U}_o}$ 电导	$\dot{A}_{usf}=\dfrac{\dot{U}_o}{\dot{U}_s}\approx\dfrac{\dot{U}_o}{\dot{I}_f R_s}=\dot{A}_{uif}\cdot\dfrac{1}{R_s}\approx\dfrac{1}{\dot{F}_{iu}}\cdot\dfrac{1}{R_s}$
电流串联	$\dot{F}_{ui}=\dfrac{\dot{U}_f}{\dot{I}_o}$ 电阻	$\dot{A}_{uf}=\dfrac{\dot{U}_o}{\dot{U}_i}\approx\dfrac{\dot{I}_o R_L'}{\dot{U}_f}=\dot{A}_{iuf}\cdot R_L'\approx\dfrac{1}{\dot{F}_{ui}}\cdot R_L'$
电流并联	$\dot{F}_{ii}=\dfrac{\dot{I}_f}{\dot{I}_o}$ 量纲为一	$\dot{A}_{usf}=\dfrac{\dot{U}_o}{\dot{U}_s}\approx\dfrac{\dot{I}_o R_L'}{\dot{I}_f R_s}=\dot{A}_{iif}\cdot\dfrac{R_L'}{R_s}\approx\dfrac{1}{\dot{F}_{ii}}\cdot\dfrac{R_L'}{R_s}$

表中 R_s 是信号源内阻，R_L' 是输出端总负载。

一、理想运放组成的负反馈放大电路的分析估算

【例 5.3.9】 已知电路如图 5.3.12 所示,集成运放为理想运放。试求解各电路的电压放大倍数。

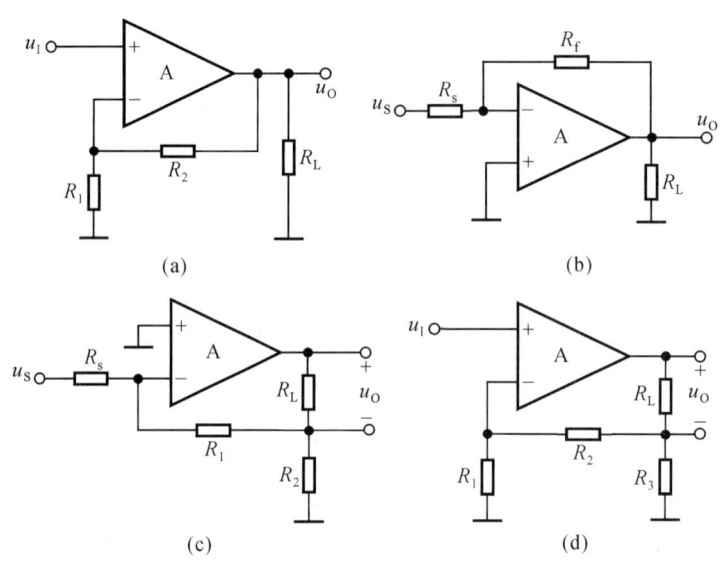

图 5.3.12 例 5.3.9 电路图

提示:本题考查是否掌握由集成运放组成的负反馈放大电路电压放大倍数的分析方法。本题所有电路均为集成运放组成的负反馈放大电路,因而均可视为深度负反馈电路。而且集成运放为理想运放,故可利用"虚短"和"虚断"的基本特点来求解电压放大倍数。

解:根据反馈的判断方法,图(a)电路中引入了电压串联负反馈,图(b)电路中引入了电压并联负反馈,图(c)电路中引入了电流并联负反馈,图(d)电路中引入了电流串联负反馈。

设集成运放同相输入端的电位为 u_P,反相输入端的电位为 u_N。

在图(a)电路中,因为 $u_P = u_N = u_1$,且 R_1 和 R_2 的电流相等,所以

$$u_O = \frac{u_1}{R_1} \cdot (R_1 + R_2)$$

$$A_u = \frac{\Delta u_O}{\Delta u_1} = 1 + \frac{R_2}{R_1}$$

在图(b)电路中,因为 $u_P = u_N = 0$,且 R_s 和 R_f 的电流相等,均为 u_S/R_s,所以

$$u_O = -\frac{u_S}{R_s} \cdot R_f$$

$$A_{us} = \frac{\Delta u_O}{\Delta u_S} = -\frac{R_f}{R_s}$$

在图(c)电路中,因为 $u_P = u_N = 0$,且 R_s 和 R_1 的电流相等,均为 u_S/R_s,所以 R_2 上的电压和电流分别为

$$u_{R_2} = -\frac{u_S}{R_s} \cdot R_1, \quad i_{R_2} = -\frac{u_S R_1}{R_s R_2}$$

负载电流等于 R_1 和 R_2 的电流之和,因此输出电压

$$u_O = (i_{R_1} + i_{R_2}) R_L = -\left(1 + \frac{R_1}{R_2}\right) \cdot \frac{u_S}{R_s} \cdot R_L$$

电压放大倍数

$$A_u = \frac{\Delta u_O}{\Delta u_S} = -\left(1 + \frac{R_1}{R_2}\right) \cdot \frac{R_L}{R_s}$$

在图(d)电路中,因为 $u_P = u_N = u_1$,且 R_1 和 R_2 的电流相等,均为 u_1/R_1,所以 R_3 上的电压和电流分别为

$$u_{R_3} = -\frac{u_1}{R_1}(R_1 + R_2), \quad i_{R_3} = -\frac{u_1(R_1 + R_2)}{R_1 R_3}$$

负载电流等于 R_2 和 R_3 的电流之和,因此输出电压

$$u_O = (i_{R_2} + i_{R_3}) R_L = \left[\frac{u_1}{R_1} + \frac{u_1(R_1 + R_2)}{R_1 R_3}\right] \cdot R_L = \frac{R_1 + R_2 + R_3}{R_1 R_3} \cdot R_L \cdot u_1$$

电压放大倍数

$$A_u = \frac{\Delta u_O}{\Delta u_1} = \frac{(R_1 + R_2 + R_3) R_L}{R_1 R_3}$$

实际上,对于上述电路还可以通过先求反馈系数后求电压放大倍数的方法来求解电路。例如,从表 5.3.2 可知,对于图(d)所示电流串联负反馈放大电路,电压放大倍数为

$$\dot{A}_u = \frac{1}{\dot{F}} \cdot R_L$$

可见,只要求出反馈系数,就可得到电压放大倍数。在图(d)中,R_1、R_2 和 R_3 构成反馈网络。负载电阻中的电流通过 R_1 和 R_2、R_3 两个支路分流,在 R_1 上得到的电压为反馈电压,故反馈系数

$$\dot{F} = \frac{\dot{U}_f}{\dot{I}_o} = \frac{R_1 R_3}{R_1 + R_2 + R_3}$$

电压放大倍数

$$\dot{A}_u = \frac{(R_1 + R_2 + R_3) R_L}{R_1 R_3}$$

两种方法求解结果相同。

二、分立元件负反馈放大电路的分析估算

【例 5.3.10】 试求解图 5.3.4 所示各电路在深度负反馈条件下的电压放大倍数。设电路中所有的电容对交流信号均可视为短路。

提示:本题考查是否掌握由分立元件负反馈放大电路在深度负反馈条件下电压放大倍数的估算方法。

由于分立元件负反馈放大电路结构复杂,分析时涉及放大电路的许多基本知识,尤其是电流负反馈电路的特殊性,估算电压放大倍数具有一定的难度。

在求解分立元件负反馈放大电路在深度负反馈条件下电压放大倍数时,通常采用先求反馈系数 $\dot{F}$、后根据表 5.3.2 求电压放大倍数的方法。由于 $\dot{F}$ 与 $\dot{A}_{uf}$(或 $\dot{A}_{usf}$)的符号相同,可以用瞬时极性法求得 $\dot{A}_{uf}$(或 $\dot{A}_{usf}$),由此判断 $\dot{F}$ 的符号。

解:图 5.3.4(a)所示电路引入了电压并联负反馈,反馈系数

$$\dot{F}_{iu} = \frac{\dot{I}_f}{\dot{U}_o} = \frac{-\dfrac{\dot{U}_o}{R_f}}{\dot{U}_o} = -\frac{1}{R_f}$$

在深度负反馈条件下,电压放大倍数

$$\dot{A}_{usf} = \frac{\dot{U}_o}{\dot{U}_s} \approx \frac{1}{\dot{F}_{iu}} \cdot \frac{1}{R_s} = -\frac{R_f}{R_s}$$

图 5.3.4(b)所示电路引入了电流并联交流负反馈。R_1 和 R_2 为反馈网络,它们对 T_2 集电极电流分流,R_1 的电流为反馈电流。利用瞬时极性法可得该电路的输出电压与输入电压同相。反馈系数

$$\dot{F}_{ii} = \frac{\dot{I}_f}{\dot{I}_o} = \frac{R_2}{R_1 + R_2}$$

在深度负反馈条件下,电压放大倍数

$$\dot{A}_{usf} = \frac{\dot{U}_o}{\dot{U}_s} \approx \frac{\dot{I}_o R_L'}{\dot{I}_f R_s} = \frac{1}{\dot{F}_{ii}} \cdot \frac{R_4 // R_L}{R_s} = \left(1 + \frac{R_1}{R_2}\right) \frac{R_4 // R_L}{R_s}$$

图 5.3.4(c)所示电路引入了电压串联负反馈,R_1、R_4 构成反馈网络,利用瞬时极性法可得输出电压与输入电压同相。反馈系数

$$\dot{F}_{uu} = \frac{\dot{U}_f}{\dot{U}_o} = \frac{R_1}{R_1 + R_4}$$

在深度负反馈条件下,电压放大倍数

$$\dot{A}_{uf} = \frac{\dot{U}_o}{\dot{U}_i} \approx \frac{1}{\dot{F}_{uu}} = 1 + \frac{R_4}{R_1}$$

图 5.3.4(d)所示电路引入了电流串联负反馈。R_3、R_4 和 R_7 构成反馈网络。T_3 管发射极电流先通过 R_3、R_4 和 R_7 分流,再通过 R_3、R_4 分压,在 R_3 上获得反馈电压。利用瞬时极性法可得输出电压与输入电压反相。反馈系数

$$\dot{F}_{ui} = \frac{\dot{U}_f}{\dot{I}_o} = -\frac{\dfrac{R_7 \dot{I}_o}{R_3 + R_4 + R_7} \cdot R_3}{\dot{I}_o} = -\frac{R_3 R_7}{R_3 + R_4 + R_7}$$

由于在交流通路中 $+V_{CC}$ 接"地",输出电压等于 T_3 管集电极动态电流在 R_6 和 R_L 并联电阻上的压降。在深度负反馈条件下的电压放大倍数

$$\dot{A}_{uf} = \frac{\dot{U}_o}{\dot{U}_i} \approx \frac{\dot{I}_o R_L'}{\dot{U}_f} = \frac{1}{\dot{F}_{ui}} \cdot R_L' = -\frac{(R_3 + R_4 + R_7)(R_6 // R_L)}{R_3 R_7}$$

三、负反馈放大电路的求解和故障分析

【例 5.3.11】 电路如图 5.3.13 所示,已知集成运放为理想运放,其输出电压的最大幅值为 ±12 V,输入电压为 0.1 V。填空:

(1) A_1 引入的交流负反馈的组态为_____,A_2 引入的交流负反馈的组态为_____;$A_{u1}=\dfrac{\Delta u_{O1}}{\Delta u_I}=$ _____,$A_{u2}=\dfrac{\Delta u_{O2}}{\Delta u_I}=$ _____,$A_u=\dfrac{\Delta u_O}{\Delta u_I}=$ _____(要求填写表达式和得数);电路的输入电阻 $R_i=$ _____,输出电阻 $R_o=$ _____;若仅看输入信号和输出信号的接法,则电路可等效为_____(填入四种接法之一)差分放大电路。

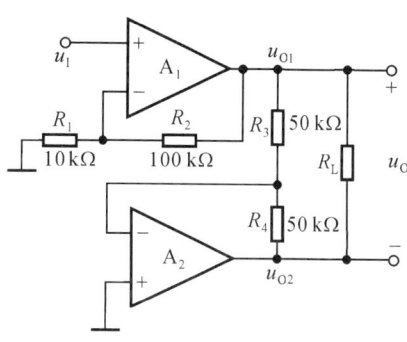

图 5.3.13 例 5.3.11 电路图

(2) 正常工作时,$u_O=$ _____ V;
(3) 若电阻 R_1 开路,则 $u_O=$ _____ V;
(4) 若电阻 R_1 短路,则 $u_O=$ _____ V;
(5) 若电阻 R_2 开路,则 $u_O=$ _____ V;
(6) 若电阻 R_2 短路,则 $u_O=$ _____ V;
(7) 若电阻 R_4 短路,则 $u_O=$ _____ V;
(8) 若电阻 R_4 开路,则 $u_O=$ _____ V。

提示:本题考查是否掌握反馈组态的判断、理想运放组成的放大电路动态参数的计算、差分放大电路四种接法的特点和负反馈放大电路的故障分析等,具有综合性。

当电路出现故障时,应重新识别电路。在本题中,应在故障条件下重新分析电路中是否还存在反馈,如有反馈则应分析反馈的性质和输出电压与输入电压的关系,从而估算出输出电压的数值。

解:(1) 根据反馈的判断方法,A_1 引入了电压串联负反馈。A_2 组成的负反馈放大电路以 u_{O1} 作为输入,引入了电压并联负反馈。由于集成运放为理想运放,引入的是深度负反馈,从"虚短"和"虚断"的基本特点出发,可得

$$A_{u1}=\frac{\Delta u_{O1}}{\Delta u_I}=1+\frac{R_2}{R_1}=11$$

$$A_{u2}=\frac{\Delta u_{O2}}{\Delta u_I}=\frac{\Delta u_{O2}}{\Delta u_{O1}}\cdot\frac{\Delta u_{O1}}{\Delta u_I}=-\frac{R_4}{R_3}\left(1+\frac{R_2}{R_1}\right)=-11$$

$$A_u=\frac{\Delta u_O}{\Delta u_I}=\frac{\Delta u_{O1}-\Delta u_{O2}}{\Delta u_I}=A_{u1}-A_{u2}=22$$

由于 A_1 为理想运放,且引入了深度串联负反馈,$R_i=\infty$。由于 A_1、A_2 均为理想运放,且都引入了深度电压负反馈,从它们的输出端看进去的输出电阻均为 0,故 $R_o=0$。

由于输入信号有一端接"地",输出信号没有接"地"点,电路可等效为单端输入、双端输出的差分放大电路。

(2) 在正常情况下,$u_O=A_u u_I=22\times 0.1$ V $=2.2$ V。

(3) 若电阻 R_1 开路,则虽然 A_1 引入的反馈组态没变,但 $u_{O1} = u_I$,因而 $u_{O2} = -u_{O1} = -u_I$,$u_O = 2u_I = 0.2$ V。

(4) 若电阻 R_1 短路,R_2 将接"地",则 A_1 处于开环状态,工作在非线性区。故 $u_{O1} = 12$ V,$u_{O2} = -u_{O1} = -12$ V,$u_O = u_{O1} - u_{O2} = 24$ V。

(5) 若电阻 R_2 开路,则 A_1 处于开环状态。与上题相同 $u_O = 24$ V。

(6) 电阻 R_2 短路,则虽然 A_1 引入的反馈组态没变,但 $u_{O1} = u_I$,因而与题(3)相同,$u_O = 2u_I = 0.2$ V。

(7) 电阻 R_4 短路时,反馈依然存在,但 $u_{O2} = 0$。u_{O1} 不变,仍为 1.1 V,因而 $u_O = u_{O1} - u_{O2} = 1.1$ V。

(8) 若电阻 R_4 开路,则 A_2 处于开环状态,$u_{O2} = -12$ V。u_{O1} 不变,仍为 1.1 V。因而 $u_O = u_{O1} - u_{O2} = 13.1$ V。

综上所述,答案为:(1) 电压串联、电压并联;$1 + \dfrac{R_2}{R_1} = 11$,$-\dfrac{R_4}{R_3}\left(1 + \dfrac{R_2}{R_1}\right) = -11$,$A_{u1} \cdot A_{u2} = 22$,$\infty$,0;单端输入、双端输出;(2) 2.2;(3) 0.2;(4) 24;(5) 24;(6) 0.2;(7) 1.1;(8) 13.1。

5.3.5 负反馈放大电路的稳定性

负反馈放大电路的稳定性是指电路是否会产生自激振荡,不可能产生自激振荡的称为稳定,否则称为不稳定。

【**例 5.3.12**】 图 5.3.14(a)所示放大电路环路增益的对数幅频特性如图 5.3.14(b)所示。
(1) 判断该电路是否会产生自激振荡,简述理由。
(2) 若电路产生了自激振荡,则应采取什么措施消振?要求在图 5.3.14(a)中画出来。
(3) 若仅有一个 50 pF 电容,分别接在三个三极管的基极和地之间均未能消振,则将其接在何处有可能消振?为什么?

提示:本题考查是否会读频率特性曲线,是否理解判断负反馈放大电路稳定性的方法和消振方法。

此类题目具有一定的综合性,内容涉及放大电路频率响应的基本知识、负反馈放大电路的稳定判据、对各级放大电路频率响应的定性分析和简单的消振方法。

滞后补偿的原则是在消振的前提下放大电路频带的变化尽可能小。为此,应在该放大电路中上限频率最低的那一级加消振电容,因而确定哪一级上限频率最低是关键。

在三级电压放大电路中,中间级常为主放大级,放大倍数的数值最大,使得放大管的 C'_π 最大,往往造成其上限频率最低,因而消振电容常加在中间级放大管的基极和地之间或 c-b 之间。

解:(1) 电路一定会产生自激振荡。

由图可知,$f_{H1} = 10^3$ Hz,$f_{H2} = 10^4$ Hz,$f_{H3} = 10^5$ Hz;即 $f_{H2} = 10 f_{H1}$,$f_{H3} = 10 f_{H2}$。根据频率响应的基本知识,在高频段,若 $f = 10 f_H$,则附加相移约为 $-90°$。

因此,在该电路中,当 $f = 10^3$ Hz 时附加相移为 $-45°$。当 $f = 10^4$ Hz 时,由 f_{H1} 所产生的附加相移约为 $-90°$,由 f_{H2} 所产生的附加相移为 $-45°$,因而总附加相移为 $-135°$。在 $f = 10^5$ Hz 时,由 f_{H1}、f_{H2} 所产生的附加相移均约为 $-90°$,由 f_{H3} 所产生的附加相移为 $-45°$,因而总附加相移约为 $-225°$。

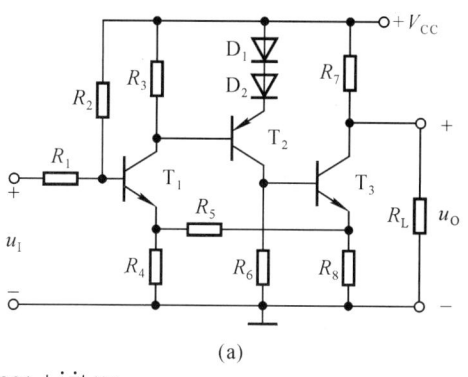

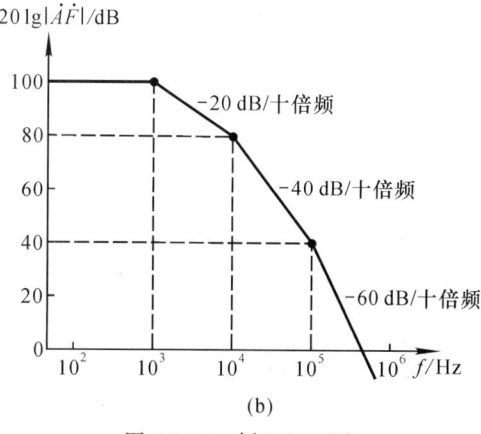

图 5.3.14 例 5.3.12 图

可见,产生 $-180°$ 附加相移的频率在 $10^4 \sim 10^5$ Hz 之间,由图可知,此时 $20\lg|\dot{A}\dot{F}|>0$ dB,故电路一定会产生自激振荡,不稳定。

(2) 可在晶体管 T_2 的基极与地之间加消振电容。

因为图示电路为三级共射放大电路,每一级晶体管的发射极均接电阻或二极管,故均引入了局部负反馈。由于第二级发射极所接二极管的动态电阻很小,负反馈最弱,故第二级电压放大倍数最大的可能性最大;因而 C''_π 可能最大,即第二级的上限频率可能最低,故可在晶体管 T_2 的基极与地或基极与集电极之间加消振电容。

由于该电路没有确切的参数,故上述结论只是按常规推测。若仅从消振的角度出发,而不考虑消振后频带的变化,那么改变哪一级的上限频率都能消振,上述做法不唯一。

(3) 可在晶体管基极和集电极之间加消振电容。因为根据密勒定理,等效在基极与地之间的电容比实际电容大得多,因此容易消振。

【例 5.3.13】 某负反馈放大电路的基本放大电路的对数幅频特性如图 5.3.15 所示,其反馈网络由纯电阻组成。试问:若要求电路不产生自激振荡,则反馈系数的上限值为多少分贝?简述理由。

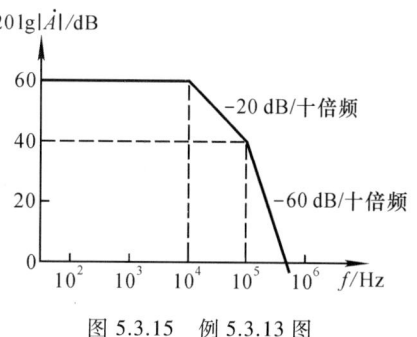

图 5.3.15 例 5.3.13 图

提示：本题考查是否能够读懂频率特性曲线，并从幅频特性推出相频特性；是否理解负反馈越深电路越容易产生自激振荡的道理，从而能够确定反馈系数的上限值。

解：由图可知，增益下降的最大斜率为 -60 dB/十倍频，说明该放大电路有三级，且 $f_{H1}=10^4$ Hz，$f_{H2}=f_{H3}=10^5$ Hz；$f_{H2}=f_{H3}=10f_{H1}$。当 $f=10^5$ Hz 时，由 f_{H1} 所产生的附加相移约为 $-90°$，由 f_{H2}、f_{H3} 所产生的附加相移均为 $-45°$，因而总附加相移约为 $-180°$。此时，引入负反馈后应使 $20\lg|\dot{A}\dot{F}|<0$，因为 $20\lg|\dot{A}|=40$ dB，故要求 $20\lg|\dot{F}|<-40$ dB。

5.4 习题解答

5.4.1 自测题

一、已知交流负反馈有四种组态：
A. 电压串联负反馈　　　　　　B. 电压并联负反馈
C. 电流串联负反馈　　　　　　D. 电流并联负反馈
选择合适的答案填入下列空格内，只填入 A、B、C 或 D。
(1) 欲得到电流-电压转换电路，应在放大电路中引入_____；
(2) 欲将电压信号转换成与之成比例的电流信号，应在放大电路中引入_____；
(3) 欲减小电路从信号源索取的电流，增强带负载能力，应在放大电路中引入_____；
(4) 欲从信号源获得更大的电流，并稳定输出电流，应在放大电路中引入_____。

解：根据表 5.1.1 可得：(1) B；(2) C；(3) A；(4) D。

二、判断图 T5.2 所示各电路中是否引入了反馈。若引入了反馈，则判断是正反馈还是负反

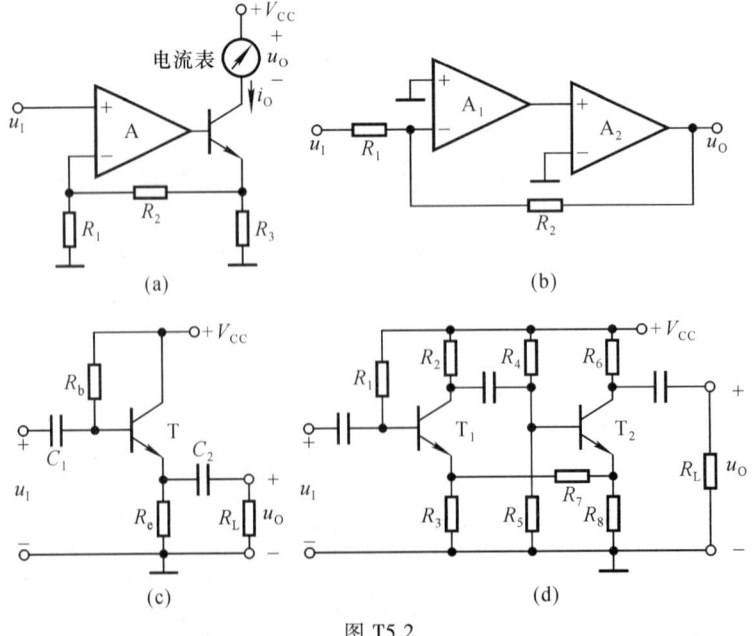

图 T5.2

馈;若引入了交流负反馈,则判断是哪种组态的负反馈,并求出反馈系数和深度负反馈条件下的电压放大倍数 $\dot{A}_{uf}$ 或 $\dot{A}_{usf}$。设图中所有电容对交流信号均可视为短路。

解:根据反馈的判断方法和表 5.1.2 所示深度负反馈条件下电压放大倍数的求解方法可得以下结论。

图(a)所示电路中引入了电流串联负反馈。R_1、R_2、R_3 构成反馈网络,i_o 在 R_2 和 R_3 所在回路分流后,在 R_1 上获得反馈电压,利用瞬时极性法判断,输出电流与输入电压符号相同。反馈系数和深度负反馈条件下的电压放大倍数 $\dot{A}_{uf}$ 分别为

$$\dot{F} = \frac{\dot{U}_f}{\dot{I}_o} = \frac{R_1 R_3}{R_1 + R_2 + R_3}$$

$$\dot{A}_{uf} = \frac{\dot{U}_o}{\dot{U}_i} \approx \frac{\dot{I}_o R_L}{\dot{U}_f} = \frac{1}{\dot{F}} \cdot R_L = \frac{R_1 + R_2 + R_3}{R_1 R_3} \cdot R_L$$

式中 R_L 为电流表的等效电阻。

图(b)所示电路中引入了电压并联负反馈。R_2 构成反馈网络,利用瞬时极性法可判断出输出电压与输入电流符号相反。反馈系数和深度负反馈条件下的电压放大倍数 $\dot{A}_{uf}$ 分别为

$$\dot{F} = \frac{\dot{I}_f}{\dot{U}_o} = -\frac{1}{R_2}$$

$$\dot{A}_{uf} = \frac{\dot{U}_o}{\dot{U}_i} \approx \frac{\dot{U}_o}{\dot{I}_f R_1} = \frac{1}{\dot{F}} \cdot \frac{1}{R_1} = -\frac{R_2}{R_1}$$

图(c)所示电路中引入了电压串联负反馈,输出电压全部反馈到输入回路,即 $\dot{U}_f = \dot{U}_o$。因而反馈系数和深度负反馈条件下的电压放大倍数 $\dot{A}_{uf}$ 分别为

$$\dot{F} = \frac{\dot{U}_f}{\dot{U}_o} = 1$$

$$\dot{A}_{uf} = \frac{\dot{U}_o}{\dot{U}_i} \approx \frac{\dot{U}_o}{\dot{U}_f} = 1$$

图(d)所示电路中引入了正反馈。

三、电路如图 T5.3 所示。

(1) 正确接入信号源和反馈,使电路的输入电阻增大,输出电阻减小;

(2) 若 $|\dot{A}_u| = \frac{\dot{U}_o}{\dot{U}_i} = 20$,则 R_f 应取多少千欧?

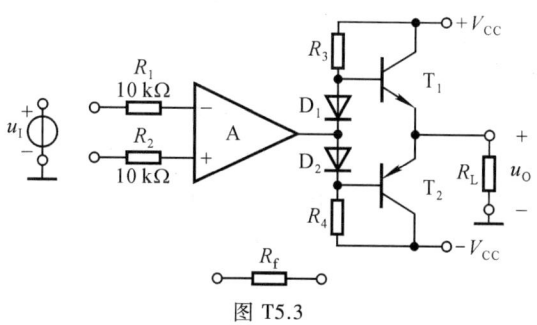

图 T5.3

解：(1) 应引入电压串联负反馈，如图解 T5.3 所示。

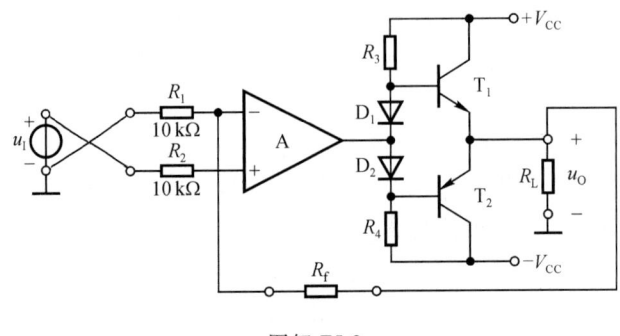

图解 T5.3

(2) 因为 $\dot{A}_u \approx 1 + \dfrac{R_f}{R_1} = 20$，将 $R_1 = 10 \text{ k}\Omega$ 代入，可得 $R_f = 190 \text{ k}\Omega$。

四、已知一个负反馈放大电路的基本放大电路的对数幅频特性如图 T5.4 所示，反馈网络由纯电阻组成。试问：若要求电路稳定工作，即不产生自激振荡，则反馈系数的上限值为多少分贝？简述理由。

解：观察幅频特性，$10^4 \text{ Hz} < f < 10^5 \text{ Hz}$ 曲线的下降速率为 $-20 \text{ dB}/$十倍频，而 $f > 10^5 \text{ Hz}$ 时幅频特性曲线的下降速率为 $-60 \text{ dB}/$十倍频，说明 $f_{H1} = 10^4 \text{ Hz}$，$f_{H2} = f_{H3} = 10^5 \text{ Hz}$。当 $f = 10^5 \text{ Hz}$ 时，$20\lg|\dot{A}| = 40 \text{ dB}$；由产生 f_{H1} 的回路引起的附加相移约为 $-90°$，由产生 f_{H2} 和 f_{H3} 的回路引起的附加相移均为 $-45°$，因而总的附加相移 $\varphi'_A = -180°$。为使电路不产生自激振荡，即当 $f = 10^5 \text{ Hz}$ 时，$20\lg|\dot{A}\dot{F}| < 0$，则需

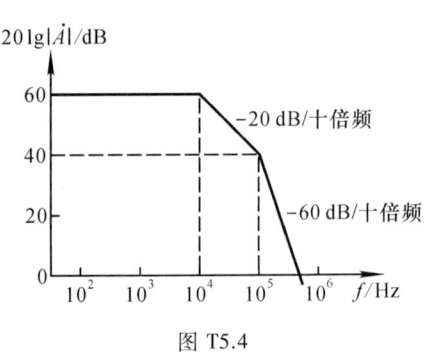

图 T5.4

$20\lg|\dot{F}| < -40 \text{ dB}$，即 $|\dot{F}| < 10^{-2}$

5.4.2 习题

5.1 选择合适的答案填入空内。

(1) 对于放大电路，所谓开环是指_____；

A. 无信号源　　　　　　　　B. 无反馈通路

C. 无电源　　　　　　　　　D. 无负载

而所谓闭环是指_____。

A. 考虑信号源内阻　　　　　B. 存在反馈通路

C. 接入电源　　　　　　　　D. 接入负载

(2) 在输入量不变的情况下，若引入反馈后_____，则说明引入的反馈是负反馈。

A. 输入电阻增大　　　　　　B. 输出量增大

C. 净输入量增大　　　　　　D. 净输入量减小

(3) 直流负反馈是指_____。

A. 直接耦合放大电路中所引入的负反馈

B. 只有放大直流信号时才有的负反馈

C. 在直流通路中的负反馈

(4) 交流负反馈是指_____。

A. 阻容耦合放大电路中所引入的负反馈

B. 只有放大交流信号时才有的负反馈

C. 在交流通路中的负反馈

(5) 为了实现下列目的,应引入

A. 直流负反馈　　　　　　　B. 交流负反馈

① 为了稳定静态工作点,应引入_____;

② 为了稳定放大倍数,应引入_____;

③ 为了改变输入电阻和输出电阻,应引入_____;

④ 为了抑制温漂,应引入_____;

⑤ 为了展宽频带,应引入_____。

解:(1) B;B。(2) D。(3) C。(4) C。(5) A;B;B;A;B。

5.2 选择合适答案填入空内。

A. 电压　　　　B. 电流　　　　C. 串联　　　　D. 并联

(1) 为了稳定放大电路的输出电压,应引入_____负反馈;

(2) 为了稳定放大电路的输出电流,应引入_____负反馈;

(3) 为了增大放大电路的输入电阻,应引入_____负反馈;

(4) 为了减小放大电路的输入电阻,应引入_____负反馈;

(5) 为了增大放大电路的输出电阻,应引入_____负反馈;

(6) 为了减小放大电路的输出电阻,应引入_____负反馈。

解:(1) A;(2) B;(3) C;(4) D;(5) B;(6) A。

5.3 分别指出下列说法中的错误。

(1) 为了改善放大电路的性能,电路中只能引入负反馈。

(2) 放大电路中引入的负反馈越强,电路的放大倍数就一定越稳定。

(3) 在图 T5.2(a)所示电路中 R_1 上的电压就是反馈电压。

(4) 既然电流负反馈稳定输出电流,那么必然稳定输出电压;既然电压负反馈稳定输出电压,那么也必然稳定输出电流;因此电流负反馈与电压负反馈没有本质的区别。

解:(1) 为了改善放大电路的性能,电路中也可引入正反馈,如自举电路。

(2) 放大电路中引入的负反馈太强,可能会产生自激振荡,电路无法正常放大。

(3) 在图 T5.2(a)所示电路中 R_1 上的电压既有输入电压作用的结果,又有输出电流 i_o 作用的结果,只有 i_o 在 R_1 上产生的电压才是反馈电压。

(4) 电压负反馈稳定输出电压,是指当某种因素引起输出电压变化时反馈的结果将使这种变化减小,使输出具有恒压源特性。例如,当负载电阻变化时,输出电压基本不变。

电流负反馈稳定输出电流,是指当某种因素引起输出电流变化时反馈的结果将使这种变化减小,使输出具有恒流源特性。因而,当负载电阻变化时输出电压应随着产生成比例的变化。

可见,电压负反馈和电流负反馈具有本质的区别。

5.4 判断图 P5.4 所示各电路中是否引入了反馈,是直流反馈还是交流反馈,是正反馈还是负反馈。设图中所有电容对交流信号均可视为短路。

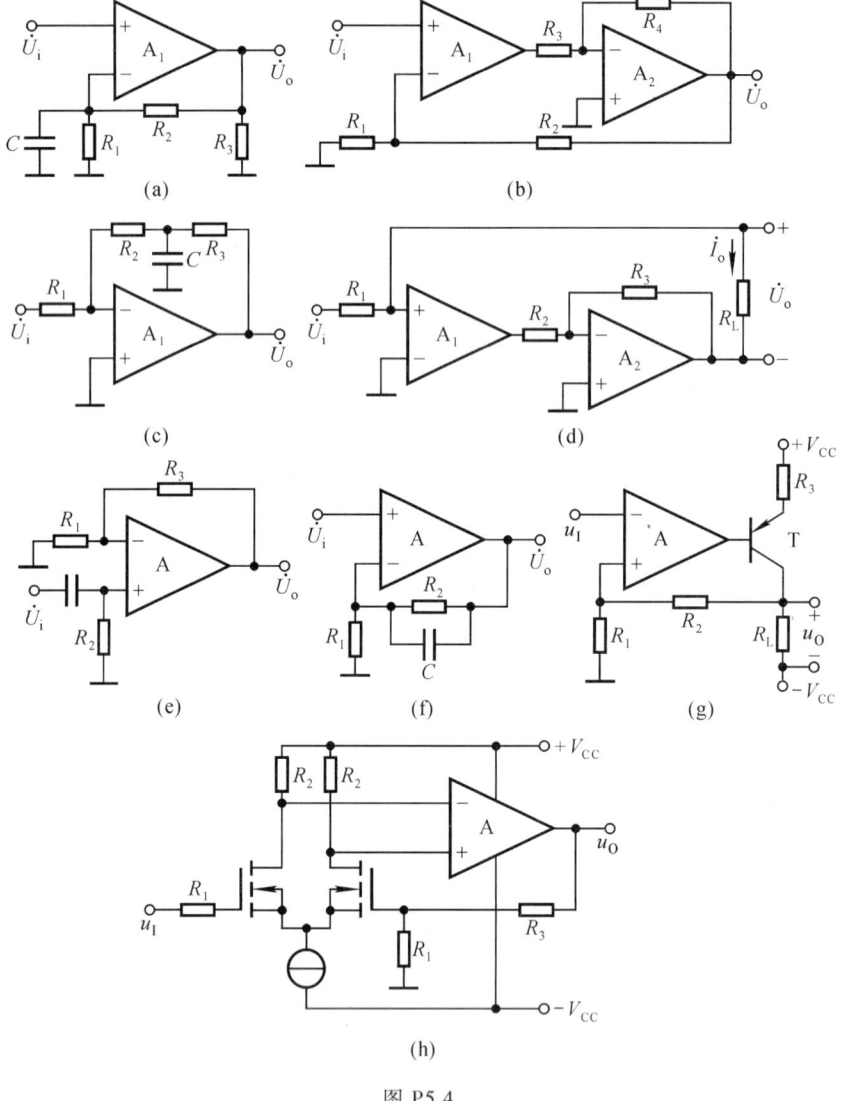

图 P5.4

解: 在图示电路中将电容开路,就得到它们的直流通路,可以看出,它们均引入了直流反馈。将图(a)、(c)、(e)、(f)所示电路中的电容短路就得到它们的交流通路,分别如图解 P5.4(a)、(b)、(c)、(d)所示。可以看出,图 P5.4(a)、(c)所示电路无交流反馈。利用反馈极性的判断方法,即可得到下列答案。

图 P5.4(a)所示电路中引入了直流负反馈。

图 P5.4(b)所示电路中引入了交、直流正反馈。

图 P5.4(c)所示电路中引入了直流负反馈。

图 P5.4(d)、(e)、(f)、(g)、(h)所示各电路中均引入了交、直流负反馈。

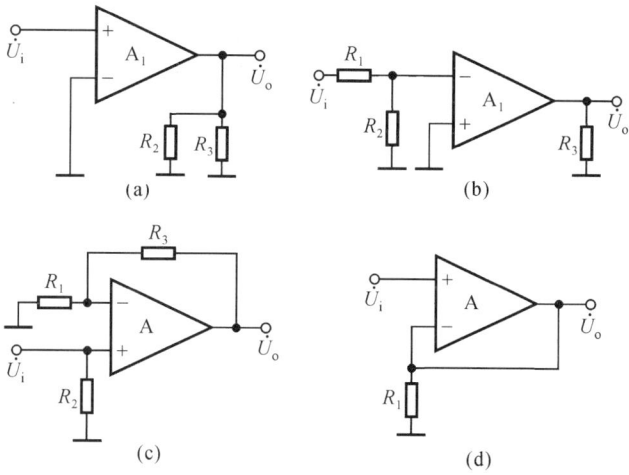

图解 P5.4

5.5 电路如图 P5.5 所示,要求同题 5.4。

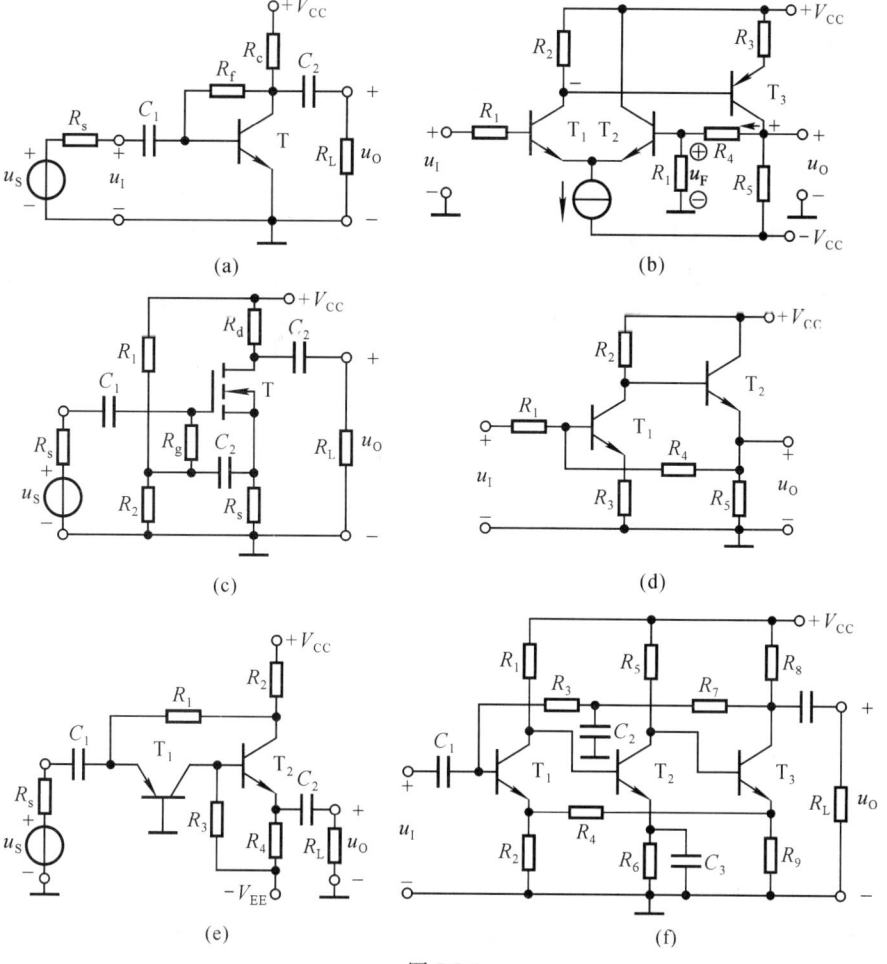

图 P5.5

解:将图 P5.5 所示电路中所有的电容开路即可得到它们的直流通路,可以看出它们均引入了直流反馈。利用瞬时极性法标出各电路中关键节点的瞬时极性以及反馈量的极性,如图解 P5.5 所示。分析可得:

图(a)所示电路中引入了交、直流负反馈。

图(b)所示电路中引入了交、直流负反馈。

图(c)所示电路中通过源极电阻 R_s 引入直流负反馈,通过 R_s、R_1、R_2 并联电阻引入交流负反馈,通过 C_2、R_g 引入交流正反馈。

图(d)、(e)所示各电路中均引入了交、直流负反馈。

图(f)所示电路中通过 R_3 和 R_7 引入直流负反馈,通过 R_4 引入交、直流负反馈。

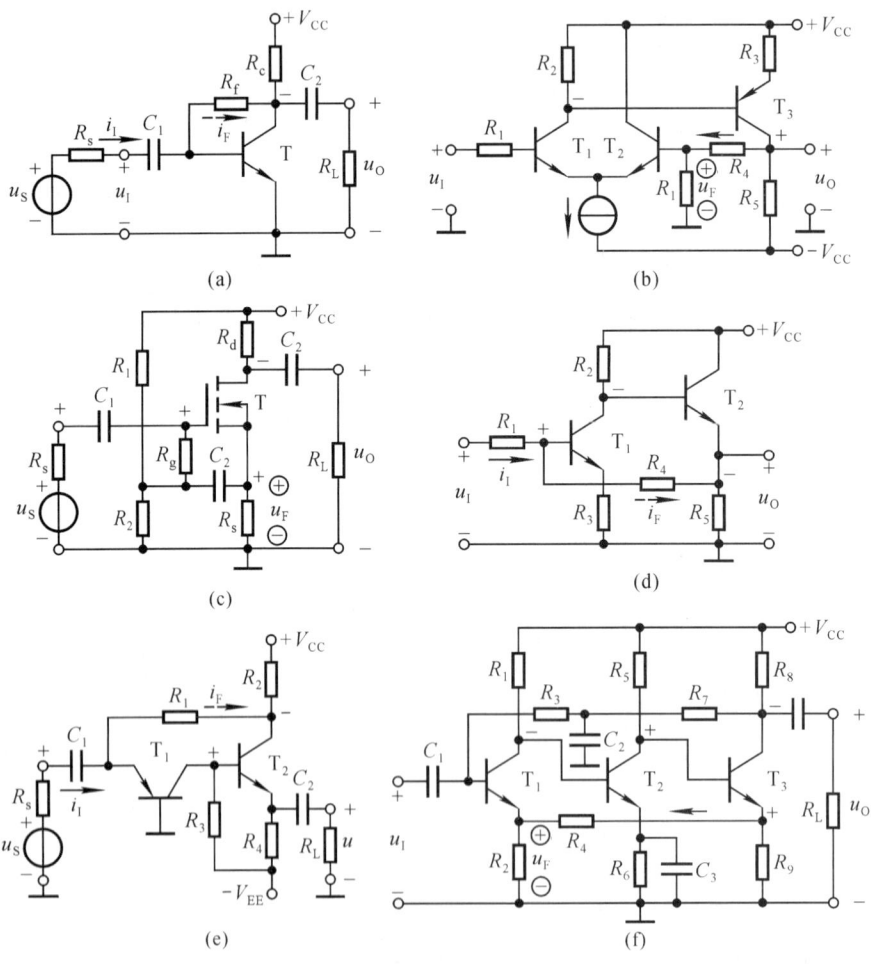

图解 P5.5

5.6 分别判断图 P5.4(d)~(h)所示各电路中引入了哪种组态的交流负反馈。

解:图 P5.4(d)所示电路引入了电流并联负反馈,图(e)、(f)、(g)、(h)所示各电路均引入了电压串联负反馈。

5.7 分别判断图 P5.5(a)、(b)、(e)、(f)所示各电路中引入了哪种组态的交流负反馈。

解：图(a)所示电路引入了电压并联负反馈,图(b)所示电路引入了电压串联负反馈,图(e)所示电路引入了电流并联负反馈,图(f)所示电路引入了电流串联负反馈。

5.8 分别估算图 P5.4(d)~(h)所示各电路在理想运放条件下的电压放大倍数。

解：在题 5.4 和题 5.6 中已对各电路反馈的极性和组态进行了分析,由于它们均引入了交流负反馈,在理想运放条件下,$\dot{U}_\text{p} = \dot{U}_\text{n}$,且净输入电流为零,故各电路的求解过程如下：

图 P5.4(d)：A_1 的同相输入端与反相输入端电位均为 0,而且输入电流就是 R_1 中的电流,且与输出电流相等,即

$$\dot{I}_\text{i} = \dot{I}_{R_1} = \dot{I}_\text{o}$$

$$\dot{A}_{uf} = \frac{\dot{U}_\text{o}}{\dot{U}_\text{i}} = \frac{\dot{I}_\text{o} R_\text{L}}{\dot{I}_\text{i} R_1} = \frac{\dot{I}_\text{o} R_\text{L}}{\dot{I}_\text{f} R_1} = \frac{R_\text{L}}{R_1}$$

图 P5.4(e)：A 的同相输入端与反相输入端电位均为输入电压,R_3 的电流等于 R_1 的电流,即

$$\dot{U}_\text{p} = \dot{U}_\text{n} = \dot{U}_\text{i}$$

$$\dot{I}_{R_3} = \dot{I}_{R_1} = \frac{\dot{U}_\text{i}}{R_1}$$

输出电压为 R_3 电压和 R_1 电压之和,即

$$\dot{U}_\text{o} = \dot{I}_{R_1}(R_1 + R_3) = \frac{\dot{U}_\text{i}}{R_1}(R_1 + R_3)$$

所以

$$\dot{A}_{uf} = \frac{\dot{U}_\text{o}}{\dot{U}_\text{i}} = \frac{\dot{U}_\text{o}}{\dot{U}_\text{f}} = 1 + \frac{R_3}{R_1}$$

图 P5.4(f)：因为 $\dot{U}_\text{o} = \dot{U}_\text{n} = \dot{U}_\text{p} = \dot{U}_\text{i}$,所以

$$\dot{A}_{uf} = \frac{\dot{U}_\text{o}}{\dot{U}_\text{i}} = 1$$

图 P5.4(g)：与图 P5.4(e)类似,故

$$\dot{A}_{uf} = \frac{\dot{U}_\text{o}}{\dot{U}_\text{i}} = \frac{\dot{U}_\text{o}}{\dot{U}_\text{p}} = 1 + \frac{R_2}{R_1}$$

图 P5.4(h)：反馈电压等于输入电压,R_1、R_3 电流相等,且输出电压等于 R_1 和 R_3 电压之和,故

$$\dot{A}_{uf} = \frac{\dot{U}_\text{o}}{\dot{U}_\text{i}} = \frac{\dot{U}_\text{o}}{\dot{U}_\text{f}} = 1 + \frac{R_3}{R_1}$$

5.9 分别估算图 P5.5(a)、(b)、(e)、(f)所示各电路在深度负反馈条件下的电压放大倍数。

解：在题 5.5 和题 5.7 中已对各电路反馈的极性和组态进行了分析,它们均引入了交流负反馈。根据表 5.1.2,在深度负反馈条件下各电路的反馈系数和电压放大倍数分析如下：

图 P5.5(a)：引入了电压并联负反馈,反馈系数 $\dot{F} = \dot{I}_\text{f}/\dot{U}_\text{o} = -R_\text{f}$,故

$$\dot{A}_{usf} = \frac{\dot{U}_o}{\dot{U}_s} \approx \frac{\dot{U}_o}{\dot{I}_f R_s} = \frac{1}{\dot{F}} \cdot \frac{1}{R_s} = -\frac{R_f}{R_s}$$

图 P5.5(b)：引入了电压串联负反馈，反馈系数和电压放大倍数为

$$\dot{F} = \frac{\dot{U}_f}{\dot{U}_o} = \frac{R_1}{R_1 + R_4}$$

$$\dot{A}_{uf} = \frac{\dot{U}_o}{\dot{U}_i} \approx \frac{\dot{U}_o}{\dot{U}_f} = \frac{1}{\dot{F}} = 1 + \frac{R_4}{R_1}$$

图 P5.5(e)：引入了电流并联负反馈，反馈系数和电压放大倍数为

$$\dot{F} = \frac{\dot{I}_f}{\dot{I}_o} = \frac{R_2}{R_1 + R_2}$$

$$\dot{A}_{usf} = \frac{\dot{U}_o}{\dot{U}_s} \approx \frac{\dot{I}_o(R_4 /\!/ R_L)}{\dot{I}_f R_s} = \frac{1}{\dot{F}} \cdot \frac{R'_L}{R_s} = \left(1 + \frac{R_1}{R_2}\right) \cdot \frac{R'_L}{R_s}$$

图 P5.5(f)：引入了电流串联负反馈，反馈系数和电压放大倍数为

$$\dot{F} = \frac{\dot{U}_f}{\dot{I}_o} = -\frac{R_2 R_9}{R_2 + R_4 + R_9}$$

$$\dot{A}_{uf} = \frac{\dot{U}_o}{\dot{U}_i} \approx \frac{\dot{I}_o(R_7 /\!/ R_8 /\!/ R_L)}{\dot{U}_f} = \frac{1}{\dot{F}} \cdot (R_7 /\!/ R_8 /\!/ R_L)$$

$$= -\frac{(R_2 + R_4 + R_9)(R_7 /\!/ R_8 /\!/ R_L)}{R_2 R_9}$$

5.10 电路如图 P5.10 所示，已知集成运放为理想运放，最大输出电压幅值为 ±14 V。填空：

电路引入了_____（填入反馈组态）交流负反馈，电路的输入电阻趋近于_____，电压放大倍数 $A_{uf} = \Delta u_O / \Delta u_I =$ _____。设 $u_I = 1$ V，则 $u_O =$ _____V；若 R_1 开路，则 u_O 变为_____V；若 R_1 短路，则 u_O 变为_____V；若 R_2 开路，则 u_O 变为_____V；若 R_2 短路，则 u_O 变为_____V。

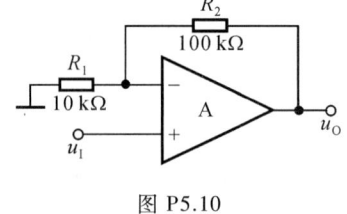

图 P5.10

解：电压串联，无穷大，11。11；1；14；14；1。

5.11 已知一个电压串联负反馈放大电路的电压放大倍数 $A_{uf} = 20$，其基本放大电路的电压放大倍数 A_u 的相对变化率为 1% 时 A_{uf} 的相对变化率为 0.01%，求出 F 和 A_u 各为多少；并以集成运放为放大电路画出电路图来，标注出各电阻值。

解：先求解 AF，再根据深度负反馈的特点求解 A。

因为 $AF \approx \dfrac{1\%}{0.01\%} = 100 \gg 1$，所以

$$F \approx \frac{1}{A_f} = \frac{1}{20} = 0.05$$

$$A_u = A = \frac{AF}{F} \approx 2\,000$$

电路如图解 P5.11 所示。

5.12 已知负反馈放大电路的 $\dot{A}=\dfrac{10^4}{\left(1+\mathrm{j}\dfrac{f}{10^4}\right)\left(1+\mathrm{j}\dfrac{f}{10^5}\right)^2}$。

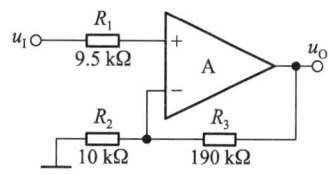

图解 P5.11

试分析：为了使放大电路能够稳定工作（即不产生自激振荡），反馈系数的上限值为多少？

解：根据放大倍数表达式可知，放大电路中频段增益为 80 dB，高频段有三个截止频率，分别为 $f_{H1}=10^4$ Hz，$f_{H2}=f_{H3}=10^5$ Hz。

因为 $f_{H2}=f_{H3}=10f_{H1}$，所以，当 $f=f_{H2}=f_{H3}$ 时，因 f_{H1} 所在回路引起的附加相移约为 $-90°$，增益下降 20 dB；因 f_{H2}、f_{H3} 所在回路引起的附加相移各为 $-45°$，增益各下降 3 dB；所以 $|\dot{A}|$ 约为 54 dB，附加相移约为 $-180°$。为了使 $f=f_{H2}=f_{H3}$ 时的 $20\lg|\dot{A}\dot{F}|$ 小于 0 dB，即不满足自激振荡的幅值条件，反馈系数 $20\lg|\dot{F}|$ 的上限值应为 -54 dB，即 $\dot{F}$ 的上限值约为 0.002。

5.13 以集成运放作为放大电路，引入合适的负反馈，分别达到下列目的，要求画出电路图。
(1) 实现电流-电压转换电路；
(2) 实现电压-电流转换电路；
(3) 实现输入电阻高、输出电压稳定的电压放大电路；
(4) 实现输入电阻低、输出电流稳定的电流放大电路。

解：(1) 应引入电压并联负反馈；(2) 应引入电流串联负反馈；(3) 应引入电压串联负反馈；(4) 应引入电流并联负反馈。实现(1)~(4)的参考电路分别如图解 P5.13(a)~(d)所示。

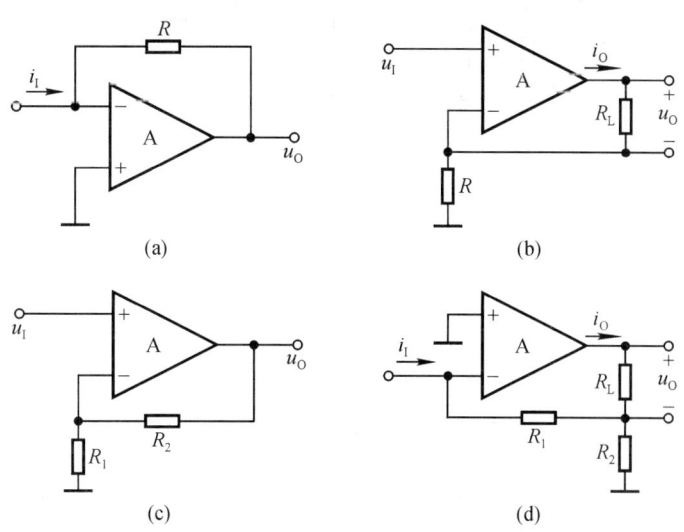

图解 P5.13

5.14 电路如图 P5.14 所示。
(1) 试通过电阻引入合适的交流负反馈，使输入电压 u_I 转换成稳定的输出电流 i_L；
(2) 若 $u_I=0\sim 5$ V，$i_L=0\sim 10$ mA，则反馈电阻 R_f 应取多少？

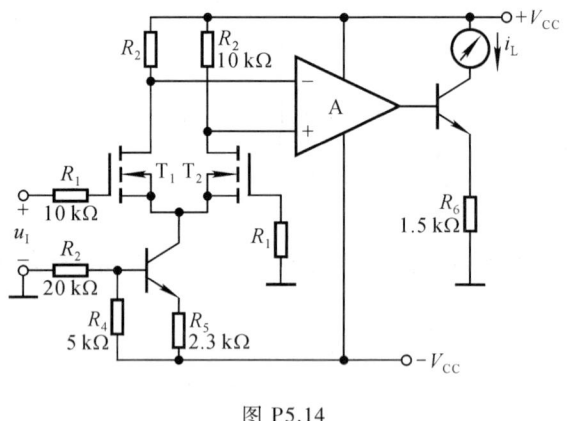

图 P5.14

解:(1) 引入电流串联负反馈,通过电阻 R_f 将晶体管的发射极与 T_2 管的栅极连接起来,如图解 P5.14 所示。

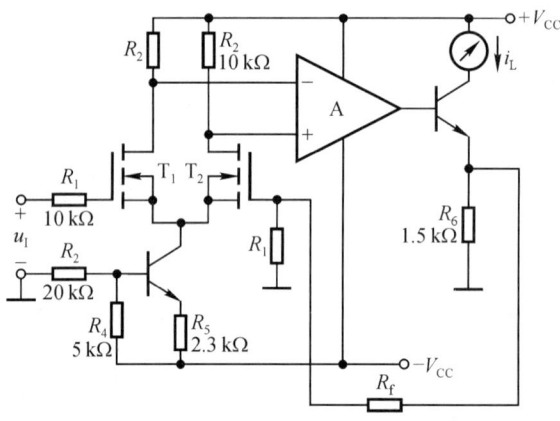

图解 P5.14

(2) 首先求解 $\dot{F}$,再根据 $\dot{A}_f \approx 1/\dot{F}$ 求解 R_f。

$$\dot{F} = \frac{R_1 R_6}{R_1 + R_f + R_6}$$

$$\dot{A}_f \approx \frac{R_1 + R_f + R_6}{R_1 R_6}$$

代入数据,$\dfrac{10 + R_f + 1.5}{10 \times 1.5} = \dfrac{10}{5}$,所以 $R_f = 18.5$ kΩ。

5.15 图 P5.15(a) 所示放大电路 $\dot{A}\dot{F}$ 的波特图如图(b) 所示。

(1) 判断该电路是否会产生自激振荡,简述理由。

(2) 若电路产生了自激振荡,则应采取什么措施消振?要求在图 P5.15(a) 中画出来。

(3) 若仅有一个 50 pF 的电容,分别接在三个晶体管的基极和地之间均未能消振,则将其接在何处有可能消振?为什么?

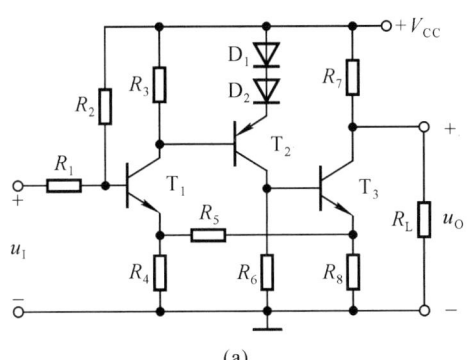

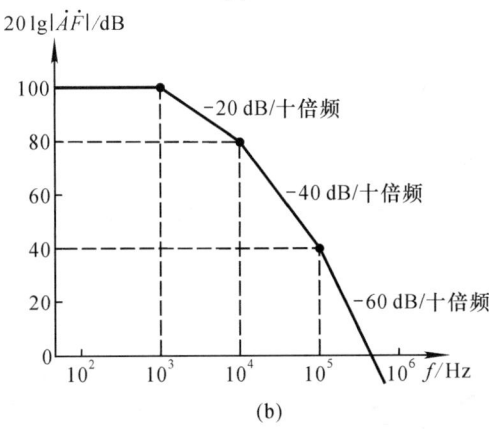

图 P5.15

解:(1) 电路一定会产生自激振荡。因为在 $f=10^3\mathrm{Hz}$ 时附加相移为 $-45°$,在 $f=10^4\mathrm{Hz}$ 时附加相移约为 $-135°$,在 $f=10^5\mathrm{Hz}$ 时附加相移约为 $-225°$,因此附加相移为 $-180°$ 的频率在 $10^4\sim10^5\mathrm{Hz}$ 之间,此时 $|\dot{A}\dot{F}|>0$,故一定会产生自激振荡。

(2) 可在晶体管 T_2 的基极与地之间加消振电容。消振方法不是唯一的。

(3) 可在晶体管 T_2 基极和集电极之间加消振电容。因为根据密勒定理,等效在基极与地之间的电容比实际电容大得多,因此容易消振。

5.16 试分析图 P5.16 所示电路中是否引入了正反馈(即构成自举电路),如有,则在电路中标出,并简述正反馈起什么作用。设电路中所有电容对交流信号均可视为短路。

解:图 P5.16 所示电路中通过 C_2、R_3 引入了正反馈,作用是提高输入电阻,改善跟随特性。

5.17 电路如图 P5.4(b) 所示,已知 A_1、A_2 均为理想运放,其最大输出电压幅值 $\pm U_{\mathrm{OM}}=\pm14\mathrm{~V}$;$R_1=R_3=10\mathrm{~k\Omega}$,$R_2=R_4=100\mathrm{~k\Omega}$;输入电压 $u_1=1\mathrm{~V}$。回答下列问题:

(1) 正常情况下 $u_0=$ _____ V;

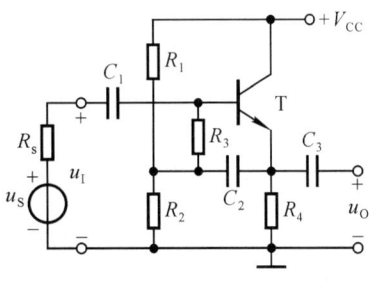

图 P5.16

(2) 若 R_1 开路,则 $u_O =$ _____ V;若 R_1 短路,则 $u_O =$ _____ V;
(3) 若 R_2 开路,则 $u_O =$ _____ V;若 R_2 短路,则 $u_O =$ _____ V;
(4) 若 R_4 开路,则 $u_O =$ _____ V;若 R_4 短路,则 $u_O =$ _____ V;
(5) 简化电路,利用一个集成运放实现与原图同样功能,画出电路图。

解:(1) 由于电路引入了电压串联负反馈,正常情况下,$u_O = \left(1 + \dfrac{R_2}{R_1}\right) \cdot u_I$,故 $u_O = 11$ V。

(2) 若 R_1 开路,则电路变为电压跟随器,故 $u_O = 1$ V;若 R_1 短路,则 A_1 处于开环状态,导致 $u_O = -14$ V。

(3) 若 R_2 开路,则电路没有了级间反馈,故 $u_O = 14$ V;若 R_2 短路,则电路变为电压跟随器,故 $u_O = 1$ V。

(4) 若 R_4 开路,则电路的级间反馈没变,只是基本放大电路的电压放大倍数数值更大,反馈更深,故 $u_O = 11$ V;若 R_4 短路,则 A_2 变成电压跟随器,由于 A_2 的同相输入端接地,故 $u_O = 0$ V。

(5) 简化后的电路如图解 P5.17 所示。

5.18 测试 NPN 型晶体管穿透电流的电路如图 P5.18 所示。

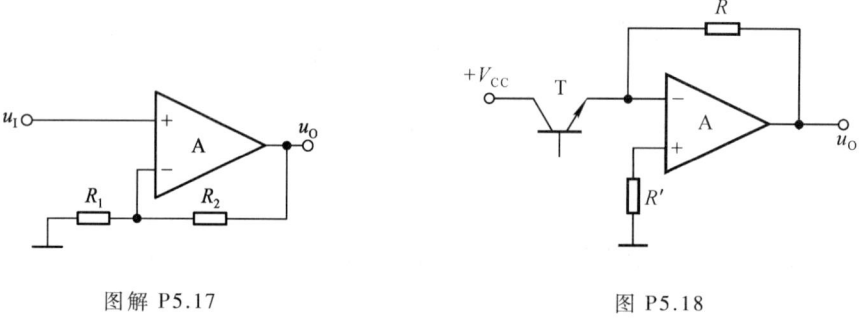

图解 P5.17　　　　　　图 P5.18

(1) 电路中引入了哪种反馈?测试晶体管穿透电流的原理是什么?
(2) 选择合适的 R,在 Multisim 环境下测试四种型号晶体管的穿透电流。

解:(1) 电路中引入了电压并联负反馈。若集成运放为理想运放,则 R 的电流等于 T 的穿透电流 I_{CEO},因此输出电压 $U_O = -I_{CEO}R$。

但是,由于实际集成运放的输入电阻不是无穷大,失调因素不为零;又由于基极开路时,晶体管 c-e 间电阻很大,而为了使输出电压不至于太小,R 的取值也不能太小,故选择高阻型、高精度的集成运放,会使测试数据准确些。而且需测得 R 两端的电位,来求得 I_{CEO},即

$$I_{CEO} = \dfrac{U_N - U_O}{R}$$

(2) 测试电路如图解 P5.18 所示,测得的几种型号晶体管的数据如表解 P5.18 所示,其中 BC177AP 为 PNP 型管,其余三个为 NPN 型管,它们是随机选取的。

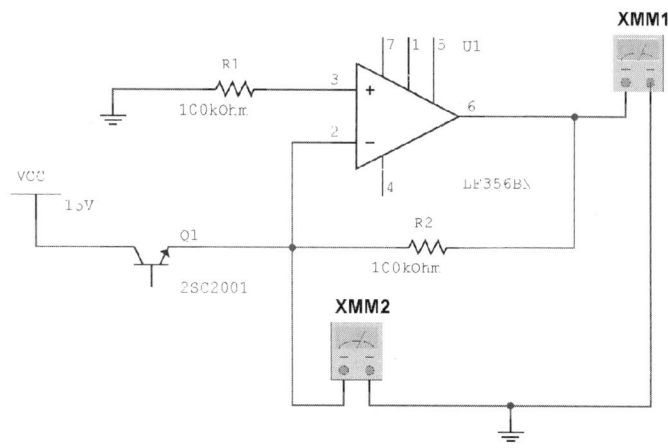

图解 P5.18

表解 P5.18

型号	2N2222A	2SC2001	MPS2924	BC177AP
U_N/mV	2.977	2.977	2.977	2.977
U_O/mV	2.907	2.961	2.973	2.986
I_{CEO}/nA	0.07	0.16	0.04	0.09

5.19 测试 N 沟道场效应管夹断电压（或开启电压）的电路如图 P5.19 所示。

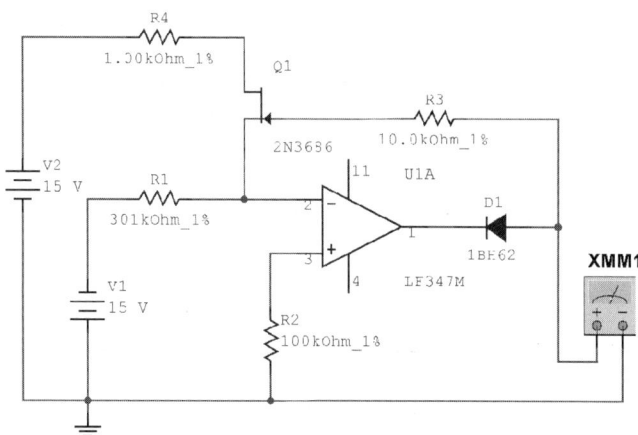

图 P5.19

(1) 分析电路的测试原理,并在 Multisim 环境下测试五种不同型号场效应管的夹断电压(或开启电压)。所选场效应管应具有典型性。

(2) 修改电路,使之能够测试 P 沟道场效应管的夹断电压(或开启电压),并进行仿真。

解:(1) 因电路中引入负反馈,可认为集成运放的两个输入端电位近似为零,净输入电流近似为零,因此源极电流

$$I_\text{S} \approx \frac{V_1}{R_1}$$

为使 $I_\text{S}=5\ \mu\text{A}$,实际选取 V_1 为 $0.5\ \text{V}$,R_1 为 $100\ \text{k}\Omega$,如图解 P5.19 所示。此时输出电压的值近似等于场效应管的夹断电压或开启电压。因为集成运放反相输入端的电位只有几毫伏,所以可以忽略它所引起的测量误差。

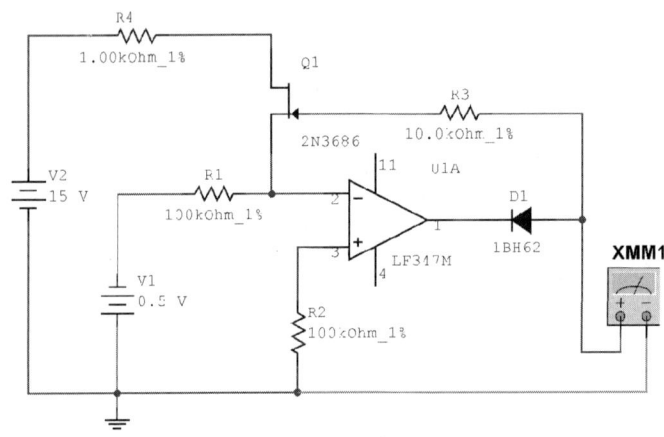

图解 P5.19

所测得的五种场效应管的夹断电压或开启电压以及管子的类型如表解 P5.19 所示。

表解 P5.19

型号	2N3686	2SK330	2N7000	BSD215	BSS83
管子类型	结型	结型	MOS	MOS	大功率 MOS
$U_\text{GS(off)}/\text{V}$	-0.87	-2.1			
$U_\text{GS(th)}/\text{V}$			2.015	0.998	1.698

(2) 在图解 P5.19 中,将 V_2 改为 $-15\ \text{V}$,V_1 改为 $-0.5\ \text{V}$,二极管 D_1 反接,即可用于测 P 沟道场效应管的夹断电压或开启电压。例如,测得型号为 2N2608 的结型 P 沟道场效应管的夹断电压为 $2.357\ \text{V}$,型号为 2N2608 的 P 沟道 MOS 管的开启电压为 $-2.405\ \text{V}$。

5.20 图 P5.20 所示为简易测试集成运放开环差模增益的电路。因集成运放的上限频率很

低,开环差模增益很高,故输入为低频正弦波小信号(如频率为 10 Hz、峰值 U_{ip} 为 10 mV),测得输出电压峰值为 U_{op},即可得开环差模放大倍数。

C 为耦合电容,故应取值足够大。

(1) 分析电路中的反馈,说明测量原理,求出开环差模放大倍数的表达式。

(2) 在 Multisim 环境下仿真,测试不同型号集成运放的开环差模增益。

解:(1) 在图示电路中通过 R_2 和 R_3 引入了负反馈。当有交流信号输入时,由于集成运放的输入电阻远大于 R_1(50 Ω),故其净输入电压

$$\dot{U}_d \approx \dot{U}_n \approx \frac{R_1}{R_1+R_2} \cdot \dot{U}_i$$

图 P5.20

如果能够较准确地测出输出电压,则开环差模增益

$$A_{od} \approx \left| \frac{\dot{U}_o}{\dot{U}_n} \right| \approx \left(1+\frac{R_2}{R_1}\right) \left| \frac{\dot{U}_o}{\dot{U}_i} \right|$$

为了更接近实际的 A_{od},在 Multisim 中可直接测试 $\dot{U}_n$、$\dot{U}_p$ 和 $\dot{U}_o$,得

$$A_{od} \approx \left| \frac{\dot{U}_o}{\dot{U}_n-\dot{U}_p} \right|$$

实际测试发现 $\dot{U}_p$ 可忽略不计,因而

$$A_{od} \approx \left| \frac{\dot{U}_o}{\dot{U}_n} \right|$$

(2) 在 Multisim 环境下的测试电路如图解 P5.20 所示。仿真,测试不同型号集成运放的开环差模增益。

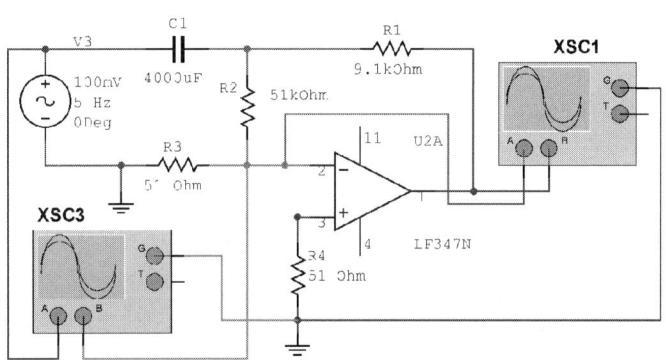

图解 P5.20

为测试方便,需观察 XSC1,调整 C_1 使 $\dot{U}_o$ 和 $\dot{U}_n$ 为反相,读出它们的峰值,即得开环差模增益。需要指出的是,对不同型号的集成运放,需对信号源及 C_1 参数作适当的调整,图解 P5.20 是测试 LF347N 时的参数。测试结果:输出电压峰值为 10.481 V,反相输入端峰值电压为 -105.388 μV,故 $A_d \approx 99\,451.5$,约 100 dB。

第六章　信号的运算和处理

本章主要讲述理想运放的参数特点、基本运算电路和有源滤波电路。基本运算电路和有源滤波电路中的集成运放均工作在线性区。

6.1 内容概要

本章的重点是运算电路的结构特点、由集成运放和模拟乘法器组成的基本运算电路以及运算电路的分析方法,其次是滤波电路的有关概念、四种有源滤波电路的幅频特性和用途以及滤波电路的识别和分析方法。

6.1.1 理想运放及其线性工作区

理想运放的差模放大倍数 A_{od}、差模输入电阻 r_{id}、共模抑制比 K_{CMR}、上限频率 f_H 均为无穷大;输入失调电压 U_{OS} 及其温漂 $\mathrm{d}U_{OS}/\mathrm{d}t$、输入失调电流 I_{OS} 及其温漂 $\mathrm{d}I_{OS}/\mathrm{d}t$,以及噪声均为零。

只有引入负反馈,集成运放才工作在线性区,如图 6.1.1 所示;反馈网络为电阻、电容网络。理想运放工作在线性区时具有两个特点:

(1) 净输入电压为零,称为"虚短",即 $u_N = u_P$;

(2) 净输入电流为零,称为"虚断",即 $i_N = i_P = 0$。

它们是分析运算电路和有源滤波电路的基本出发点。

若集成运放不引入反馈或仅引入正反馈,则工作在非线性区。集成运放工作在非线性区时,输出电压只有两种可能的情况,不是 $+U_{OM}$,就是 $-U_{OM}$;同时其净输入电流也为零。

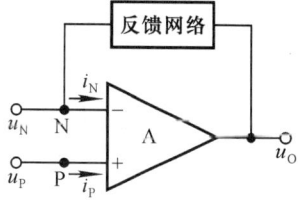

图 6.1.1　集成运放引入负反馈

6.1.2 基本运算电路

一、基本运算电路一览

集成运放引入电压负反馈后,可以实现模拟信号的比例、加减、积分、微分、对数和指数等各种基本运算。其电路如图 6.1.2 所示,在集成运放两个输入端外接总电阻相等(即 $R_P = R_N$)时,运算关系式如表 6.1.1。

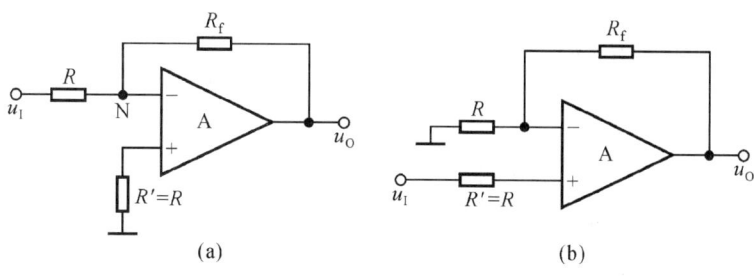

(a)　　　　　　　　　(b)

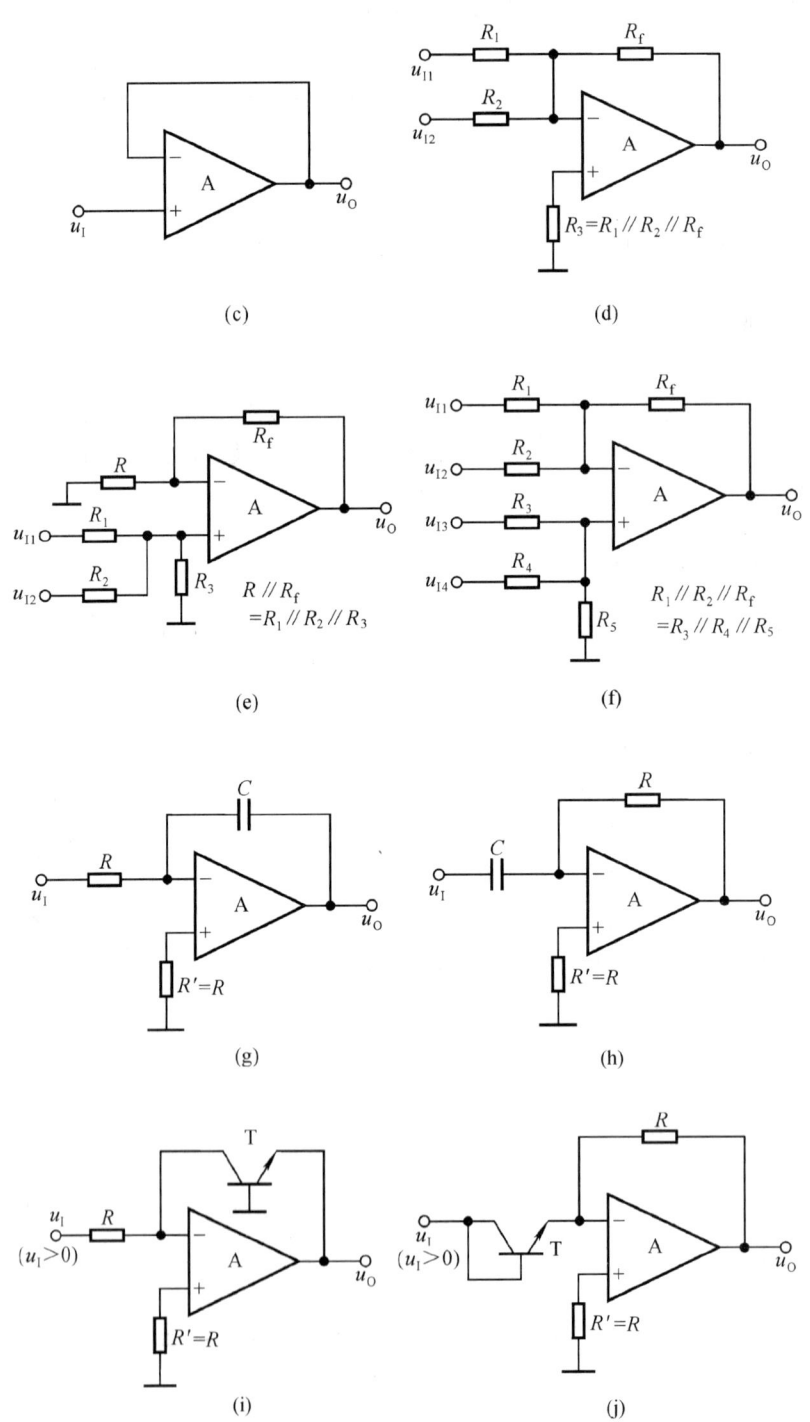

图 6.1.2　基本运算电路

(a) 反相比例运算　(b) 同相比例运算　(c) 电压跟随器　(d) 反相求和运算　(e) 同相求和运算
(f) 加减运算　(g) 积分运算　(h) 微分运算　(i) 对数运算　(j) 指数运算

表 6.1.1 基本运算电路一览表

电路名称		电路	运算关系式
比例运算电路	反相比例	图 6.1.2(a)	$u_O = -\dfrac{R_f}{R} u_I$
	同相比例	图 6.1.2(b)	$u_O = \left(1 + \dfrac{R_f}{R}\right) u_I$
	电压跟随器	图 6.1.2(c)	$u_O = u_I$
加减运算电路	反相求和	图 6.1.2(d)	$u_O = -\dfrac{R_f}{R_1} \cdot u_{I1} - \dfrac{R_f}{R_2} \cdot u_{I2}$
	同相求和	图 6.1.2(e)	$u_O = \dfrac{R_f}{R_1} \cdot u_{I1} + \dfrac{R_f}{R_2} \cdot u_{I2}$
	加减运算	图 6.1.2(f)	$u_O = \dfrac{R_f}{R_3} \cdot u_{I3} + \dfrac{R_f}{R_4} \cdot u_{I4} - \dfrac{R_f}{R_1} \cdot u_{I1} - \dfrac{R_f}{R_2} \cdot u_{I2}$
积分运算电路		图 6.1.2(g)	$u_O = -\dfrac{1}{RC} \int u_I \mathrm{d}t$ 或 $u_O = -\dfrac{1}{RC} \int_{t_1}^{t_2} u_I \mathrm{d}t + u_O(t_1)$
微分运算电路		图 6.1.2(h)	$u_O = -RC \dfrac{\mathrm{d}u_I}{\mathrm{d}t}$
对数运算电路		图 6.1.2(i)	$u_O \approx -U_T \ln \dfrac{u_I}{I_S R}$
指数运算电路		图 6.1.2(j)	$u_O \approx -I_S \mathrm{e}^{\frac{u_I}{U_T}} R$

二、运算电路的分析方法

1. 节点电流法

列出关键节点(即与输入、输出信号有关的节点,如集成运放的同相输入端和反相输入端等)的电流方程,推导出同相输入端和反相输入端的电位 u_P 和 u_N 的表达式,令 $u_P = u_N$,即可推导出输出电压与输入电压间的运算关系。节点电流法适于所有情况。

2. 叠加定理

对于多个信号输入的电路,可以首先分别求出每个输入电压单独作用时的输出电压,此时其它输入端应接地,然后将它们相加,所得输出电压就是所有信号同时作用时的输出电压,由此得到输出电压与输入电压的运算关系。

3. 多级运算电路的求解方法

对于多级运算电路,一般均可认为前级电路的输出电阻为零,即为电压源,故可分别求出各级电路的运算关系式,然后以前级的输出作为后级的输入,逐级代入后级的运算关系式,从而得出整个电路的运算关系式。

6.1.3 模拟乘法器及其在运算电路中的应用

模拟乘法器是一种模拟器件，应用广泛。其符号和等效电路如图 6.1.3 所示，$u_O = k u_X u_Y$。理想模拟乘法器的 r_{i1} 和 r_{i2}、频带为无穷大，r_o、失调电压与电流及其温漂、噪声均为零，当 $u_X = u_Y = 0$ 时 $u_O = 0$ 且乘积系数 k 不随 u_X、u_Y 幅值的变化而变。

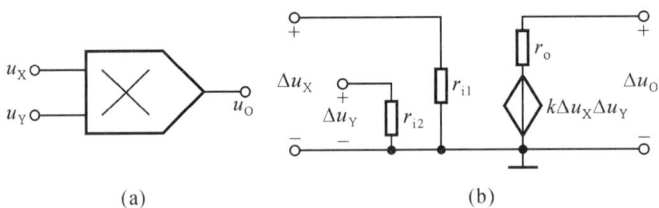

图 6.1.3 模拟乘法器
(a) 符号 (b) 等效电路

模拟乘法器有单象限、两象限和四象限之分；乘积系数（相乘因子）k 多为 $+0.1\ \text{V}^{-1}$ 或 $-0.1\ \text{V}^{-1}$。利用模拟乘法器可实现乘法、乘方、除法、开方运算电路，如表 6.1.2 所示。

表 6.1.2 由模拟乘法器组成的运算电路

	乘法运算电路	乘方运算电路	除法运算电路	开方运算电路
电路				
运算关系	$u_O = k u_{I1} u_{I2}$	$u_O = k u_I^2$	$u_O = -\dfrac{R_2}{kR_1} \cdot \dfrac{u_{I1}}{u_{I2}}$	$u_O = \sqrt{-\dfrac{R_2 u_I}{kR_1}}$
u_I 极性	无要求	无要求	k 与 u_{I2} 极性相同	$u_I < 0$ 且 $k > 0$

6.1.4 有源滤波电路

一、滤波的概念

1. 滤波及滤波器的种类

若电路对信号的频率具有选择性，允许特定频率范围的信号通过，阻止其它频率范围的信号通过，则称之具有滤波功能，该电路称为滤波器。低通（LPF）、高通（HPF）、带通（BPF）和带阻（BEF）四种滤波器在理想情况下的幅频特性及其用途举例如表 6.1.3 所示。

表 6.1.3　四种滤波器的理想幅频特性及其用途举例

电路名称	LPF	HPF	BPF	BEF
理想情况幅频特性	$\|\dot{A}_u\|$，$\|\dot{A}_{up}\|$，通带，阻带，f_p	$\|\dot{A}_u\|$，$\|\dot{A}_{up}\|$，阻带，通带，f_p	$\|\dot{A}_u\|$，$\|\dot{A}_{up}\|$，阻带，通带，阻带，f_{p1}，f_{p2}	$\|\dot{A}_u\|$，$\|\dot{A}_{up}\|$，通带，阻带，通带，f_{p1}，f_{p2}
用途举例	直流电源整流后的滤波电路	放大电路中的耦合电路	载波通信或弱信号提取	滤去已知频率的干扰或噪声

实际滤波器在通带和阻带之间有过渡带。一阶低通滤波器的对数幅频特性如图 6.1.4 所示。过渡带变化速率为 ±20 dB/十倍频的为一阶滤波器，为 ±40 dB/十倍频的为二阶滤波器，为 ±N20 dB/十倍频的为 N 阶滤波器。从幅频特性可知，滤波器的通带放大倍数、通带截止频率、过渡带的变化速率等主要参数及其类型。

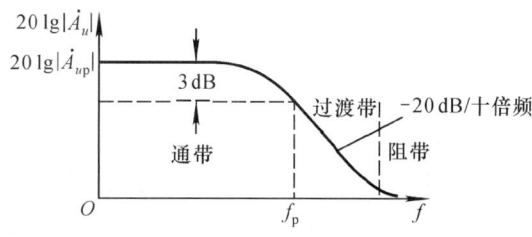

图 6.1.4　实际 LPF 的幅频特性

2. 低通电路和高通电路

无源一阶低通电路和高通电路的参数、幅频特性及其电压放大倍数的表达式如表 6.1.4 所示。

表 6.1.4　无源一阶低通电路和高通电路比较

种类	一阶低通电路	一阶高通电路
电路	R 串联，C 并联，$\dot{U}_i$，$\dot{U}_o$	C 串联，R 并联，$\dot{U}_i$，$\dot{U}_o$
幅频特性	$20\lg\|\dot{A}_u\|$，3 dB，f_p，-20 dB/十倍频	$20\lg\|\dot{A}_u\|$，3 dB，f_p，20 dB/十倍频

续表

种类	一阶低通电路	一阶高通电路
电压放大倍数	$\dfrac{1}{1+\mathrm{j}\omega RC}=\dfrac{\dot{A}_{up}}{1+\mathrm{j}\dfrac{f}{f_p}}$	$\dfrac{\mathrm{j}\omega RC}{1+\mathrm{j}\omega RC}=\dfrac{\dot{A}_{up}\left(\mathrm{j}\dfrac{f}{f_p}\right)}{1+\mathrm{j}\dfrac{f}{f_p}}$
通带放大倍数	1	1
截止频率	$f_p=\dfrac{1}{2\pi RC}$	$f_p=\dfrac{1}{2\pi RC}$

3. 无源滤波器和有源滤波器

由电阻、电容和电感等无源元件组成的滤波器为无源滤波器;若在滤波器中有有源元件,则称之为有源滤波器。可以想象,表 6.1.4 中电路带上负载后,不但通带放大倍数发生变化,而且截止频率也随之改变,因而不适于对这两个参数要求严格的场合。

有源滤波器多由 RC 网络和集成运放组成,不适于高电压大电流的负载,主要用于小信号处理。

4. 有源滤波电路的分析方法

在有源滤波电路中,一般均引入电压负反馈,因而集成运放工作在线性区,故其分析方法与运算电路的基本相同,但所研究的问题是频域的问题。通常,利用"虚短"和"虚断"的特点,采用节点电流法,首先求出适于信号频率从零至无穷大的电压放大倍数或求出传递函数;然后得出通带放大倍数、通带截止频率,最后画出幅频特性。

二、低通滤波器

滤波器的阶数越多,其过渡带越窄。常见二阶滤波器在引入负反馈的同时,还引入正反馈,实现压控电压源滤波电路。

典型的低通滤波器及其幅频特性、各项指标参数如表 6.1.5 所示。

表 6.1.5　典型的低通滤波器及其幅频特性

电路名称	一阶 LPF	二阶压控电压源 LPF
电路	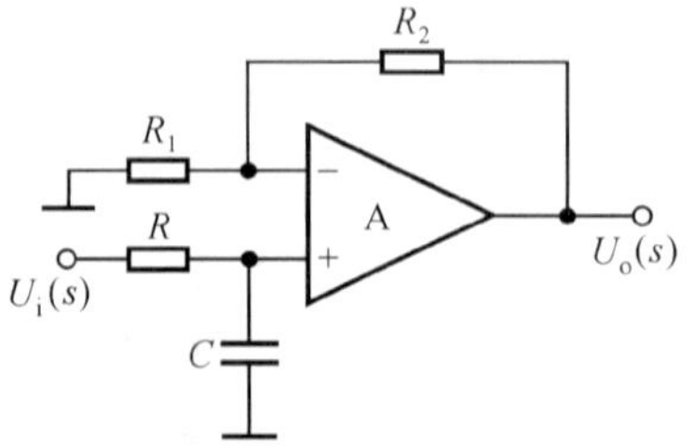	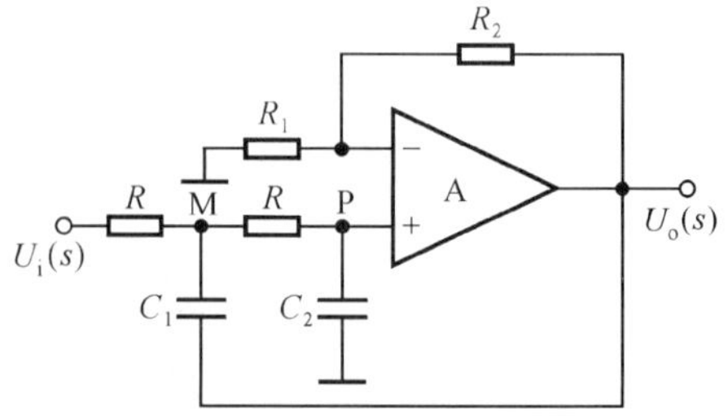

续表

电路名称	一阶 LPF	二阶压控电压源 LPF
幅频特性	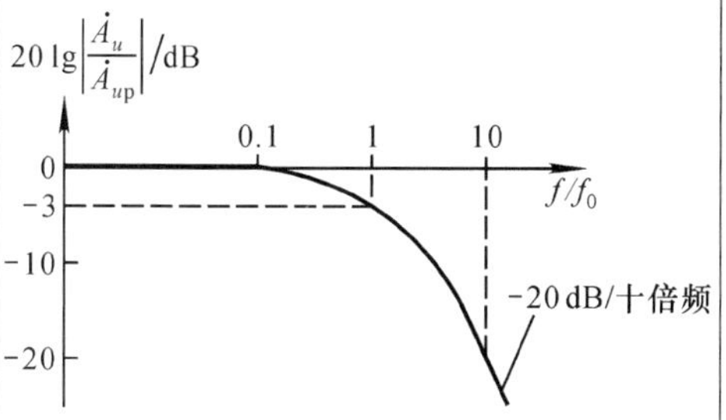 （见图）	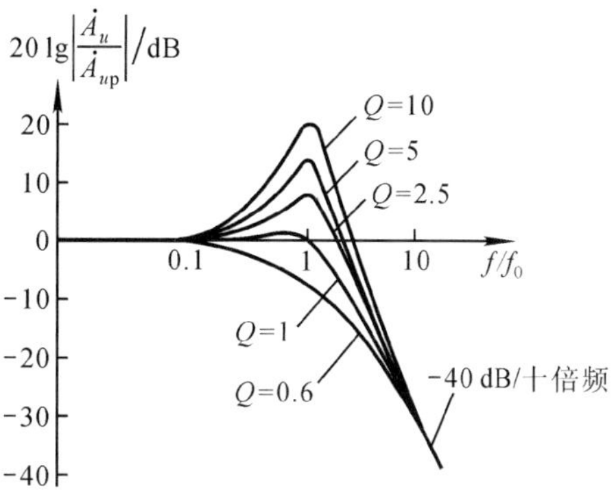 （见图）
通带放大倍数 $\dot{A}_{up}$	$1+\dfrac{R_2}{R_1}$	$1+\dfrac{R_2}{R_1}$
通带截止频率 f_p	$\dfrac{1}{2\pi RC}$	$\dfrac{1}{2\pi RC}(C_1=C_2=C)$
Q		$\dfrac{1}{3-\dot{A}_{up}}$
电压放大倍数 $\dot{A}_u$	$\dfrac{\dot{A}_{up}}{1+\mathrm{j}\dfrac{f}{f_p}}$	$\dfrac{\dot{A}_{up}}{1-\left(\dfrac{f}{f_0}\right)^2+\mathrm{j}(3-\dot{A}_{up})\dfrac{f}{f_0}}$

其中，Q 的物理意义是 $f=f_0$ 时电压放大倍数与通带放大倍数之比。把两个二阶低通滤波器串联起来，就可得到四阶低通滤波器。

三、其它有源滤波器

高通滤波电路与低通滤波电路具有对偶性，若将表 6.1.5 中所示各电路中的所有电阻换为电容，电容换为电阻，则可得一阶高通滤波器和压控电压源二阶高通滤波器。根据电路"虚短"和"虚断"的特点，利用节点电流法，可得出与表 6.1.5 中相类似的表达式。

若将低通滤波器和高通滤波器串联，且低通滤波器的通带截止频率高于高通滤波器的通带截止频率，则可得带通滤波器，如图 6.1.5(a) 所示。若将低通滤波器和高通滤波器的输出电压经求和运算电路，且低通滤波器的通带截止频率低于高通滤波器的通带截止频率，则可得带阻滤波器，如图 6.1.5(b) 所示。可见，熟悉低通滤波器和高通滤波器，就不难识别和组成带通或带阻滤波器。

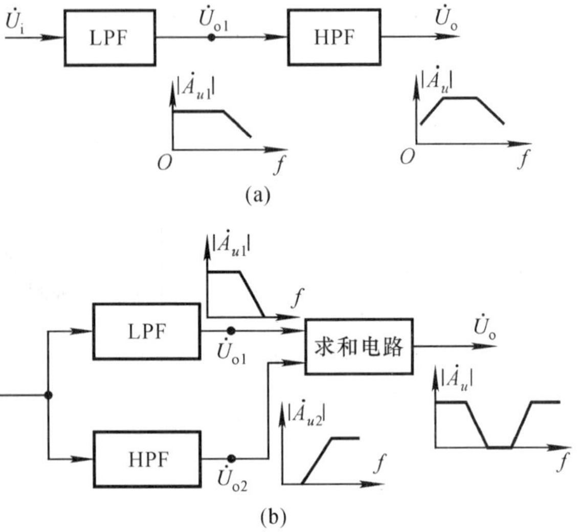

图 6.1.5 带通滤波器和带阻滤波器的组成
(a) 带通滤波器　(b) 带阻滤波器

6.2 难点释疑

6.2.1 必须引入深度负反馈才能成为运算电路

在运算电路中,为使集成运放工作在线性区,一定会引入负反馈;而只有在引入深度负反馈条件下,输出电压与输入电压运算关系才几乎仅仅决定于反馈网络和输入网络。因而引入负反馈是运算电路的特征,可据此识别电路。

对于单个集成运放组成的运算电路,其特征是从输出端通过电阻或电阻、电容引回到其反相输入端,形成反馈通路;由于集成运放的理想化参数,引入的反馈必定为深度负反馈,因而运算关系式仅仅决定于外部电路,如表 6.1.1 中所示。若在反馈通路中有集成运放或模拟乘法器,则首先应利用瞬时极性法判断反馈极性,确认其引入的是负反馈,才能确定其为运算电路,然后再求解运算关系式。

在图 6.2.1(a)所示电路中,欲用积分运算电路作反馈通路实现微分运算电路。为引入负反馈,当输入电压 u_1 为"+"时,R_1、R_2 中的电流 i_1、i_2 的方向必须如图中所标注,即 A_2 输出电压 u_{o2} 必须对地为"-";因而积分运算电路的输入电压(即整个电路的输出电压)u_o 应为"+",u_o 与 u_1 同相,说明 u_1 应作用于 A_1 的同相输入端;因此,只有 A_1 的两个输入端上"+"下"-"电路引入的才是负反馈,也才能完成微分运算。由于引入负反馈,A_1、A_2 的两个输入端均为"虚地",且 $i_1 = i_2$,即

$$\frac{u_1}{R_1} = -\frac{u_{o2}}{R_2} = -\frac{-\frac{1}{R_3 C}\int u_o \mathrm{d}t}{R_2}$$

$$u_0 = \frac{R_2 R_3 C}{R_1} \cdot \frac{du_1}{dt}$$

若 A_1 的两个输入端上"-"下"+",则电路引入的是正反馈,电路就不是运算电路。

在图 6.2.1(b)所示电路中,欲用乘方电路作反馈通路实现开方运算电路。由于模拟乘法器的输出电压

$$u'_O = k u_O^2$$

因而 u'_O 的符号决定于乘积系数 k 的符号。若输入电压 u_1 小于 0,则 u'_O 必须大于 0,即 R_1、R_2 中的电流 i_1、i_2 的方向必须如图(b)中所标注,引入的才为负反馈,因此 k 应大于 0,A 的两个输入端取上"-"下"+"。由于引入负反馈,A 的两个输入端为虚地,且 $i_1 = i_2$,即

$$\frac{u_1}{R_1} = -\frac{k u_O^2}{R_2}, \quad u_O = \sqrt{-\frac{R_2 u_1}{k R_1}} > 0$$

若输入电压 u_1 大于 0,则 u'_O 必须小于 0,即 R_1、R_2 中的电流 i_1、i_2 的方向必须与图(b)中所标注的方向相反,引入的才为负反馈,因此 k 应小于 0,A 的两个输入端仍取上"-"下"+"。输出电压

$$\frac{u_1}{R_1} = -\frac{k u_O^2}{R_2}, \quad u_O = -\sqrt{-\frac{R_2 u_1}{k R_1}}$$

可见,应根据输入电压的符号选取模拟乘法器乘积系数 k 的符号,才能实现开方运算;换言之,当 k 值极性确定后,只适用于输入一种极性的电压。另外,若取 A 的两个输入端为上"-"下"+",则输出电压与输入电压反相;若取 A 的两个输入端为上"+"下"-",则输出电压与输入电压同相。

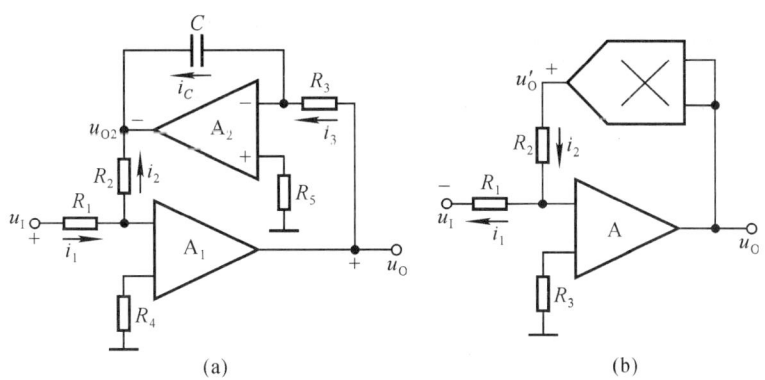

图 6.2.1 利用逆运算实现运算电路

图 6.2.1 所示两个电路均是采用逆运算的方法实现运算电路,采用同样方法的电路还有除法运算电路、开多次方运算电路等。

6.2.2 "虚短"和"虚断"是分析运算电路的基本出发点

由于运算电路必须引入深度负反馈条件,因而在利用理想运放实现运算电路时其两个输入端具有"虚短"和"虚断"的特点。所谓"虚"即为"假",因而"虚短"和"虚断"就是从理想运放两个输入端看进去既像短路又像开路,但它们既不是真短路又不是真断路,是以此来描述差模输入电压无穷小和输入电流无穷小的特点。在分析电路时,首先通过判断反馈的极性认定其为运算

电路,然后再根据"虚短"和"虚断"的特点求解运算关系。

例如,在图 6.2.2(a)所示电路中,A_2 为电压跟随器,以 A 点电位 u_A 作为输入,$u_{O2} = u_A$,而由于 A_2 同相输入端电流为零,

$$u_A = \frac{R_1}{R_W} \cdot u_O$$

即 u_A 随 u_O 线性变化。分析到这里,还不能说明整个电路是运算电路,因为还没有判断整个电路是否引入负反馈。利用瞬时极性法判断反馈极性,设 u_{I1} 瞬时极性为"+",则 u_O 为"-",u_A 为"-",A_2 的反相输入端电位也为"-",并作用于 A_1 的反相输入端,使 u_O 向"+"变化,u_O 的变化减小,故引入了负反馈,图 6.2.2(a)所示电路是运算电路。由于 A_1 外电路对称,因而构成差分运算电路,故

$$u_A = \frac{R_f}{R}(u_{I2} - u_{I1})$$

输出电压

$$u_O = \frac{R_f R_W}{R R_1}(u_{I2} - u_{I1})$$

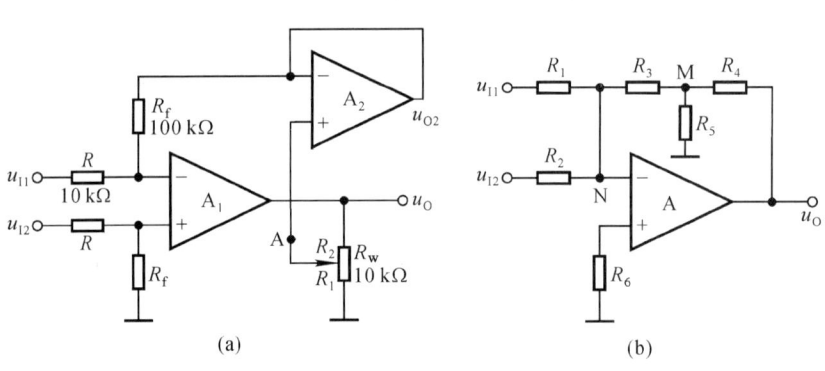

图 6.2.2 利用虚短和虚断分析运算电路

又例如,在图 6.2.2(b)所示电路中,输出端通过电阻网络接到运放的反相输入端,故引入了负反馈,A 的两个输入端为"虚地"。"虚地"不是"真地",因而

$$I_{R_1} + I_{R_2} \neq I_{R_3} + I_{R_5}$$

可用叠加原理分析输出电压与输入电压的运算关系。令 $u_{I2} = 0$,则 R_2 的一端为"虚地",另一端为"真地",故电流为 0。N 和 M 的电流方程为

$$\begin{cases} I_{R_1} = I_{R_3} \\ I_{R_3} + I_{R_5} = I_{R_4} \end{cases}$$

$$\begin{cases} \dfrac{u_{I1}}{R_1} = -\dfrac{u_M}{R_3} \\ -\dfrac{u_M}{R_3} - \dfrac{u_M}{R_5} = \dfrac{u_M - u_O}{R_4} \end{cases}$$

整理可得 u_{I1} 单独作用时的输出电压

$$u_{O1} = -\frac{R_3+R_4}{R_1}\left(1+\frac{R_3/\!/R_4}{R_5}\right)u_{I1}$$

同理可得 u_{I2} 单独作用时的输出电压

$$u_{O2} = -\frac{R_3+R_4}{R_2}\left(1+\frac{R_3/\!/R_4}{R_5}\right)u_{I2}$$

输出电压

$$u_O = u_{O1} + u_{O2} = -\left(1+\frac{R_3/\!/R_4}{R_5}\right)\left(\frac{R_3+R_4}{R_1}u_{I1}+\frac{R_3+R_4}{R_2}u_{I2}\right)$$

为了保持运放 A 外电路的对称性,

$$R_6 = R_1/\!/R_2/\!/(R_3+R_4/\!/R_5)$$

6.2.3 多级运算电路中各级电路相互独立

当多个运算电路连接成多级运算电路时,由于每一级电路中的运放均为理想运放,引入电压负反馈使输出电阻均为零,所以带负载(即带后级电路)后前级电路的输出电压与其输入电压的运算关系不变;后级电路的输出电压与其输入电压(即前级的输出电压)的运算关系仅决定于本级电路的反馈网络和输入网络,与前级电路无关。因此,可将多级运算电路中的每一级电路都作为独立的电路来解,然后将前级的输出电压作为后级的输入逐一代入后级运算关系式即可求出整个电路的运算关系式。

例如,在图 6.2.3 所示电路中,A_1 的输出电压

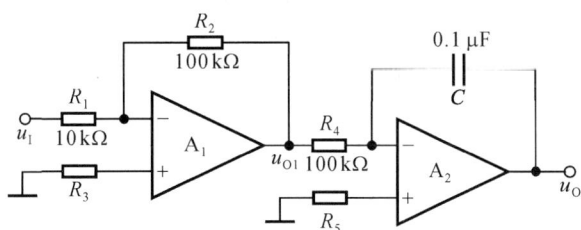

图 6.2.3 多级运算电路的分析

$$u_{O1} = -\frac{R_2}{R_1}\cdot u_1 = -10u_1$$

与 R_4 取多大电流无关。积分运算电路中积分电流为 u_{O1}/R_4,输出电压 u_O 与 u_{O1} 的运算关系是

$$u_O = -\frac{1}{R_4C}\int u_{O1}\mathrm{d}t = -100\int u_{O1}\mathrm{d}t$$

u_O 不会通过 C、R_4、R_2 作用于 A_1。电路的运算关系式为

$$u_O = -\frac{1}{R_4C}\int u_{O1}\mathrm{d}t = 10^3\int u_1\mathrm{d}t$$

应当指出,如果后级的输入电阻过小,则前级电路中的集成运放会因功耗过大而损坏。

6.2.4 运算电路中的运算精度

在实用电路中,由于实际运放不具有理想参数,即开环差模增益 A_{od}、共模抑制比 K_{CMR}、差模输入电阻 r_{id}、截止频率 f_H 均为有限值,输入失调电压 U_{IO} 及其温漂 dU_{IO}/dt、输入失调电流 I_{IO} 及其温漂 dI_{IO}/dt、输出电阻 R_o 均不为零,以及电阻、电容的误差都将引起运算误差。虽然上述因素是产生误差的原因,但是对于不同的运算电路,引起误差的主要原因不尽相同。

例如,对于反相输入的比例运算电路,A_{od} 和 r_{id} 为有限值、U_{IO} 和 I_{IO} 不为零是产生误差的主要原因;对于同相输入的比例运算电路,由于集成运放有共模输入电压,即同相输入端和反相输入端的电位均为输入电压 u_1,故产生误差的另一原因是 K_{CMR} 不为无穷大;对于积分运算电路,失调温漂也成为产生误差的主要原因之一。

另外,一个运算精度高的电路,除了要选用高质量的集成运放外,还需要合理选择其它元器件,提高供电电源的稳定性,减小环境温度的变化,精心设计印刷电路板,抑制噪声和干扰。

6.2.5 有源滤波器的分析

一、有源滤波器类型的识别方法

根据滤波器的特点可知,电压放大倍数的幅频特性能够准确描述出电路属于低通、高通、带通还是带阻滤波器,因而如果能定性分析出通带和阻带在哪一频段,就可以确定滤波器的类型。

识别滤波器类型的方法是:若信号频率趋于零时有确定的电压放大倍数,且信号频率趋于无穷大时电压放大倍数趋于零,则为低通滤波器;反之,若信号频率趋于无穷大时有确定的电压放大倍数,且信号频率趋于零时电压放大倍数趋于零,则为高通滤波器;若信号频率趋于零和无穷大时电压放大倍数均趋于零,则为带通滤波器;反之,若信号频率趋于零和无穷大时电压放大倍数具有相同的确定的电压放大倍数,且在某一频率范围内电压放大倍数趋于零,则为带阻滤波器。

例如,在图 6.2.4(a) 所示电路中,当信号频率趋于零时,C_1、C_2 相当于开路,由于 P 点的电位均趋于零,使输出电压趋于零;当信号频率趋于无穷大时,C_1 的容抗趋于零,M 点的电位趋于零,因为 C_2 的容抗也趋于零,使 P 点的电位趋于零,所以输出电压趋于零;说明电路是带通滤波器。

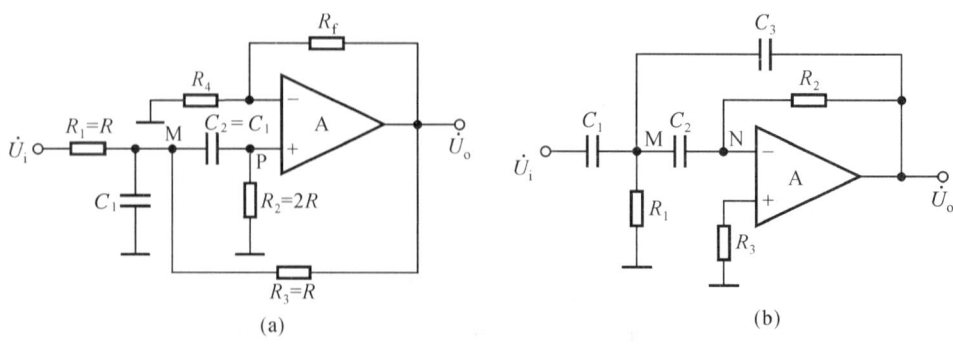

图 6.2.4 有源滤波器类型的识别

二、有源滤波器中的负反馈

在有源滤波器中,集成运放工作在线性区,因而电路中必须引入负反馈,这也成为有源滤波器的电路特征,而且通带放大倍数与负反馈网络紧密相关。

例如,在图 6.2.4(a)所示电路中,以 P 点电位作输入,电路为同相比例运算电路,电压放大倍数即为比例系数,决定于负反馈网络

$$\dot{A}_{uf} = 1 + \frac{R_f}{R_4}$$

列 M、P 的节点电流方程可得电路的中心频率 f_0、品质因数 Q、通带放大倍数 $\dot{A}_{up}$

$$f_0 = \frac{1}{2\pi RC}, \quad Q = \frac{1}{3 - \dot{A}_{uf}}$$

$$\dot{A}_{up} = Q\dot{A}_{uf} = \frac{\dot{A}_{uf}}{3 - \dot{A}_{uf}}$$

与负反馈网络紧密相关。

再例如,在图 6.2.4(b)所示电路中,当频率趋于零时,C_1、C_2 和 C_3 相当于开路,N 点是虚地,等效电路如图 6.2.5(a)所示,输出电压 $\dot{U}_o = \dot{U}_n = 0$。当频率趋于无穷大时,输入电压可以传递到输出,故电路为高通滤波器。其通带放大倍数为多少呢?由于 C_2 的容抗趋于零,使 M 电位趋于 N 点电位,即趋于零,R_1 电流随之趋于零;R_2 中的电流远远小于 C_3 中的电流,因而等效电路如图 6.2.5(b)所示,C_1 的电流等于 C_3 的电流,即

$$\frac{\dot{U}_i}{\frac{1}{j\omega C_1}} = -\frac{\dot{U}_o}{\frac{1}{j\omega C_3}}$$

通带放大倍数

$$\dot{A}_{up} = -\frac{C_1}{C_3}$$

决定于输入端电容和反馈电容之比。

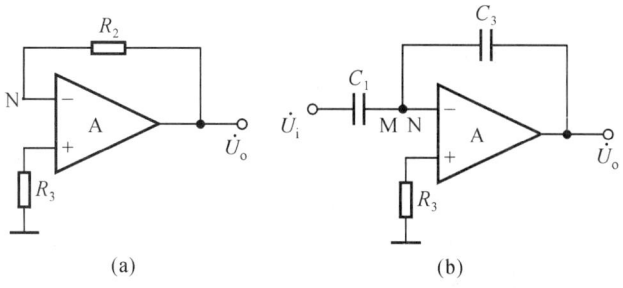

图 6.2.5 图 6.2.4(b)所示电路的等效电路
(a)信号频率趋于零时 (b)信号频率趋于无穷大时

6.3 例题精解

本章习题的常见类型为:
(1) 运算电路的识别。
(2) 运算电路的分析计算。
(3) 根据需求选择运算电路。
(4) 有源滤波器的识别及电路分析。
(5) 工作在线性区的集成运放的其它应用电路的分析。

6.3.1 由集成运放组成的运算电路的识别与分析

运算电路和有源滤波电路是集成运放工作在线性区的两种基本应用电路,"虚短"和"虚断"是分析这两种电路的基本出发点。运算电路和有源滤波电路的区别是:前者研究的是时域问题,要实现输出电压等于输入电压某种运算的结果;后者研究的是频域问题,要实现输出电压幅值和输入信号频率成一定的函数关系。

应当指出的是,若运算电路中的反馈网络为有源网络,则也必须保证集成运放引入的是负反馈,才可能完成运算。

在求解运算电路输出电压与输入电压的运算关系式时常采用节点电流法和叠加原理的方法。

一、比例运算和加减运算电路的分析计算

【例 6.3.1】 电路如图 6.3.1 所示。设集成运放均为理想运放。

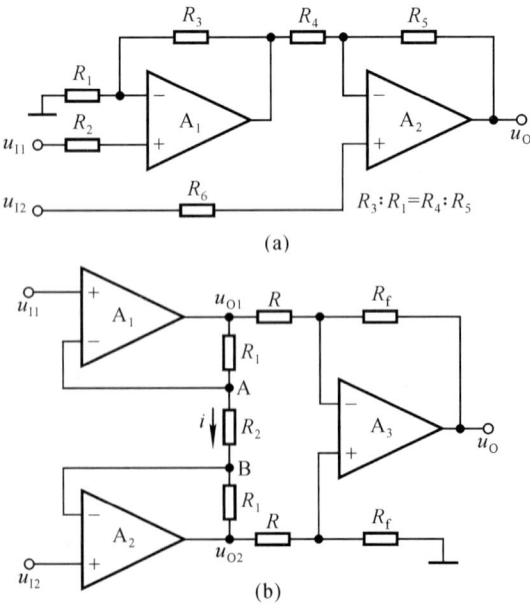

图 6.3.1 例 6.3.1 电路图

(1) 说明各电路中以各集成运放为核心器件组成的基本运算电路的名称,如反相比例运算电路、同相比例运算电路等,并求解各电路的运算表达式。

(2) 从运算的角度看,这两个电路的共同点是什么?它们可等效成差分放大电路中四种接法的哪一种?

(3) 若以 u_{I1} 与 u_{I2} 作为输入端,则两个电路的输入电阻为多少?

提示:本题考查是否能够识别基本运算电路,是否掌握由集成运放和电阻所构成的运算电路的求解方法,是否了解差分放大电路四种接法的基本特点,是否理解负反馈对放大电路输入电阻的影响。本题具有一定的综合性。熟悉基本运算电路的结构,有利于分析更复杂的运算电路。

解:(1) 在图 6.3.1(a) 所示电路中,A_1 和 R_1、R_2、R_3 构成同相比例运算电路;A_2 和 R_4、R_5、R_6 构成加减运算电路。

设 A_1 的输出电压为 u_{O1},则

$$u_{O1} = \left(1 + \frac{R_3}{R_1}\right) u_{I1}$$

A_2 的输入为 u_{O1} 和 u_{I2},可利用叠加原理求解运算关系。u_{O1} 单独作用时,为反相比例运算电路,输出电压

$$u'_O = -\frac{R_5}{R_4} \cdot u_{O1} = -\left(1 + \frac{R_3}{R_1}\right) \cdot \frac{R_5}{R_4} \cdot u_{I1}$$

u_{I2} 单独作用时,为同相比例运算电路,输出电压

$$u''_O = \left(1 + \frac{R_5}{R_4}\right) \cdot u_{I2}$$

$u_O = u'_O + u''_O$,根据已知条件,$\frac{R_3}{R_1} = \frac{R_4}{R_5}$,可得

$$u_O = -\left(1 + \frac{R_5}{R_4}\right) u_{I1} + \left(1 + \frac{R_5}{R_4}\right) u_{I2} = \left(1 + \frac{R_5}{R_4}\right)(u_{I2} - u_{I1})$$

在图 6.3.1(b) 所示电路中,由于以 A_1 和 A_2 的两个输入端均有"虚短"和"虚断"的特点,A 点的电位 $u_A = u_{P1} = u_{I1}$,B 点的电位 $u_B = u_{P2} = u_{I2}$。R_2 的电流

$$i_{R_2} = \frac{u_A - u_B}{R_2} = \frac{u_{I1} - u_{I2}}{R_2}$$

两个 R_1 电阻的电流等于 R_2 的电流。设 A_1、A_2 的输出电压分别为 u_{O1}、u_{O2},则

$$u_{O1} - u_{O2} = i_{R_2}(2R_1 + R_2) = \left(1 + \frac{2R_1}{R_2}\right)(u_{I1} - u_{I2})$$

A_3 与两个 R、两个 R_f 组成差分比例运算电路。以 u_{O1}、u_{O2} 作为输入的差分比例运算电路的输出电压

$$u_O = -\frac{R_f}{R}(u_{O1} - u_{O2}) = -\frac{R_f}{R}\left(1 + \frac{2R_1}{R_2}\right)(u_{I1} - u_{I2})$$

(2) 两个电路都是对两个输入电压的差值进行比例运算,均可等效为双端输入、单端输出的差分放大电路。

(3) 若以 u_{I1} 与 u_{I2} 作为输入端,则两个电路的输入电阻均为无穷大。

二、积分运算电路的分析计算

【例 6.3.2】 电路如图 6.3.2(a)、(b)所示。设运放均为理想运放。
(1) 求解输出电压和输入电压的运算关系;
(2) 设电容电压在 $t=0$ 时为 0 V,输入电压波形如图 6.3.2(c)所示,画出输出电压的波形。

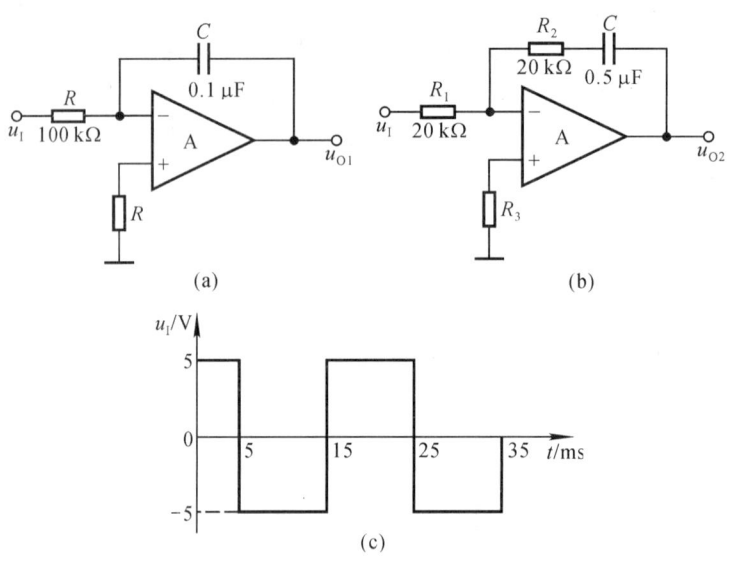

图 6.3.2 例 6.3.2 电路图

提示:本题考查是否掌握带有电容的运算电路运算关系的求解方法以及根据表达式画波形图的方法。积分运算电路输出电压和输入电压之间的运算关系可用不定积分和定积分来描述;在画其输出电压波形时,应特别注意电容电压的初始值。

解:(1) 电路(a)是典型的积分运算电路,其运算关系式为

$$u_{O1} = -\frac{1}{RC}\int u_1 dt = -\frac{1}{10^5 \times 10^{-7}}\int u_1 dt = -100\int u_1 dt$$

或

$$u_{O1} = -100\int_{t_1}^{t_2} u_1 dt + u_{O1}(t_1) = -100\int_{t_1}^{t_2} u_1 dt - u_C(t_1) \tag{6.3.1}$$

在电路(b)中,集成运放的两个输入端电位均为零,为"虚地",即 $u_N = u_P = 0$。R_1 中的电流

$$i_{R_1} = \frac{u_1}{R_1}$$

R_2 和 C 中的电流等于 R_1 中的电流,输出电压的数值是 R_2 和 C 的电压之和,表达式为

$$u_{O2} = -(u_{R_2} + u_C) = -\frac{R_2}{R_1} \cdot u_1 - \frac{1}{R_2 C}\int u_1 dt$$

将参数代入,为

$$u_{O2} = -\frac{20 \times 10^3}{20 \times 10^3} \cdot u_1 - \frac{1}{20 \times 10^3 \times 0.5 \times 10^{-6}}\int u_1 dt$$

$$= -u_1 - 100\int u_1 \mathrm{d}t$$

或
$$u_{O2} = -u_1 - 100\int_{t_1}^{t_2} u_1 \mathrm{d}t - u_C(t_1) \tag{6.3.2}$$

$u_C(t_1)$ 是 $t=t_1$ 时电容上的电压。

（2）因为输入电压为方波，电路(a)为积分运算电路，所以其输出电压应为三角波。在画波形之前，首先要计算出输入电压在每一次跃变时输出电压的数值。由于输入电压在一个时间间隔中是常量，输出电压的表达式应为

$$u_{O1} = -100u_1(t_2-t_1) + u_{O1}(t_1)$$

由于电容电压在 $t=0$ 时为 0 V，$t=5$ ms 时

$$u_{O1} = (-100\times5\times5\times10^{-3}+0)\ \mathrm{V} = -2.5\ \mathrm{V}$$

以此为初值，$t=15$ ms 时

$$u_{O1} = [-100\times(-5)\times10\times10^{-3}-2.5]\ \mathrm{V} = +2.5\ \mathrm{V}$$

用上述方法可得 $t=25$ ms 时 $u_{O1} = -2.5$ V，$t=35$ ms 时 $u_{O1} = +2.5$ V。因而 u_{O1} 的波形如图 6.3.3(b) 所示。

从式(6.3.2)可以看出，电路(b)的输出电压由两部分组成，设两项分别为 u'_{O2} 和 u''_{O2}，则 $u'_{O2} = -u_1$，其波形如图 6.3.3(c) 所示；$u''_{O2} = -100\int_{t_1}^{t_2} u_1 \mathrm{d}t - u_C(t_1)$，与式(6.3.1)相同，其波形如图 6.3.3(b) 所示；将两个波形相加，得到图 6.3.3(d) 所示波形，即为 u_{O2} 波形。

由上述分析可知，当某输出电压为若干项之和时，可采用先分别画出各项的波形，然后逐点叠加，就可得到该输出电压的波形。

三、利用逆运算方法实现的微分电路的分析计算

【例 6.3.3】 电路如图 6.3.4 所示。设运放均为理想运放。

（1）为使电路完成微分运算，分别标出集成运放 A_1、A_2 的同相输入端和反相输入端；

（2）求解输出电压和输入电压的运算关系。

提示：本题考查是否掌握运算电路的基本特点，是否了解在反馈通路采用运算电路来实现其逆运算的方法。

集成运放在组成运算电路时的基本特点是引入深度电压负反馈，换言之，在设计和实现运算电路时应引入负反馈。本题中将积分运算电路置于负反馈通路中，来实现微分运算，这种方法在由模拟乘法器组成除法、开方运算电路和有源滤波电路中也常

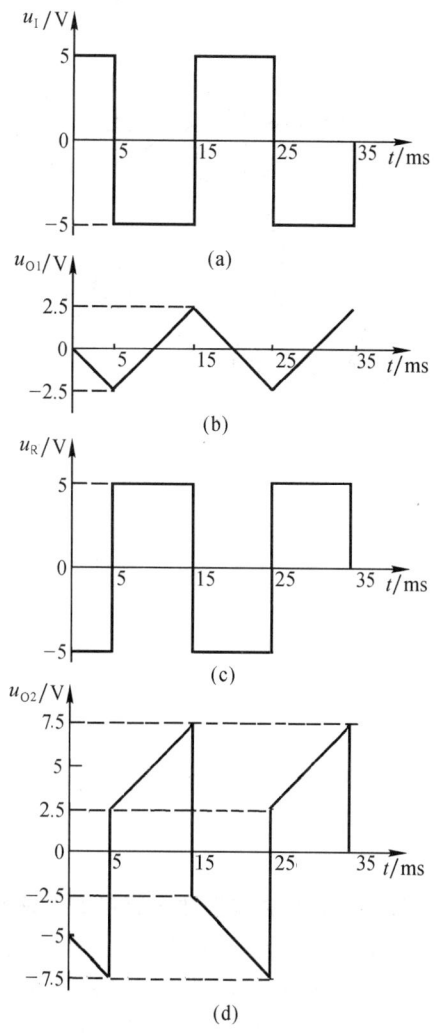

图 6.3.3 例 6.3.2 解图

应用。

解：(1) 由图可知，以 u_O 作为输入，以 u_{O2} 作为输出，A_2、R_3、R_5 和 C 组成积分运算电路，因而必须引入负反馈，A_2 的两个输入端应上为"−"、下为"+"。

利用瞬时极性法确定各点的应有的瞬时极性，就可得到 A_1 的同相输入端和反相输入端。设 u_1 对"地"为"+"，则为使 A_1 引入负反馈，u_{O2} 的电位应为"−"，即 R_1 的电流等于 R_2 的电流；而为使 u_{O2} 的电位为"−"，u_O 的电位必须为"+"。因此，u_O 与 u_1 同相，即 A_1 的输入端上为"+"、下为"−"。

电路的各点电位和电流的瞬时极性、A_1 和 A_2 的同相输入端和反相输入端如图 6.3.5 中所标注。

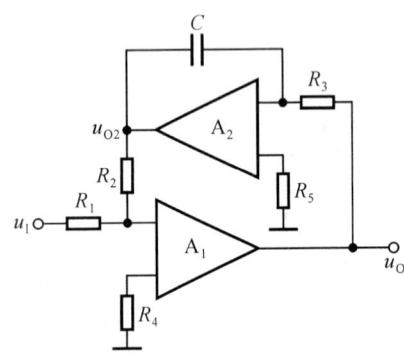

图 6.3.4 例 6.3.3 电路图

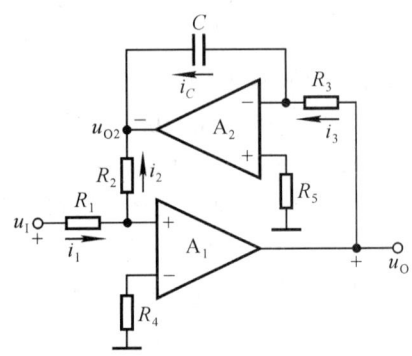

图 6.3.5 例 6.3.3 解图

(2) A_2 的输出电压

$$u_{O2} = -\frac{1}{R_3 C} \int u_O \, dt$$

即

$$u_O = -R_3 C \frac{du_{O2}}{dt} \quad (6.3.3)$$

由于 A_1 两个输入端为"虚地"，即 $u_{P1} = u_{N1} = 0$，$i_{R_2} = i_{R_1}$，即

$$\frac{-u_{O2}}{R_2} = \frac{u_1}{R_1}$$

$$u_{O2} = -\frac{R_2}{R_1} \cdot u_1$$

将上式代入式(6.3.3)可得输出电压

$$u_O = \frac{R_2 R_3 C}{R_1} \cdot \frac{du_1}{dt}$$

四、对数运算和指数运算电路的应用与分析计算

【**例 6.3.4**】 电路如图 6.3.6 所示，已知三只晶体管具有完全相同的特性和参数。

(1) 说明 $A_1 \sim A_4$ 各组成哪种基本运算电路，整个电路实现哪种运算。

(2) 试问本电路对输入电压的极性有限制吗？

(3) 欲实现 u_{I1} 和 u_{I2} 的除法运算，则应如何修改电路？画出图来。

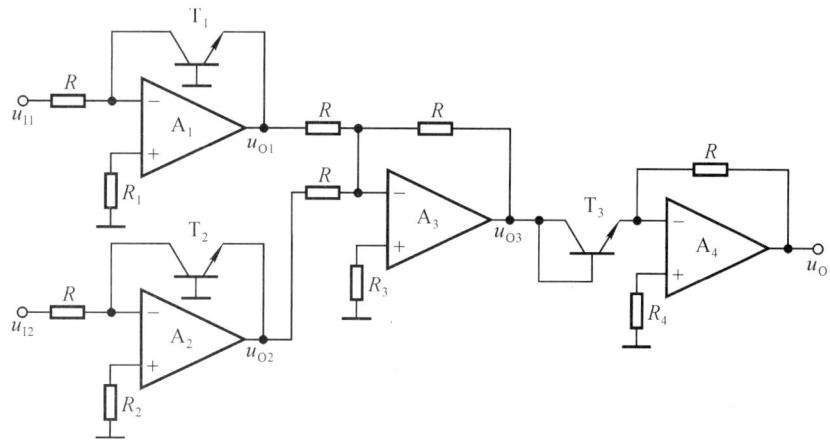

图 6.3.6　例 6.3.4 电路图

提示：本题考查是否了解如何利用对数、指数和求和运算电路来实现乘法、除法运算电路，以及此类电路输出电压和输入电压运算关系的求解方法，具有一定的综合性和一定的难度。

要注意，在含有晶体管的运算电路中，为使其导通，对输入信号一定有极性要求。

解：(1) 以 A_1 为核心元件和以 A_2 为核心元件所组成的电路均为典型的对数运算电路，以 A_3 为核心元件所组成的电路为反相求和运算电路，以 A_4 为核心元件所组成的电路为指数运算电路。整个电路实现乘法运算。

(2) 为实现对数运算，晶体管必须工作在放大区，因而图示电路中的 u_{I1} 和 u_{I2} 均应大于零。

(3) 要实现 u_{I1} 和 u_{I2} 的除法运算，则应将 A_3 组成的求和运算电路改为差分比例运算电路，如图 6.3.7 所示。

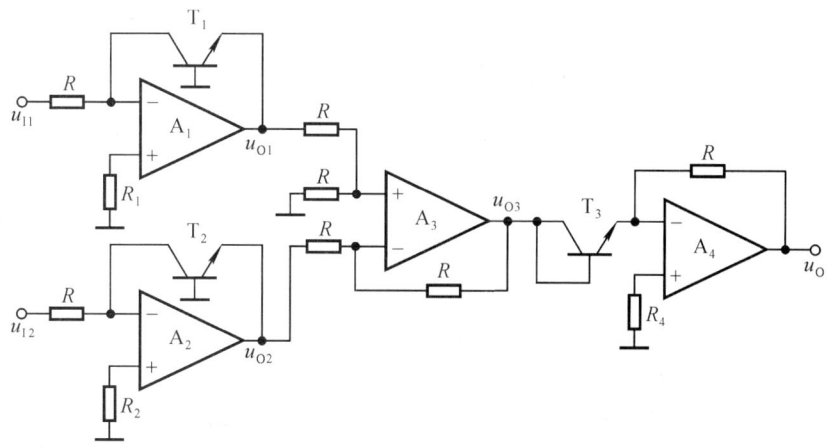

图 6.3.7　例 6.3.4 解图

6.3.2　模拟乘法器在运算电路中的应用

模拟乘法器的输出电压与两个输入电压的乘积成线性关系，可实现乘法、乘方运算。利用实现逆运算的方法,将乘法、乘方运算电路放在集成运放的反馈回路中,可实行除法和开方运算。

【**例 6.3.5**】 电路如图 6.3.8 所示,集成运放和模拟乘法器均为理想元件,模拟乘法器的相乘因子 $k>0$。

(1) 分别说明图(a)电路的 A 和图(b)的 A_2 引入的是负反馈;
(2) 分别求解两电路的运算关系式。

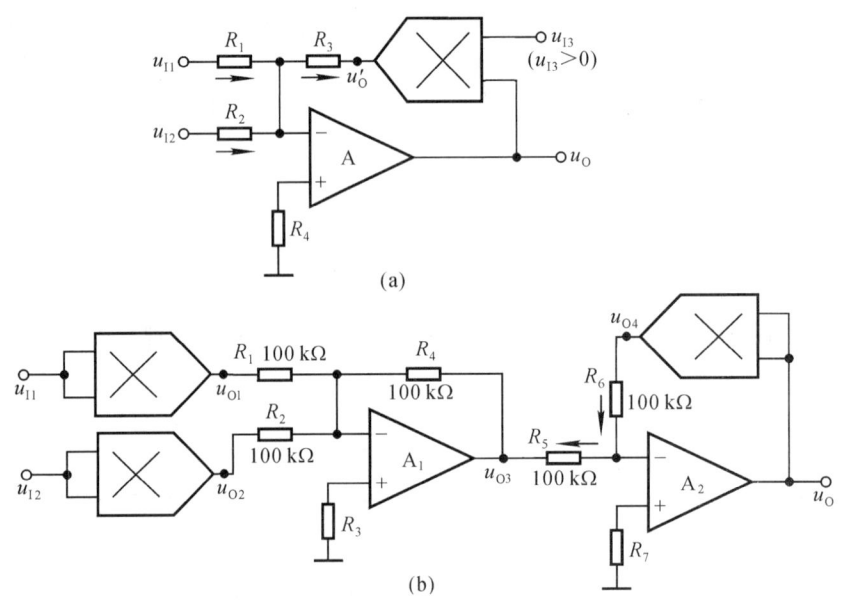

图 6.3.8 例 6.3.5 电路图

提示:考查是否掌握了运算电路的识别方法和模拟乘法器在运算电路中的应用及其分析方法。

本题涉及反馈极性的判断方法和由模拟乘法器实现的除法、乘方、开方等运算电路的分析方法,具有一定的综合性。虽然电路(b)较复杂,但如掌握了分析方法,求解过程并不难。

解:(1) 运算电路中的集成运放必须引入负反馈,因而可通过判断是否引入了负反馈,以确认该电路是否为运算电路。

在电路(a)中,令 $u_{12}=0$,设 u_{11} 极性对地为"+",则因 u_{11} 作用于集成运放的反相输入端,使其输出电压 u_0 对地为"−";由于 $u_{13}>0$,$k>0$,模拟乘法器的输出电压($u_0'=ku_{13}u_0$)对地为"−",R_1 和 R_3 的电流方向如图(a)中所示,说明集成运放引入了负反馈。同理,若令 $u_{11}=0$,设 u_{12} 极性对地为"+",则也可证明集成运放引入了负反馈。

在电路(b)中,观察前两级电路,它们分别为平方运算电路和反相求和运算电路,因此第三级电路的输入电压 $u_{03}<0$,即对地一定为"−"。由于 u_{03} 作用于 A_2 的反相输入端,故 u_0 对地为"+";由于模拟乘法器的输出电压 $u_0'=ku_0^2$,对地为"+",R_5 和 R_6 的电流方向如图(b)中所示,说明集成运放 A_2 引入了负反馈。

(2) 在电路(a)中,两个输入端电位为零,是"虚地",且 R_3 中的电流是 R_1 和 R_2 的电流之和,因而 A 的反相输入端的电流方程为

$$i_{R_3} = i_{R_1} + i_{R_2}$$

$$\frac{-u_O'}{R_3} = \frac{u_{I1}}{R_1} + \frac{u_{I2}}{R_2}$$

模拟乘法器的输出电压

$$u_O' = -\left(\frac{R_3}{R_1} \cdot u_{I1} + \frac{R_3}{R_2} \cdot u_{I2}\right) = k u_{I3} u_O$$

输出电压

$$u_O = \frac{-\left(\frac{R_3}{R_1} \cdot u_{I1} + \frac{R_3}{R_2} \cdot u_{I2}\right)}{k u_{I3}}$$

在电路(b)中,输入端两个模拟乘法器的输出电压分别为

$$u_{O1} = k u_{I1}^2, \quad u_{O2} = k u_{I2}^2$$

A_1 和 $R_1 \sim R_4$ 组成反相求和运算电路,利用叠加原理可得其输出电压

$$u_{O3} = -\frac{R_4}{R_1} \cdot u_{O1} - \frac{R_4}{R_2} \cdot u_{O2} = -k(u_{I1}^2 + u_{I2}^2) \tag{6.3.4}$$

A_2 的两个输入端电位为零,是"虚地",且 R_6 的电流与 R_5 的电流相等,因而 A_2 的反相输入端的电流方程为

$$i_{R_6} = i_{R_5}$$

$$\frac{u_{O4}}{R_6} = -\frac{u_{O3}}{R_5}$$

因而

$$u_{O4} = -\frac{R_6}{R_5} \cdot u_{O3} = -u_{O3}$$

根据模拟乘法器的输入可得其输出电压为

$$u_{O4} = k u_O^2$$

利用瞬时极性法判断可得,不管 u_{I1} 和 u_{I2} 极性如何,由于 k 为正值,经平方运算后 $u_{O1} > 0$,$u_{O2} > 0$,因而 $u_{O3} < 0$,故 $u_O > 0$,为

$$u_O = \sqrt{\frac{u_{O4}}{k}} = \sqrt{\frac{-u_{O3}}{k}}$$

将式(6.3.4)代入,可得

$$u_O = \sqrt{u_{I1}^2 + u_{I2}^2}$$

可见,图(b)所示电路实现开平方和运算。

【例 6.3.6】 图 6.3.9 所示为除法运算电路。模拟乘法器的相乘因子 $k = 0.1 \text{V}^{-1}$。

(1) 分别标出在 $u_{I2} > 0$ 和 $u_{I2} < 0$ 两种情况下集成运放的同相输入端和反相输入端;

(2) 设电路中集成运放两个输入端接法正确,试分别求出在 $u_{I2} > 0$ 和 $u_{I2} < 0$ 两种情况下 u_O 与 u_{I1}、u_{I2} 的

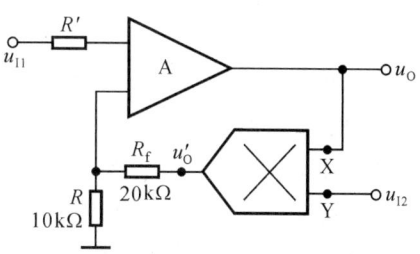

图 6.3.9 例 6.3.6 电路图

运算关系式。

提示：本题考查是否理解运算电路中必须引入深度负反馈,并能正确引入。

在图示电路中引入负反馈,就是将模拟乘法器正确接入集成运放的输出端和同相输入端或反相输入端之间。若设输入电压 u_{I1} 对"地"为"+",在 R 上获得的反馈电压对"地"也为"+",则表明引入的是负反馈；而为使反馈电压对"地"为"+",模拟乘法器的输出电压 u'_O 应大于零。根据以上原则,可推论出在 $u_{I2}>0$ 和 $u_{I2}<0$ 两种情况下如何连接模拟乘法器的输出端和集成运放的输入端。

解：(1) 由于 $u_{I1}>0$ 时要求 $u'_O=ku_Ou_{I2}>0$,已知 $k>0$,因而 $u_{I2}>0$ 时,要求 $u_O>0$；故集成运放的输入端上为"+"、下为"−",如图 6.3.10(a)所示。

同理,由于 $u_{I1}>0$ 时要求 $u'_O=ku_Ou_{I2}>0$,已知 $k>0$,因而 $u_{I2}<0$ 时,要求 $u_O<0$；故集成运放的输入端上为"−"、下为"+",如图 6.3.10(b)所示。

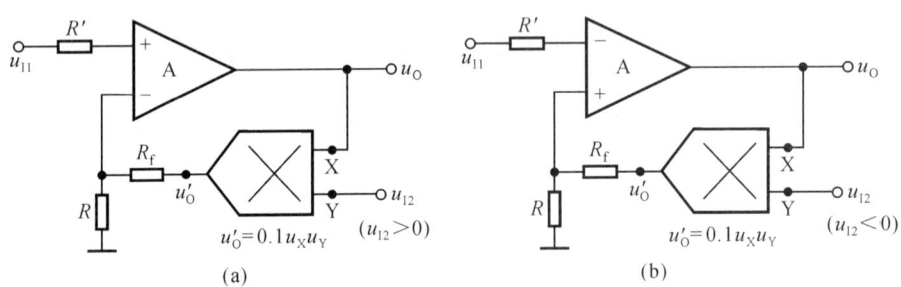

图 6.3.10 例 6.3.6 解图

由此可见,当 u_{I2} 极性不同时,集成运放两个输入端的接法也将不同；换言之,若接错,则电路将引入正反馈而不成为运算电路。

(2) 集成运放具有"虚短"和"虚断"的特点。

在图 6.3.10(a)所示电路中,集成运放两个输入端的电位 $u_N=u_P=u_{I1}$,因而模拟乘法器的输出电压

$$u'_O=ku_{I2}u_O=\left(1+\frac{R_f}{R}\right)u_{I1}$$

整理上式,并代入已知参数,得

$$u_O=\frac{u'_O}{ku_{I2}}=\left(1+\frac{R_f}{R}\right)\cdot\frac{u_{I1}}{ku_{I2}}=\frac{30u_{I1}}{u_{I2}}$$

图(b)所示电路的分析过程与上述相同,因此运算关系式同上。

6.3.3 运算电路的选择和设计

利用运算电路完成信号运算的基本功能可以实现其它功能,如波形的变换、解方程式等,根据需求选择电路是考查是否深入理解基本电路的一种方法。

设计运算电路就是在已知输出和输入运算关系式的条件下求解运算电路。通常,应按运算顺序分解运算关系式,使每一运算步骤都能用一个基本运算电路实现,逐级实现,并将它们合理级联。因此,设计电路是建立在掌握基本运算电路的基础之上的。

一、根据需求选择运算电路

【例 6.3.7】 现有电路：

A. 反相比例运算电路　　　　　　B. 同相比例运算电路
C. 差分比例运算电路　　　　　　D. 积分运算电路
E. 微分运算电路　　　　　　　　F. 反相输入求和运算电路
G. 同相输入求和运算电路　　　　H. 乘方运算电路
I. 加减运算电路　　　　　　　　J. 电压跟随器

选择一个合适的答案填入空内。

（1）欲将正弦波电压移相+90°，应选用_____。
（2）欲将正弦波电压转换成二倍频电压，应选用_____。
（3）欲将正弦波电压叠加上一个直流量，应选用_____。
（4）欲实现 $A_u = -100$ 的放大电路，应选用_____。
（5）欲将方波电压转换成三角波电压，应选用_____。
（6）欲将方波电压转换成尖顶波电压，应选用_____。
（7）实现 $A_u > 100$ 的放大器，应选用_____。
（8）实现 $A_u = 1$ 的放大器，应选用_____。
（9）将三角波电压转换成方波电压，应选用_____。
（10）实现函数 $Y = aX_1 + bX_2 + cX_3$，a、b 和 c 均大于零，应选用_____。
（11）实现函数 $Y = aX_1 + bX_2 + cX_3$，a、b 均小于零，c 大于零，应选用_____。
（12）实现函数 $Y = aX^2$，应选用_____。

提示：考查是否了解常用基本运算电路的功能，能否根据需求合理选择运算电路。

设本题给定的 A~J 运算电路的输出电压为 $u_{OA} \sim u_{OJ}$，则它们的表达式分别为：

$u_{OA} = ku_1(k<0)$；$u_{OB} = ku_1(k>0)$；$u_{OC} = k(u_{I1} - u_{I2})$；$u_{OD} = k \int u_1 dt$；$u_{OE} = k \cdot \dfrac{du_1}{dt}$；$u_{OF} = \sum\limits_{i=1}^{N} k_i u_{Ii}$，$i$ 是输入信号的个数，u_{OF} 是 N 个不同比例输入电压之和，$k_i < 0$；$u_{OG} = \sum\limits_{i=1}^{N} k_i u_{Ii}$，$i$ 是输入信号的个数，u_{OG} 是 N 个不同比例输入电压之和，$k_i > 0$；$u_{OH} = ku_1^2$；$u_{OI} = \sum\limits_{i=1}^{N} k_i u_{Ii} - \sum\limits_{j=1}^{M} k_j u_{Ij}$，$u_{OI}$ 是 $(N+M)$ 个不同比例输入电压之代数和，$k_i > 0$，$k_j > 0$；$u_{OJ} = u_I$。

根据上述表达式可推论出实现题中每一种要求的具体电路。

解：（1）D，（2）H，（3）G，（4）A，（5）D，（6）E，（7）B，（8）J，（9）E，（10）G，（11）I，（12）H。

二、运算电路的设计

【例 6.3.8】 要求设计一个运算电路，实现 $u_O = 100 \int u_{I1} dt + 10 u_{I2}$。已知现有电容的容量为 2 μF，电阻的最大值为 100 kΩ。

提示：求解这类题目，应从分析运算关系式入手，按运算顺序分解，逐步采用基本运算电路来实现。应当指出，设计方案常常不是唯一的。本题考查是否能灵活应用基本运算电路，与求解已知运算电路相比,难度要大些。

解:根据式 $u_O = 100\int u_{I1} dt + 10u_{I2}$ 的运算顺序可知,可以首先通过反相输入的积分运算电路实现对 u_{I1} 的积分运算,然后通过差分比例运算电路实现设计要求,如图 6.3.11(a)所示。

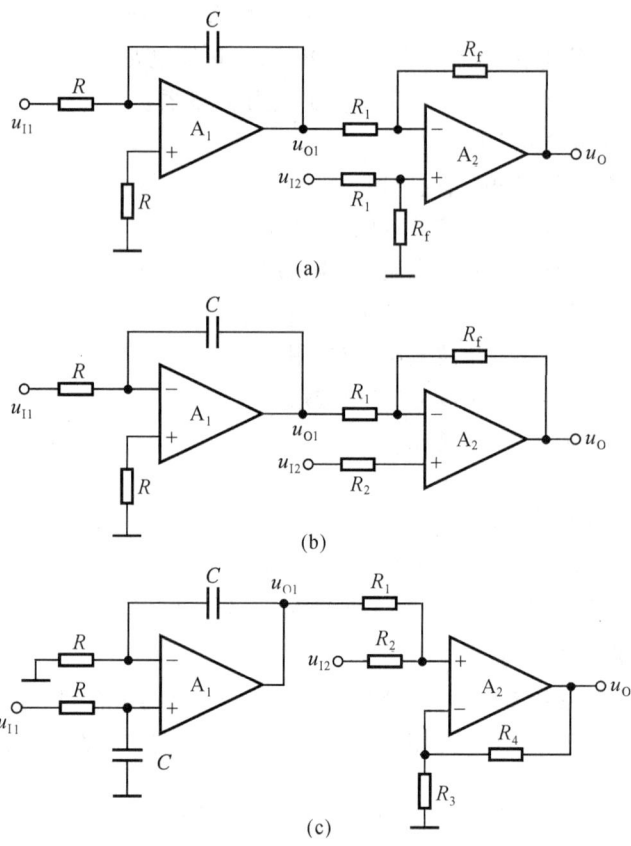

图 6.3.11 例 6.3.8 电路图

在差分比例运算电路中,集成运放 A_2 的输出电压

$$u_O = -\frac{R_f}{R_1} \cdot u_{O1} + \frac{R_f}{R_1} \cdot u_{I2} \quad (6.3.5)$$

为了比例系数容易达到要求,可取 $R_f = 100$ kΩ;为了实现 $10u_{I2}$,R_1 应取 10 kΩ。式(6.3.5)变为

$$u_O = -10u_{O1} + 10u_{I2}$$

为了使 $u_O = 100\int u_{I1} dt + 10u_{I2}$,$A_1$ 的输出电压

$$u_{O1} = -10\int u_{I1} dt = -\frac{1}{RC}\int u_{I1} dt$$

将 $C = 2$ μF 代入,求得 $R = 50$ kΩ。

综上所述,各元件取值为 $R = 50$ kΩ,$C = 2$ μF,$R_1 = 10$ kΩ,$R_f = 100$ kΩ。

为了实现 $u_O = 100\int u_{I1}dt + 10u_{I2}$,还有以下方案:

(1) 前级用反相输入的积分运算电路,后级用加减运算电路,如图 6.3.11(b)所示。
(2) 前级用同相输入的积分运算电路,后级用同相加法运算电路,如图 6.3.11(c)所示。

按上述方法可以求出电路参数,这里不再赘述。另外,除了上述方案读者还可设计其它方案。

【**例 6.3.9**】 设计一个运算电路,实现 $u_O = \sqrt{a\int u_1^2 dt}$,模拟乘法器的相乘因子 k 大于零。要求画出电路来,并求出 a 的表达式。

提示:本题考查如何利用集成运放和模拟乘法器设计较为复杂的运算电路。

解:按照运算顺序,首先用模拟乘法器对 u_1 进行乘方运算,然后用反相输入积分运算电路进行积分运算,最后用集成运放和模拟乘法器组成的开方运算电路实现开方运算,框图如图 6.3.12(a)所示。

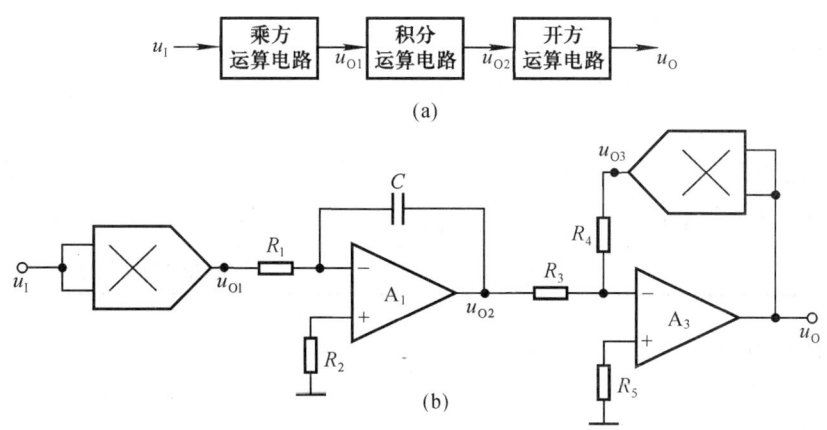

图 6.3.12 例 6.3.9 解图

根据运算电路的基本知识和框图画出电路图,如图 6.3.12(b)所示。根据电路图得到各部分电路输出电压的表达式,并求出 a 值。

$$u_{O1} = ku_1^2 \quad (k \text{ 为模拟乘法器的相乘因子})$$

$$u_{O2} = -\frac{1}{R_1 C}\int ku_1^2 dt = -\frac{k}{R_1 C}\int u_1^2 dt \quad (6.3.6)$$

在开方运算电路中,由于从已知条件可知 $u_O > 0, k > 0$,为了保证电路引入的是负反馈,其输入电压 u_{O2} 应小于零。式(6.3.6)表明 $u_{O2} < 0$,符合要求。根据电路

$$u_{O3} = -\frac{R_4}{R_3} \cdot u_{O2} = ku_O^2$$

$$u_O = \sqrt{-\frac{R_4}{kR_3} \cdot u_{O2}}$$

将式(6.3.6)代入上式,得

$$u_O = \sqrt{\frac{R_4}{R_1 R_3 C} \cdot \int u_1^2 \mathrm{d}t}$$

因此系数

$$a = \frac{R_4}{R_1 R_3 C}$$

6.3.4 滤波器的概念和选用

滤波器对信号频率具有选择性。常见的低通(LPF)、高通(HPF)、带通(BPF)和带阻(BEF)四种滤波器在理想情况下的幅频特性及其用途举例如表 6.1.3 所示。滤波器还有有源和无源之分,它们的组成、特点和用途如表 6.3.1 所示。在一定的需求下,根据表 6.1.3 和表 6.3.1 可合理选择滤波器。

表 6.3.1 有源滤波器和无源滤波器的比较

滤波器分类		有源滤波器	无源滤波器
电路组成		$RC(L)$ 网络与有源元件必引入负反馈	$RC(L)$ 网络
特点	负载电阻变化	幅频特性基本不变	截止频率及通带放大倍数变化
	输出	输出电流小、输出电压受电源限制	高电压、大电流
用途		信号处理	电源中的滤波电路、信号处理

【例 6.3.10】 现有有源滤波电路如下:
A. 高通滤波器　　B. 低通滤波器　　C. 带通滤波器　　D. 带阻滤波器
选择合适答案填入空内。
(1) 为避免 50 Hz 电网电压的干扰进入放大器,应选用_____。
(2) 已知输入信号的频率为 1~2 kHz,为了防止干扰信号的混入,应选用_____。
(3) 为获得输入电压中的低频信号,应选用_____。
(4) 为获得输入电压中的高频信号,应选用_____。
(5) 输入信号频率趋于零时输出电压幅值趋于零的电路为_____。
(6) 输入信号频率趋于无穷大时输出电压幅值趋于零的电路为_____。
(7) 输入信号频率趋于零和无穷大时输出电压幅值均趋于零的电路为_____。
(8) 输入信号频率趋于零和无穷大时电压放大倍数为通带放大倍数的电路为_____。
提示:本题考查是否掌握各种有源滤波电路的基本特性及其用途。
有源滤波电路是信号处理电路,不同类型滤波器具有不同的幅频特性,因而各自均有适用的场合。
解:根据表 6.1.3 可知,答案为(1) D,(2) C,(3) B,(4) A,(5) A、C,(6) B、C,(7) C,(8) D。
【例 6.3.11】 判断下列说法是否正确,对者打"√",错者打"×"。
(1) 无源滤波电路带负载后滤波特性将产生变化。(　　)

(2) 因为由集成运放组成的有源滤波电路往往引入深度电压负反馈,所以输出电阻趋于零。( )

(3) 由于有源滤波电路带负载后滤波特性基本不变,即带负载能力强,所以可将其用作直流电源的滤波电路。( )

(4) 无源滤波器不能用于信号处理。( )

(5) 按照将积分运算电路置于集成运放的负反馈通路中就可实现微分运算的思路,将低通滤波电路置于集成运放的负反馈通路中就可实现高通滤波。( )

提示:本题考查是否理解"有源"和"无源"滤波电路的特点,是否了解类似"实现逆运算"的方法实现滤波电路。

有源滤波电路应用的局限性表现在:一是频率响应受组成它的晶体管、集成运放频率参数的限制;当截止频率太高时,器件本身的参数将不能满足需要,此时要么换器件,要么用无源电路。二是通用型集成运放的功耗很小,只有几十毫瓦,因此不能带大电流负载,这种情况下也只能用无源电路。三是输入电压受集成运放电源电压的限制,输入电压应保证集成运放工作在线性区。

无源滤波电路的滤波特性受负载的影响,但可用在高电压输入、大电流负载的情况。

解:根据上述特点,(1)~(4)的答案分别为√,√,×,×。

在状态变量有源滤波电路中,正是利用积分电路的低通特性,将它置于集成运放的负反馈通路,来实现高通滤波的,因此(5)√。

6.3.5 有源滤波器的识别和分析

在分析有源滤波器时,首先是判断其种类和阶数,然后再估算其通带放大倍数和截止频率,求解其幅频特性。

1. 有源滤波器的识别方法

与运算电路相同,有源滤波器的电路结构特征是必须引入负反馈,它利用电阻、电容网络来实现对输入信号频率具有选择性的功能,据此可判断电路是否为有源滤波器。

电压放大倍数的幅频特性能够准确描述出电路属于低通、高通、带通还是带阻滤波器,根据表 6.1.3 可得表 6.3.2,如果能判断出电压放大倍数的特征,就可以确定滤波器的类型。

表 6.3.2 四种有源滤波器电压放大倍数的特点

电压放大倍数	输入信号频率		滤波器类型
	趋于零	趋于无穷大	
$\|\dot{A}_u\|$	最大	0	LPF
	0	最大	HPF
	0	0	BPF
	最大	最大	BEF

有几个影响频率响应的 RC 环节,电路就为几阶滤波器。应当指出,并不是所有的电容都与阶数有关。

2. 电压放大倍数幅频特性的求解方法

既然有源滤波器中集成运放引入的是负反馈,那么集成运放的两个输入端就有"虚短"和"虚断"的特点,它们是分析有源滤波器的基本出发点。通常采用节点电流法求解电压放大倍数,并画出其幅频特性。

【例 6.3.12】 电路如图 6.3.13 所示。已知集成运放均为理想运放;图(c)所示电路中 $R_1 = R_2$, $R_4 = R_5 = R_6$。

(1) 分别说明各电路是低通滤波器还是高通滤波器,简述理由;

(2) 分别求出各电路的通带放大倍数。

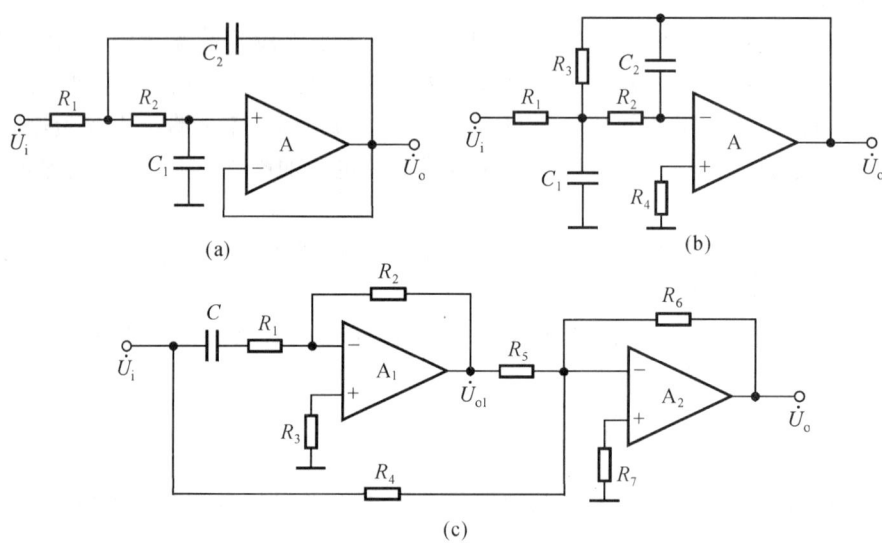

图 6.3.13 例 6.3.12 电路图

提示:本题考查是否掌握不同类型有源滤波电路的识别方法和通带放大倍数的求解方法。

解:(1) 在电路(a)中,若输入电压频率趋于零,则 C_1 和 C_2 相当于开路,在集成运放两个输入端

$$\dot{U}_n = \dot{U}_p = \dot{U}_i$$

由于 A 构成电压跟随器,输出

$$\dot{U}_o = \dot{U}_n = \dot{U}_i \tag{6.3.7}$$

若输入电压频率趋于无穷大,则 C_1 和 C_2 相当于短路,输出电压

$$\dot{U}_o = \dot{U}_n = \dot{U}_p = 0$$

可见,电路(a)是低通滤波器,根据式(6.3.7),通带放大倍数

$$\dot{A}_{up} = 1 \tag{6.3.8}$$

(2) 在电路(b)中,若输入电压频率趋于零,则 C_1 和 C_2 相当于开路。由于在集成运放两个输入端为"虚地", R_2 的电流为零, R_1 和 R_3 的电流相等,即

$$\frac{\dot{U}_i}{R_1} = \frac{-\dot{U}_o}{R_3}$$

$$\dot{U}_o = -\frac{R_3}{R_1} \cdot \dot{U}_i \tag{6.3.9}$$

若输入电压频率趋于无穷大,则 C_1 和 C_2 相当于短路,输出电压

$$\dot{U}_o = \dot{U}_n = \dot{U}_p = 0$$

可见,电路(b)是低通滤波器,根据式(6.3.9),通带放大倍数

$$\dot{A}_{up} = -\frac{R_3}{R_1} \tag{6.3.10}$$

(3) 在电路(c)中,A_2 与 $R_4 \sim R_7$ 组成反相求和运算电路,其输出电压

$$\dot{U}_o = -\frac{R_6}{R_5} \cdot \dot{U}_{o1} - \frac{R_6}{R_4} \cdot \dot{U}_i \tag{6.3.11}$$

将已知条件 $R_4 = R_5 = R_6$ 代入,可得

$$\dot{U}_o = -\dot{U}_{o1} - \dot{U}_i \tag{6.3.12}$$

若输入电压频率趋于零,则 C 相当于开路,集成运放 A_1 两个输入端电位 $\dot{U}_n = \dot{U}_p = 0$,其输出电压 $\dot{U}_{o1} = \dot{U}_n = 0$,代入式(6.3.12),得

$$\dot{U}_o = -\dot{U}_i \tag{6.3.13}$$

若输入电压频率趋于无穷大,则 C 相当于短路,A_1 和 R_1、R_2 组成反相比例运算电路,其输出电压

$$\dot{U}_{o1} = -\frac{R_2}{R_1} \cdot \dot{U}_i$$

将已知条件 $R_1 = R_2$ 代入,可得 $\dot{U}_{o1} = -\dot{U}_i$,代入式(6.3.12)得 $\dot{U}_o = 0$。可见,电路(c)是低通滤波器,根据式(6.3.13),通带放大倍数

$$\dot{A}_{up} = -1 \tag{6.3.14}$$

综上所述,三种电路均为低通滤波器,图(a)~(c)的通带放大倍数分别如式(6.3.8)、(6.3.10)、(6.3.14)所示。

【例 6.3.13】 有源滤波电路如图 6.3.14 所示,已知集成运放和模拟乘法器均为理想器件,模拟乘法器的相乘因子 $k = 0.1 \text{ V}^{-1}$。

(1) 求解电压放大倍数、通带放大倍数和截止频率的表达式;
(2) 说明该电路为哪种类型的滤波器(低通、高通、带通、带阻),为几阶滤波器;
(3) 若 U_{REF} 为 3~6 V 的可调直流电压,则截止频率变化范围是多少? U_{REF} 的作用是什么?

提示:本题考查是否掌握不同类型有源滤波电路的基本表达式和定量分析方法,是否了解"压控"的概念。

因为本题涉及集成运放工作在线性区的特点、模拟乘法器输出电压与输入电压的基本关系、有源滤波电路的基本概念和定量分析方法和"压控"的概念等方面的知识,所以具有综合性。

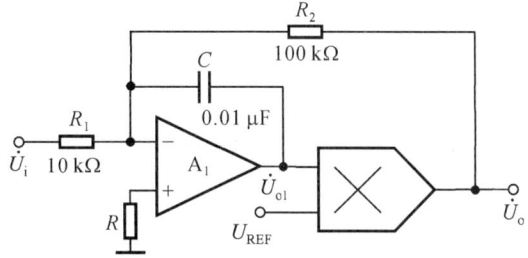

图 6.3.14 例 6.3.13 电路图

解:（1）由图可知,集成运放的两个输入端为"虚地",在其反相输入端有电流方程

$$\dot{I}_{R_1} = \dot{I}_{R_2} + \dot{I}_C$$

$$\frac{\dot{U}_i}{R_1} = \frac{-\dot{U}_o}{R_2} - \mathrm{j}\omega C \dot{U}_{o1} \qquad (6.3.15)$$

根据模拟乘法器输出和输入的基本关系,$\dot{U}_o = k\dot{U}_{o1}U_{REF}$,因而集成运放的输出电压

$$\dot{U}_{o1} = \frac{\dot{U}_o}{kU_{REF}}$$

将上式代入式（6.3.15）,整理可得电压放大倍数

$$\dot{A}_u = \frac{\dot{U}_o}{\dot{U}_i} = -\frac{R_2}{R_1} \cdot \frac{1}{1 + \mathrm{j}\omega \dfrac{R_2 C}{kU_{REF}}} \qquad (6.3.16)$$

由式可知通带放大倍数和截止频率为

$$\dot{A}_{up} = -\frac{R_2}{R_1} \qquad (6.3.17)$$

$$f_p = \frac{kU_{REF}}{2\pi R_2 C} \qquad (6.3.18)$$

（2）由电路或式（6.3.16）可知,当频率趋于零时电压放大倍数等于通带放大倍数,当频率趋于无穷大时电压放大倍数的数值趋于零,故图示电路为一阶低通滤波器。

（3）将 $U_{REF} = 3\sim6\ \mathrm{V}$ 代入式（6.3.18）可得截止频率的调节范围

$$f_p \approx 47.7\sim95.5\ \mathrm{Hz}$$

实现了压控截止频率的功能。

6.3.6 集成运放工作在线性区的其它应用电路

集成运放工作在线性区的应用电路,除了最具典型性的运算电路和有源滤波电路外还有许多种类,它们的共同点是都引入了深度负反馈,因而求解输出与输入关系的方法相同。

在这类电路中,有时也引入正反馈,但不应引起自激振荡。

【例 6.3.14】 电压-电流转换电路如图 6.3.15 所示,已知集成运放为理想运放,$R_2 = R_3 = R_4 = R_7 = R$,$R_5 = 2R$。求解 i_L 与 u_1 之间的函数关系。

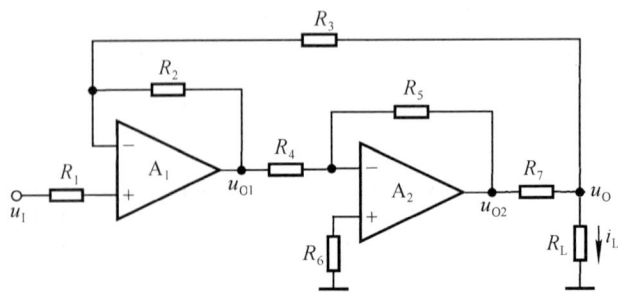

图 6.3.15　例 6.3.14 电路图

提示:本题考查是否具有一定的读图能力和是否掌握集成运放工作在线性区时电路的计算方法。

解:以 u_1 和 u_O 为输入信号,A_1、R_1、R_2 和 R_3 组成加减运算电路,$u_N = u_P = u_1$,其输出电压

$$u_{O1} = \left(1 + \frac{R_2}{R_3}\right)u_1 - \frac{R_2}{R_3}u_O = 2u_1 - u_O$$

以 u_{O1} 为输入信号,A_2、R_4 和 R_5 组成反相比例运算电路,其输出电压

$$u_{O2} = -\frac{R_5}{R_4} \cdot u_{O1} = -4u_1 + 2u_O$$

负载电流

$$i_L = i_{R_7} - i_{R_3} = \frac{u_{O2} - u_O}{R_7} - \frac{u_O - u_1}{R_3} = \frac{-4u_1 + 2u_O - u_O - u_O + u_1}{R}$$

因此

$$i_L = -\frac{3u_1}{R}$$

可见,通过本电路将输入电压转换成与之具有稳定关系的负载电流。

【**例 6.3.15**】 电路如图 6.3.16 所示,已知集成运放为理想运放。

(1) 求解等效输入电容的表达式;

(2) 若 $C = 0.05\ \mu F$,则当电位器滑动端变化时,等效电容的变化范围为多少?

提示:本题考查是否具有一定的读图能力和是否掌握集成运放工作在线性区时电路的计算方法。

解:(1) 方法一:利用等效变换的方法求输入等效电容。

与输入电阻的概念相类比,输入等效电容 C' 是从电路的输入端看进去的等效电容,其容抗为

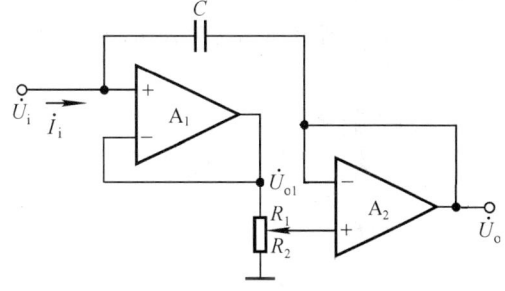

图 6.3.16 例 6.3.15 电路图

$$X_{C'} = \frac{\dot{U}_i}{\dot{I}_i} \tag{6.3.19}$$

输入电流等于电容 C 的电流,即

$$\dot{I}_i = \dot{I}_C = \frac{\dot{U}_i - \dot{U}_o}{X_C} \tag{6.3.20}$$

由图可知,A_1、A_2 各组成电压跟随器,因而

$$\dot{U}_{o1} = \dot{U}_i$$

$$\dot{U}_o = \frac{R_2}{R_1 + R_2} \cdot \dot{U}_{o1} = \frac{R_2}{R_1 + R_2} \cdot \dot{U}_i \tag{6.3.21}$$

代入式(6.3.20)可得

$$\dot{I}_i = \frac{R_1}{R_1 + R_2} \cdot \frac{\dot{U}_i}{X_C}$$

代入式(6.3.19)可得

$$X_{C'} = \frac{R_1+R_2}{R_1} \cdot X_C$$

说明输入等效电容 C' 的容抗是 C 的 $(1+R_2/R_1)$ 倍，所以 C' 是 C 的 $(1+R_2/R_1)$ 分之一，即

$$C' = \frac{R_1}{R_1+R_2} \cdot C \tag{6.3.22}$$

方法二：根据密勒定理求解 C'。实际上，密勒定理就是关于等效变换的定理，只不过在这里直接应用而已。

首先求解电压放大倍数，由式(6.3.21)可得

$$\dot{A}_u = \frac{\dot{U}_o}{\dot{U}_i} = \frac{R_2}{R_1+R_2}$$

然后，根据密勒定理

$$C' = (1-\dot{A}_u) \cdot C = \frac{R_1}{R_1+R_2} \cdot C$$

与式(6.3.22)相同。

（2）当电位器滑动端变化使 R_1 从零到 (R_1+R_2) 时，C' 的变化范围为 $0\sim0.05~\mu F$。

6.4 习题解答

6.4.1 自测题

一、现有以下电路：

A. 反相比例运算电路　　　　B. 同相比例运算电路
C. 积分运算电路　　　　　　D. 微分运算电路
E. 加法运算电路　　　　　　F. 乘方运算电路

选择一个合适的答案填入空内。

(1) 欲将正弦波电压移相+90°，应选用_____。
(2) 欲将正弦波电压转换成二倍频电压，应选用_____。
(3) 欲将正弦波电压叠加上一个直流量，应选用_____。
(4) 欲实现 $A_u=-100$ 的放大电路，应选用_____。
(5) 欲将方波电压转换成三角波电压，应选用_____。
(6) 欲将方波电压转换成尖顶波电压，应选用_____。

解：(1) C；(2) F；(3) E；(4) A；(5) C；(6) D。

二、填空：

(1) 为了避免 50 Hz 电网电压的干扰进入放大器，应选用_____滤波电路。
(2) 已知输入信号的频率为 10~12 kHz，为了防止干扰信号的混入，应选用_____滤波电路。
(3) 为了获得输入电压中的低频信号，应选用_____滤波电路。

(4) 为了使滤波电路的输出电阻足够小,保证负载电阻变化时滤波特性不变,应选用_____滤波电路。

解:(1)带阻 (2)带通 (3)低通 (4)有源

三、已知图 T6.3 所示各电路中的集成运放均为理想运放,模拟乘法器的乘积系数 k 大于零。试分别求解各电路的运算关系。

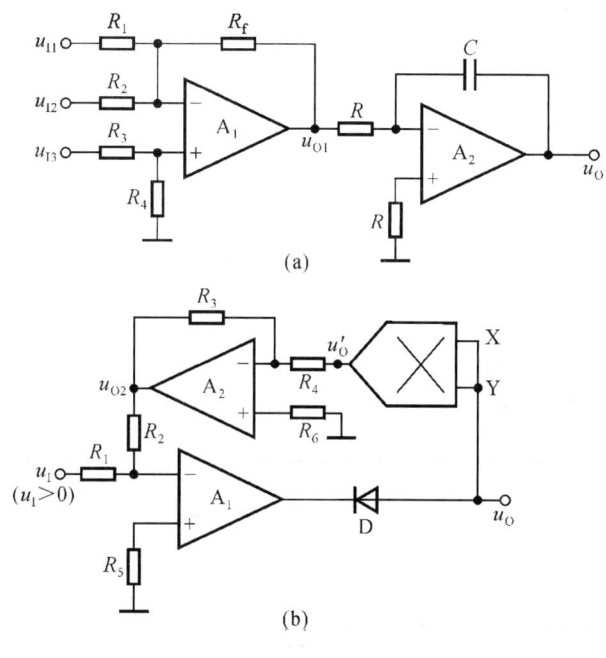

图 T6.3

解:图(a)所示电路为求和积分运算电路,运算表达式为

$$u_{O1} = -R_f\left(\frac{u_{I1}}{R_1}+\frac{u_{I2}}{R_2}\right) + \left(1+\frac{R_f}{R_1 /\!/ R_2}\right) \cdot \frac{R_4}{R_3+R_4} \cdot u_{I3}$$

$$u_O = -\frac{1}{RC}\int u_{O1}\,dt$$

图(b)所示电路为开方运算电路,运算表达式为

$$u_{O2} = -\frac{R_2}{R_1}u_I = -\frac{R_3}{R_4}u'_O = -\frac{R_3}{R_4}\cdot ku_O^2$$

$$u_O = -\sqrt{\frac{R_2 R_4}{kR_1 R_3}\cdot u_I}$$

6.4.2 习题

本章习题中的集成运放均为理想运放。

6.1 填空:

(1)_____运算电路可实现 $A_u>1$ 的放大器。

(2) _____ 运算电路可实现 $A_u<0$ 的放大器。

(3) _____ 运算电路可将三角波电压转换成方波电压。

(4) _____ 运算电路可实现函数 $Y=aX_1+bX_2+cX_3$，a、b 和 c 均大于零。

(5) _____ 运算电路可实现函数 $Y=aX_1+bX_2+cX_3$，a、b 和 c 均小于零。

(6) _____ 运算电路可实现函数 $Y=aX^2$。

解：(1) 同相比例；(2) 反相比例；(3) 微分；(4) 同相求和；(5) 反相求和；(6) 乘方。

6.2 电路如图 P6.2 所示，集成运放输出电压的最大幅值为 ±14 V，填表。

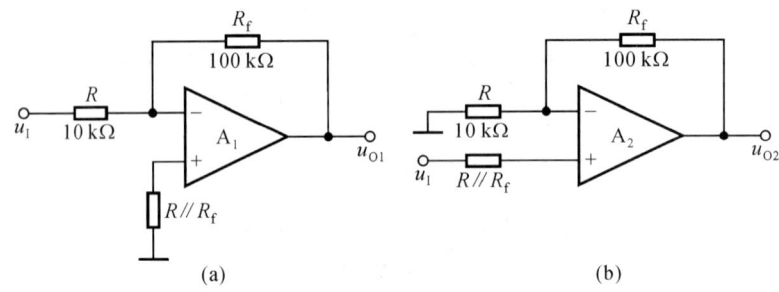

图 P6.2

u_1/V	0.1	0.5	1.0	1.5
u_{O1}/V				
u_{O2}/V				

解：当集成运放工作在线性区时，$u_{O1}=(-R_f/R)u_1=-10u_1$，$u_{O2}=(1+R_f/R)u_1=11u_1$。当集成运放工作在非线性区时，输出电压不是 +14 V，就是 -14 V。

u_1/V	0.1	0.5	1.0	1.5
u_{O1}/V	-1	-5	-10	-14
u_{O2}/V	1.1	5.5	11	14

6.3 设计一个比例运算电路，要求输入电阻 $R_i=20\ \text{k}\Omega$，比例系数为 -100。

解：可采用反相比例运算电路，电路形式如图 P6.2(a) 所示。$R=20\ \text{k}\Omega$，$R_f=2\ \text{M}\Omega$。

为了使反馈电阻阻值减小，以减小内部噪声，可采用图解 P6.3 所示的 T 形网络反馈反相比例运算电路。分析可得

$$u_O=-\frac{R_2+R_4}{R_1}\left(1+\frac{R_2/\!/R_4}{R_3}\right)u_1$$

因此，R_1 取 20 kΩ，若取 $R_2=R_4=100$ kΩ，则 R_3 约为 5.56 kΩ。

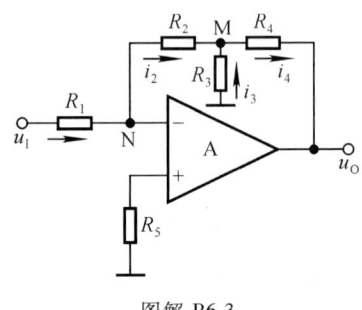

图解 P6.3

6.4 电路如图 P6.4 所示,试求其输入电阻和比例系数。

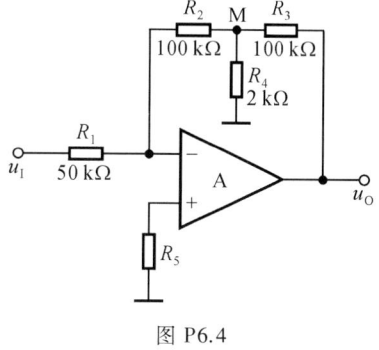

图 P6.4

解:由图可知,$R_i = 50 \text{ k}\Omega$。

因为 $u_M = -2u_1, i_{R_2} = i_{R_4} + i_{R_3}$,即

$$-\frac{u_M}{R_2} = \frac{u_M}{R_4} + \frac{u_M - u_O}{R_3}$$

代入已知参数,解得输出电压为

$$u_O = 52 u_M = -104 u_1$$

所以比例系数为 -104。

6.5 电路如图 P6.4 所示,集成运放输出电压的最大幅值为 ±14 V,u_1 为 2 V 的直流信号。分别求出下列各种情况下的输出电压。

(1) R_2 短路;(2) R_3 短路;(3) R_4 短路;(4) R_4 断路。

解:图 P6.4 所示电路出现(1)~(4)故障时分别变为图解 P6.5(a)~(d)所示电路,由此可得出现故障后各输出电压的表达式。

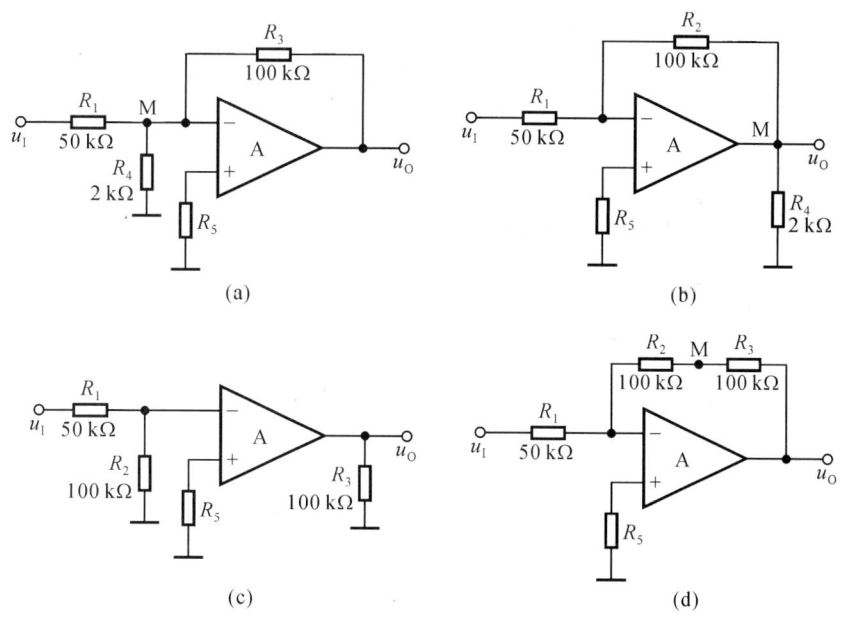

图解 P6.5

(1) $u_O = -\dfrac{R_3}{R_1} u_1 = -2 u_1 = -4$ V

(2) $u_O = -\dfrac{R_2}{R_1} u_1 = -2 u_1 = -4$ V

(3) 电路无反馈,$u_O = -14$ V

(4) $u_O = -\dfrac{R_2 + R_3}{R_1} u_1 = -4 u_1 = -8$ V

6.6 试求图 P6.6 所示各电路输出电压与输入电压的运算关系式。

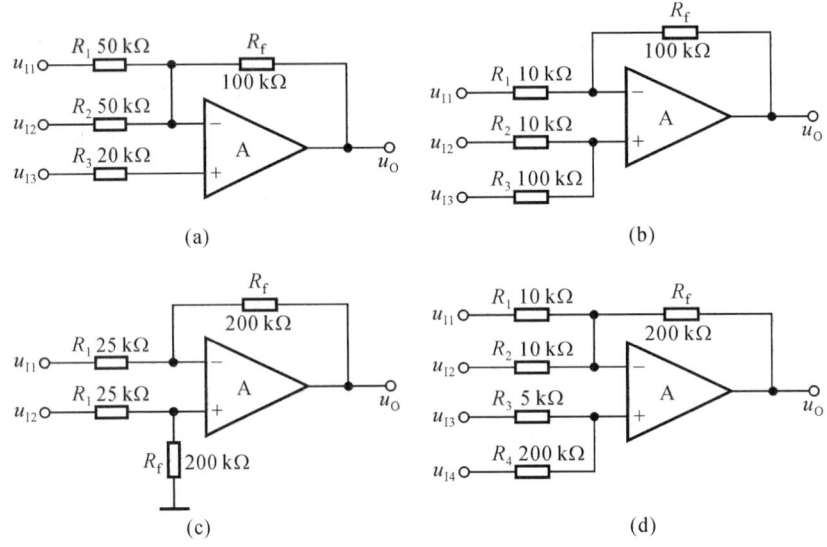

图 P6.6

解：检查图示各电路，每个集成运放同相输入端和反相输入端所接的总电阻均相等。各电路的运算关系式分析如下：

(a) $u_O = -\dfrac{R_f}{R_1} \cdot u_{I1} - \dfrac{R_f}{R_2} \cdot u_{I2} + \dfrac{R_f}{R_3} \cdot u_{I3} = -2u_{I1} - 2u_{I2} + 5u_{I3}$

(b) $u_O = -\dfrac{R_f}{R_1} \cdot u_{I1} + \dfrac{R_f}{R_2} \cdot u_{I2} + \dfrac{R_f}{R_3} \cdot u_{I3} = -10u_{I1} + 10u_{I2} + u_{I3}$

(c) $u_O = \dfrac{R_f}{R_1}(u_{I2} - u_{I1}) = 8(u_{I2} - u_{I1})$

(d) $u_O = -\dfrac{R_f}{R_1} \cdot u_{I1} - \dfrac{R_f}{R_2} \cdot u_{I2} + \dfrac{R_f}{R_3} \cdot u_{I3} + \dfrac{R_f}{R_4} \cdot u_{I4}$
$= -20u_{I1} - 20u_{I2} + 40u_{I3} + u_{I4}$

6.7 在图 P6.6 所示各电路中，集成运放的共模信号分别为多少？要求写出表达式。

解：因为集成运放同相输入端和反相输入端之间净输入电压为零，所以它们的电位就是集成运放的共模输入电压。图示各电路中集成运放的共模信号分别为

(a) $u_{IC} = u_{I3}$

(b) $u_{IC} = \dfrac{R_3}{R_2+R_3} \cdot u_{I2} + \dfrac{R_2}{R_2+R_3} \cdot u_{I3} = \dfrac{10}{11}u_{I2} + \dfrac{1}{11}u_{I3}$

(c) $u_{IC} = \dfrac{R_f}{R_1+R_f} \cdot u_{I2} = \dfrac{8}{9}u_{I2}$

(d) $u_{IC} = \dfrac{R_4}{R_3+R_4} \cdot u_{I3} + \dfrac{R_3}{R_3+R_4} \cdot u_{I4} = \dfrac{40}{41}u_{I3} + \dfrac{1}{41}u_{I4}$

6.8 图 P6.8 所示为恒流源电路,已知稳压管工作在稳压状态,试求负载电阻 R_L 中的电流;若要求 R_L 中电流的变化范围是 1~10 mA,则电阻 R_2 应如何变化?

解: $I_L = \dfrac{u_N}{R_2} = \dfrac{U_Z}{R_2} = 0.6$ mA

根据上式,应将 R_2 改用一个 $0.6\ \text{k}\Omega$ 的电阻与一个 $5.4\ \text{k}\Omega$ 电位器串联,以调整负载电流 I_L。

6.9 电路如图 P6.9 所示。

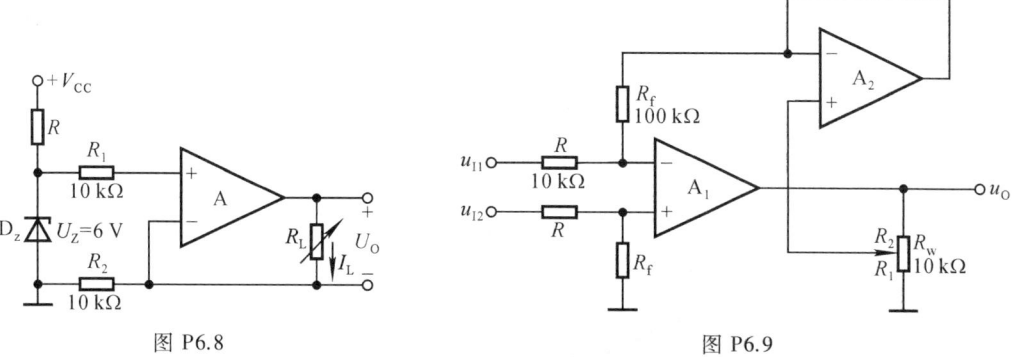

图 P6.8　　　　　　　　　图 P6.9

（1）写出 u_O 与 u_{I1}、u_{I2} 的运算关系式;
（2）当 R_w 的滑动端在最上端时,若 $u_{I1} = 10$ mV, $u_{I2} = 20$ mV,则 $u_O = ?$
（3）若 u_O 的最大幅值为 ± 14 V,输入电压最大值 $u_{I1\max} = 10$ mV, $u_{I2\max} = 20$ mV,它们的最小值均为 0,则为了保证集成运放工作在线性区,R_2 的最大值为多少?

解：(1) A_2 同相输入端电位

$$u_{P2} = u_{N2} = \dfrac{R_f}{R}(u_{I2} - u_{I1}) = 10(u_{I2} - u_{I1})$$

输出电压

$$u_O = \left(1 + \dfrac{R_2}{R_1}\right) \cdot u_{P2} = 10\left(1 + \dfrac{R_2}{R_1}\right)(u_{I2} - u_{I1})$$

也可写成为

$$u_O = 10 \cdot \dfrac{R_w}{R_1} \cdot (u_{I2} - u_{I1})$$

（2）将 $u_{I1} = 10$ mV, $u_{I2} = 20$ mV 代入上式,得 $u_O = 100$ mV。

（3）根据题目所给参数,$(u_{I2} - u_{I1})$ 的最大值为 20 mV。若 R_1 为最小值,则为保证集成运放工作在线性区,$(u_{I2} - u_{I1}) = 20$ mV 时集成运放的输出电压应为 +14 V,写成表达式为

$$u_O = 10 \cdot \dfrac{R_w}{R_{1\min}} \cdot (u_{I2} - u_{I1}) = 10 \times \dfrac{10}{R_{1\min}} \times 20 = 14$$

故 $R_{1\min} \approx 143\ \Omega$,因此 $R_{2\max} = R_w - R_{1\min} \approx (10 - 0.143)\ \text{k}\Omega \approx 9.86\ \text{k}\Omega$。

6.10 分别求解图 P6.10 所示各电路的运算关系。

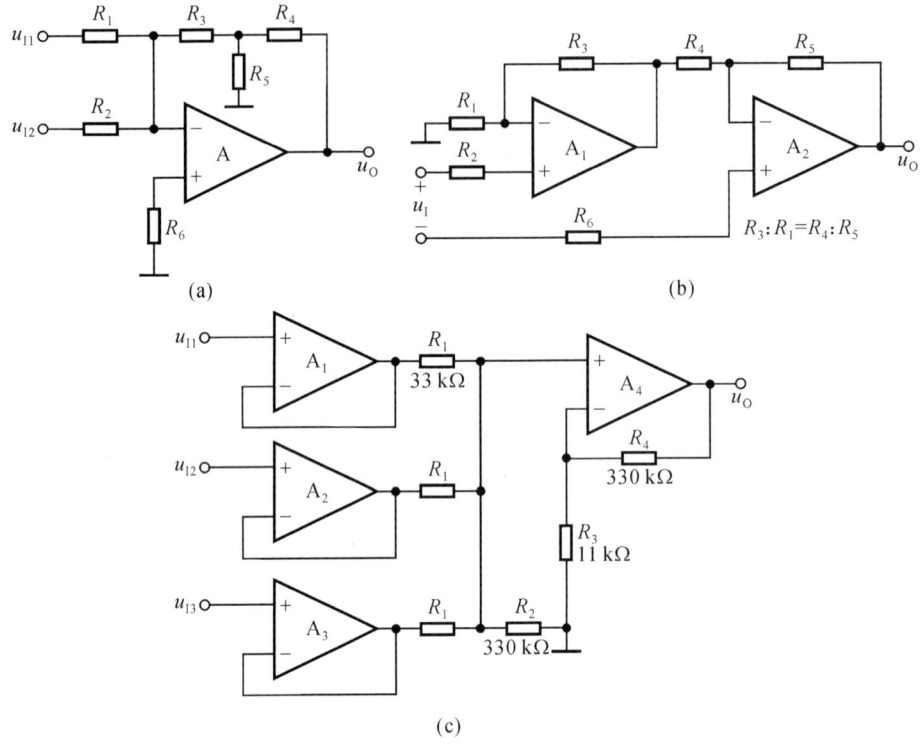

图 P6.10

解:图(a)所示为反相求和运算电路;图(b)所示的 A_1 组成同相比例运算电路,A_2 组成加减运算电路;图(c)所示的 A_1、A_2、A_3 均组成为电压跟随器电路,A_4 组成反相求和运算电路。

(a) 设 R_3、R_4、R_5 的节点为 M,则

$$u_M = -R_3\left(\frac{u_{I1}}{R_1} + \frac{u_{I2}}{R_2}\right)$$

$$i_{R_4} = i_{R_3} - i_{R_5} = \frac{u_{I1}}{R_1} + \frac{u_{I2}}{R_2} - \frac{u_M}{R_5}$$

$$u_O = u_M - i_{R_4}R_4 = -\left(R_3 + R_4 + \frac{R_3 R_4}{R_5}\right)\left(\frac{u_{I1}}{R_1} + \frac{u_{I2}}{R_2}\right)$$

(b) 设加在 A_1 同相输入端的信号为 u_{I1},加在 A_2 同相输入端的信号为 u_{I2},则 $u_I = u_{I1} - u_{I2}$。u_{O1} 和 u_O 分析如下:

$$u_{O1} = \left(1 + \frac{R_3}{R_1}\right)u_{I1}$$

$$u_O = -\frac{R_5}{R_4}u_{O1} + \left(1 + \frac{R_5}{R_4}\right)u_{I2}$$

$$= -\frac{R_5}{R_4}\left(1 + \frac{R_3}{R_1}\right)u_{I1} + \left(1 + \frac{R_5}{R_4}\right)u_{I2}$$

$$= \left(1+\frac{R_5}{R_4}\right)(u_{I2}-u_{I1})$$

$$= -\left(1+\frac{R_5}{R_4}\right)u_I$$

（c）A_1、A_2、A_3 的输出电压分别为 u_{I1}、u_{I2}、u_{I3}。由于在 A_4 组成的反相求和运算电路中反相输入端和同相输入端外接电阻阻值相等，所以

$$u_O = \frac{R_4}{R_1}(u_{I1}+u_{I2}+u_{I3}) = 10(u_{I1}+u_{I2}+u_{I3})$$

6.11 在图 P6.11(a)所示电路中，已知输入电压 u_I 的波形如图(b)所示，当 $t=0$ 时 $u_O=0$。试画出输出电压 u_O 的波形。

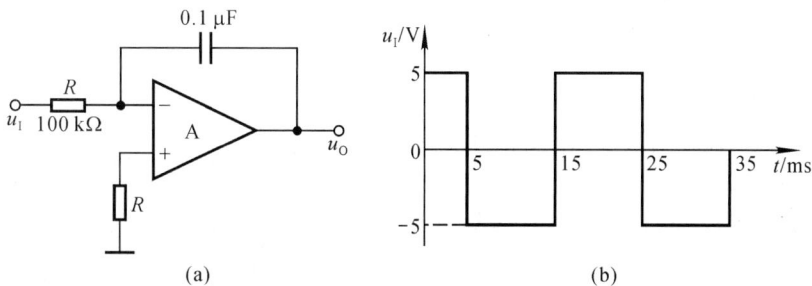

图 P6.11

解：输出电压的表达式为

$$u_O = -\frac{1}{RC}\int_{t_1}^{t_2} u_I \mathrm{d}t + u_O(t_1)$$

当 u_I 为常量时

$$u_O = -\frac{1}{RC}u_I(t_2-t_1) + u_O(t_1)$$

$$= -\frac{1}{10^5 \times 10^{-7}}u_I(t_2-t_1) + u_O(t_1)$$

$$= -100 u_I(t_2-t_1) + u_O(t_1)$$

若 $t=0$ 时 $u_O=0$，则 $t=5$ ms 时，$u_O = -100\times 5 \times 5 \times 10^{-3}$ V $= -2.5$ V。当 $t=15$ ms 时，$u_O = [-100\times(-5)\times 10\times 10^{-3} + (-2.5)]$ V $= 2.5$ V。以此类推，得 $t=25$ ms 时 $u_O = -2.5$ V。$t=35$ ms 时 $u_O = 2.5$ V。因此，输出波形如图解 P6.11 所示。

6.12 已知图 P6.12 所示电路输入电压 u_I 的波形如图 P6.11(b)所示，且当 $t=0$ 时 $u_O=0$。试画出输出电压 u_O 的波形。

解：由图可知，$u_N=u_P=u_I$，电容的电流等于电阻的电流

$$i_C = i_R = \frac{u_N}{R} = \frac{u_I}{R}$$

输出电压等于 R 与 C 的电压之和，即

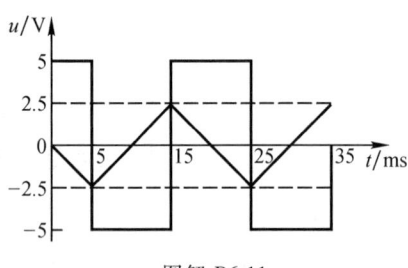

图解 P6.11

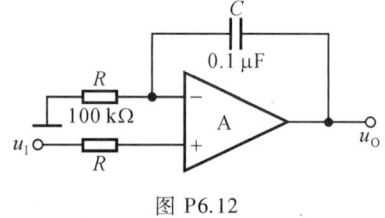

图 P6.12

$$u_O = u_N + u_C = u_I + \frac{1}{C}\int \frac{u_I}{R} = \frac{1}{RC}\int u_I + u_I$$

在 $t_1 \sim t_2$ 时间间隔内的运算关系为

$$u_O = \frac{1}{RC}\int_{t_1}^{t_2} u_I + u_I + u_C(t_1)$$
$$= 100 u_I(t_2 - t_1) + u_I + u_C(t_1)$$

因此波形如图解 P6.12 所示。

6.13 试分别求解图 P6.13 所示各电路的运算关系。

解：利用节点电流法，可解出各电路的运算关系分别为

（a）$u_O = -\frac{R_2}{R_1}u_I - \frac{1}{R_1 C}\int u_I dt = -u_I - 1\,000 \int u_I dt$

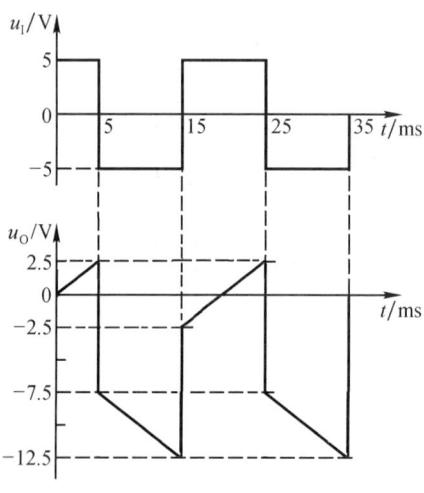

图解 P6.12

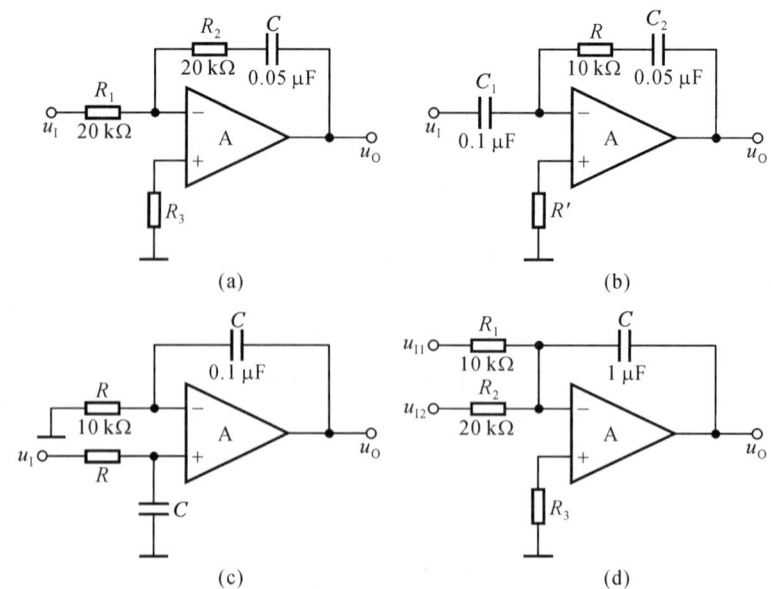

图 P6.13

(b) $u_O = -RC_1 \dfrac{\mathrm{d}u_1}{\mathrm{d}t} - \dfrac{C_1}{C_2}u_1 = -10^{-3}\dfrac{\mathrm{d}u_1}{\mathrm{d}t} - 2u_1$

(c) $u_O = \dfrac{1}{RC}\int u_1 \mathrm{d}t = 10^3 \int u_1 \mathrm{d}t$

(d) $u_O = -\dfrac{1}{C}\int \left(\dfrac{u_{I1}}{R_1} + \dfrac{u_{I2}}{R_2}\right)\mathrm{d}t = -100\int (u_{I1} + 0.5u_{I2})\mathrm{d}t$

6.14 在图 P6.14 所示电路中，已知 $R_1 = R = R' = R_2 = R_f = 100\ \mathrm{k\Omega}$，$C = 1\ \mathrm{\mu F}$。

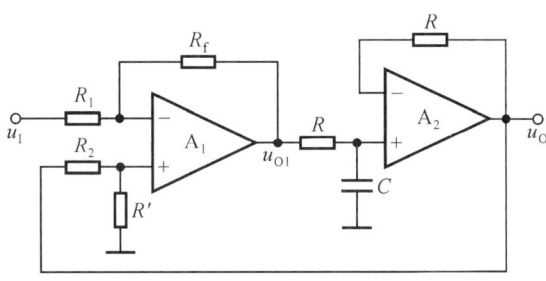

图 P6.14

（1）试求出 u_O 与 u_1 的运算关系。

（2）设 $t=0$ 时 $u_O=0$，且 u_1 由 0 跃变为 $-1\ \mathrm{V}$，试求输出电压由 0 上升到 $+6\ \mathrm{V}$ 所需要的时间。

解：（1）因为 A_1 的同相输入端和反相输入端所接电阻相等，所以其输出电压 u_{O1} 是输出电压 u_O 与输入电压 u_1 的差值。写出表达式为

$$u_{O1} = -\dfrac{R_f}{R_1}\cdot u_1 + \dfrac{R_f}{R_2}\cdot u_O = u_O - u_1$$

因为 A_2 以电容上电压 u_C 为输入，所以输出电压 $u_O = u_C$。而电容的电流

$$i_C = \dfrac{u_{O1} - u_O}{R} = -\dfrac{u_1}{R}$$

因此，输出电压

$$u_O = \dfrac{1}{C}\int i_C \mathrm{d}t = -\dfrac{1}{RC}\int u_1 \mathrm{d}t = -10\int u_1 \mathrm{d}t$$

（2）$u_O = -10 u_1 t_1 = [-10 \times (-1) \times t_1]\ \mathrm{V} = 6\ \mathrm{V}$，故 $t_1 = 0.6\ \mathrm{s}$，即经 $0.6\ \mathrm{s}$ 输出电压达到 $6\ \mathrm{V}$。

6.15 试求出图 P6.15 所示电路的运算关系。

解：设 A_2 的输出为 u_{O2}。因为 R_1 的电流等于 C 的电流，C 上电压等于其电流的积分，所以

$$u_{O2} = -\dfrac{1}{R_1 C}\int u_1 \mathrm{d}t = -2\int u_1 \mathrm{d}t$$

又因为 A_2 组成以 u_O 为输入的同相比例运算电路，所以

$$u_{O2} = \left(1 + \dfrac{R_2}{R_3}\right)u_O = 2u_O$$

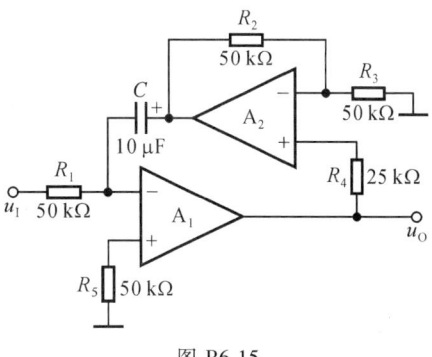

图 P6.15

将以上两式整理,得输出电压

$$u_O = -\int u_1 dt$$

6.16 在图 P6.16 所示电路中,已知 $u_{I1} = 4$ V,$u_{I2} = 1$ V。回答下列问题:

(1) 当开关 S 闭合时,分别求解 A、B、C、D 和 u_O 的电位;

(2) 设 $t=0$ 时 S 打开,问经过多长时间 $u_O = 0$?

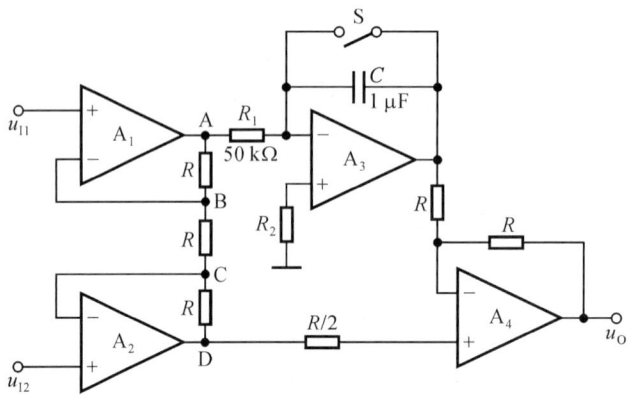

图 P6.16

解:(1) 由于电路中 A_1 和 A_2 均引入负反馈,净输入电压和电流均为零,故从 A 到 D 三个电阻中的电流相等,且 B 电位 $U_B = u_{I1} = 4$ V,C 电位 $U_C = u_{I2} = 1$ V,$U_B - U_C = 3$ V,说明每个电阻上的电压为 3 V,故 $U_A = U_B + 3$ V $= 7$ V,$U_D = U_C - 3$ V $= -2$ V。

由于 A_3 的输出电压为零,A_4 实现同相比例运算,故 $u_O = 2U_D = -4$ V。

结论:$U_A = 7$ V,$U_B = 4$ V,$U_C = 1$ V,$U_D = -2$ V,$u_O = -4$ V。

(2) 当开关断开时,A_4 实现减法运算,$u_O = 2u_D - u_{O3}$。因为 $2u_D = -4$ V,所以只有 A_3 的输出电压 $u_{O3} = -4$ V 时,u_O 才为零,即

$$u_{O3} = -\frac{1}{R_1 C} \cdot u_A \cdot t = -\frac{1}{50 \times 10^3 \times 10^{-6}} \times 7 \times t = -4$$

求得 $t \approx 28.6$ ms。

6.17 为使图 P6.17 所示电路实现除法运算,

(1) 标出集成运放的同相输入端和反相输入端;

(2) 求出 u_O 和 u_{I1}、u_{I2} 的运算关系式。

解:(1) 当 u_{I1} 对地为"+"时,只有模拟乘法器的输出电压 u'_O 为"+"反馈电压才为"+",电路也才引入负反馈。已知 $k<0$,且 $u_{I2}<0$,故只有 u_O 为"+"u'_O 才为"+",即输出电压 u_O 与输入电压 u_{I1} 同相,因此 A 的输入端上为"+"、下为"−"。

(2) 根据模拟乘法器输出电压和输入电压的关系和节点电流关系,可得

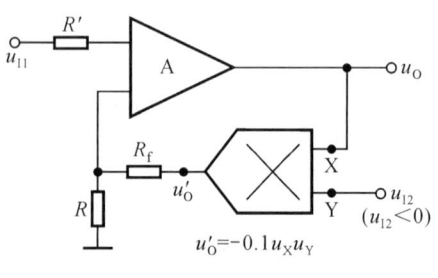

图 P6.17

$$u'_O = ku_O u_{I2}$$

$$u_{I1} = \frac{R}{R+R_f} u'_O = \frac{R}{R+R_f} \cdot (-0.1 u_O u_{I2})$$

整理上式,输出电压

$$u_O = -\frac{10(R+R_f)}{R} \cdot \frac{u_{I1}}{u_{I2}}$$

6.18 求出图 P6.18 所示各电路的运算关系。

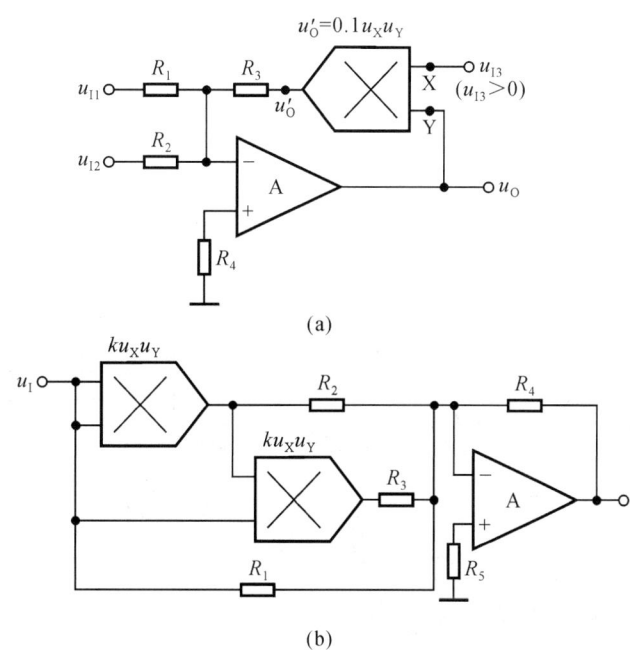

图 P6.18

解:在电路(a)中,由于集成运放引入了负反馈,模拟乘法器的输出电压既等于输入电压 u_{I1} 和 u_{I2} 反相求和的结果,又等于输出电压 u_O 与输入电压 u_{I3} 之积,即

$$u'_O = -R_3 \left(\frac{u_{I1}}{R_1} + \frac{u_{I2}}{R_2} \right) = k u_O u_{I3}$$

整理可得

$$u_O = -\frac{R_3}{k u_{I3}} \left(\frac{u_{I1}}{R_1} + \frac{u_{I2}}{R_2} \right)$$

在电路(b)中,A 实现反相求和运算,其三个输入电压分别是 u_1 的一次方、二次方和三次方,因而实现一元三次方程,运算关系式为

$$u_O = -\frac{R_4}{R_1} u_1 - \frac{R_4}{R_2} k u_1^2 - \frac{R_4}{R_3} k^2 u_1^3$$

调整 u_1 使 u_O 为 0,此时的 u_1 即为一元三次方程之解。

6.19 分别设计完成以下函数关系的运算电路,画出电路图,并选取电路参数。

(1) $u_{O1} = -\sqrt{2u_{I1}^2 + 2u_{I2}^2}$

(2) $u_{O2} = \dfrac{4u_{I1}}{2u_{I2} - u_{I3}}$

(3) $u_{O3} = -10^3 \int (6u_{I1} \cdot u_{I2}) \, dt$

解：根据各个函数式中的运算顺序，逐级构成运算电路。

本题选择模拟乘法器，其乘法因子 $k = -0.1$ V^{-1}。

(1) 运算顺序简述如下：

$$\left.\begin{array}{l} 0.1u_{I1}^2 \to 2u_{I1}^2 \\ 0.1u_{I2}^2 \to 2u_{I2}^2 \end{array}\right\} \to 2u_{I1}^2 + 2u_{I2}^2 \to -\sqrt{2u_{I1}^2 + 2u_{I2}^2}$$

搭建电路，如图解 P6.19(a) 所示。

确定电阻参数，图中 $R_1 = 10$ kΩ，$R_2 = 200$ kΩ，$R_3 = 100$ kΩ，$R_4 = 10$ kΩ，$R_5 = R_6 = 10$ kΩ // 200 kΩ，$R_7 = 100$ kΩ // 100 kΩ // 10 kΩ = 50 kΩ // 10 kΩ。

按照上述方法可设计另外两个电路。

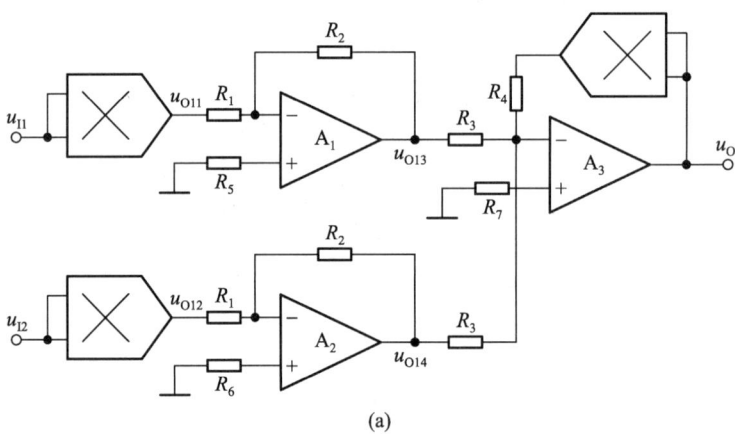

(a)

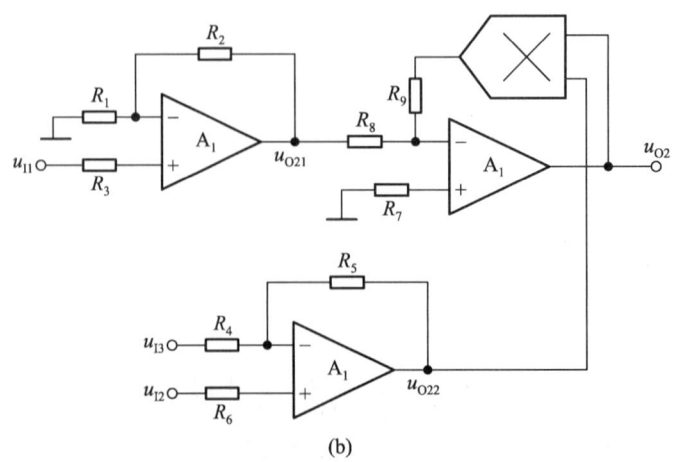

(b)

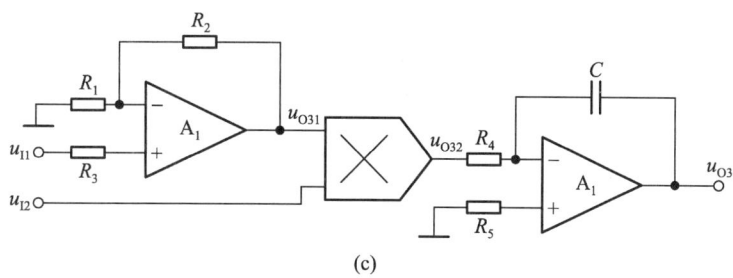

图解 P6.19

（2）设计电路如图解 P6.19(b) 所示。图中 $R_1 = 10 \text{ k}\Omega, R_2 = 30 \text{ k}\Omega, R_4 = R_5 = 10 \text{ k}\Omega, R_8 = 100 \text{ k}\Omega, R_9 = 10 \text{ k}\Omega, R_3 = 10 \text{ k}\Omega /\!/ 30 \text{ k}\Omega, R_6 = 5 \text{ k}\Omega, R_7 = 10 \text{ k}\Omega /\!/ 100 \text{ k}\Omega$。

（3）设计电路如图解 P6.19(c) 所示。图中 $R_1 = 10 \text{ k}\Omega, R_2 = 50 \text{ k}\Omega, R_4 = R_5 = 10 \text{ k}\Omega, C = 0.1 \text{ μF}, R_3 = 10 \text{ k}\Omega /\!/ 50 \text{ k}\Omega$。

应当指出，不但设计方案可能是多种多样的，而且即使所设计的电路结果一模一样，电路参数也不是唯一的。在集成运放应用电路中，电阻取值不宜过大，电阻过大会使噪声太大；也不宜过小，电阻过小，会使集成运放因功耗过大而损坏，一般取几十至几百千欧。

6.20 试说明图 P6.20 所示各电路属于哪种类型的滤波电路，是几阶滤波电路。

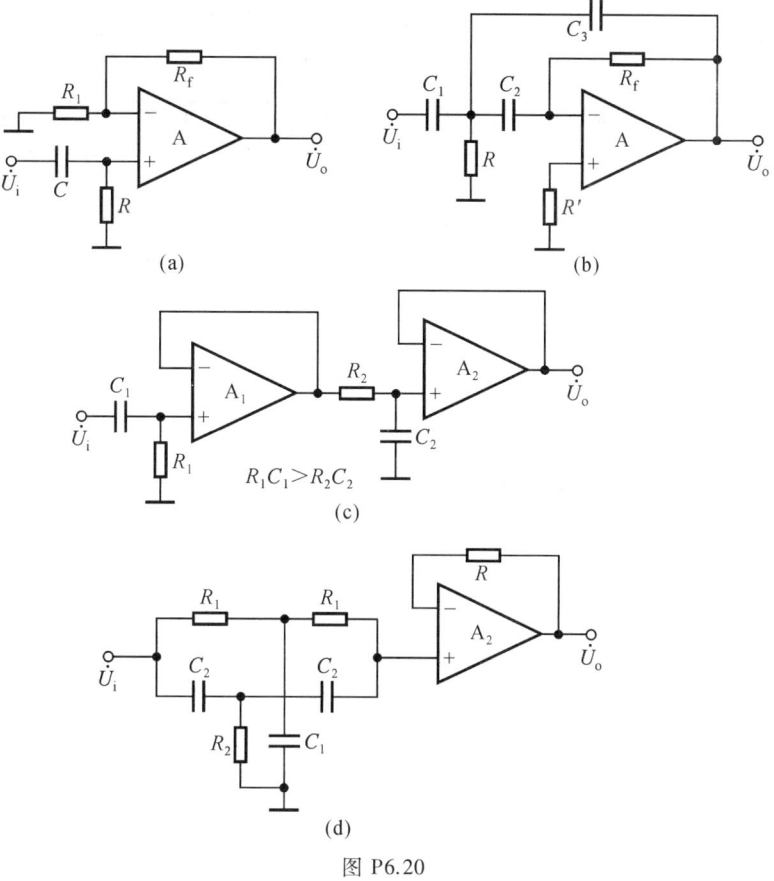

图 P6.20

解：图(a)所示电路为一阶高通滤波器。

图(b)所示电路为二阶高通滤波器。注意，C_1 不是滤波电容，它与 C_3 共同决定电路的通带放大倍数，因此不能用电容的个数来确定电路的阶数。

图(c)所示电路为二阶带通滤波器。

图(d)所示电路为二阶带阻滤波器，它的滤波部分采用了常用的双 T 网络。

6.21 设一阶 HPF 和二阶 LPF 的通带放大倍数均为 2，通带截止频率分别为 100 Hz 和 2 kHz。试用它们构成一个带通滤波电路，并画出幅频特性。

解：高通滤波器的通带截止频率 f_L 为 100 Hz，当 $f<f_L$ 时，幅频特性斜率 20 dB/十倍频。低通滤波器的通带截止频率 f_H 为 2 kHz，当 $f>f_H$ 时，幅频特性斜率 -40 dB/十倍频。将两个滤波器串联，就构成一个带通滤波电路。其通带放大倍数为

$$\dot{A}_{up} = 4$$

通带增益为

$$20\lg|\dot{A}_{up}| \approx 12$$

幅频特性如图解 P6.21 所示。

6.22 在图 6.3.9① 所示电路中，已知通带放大倍数为 2，截止频率为 1 kHz，C 取值为 1 μF。试选取电路中各电阻的阻值。

解：图 6.3.9 所示为二阶低通压控电压源滤波器。

电路因为通带放大倍数 $\dot{A}_{up} = 2$，所以 $Q=1$，$|\dot{A}_u|_{f=f_p} = 2$。

因为 $f_0 = f_p = \dfrac{1}{2\pi RC}$，代入数据，得出 $R \approx 160\ \text{k}\Omega$。

为使得集成运放同相输入端和反相输入端所接电阻相等，即 $R_1 // R_2 = 2R$，则 $R_1 = R_2 = 4R \approx 640\ \text{k}\Omega$。

6.23 试分析图 P6.23 所示电路的输出 u_{O1}、u_{O2} 和 u_{O3} 分别具有哪种滤波特性（LPF、HPF、BPF、BEF）？

解：图示电路为状态变量型有源滤波电路，以 u_{O1} 为输出是高通滤波器，以 u_{O2} 为输出是带通滤波器，以 u_{O3} 为输出是低通滤波器。

6.24 利用 Multisim 分析图 P6.13(a)、(c)所示电路的输入电压为 200 Hz、幅值为 ±1 V 的方波时输出电压的波形。

解：根据题 6.13 的分析，图 P6.13(a)、(c)所示各电路输出电压与输入电压的运算关系为

(a) $u_O = -\dfrac{R_2}{R_1} u_I - \dfrac{1}{R_1 C} \int u_I \mathrm{d}t = -u_I - 1\,000 \int u_I \mathrm{d}t$

---

① 《模拟电子技术基础》(第五版) P309。

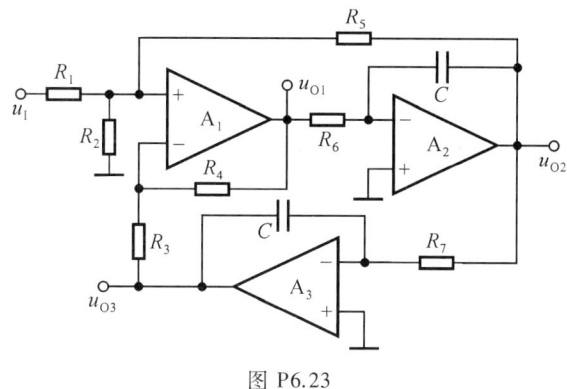

图 P6.23

(c) $u_O = \dfrac{1}{RC} \int u_1 dt = 10^3 \int u_1 dt$

电路(a)实现积分求和运算,它利用 R_2 与 C 串联实现求和运算,电阻上电压与输入电压的比例系数为 $-R_2/R_1$。电路(c)实现同相积分运算。

在测试方波作用下输出电压的波形时,为防止图示电路的直流增益过大,可在图 P6.13(a)、(c)所示电路中集成运放的输出端和反相输入端跨接阻值为 1 MΩ 的电阻。测得输出电压的波形分别如图解 P6.24(a)、(b)所示,主要数据如表解 P6.24 所示。

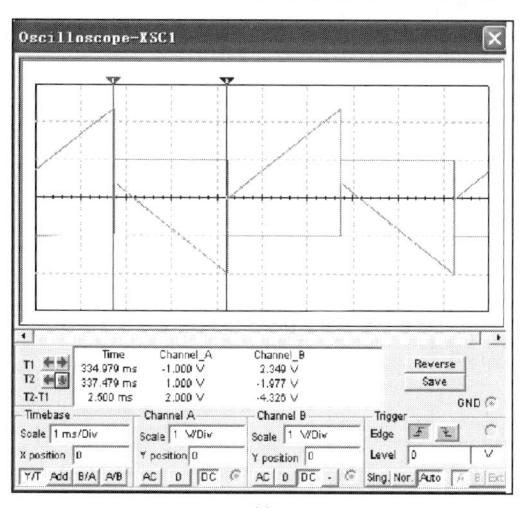

(a)

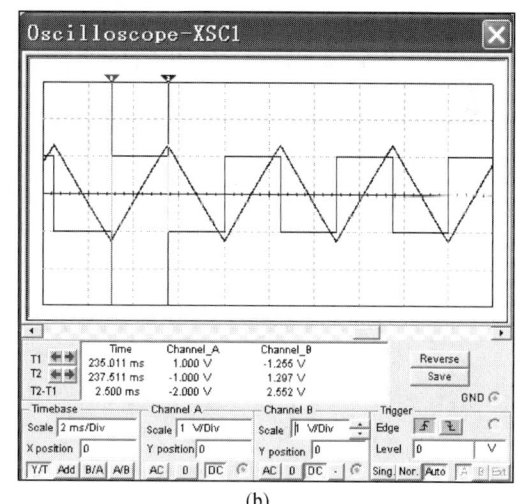

(b)

图解 P6.24

表解 P6.24

电路	图 P6.13(a)	图 P6.13(c)
u_O 测试波形	图解 P6.24(a)	图解 P6.24(b)
T1 时刻电压/V	2.349	−1.255
T2 时刻电压/V	−1.977	1.297
说明	因集成运放的非理想性,实测值与理论值存在误差	理想情况下两个时刻的数值应相等

理论分析从略。

6.25 在图 P6.25 所示电路中，已知 $R = 51 \text{ k}\Omega$，$R_3 = 20 \text{ k}\Omega$；$f_0 = 1 \text{ kHz}$。利用 Multisim 分析下列问题：

（1）选取合适的 R_1、R_2、C_1、C_2 的值，使 $f_0 = 1 \text{ kHz}$；

（2）测试幅频特性，求出通带放大倍数和通带截止频率。

解：图示电路为二阶压控电压源带通滤波器。

（1）若选取 $R_f = R = 51 \text{ k}\Omega$，则为了使集成运放两个输入端的电阻平衡，$R_2 = R_f // R = 25.5 \text{ k}\Omega$，$R_1 = R_2/2$。特征频率

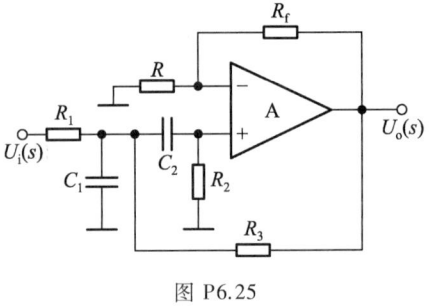

图 P6.25

$$f_0 = \frac{1}{2\pi R_1 C} = 1 \text{ kHz}$$

求得 $C_1 = C_2 \approx 0.013 \text{ μF}$。

（2）按上述参数搭建电路，用波特图仪测试频率特性，调整 C 至 0.011 μF 时 $f_0 \approx 1 \text{ kHz}$，如图解 P6.25（a）、（b）所示。测得通带增益为 3.423，通带放大倍数约为 1.483，通带截止频率约为 0.5 kHz 和 2 kHz。由于集成运放的非理想参数使测试结果与理论分析产生差别，若换一个其它型号的集成运放，将会得到不同的测试结果。

用"交流分析"测试频率特性，如图解 P6.25（c）所示，两种方法得到的幅频特性基本相同，并可清楚地看到相频特性。

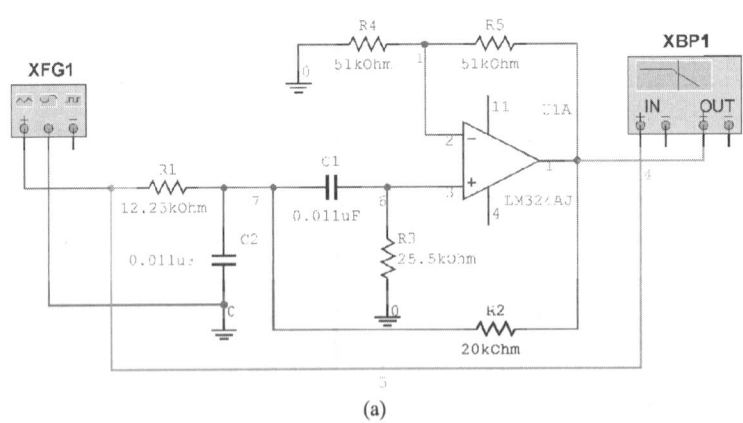

(a)

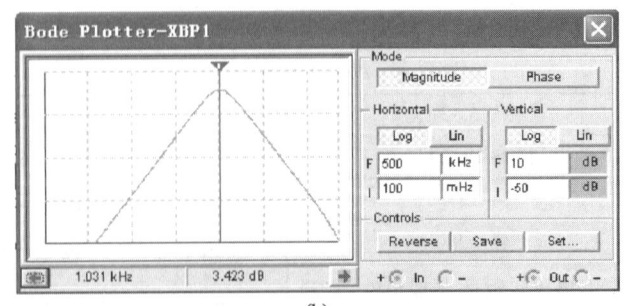

(b)

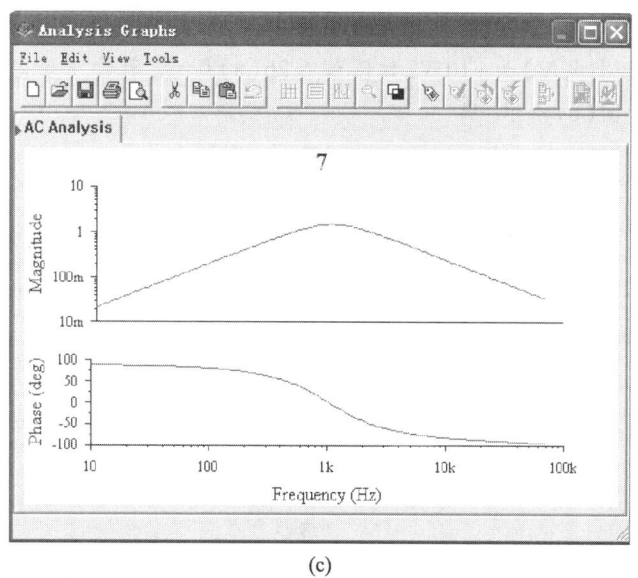

(c)

图解 P6.25

6.26 在图 P6.26 所示电容测量电路中,已知输入电压是频率为 100 Hz、幅值为 ±5 V 的锯齿波,C_X 为被测电容,通过测量输出电压的直流电压得到 C_X 的容量;C_1 为消振电容。利用 Multisim 研究下列问题:

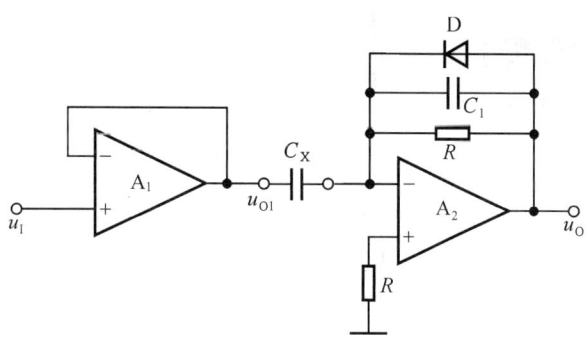

图 P6.26

(1) 设 $C_X = 0.05~\mu F$ 时 $u_O = -10~V$,选取 R 的阻值。
(2) 设 $C_X = 0.05~\mu F$,进行仿真,观察 u_{O1}、u_O 的波形,测试 u_O 的直流值。
(3) 改变 C_X 的值,测试电路的测量范围及线性度。

解:(1) A_1 组成电压跟随器,其输出 $u_{O1} = u_I$。A_2 组成微分运算电路,根据微分运算电路输出电压和输入电压的运算关系式

$$u_O = -RC \frac{du_I}{dt}$$

将已知数据代入,得 $R = 200~\Omega$。

(2) 取 $C_X = 0.05~\mu F$,用函数发生器做信号源。观察 u_O 的波形,在输入电压迅速下降时 u_O

有幅值很大的脉冲,为消除此毛刺而得到直流输出电压,加二极管及无源低通滤波电路,调试参数,使输出电压(即 C_3 上电压)为 -10 V,如图解 6.26(a)所示,函数发生器的参数设置如图(b)所示,u_{o1}、u_o 的波形如图(c)所示。

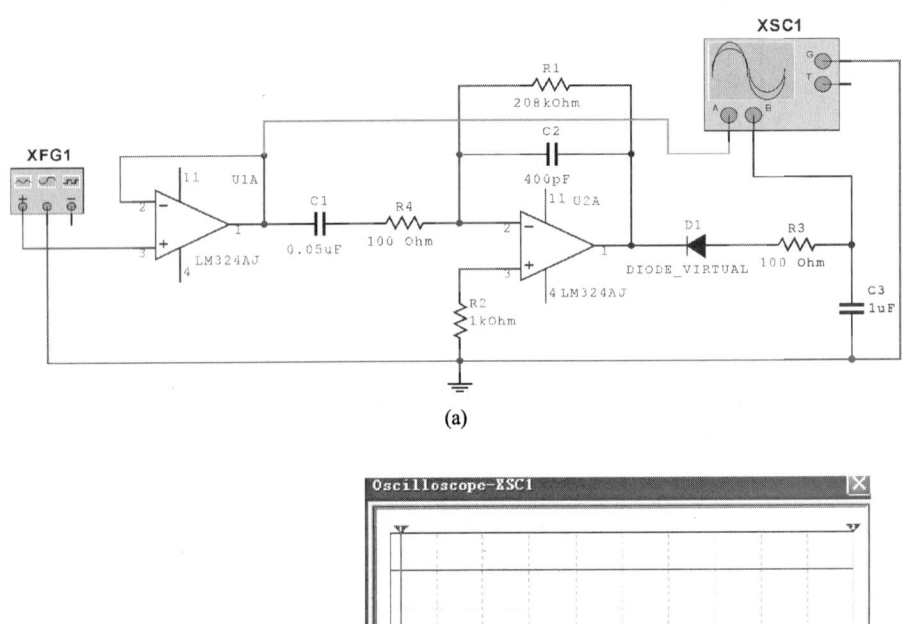

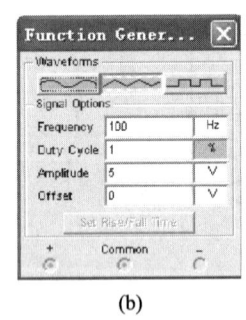

(b)

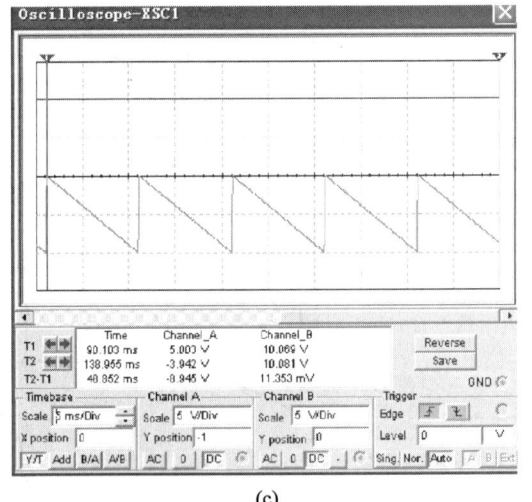

(c)

图解 P6.26

(3) 输出电压与 C_1(即 C_X)的测试结果如表解 P6.26 所示。由表可知,测试电路的测量范围大约为 $0.004\sim 0.06\text{ μF}$,线性度较好,C_X 取值每增加 0.001 μF 输出电压增大约 210 mV。

表解 P6.26

C_1(即 C_X)/μF	输出电压/mV	C_1(即 C_X)/μF	输出电压/V
0.001	4.519	0.009	1.443
0.002	55.214	0.01	1.661
0.003	228.232	0.02	3.776
0.004	425.991	0.03	5.854

续表

C_1(即 C_X)/μF	输出电压/mV	C_1(即 C_X)/μF	输出电压/V
0.005	627.042	0.04	7.972
0.006	828.240	0.05	10.061
0.007	1039	0.06	13.543
0.008	1257	0.61	14.15

第七章 波形的发生和信号的处理

本章主要讲述各种波形发生电路、波形变换电路和信号转换电路。

7.1 内容概要

本章的重点是正弦波振荡电路的组成、种类、工作原理和能否产生正弦波振荡的判断方法，各种电压比较器的分析和电压传输特性的求解方法，矩形波、三角波和锯齿波等非正弦波发生电路的工作原理、波形分析和主要参数的求解方法。其次是压控振荡电路、精密整流电路等信号转换电路的分析方法。

7.1.1 正弦波振荡电路

一、正弦波振荡电路的组成及各部分的作用

正弦波振荡电路由放大电路、选频网络、正反馈网络和稳幅环节四部分组成。通常可用图 7.1.1 所示方框图表示，其输出量、净输入量和反馈量均为电压信号。当电路进入稳态时，$\dot{U}_o = \dot{A}\dot{F}\dot{U}_o$，所以正弦波振荡的平衡条件为 $\dot{A}\dot{F} = 1$，即幅值平衡条件和相位平衡条件分别为

$$\begin{cases} |\dot{A}\dot{F}| = 1 \\ \varphi_A + \varphi_F = 2n\pi \quad (n \text{ 为整数}) \end{cases} \tag{7.1.1}$$

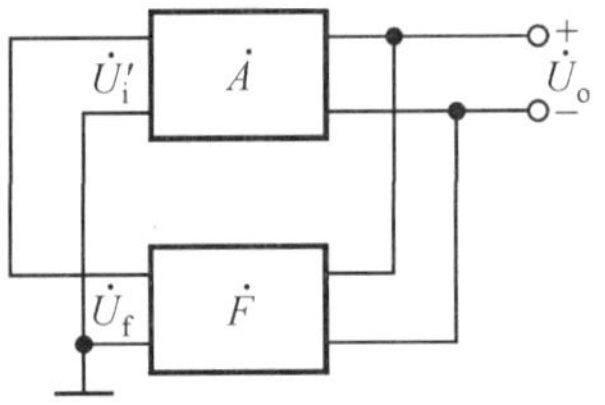

图 7.1.1 正弦波振荡电路的方框图

按选频网络所用元器件分类，正弦波振荡电路有 RC、LC 和石英晶体三种电路。RC 正弦波振荡电路的振荡频率最低，多在 1 MHz 以下；LC 正弦波振荡电路的振荡频率多在 1 MHz 以上；石英晶体正弦波振荡电路可等效为 LC 正弦波振荡电路，具有非常稳定的振荡频率。

二、RC 正弦波振荡电路

在实用的 RC 正弦波振荡电路中以 RC 桥式正弦波振荡电路为最常见，如图 7.1.2(a) 所示。它以 RC 串并联网络为选频网络，兼做正反馈网络；并引入电压串联负反馈，且正反馈网络和负反馈网络构成图(b)所示桥路，因此而得名。

RC 桥式正弦波振荡电路的振荡频率为

$$f_0 = \frac{1}{2\pi RC} \tag{7.1.2}$$

为满足起振和振荡条件，负反馈网络中电阻取值应满足

$$R_f \geq 2R_1 \tag{7.1.3}$$

为稳定输出电压，可选用正温度系数的热敏电阻作 R_1 或负温度系数的热敏电阻作 R_f，还可另加非线性环节。

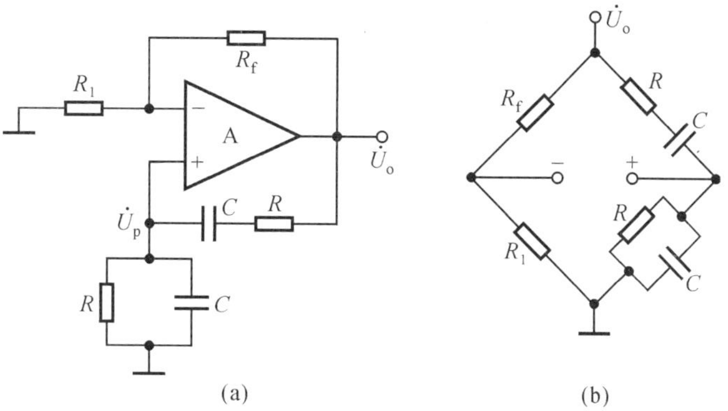

图 7.1.2 RC 桥式正弦波振荡电路（文氏桥正弦波振荡电路）
(a) 电路 (b) 桥路

RC 正弦波振荡电路中的选频网络还有 RC 移相电路和双 T 网络等。

三、LC 正弦波振荡电路

LC 正弦波振荡电路的振荡频率较高，因而其放大电路多采用分立元件电路或宽频带集成运放。LC 正弦波振荡电路分为变压器反馈式、电感反馈式和电容反馈式三种，如图 7.1.3 所示。所用放大电路有共射和共基两种接法，共基放大电路比共射放大电路更适于振荡频率较高的场合。上述电路的振荡频率 f_0 由 LC 谐振回路决定

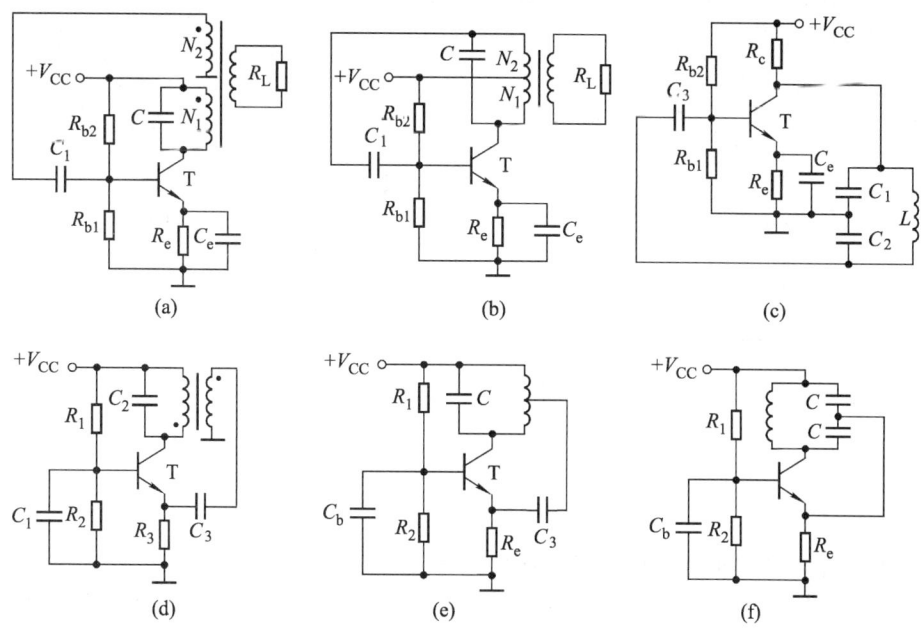

图 7.1.3 LC 桥式正弦波振荡电路
(a)(b)(c) 由共射放大电路组成的变压器反馈式、电感反馈式和电容反馈式正弦波振荡电路
(d)(e)(f) 由共基放大电路组成的变压器反馈式、电感反馈式和电容反馈式正弦波振荡电路

$$f_0 \approx \frac{1}{2\pi\sqrt{L'C'}} \tag{7.1.4}$$

L' 和 C' 分别为谐振回路的等效电感和等效电容。谐振回路的品质因数

$$Q \approx \frac{1}{R}\sqrt{\frac{L'}{C'}} \tag{7.1.5}$$

Q 值越大,电路的选频特性越好。

在电感反馈式电路的交流通路中,电感的三个抽头分别接在晶体管的三个极,故也称之为电感三点式正弦波振荡电路;同理,电容反馈式电路也称为电容三点式正弦波振荡电路。

四、石英晶体正弦波振荡电路

石英晶体具有非常好的选频特性,其等效电路如图 7.1.4 所示,由于 $C \ll C_0$,并联谐振频率 f_p 与串联谐振频率 f_s 近似相等,为

$$f_p \approx f_s = \frac{1}{2\pi\sqrt{LC}} \tag{7.1.6}$$

在 f_p 与 f_s 下石英晶体呈纯阻性,在 $f_s < f < f_p$ 极窄的频率范围内呈感性,其余频率下呈容性。

石英晶体正弦波振荡电路的并联型电路如图 7.1.5(a) 所示,为电容反馈式电路,石英晶体工作在感性区;串联型电路如图(b)所示,石英晶体产生串联谐振,阻抗趋于零;它们的振荡频率均如式(7.1.6)所示。

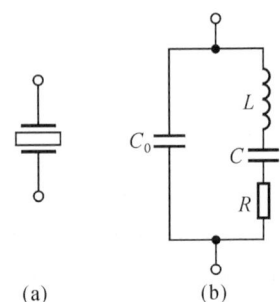

图 7.1.4 石英晶体的符号及其等效电路
(a) 符号 (b) 等效电路

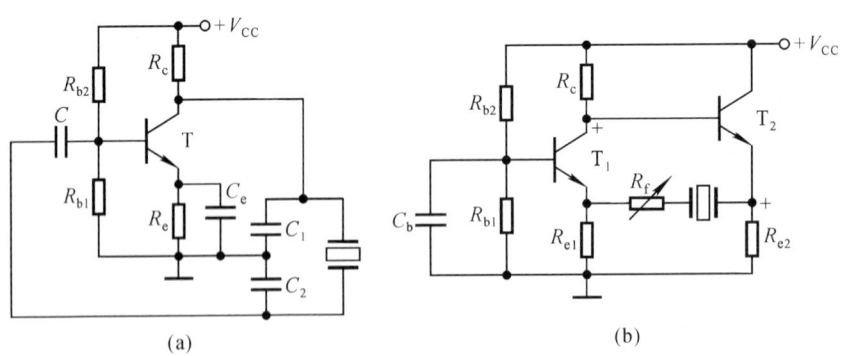

图 7.1.5 石英晶体正弦波振荡电路
(a) 并联型电路 (b) 串联型电路

五、判断电路是否可能为正弦波振荡电路的方法

在分析电路是否可能产生正弦波振荡时,应首先观察电路是否包含放大电路、正反馈网络、选频网络和稳幅环节等四个组成部分;进而检查放大电路能否正常放大,即能否建立合适的静态工作点,动态信号传递时是否有被短路和断路的地方;然后利用瞬时极性法判断电路是否满足相位平衡条件,必要时再判断电路是否满足幅值平衡条件。

利用瞬时极性法判断电路是否可能产生正弦波振荡的要点是:在引回反馈处断开反馈,在断开处给放大电路加入频率为 f_0 的信号 $\dot{U}_i$,并规定 $\dot{U}_i$ 的瞬时极性,以此为依据,逐级判断各点极性,最终得到反馈电压 $\dot{U}_f$ 的极性;若 $\dot{U}_f$ 与 $\dot{U}_i$ 同相,则可能振荡。

7.1.2 电压比较器

电压比较器能够将模拟信号转换成具有数字信号特点的两值信号,即输出不是高电平就是低电平。因此,集成运放工作在非线性区。它既用于信号转换,又作为非正弦波发生电路的重要组成部分。

一、理想运放的非线性工作区

若理想运放处于开环状态(即无反馈)或只引入正反馈,如图 7.1.6(a)、(b)所示,则工作在非线性区,电压传输特性如图(c)所示。

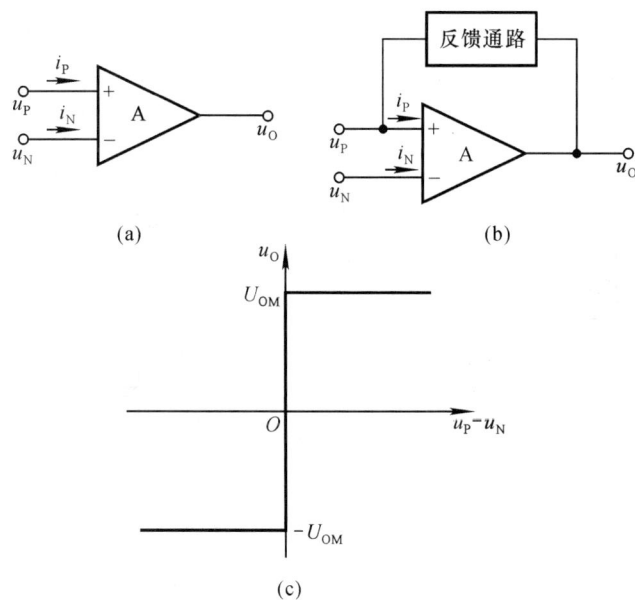

图 7.1.6 集成运放工作在非线性区时的电路特点及其电压传输特性
(a)集成运放的开环状态 (b)集成运放引入正反馈 (c)集成运放的电压传输特性

理想运放工作在非线性区时有两个特点:

(1)输出电压只有两种可能性,即不是 $+U_{OM}$ 就是 $-U_{OM}$。若 $u_P > u_N$,则 $u_O = +U_{OM}$;若 $u_P < u_N$,则 $u_O = -U_{OM}$。

(2)运放的净输入电流为零,即 $i_P = i_N = 0$。

二、三种常见的电压比较器

单限比较器只有一个阈值电压,当输入电压变化过阈值电压时,输出电压产生跃变;窗口比较器有两个阈值电压,当输入电压向单一方向变化时,输出电压跃变两次;滞回比较器具有滞回特性,虽有两个阈值电压,但当输入电压向单一方向变化时输出电压仅跃变一次。从反相输入端输入的单限比较器、滞回比较器和窗口比较器及其电压传输特性如表 7.1.1 所示。

表 7.1.1 三种比较器电路及其电压传输特性

电路名称	电路	电压传输特性	U_T
过零比较器			0V
一般单限比较器			$-\dfrac{R_2}{R_1} \cdot U_{REF}$
滞回比较器			$\pm \dfrac{R_1}{R_1+R_2} \cdot U_Z$
窗口比较器			U_{RL}、U_{RH}

在表 7.1.1 中,可以通过以下方法改变电压传输特性:

（1）改变输出端限幅电路稳压管的稳定电压,可改变输出的高、低电平。

（2）将过零比较器和一般单限比较器中集成运放的同相输入端和反相输入端互换,可改变输入电压过阈值电压时输出电压的跃变方向;改变一般单限比较器中 R_1、R_2 和 U_{REF} 的数值可改变阈值电压的大小,改变 U_{REF} 极性可改变阈值电压的极性。

（3）在滞回比较器中,将 R_1 接"地"端改接基准电压 U_{REF},可使电压传输特性左右平移;将输入端 u_I 与 R_1 接"地"端互换可改变输入电压过阈值电压时输出电压的跃变方向。

三、电压比较器电压传输特性的分析方法

利用电压传输特性能够最直观和最准确地描述电压比较器输出电压与输入电压的函数关

系。电压传输特性具有三个要素：输出高、低电平，阈值电压，输入电压过阈值电压时输出电压的跃变方向，它们的分析方法如下：

（1）输出高、低电平决定于集成运放输出电压的最大幅度或输出端限幅电路中稳压管的稳定电压或二极管的导通电压。

（2）列出集成运放同相输入端和反相输入端电位的表达式，令它们相等，求出的输入电压即为阈值电压。

（3）输入电压过阈值电压时输出电压的跃变方向决定于输入电压是作用于集成运放的反相输入端还是同相输入端。若为前者，则输入电压大于阈值电压时输出为低电平，否则输出为高电平；若为后者，则输入电压大于阈值电压时输出为高电平，否则输出为低电平。

7.1.3 非正弦波发生电路

一、非正弦波发生电路的组成

模拟电路中的非正弦波发生电路由滞回比较器和 RC 延时电路组成，主要参数是振荡幅值和振荡频率。由于滞回比较器引入了正反馈，从而加速了输出电压的变化；延时电路使电压比较器输出电压周期性地从高电平跃变为低电平，再从低电平跃变为高电平，即仅存在两个暂态而没有稳态，从而使电路产生自激振荡。

二、三种非正弦波发生电路

方波发生电路、三角波发生电路和锯齿波发生电路及其波形分析、主要参数如表 7.1.2 所示。非正弦波发生电路以方波发生电路作为基础，三角波发生电路和锯齿波发生电路的组成没有本质的区别。若能改变方波发生电路中 RC 电路正向充电和反向充电的时间常数，则可将方波发生电路变为占空比可调的矩形波发生电路。根据表 7.1.2 可调节各电路的振荡频率和振荡幅值。

表 7.1.2 非正弦波发生电路参数一览表

电路名称	方波发生电路	三角波发生电路	锯齿波发生电路
电路组成	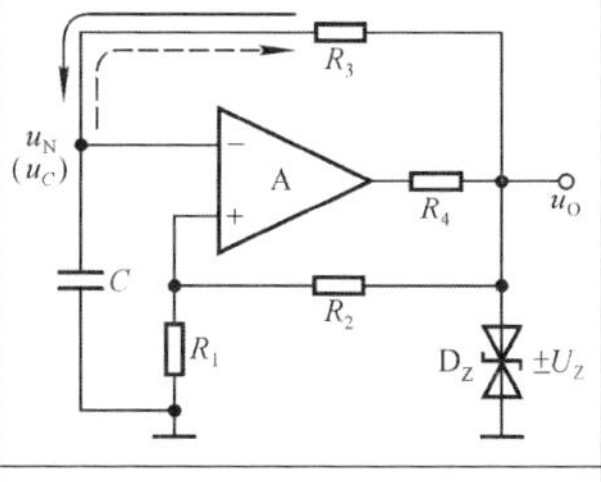 (电路图)	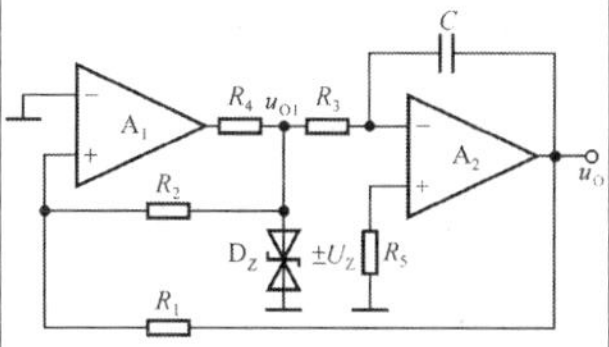 (电路图)	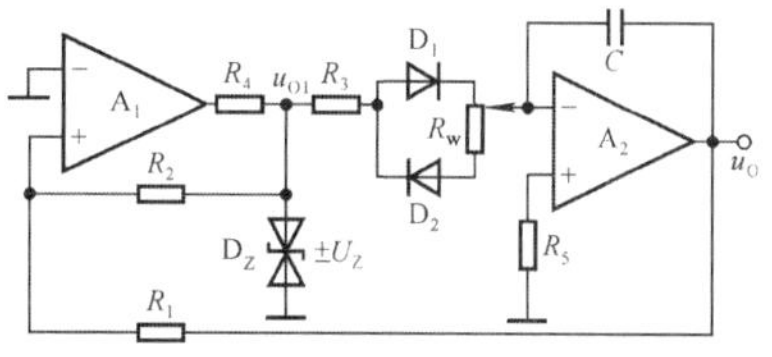 (电路图)
波形	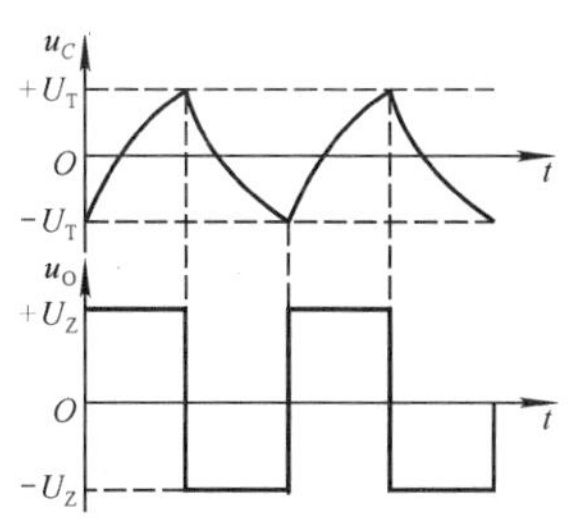 (波形图)	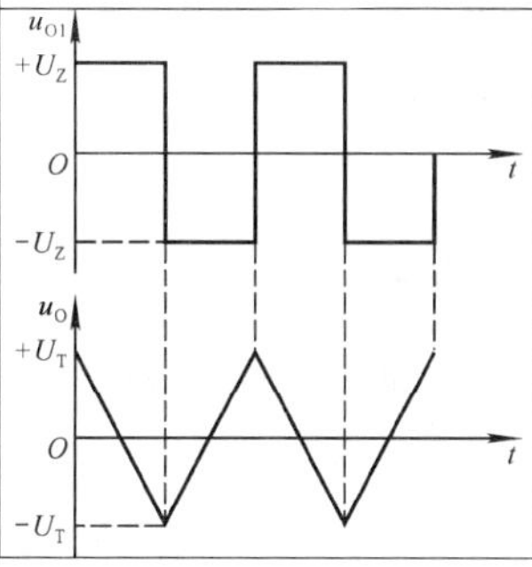 (波形图)	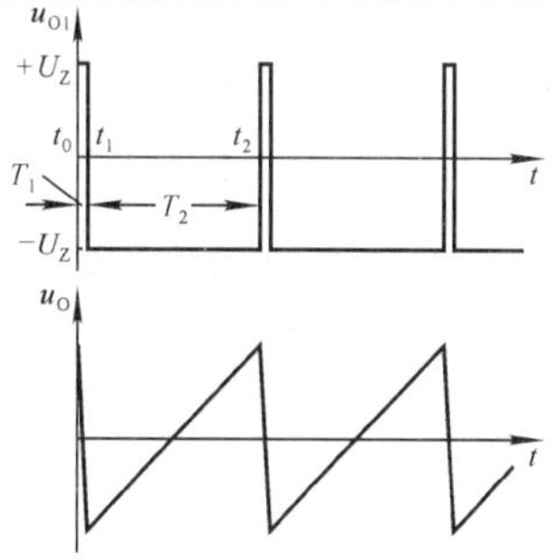 (波形图)

续表

电路名称	方波发生电路	三角波发生电路	锯齿波发生电路
振荡周期	$2R_3C\ln\left(1+\dfrac{2R_1}{R_2}\right)$	$\dfrac{4R_1R_3C}{R_2}$	$\approx 2\dfrac{R_1}{R_2}(2R_3+R_w)C$
振荡幅值	$\pm U_Z$	$u_{O\max}=\pm U_T=\pm\dfrac{R_1}{R_2}\cdot U_Z$	$u_{O\max}=\pm U_T=\pm\dfrac{R_1}{R_2}\cdot U_Z$

三、压控振荡电路

若表 7.1.2 中锯齿波发生电路波形中的 T_2 决定于输入电压 u_I，则振荡周期就将受 u_I 的控制，电路成为压控振荡电路，如图 7.1.7(a) 所示。根据图(b)所示波形可得振荡周期和振荡频率

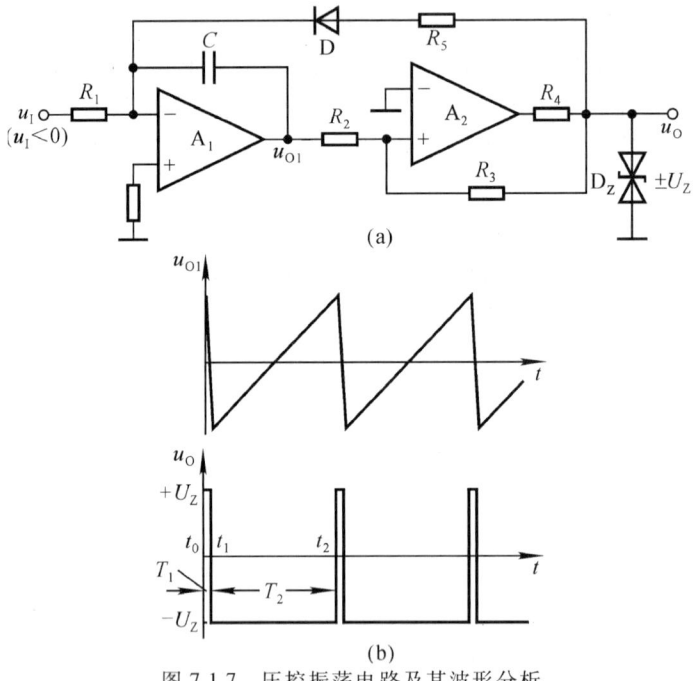

图 7.1.7 压控振荡电路及其波形分析
(a) 电路　(b) 波形分析

$$T\approx\dfrac{2R_1R_2C}{R_3}\cdot\dfrac{U_Z}{u_I},\quad f\approx\dfrac{R_3}{2R_1R_2C}\cdot\dfrac{u_I}{U_Z} \tag{7.1.7}$$

上式表明，压控振荡电路能够将模拟信号转换成频率与之成比例的矩形波(脉冲)信号，即数字信号，因此它实现了模数(A/D)转换。

7.1.4 集成运放应用电路的分析方法

在分析由多个集成运放组成的应用电路时，通常按以下方法和步骤：
(1) "化整为零"，将电路分成为若干部分电路，可以以集成运放为核心器件分割电路。
(2) "分析功能"，根据是否引入反馈以及引入反馈的极性来识别每一部分电路，并用恰当

的方法分别描述各部分电路的功能。

(3) "统观整体",弄清各部分电路之间的关系。

(4) "性能估算",定量描述整个电路的性能指标。

最关键的是(2)、(3)步,特别是识别由单个运放组成的简单电路及分析其功能成为整个分析的重点。各类电路的特征及描述方法见表 7.1.3。

表 7.1.3 集成运放基本应用电路的特征及其描述方法

电路类型	电路特征	描述方法	主要参数
运算电路	引入深度电压负反馈	运算关系式	
有源滤波电路	引入深度电压负反馈	幅频特性	$\dot{A}_{up}$、$\dot{A}_u$、f_p、Q
电压比较器	大多数为开环或仅引入正反馈	电压传输特性	U_{OL}、U_{OH}、U_T
正弦波振荡电路	放大电路、选频网络、正反馈网络、稳幅环节	波形	周期(频率)、振幅
非正弦波发生电路	滞回比较器、积分运算电路或 RC 延迟环节	波形	周期(频率)、振幅

对上表需要说明的是:

(1) 虽然运算电路和有源滤波电路的特征都是引入深度电压负反馈,但前者研究的是时域的问题,后者研究的是频域的问题;都可以从"虚短"和"虚断"的两个特点出发,列关键节点的电流方程,分析输出电压与输入电压函数关系。

(2) 在识别出电路后,应针对不同类型的电路采用不同的分析方法。

7.2 难点释疑

7.2.1 正弦波振荡电路的起振与稳幅

正弦波振荡电路在合闸通电时,各回路的电流和电路中各点的电位开始建立起来,其中含有丰富的频率,当然也包含选频网络所选定的频率 f_0。此时,输出电压中频率为 f_0 的信号应有一个正反馈过程,使之从小到大直至平衡,因而电路必须满足起振条件

$$|\dot{A}\dot{F}| > 1$$

在图 7.1.1 所示方框图中,对于频率为 f_0 的信号,U_f 既为反馈网络的输出电压又为放大电路的输入电压,U_o 既是反馈网络的输入电压又为放大电路的输出电压。$F = U_f/U_o = U_i/U_o$,为直线;$A = U_o/U_i = U_o/U_f$,往往具有非线性特性,是曲线;若 F 和 A 如图 7.2.1 所示,则输出电压就是 F 和 A 交点的纵坐标值。

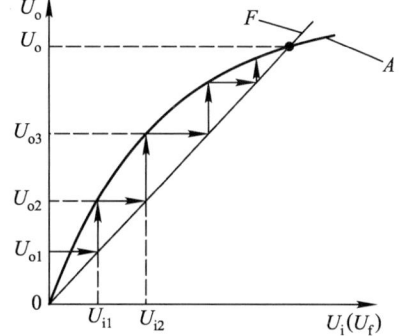

图 7.2.1 正弦波振荡电路的起振和稳幅

设合闸时 $f=f_0$ 的 U_o 为 U_{o1},则在直线 F 上找到由 U_{o1} 决定的 U_{i1};然后在曲线 A 上找到由 U_{i1} 决定的 U_{o2};再在直线 F 上找到由 U_{o2} 决定的 U_{i2},由 U_{i2} 决定 U_{o3}……依此类推,最终平衡在交点上。

7.2.2 判断电路能否产生正弦波振荡时应注意的问题

如果一个电子电路存在放大电路、选频网络、正反馈网络和限幅环节,而且放大电路能够正常工作,在 $f=f_0$ 时符合正弦波振荡的相位条件和起振条件,那么电路就会产生正弦波振荡。究竟有哪些错误的认识会引起判断错误呢?

一、放大电路是否能够正常工作

正弦波振荡电路中的放大电路不能正常工作,电路就不可能产生振荡。在什么条件下放大电路才能正常工作呢? 一是能够建立起合适的静态工作点,即放大管既不会饱和又不会截止;二是动态信号能够正常传输,即交流通路中的输入回路和输出回路既没有被短路又没有被断路的地方。在模拟电子电路中,电容和电感的存在使其直流通路和交流通路有着比较大的差别,因而要特别注意它们的作用。

初看图 7.2.2 所示三个电路似乎均可产生正弦波振荡,但是仔细观察不难发现它们的放大电路均不能正常工作,从而不能产生正弦波振荡。在图(a)所示电路中,由于 N_2 在直流通路中可视为短路,放大管基极直流电位为零,使之截止,故电路不可能产生正弦波振荡。在图(b)所示电路中,由于 N_1 和 N_2 在直流通路中可视为短路,放大管基极与集电极直流电位相等,使之处于临界饱和状态,故电路不可能产生正弦波振荡。在图(c)所示电路中,由于 V_{CC} 和 C_e 在交流通路中可视为短路,放大管的输出电压恒为零,故电路不可能产生正弦波振荡。可见,分析电路是否可能产生正弦波振荡时需特别注意其放大电路是否能正常工作。

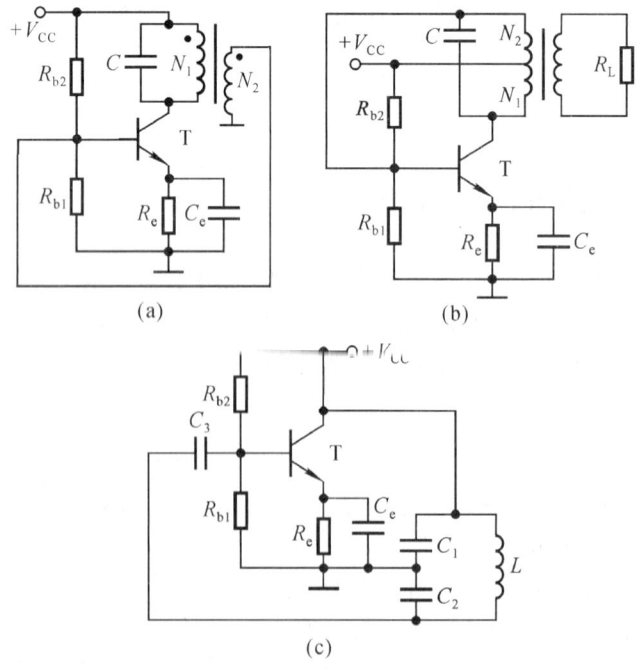

图 7.2.2 放大电路是否正常工作的判断

欲使上述电路成为正弦波振荡电路,应在图(a)、(b)所示电路的放大电路输入端加耦合电容,在图(c)所示电路的放大电路的集电极加电阻 R_c。

二、反馈电压取自哪个元件

在正弦波振荡电路中,反馈电压总是取自于某个元件;对于大多数电路,在交流通路中这个元件有一端接"地",因而这一特点成为寻找反馈电压的依据。

在分立元件正弦波振荡电路中不用外加稳幅环节,晶体管的非线性特性即可实现稳幅。

观察图 7.2.3(a)所示电路,存在正弦波振荡电路的四个必要组成部分(放大电路、选频网络、正反馈网络和稳幅环节);放大电路为共基接法,C_b 为旁路电容。利用瞬时极性法判断电路可得 C_1 和 C_2 电压的瞬时极性,如图(a)中所标注。在 C_1 和 C_2 的连接点既标注为"+"又标注为"-",反馈电压到底与 u_i 同相还是反相呢?这决定于反馈电压取自于 C_1 还是 C_2。放大电路的输入信号是对"地"输入的,因而取代 u_i 的反馈电压 u_f 一定有接"地"点,V_{CC} 在交流通路中相当于接地,故 u_f 取自于 C_1,说明符合相位条件,电路有可能产生正弦波振荡。

观察图(b)所示电路,也存在正弦波振荡电路的四个必要组成部分,C_2、C_3 与 L 组成选频网络和反馈网络,放大电路为共射接法。利用瞬时极性法判断电路中 C_2、C_3 电压的瞬时极性,如图(b)中所标注。应当注意,反馈电压 u_f 既不是取自于 L,也不是取自于 C_3,而是取自于 C_2。电路满足正弦波振荡的相位条件,故可能产生正弦波振荡。

需要提醒的是,利用瞬时极性法时,断开反馈,一定是在断开处,给放大电路加 $f=f_0$ 的输入电压,如图 7.2.3 所示。

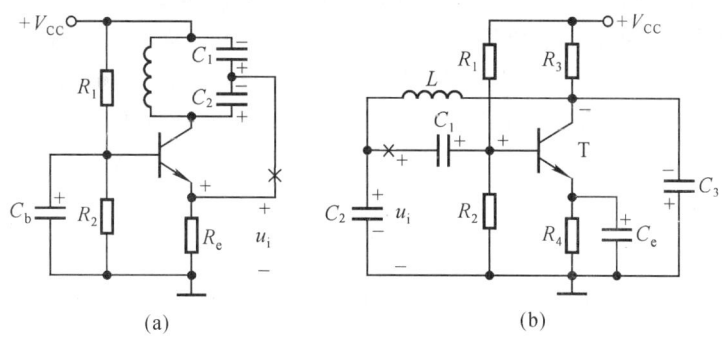

图 7.2.3　反馈电压取自哪个元件

三、选频网络与正反馈网络不是同一网络的电路

在大多数正弦波振荡电路中,选频网络与正反馈网络合二而一,但也有些电路它们不是同一网络。例如,图 7.2.4 所示电路的放大电路是两级放大电路;有两个不同的反馈网络,一个是 LC 并联网络,它也是选频网络,谐振频率为 f_0;另一个是由 R_w、C_2 和 R_3 组成的反馈网络,C_2 的容量说明其对频率为 f_0 的信号可视为短路。利用瞬时极性法可得图中所标注的 R_3 上获得的反馈电压的极性,表明 R_w、C_2 引入的是正反馈,对于两级放大电路通频带内的信号均为正反馈。在理想情况下,$f=f_0$ 时,LC 并联网络呈纯阻性,且电阻为无穷大,相当于断路,即这一路反馈断开;而对于其它频率的信号,LC 并联网络起负反馈作用;因此电路只可能产生频率为 f_0 的正弦波振荡。

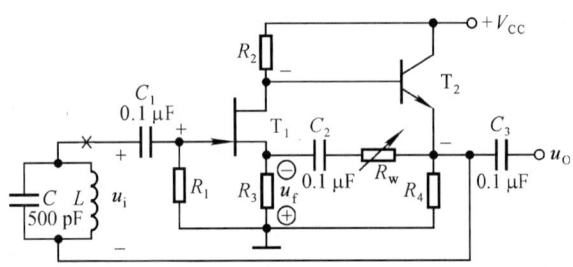

图 7.2.4 选频网络和正反馈网络不是同一网络的正弦波振荡电路

综上所述,对于这类电路,应首先分别弄清两路反馈的极性,然后分析是否在 $f=f_0$ 时正反馈最强,符合正弦波振荡的相位条件,条件满足则电路可能产生正弦波振荡。

7.2.3 引入负反馈的电压比较器

在大多数电压比较器电路中,集成运放不是工作在开环状态,如单限比较器、窗口比较器,就是电路中只引入了正反馈,如滞回比较器。因此,集成运放工作在非线性区,其输出电压不是 $+U_{OM}$ 就是 $-U_{OM}$。可以通过电路中无反馈和仅引入正反馈判断出集成运放组成的电路是电压比较器。但是,是否在电压比较器中一定不引入负反馈呢?如果引入了负反馈,则起什么作用呢?

若集成运放工作在非线性区,则由于其内部的晶体管有的从饱和状态变为截止状态,有的从截止状态变为饱和状态,使输出电压从 $+U_{OM}$ 变为 $-U_{OM}$ 或从 $-U_{OM}$ 变为 $+U_{OM}$ 时均需要一定的时间,影响响应速度。在图 7.2.5(a)所示电路中,设集成运放的最大输出幅值为 $±U_{OM}$,稳压管的稳定电压 U_Z 小于 U_{OM}。当 u_I 由小于零变为大于零时,u_O 将向 $-U_{OM}$ 方向变化,当 u_O 变到稍小于 $-U_Z$ 时稳压管击穿,使 $u_O=-U_Z$;同理,当 u_I 由大于零变为小于零时,u_O 将向 $+U_{OM}$ 方向变化,当 u_O 变到稍大于 $+U_Z$ 时稳压管击穿,使 $u_O=+U_Z$。因此,在输出电压从 $+U_Z$ 变为 $-U_Z$ 或从 $-U_Z$ 变为 $+U_Z$ 时,集成运放内部的晶体管始终工作在放大区,因而通过稳压管引入的负反馈大大提高了输出电压的响应速度;同时因为 A 的净输入电压为零,而保护了 A 的输入级。图(a)电路的电压传输特性如图(b)所示。图(a)中的 R 为稳压管的限流电阻。

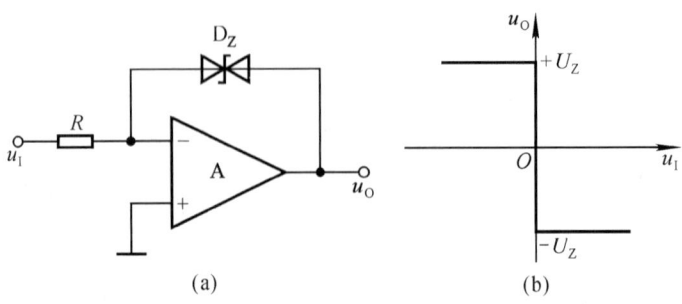

图 7.2.5 引入负反馈的电压比较器
(a) 过零比较器 (b) 电压传输特性

7.2.4 集成电压比较器的应用

集成电压比较器具有转换速率高、传输延迟时间短、无需加限幅电路等优点,比通用型集成运放更适合做电压比较器。

例如,某种型号的集成电压比较器内部的等效电路如图 7.2.6(a)所示,在近似分析中可认为 A 的电压放大倍数趋于无穷大,且其输出电压足以使 T 工作在开关状态,T 的饱和管压降近似为零。由于晶体管 T 的集电极和发射极均开路,使用时可从集电极输出,也可从发射极输出;A 的供电电源与 T 的供电电源可相同,也可不同,它们均既可双电源供电,又可单电源供电;T 的供电电源可根据负载所需的高、低电平选择数值,故不需另加限幅电路;有些芯片的带负载能力较强,可直接驱动继电器和指示灯。因此,集成电压比较器使用灵活方便,可以组成各种电压比较器,如图(b)~(e)所示。

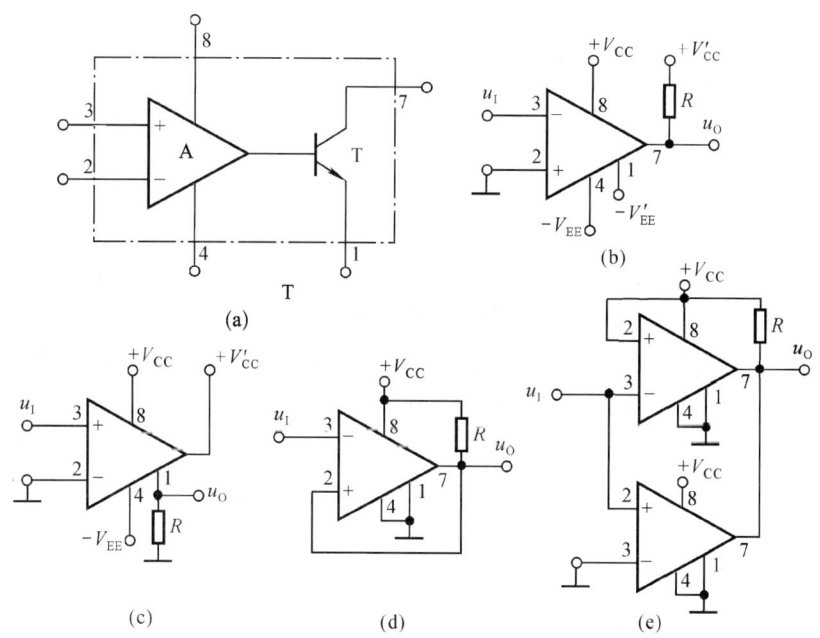

图 7.2.6 集成电压比较器及其应用
(a)集成电压比较器等效电路 (b)从集电极输出的过零比较器
(c)从发射极输出的过零比较器 (d)滞回比较器 (e)窗口比较器

由于图(b)所示电路从集电极输出,与 A 的输出电压反相,故 3 为整个电路的反相输入端,而 2 为同相输入端;A 与 T 分别为双电源供电。按电压比较器电压传输特性的分析方法可得,输出高电平 $U_{OH} = +V'_{CC}$,低电平 $U_{OL} \approx -V'_{EE}$,阈值电压 $U_T = 0$,故图(b)电路的电压传输特性如图 7.2.7(a)所示。

与图(b)所示电路比较,图(c)所示电路从发射极输出,与 A 的输出电压同相,故 3、2 分别为整个电路的同相输入端和反相输入端;A 为双电源供电,T 为单电源供电。输出高电平 $U_{OH} \approx +V'_{CC}$,低电平 $U_{OL} = 0$,阈值电压 $U_T = 0$,电压传输特性如图 7.2.7(b)所示。

图(d)所示电路中 A 和 T 用同样电源供电,且为单电源供电;电路引入正反馈,故为滞回比较器。输出高电平 $U_{OH} = V_{CC}$,输出低电平 $U_{OL} \approx 0$,阈值电压 $U_{T1} = V_{CC}$, $U_{T2} \approx 0$,电压传输特性如图 7.2.7(c) 所示。

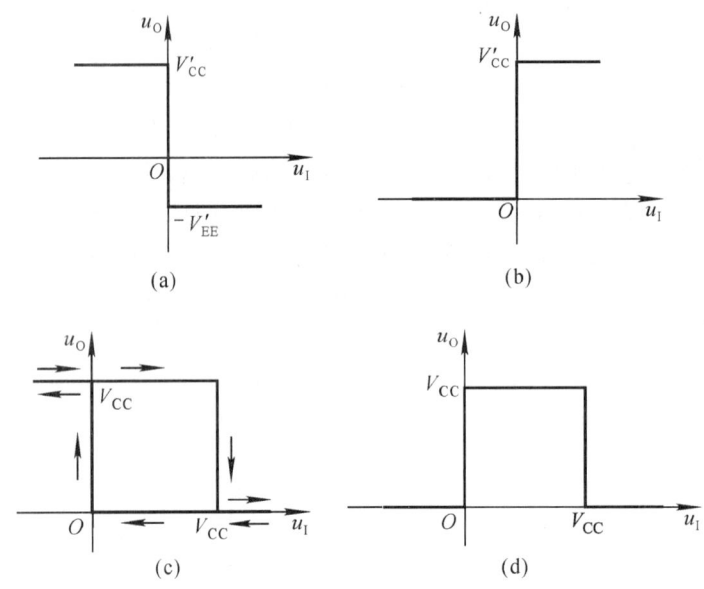

图 7.2.7 集成电压比较器应用电路的电压传输特性
(a) 反相输入过零比较器 (b) 同相输入过零比较器
(c) 反相输入滞回比较器 (d) 窗口比较器

由于采用集电极开路的集成电压比较器,与逻辑门电路中的 OC(集电极开路)门一样,可将多个集成电压比较器的输出端并联,实现"线与"的逻辑关系,即只有 T 均截止时输出才为高电平,否则即为低电平。图(e) 所示电路为窗口比较器,输出高电平 $U_{OH} = V_{CC}$,输出低电平 $U_{OL} \approx 0$,阈值电压 $U_{T1} = V_{CC}$,$U_{T2} = 0$;$u_I > V_{CC}$ 或 $u_I < 0$ 时输出为低电平,$0 < u_I < V_{CC}$ 时输出为高电平,电压传输特性如图 7.2.7(d) 所示。

根据上述分析,还可组成其它电压比较器。

7.2.5 带有半导体管集成运放应用电路的分析

除了利用二极管或晶体管的特性实现对数、指数运算电路外,在集成运放应用电路中还常利用二极管、晶体管和场效应管电路作为电子开关或控制部分,使整个电路实现特定的功能。通常,这些管子的工作状态受控于输入电压或输出电压的极性,例如输入电压或输出电压大于零时导通,小于零时截止,或反之。

在表 7.1.2 中的锯齿波发生电路中,两只二极管的状态决定于滞回比较器输出的高、低电平,不同的输出电平引导积分电流流向不同的通路,近似分析中可认为它们是理想开关。

在图 7.2.8(a) 所示电路中,二极管的工作状态受控于输入电压的极性。当 $u_I > 0$ 时,因 $u_{O2} < 0$ 使 D 截止,相当于断路,$u_{P1} = u_{N1} = u_I$,R_1 中电流为 0,$u_O = u_I$。当 $u_I < 0$ 时,因 $u_{O2} > 0$ 使 D 导通,$u_{P1} = u_{N1} = 0$,为"虚地",R_1 中电流为 u_I/R_1,$u_O = -u_I$。因此 $u_O = |u_I|$,说明电路为精密全波整流电路,也可称为绝对值运算电路。

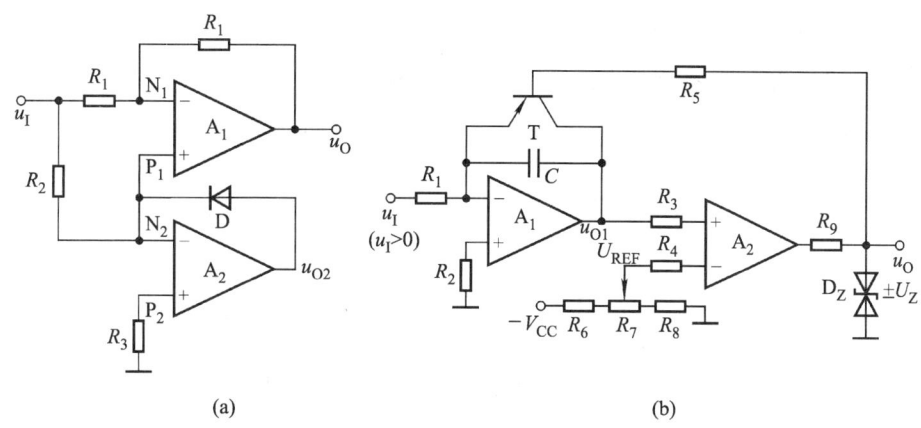

图 7.2.8 在集成运放应用电路中的二极管和三极管
(a) 绝对值运算电路 (b) 压控振荡电路

在图 7.2.8(b) 所示电路中,T 的工作状态受控于输出电压的极性。A_1 组成积分运算电路,当 T 截止时,相当于开关断开,u_{O1} 等于 u_I 积分运算的结果,随时间线性下降;当 T 饱和时,相当于开关闭合,电容迅速放电,使 $u_{O1}=0$。A_2 组成单限比较器,其输出的高、低电平分别为 $\pm U_Z$,阈值电压 U_T 小于零;u_{O1} 为比较器的输入电压。设某时刻,输出电压 u_O 从 $+U_Z$ 跃变为 $-U_Z$,T 饱和,C 迅速放电至电压为 0,即 $u_{O1}=0$,使 A_2 同相输入端电位高于反相输入端电位,u_O 从 $-U_Z$ 跃变为 $+U_Z$,T 截止,u_{O1} 随时间线性下降到 U_T,u_O 又从 $+U_Z$ 跃变为 $-U_Z$,然后周而复始重复上述过程,电路产生自激振荡,u_{O1} 为锯齿波,u_O 为矩形波。u_I 越大,u_{O1} 从 0 变化为 U_T 所需时间越短,电路振荡频率越高,故该电路为压控振荡电路。由以上分析可知,T 作为电子开关在电路中起着重要的作用。

7.3 例题精解

本章习题的常见类型为:

(1) 正弦波振荡电路:RC 桥式正弦波振荡电路的组成特点以及振荡频率和幅值的估算,电路是否可能产生自激振荡的判断,改正电路中的错误使之有可能产生正弦波振荡,在变压器反馈式电路中标出变压器一次侧、二次侧的同名端使之有可能产生正弦波振荡等。

(2) 电压比较器:电压比较器电路的识别及电压传输特性的求解,已知电压传输特性判断电压比较器的类型及其主要参数,已知电压传输特性设计电压比较器电路等。

(3) 非正弦波发生电路:电路工作原理和波形的分析,振荡频率(周期)和幅值的求解和调节、改错等。

(4) 波形变换电路:已知电路画出输入、输出电压波形,根据波形变换的需求选择合适的电路。

(5) 信号变换电路:u-i 和 i-u 转换电路的分析计算及电路参数的选择,精密整流电路的分析计算,u-f(压控振荡电路) 的组成、工作原理、波形分析和主要参数的估算等。

7.3.1 正弦波振荡电路的识别和分析

一、RC 桥式正弦波电路的组成及其振荡频率的估算

【例 7.3.1】 将图 7.3.1 所示电路合理连线,使之产生正弦波振荡。

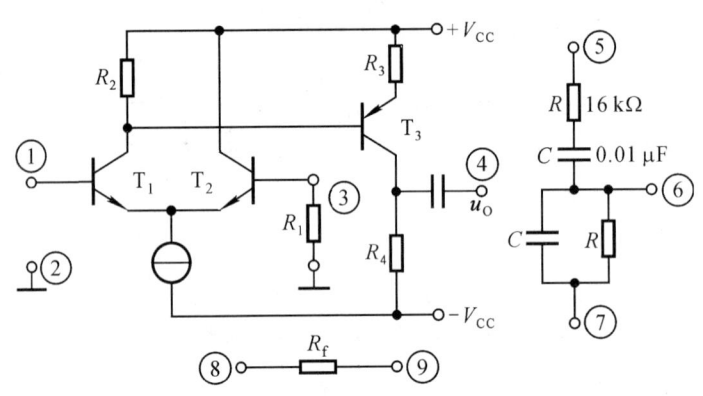

图 7.3.1 例 7.3.1 电路图

提示:本题考查是否掌握 RC 桥式正弦波振荡电路的结构特点。

掌握 RC 桥式正弦波振荡电路的组成、工作原理和振荡频率的估算是教学基本要求。RC 桥式正弦波振荡电路的结构特点是以 RC 串、并联网络为选频网络和正反馈网络,并引入电压串联负反馈;两个反馈网络构成桥路。因而,求解本题的关键是合理地引入两路反馈。

解:设在①加输入信号,对地为"+",则根据瞬时极性法,T_1 管的集电极(即 T_3 管基极)电位为"−",输出端④的电位为"+"。因此,若④接⑤、②接⑦,则⑥的电位为"+",应将⑥接①。为了引入电压串联负反馈,应将⑨接④,⑧接③。

答案是④接⑤、②接⑦、⑥接①、⑨接④、⑧接③。

【例 7.3.2】 如图 7.3.2 所示为文氏桥正弦波振荡电路,A 为理想运放。试回答下列问题:
(1) 电路中选频网络和负反馈网络各由哪些元件组成?
(2) 场效应管 T 的作用是什么,其 d−s 间等效电阻的最大值约为多少?
(3) 该电路是如何稳定输出电压幅值的?简述过程。
(4) 振荡频率约为多少?

提示:本题中利用场效应管的可变电阻区稳幅,且有与之相配合的整流滤波电路,具有一定的综合性和难度。

解:(1) 两个 R 和两个 C 组成选频网络。$R_1 \sim R_4$、D、C_1 和 T 组成负反馈网络。

(2) T 等效为可变电阻,用于稳定输出电压的幅值。根据 RC 串并联网络的特点,正反馈网络的反馈系数在 $f=f_0$ 时为 1/3,为满足正弦波振荡的幅值平衡条件,且考虑到起振条件,同相比例运算电路的比例系数应略大于 3,即

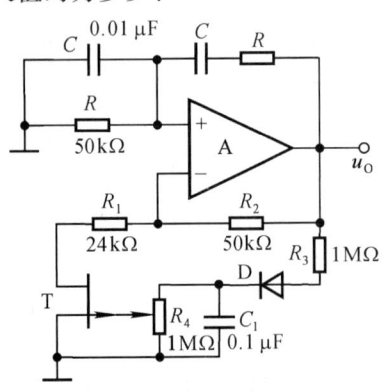

图 7.3.2 例 7.3.2 电路图

$$\dot{A}_u = 1 + \frac{R_2}{r_{DS}+R_1} \geq 3 \qquad (7.3.1)$$

式中 r_{DS} 为场效应管 d-s 间的等效电阻,将数据代入,可得

$$r_{DS} \leq 1 \text{ k}\Omega$$

(3) 稳幅电路中的 T 为 P 沟道结型场效应管,其栅源电压应大于零。输出正弦波电压经二极管 D 整流、电容 C 滤波和电位器 R_4 分压,为 T 提供极性为"+"的栅源电压 U_{GS}。当输出电压 U_o(有效值)由于某种原因增大时,U_{GS} 增大,导致 r_{DS} 增大;根据式(7.3.1),$|\dot{A}_u|$ 减小,致使 U_o 减小,输出电压的振幅得到稳定。简述如下:

$$U_o \uparrow \to U_{GS} \uparrow \to r_{DS} \uparrow \to |\dot{A}_u| \downarrow \to U_o \downarrow$$

当输出电压 U_o(有效值)由于某种原因减小时,各物理量向相反方向变化。

(4) 电路的振荡频率为

$$f_0 = \frac{1}{2\pi RC} = \left(\frac{1}{2\pi \times 50 \times 10^3 \times 10^{-8}}\right) \text{ Hz} \approx 318 \text{ Hz}$$

二、正弦波振荡电路的识别与分析

判断电路产生正弦波振荡的可能性是教学基本要求

【例 7.3.3】 标出如图 7.3.3 所示各电路中变压器的同名端,使电路可能产生正弦波自激。

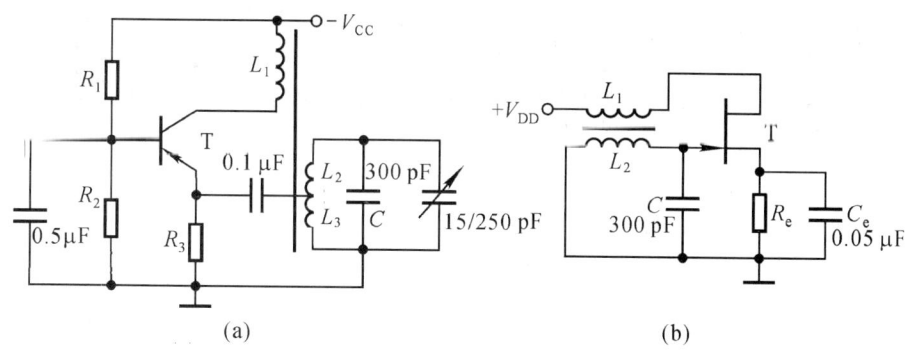

图 7.3.3 例 7.3.3 电路图

提示:本题考查是否掌握变压器反馈式正弦波振荡电路的电路组成和工作原理。

判断电路产生正弦波振荡可能性的依据是看其是否满足正弦波振荡的相位条件,对于变压器反馈式正弦波振荡电路,是否满足相位条件常常取决于变压器是否有正确的同名端。本题应首先确定反馈电压取自于哪个线圈,然后判断为使电路产生正弦波振荡该线圈上电压的极性,从而得到变压器的同名端。

解:在电路(a)中,反馈电压取自于 L_3。按瞬时极性法,断开反馈,在断开处给放大电路加 $f=f_0$ 的输入电压,规定其极性对"地"为"+"。若要电路符合正弦波振荡的相位条件,反馈电压极性应与输入电压相同。因而,各点的瞬时极性如图 7.3.4(a)所示,变压器的同名端如图中所标注。

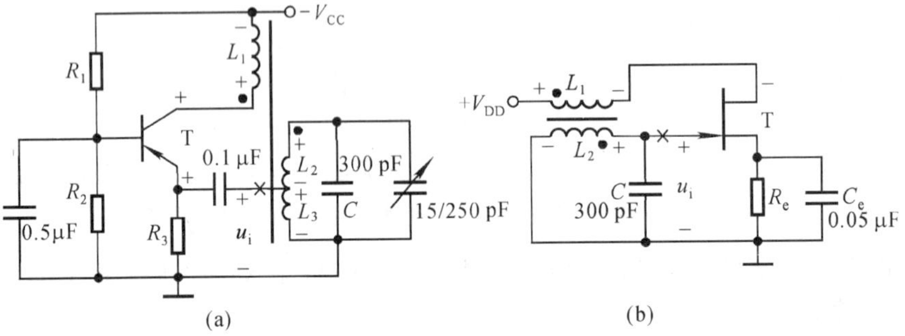

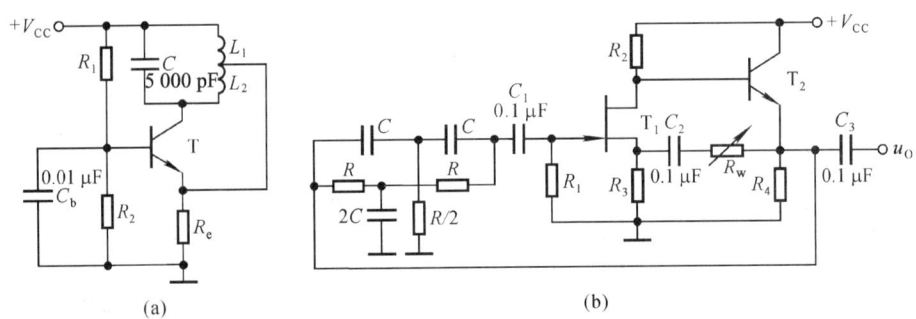

图 7.3.4 例 7.3.3 解图

在电路(b)中,反馈电压取自于 L_2。断开反馈,在断开处给放大电路加 $f=f_0$ 的输入电压,规定其极性对"地"为"+";以 u_i 的极性为依据,各点的瞬时极性如图 7.3.4(b)所示,因而变压器的同名端如图中所标注。

【例 7.3.4】 判断图 7.3.5 所示各电路是否可能产生正弦波振荡;若不可能,则改正电路中的错误,使之可能产生正弦波振荡。要求不能改变放大电路的基本接法(共射、共基……)和正反馈的方式(变压器反馈式、电容反馈式……)。

图 7.3.5 例 7.3.4 电路图

提示: 本题考查是否理解 LC 正弦波振荡电路的组成以及电路是否可能产生正弦波振荡的判断方法。

本题因涉及双极型管和单极型管不同接法的放大电路、不太常见的双 T 选频网络以及选频网络与正反馈网络分开的电路形式,而具有一定的难度。

解: 电路(a):它由共基放大电路、C 和 L 组成的选频网络和反馈网络、T 的非线性特性实现的稳幅环节等正弦波振荡电路应有的四个重要组成部分。但是放大电流的静态工作点不合适,因为在直流通路中晶体管的集电极和发射极短路,集电结和发射结并联,晶体管不能正常工作,所以必须在放大电路的输入端加耦合电容。改正后的电路及瞬时极性的分析如图 7.3.6(a)所示。

电路(b):它由两级放大电路、双 T 网络组成选频网络和反馈网络、T 的非线性特性实现的稳幅环节等正弦波振荡电路应有的四个重要组成部分,但是它还有 R_w 和 C_2 引入了另一路反馈。为了判断两路反馈的极性,断开场效应管栅极的反馈,加输入电压,并规定其对地为"+",可得各点瞬时极性,如图 7.3.6(b)所示。由图可知,通过 R_w 和 C_2 所引的反馈为正反馈,在放大电路的通频带内正反馈的强弱相同;双 T 选频网络所引的反馈为负反馈,对不同频率的信号负反馈的强弱不同,在谐振频率 f_0 下双 T 选频网络呈纯阻性,等效电阻很大,理想情况下为无穷大,负反馈断开;因而电路可能产生频率为 f_0 的正弦波振荡。

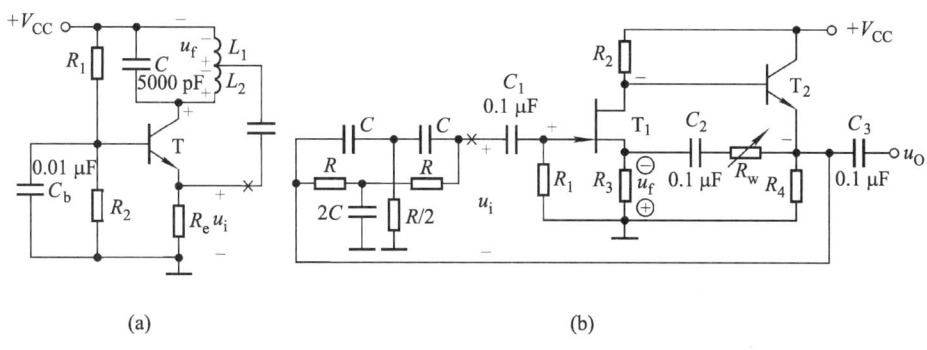

图 7.3.6　例 7.3.4 解图

7.3.2　电压比较器的组成及其电压传输特性

电压比较器电路的识别及其电压传输特性的求解是教学基本要求。已知电压传输特性,就可根据输入电压波形画出输出电压的波形。已知实际需求,就可以选择合适类型的电压比较器,并设计出其电路来。

一、电压比较器电路的识别及其电压传输特性的求解

【例 7.3.5】　电路如图 7.3.7 所示。已知集成运放均为理想运放,输出电压的最大幅值 $\pm U_{OM}$ 为 ± 14 V;稳压管的限流电阻取值合适。求解下列各电路的电压传输特性。

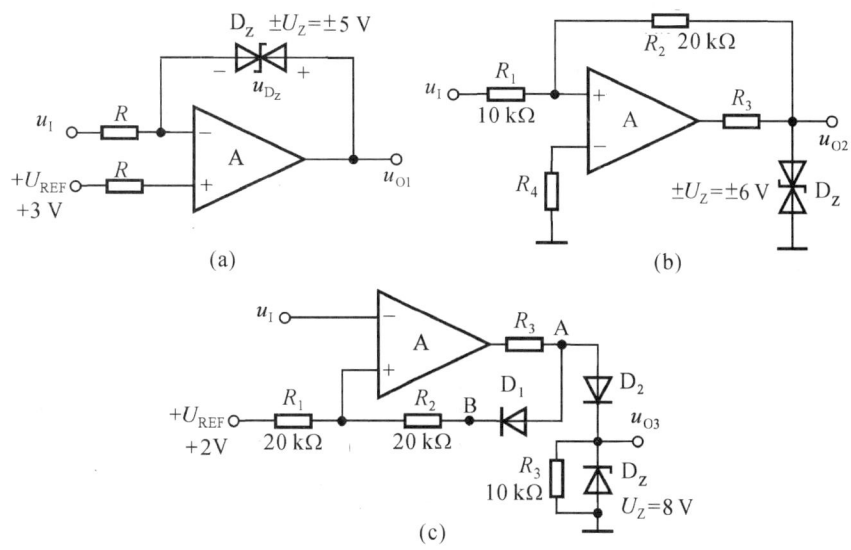

图 7.3.7　例 7.3.5 电路图

提示：本题考查是否掌握不同类型电压比较器的识别方法和电压传输特性的求解方法。

解：电路(a)：在稳压管截止时集成运放工作在开环状态，故为电压比较器。阈值电压 $U_T = U_{REF} = 3$ V。设稳压管上电压的方向如图中所标注。当 $u_I > U_T$ 时，u_O 将向 $-U_{OM}$ 变化，导致稳压管导通，$u_{D_Z} = -U_Z$，电路引入了负反馈，使集成运放的两个输入端电位相等，因而输出低电平

$$U_{OL1} = U_{REF} - U_Z = -2 \text{ V}$$

同理，当 $u_I < U_T$ 时，u_O 将向 $+U_{OM}$ 变化，导致稳压管导通，$u_{D_Z} = +U_Z$，电路也引入了负反馈，使集成运放的两个输入端电位相等，故输出高电平

$$U_{OH1} = U_{REF} + U_Z = +8 \text{ V}$$

因此，图(a)所示电路的电压传输特性如图 7.3.8(a) 所示。

电路(b)：仅引入了正反馈，集成运放工作在非线性区，该电路为滞回比较器。根据输出端的限幅电路可知，输出电压为

$$u_{O2} = \pm U_Z = \pm 6 \text{ V}$$

集成运放同相输入端的电位

$$u_{P2} = \frac{R_2}{R_1 + R_2} \cdot u_I + \frac{R_1}{R_1 + R_2} \cdot u_O$$

$$= \frac{R_2}{R_1 + R_2} \cdot u_I + \frac{R_1}{R_1 + R_2} \cdot (\pm U_Z)$$

令其等于反相输入端的电位 $u_{N2}(=0)$。并代入数据，整理可得阈值电压

$$\pm U_T = \pm \frac{R_1}{R_2} \cdot U_Z = \pm 3 \text{ V}$$

输入电压作用于集成运放的同相输入端，因而电路(b)的电压传输特性如图 7.3.8(b) 所示。

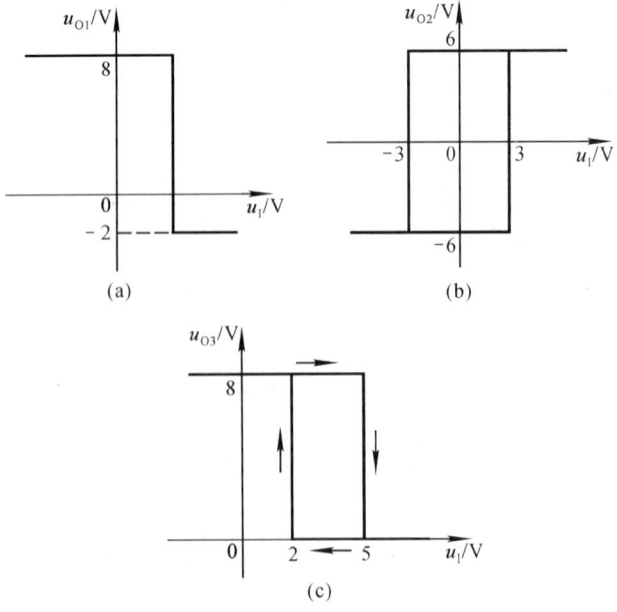

图 7.3.8 例 7.3.5 解图

电路(c):只引入了正反馈,应为电压比较器,集成运放的输出电压 u'_O 不是 +14 V 就是 -14 V。

首先判断两只二极管的工作状态,再由此推论出电路的输出高电平 U_{OH3} 和输出低电平 U_{OL3},以及阈值电压 U_{T1} 和 U_{T2}。

若 u'_O = 14 V,则 D_2 导通,稳压管工作在稳压状态,输出高电平

$$U_{OH3} = U_Z = 8 \text{ V}$$

图中 A 的电位 $u_A = (U_Z + U_{D2})$,因为 $U_{REF} = 2$ V $< u_A$,所以 D_1 也导通,B 的电位

$$u_B = u_A - U_{D1} = U_Z + U_{D2} - U_{D1} \approx U_Z = 8 \text{ V}$$

集成运放同相输入端的电位

$$u_{P3} = \frac{R_2}{R_1 + R_2} \cdot U_{REF} + \frac{R_1}{R_1 + R_2} \cdot u_B$$

令同相输入端电位等于反相输入端电位,并将数据代入,可得

$$U_{T1} = \left(\frac{20}{20+20} \times 2 + \frac{20}{20+20} \times 8 \right) \text{ V} = 5 \text{ V}$$

若 u'_O = -14 V,则 D_2 截止,稳压管也截止;由于 $u'_O < U_{REF}$,D_1 也截止,因而 R_3 中电流为零,输出低电平

$$U_{OL3} = 0 \text{ V}$$

令同相输入端电位等于反相输入端电位,可得

$$U_{T2} = U_{REF} = 2 \text{ V}$$

输入电压作用于集成运放的反相输入端,因此电路(b)的电压传输特性如图 7.3.8(c)所示。

二、根据电压传输特性分析电压比较器的类型并画出输出电压的波形

【例 7.3.6】 已知由理想运放组成的三个电路的电压传输特性及它们的输入电压 u_1 的波形如图 7.3.9 所示。

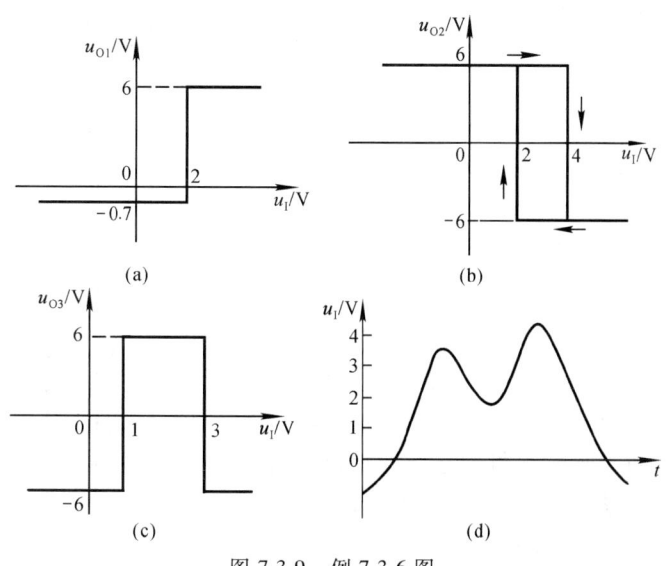

图 7.3.9 例 7.3.6 图

（1）分别说明三个电路的名称；

（2）画出 $u_{O1} \sim u_{O3}$ 的波形。

提示：本题考查是否掌握不同类型电压比较器电压传输特性的特征，是否能够根据电压传输特性画出输出电压的波形。

掌握单限比较器、滞回比较器和窗口比较器的电压传输特性是教学基本要求。

解：（1）图（a）说明电路只有一个阈值电压 $U_T(=2\text{ V})$，且 $u_I<U_T$ 时 $u_{O1}=U_{OL}=-0.7\text{ V}$，$u_I>U_T$ 时 $u_{O1}=U_{OH}=6\text{ V}$；故该电路为单限比较器。

图（b）所示电压传输特性的两个阈值电压 $U_{T1}=2\text{ V}$、$U_{T2}=4\text{ V}$，有回差。$u_I<U_{T1}$ 时 $u_{O2}=U_{OH}=+6\text{ V}$，$u_I>U_{T2}$ 时 $u_{O2}=U_{OL}=-6\text{ V}$，$U_{T1}<u_I<U_{T2}$ 时 u_O 决定于 u_I 从哪儿变化而来；说明电路为滞回比较器。

图（c）所示电压传输特性的两个阈值电压 $U_{T1}=1\text{ V}$、$U_{T2}=3\text{ V}$，由于 $u_I<U_{T1}$ 和 $u_I>U_{T2}$ 时 $u_{O3}=U_{OL}=-6\text{ V}$，$U_{T1}<u_I<U_{T2}$ 时 $u_{O1}=U_{OH}=+6\text{ V}$，故该电路为窗口比较器。

答案是具有如图 7.3.9（a）、（b）、（c）所示电压传输特性的三个电路分别为单限比较器、滞回比较器和窗口比较器。

（2）根据题目给出的电压传输特性和上述分析，可画出 $u_{O1} \sim u_{O3}$ 的波形，如图 7.3.10 所示。

应当特别提醒的是，在 $u_I<4\text{ V}$ 之前的任何变化，滞回比较器的输出电压 u_{O2} 都保持不变，且在 $u_I=4\text{ V}$ 时 u_{O2} 从高电平跃变为低电平，直至 $u_I=2\text{ V}$ 时 u_{O2} 才从低电平跃变为高电平。

三、集成电压比较器组成电路的分析

【例 7.3.7】 集成电压比较器电路结构如图 7.3.11（a）所示，可以认为 A 为理想运放，当负电源端接地时为单电源供电，管脚如图中所标注；晶体管工作在开关状态，导通时的管压降为零。

（1）分别求出图（b）、（c）、（d）的电压传输特性，并标出电压比较器的同相输入端和反相输入端；

（2）说明图（b）、（c）、（d）所示电路各属于哪种电压比较器。

提示：本题考查是否了解集成电压比较器的工作原理，是否掌握由集成电压比较器组成的实用电路的分析方法。

集成电压比较器虽然比集成运放开环差模增益低、失调电压大、共模抑制比小，但具有响应速度快、传输时间短、不需外加限幅电路等优点，其实用电路结构简单，因而得到广泛应用。本题中集电极、发射极均开路的集成电压比较器在构成实用电路时灵活方便，花样较多，所给出的三种电路具有典型性。虽然电路简单，但因涉及晶体管电路的基本接法、集成电压比较器的使用方法及其实用电路的分析方法，故具有一定的综合性。

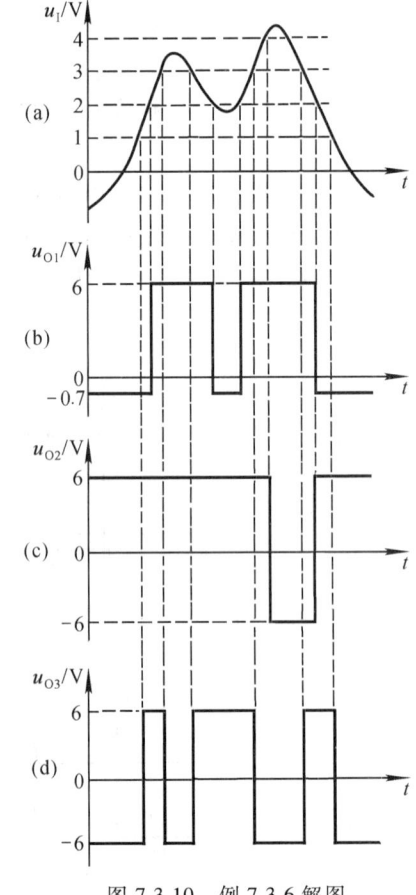

图 7.3.10 例 7.3.6 解图

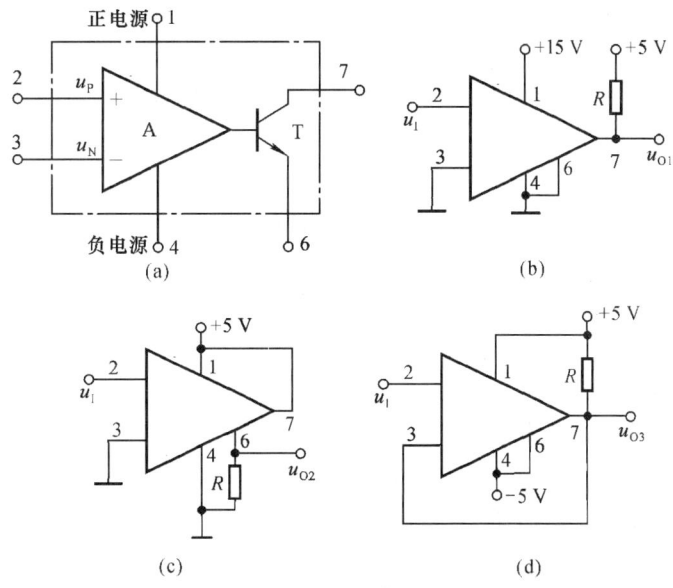

图 7.3.11　例 7.3.7 电路图

从已知条件和图(a)所示的电路结构可知,电路可既从晶体管的集电极输出,又可从发射极输出;A 既可用正、负两个电源供电,又可用一路正电源供电;晶体管的电源既可与 A 的电源电压相同,又可根据负载的需要采用与 A 不同的电源电压。分析实用电路时首先要弄清上述问题。

解:电路(b):从晶体管的集电极输出,输出电压与 A 的输出电压反相,故集成电压比较器的两个输入端 2 为"−"3 为"+"。A 单电源供电,且 A 和 T 采用不同的电源电压供电。由于晶体管工作在开关状态,故电路的输出的高低电平分别为 5 V 和 0 V。由于 3 端接地,故该电路为反相输入的过零比较器,电压传输特性如图 7.3.12(a)所示。

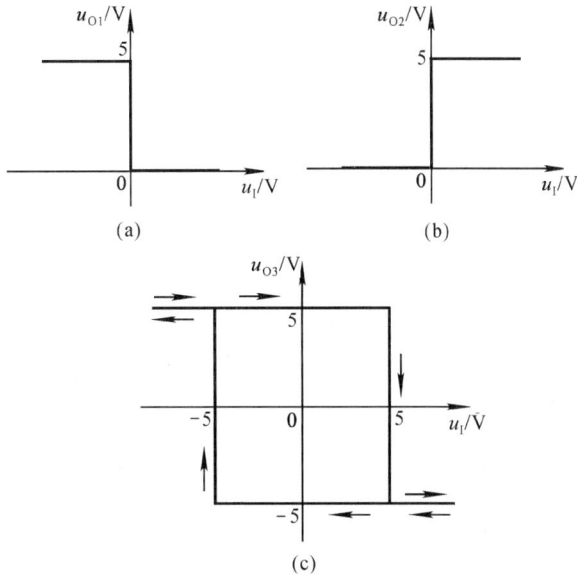

图 7.3.12　例 7.3.7 解图

电路(c):从晶体管的发射极输出,输出电压与 A 的输出电压同相,故集成电压比较器的两个输入端 2 为"+"3 为"−"。A 和 T 采用相同的一路电源供电。由于晶体管工作在开关状态,故电路的输出的高低电平分别为+5 V 和 0 V。由于 3 端接地,故该电路为同相输入的过零比较器,电压传输特性如图 7.3.12(b)所示。

电路(d):从晶体管的集电极输出,输出电压与 A 的输出电压反相,故集成电压比较器的两个输入端 2 为"−"3 为"+"。A 和 T 采用相同的两路电源供电。由于晶体管工作在开关状态,故电路的输出的高低电平分别为 5 V 和−5 V。由于输出电压反馈到 3 端,引入了正反馈,故该电路为反相输入的滞回比较器;又由于 3 端电位等于输出电压,故阈值电压 $\pm U_T = \pm 5$ V。电压传输特性如图 7.3.12(c)所示。

四、电压比较器电路的设计

【**例 7.3.8**】 利用集成运放和图 7.3.11(a)所示集成电压比较器分别设计一个电路,使之具有如图 7.3.9(c)所示的电压传输特性。要求画出电路图来,不必求解具体参数。

提示:考查是否从本质上理解了电压比较器的组成原则,并从中体会到集成电压比较器在组成窗口比较器时的优越之处。

解:从图 7.3.9(c)所示的电压传输特性可知,所设计电路的输出高、低电平 U_{OH} 和 U_{OL} 分别为 6 V 和−6 V,两个阈值电压 U_{T1} 和 U_{T2} 分别为 1 V 和 3 V。

在构成电压比较器时,需根据上述参数设计除集成运放或集成电压比较器的外电路。

(1) 用集成运放实现:由于是窗口比较器,需要由两个集成运放组成;一个用于判断 u_1 是否小于 1 V,另一个用于判断 u_1 是否大于 3 V;然后用它们判断的结果来控制输出端限幅电路中稳压管的工作状态。由电压传输特性可知,当输入电压 u_1 在 1~3 V 之间时 $u_O = +U_Z$,其余情况下 $u_O = -U_Z$;因而限幅电路中需一对对称的稳压管,且 $\pm U_Z = \pm 6$ V。设当 u_1 在 1~3 V 之间时两个集成运放均输出高电平,则在其余情况下总有一个集成运放输出低电压;即只有两个集成运放均为输出高电平时输出电压 u_O 才为高电平 $+U_Z$,因而可用数字电路中的二极管与门实现这种逻辑关系;也可以理解为利用二极管来控制集成运放输出端电流的方向。设计电路如图 7.3.13(a)所示,图中 R_1 和 R_2 均为稳压管的限流电阻。

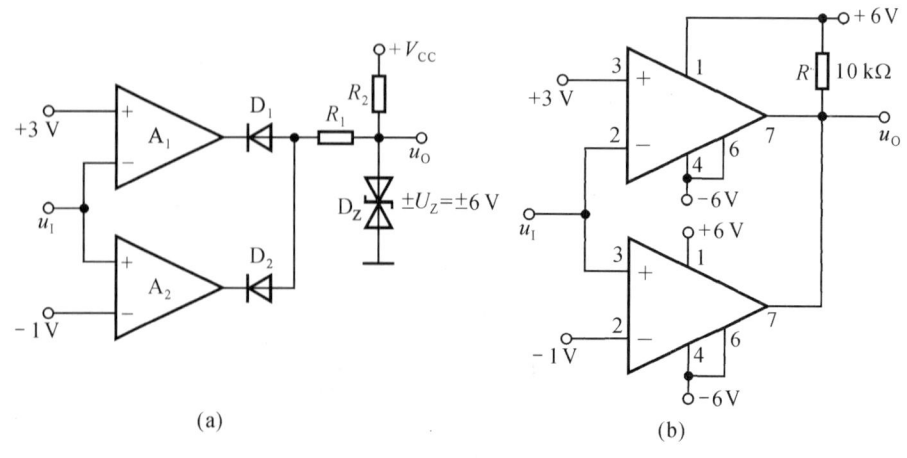

图 7.3.13 例 7.3.8 解图

（2）用集成电压比较器实现：由于是窗口比较器，需要由两个集成电压比较器组成；一个用于判断 u_1 是否小于 1 V，另一个用于判断 u_1 是否大于 3 V。可设计当 1 V<u_1<3 V 时，两个集成电压比较器输出均为高电平，其余情况下总有一个输出为低电平。由于图 7.3.11(a) 所示集成电压比较器是集电极开路电路，因而可将两个电路的输出端相接，实现"线与"，即实现只有两个集成电压比较器输出均为高电平时整个电路的输出电压才为高电平的逻辑关系。为了实现输出高低电平为±6 V，集成电压比较器采用数值为±6 V 的正、负两路电源供电。设计电路如图 7.3.13(b) 所示。

7.3.3 非正弦波形发生电路的分析

一、矩形波发生电路的组成和分析估算

【**例 7.3.9**】 某同学所接矩形波发生电路如图 7.3.14 所示。首先改正错误，然后求解输出电压的频率和幅值。

提示：考查是否理解矩形波发生电路的组成、主要参数及其求解方法。

矩形波发生电路是由滞回比较器和 RC 延时电路组成；滞回比较器应引入正反馈，其限幅电路应由稳压管和限流电阻组成。对于占空比不为 50% 的电路，应用两只二极管引导电容的正向和反向充电电流流向不同的通路。

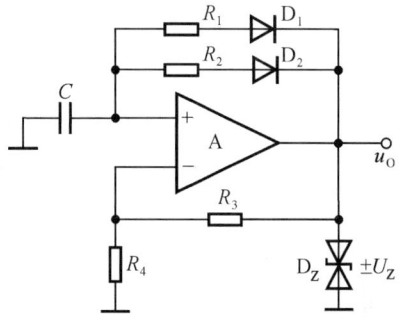

图 7.3.14 例 7.3.9 电路图

解：根据矩形波发生电路的组成原理，从已知电路图中可以看出有三个错误，一是集成运放的同相输入端与反相输入端接反，二是输出端限幅电路中无限流电阻，三是 RC 延时电路中两只二极管中的一只接反，正确电路如图 7.3.15(a) 所示。当然也可以 D_2 不变，D_1 反接。

根据限幅电路可知，输出电压的幅值

$$u_O = \pm U_Z$$

滞回比较器的阈值电压

$$\pm U_T = \pm \frac{R_4}{R_3 + R_4} \cdot U_Z$$

因而以电容上的电压 u_C 作为输入电压的滞回比较器的电压传输特性如图 7.3.15(b) 所示。若 $R_1 < R_2$，则输出电压 u_O 和 u_C 的波形如图(c) 所示。在忽略二极管的正向电阻的情况下，利用一阶 RC 电路的三要素法列方程

$$+U_T = (U_Z + U_T)(1 - e^{\frac{T_1}{R_1 C}}) + (-U_T)$$

求出

$$T_1 \approx R_1 C \ln\left(1 + \frac{2R_4}{R_3}\right)$$

采用同样方法可得

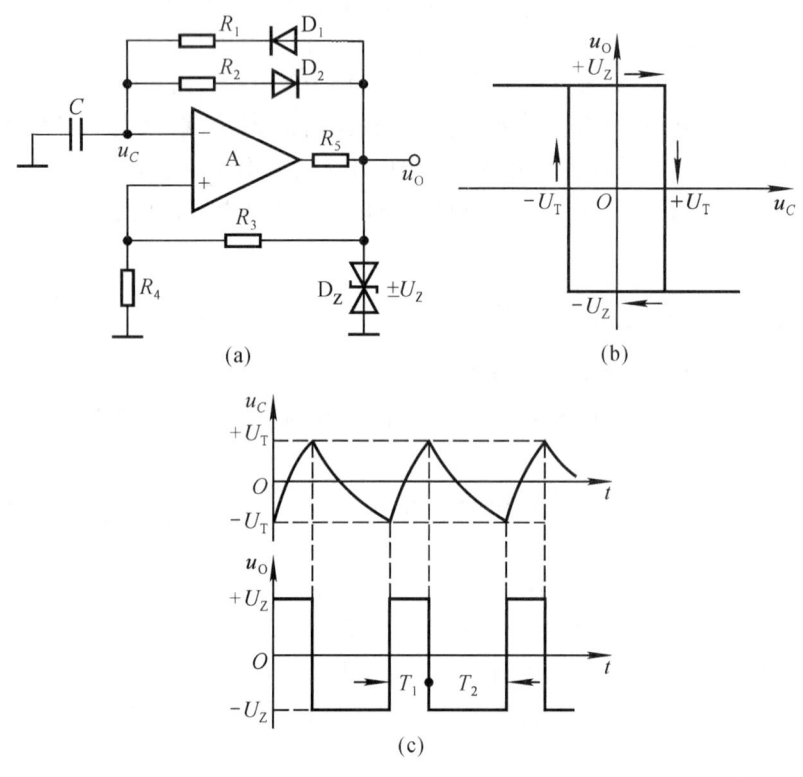

图 7.3.15 例 7.3.9 解图

$$T_2 \approx R_2 C \ln\left(1+\frac{2R_4}{R_3}\right)$$

振荡周期

$$T = T_1 + T_2 \approx (R_1+R_2) C \ln\left(1+\frac{2R_4}{R_3}\right)$$

振荡频率

$$f = \frac{1}{T} \approx \frac{1}{(R_1+R_2) C \ln\left(1+\dfrac{2R_4}{R_3}\right)}$$

二、三角波、锯齿波发生电路的波形分析及参数估算

【例 7.3.10】 电路如图 7.3.16 所示。已知 $R_1 = R_2 = R_w = 20\ \text{k}\Omega$, $R_3 = 1\ \text{k}\Omega$, $C = 0.1\ \mu\text{F}$, $\pm U_Z = \pm 6\ \text{V}$。

（1）定性画出电位器滑动端在中点、最上端、最下端三种情况下输出电压的波形；

（2）分别估算电位器滑动端在中点和最上端时输出电压的幅值和周期。

提示：本题考查是否掌握三角波发生电路和锯齿波发生电路的工作原理和参数估算。

本题涉及的内容是非正弦波发生电路的基本知识，从中可以进一步认识到三角波发生电路和锯齿波发生电路的工作原理没有本质的区别。

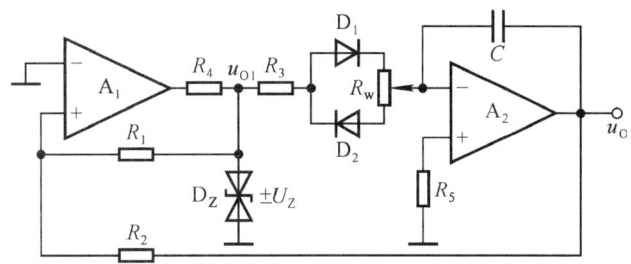

图 7.3.16　例 7.3.10 电路图

解:(1) 三角波发生电路和锯齿波发生电路均由同相输入的滞回比较器和反相输入的积分运算电路组成,输出电压的幅值决定于电压比较器的阈值电压,因而不随电位器滑动端的位置变化而变。电位器滑动端的位置不同,将影响积分电路的时间常数,因而影响输出电压的波形。当滑动端在中点时,积分电路正向积分的时间常数与反向积分的时间常数相等,因而输出电压为三角波,如图 7.3.17(a)所示;滑动端在最上端和最下端时,两个时间常数相差甚远,故输出电压如图(b)、(c)所示。

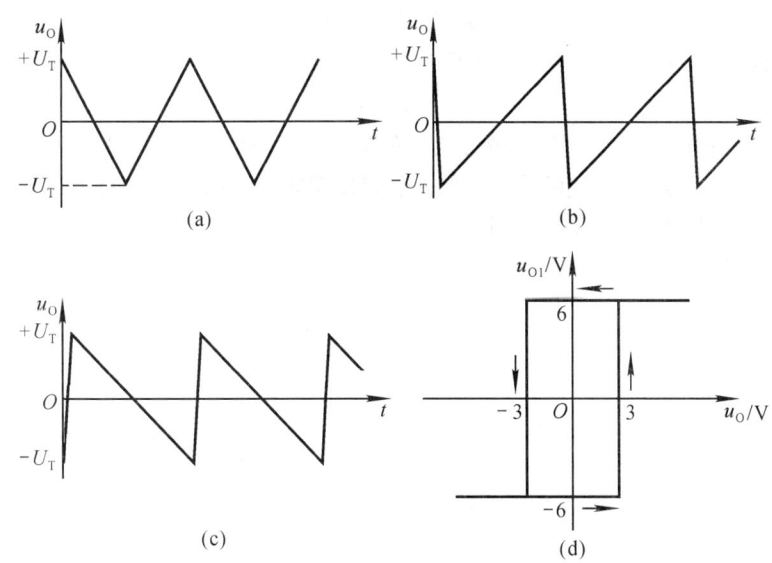

图 7.3.17　例 7.3.10 解图

(2) 在图 7.3.16 所示电路中,A_1 的同相输入端电位

$$u_{P1} = \frac{R_1}{R_1+R_2} \cdot u_O + \frac{R_2}{R_1+R_2} \cdot (\pm U_Z)$$

令 $u_{P1} = u_{N1} = 0$,则以 u_O 作为输入的滞回比较器的阈值电压

$$\pm U_T = \pm \frac{R_2}{R_1} \cdot U_Z = \pm 6 \text{ V}$$

u_{O1} 的高、低电平为 ± 6 V,故电压传输特性如图 7.3.17(d)所示。不管 R_w 的滑动端处于何处,u_O 的幅值均为 $\pm U_T$,即 ± 6 V。

根据图 7.3.17(a)可知,当 R_w 的滑动端处于中点时,在一个周期中三角波的上升时间与下降时间相等;波形上升部分的起始值为 $-U_T$,终了值为 $+U_T$,因而可列出方程

$$U_T = \frac{U_Z}{\left(R_3 + \frac{R_w}{2}\right)C} \cdot \frac{T}{2} + (-U_T)$$

$$T = 4\left(R_3 + \frac{R_w}{2}\right)C$$

代入数据,在忽略二极管正向电阻的情况下

$$T \approx \left[4 \times \left(1 + \frac{20}{2}\right) \times 10^3 \times 10^{-7}\right] \text{s} = 4.4 \text{ ms}$$

根据图 7.3.17(b)可知,当 R_w 的滑动端处于最上端时,在一个周期中三角波的上升时间远远大于下降时间,因而可认为振荡周期近似等于上升时间。波形上升部分的起始值为 $-U_T$,终了值为 $+U_T$,因而可列出方程

$$U_T = \frac{U_Z}{(R_3 + R_w)C} \cdot T + (-U_T)$$

$$T = 2(R_3 + R_w)C$$

代入数据,在忽略二极管正向电阻的情况下

$$T \approx \left[2 \times (1 + 20) \times 10^3 \times 10^{-7}\right] \text{s} = 4.2 \text{ ms}$$

电位器滑动端在中点和最上端时输出电压的幅值均为 ±6 V,周期分别约为 4.4 ms 和 4.2 ms。

【例 7.3.11】 电路如图 7.3.16 所示。在一个周期 T 内 $u_{O1}=U_Z$ 的时间为 T_1,占空比 $q=T_1/T$。说出一种措施,分别达到下列目的,试问:

(1) 增大 u_O 的幅值;
(2) 提高振荡频率 f;
(3) 减小占空比 q;
(4) 减小 u_{O1} 的幅值。

提示:本题考查是否在理解电路工作原理的基础上掌握电路各参数对性能指标的影响。

在图 7.3.16 所示三角波-矩形波发生电路中,$u_{O1} = \pm U_Z$,$u_O = \pm \frac{R_2}{R_1} \cdot U_Z$,周期 $T = \frac{2R_1(2R_3+R_w)C}{R_2}$;占空比与 R_w 滑动端的位置有关,向上滑动 q 将减小。

解:(1) 若增大 u_O 的幅值,则可增大 R_2 或减小 R_1;
(2) 若提高振荡频率 f,则可增大 R_2 或减小 R_1、R_3、R_w 或 C;
(3) 若减小占空比 q,则将 R_w 的滑动端向上滑动;
(4) 若减小 u_{O1} 的幅值,则只好换稳定电压小的稳压管。

7.3.4 波形的变换和信号的转换

一、波形变换电路的实现

【例 7.3.12】 试用你所学过的基本电路将一个正弦波电压转换成二倍频的三角波电压。要

求用方框图说明转换思路,并在各方框内分别写出电路的名称。

提示:本题是典型的波形变换的问题。利用集成运放所组成的各种基本电路可以实现多种波形变换;例如,利用积分运算电路可将方波变为三角波,利用微分运算电路可将三角波变为方波,利用乘方运算电路可将正弦波实现二倍频,利用电压比较器可将正弦波变为方波……本题考查是否掌握集成运放组成的基本电路的基本功能。

解:方案一:先通过乘方运算电路实现正弦波的二倍频,再经过零比较器变为方波,最后经积分运算电路变为三角波,方框图如图 7.3.18(a)所示。

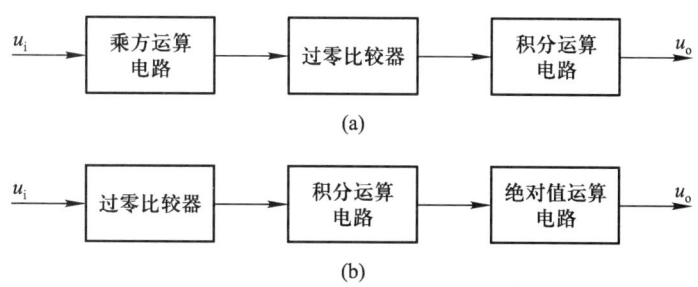

图 7.3.18 例 7.3.12 解图

方案二:先通过零比较器将正弦波变为方波,再经积分运算电路变为三角波,最后经绝对值运算电路(精密整流电路)实现二倍频,方框图如图 7.3.18(b)所示。

实际上,还可以有其它方案,如比较器采用滞回比较器等。

二、信号转换电路的分析与估算

【**例 7.3.13**】 电路如图 7.3.19 所示,已知输入电压 u_I 为正弦波。

(1)分析 u_O 与 u_I 的关系式;

(2)若在输入电压有效值 U_i 为 1 V 时,负载电流的平均值 $I_{L(AV)}$ 为 1 mA,则 R 的取值应为多少?

提示:图示电路是精密整流电路,可将交流电压转换为与之成稳定关系的直流电流,若将负载电阻 R_L 换为电流表,则构成指针式交流电流表;而且其输入电阻趋于无穷大,几乎不从被测电压索取电流。

对具有二极管的集成运放应用电路的分析应从

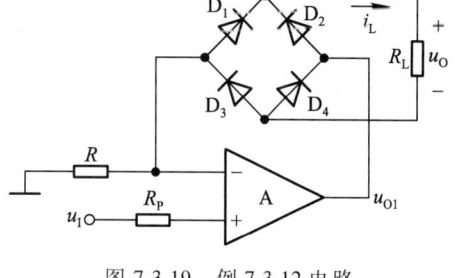

图 7.3.19 例 7.3.12 电路

分析二极管的工作状态入手,而二极管的工作状态往往决定于输入或输出信号的极性,本题考查对集成运放应用电路的分析能力。

解:(1)当 $u_I>0$ 时,$u_{O1}>0$;电流自 u_{O1} 流经 D_2、R_L、D_3、R 到"地"。由于集成运放两个输入端电位相等,$u_N = u_P = u_I$,负载电流

$$i_L = i_R = \frac{u_I}{R}$$

当 $u_I<0$ 时,$u_{O1}<0$;电流自"地"流经 R、D_1、R_L、D_4 到 u_{O1},负载电流方向不变。即

$$i_L = -i_R = -\frac{u_I}{R}$$

因此

$$i_L = \frac{|u_I|}{R}$$

输出电压

$$u_O = i_L R_L = \frac{|u_I| R_L}{R}$$

(2) 若 u_I 为正弦波,且有效值为 U_i,则 i_L 的平均值为

$$I_{L(AV)} = \frac{1}{\pi}\int_0^\pi \left(\frac{\sqrt{2}\,U_i}{R} \cdot \sin\omega t\right) d\omega t = \frac{2\sqrt{2}\,U_i}{\pi R} \approx 0.9 \cdot \frac{U_i}{R}$$

若 $U_i = 1$ V 时,$I_{L(AV)} = 1$ mA,则 $R \approx 0.9$ kΩ。

【例 7.3.14】 已知图 7.3.20 所示电路为压控振荡电路,晶体管 T 工作在开关状态,截止时相当于开关断开,导通时相当于开关闭合,管压降近似为零,$u_I > 0$。

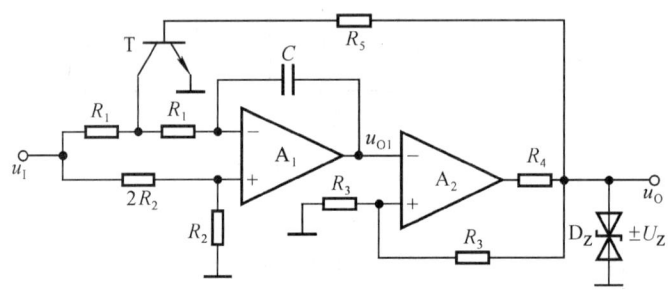

图 7.3.20 例 7.3.14 电路

(1) 分别求解 T 导通和截止时 u_{O1} 和 u_I 的运算关系式 $u_{O1} = f(u_I)$;
(2) 定性画出 u_O 和 u_{O1} 的波形,说明它们的幅值;
(3) 求解振荡频率 f 和 u_I 的关系式。

提示:压控振荡电路是典型的信号转换电路,其电路形式很多,但几乎均由积分运算电路、电压比较器和电子开关组成。通常因电子开关状态不同而改变积分电路的积分方向,使电压比较器输出高电平时孕育着向低电平跃变的条件,输出低电平时孕育着向高电平跃变的条件,从而产生振荡。可见,分析清楚电子开关的状态是读懂其工作原理的关键。

本题考查分析集成运放应用电路的能力,因其涉及的基本知识较多,具有一定的综合性和难度。

解:(1) T 导通时,$u_{N1} = u_I/3$。

$$u_{O1} = \frac{1}{R_1 C} \cdot \frac{u_I}{3}(t_1 - t_0) + u_{O1}(t_0)$$

T 截止时,

$$u_{O1} = \frac{1}{2R_1 C} \cdot \frac{-2u_I}{3}(t_2 - t_1) + u_{O1}(t_1)$$

$$= -\frac{1}{R_1 C} \cdot \frac{u_I}{3}(t_2 - t_1) + u_{O1}(t_1)$$

(2) 从以上分析可知,积分电路两个积分方向的常数相等,故 u_{O1} 为三角波,其幅值为电压比

较器的阈值电压

$$u_{O1} = \pm U_T = \pm \frac{U_Z}{2}$$

u_O 为方波,其幅值为 $\pm U_Z$。它们的波形如图 7.3.21 所示。

（3）首先求出振荡周期,然后求出振荡频率,如下：

$$U_T = \frac{1}{R_1 C} \cdot \frac{u_I}{3} \cdot \frac{T}{2} - U_T, \; T = \frac{6R_1 C U_Z}{u_I}$$

$$f = \frac{u_I}{6R_1 C U_Z}$$

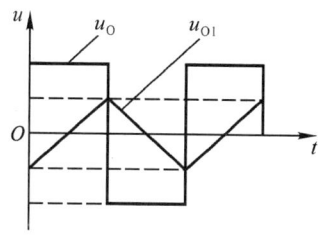

图 7.3.21　例 7.3.14 解图

7.4　习题解答

7.4.1　自测题

一、改错：改正图 T7.1 所示各电路中的错误,使电路可能产生正弦波振荡。要求不能改变放大电路的基本接法（共射、共基、共集）。

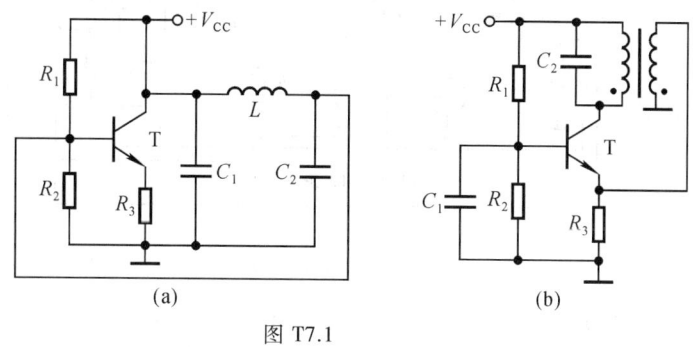

图 T7.1

解：在图(a)所示电路中加集电极电阻 R_4 及放大电路输入端的耦合电容 C_3,如图解 T7.1(a) 所示。

在图(b)所示电路的变压器二次侧与放大电路之间加耦合电容 C_3,改同名端,如图解 T7.1(b) 所示。

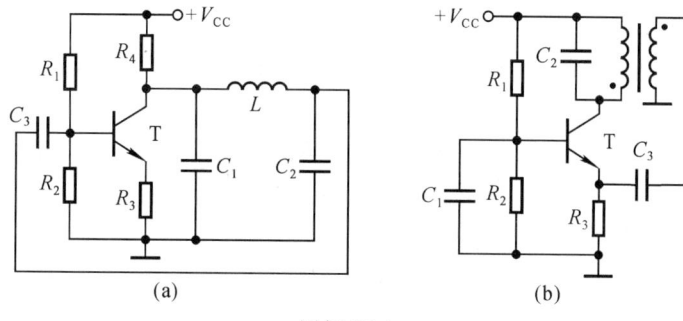

图解 T7.1

二、试将图 T7.2 所示电路合理连线,组成 RC 桥式正弦波振荡电路。

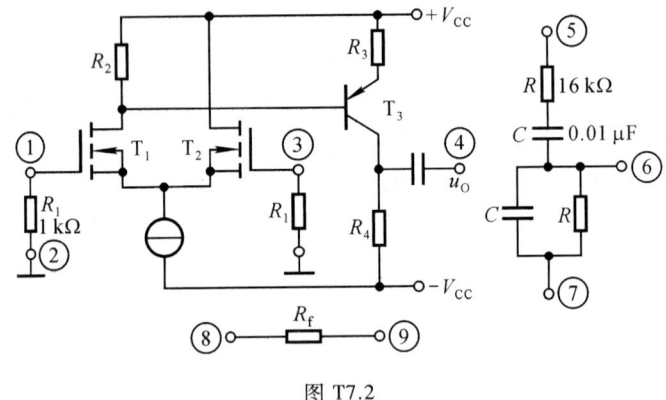

图 T7.2

解:具体分析可参阅例 7.3.1,结论:⑤、⑨与④相连,②与⑦相连,⑥与①相连,⑧与③相连,如图解 T7.2 所示。

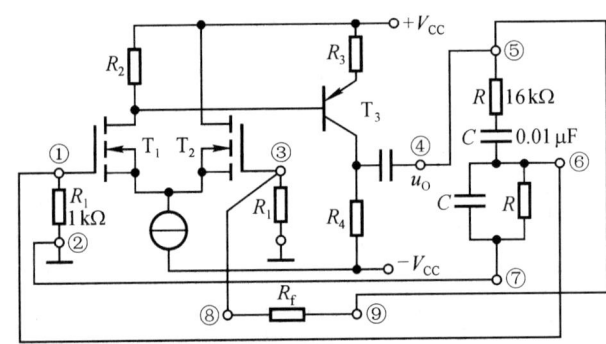

图解 T7.2

三、已知图 T7.3(a)所示方框图各点的波形如图 T7.3(b)所示,填写各电路的名称。

电路 1 为_____,电路 2 为_____,电路 3 为_____,电路 4 为_____。

解:正弦波振荡电路,同相输入的过零比较器,反相输入的积分运算电路,同相输入滞回比较器。

四、试分别求出图 T7.4 所示各电路的电压传输特性。

解:图(a)所示电路为同相输入的过零比较器,$u_I>0$ 时 $u_O=+U_Z$,$u_I<0$ 时 $u_O=-U_Z$,电压传输特性如图解 T7.4(a)所示。

图(b)所示电路为同相输入的滞回比较器,输出高、低电平为 $\pm U_Z$。两个阈值电压求解如下:

$$u_P = \frac{R_1}{R_1+R_1} \cdot u_I + \frac{R_1}{R_1+R_1} \cdot u_O = 0$$

将 $u_O = \pm U_Z$ 代入,得

$$\pm U_T = \pm U_Z$$

电压传输特性如图解 T7.4(b)所示。

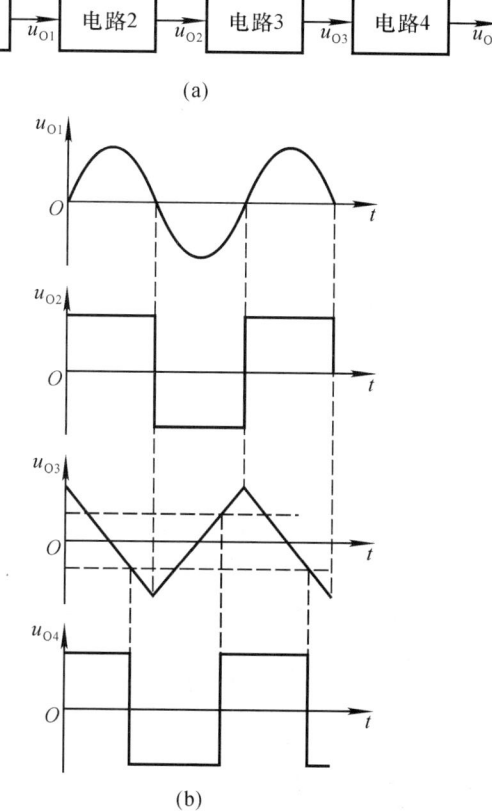

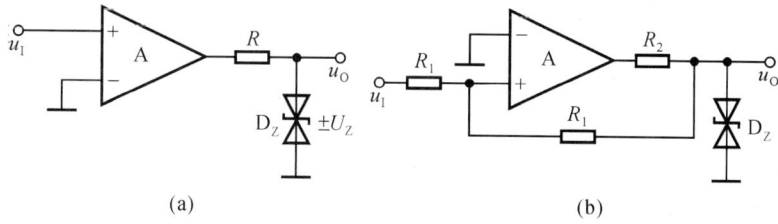

图 T7.4

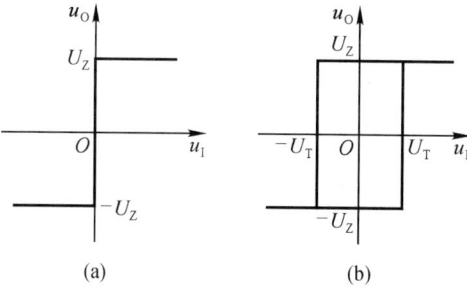

图解 T7.4

五、电路如图 T7.5 所示。

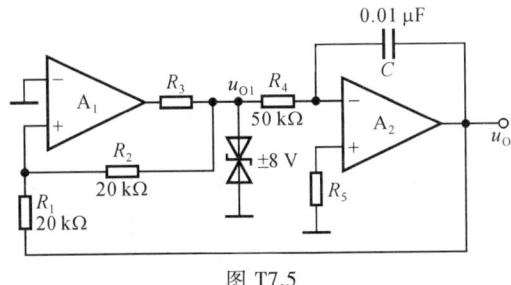

图 T7.5

(1) 分别说明 A_1 和 A_2 各构成哪种基本电路；
(2) 求出 u_{O1} 与 u_O 的关系曲线 $u_{O1}=f(u_O)$；
(3) 求出 u_O 与 u_{O1} 的运算关系式 $u_O=f(u_{O1})$；
(4) 定性画出 u_{O1} 与 u_O 的波形；
(5) 说明若要提高振荡频率,则可以改变哪些电路参数,如何改变。

解：(1) A_1：滞回比较器；A_2：积分运算电路。
(2) 根据输出端限幅电路可得输出高、低电平为 $\pm U_Z = \pm 8$ V。

根据 $u_{P1}=\dfrac{R_1}{R_1+R_2}\cdot u_{O1}+\dfrac{R_2}{R_1+R_2}\cdot u_O=u_{N1}=0$，可得阈值电压

$$\pm U_T = \pm U_Z = \pm 8 \text{ V}$$

因而 u_{O1} 与 u_O 的关系曲线如图解 T7.5(a) 所示。

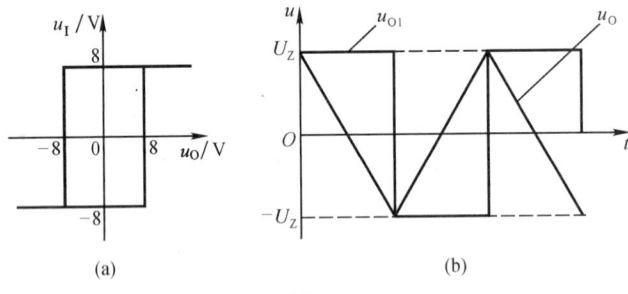

图解 T7.5

(3) u_O 与 u_{O1} 的运算关系式

$$u_O = -\frac{1}{R_4 C} u_{O1}(t_2-t_1) + u_O(t_1)$$
$$= -2\,000 u_{O1}(t_2-t_1) + u_O(t_1)$$

(4) 因为积分运算电路正向和反向积分常量相等,故 u_O 为三角波, u_{O1} 为方波,如图解 T7.5(b) 所示。

(5) 根据表 7.1.2 可知,图示电路的振荡周期

$$T = \frac{4 R_1 R_4 C}{R_2}$$

因此,要提高振荡频率,可以减小 R_1、R_4、C 或增大 R_2。

7.4.2 习题

7.1 判断下列说法是否正确,用"√"或"×"表示判断结果。

(1) 在图 P7.1 所示方框图中,只要 $\dot{A}$ 和 $\dot{F}$ 同符号,就有可能产生正弦波振荡。( )

(2) 因为 RC 串并联选频网络作为反馈网络时的 $\varphi_F = 0°$,单管共集放大电路的 $\varphi_A = 0°$,满足正弦波振荡的相位条件 $\varphi_A + \varphi_F = 2n\pi$($n$ 为整数),故合理连接它们可以构成正弦波振荡电路。( )

(3) 电路只要满足 $|\dot{A}\dot{F}| = 1$,就一定会产生正弦波振荡。( )

(4) 负反馈放大电路不可能产生自激振荡。( )

(5) 在 LC 正弦波振荡电路中,不用通用型集成运放作放大电路的原因是其上限截止频率太低。( )

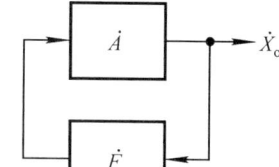

图 P7.1

(6) 只要集成运放引入正反馈,就一定工作在非线性区。( )

解:(1) 当 $\dot{A}$ 和 $\dot{F}$ 同符号时,即均为"+"或"−",说明 $\varphi_A + \varphi_F = 2n\pi$($n$ 为整数),满足正弦波振荡的相位条件,电路可能产生正弦波振荡,故本题说法正确。

(2) 因为共集放大电路的电压放大倍数小于 1,而 RC 串并联网络在 $f = f_0$ 时 $\dot{F} = \dfrac{1}{3}$,它们相连不可能满足正弦波振荡的幅值条件,它不能与 RC 串并联选频网络构成正弦波振荡电路,故本题说法错误。

(3) 只有电路同时满足相位条件和起振条件才一定会产生正弦波振荡,故本题说法错误。

(4) 负反馈放大电路在级数较多、反馈过深时会产生低频或高频振荡,故本题说法错误。

(5) 通常,LC 正弦波振荡电路的振荡频率较高,而通用型集成运放的上限截止频率太低,因而不选通用型集成运放作 LC 正弦波振荡电路的放大电路,故本题说法正确。

(6) 在压控电压源有源滤波电路和 RC 桥式正弦波振荡电路中集成运放均引入了正反馈,而它们均工作在线性区,故本题说法错误。

结论:(1) √;(2) ×;(3) ×;(4) ×;(5) √;(6) ×。

7.2 判断下列说法是否正确,用"√"或"×"表示判断结果。

(1) 为使电压比较器的输出电压不是高电平就是低电平,就应在其电路中使集成运放不是工作在开环状态,就是仅仅引入正反馈。( )

(2) 如果一个滞回比较器的两个阈值电压和一个窗口比较器的相同,那么当它们的输入电压相同时,它们的输出电压波形也相同。( )

(3) 输入电压在单调变化的过程中,单限比较器和滞回比较器的输出电压均只可能跃变一次。( )

(4) 单限比较器比滞回比较器抗干扰能力强,而滞回比较器比单限比较器灵敏度高。( )

解:(1) √ (2) × (3) √ (4) ×

7.3 选择下面一个答案填入空内,只需填入 A、B 或 C。

A. 容性   B. 阻性   C. 感性

(1) LC 并联网络在谐振时呈_____,在信号频率大于谐振频率时呈_____,在信号频率小于谐振频率时呈_____。

(2) 当信号频率等于石英晶体的串联谐振频率或并联谐振频率时,石英晶体呈_____;当信号频率在石英晶体的串联谐振频率和并联谐振频率之间时,石英晶体呈_____;其余情况下石英晶体呈_____。

(3) 当信号频率 $f=f_0$ 时,RC 串并联网络呈_____。

解:(1) B,A,C。 (2) B,C,A。 (3) B。

7.4 判断图 P7.4 所示各电路是否可能产生正弦波振荡,简述理由。设图 P7.4(b) 中 C_4 容量远大于其它三个电容的容量。

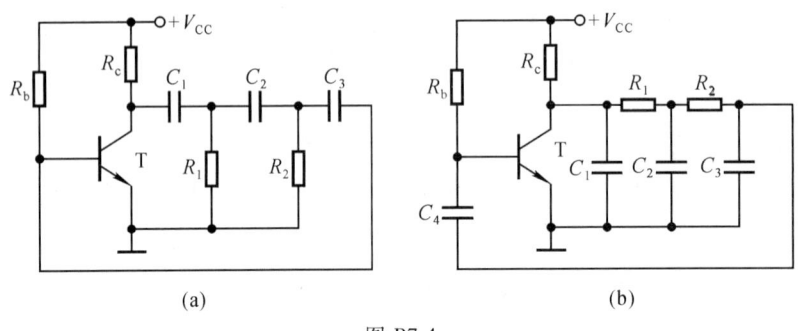

图 P7.4

解:设图示两电路若产生正弦波振荡,则振荡频率在放大电路的中频段。它们的交流通路分别如图解 P7.4(a)、(b) 所示。

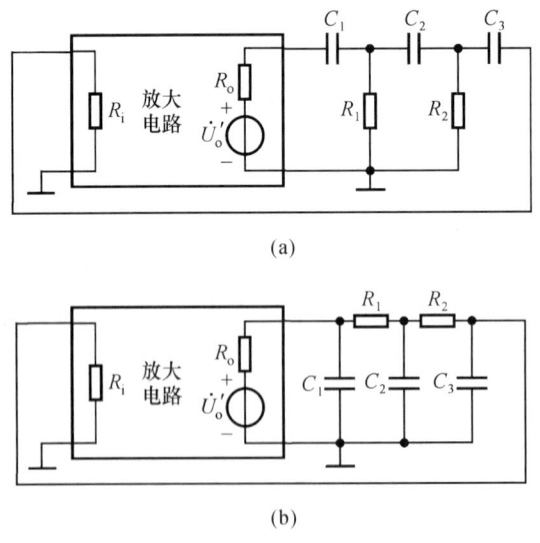

图解 P7.4

从图解 P7.4(a) 所示电路可以看出,因为共射放大电路输出电压和输入电压反相($\varphi_A = -180°$),且 C_1 和 R_1、C_2 和 R_2、C_3 和 R_i 构成三级移相电路,均为超前网络,在信号频率为 0 到无穷大时相移为 +270°~0°,因此存在使相移为 +180°($\varphi_F = +180°$) 的频率,即存在满足正弦波振荡相位条件的频率 f_0(此时 $\varphi_A + \varphi_F = 0°$);且在 $f=f_0$ 时有可能满足起振条件 $|\dot{A}\dot{F}| > 1$,故图 P7.4(a) 所示电路有可能产生正弦波振荡。

从图解 P7.4(b)所示电路可以看出,因为共射放大电路输出电压和输入电压反相 ($\varphi_A = -180°$),且 R_o 和 C_1、R_1 和 C_2、R_2 和 C_3 构成三级移相电路,均为滞后网络,在信号频率为 0 到无穷大时相移为 $0° \sim -270°$,因此存在使相移为 $-180°$($\varphi_F = -180°$)的频率,即存在满足正弦波振荡相位条件的频率 f_0(此时 $\varphi_A + \varphi_F = -360°$);且在 $f = f_0$ 时有可能满足起振条件 $|\dot{A}\dot{F}| > 1$,故图 P7.4(b)所示电路可能产生正弦波振荡。

7.5 电路如图 P7.4 所示,试问:

(1) 若去掉两个电路中的 R_2 和 C_3,则两个电路是否可能产生正弦波振荡?为什么?

(2) 若在两个电路中再加一级 RC,则两个电路是否可能产生正弦波振荡?为什么?

解:(1) 不能。因为图 P7.4(a)所示电路在信号频率为 0 到无穷大时相移为 $+180° \sim 0°$,图 P7.4(b)所示电路在信号频率为 0 到无穷大时相移为 $0° \sim -180°$,在相移为 $\pm180°$ 时反馈量为 0,因而不可能产生正弦波振荡。

(2) 可能。因为加一级 RC 电路,图 P7.4(a)所示电路在信号频率为 0 到无穷大时相移为 $+360° \sim 0°$,图 P7.4(b)所示电路在信号频率为 0 到无穷大时相移为 $0° \sim -360°$,则存在相移为 $\pm180°$ 的频率,满足正弦波振荡的相位条件,且电路有可能满足幅值条件,因此可能产生正弦波振荡。

7.6 电路如图 P7.6 所示,试求解:

(1) R_w 的下限值;

(2) 振荡频率的调节范围。

解:(1) 根据起振条件,$R_f + R_w' > 2R$,R_w' 应大于 2 kΩ。

(2) 振荡频率的最大值和最小值分别为

$$f_{0\max} = \frac{1}{2\pi R_1 C} \approx 1.6 \text{ kHz}$$

$$f_{0\min} = \frac{1}{2\pi (R_1 + R_2) C} \approx 145 \text{ Hz}$$

7.7 电路如图 P7.7 所示,稳压管 D_Z 起稳幅作用,其稳定电压 $\pm U_Z = \pm 6$ V。试估算:

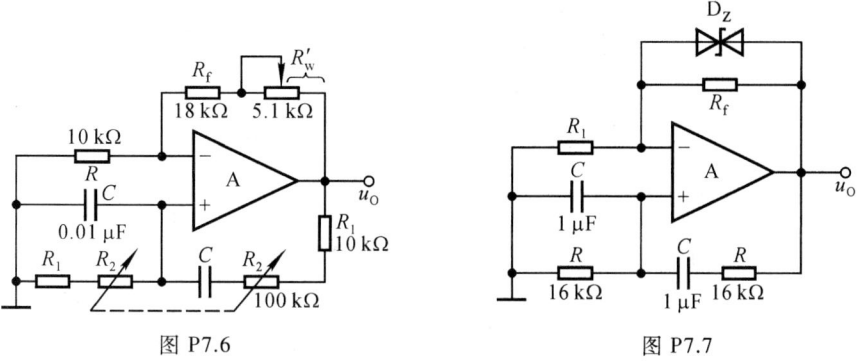

图 P7.6　　　　　　　　图 P7.7

(1) 输出电压不失真情况下的有效值;

(2) 振荡频率。

解:(1) R_f 上电压峰值是稳压管的稳定电压 U_Z,R_1 上电压峰值是 R_f 上电压峰值的 1/2,因而输出电压不失真情况下的峰值是稳压管稳定电压的 1.5 倍,故其有效值

$$U_o = \frac{1.5 U_z}{\sqrt{2}} \approx 6.36 \text{ V}$$

（2）电路的振荡频率

$$f_0 = \frac{1}{2\pi RC} \approx 9.95 \text{ Hz}$$

7.8 电路如图 P7.8 所示。

(1) 为使电路产生正弦波振荡,标出集成运放的"+"和"-",并说明电路是哪种正弦波振荡电路。
(2) 若 R_1 短路,则电路将产生什么现象?
(3) 若 R_1 断路,则电路将产生什么现象?
(4) 若 R_f 短路,则电路将产生什么现象?
(5) 若 R_f 断路,则电路将产生什么现象?

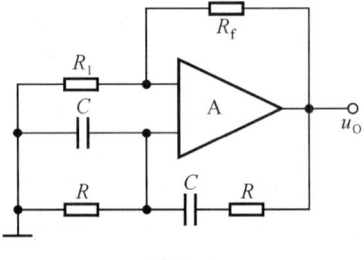

图 P7.8

解:（1）上"-"下"+"。是 RC 桥式正弦波振荡电路。

（2）若 R_1 短路,则集成运放处于开环工作状态,差模增益很大,使输出严重失真,几乎为方波。

（3）若 R_1 断路,则集成运放构成电压跟随器形式,电压放大倍数为 1,不满足正弦波振荡的幅值条件,电路不振荡,输出为零。

（4）若 R_f 短路,则集成运放构成电压跟随器形式,电压放大倍数为 1,不满足正弦波振荡的幅值条件,电路不振荡,输出为零。

（5）若 R_f 断路,则集成运放处于开环工作状态,差模增益很大,使输出严重失真,几乎为方波。

7.9 分别标出图 P7.9 所示各电路中变压器的同名端,使之满足正弦波振荡的相位条件。

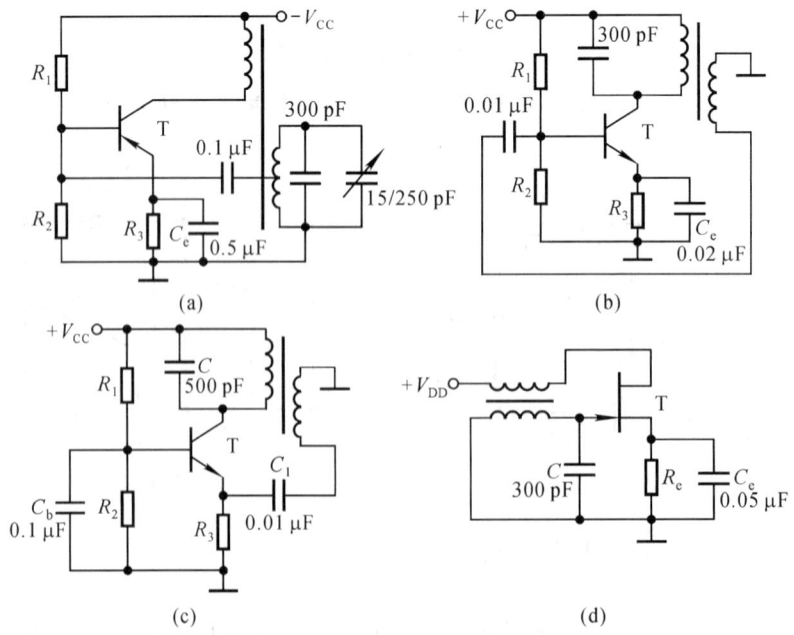

图 P7.9

解：利用瞬时极性法可判断出变压器反馈式 LC 正弦波振荡电路中变压器原、副边的同名端。图 P7.9 所示各电路的瞬时极性和变压器的同名端如图解 P7.9 所示。

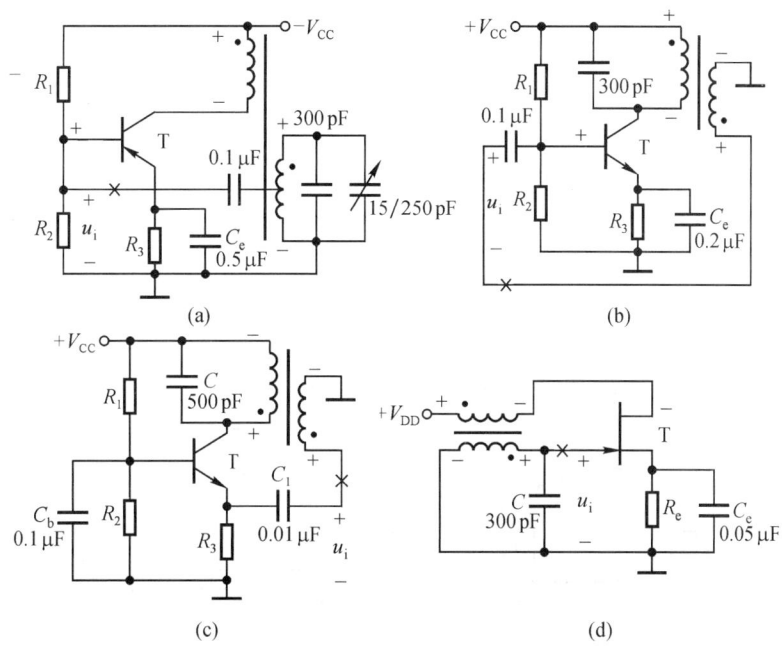

图解 P7.9

7.10 分别判断图 P7.10 所示各电路是否满足正弦波振荡的相位条件。

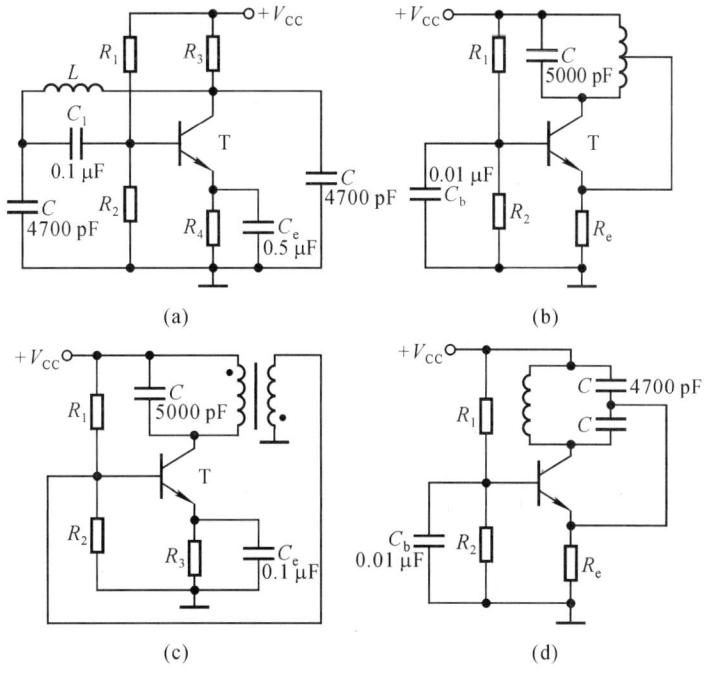

图 P7.10

解:图(a)所示为典型的电容三点式电路,故可能产生正弦波振荡。

在图(b)所示电路中,因放大电路输入端无耦合电容与反馈网络隔离而使晶体管截止,故不可能产生正弦波振荡。

在图(c)所示电路中,因放大电路输入端无耦合电容与反馈网络隔离而使晶体管截止,故不可能产生正弦波振荡。

图(d)所示电路中的放大电路为共基接法,组成了电容三点式电路,故可能产生正弦波振荡。

7.11 改正图 P7.10(b)、(c)所示两电路中的错误,使之有可能产生正弦波振荡。

解:应在图 P7.10(b)所示电路电感反馈回路中加耦合电容,如图解 P7.11(a)所示。

应在图 P7.10(c)所示电路放大电路的输入端(基极)加耦合电容,且改正变压器的同名端,如图解 P7.11(b)所示。

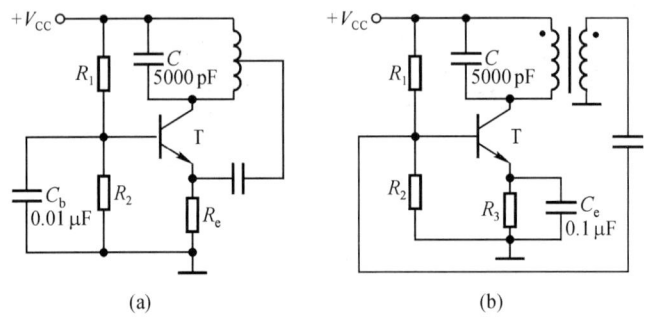

图解 P7.11

7.12 试分别指出图 P7.12 所示两电路中的选频网络、正反馈网络和负反馈网络,并说明电路是否满足正弦波振荡的相位条件。

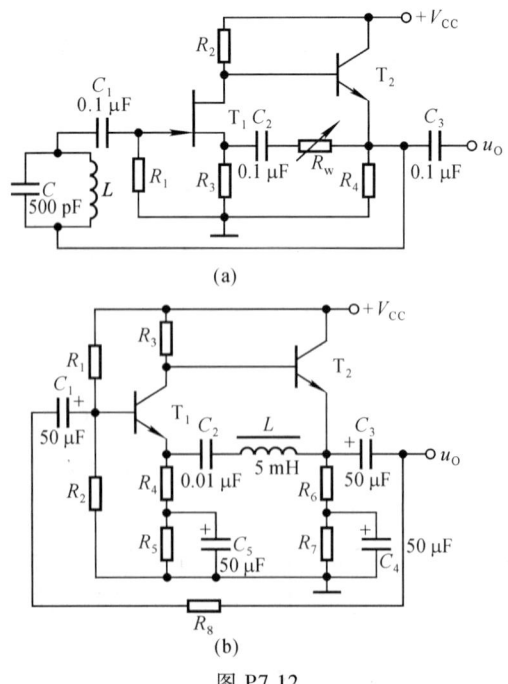

图 P7.12

解：在图(a)所示电路中，选频网络：C 和 L；正反馈网络：R_3、C_2 和 R_w；负反馈网络：C 和 L。电路满足正弦波振荡的相位条件。

在图(b)所示电路中，选频网络：C_2 和 L；正反馈网络：R_4、C_2 和 L；负反馈网络：R_8。电路满足正弦波振荡的相位条件。

7.13 试分别求解图 P7.13 所示各电路的电压传输特性。

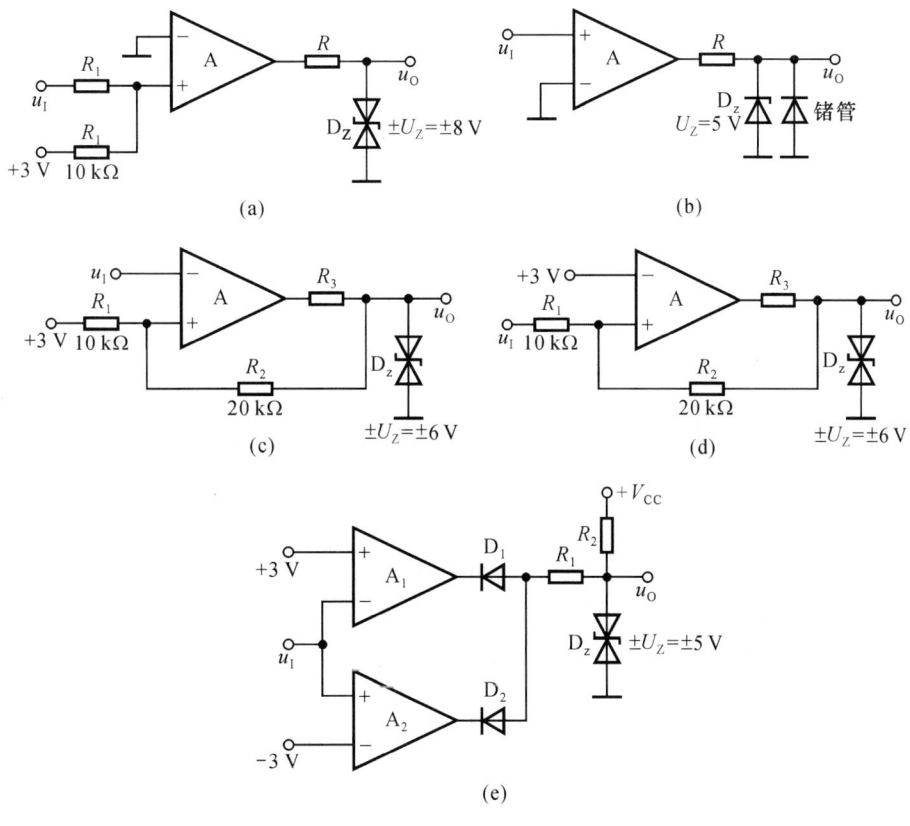

图 P7.13

解：图(a)所示电路为单限比较器，$u_O = \pm U_Z = \pm 8$ V，$U_T = -3$ V，其电压传输特性如图解 P7.13(a)所示。

图(b)所示电路为过零比较器，$U_{OL} = -U_D = -0.2$ V，$U_{OH} = +U_Z = +5$ V，$U_T = 0$ V，其电压传输特性如图解 P7.13(b)所示。

图(c)所示电路为反相输入的滞回比较器，$u_O = \pm U_Z = \pm 6$ V。令

$$u_P = \frac{R_1}{R_1+R_2} \cdot u_O + \frac{R_2}{R_1+R_2} \cdot U_{REF} = u_N = u_I$$

求出阈值电压 $U_{T1} = 0$ V，$U_{T2} = 4$ V，其电压传输特性如图解 P7.13(c)所示。

图(d)所示电路为同相输入的滞回比较器，$u_O = \pm U_Z = \pm 6$ V。令

$$u_P = \frac{R_2}{R_1+R_2} \cdot u_I + \frac{R_1}{R_1+R_2} \cdot u_O = u_N = 3 \text{ V}$$

得出阈值电压 $U_{T1}=1.5$ V, $U_{T2}=7.5$ V, 其电压传输特性如图解 P7.13(d) 所示。

图(e)所示电路为窗口比较器, $u_O = \pm U_Z = \pm 5$ V, $\pm U_T = \pm 3$ V, 其电压传输特性如图解 P7.13(e) 所示。

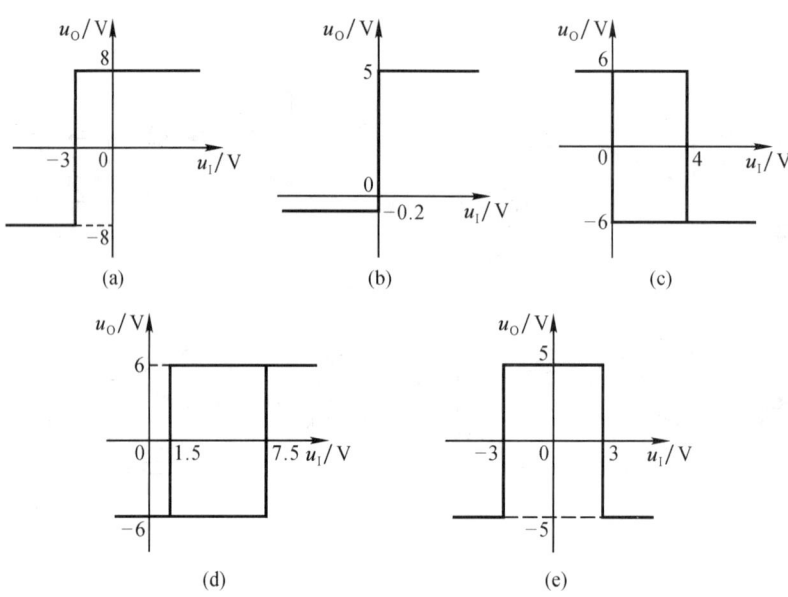

图解 P7.13

7.14 已知三个电压比较器的电压传输特性分别如图 P7.14(a)、(b)、(c)所示, 它们的输入电压波形均如图 P7.14(d)所示, 试画出 u_{O1}、u_{O2} 和 u_{O3} 的波形。

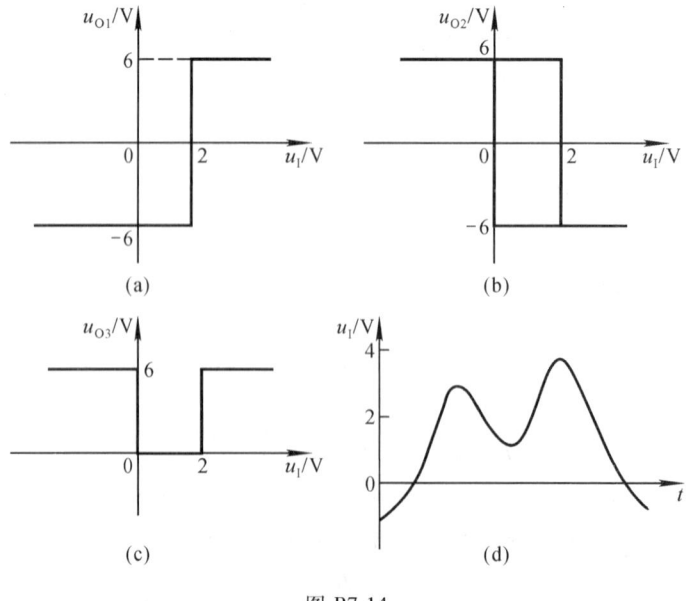

图 P7.14

解：图(a)所示电压传输特性表明，其电路为单限比较器，$u_1>2$ V 时 $u_0=6$ V，$u_1<2$ V 时 $u_0=-6$ V。

图(b)所示电压传输特性表明，其电路为反相输入的滞回比较器，输出高、低电平为 ± 6 V，$U_{T1}=0$，$U_{T2}=2$ V。

图(c)所示电压传输特性表明，其电路为窗口比较器，输出高电平为 6 V，低电平为 0 V，$U_{T1}=0$，$U_{T2}=2$ V。$u_1<0$ 和 $u_1>2$ V 时 $u_0=6$ V，$0<u_1<2$ V 时 $u_0=0$。

根据上述分析，输出电压波形如图解 P7.14 所示。

7.15 图 P7.15 所示为光控电路的一部分，它将连续变化的光电信号转换成离散信号(即不是高电平，就是低电平)，电流 i_1 随光照的强弱而变化。

(1) 在 A_1 和 A_2 中，哪个工作在线性区？哪个工作在非线性区？为什么？

(2) 试求出表示 u_0 与 i_1 关系的传输特性。

解：(1) 因为 A_1 引入了负反馈，故工作在线性区；A_2 仅引入了正反馈，故工作在非线性区。

(2) u_{O1} 与 i_1 关系式为

$$u_{O1}=i_1 R_1=100i_1$$

u_0 与 u_{O1} 的电压传输特性如图解 P7.15(a)所示，因此 u_0 与 i_1 关系的传输特性如图解 P7.15(b)所示。

7.16 设计三个报警电路，它们的电压传输特性分别如图 P7.14(a)、(b)、(c)所示。要求合理选择电路中各电阻的阻值，限定最大值为 50 kΩ。

解：具有图 P7.14(a)所示电压传输特性的电压比较器为同相输入的单限比较器，输出电压 $u_0=\pm U_Z=\pm 6$ V，阈值电压 $U_T=2$ V，稳压管的限流电阻 R 取 1 kΩ，电路如图解 P7.16(a)所示。

具有图 P7.14(b)所示电压传输特性的电压比较器为反相输入的滞回比较器，输出电压 $u_0=\pm U_Z=\pm 6$ V；阈值电压 $U_{T1}=0$ V，$U_{T2}=2$ V，说明电路输入有 U_{REF} 作用，根据

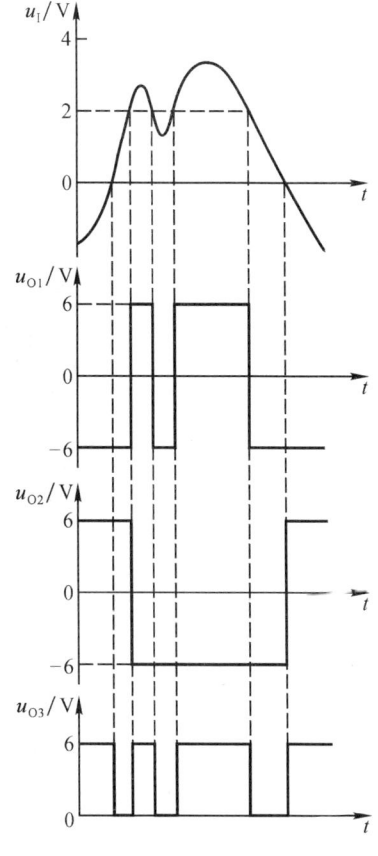

图解 P7.14

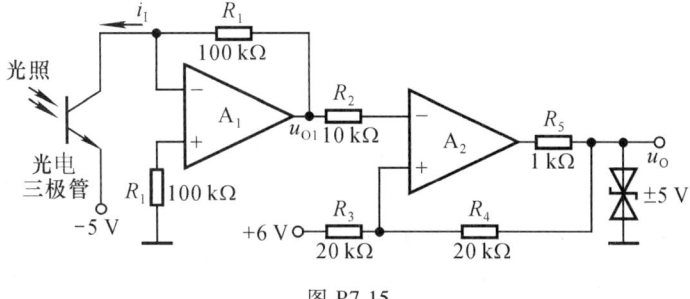

图 P7.15

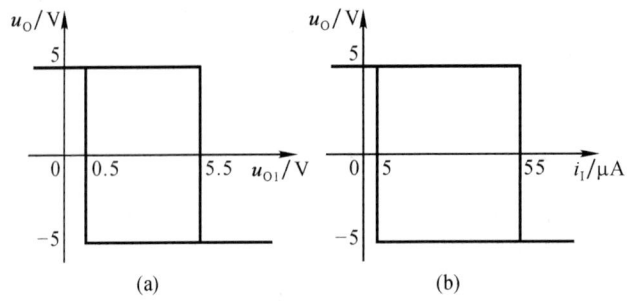

图解 P7.15

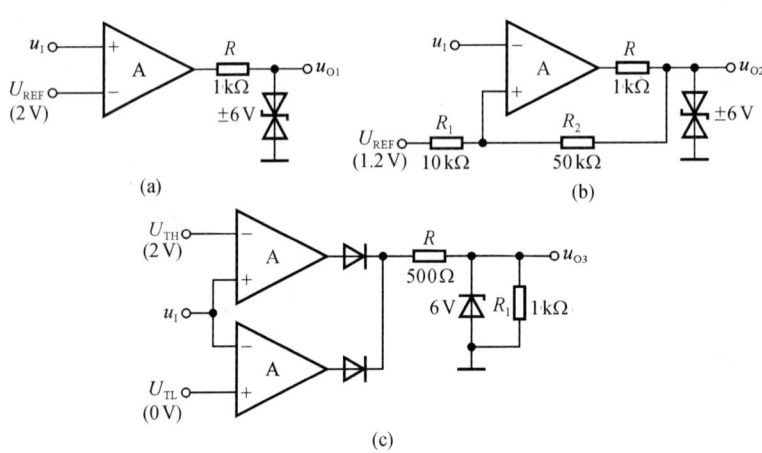

图解 P7.16

$$u_P = \frac{R_1}{R_1+R_2} \cdot u_O + \frac{R_2}{R_1+R_2} \cdot U_{REF} = u_N = u_I$$

解方程,令 $R_2 = 50$ kΩ,可解出 $R_1 = 10$ kΩ,$U_{REF} = 1.2$ V。稳压管的限流电阻 R 取 1 kΩ,电路如图解 P7.16(b) 所示。

具有图 P7.14(c) 所示电压传输特性的电压比较器为窗口比较器,输出电压 $U_{OL} = 0$ V,$U_{OH} = 6$ V,阈值电压 $U_{T1} = 0$ V,$U_{T2} = 2$ V。电路如图解 P7.16(c) 所示,在 R_1 取值为 1 kΩ 时稳压管的限流电阻 R 取 500 Ω。

7.17 在图 P7.17 所示电路中,已知 $R_1 = 10$ kΩ,$R_2 = 20$ kΩ,$C = 0.1$ μF,集成运放的最大输出电压幅值为 ±12 V,二极管的动态电阻可忽略不计。

(1)求出电路的振荡周期;
(2)画出 u_O 和 u_C 的波形。

解:(1)振荡周期

$$T \approx (R_1 + R_2) C \ln 3 \approx 3.3 \text{ ms}$$

(2)输出电压的脉冲宽度

$$T_1 \approx R_1 C \ln 3 \approx 1.1 \text{ ms}$$

电路中电压比较器的输出电压幅值为 ±12 V,阈值电压 ±U_T 为 ±6 V。u_O 和 u_C 的波形如图解 7.17 所示。

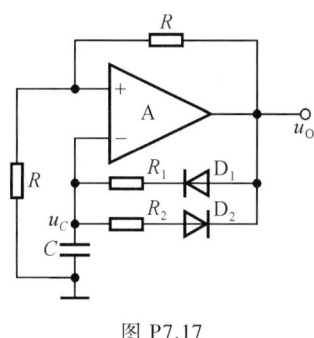

图 P7.17

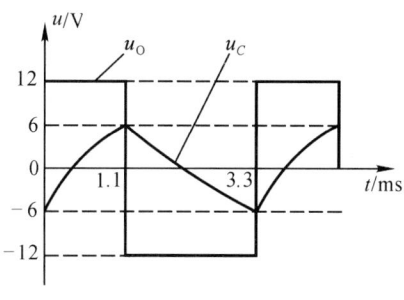

图解 P7.17

7.18 图 P7.18 所示电路为某同学所接的方波发生电路,试找出图中的三个错误,并改正。

解:图 P7.18 所示电路中有三处错误:(1) 集成运放"+""-"接反;(2) R、C 位置接反;(3) 输出限幅电路无限流电阻。改正后的电路如图解 P7.18 所示。

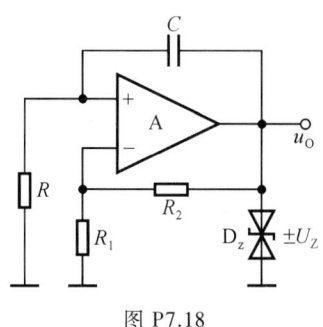

图 P7.18

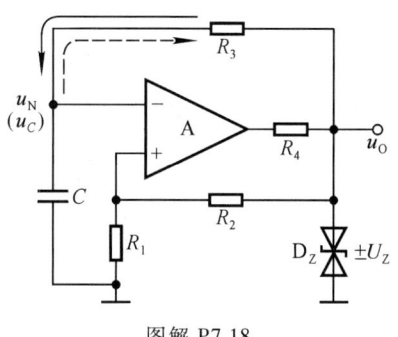

图解 P7.18

7.19 波形发生电路如图 P7.19 所示,设振荡周期为 T,在一个周期内 $u_{O1}=U_Z$ 的时间为 T_1,则占空比为 T_1/T;$R_{w1} \ll R_{w2}$;在电路某一参数变化时,其余参数不变。选择①增大、②不变或③减小填入空内:

当 R_1 增大时,u_{O1} 的占空比将_____,振荡频率将_____,u_{O2} 的幅值将_____;若 R_{w1} 的滑动端向上移动,则 u_{O1} 的占空比将_____,振荡频率将_____,u_{O2} 的幅值将_____;若 R_{w2} 的滑动端向上移动,则 u_{O1} 的占空比将_____,振荡频率将_____,u_{O2} 的幅值将_____。

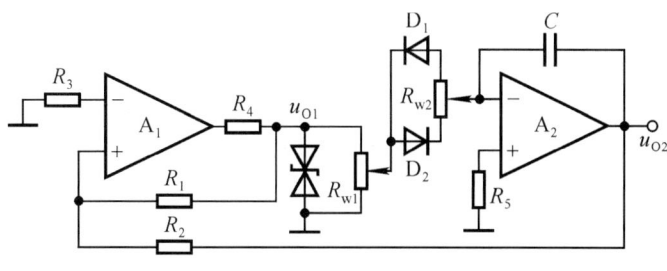

图 P7.19

解：设 R_{w1}、R_{w2} 在未调整前滑动端均处于中点，则应填入②，①，③；②，①，②；①，②，②。

7.20 电路如图 P7.20 所示，已知集成运放的最大输出电压幅值为 ±12 V，u_1 的数值在 u_{O1} 的峰-峰值之间。

(1) 求解 u_{O3} 的占空比与 u_1 的关系式；

(2) 设 $u_1 = 2.5$ V，画出 u_{O1}、u_{O2} 和 u_{O3} 的波形。

(3) 至少说出三种故障情况（某元件开路或短路）可能使得 A_2 的输出电压 u_{O2} 恒为 12 V。

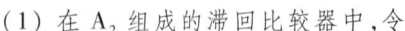

图 P7.20

解：在图 P7.20 所示电路中，A_1 和 A_2 组成矩形波-三角波发生电路。

(1) 在 A_2 组成的滞回比较器中，令

$$u_P = \frac{R_2}{R_2+R_3} \cdot u_{O2} + \frac{R_3}{R_2+R_3} \cdot u_{O1} = 0$$

求出阈值电压 $\pm U_T = \pm \frac{R_2}{R_3} \cdot U_{OM} = \pm 6$ V。

在 A_1 组成的积分运算电路中，运算关系式为

$$u_{O1} = -\frac{1}{R_1 C} u_{O2}(t_2 - t_1) + u_{O1}(t_1)$$

在 1/2 振荡周期内，积分起始值 $u_{O1}(t_1) = -U_T = -6$ V，终了值 $u_{O1}(t_1) = U_T = 6$ V，$u_{O2} = -U_{OM} = -12$ V，代入上式

$$6 = -\frac{1}{10^5 \times 10^{-7}} \times (-12) \times \frac{T}{2} - 6$$

求出振荡周期 $T = 20$ ms。

求解脉冲宽度 T_1：

$$U_1 = -\frac{1}{R_1 C} \cdot (-U_{OM}) \cdot \frac{T_1}{2} - U_T$$

$$T_1 = \frac{6+u_1}{600}$$

求解占空比：$q = \dfrac{T_1}{T} = \dfrac{6+u_1}{12}$

(2) u_{O1}、u_{O2} 和 u_{O3} 的波形如图解 P7.20 所示。

(3) 可能的情况有：C 断路或者短路，R_1 开路，R_3 开路。

7.21 现有一个频率计，它可以记录并显示矩形波的频率。分别给出下列电路的基本设计方案，要求画出方框图，并说明各部分的作用。

(1) 数字式温度表；

(2) 数字式交流电压表；

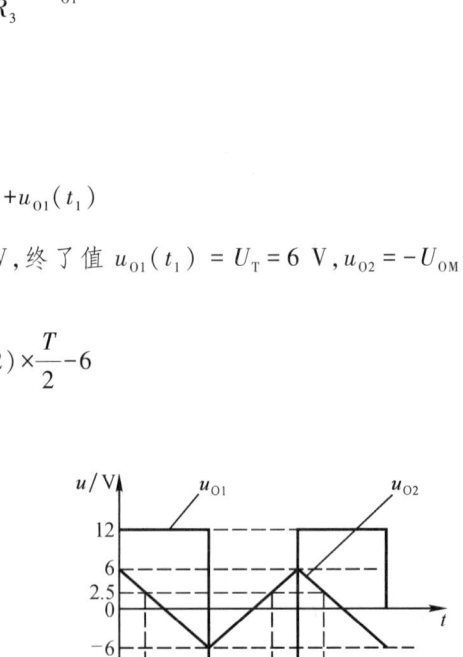

图解 P7.20

(3) 数字式电容测量电路。

解：(1) 首先用温度传感器将温度信号转换成电压信号，然后通过放大电路放大成足够大，进而通过压频振荡电路将直流电压信号转换成频率与之幅值成线性关系的矩形波，完成 A/D 转换，最后输入给频率计，即实现设计目标。方框图如图解 P7.21(a) 所示。

(2) 通常，交流电压是用有效值表示。为能测量小信号交流有效值，首先将输入信号通过放大电路放大成足够大；然后通过精密整流电路将其转换成直流信号，进而通过低通滤波器使信号电压波形平缓，基本成为恒压；最后通过压频振荡电路将直流电压信号转换成频率与之幅值成线性关系的矩形波，完成了 A/D 转换，输入给频率计，即实现设计目标。方框图如图解 P7.21(b) 所示。

(3) 数字式电容测量电路方框图如图解 P7.21(c) 所示。

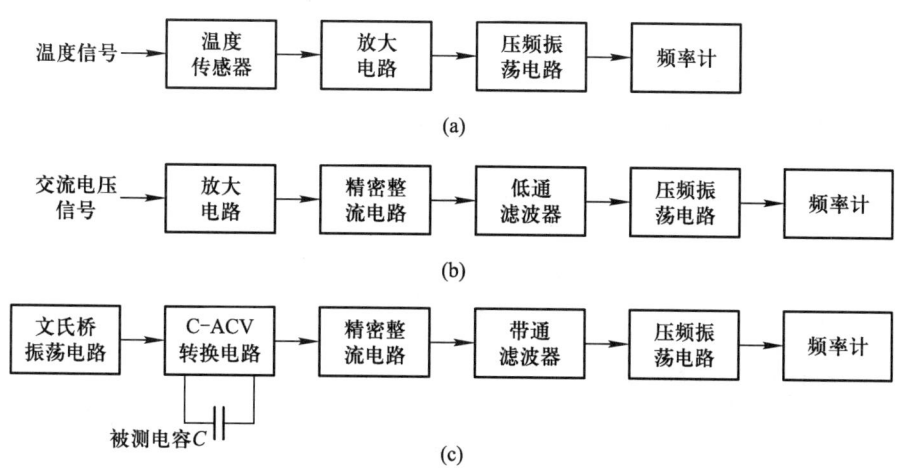

图解 P7.21

无论测量哪种物理量，都首先应将它转换成电信号。为了将电容量转换成电压量，需交流信号源作用于被测电容，故方框图中有文氏桥振荡电路。文氏桥振荡电路的输出电压和被测电容同时作用于 C-ACV 电路，使之输出一个有效值与电容量成正比的交流信号，其频率为文氏桥振荡电路的振荡频率。之后做法与数字式交流电压表所示方框图类似，不赘述。

应当指出，上述方案只是原理性方案，真正实施时需要解决很多具体问题，比如，输入需要加采样保持电路，维持信号在一定时间内不变，以保证测量的准确性；再如，如何保证测量精度的问题；又如，在测量范围较宽时的分挡测量问题，等等。

7.22 试分析图 P7.22 所示各电路输出电压与输入电压的函数关系。

解：图示两个电路均为绝对值运算电路。

在图(a)所示电路中，当 $u_I>0$ 时，D_1、D_4 导通，D_2、D_3 截止，A_2 构成电压跟随器，使输出电压 $u_O=u_I$；当 $u_I<0$ 时，D_2、D_3 导通，D_1、D_4 截止，A_1 构成反相比例运算电路，且比例系数为 -1，使输出电压 $u_O=-u_I$。因此

$$u_O=|u_I|$$

在图(b)所示电路中，当 $u_I>0$ 时，D_1、D_4 导通，D_2、D_3 截止，集成运放的两个输入端为虚地，R_L 中电流等于 R_1 中电流，故输出电压

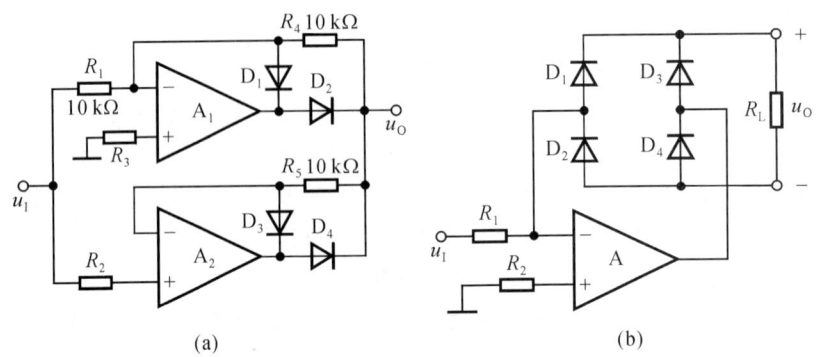

图 P7.22

$$u_O = \frac{R_L}{R_1} \cdot u_I$$

当 $u_I<0$ 时，D_2、D_3 导通，D_1、D_4 截止，集成运放的两个输入端为虚地，R_L 中电流仍等于 R_1 中电流，但电流方向改变，故输出电压

$$u_O = -\frac{R_L}{R_1} \cdot u_I$$

因此

$$u_O = \frac{R_L}{R_1}|u_I|$$

7.23 电路如图 P7.23 所示。

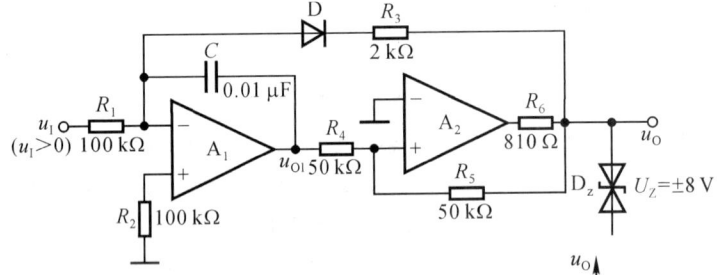

图 P7.23

(1) 定性画出 u_{O1} 和 u_O 的波形；
(2) 估算振荡频率与 u_I 的关系式。

解：图示电路为压控振荡电路，工作原理参阅《模拟电子技术基础》(第五版)7.4.3 节。

(1) u_{O1} 和 u_O 的波形如图解 P7.23 所示。
(2) 求解振荡频率：首先求出电压比较器的阈值电压，$\pm U_T = \pm U_Z = \pm 8\ \text{V}$；然后根据振荡周期近似等于积分电路反向积分时间求出振荡周期。列方程

$$-U_T \approx -\frac{1}{R_1 C} u_I T + U_T$$

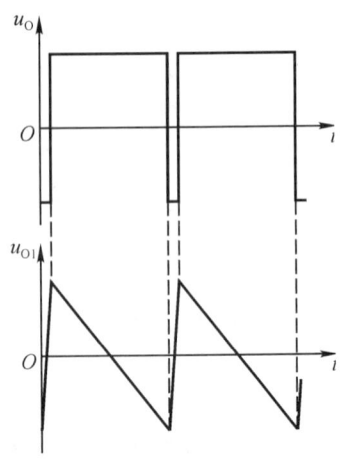

图解 P7.23

$$T \approx \frac{2U_T R_1 C}{u_I}$$

解得振荡频率

$$f \approx \frac{u_I}{2U_T R_1 C} = 62.5 u_I$$

7.24 已知图 P7.24 所示电路为压控振荡电路,晶体管 T 工作在开关状态,当其截止时相当于开关断开,当其导通时相当于开关闭合,管压降近似为零。

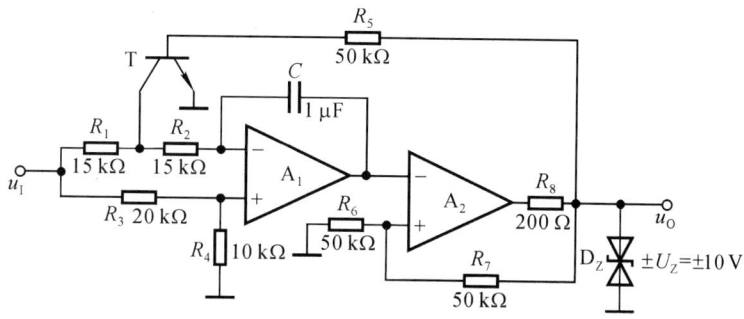

图 P7.24

(1) 分别求解 T 导通和截止时 u_{O1} 和 u_I 的运算关系式 $u_{O1}=f(u_I)$;
(2) 求出 u_O 和 u_{O1} 的关系曲线 $u_O=f(u_{O1})$;
(3) 定性画出 u_O 和 u_{O1} 的波形;
(4) 求解振荡频率 f 和 u_I 的关系式。

解:(1) 图示电路中,A_1 组成积分运算电路,且 $u_{N1}=u_I/3$。当 T 导通时,A_1 所组成的电路变为图解 P7.24(a)所示,C 中电流等于 R_2 中的电流,即

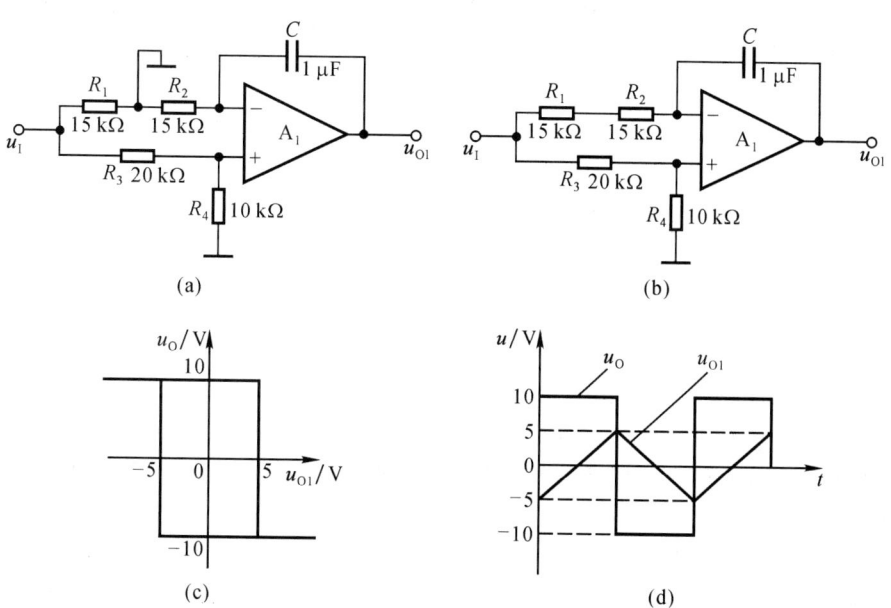

图解 P7.24

$$i_C = \frac{0 - u_{N1}}{R_2} = \frac{-\dfrac{u_1}{3}}{R_2} = -\frac{u_1}{3R_2}$$

输出电压

$$u_{O1} = \frac{1}{R_2 C} \cdot \frac{u_1}{3}(t_1 - t_0) + u_{O1}(t_0)$$

$$= \frac{10^3}{45} u_1 (t_1 - t_0) + u_{O1}(t_0)$$

T 截止时,A_1 所组成的电路变为图解 7.24(b)所示,C 中电流等于 R_1、R_2 中的电流,即

$$i_C = \frac{u_1 - u_{N1}}{R_1 + R_2} = \frac{u_1 - \dfrac{u_1}{3}}{2R_2} = \frac{u_1}{3R_2}$$

输出电压

$$u_{O1} = -\frac{u_1}{3R_2}(t_2 - t_1) + u_{O1}(t_1)$$

$$= -\frac{10^3}{45} u_1 (t_2 - t_1) + u_{O1}(t_1)$$

(2) A_2 组成反相输入的滞回比较器,输出高、低电平为 $\pm U_Z = 10$ V,阈值电压

$$\pm U_T = \pm \frac{R_6}{R_6 + R_7} \cdot U_Z = \pm 5 \text{ V}$$

u_O 和 u_{O1} 的关系曲线如图解 P7.24(c)所示。

(3) 当 $u_O = +U_Z$ 时晶体管导通,积分电路正向积分;当 $u_O = -U_Z$ 时晶体管截止,积分电路反向积分。因此 u_O 和 u_{O1} 的波形如图解 P7.24(d)所示。

(4) 根据在半个周期中积分电路输出电压的起始值、终了值和积分常数,首先求出振荡周期,然后求出振荡频率,如下:

$$U_T = \frac{10^3}{45} \cdot u_1 \cdot \frac{T}{2} - U_T$$

$$T = \frac{2U_T \times 90}{10^3 u_1} = \frac{0.9}{u_1}$$

$$f \approx 1.1 u_1$$

7.25 试将直流电流信号转换成频率与其幅值成正比的矩形波,要求画出电路来,并定性画出各部分电路的输出波形。

解:首先将电流信号转换成电压信号,然后将电压信号接如图 P7.23 所示压控振荡器的输入端,即可将直流电流信号转换成频率与其幅值成正比的矩形波,如图解 P7.25(a)所示,其波形如图解 P7.25(b)所示。

若输入电流与图解 P7.25(a)所示相反,则应将 u_{O3} 经比例系数为 -1 的反相比例运算电路后,再接压控振荡器。

此题还可选用其它的压控振荡器,完成电压-频率转换。

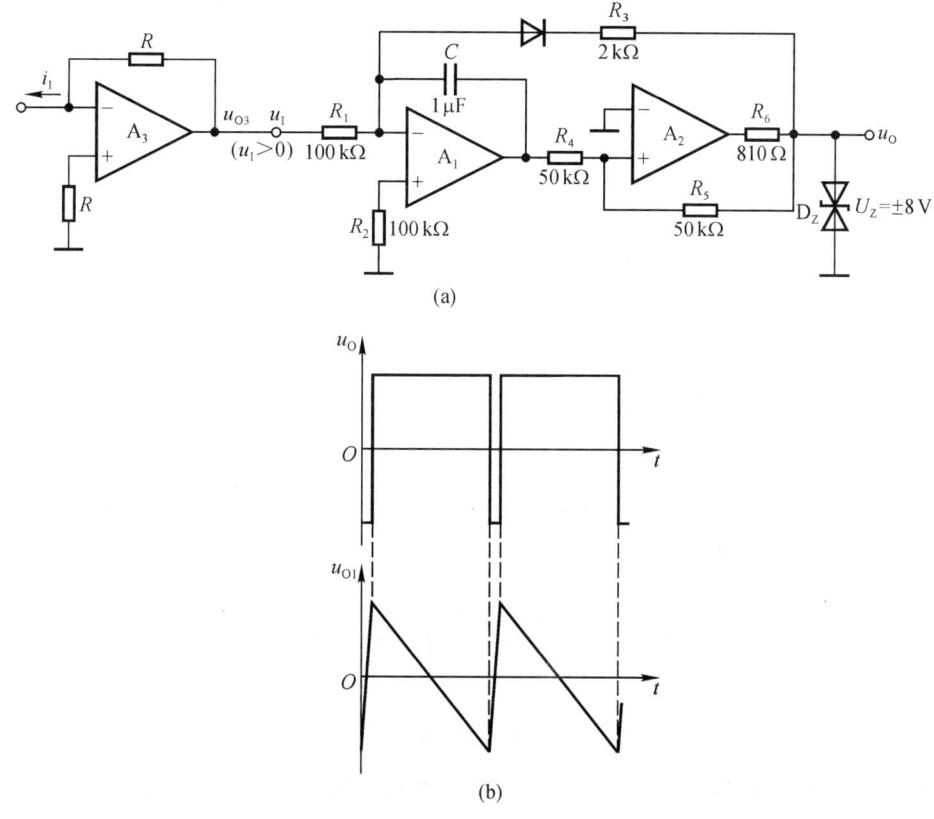

图解 P7.25

7.26 电路如图 P7.26 所示。利用 Multisim 分析下列问题：

(1) 选择合适的 R_f 和稳压管，使电路产生正弦波振荡，并观察起振过程；

(2) 调整电路参数，使输出电压峰值约为 14 V。

(3) 测量输出电压的频率和幅值。

解：(1) 为调试方便，除集成运放用 LM324 外，其余均采用虚拟元件，测试电路如图解 7.26(a) 所示。合闸后约 130 ms 起振，过程如图解 P7.26(b) 所示。

(2) 调整 R_f 和稳压管稳定电压 U_Z 的数值，如图解 P7.26(a) 中所标注，输出电压的峰值约为 14 V。

(3) 用示波器测量输出电压的周期约为 10.077 ms，因而频率约为 100 Hz；幅值约为 14 V。

若要去掉输出电压中的高次谐波，则可在输出端加一级低通滤波器。

7.27 利用 Multisim 测试图 P7.13 所示各电路的电压传输特性。

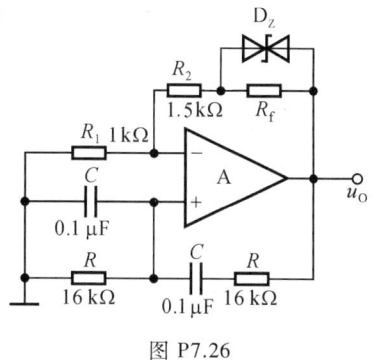

图 P7.26

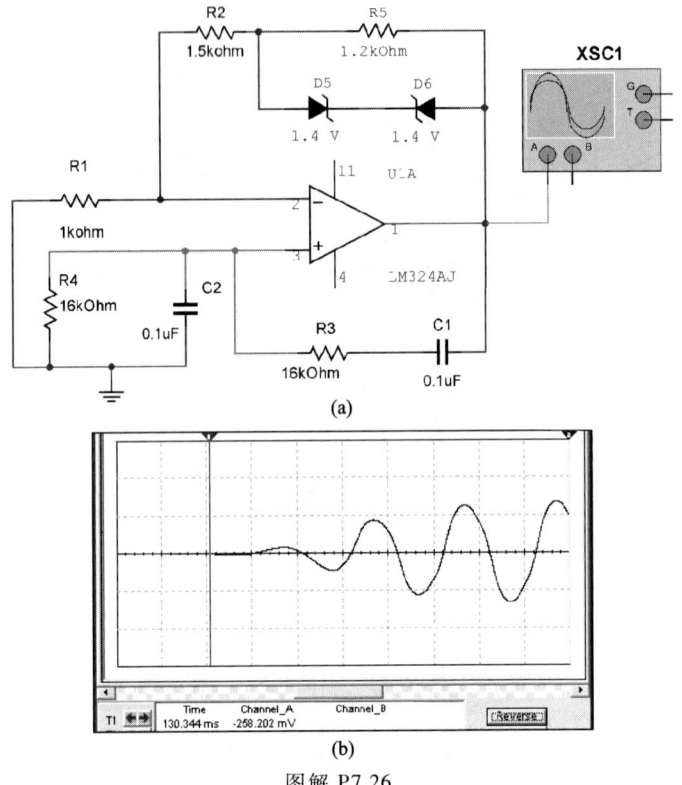

图解 P7.26

解：图中所有 A 均采用虚拟电压比较器。要合理选择稳压管的限流电阻，使其既稳压又不至于损坏。由于电压传输特性是静态特性，测试时应在电压比较器的输入端输入频率尽可能低、线性度好、幅值足够大的电压，如 10 Hz、峰值为 10 V 的三角波电压，可从函数发生器获得。

（1）电路图 P7.13(a) 的测试电路如图解 P7.27.1(a) 所示。电路的输入电压来源于函数发生器，是 10 Hz、峰值为 8 V 的三角波电压，如图解 P7.27.1(b) 所示。

将输入电压 u_1 接入示波器的 A 通道，将输出电压 u_O 接入 B 通道，利用 Y/T 扫描，测得 u_O 与 u_1 之间的关系曲线，如图解 P7.27.1(c) 所示。

将函数发生器用一个交流电压源 V2 取代，然后对 V2 进行"直流扫描分析"，测输出电压，也可得到电压传输特性，如图解 P7.27.1(d) 所示。

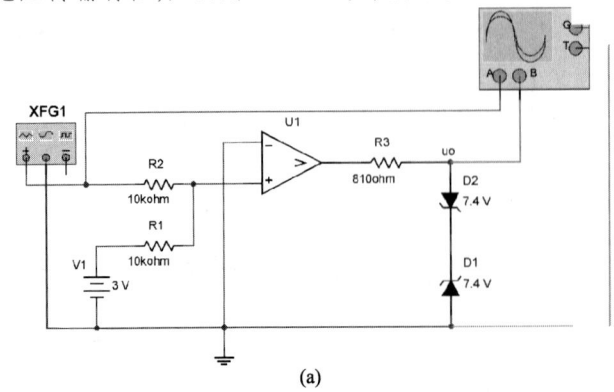

(a)

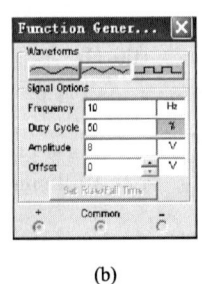

(b)

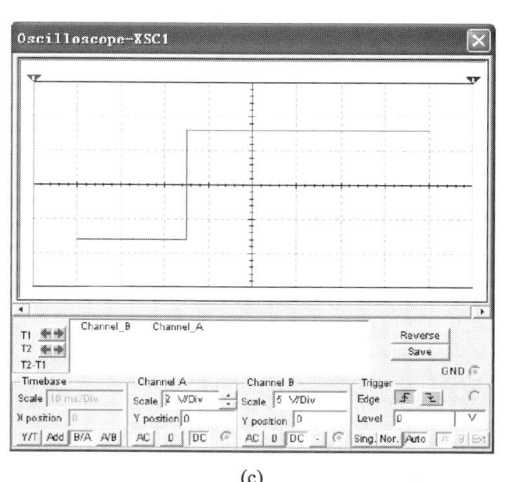
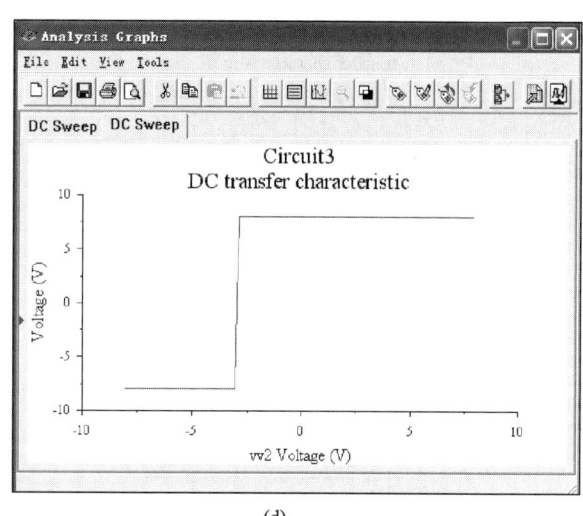

(c)　　　　　　　　　　　　　　　　(d)

图解 P7.27.1

（2）其它各电路均可采用上述方法测试电压传输特性。在 Multisim 环境下搭建图 P7.13（b）、(c)、(d)、(e)所示电路，分别如图解 P7.27.2(a)、(b)、(c)、(d)所示。利用"直流扫描分析"得到图解 P7.27.2(a)、(b)所示两个电路的电压传输特性，见图解 P7.27.3(a)、(b)；利用仪器测试的方法得到图解 P7.27.2(c)、(d)两个电路的电压传输特性，见图解 P7.27.3(c)、(d)；图解 P7.27.3(c)的纵轴 5 V/格，图解 P7.27.3(d)的纵轴 2 V/格，它们的横轴均为 2 V/格。

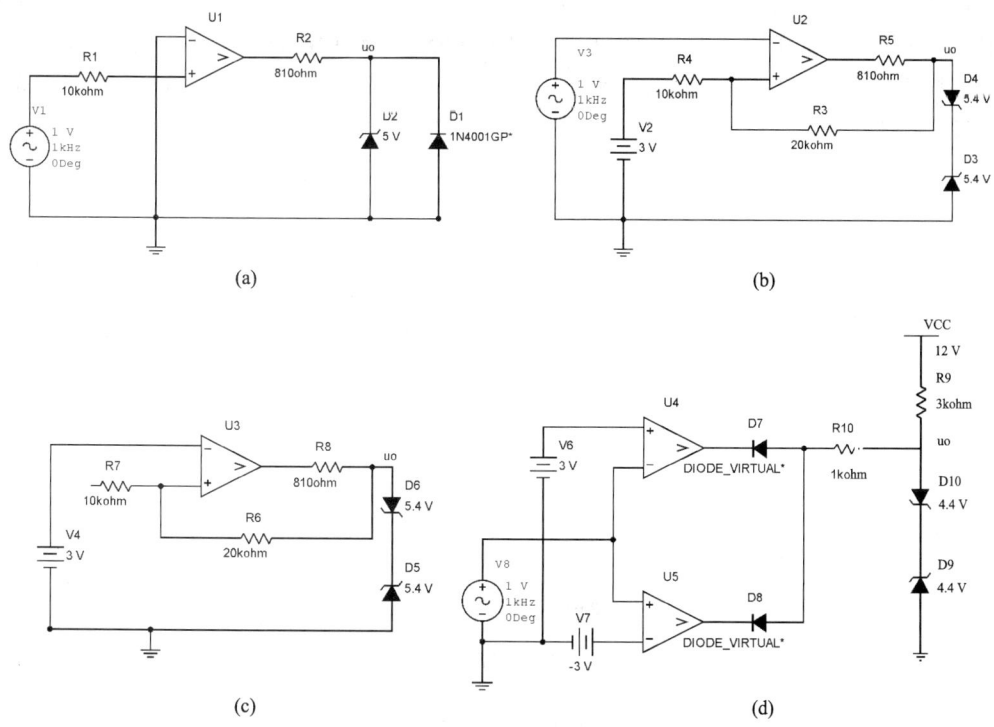

图解 P7.27.2

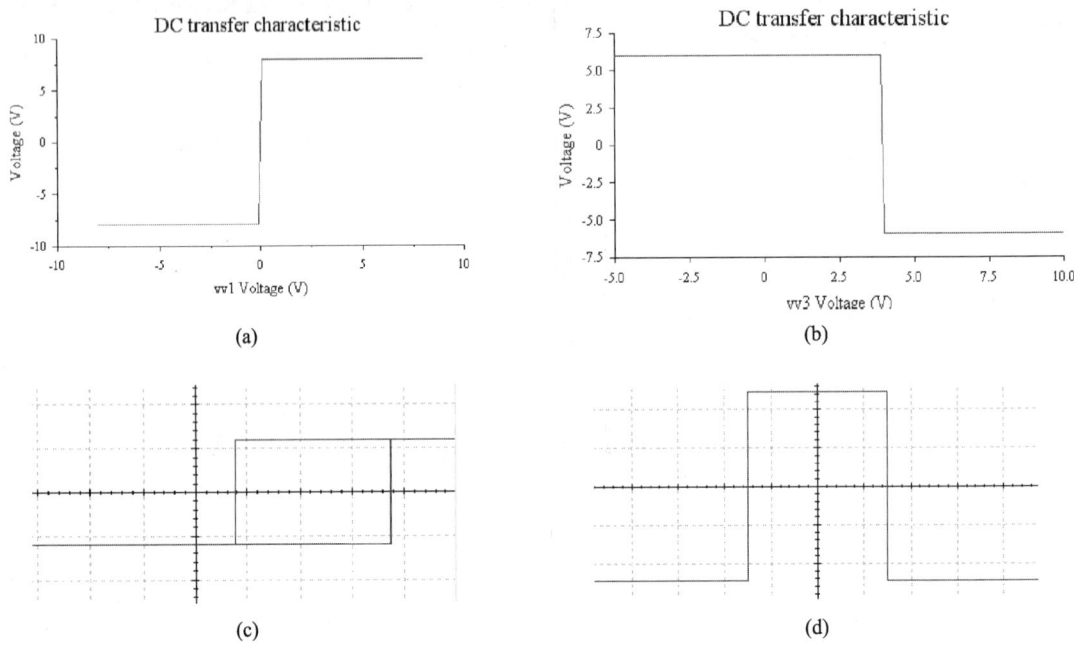

图解 P7.27.3

7.28 利用 Multisim 确定图 P7.19 所示电路中各元件的参数,使输出电压的频率为 500 Hz、幅值为 ±6 V 三角波。

解:A_1 采用虚拟电压比较器,A_2 采用通用型集成运放,如 LM324。为便于调节,其余元件均可采用虚拟元件。调试后,集成运放的输出电压的频率为 500 Hz、幅值为 ±6 V 三角波,选取的参数如图解 P7.28 中所标注。

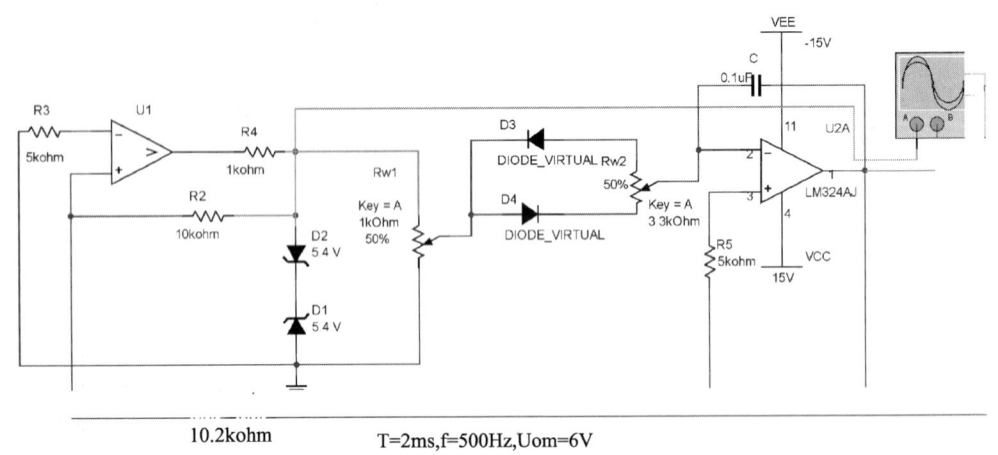

图解 P7.28

7.29 试将峰值为 1 V、频率为 100 Hz 的正弦波输入电压,变换为峰值为 5 V、频率为 200 Hz 锯齿波电压。利用 Multisim 对所设计的电路进行仿真、修改,直至满足设计要求。

解：设计方案的方框图如图解 P7.29(a)所示，电路及其参数的调试结果如图(b)所示，三角波变锯齿波电路输入电压与输出电压的波形如图(c)所示。为了便于观察，在两个波形上加了不同的偏压。

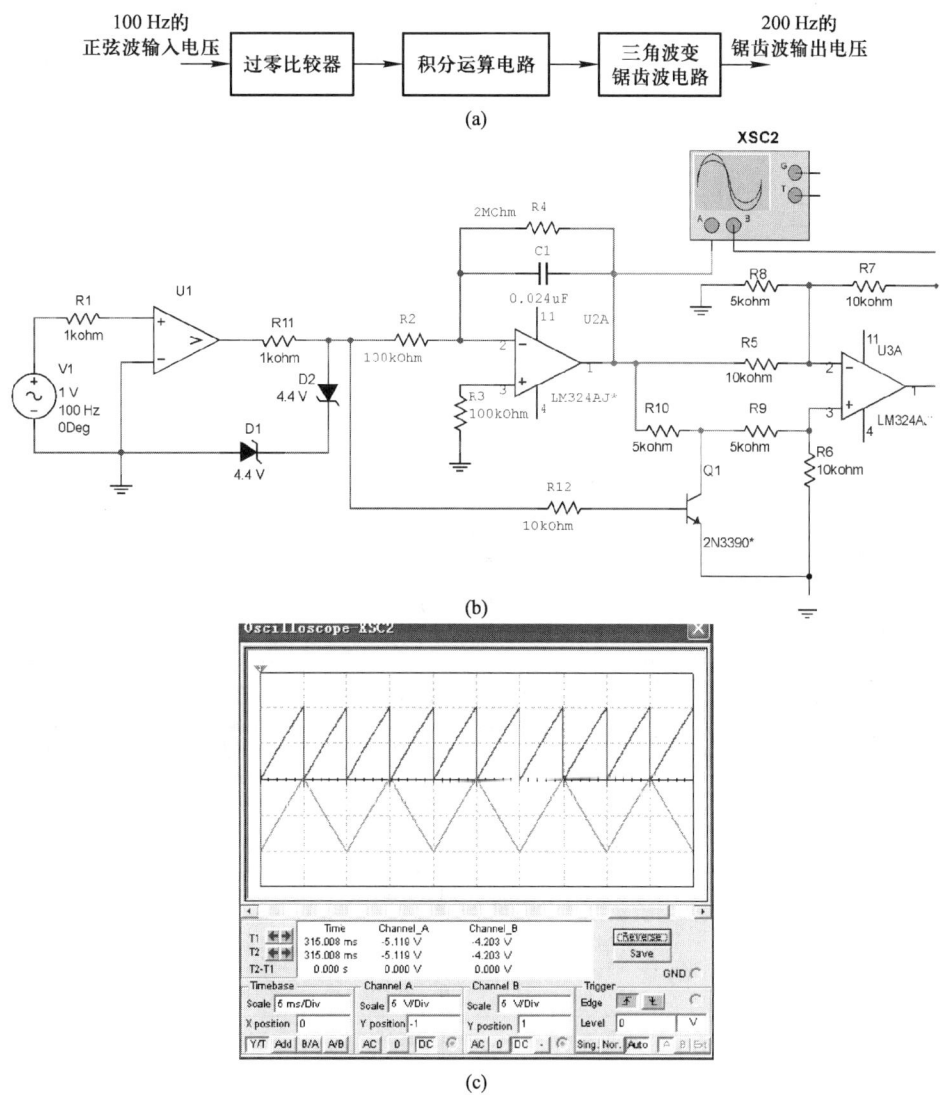

图解 P7.29

应当指出，实现本题目的方案不是唯一的。

7.30 利用 Multisim 分析图 P7.23 所示电路，并测试其各项指标参数。

解：图 P7.23 所示电路的测试电路如图解 P7.30(a)所示，其中 A_1 采用虚拟电压比较器，A_2 采用通用型集成运放 LM324；积分运算电路和电压比较器输出电压的波形如图(b)所示。测试输出电压的幅值、周期及计算出的频率结果如表解 P7.30 所示，表中估算频率是指利用题 7.23 解出的估算公式 $f \approx 62.5 u_1$ 估算出的结果，相对误差是测量频率与估算频率差值与估算频率之比的百分数。

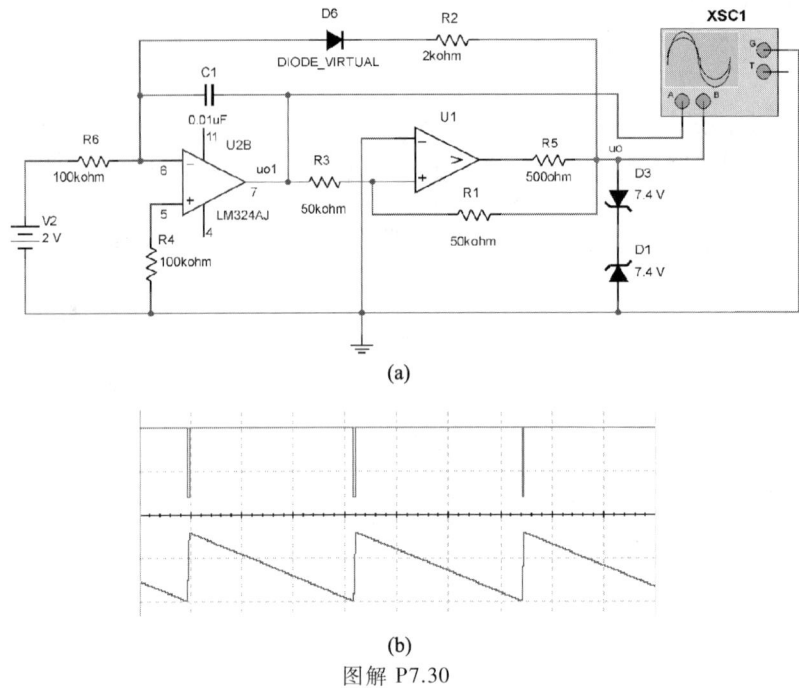

图解 P7.30

表解 P7.30

输入电压 幅值/V	输出电压			估算频率 /Hz	测量频率与估算 频率的相对误差
	幅值/V	周期/ms	频率/Hz		
0.5	≈ ±8	28.954	34.538	31.25	10.5%
1	≈ ±8	14.541	68.771	62.5	10.0%
1.5	≈ ±8	9.643	103.702	93.75	10.6%
2	≈ ±8	7.245	138.026	125	10.4%
2.5	≈ ±8	5.791	172.681	156.25	10.5%
3	≈ ±8	4.821	207.469	187.5	10.7%
3.5	≈ ±8	4.133	241.954	218.75	10.6%
4	≈ ±8	3.610	277.008	250.0	10.8%
4.5	≈ ±8	3.214	311.139	281.25	10.6%
5	≈ ±8	2.833	352.983	312.50	12.3%
5.2	≈ ±8	3.469	288.268	325.0	-11.3%
5.5	≈ ±8	3.291	303.859	343.75	-11.6%

由表可知,输出电压的频率 f 与输入直流电压 u_1 的幅值成正比, u_1 的上限值约为 5 V,转换频率的相对误差约为 10%。可见,若要实用化,还需减小误差。此外,输入电压幅值的变化基本不影响输出电压的幅值。

第八章 功率放大电路

本章主要阐述各种功率放大电路的特点及其主要参数。

8.1 内容概要

本章的重点是 OCL 电路的组成、工作原理、最大输出功率和效率的估算、功放管的选择以及各种功率放大电路的特点及其适用场合,了解集成功放的应用。

8.1.1 功率放大电路的特点

一、功率放大电路的主要参数及其组成原则

功率放大电路的主要参数是最大输出功率 P_{om} 和效率 η。P_{om} 是在输入信号为正弦波且输出基本不失真情况下负载上能够获得的最大交流功率;η 是 P_{om} 与直流电源所提供的平均功率之比。

在电源电压确定的情况下,功率放大电路以输出尽可能大的不失真信号功率和具有尽可能高的转换效率为组成原则。

二、功率放大电路中的晶体管

为使电路能够输出尽可能大的功率和具有尽可能高的效率,在功率放大电路中放大管不是工作在甲类状态,而是工作在乙类状态、甲乙类状态,甚至丙类状态。

为了尽可能充分利用功放管,常使之工作在尽限应用状态;即功放管流过的最大电流接近其 I_{CM},承受的最大管压降接近其 $U_{(BR)CEO}$,损耗的最大集电极功率接近其 P_{CM}。I_{CM}、$U_{(BR)CEO}$ 和 P_{CM} 分别为晶体管的最大集电极电流、c-e 间能够承受的最大电压和集电极最大耗散功率。在功放电路中应按上述三个极限参数来选择功放管,而且还需按手册给出的测试条件安装散热器,以保证功放管安全工作。在集成功放中,还采用过流、过压和过热保护电路来保护功放管。

三、功率放大电路的分析方法

由于功率放大电路中输出电压和输出电流的幅值均很大,功放管的非线性特性不可忽略,因而不能采用小信号交流等效电路对其进行分析,而应采用图解法。

为了减小输出信号的非线性失真,在实用电路中常引入负反馈。

四、最大输出功率和效率的求解方法

对于功率放大电路,若求出最大不失真输出电压 U_{om}(有效值),则可得最大输出功率

$$P_{om} = \frac{U_{om}^2}{R_L} \tag{8.1.1}$$

若供电电源电压为 V_{CC},输出平均电流为 $I_{CC(AV)}$,则电源提供的功率为

$$P_V = I_{CC(AV)} V_{CC} \tag{8.1.2}$$

效率

$$\eta = \frac{P_{om}}{P_V} \tag{8.1.3}$$

8.1.2 常见功率放大电路

常见的低频功放有 OCL、OTL、BTL、变压器耦合乙类推挽电路等，它们的电路组成及特点如表 8.1.1 所示；设晶体管导通时 u_{BE} 可忽略不计，饱和管压降均为 $|U_{CES}|$。

表 8.1.1 常见功率放大电路一览表

电路名称	OCL 电路	OTL 电路	BTL 电路	变压器耦合乙类推挽电路
电路组成				
U_{om}	$\dfrac{V_{CC}-\|U_{CES}\|}{\sqrt{2}}$	$\dfrac{V_{CC}/2-\|U_{CES}\|}{\sqrt{2}}$	$\dfrac{V_{CC}-2\|U_{CES}\|}{\sqrt{2}}$	N_3 上：$\dfrac{V_{CC}-\|U_{CES}\|}{\sqrt{2}}$
P_{om}	$\dfrac{(V_{CC}-\|U_{CES}\|)^2}{2R_L}$	$\dfrac{[(V_{CC}/2)-\|U_{CES}\|]^2}{2R_L}$	$\dfrac{(V_{CC}-2\|U_{CES}\|)^2}{2R_L}$	一次功率：$\dfrac{(V_{CC}-\|U_{CES}\|)^2}{2R_L'}$ $R_L' = \left(\dfrac{N_3}{N_4}\right)^2 R_L$
η	$\eta = \dfrac{\pi}{4} \cdot \dfrac{V_{CC}-\|U_{CES}\|}{V_{CC}}$	$\eta = \dfrac{\pi}{4} \cdot \dfrac{\dfrac{V_{CC}}{2}-\|U_{CES}\|}{\dfrac{V_{CC}}{2}}$	$\eta = \dfrac{\pi}{4} \cdot \dfrac{V_{CC}-2\|U_{CES}\|}{V_{CC}}$	$\eta = \dfrac{\pi}{4} \cdot \dfrac{V_{CC}-\|U_{CES}\|}{V_{CC}}$
特点	双电源供电，效率较高，P_{om} 决定于 V_{CC}，低频特性好	单电源供电，效率较高，P_{om} 决定于 $V_{CC}/2$，低频特性差	单电源供电，效率较 OCL 电路低，P_{om} 决定于 V_{CC}，低频特性好	单电源供电，可实现阻抗变换，P_{om} 可很大，效率低，低频特性差，笨重

8.1.3 消除交越失真的 OCL 电路

由于晶体管在 b-e 间电压大于开启电压 U_{on} 时才导通,因而在表 8.1.1 所示各种功放电路中,输入正弦波信号的瞬时值在零附近时因功放管均截止而产生交越失真。为消除交越失真,静态时应使功放管处于微导通状态,故实用电路中功放管工作在甲乙类状态。

两种无交越失真的 OCL 电路及其分析见 3.2.3 节。

8.2 难点释疑

8.2.1 如何获得最大输出功率

在电源电压确定的情况下,为了使功率放大电路的负载电阻获得的输出功率最大,需满足两个条件,一是功率放大电路自身的设计合理,二是其前级电路能够提供足够大的信号。

从理论上讲,当负载电阻上得到尽可能大的电流和尽可能大的电压时,就获得了尽可能大的输出功率。实际上,当电路最大不失真输出电压 U_{om} 的峰值接近电源电压时,U_{om} 最大,负载电流最大,因而输出功率最大。因此,在功率放大电路中几乎毫无例外地将静态工作点设置在功放管处于临界导通状态的位置,使之工作在乙类状态或甲乙类状态;这时最大不失真输出电压均只与电源电压和功放管的饱和管压降有关,见表 8.1.1。

然而,功率放大电路常常不是单独工作的,而是作为多级放大电路的输出级;倘若前级不能提供足够大的驱动信号,则无论采用表 8.1.1 中的哪一种电路,都不能获得表中所给出的最大输出功率。

例如,在图 8.2.1 所示电路中,若功放管的饱和管压降为 3 V,则就功放本身,最大输出功率与效率为

$$P_{om} = \frac{(V_{CC} - |U_{CES}|)^2}{2R_L} = \left[\frac{(15-3)^2}{2\times 8}\right] \text{ W} = 9 \text{ W} \quad (8.2.1)$$

$$\eta = \frac{\pi}{4} \cdot \frac{V_{CC} - |U_{CES}|}{V_{CC}} \approx 62.8\% \quad (8.2.2)$$

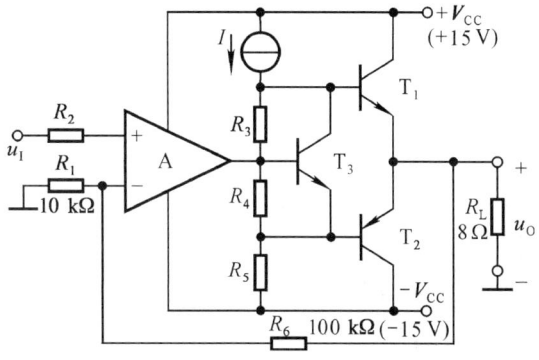

图 8.2.1 功放需要前级提供足够大的信号

其最大不失真输出电压的峰值为 12 V。若输入电压的峰值仅为 1 V,则由于该电路的电压放大倍数为 11,实际的最大不失真输出电压的峰值为 11 V,因此实际的最大输出功率与效率为

$$P_{\text{om}} = \frac{U_{\text{omax}}^2}{2R_{\text{L}}} = \left(\frac{11^2}{2 \times 8}\right) \text{ W} \approx 7.56 \text{ W} \tag{8.2.3}$$

$$\eta = \frac{\pi}{4} \cdot \frac{U_{\text{omax}}}{V_{\text{CC}}} \approx 57.6\% \tag{8.2.4}$$

要想使实际的最大输出功率和效率达到式(8.2.1)、(8.2.2)的值,则应增大输入电压;若输入电压不能增大,则应增大电压放大倍数,即适当减小 R_1 或增大 R_6 的阻值。

另外,值得指出的是,由于功率放大电路是大信号作用,必然因晶体管的非线性特性而产生非线性失真,故实用电路中常引入交流负反馈以减小这种失真。

8.2.2 功放管的选择原则

在功率放大电路中,人们主要关心的不是放大管的电流放大系数,而是在工作过程中不要因超过其极限参数而损坏。因而要根据流过放大管集电极的最大电流 i_{Cmax}、管子截止时承受的最大管压降 $|u_{\text{CE}}|_{\text{max}}$ 和集电极消耗的最大功率 P_{Cmax} 来确定其极限参数——最大集电极电流 I_{CM}、c-e 间击穿电压 $U_{\text{(BR)CEO}}$ 和集电极最大耗散功率 P_{CM}。选择原则为

$$\begin{cases} I_{\text{CM}} > i_{\text{Cmax}} \\ U_{\text{(BR)CEO}} > |u_{\text{CE}}|_{\text{max}} \\ P_{\text{CM}} > P_{\text{Cmax}} \end{cases} \tag{8.2.5}$$

对于不同的电路,i_{Cmax}、$|u_{\text{CE}}|_{\text{max}}$ 和 P_{Cmax} 具体的表达式需作具体分析。

例如,对于 OCL 电路,应为

$$\begin{cases} I_{\text{CM}} > \dfrac{V_{\text{CC}} - |U_{\text{CES}}|}{R_{\text{L}}} \\ U_{\text{(BR)CEO}} > 2V_{\text{CC}} - |U_{\text{CES}}| \\ P_{\text{CM}} > \dfrac{V_{\text{CC}}^2}{\pi^2 R_{\text{L}}} \end{cases} \tag{8.2.6}$$

近似分析或考虑到留有一定的余量,也可认为

$$\begin{cases} I_{\text{CM}} > \dfrac{V_{\text{CC}}}{R_{\text{L}}} \\ U_{\text{(BR)CEO}} > 2V_{\text{CC}} \\ P_{\text{CM}} > \dfrac{V_{\text{CC}}^2}{\pi^2 R_{\text{L}}} \approx 0.2 \times \dfrac{V_{\text{CC}}^2}{2R_{\text{L}}} \end{cases} \tag{8.2.7}$$

P_{CM} 的表达式说明,在忽略管子的饱和管压降的情况下,若最大输出功率为 10 W,则只需选择集电极最大耗散功率比 2 W 稍大的管子即可。

8.2.3 功放管损坏的常见原因

在设计电路时,是从能够输出最大功率又不至于损坏管子的角度确定极限参数的,在电路正

常工作时放大管不会损坏;换言之,只有电路出现故障使管子的实际集电极电流、管压降、集电极耗散功率超过 I_{CM}、$U_{(BR)CEO}$ 和 P_{CM},管子才损坏。

观察图 8.2.2 所示电路可知,若晶体管 T_2、T_4 的极限参数 $U_{(BR)CEO}$ 大于 $2V_{CC}$,则即使电路出现故障,管压降也不可能大于 $2V_{CC}$,即不可能击穿;也就是说,管子只可能因集电极电流过大或功耗过大而损坏。那么,电路在出现什么故障时,会产生上述现象呢?可以设想,若二极管 D_1、D_2 或 D_3 由于某种原因(如虚焊)而开路,则不但影响输入信号的传递,而且改变了直流通路。正常工作时,因功放管静态功耗很小而忽略不计。而当 D_1、D_2 或 D_3 开路时,形成从 $+V_{CC}$ 经 R_1、T_1 管 b-e、T_2 管 b-e、T_3 管 e-b、R_2 到 $-V_{CC}$ 的直流电流通路,T_1 和 T_3 的基极电流

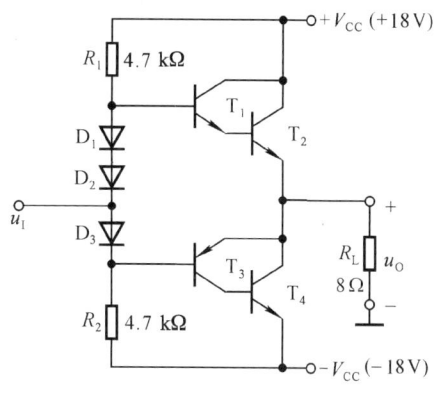

图 8.2.2 功放管损坏原因的分析

$$I_{BQ1} = I_{BQ3} = \frac{2V_{CC} - U_{BE1} - U_{BE2} - U_{BE3}}{R_1 + R_2}$$

由于 T_1 和 T_2、T_3 和 T_4 两对复合管具有对称性,T_2 和 T_4 的管压降均为 V_{CC},工作在放大状态,因而它们的集电极直流电流和功耗均为

$$\begin{cases} I_C \approx \beta_1 \beta_2 \cdot \dfrac{2V_{CC} - U_{BE1} - U_{BE2} - U_{BE3}}{R_1 + R_2} \\ P_C = I_C V_{CC} \end{cases} \quad (8.2.8)$$

设图 8.2.2 所示电路中 $\beta_1 = \beta_3 = 50$,$\beta_2 = \beta_4 = 30$,各晶体管的 b-e 间电压 $|U_{BE}| \approx 0.7$ V。考虑电路正常工作,根据式(8.2.7)可得 I_{CM} 和 P_{CM}

$$I_{CM} > \frac{V_{CC}}{R_L} = \left(\frac{18}{8}\right) \text{A} = 2.25 \text{ A}$$

$$P_{CM} \approx 0.2 \times \frac{V_{CC}^2}{2R_L} = \left(0.2 \times \frac{18^2}{2 \times 8}\right) \text{W} = 4.05 \text{ W}$$

为了留有一定的余量,可取 I_{CM} 为 2.5 A、P_{CM} 为 4.5 W。而考虑 D_1、D_2 或 D_3 开路,根据式(8.2.8),T_2 和 T_4 的集电极直流电流和功耗为

$$\begin{cases} I_C = \left[50 \times 30 \times \dfrac{2 \times 18 - 3 \times 0.7}{(4.7 + 4.7) \times 10^3}\right] \text{A} \approx 5.41 \text{ A} \\ P_C \approx (5.41 \times 18) \text{ W} \approx 97.4 \text{ W} \end{cases}$$

$I_C > I_{CM} = 2.5$ A,$P_C \gg P_{CM} = 4.5$ W,功放管必损无疑。可见,功放管在电路出现故障时将会因集电极直流电流和功耗过大而损坏。因此,在实用电路中常需对功放管实现过流保护和过热保护(因功耗增大管子的温升增大)。

8.2.4 功率放大电路的识别

表 8.2.1 中所示的 OCL、OTL 和 BTL 电路均有集成电路,可通过表 8.2.1 所示的特点来识别电路。此外,BTL 电路无论是输入信号还是输出信号均没有接地点,而且四只功放管接成桥路。

例如,图 8.2.3(a)所示电路的输入端采用阻容耦合方式,输出端也采用阻容耦合方式,因而是 OTL 电路。图(b)所示电路的输入端采用直接耦合方式,输出端也采用直接耦合方式,而且输入信号和输出信号均无接地点,因而是 BTL 电路。

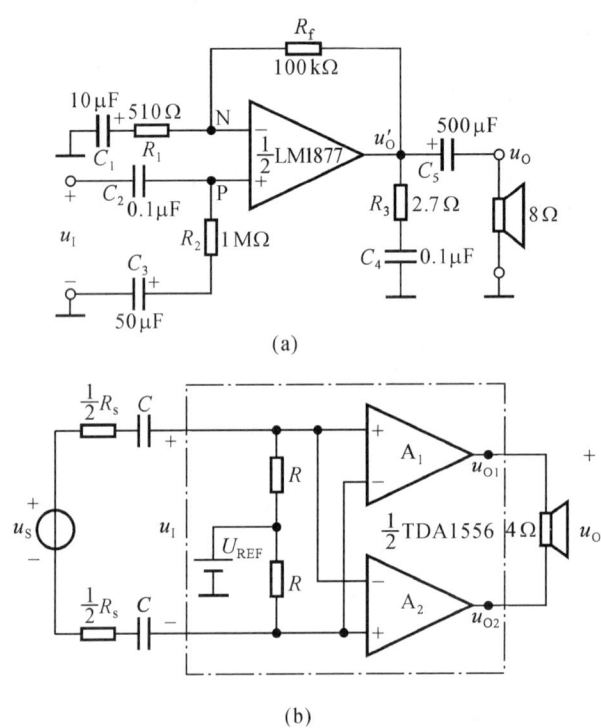

图 8.2.3 功率放大电路类型的识别

表 8.2.1 OCL、OTL 和 BTL 电路的特点

电路名称	OCL 电路	OTL 电路	BTL 电路
输入端耦合方式	直接耦合	直接耦合或阻容耦合	直接耦合
输入方式	对地输入	对地输入	双端输入
输出端耦合方式	直接耦合	阻容耦合	直接耦合
输出方式	对地输出	对地输出	双端输出
功放管个数	2	2	4

8.3 例题精解

本章常见习题的类型有:
(1) 功率放大电路的特点和最大输出功率、效率的有关概念。
(2) 功率放大电路类型的识别。
(3) OCL、OTL 最大输出功率和效率的估算、功放管的选择。

(4) 功率放大电路中反馈的分析、估算和引入。
(5) 功率放大电路的故障分析。

由于实用的功率放大电路常为引入深度负反馈的多级放大电路,除涉及功放自己的特殊问题外,还涉及关于基本放大电路、集成运放、反馈等多方面的知识,因而题目往往具有一定的综合性,也就具有一定的难度。

8.3.1 功率放大电路的基本概念

【例8.3.1】 选择合适的答案填入空内。

(1) 功率放大电路的最大输出功率是在输入电压为正弦波时,输出基本不失真情况下,负载上可能获得的最大_____。

 A. 交流功率   B. 直流功率   C. 平均功率

(2) 功率放大电路的转换效率是指_____。

 A. 输出功率与晶体管所消耗的功率之比

 B. 最大输出功率与电源提供的平均功率之比

 C. 晶体管所消耗的功率与电源提供的平均功率之比

(3) 在选择功放电路中的晶体管时,应当特别注意的参数有_____。

 A. β B. I_{CM} C. I_{CBO}

 D. $U_{(BR)CEO}$ E. P_{CM} F. f_T

(4) 功率放大电路中直流电源的能量主要消耗在_____上。

 A. 负载和功放管   B. 负载和偏置电路   C. 功放管和偏置电路

(5) 功率放大电路中功放管的功耗应用_____来描述。

 A. 平均功率   B. 瞬时功率   C. 交流功率

(6) 在OCL乙类功放电路中,若最大输出功率为1 W,则电路中功放管的集电极最大功耗约为_____。

 A. 1 W   B. 0.5 W   C. 0.2 W

提示:本题考查有关功率放大电路的基本概念和功放管的选择。

功率放大电路与小功率放大电路在电路结构、性能指标、放大管的选择等方面有着明显的区别。在选择功放管时应特别关注它的极限值,以保证其安全工作。

解答:根据定义,(1)的答案为A,(2)的答案为B。

根据选择功放管所关注的参数,(3)的答案为B、D、E。

根据功率放大的工作原理,(4)的答案为A。

功放管导通时电流方向不变,故(5)的答案为A。

根据OCL电路功放管的功耗,(6)的答案为C。

8.3.2 功率放大电路的识别和工作原理

【例8.3.2】 图8.3.1所示为三种功率放大电路。已知图中所有晶体管的电流放大系数、饱和管压降的数值等参数完全相同,导通时b-e间电压可忽略不计;电源电压V_{CC}和负载电阻R_L均相等。填空:

330　第八章　功率放大电路

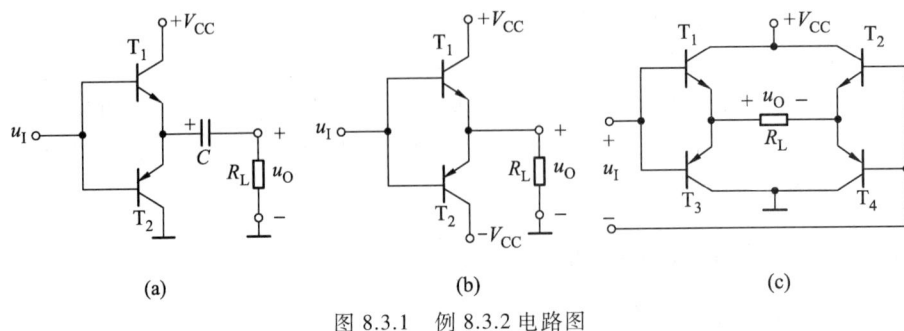

图 8.3.1　例 8.3.2 电路图

（1）分别将各电路的名称（OCL、OTL 或 BTL）填入空内，图（a）所示为_____电路,图（b）所示为_____电路,图（c）所示为_____电路。

（2）静态时,晶体管发射极电位 u_E 为零的电路有_____。

（3）在输入正弦波信号的正半周,图（a）中导通的晶体管是_____,图（b）中导通的晶体管是_____,图（c）中导通的晶体管是_____。

（4）负载电阻 R_L 获得的最大输出功率最大的电路为_____。

（5）效率最高的电路为_____。

提示：本题考查是否了解常用功率放大电路的类型及其特点。

图示三个功率放大电路是常见电路,了解它们的电路结构特点、基本原理和性能特点是教学基本要求。掌握电路的结构特点就能正确识别电路,可参阅表 8.1.1 和表 8.2.1。

解答：（1）答案为 OTL、OCL、BTL。

（2）由于图（a）和（c）所示电路是单电源供电,为使电路的最大不失真输出电压最大,静态时应设置晶体管发射极电位为 $V_{CC}/2$。因此,只有图（b）所示的 OCL 电路在静态时晶体管发射极电位为零。因此答案为图（b）。

（3）根据电路的工作原理,图（a）和（b）所示电路中的两只管子在输入为正弦波信号时应交替导通,图（c）所示电路中的四只管子在输入为正弦波信号时应两对管子（T_1 和 T_4、T_2 和 T_3）交替导通。

因此答案为 T_1，T_1，T_1 和 T_4。

（4）在三个电路中,哪个电路的最大不失真输出电压最大,哪个电路的负载电阻 R_L 获得的最大输出功率就最大。三个电路最大不失真输出电压的峰值分别为

$$\frac{V_{CC}}{2} - |U_{CES}|、V_{CC} - |U_{CES}|、V_{CC} - 2|U_{CES}|$$

所以答案为（b）。

（5）根据（4）中的分析可知,在电源电压相同的情况下,OCL 电路最大不失真输出电压峰值最大,即最大输出功率最大,根据表 8.1.1,它的转换效率最高。故答案为（b）。

8.3.3　功率放大电路分析估算

一、最大输出功率、效率的求解和功放管的选择

【**例 8.3.3**】　电路如图 8.3.2 所示。已知 T_1 和 T_2 的饱和管压降 $|U_{CES}| = 2$ V,直流功耗可忽略不计；集成运放为理想运放。回答下列问题：

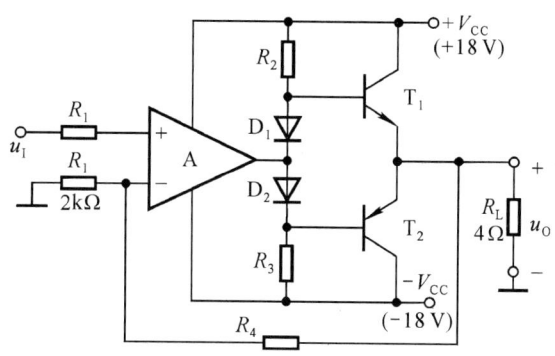

图 8.3.2 例 8.3.3 电路图

(1) D_1 和 D_2 的作用是什么?
(2) 负载上可能获得的最大输出功率 P_{om} 和电路的转换效率 η 各为多少?
(3) T_1 和 T_2 的三个极限参数 I_{CM}、$U_{(BR)CEO}$、P_{CM} 至少应选多少?
(4) 电路中引入了哪种组态的交流负反馈? 若最大输入电压的有效值为 1 V,则为使负载获得最大输出功率 P_{om},电阻 R_4 至少应取多少千欧?

提示: 本题考查是否掌握 OCL 电路指标参数的计算方法、功放管的选择方法、交流负反馈组态的判断方法以及深度负反馈条件下电压放大倍数的计算方法等。虽然本题所涉及的知识范围比较广,具有一定的综合性和难度,但仍属基本题。

解:(1) 消除交越失真。
(2) 最大输出功率和效率分别为

$$P_{om} = \frac{(V_{CC}-|U_{CES}|)^2}{2R_L} = \left[\frac{(18-2)^2}{2\times 4}\right] \text{W} = 32 \text{ W}$$

$$\eta = \frac{\pi}{4} \cdot \frac{V_{CC}-|U_{CES}|}{V_{CC}} = \frac{\pi}{4}\times\frac{18-2}{18} \approx 69.8\%$$

(3) 根据 OCL 电路中功放管的极限参数应满足

$$\begin{cases} I_{CM} > \dfrac{V_{CC}-|U_{CES}|}{R_L} \\ U_{(BR)CEO} > 2V_{CC}-|U_{CES}| \\ P_{CM} > 0.2\times\dfrac{V_{CC}^2}{2R_L} \end{cases}$$

可得

$$\begin{cases} I_{CM} > \left(\dfrac{18-2}{4}\right) \text{A} = 4 \text{ A} \\ U_{(BR)CEO} > (2\times 18-2) \text{V} = 34 \text{ V} \\ P_{CM} > \left(0.2\times\dfrac{18^2}{2\times 4}\right) \text{W} = 8.1 \text{ W} \end{cases}$$

I_{CM} 和 $U_{(BR)CEO}$ 也可取

$$\begin{cases} I_{CM} > \dfrac{V_{CC}}{R_L} = \left(\dfrac{18}{4}\right) \text{ A} = 4.5 \text{ A} \\ U_{(BR)CEO} > 2V_{CC} = (2 \times 18) \text{ V} = 36 \text{ V} \end{cases}$$

(4) 电路引入了电压串联负反馈,是同相比例运算电路的形式,电压放大倍数

$$\dot{A}_u = \dfrac{\dot{U}_o}{\dot{U}_i} = 1 + \dfrac{R_4}{R_1}$$

最大输入电压的有效值为 1 V,峰值为 $\sqrt{2}$ V,为使最大不失真输出电压的峰值达到

$$V_{CC} - |U_{CES}| = (18-2) \text{ V} = 16 \text{ V}$$

$$\dot{A}_u = \dfrac{\dot{U}_{omax}}{\sqrt{2}\dot{U}_i} = \dfrac{16}{\sqrt{2}} \approx 11.3$$

即

$$\dot{A}_u = 1 + \dfrac{R_4}{R_1} \approx 11.3$$

将 $R_1 = 2$ kΩ 代入上式,得 R_4 至少应取 20.6 kΩ。

二、静态工作点的调试和故障分析

【**例 8.3.4**】 在图 8.3.3 所示电路中,已知二极管的导通电压 $U_D \approx 0.7$ V;晶体管导通时 $|U_{BE}|$ 均约为 0.7 V,T_1 和 T_3 的饱和管压降 $|U_{CES}| = 1$ V。试问:

(1) T_1、T_3 和 T_5 管基极的静态电位各为多少?

(2) 设 $R_3 = 10$ kΩ,$R_4 = 100$ Ω,且 T_1 和 T_3 管基极的静态电流可忽略不计,则 T_5 管集电极静态电流约为多少?

(3) 若静态时 $i_{B1} > i_{B3}$,则应调节哪个参数可使 $i_{B1} = i_{B3}$,如何调节?

(4) 电路中二极管的个数可以是 1、2、3、4 吗?你认为哪个最合适? 为什么?

(5) 若 R_3 断路,则输出电压约为多少?

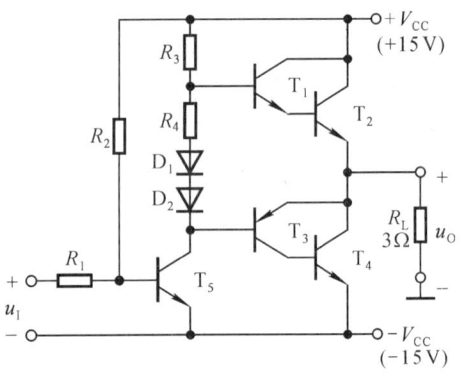

图 8.3.3 例 8.3.4 电路图

提示:考查是否理解 OCL 电路的工作原理、静态和动态分析方法,是否对电路的故障具有一定的分析能力。

解:(1) 因为静态时输出电压 u_O 为 0 V,所以 T_1、T_3 和 T_5 管基极的静态电位分别为

$$U_{B1} = U_{BE2} + U_{BE1} \approx 1.4 \text{ V}$$
$$U_{B3} = 0 - U_{BE3} \approx -0.7 \text{ V}$$
$$U_{B5} = -V_{CC} + U_{BE5} \approx -14.3 \text{ V}$$

(2) 静态时,T_1 和 T_3 的基极电流可忽略不计,因而 T_5 管集电极电流与 R_3、R_4 的电流近似相等,即

$$I_{CQ5} \approx I_{R_3} = \dfrac{U_{R_3}}{R_3} = \dfrac{V_{CC} - U_{B1}}{R_3} \approx \dfrac{15-1.4}{10} \text{ mA} = 1.36 \text{ mA}$$

因为 R_4 上的电压约为 T_1 管 b-e 间的导通电压 U_{BE},所以若利用 $I_{CQ5} \approx I_{R_4} \approx U_{BE1}/R_4$ 求解 I_{CQ5},则 U_{BE} 的实际值与 0.7 V 的差别必定使估算出的 I_{CQ5} 产生很大的误差,故不能采用这种方法。

(3) 若静态时 $i_{B1} > i_{B3}$,则应通过调整 R_4 的阻值来微调 T_1 和 T_3 的基极电压。由于在调整 R_4 时 T_5 管的基极电流不变,集电极电流也就不变,即 R_4 中电流基本不变。因此,应增大 R_4 以降低 T_5 管集电极电位,即降低 T_3 基极电位,使 i_{B3} 增大,达到 i_{B1} 与 i_{B3} 相等的目的。

应当指出,在图 8.3.3 所示电路中,通常 $R_3 \gg R_4$,因而只有在产生较大误差,如静态时输出电压为几伏,才调整 R_3 的阻值,或者对功放管重新配对,改善功放管的对称性。

(4) 采用如图所示两只二极管加一个小阻值电阻合适,也可只用三只二极管。这样一方面可使输出级晶体管工作在临界导通状态,消除交越失真;另一方面在交流通路中,由于二极管的动态电阻比较小,可忽略不计,从而减小交流信号的损失。

(5) 若 R_3 断路,则 R_4 和 T_1、T_2 两个支路都为断路,电路如图 8.3.4 所示。由图可知,T_5、T_3 和 T_4 组成复合管作为放大管,构成共射放大电路;而且,静态时各管子的电流如图中所标注,由于 T_5 的基极回路没有变化,因而其集电极电流不变。

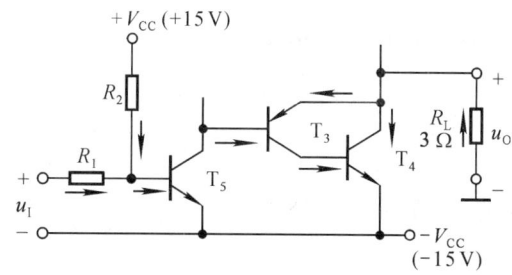

图 8.3.4 例 8.3.4 解图

应当指出,在 OCL 电路中,功放管在静态时基本不损耗功率,其选取依据是

$$P_{CM} > 0.2 \times \frac{V_{CC}^2}{2R_L}$$

因而当电路产生故障时应首先分析功放管静态时的功耗,判断其是否会因功耗过大而损坏。

本题可能出现以下几种情况:

① 若 T_5、T_3 和 T_4 均工作在放大状态,则负载电阻的静态电流

$$I_L = I_{E3} + I_{C4} = (1 + \beta_3)I_{C5} + \beta_3\beta_4 I_{C5}$$

数值很大。此时,若 T_3 和 T_4 的管压降也比较大,则它们静态的集电极功耗将很大,以至于使之因过热而损坏。若它们损坏后短路,则 $u_O = -15$ V;若它们损坏后断路,则 $u_O = 0$ V。

② 如果电源电压几乎全部降在负载上,使 T_3 饱和,则输出电压

$$u_O = -V_{CC} + (|U_{CES3}| + U_{BE4}) \approx [-15 + (1 + 0.7)] \text{ V} = -13.3 \text{ V}$$

【例 8.3.5】 电路如图 8.3.1 所示,若它们的最大输出功率为 16 W,负载电阻为 8 Ω,图中所有晶体管饱和管压降的数值均为 2 V。试分别求解各电路的电源电压至少应取多少伏。

提示:本题考查是否熟悉各种功率放大电路的最大输出功率与其电源电压的关系。

图 8.3.1 所示三种功率放大电路的最大输出功率取决于其最大不失真输出电压 U_{om},而 U_{om}

的峰值决定于供电电源的电压值和功放管的饱和管压降。本题考查是否理解这几个物理量之间的关系。

解:根据电路的组成可知,图示三种电路 U_{om} 的峰值分别为

$$U_{omax1} = \frac{V_{CC}}{2} - |U_{CES}|$$

$$U_{omax2} = V_{CC} - |U_{CES}|$$

$$U_{omax3} = V_{CC} - 2|U_{CES}|$$

最大输出功率为

$$P_{om} = \frac{U_{om}^2}{R_L} = \frac{U_{o\,max}^2}{2R_L}$$

根据以上分析,将 P_{om} = 16 W、$|U_{CES}|$ = 2 V 代入,可得 V_{CC} 的取值。

图 8.3.1(a) 电路:

$$P_{om2} = \frac{\left(\dfrac{V_{CC}}{2} - |U_{CES}|\right)^2}{2R_L}, \quad 16\text{ W} = \frac{\left(\dfrac{V_{CC}}{2} - 2\right)^2}{2 \times 8}\text{ W}$$

计算可得,图 8.3.1(a) 电路的 V_{CC} 至少应取 36 V。

图 8.3.1(b) 电路:

$$P_{om2} = \frac{(V_{CC} - |U_{CES}|)^2}{2R_L}, \quad 16\text{ W} = \frac{(V_{CC} - 2)^2}{2 \times 8}\text{ W}$$

计算可得,图 8.3.1(b) 电路的 V_{CC} 至少应取 18 V。

图 8.3.1(c) 电路:

$$P_{om3} = \frac{(V_{CC} - 2|U_{CES}|)^2}{2R_L}, \quad 16\text{ W} = \frac{(V_{CC} - 2 \times 2)^2}{2 \times 8}\text{ W}$$

计算可得,图 8.3.1(c) 电路的 V_{CC} 至少应取 20 V。

可见,在输出功率和功放管饱和压降相等时,OTL 电路所需电源电压最高,而虽然 OCL 电路所需电源电压最低,但它需要 $\pm V_{CC}$ 两路电源供电。

8.3.4 集成功放应用电路的分析估算

【例 8.3.6】 已知图 8.3.5 所示电路中的 A_1 和 A_2 是集成功率放大器,可以认为其电压放大倍数和输入电阻均为无穷大,最大输出电压的峰-峰值 U_{OPP} = 20 V;输入电压 u_I 为正弦波;所有电容对于交流信号均可视为短路。

回答下列问题:

(1) 静态时,u_{O1} = ? u_{O2} = ? u_O = ?

(2) A_1 和 A_2 各引入了哪种组态的交流负反馈?电压放大倍数 $\dot{A}_{u1} = \dot{U}_{o1}/\dot{U}_i$ = ? $\dot{A}_{u2} = \dot{U}_{o2}/\dot{U}_i$ = ? $\dot{A}_u = \dot{U}_o/\dot{U}_i$ = ?

(3) 负载上可能获得的最大输出功率 P_{om} = ? 输出级的效率 η = ?

(4) 为使负载电阻上获得最大输出功率,输入电压的有效值为多少?

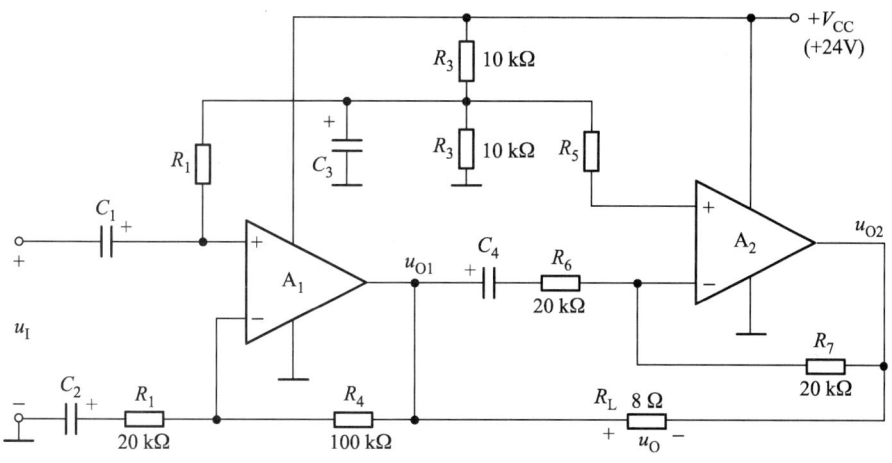

图 8.3.5 例 8.3.6 电路图

提示：本题考查读图能力和灵活运用所学知识的能力，涉及放大电路的静态和动态分析、反馈的判断方法、功率放大电路最大输出功率和效率的估算方法等基本知识，具有综合性和一定的难度。

解：(1) 由于 A_1 通过 R_4 引入了负反馈，A_2 通过 R_7 引入了负反馈，因而它们均具有"虚短"和"虚断"的特点；而且静态时所有的电容均开路，使它们的同相输入端电位 u_{P1} 和 u_{P2} 均等于两个 R_3 电阻对 24 V 电源电压的分压，为 12 V。

因而静态时，由于 C_1 和 C_2 开路，A_1 的输出电压 $u_{O1} = u_{P1} = 12$ V。由于 C_4 开路，A_2 的输出电压 $u_{O2} = u_{P2} = 12$ V；因此 $u_O = u_{O1} - u_{O2} = 0$ V。

(2) 在交流信号作用时，图 8.3.5 所示电路中的所有电容相当于短路。A_1 引入了电压串联负反馈，与接其反相输入端的 R_1、R_4 组成同相比例运算电路，所以

$$\dot{A}_{u1} = \frac{\dot{U}_{o1}}{\dot{U}_i} = 1 + \frac{R_4}{R_1} = 1 + \frac{100}{20} = 6$$

A_2 引入了电压并联负反馈，与 R_5、R_6、R_7 组成反相比例运算电路，所以

$$\dot{A}_{u2} = \frac{\dot{U}_{o2}}{\dot{U}_i} = \frac{\dot{U}_{o1}}{\dot{U}_i} \cdot \frac{\dot{U}_{o2}}{\dot{U}_{o1}} = \dot{A}_{u1} \cdot \left(-\frac{R_7}{R_6}\right) = 6 \times \left(-\frac{20}{20}\right) = -6$$

$$\dot{A}_u = \frac{\dot{U}_o}{\dot{U}_i} = \frac{\dot{U}_{o1} - \dot{U}_{o2}}{\dot{U}_i} = \dot{A}_{u1} - \dot{A}_{u2} = 6 - (-6) = 12$$

(3) 在输入正弦波的正半周，u_{O1} 上升，u_{O2} 下降，使负载电阻上可能获得的峰值电压为 20 V；而在输入正弦波的负半周，u_{O1} 下降，u_{O2} 上升，使负载电阻上可能获得的峰值电压为 −20 V；因而负载上可能获得的最大输出功率为

$$P_{om} = \frac{U_{omax}^2}{2R_L} = \frac{20^2}{2 \times 8} \text{ W} = 25 \text{ W}$$

效率为

$$\eta = \frac{\pi}{4} \cdot \frac{U_{omax}}{V_{CC}} = \frac{\pi}{4} \cdot \frac{20}{24} \times 100\% = 65.4\%$$

（4）通过以上分析，已知负载电阻获得最大输出功率时的电压峰值为 20 V，$\dot{A}_u = 12$，所以此时输入电压的有效值

$$U_i = \frac{U_{imax}/\sqrt{2}}{|\dot{A}_u|} = \frac{20}{\sqrt{2} \times 12} \text{ V} \approx 1.18 \text{ V}$$

应当指出，功率放大电路是否能够输出最大输出功率，还要取决于输入信号的幅值是否足够大；换言之，若输入信号的最大值不能使输出电压达到最大不失真输出电压，则电路就不能输出最大输出功率，此时应调整电路的电压放大倍数。

8.4 习题解答

8.4.1 自测题

一、选择合适的答案填入空内。只需填入 A、B 或 C。

（1）功率放大电路的最大输出功率是在输入电压为正弦波时，输出基本不失真情况下，负载上可能获得的最大_____。

A. 交流功率　　　　　　B. 直流功率　　　　　　C. 平均功率

（2）功率放大电路的转换效率是指_____。

A. 输出功率与晶体管所消耗的功率之比

B. 最大输出功率与电源提供的平均功率之比

C. 晶体管所消耗的功率与电源提供的平均功率之比

（3）在选择功放电路中的晶体管时，应当特别注意的参数有_____。

A. β　　　　　　　　B. I_{CM}　　　　　　　　C. I_{CBO}

D. $U_{(BR)CEO}$　　　　　E. P_{CM}　　　　　　　F. f_T

（4）若图 T8.1 所示电路中晶体管饱和管压降的数值为 $|U_{CES}|$，则最大输出功率 P_{OM} = _____。

A. $\dfrac{(V_{CC} - U_{CES})^2}{2R_L}$

B. $\dfrac{\left(\frac{1}{2}V_{CC} - U_{CES}\right)^2}{R_L}$

C. $\dfrac{\left(\frac{1}{2}V_{CC} - U_{CES}\right)^2}{2R_L}$

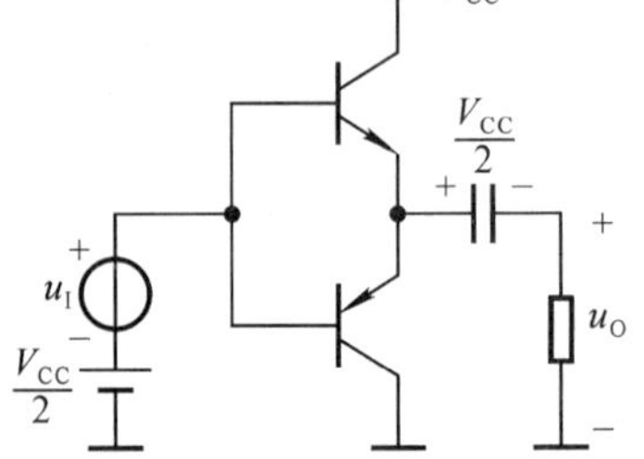

图 T8.1

解：（1）A；（2）B；（3）B、D、E；（4）C。

二、电路如图 T8.2 所示，已知 T_1 和 T_2 的饱和管压降 $|U_{CES}| = 2$ V，直流功耗可忽略不计。回答下列问题：

（1）R_3、R_4 和 T_3 的作用是什么？

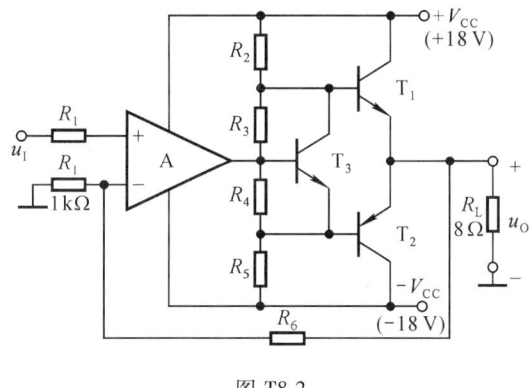

图 T8.2

(2) 负载上可能获得的最大输出功率 P_{om} 和电路的转换效率 η 各为多少？

(3) 设最大输入电压的有效值为 1 V。为使电路的最大不失真输出电压的峰值达到 16 V，电阻 R_6 至少应取多少千欧？

解：(1) 是 U_{BE} 倍增电路，为了消除交越失真。

(2) 最大输出功率和效率分别为

$$P_{om} = \frac{(V_{CC} - |U_{CES}|)^2}{2R_L} = \frac{(18-2)^2}{2 \times 8} \text{ W} = 16 \text{ W}$$

$$\eta = \frac{\pi}{4} \cdot \frac{V_{CC} - |U_{CES}|}{V_{CC}} = \frac{\pi}{4} \cdot \frac{18-2}{18} \times 100\% \approx 69.8\%$$

(3) 电压放大倍数为

$$\dot{A}_u = \frac{U_{omax}}{\sqrt{2} U_i} = \frac{16}{\sqrt{2} \times 1} \approx 11.3$$

$$\dot{A}_u = 1 + \frac{R_6}{R_1} \approx 11.3$$

$R_1 = 1$ kΩ，故 R_6 至少应取 10.3 kΩ。

8.4.2 习题

8.1 分析下列说法是否正确，用"√"、"×"表示判断结果填入括号内。

(1) 在功率放大电路中，输出功率愈大，功放管的功耗愈大。（　　）

(2) 功率放大电路的最大输出功率是指在基本不失真情况下，负载上可能获得的最大交流功率。（　　）

(3) 当 OCL 电路的最大输出功率为 1 W 时，功放管的集电极最大耗散功率应大于 1 W。（　　）

(4) 功率放大电路与电压放大电路、电流放大电路的共同点是

① 都使输出电压大于输入电压；（　　）

② 都使输出电流大于输入电流；（　　）

③ 都使输出功率大于信号源提供的输入功率。（　　）

(5) 功率放大电路与电压放大电路的区别是

① 前者比后者电源电压高;(　　)

② 前者比后者电压放大倍数数值大;(　　)

③ 前者比后者效率高;(　　)

④ 在电源电压相同的情况下,前者比后者的最大不失真输出电压大;(　　)

⑤ 前者比后者的输出功率大。(　　)

(6) 功率放大电路与电流放大电路的区别是

① 前者比后者电流放大倍数大;(　　)

② 前者比后者效率高;(　　)

③ 在电源电压相同的情况下,前者比后者的输出功率大。(　　)

解:(1) ×。(2) √。(3) ×。(4) ×;×;√。(5) ×;×;√;×;√。(6) ×;√;√。

8.2 已知电路如图 P8.2 所示,T_1 和 T_2 管的饱和管压降 $|U_{CES}| = 3$ V,$V_{CC} = 15$ V,$R_L = 8$ Ω,选择正确答案填入空内。

(1) 电路中 D_1 和 D_2 管的作用是消除_____。

A. 饱和失真　　　　B. 截止失真

C. 交越失真

(2) 静态时,晶体管发射极电位 U_{EQ}_____。

A. >0 V　　　　B. =0 V

C. <0 V

(3) 最大输出功率 P_{OM}_____。

A. ≈28 W　　　　B. =18 W

C. =9 W

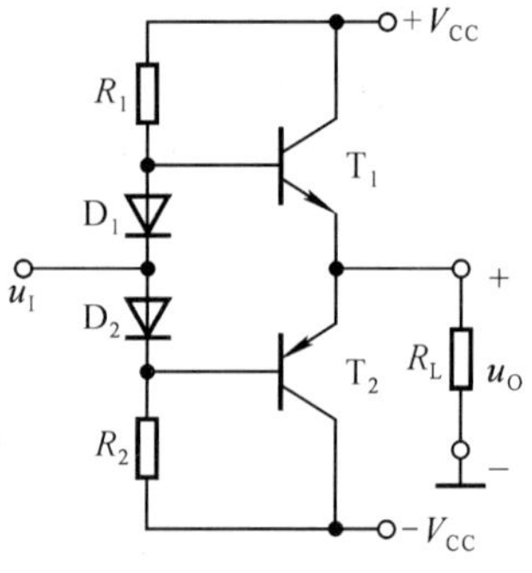

图 P8.2

(4) 当输入为正弦波时,若 R_1 虚焊,即开路,则输出电压_____。

A. 为正弦波　　　　B. 仅有正半波　　　　C. 仅有负半波

(5) 若 D_1 虚焊,则 T_1 管_____。

A. 可能因功耗过大烧坏

B. 始终饱和

C. 始终截止

解:(1) C　(2) B　(3) C　(4) C　(5) A

8.3 电路如图 P8.2 所示。在出现下列故障时,分别产生什么现象。

(1) R_1 开路;(2) D_1 开路;(3) R_2 开路;(4) T_1 集电极开路;

(5) R_1 短路;(6) D_1 短路。

解:(1) 若 R_1 开路,D_1 不可能导通,则图 P8.2 所示电路变为如图解 P8.3(a) 所示。虽然电路变为由 T_2 管构成的射极输出器,静态集电极电流如图中所标注,但是,当 $u_1 > 0$ 时 D_2 导通使 T_2 截止,因而输出电压仅有负半周。

(2) 若 D_1 开路,则图 P8.2 所示电路变为如图解 P8.3(b) 所示。静态时,从 $+V_{CC}$ 经 R_1、T_1 的 b-e、T_2 的 e-b、R_2 至 $-V_{CC}$ 形成基极电流,集电极电流从 $+V_{CC}$ 经 T_1、T_2 流向 $-V_{CC}$,如图中所标注。由于 T_1、T_2 具有对称特性,它们的管压降均为 V_{CC},说明它们均工作在放大区,静态的基极和集电

极电流为

$$|I_{BQ}| = \frac{2V_{CC} - U_{BEQ1} - U_{EBQ2}}{R_1 + R_2}$$

$$|I_{CQ}| = \beta |I_{BQ}|$$

集电极功耗

$$P_T = |I_{CQ}| \cdot V_{CC}$$

将很大,通常远大于按最大输出功率选取功放管的原则所确定的最大耗散功率,因此 T_1、T_2 将因功耗过大而损坏。

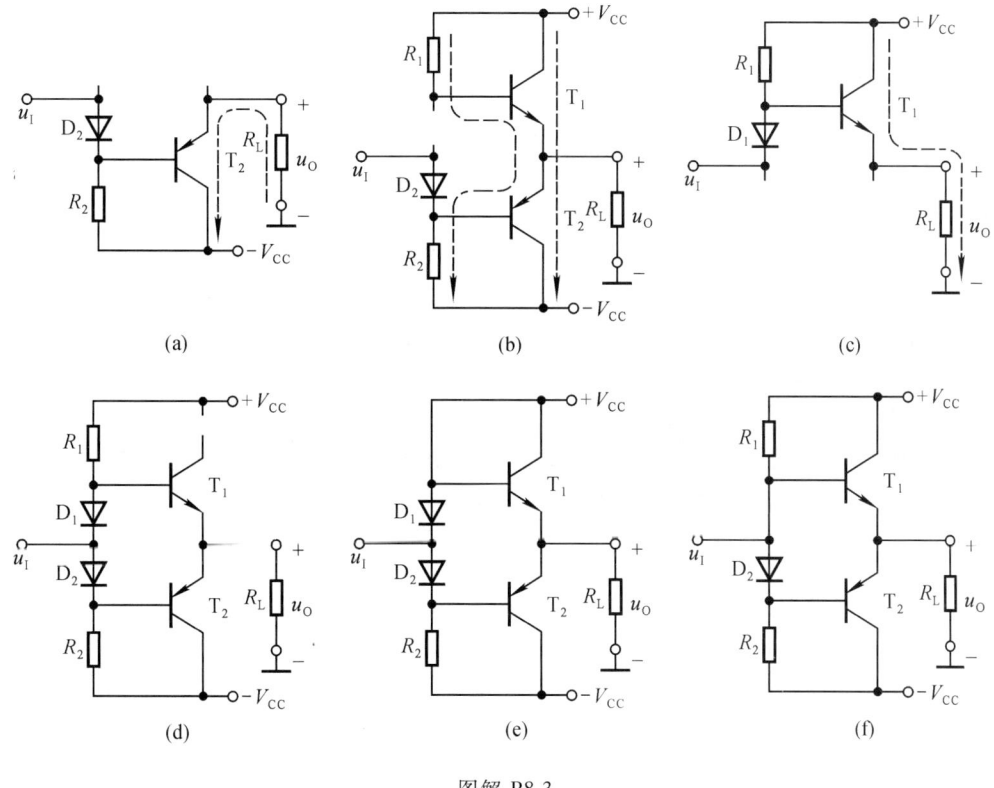

图解 P8.3

(3) 与 R_1 开路时的情况相类似,若 R_2 开路,D_2 不可能导通,则图 P8.2 所示电路变为如图解 P8.3(c) 所示,电路输出仅有正半周。

(4) 若 T_1 集电极开路,则图 P8.2 所示电路变为如图解 P8.3(d) 所示。因 T_1 无放大作用,使输出电压正半周幅值小于负半周幅值。

另外,由于电路失去了对称性,T_2 将有直流功耗,以至于可能因功耗过大而损坏。

(5) 若 R_1 短路,则图 P8.2 所示电路变为如图解 P8.3(e) 所示。T_1 管发射结起钳位作用,$u_O = V_{CC} - U_{BE1} \approx 14.3 \text{ V}$。

(6) 若 D_1 短路,则图 P8.2 所示电路变为如图解 P8.3(f) 所示。静态时不能使两只功放管均工作在临界导通状态,因而输出电压会有轻微交越失真。

8.4 在图 P8.2 所示电路中,已知 $V_{CC}=16$ V,$R_L=4$ Ω,T_1 和 T_2 管的饱和管压降 $|U_{CES}|=2$ V,输入电压足够大。试问:

(1) 最大输出功率 P_{om} 和效率 η 各为多少?

(2) 晶体管的最大功耗 P_{Tmax} 为多少?

(3) 为使输出功率达到 P_{om},输入电压的有效值约为多少?

解:(1) 最大输出功率和效率分别为

$$P_{om}=\frac{(V_{CC}-|U_{CES}|)^2}{2R_L}=\frac{(16-2)^2}{2\times 4}\text{ W}=24.5\text{ W}$$

$$\eta=\frac{\pi}{4}\cdot\frac{V_{CC}-|U_{CES}|}{V_{CC}}=\frac{\pi}{4}\cdot\frac{16-2}{16}\times 100\%\approx 68.7\%$$

(2) 晶体管的最大功耗

$$P_{Tmax}=\frac{V_{CC}^2}{\pi^2 R_L}=\frac{16^2}{\pi^2\times 4}\text{ W}\approx 6.48\text{ W}$$

(3) 输出功率为 P_{om} 时的输入电压有效值

$$U_i\approx U_{om}\approx\frac{V_{CC}-|U_{CES}|}{\sqrt{2}}=\frac{16-2}{\sqrt{2}}\text{ V}\approx 9.9\text{ V}$$

8.5 在图 P8.5 所示电路中,已知二极管的导通电压 $U_D=0.7$ V,晶体管导通时的 $|U_{BE}|=0.7$ V,T_2 和 T_4 管发射极静态电位 $U_{EQ}=0$ V。试问:

(1) T_1、T_3 和 T_5 管基极的静态电位各为多少?

(2) 设 $R_2=10$ kΩ,$R_3=100$ Ω。若 T_1 和 T_3 管基极的静态电流可忽略不计,则 T_5 管集电极静态电流为多少?静态时 $u_I=?$

(3) 若静态时 $i_{B1}>i_{B3}$,则应调节哪个参数可使 $i_{B1}=i_{B3}$? 如何调节?

(4) 电路中二极管的个数可以是 1、2、3、4 吗?你认为哪个最合适?为什么?

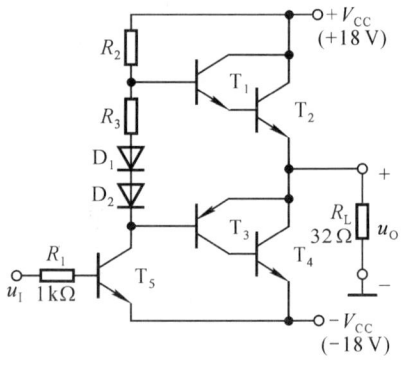

图 P8.5

解:(1) T_1、T_3 和 T_5 管基极的静态电位分别为

$U_{B1}=1.4$ V, $U_{B3}=-0.7$ V, $U_{B5}=-17.3$ V

(2) 静态时 T_5 管集电极电流和输入电压分别为

$$I_{CQ}\approx\frac{V_{CC}-U_{B1}}{R_2}=1.66\text{ mA}$$

$$u_I\approx u_{B5}=-17.3\text{ V}$$

(3) 若静态时 $i_{B1}>i_{B3}$,则应增大 R_3 以降低 T_3 基极电位。

(4) 采用如图所示两只二极管加一个小阻值电阻合适,也可只用三只二极管。这样一方面可使输出级晶体管工作在临界导通状态,可以消除交越失真;另一方面在交流通路中,由于二极管的动态电阻比较小,可忽略不计,从而减小交流信号的损失。

8.6 电路如图 P8.5 所示。在出现下列故障时,分别产生什么现象?

(1) R_2 开路;(2) D_1 开路;(3) R_2 短路;(4) T_1 集电极开路;(5) R_3 短路。

解:本题解题方法和分析可参考题 8.3 答案。

(1) 若 R_2 开路,则电路输出可能为零、-18 V 或约为 -17 V,见例 8.3.4 的分析。

(2) 若 D_1 开路,则 T_1 和 T_3 管的基极电流 $|I_{BQ1}|$ 等于 T_5 管的集电极电流 I_{CQ5},T_2 和 T_4 管的集电极电流约为 $\beta_1\beta_2 I_{CQ5}$,管压降 $|U_{CEQ}|$ 均为 V_{CC},功放管集电极的静态功耗

$$P_T \approx \beta_1\beta_2 I_{CQ5} V_{CC}$$

非常大,功放管将因功耗过大而损坏。

(3) 若 R_2 短路,则 T_1、T_2 管发射结起钳位作用,$u_O = V_{CC} - U_{BE1} - U_{BE2} \approx 16.6$ V。

(4) 若 T_1 集电极开路,则两个复合管的电流放大倍数将不同,使输出电压正、负半周不对称,正半周幅值小。

(5) 若 R_3 短路,则静态时不能使 T_1、T_2、T_3 管均工作在临界导通状态,故会稍有交越失真。

8.7 在图 P8.5 所示电路中,已知 T_2 和 T_4 管的饱和管压降 $|U_{CES}| = 2$ V,静态时电源电流可忽略不计。试问:

(1) 负载上可能获得的最大输出功率 P_{om} 和效率 η 各约为多少?

(2) T_2 和 T_4 管的最大集电极电流、最大管压降和集电极最大功耗各约为多少。

解:(1) 最大输出功率和效率分别为

$$P_{om} = \frac{(V_{CC} - |U_{CES}|)^2}{2R_L} = \frac{(18-2)^2}{2\times 32} \text{ W} = 4 \text{ W}$$

$$\eta = \frac{\pi}{4} \cdot \frac{V_{CC} - |U_{CES}|}{V_{CC}} = \frac{\pi}{4} \cdot \frac{18-2}{18} \times 100\% \approx 69.8\%$$

(2) T_2 和 T_4 管的最大集电极电流、最大管压降和集电极最大功耗分别为

$$I_{Cmax} = \frac{V_{CC} - |U_{CES}|}{R_L} = \frac{18-2}{32} \text{ A} = 0.5 \text{ A}$$

$$U_{CEmax} = 2V_{CC} - U_{CES} = (2\times 18 - 2) \text{ V} = 34 \text{ V}$$

$$P_{Tmax} = \frac{V_{CC}^2}{\pi^2 R_L} = \frac{18^2}{\pi^2 \cdot 32} \text{ W} \approx 1.03 \text{ W}$$

8.8 为了稳定输出电压,减小非线性失真,请通过电阻 R_f 在图 P8.5 所示电路中引入合适的负反馈,并估算在电压放大倍数数值约为 10 的情况下,R_f 的取值。

解:应引入电压并联负反馈,由输出端经反馈电阻 R_f 接 T_5 管基极,如图解 P8.8 所示。

在深度负反馈情况下,电压放大倍数

$$\dot{A}_{uf} \approx -\frac{R_f}{R_1} \quad |\dot{A}_{uf}| \approx 10$$

因为 $R_1 = 1$ kΩ,所以 $R_f \approx 10$ kΩ。

8.9 在图 P8.9 所示电路中,已知 $V_{CC} = 15$ V,T_1 和 T_2 管的饱和管压降 $|U_{CES}| = 2$ V,输入电压足够大。求解:

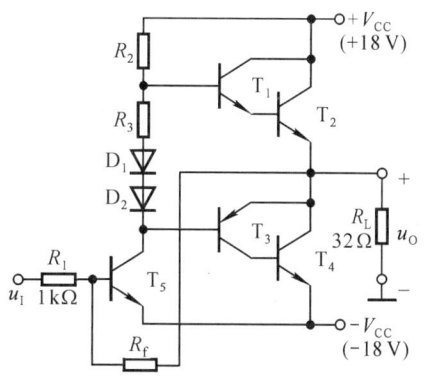

图解 P8.8

(1) 最大不失真输出电压的有效值;
(2) 负载电阻 R_L 上电流的最大值;
(3) 最大输出功率 P_{om} 和效率 η。

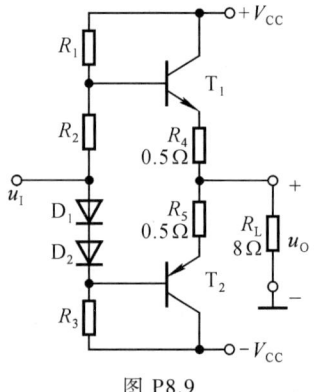

图 P8.9

解:(1) 最大不失真输出电压有效值

$$U_{om} = \frac{\frac{R_L}{R_4+R_L} \cdot (V_{CC}-U_{CES})}{\sqrt{2}} \approx 8.65 \text{ V}$$

(2) 负载电流最大值

$$i_{Lmax} = \frac{V_{CC}-U_{CES}}{R_4+R_L} \approx 1.53 \text{ A}$$

(3) 最大输出功率和效率分别为

$$P_{om} = \frac{U_{om}^2}{R_L} \approx 9.35 \text{ W}$$

$$\eta = \frac{\pi}{4} \cdot \frac{V_{CC}-U_{CES}-U_{R_4}}{V_{CC}} \approx 64\%$$

8.10 在图 P8.9 所示电路中,R_4 和 R_5 可起短路保护作用,当输出因故障而短路时,晶体管的最大集电极电流和功耗各为多少?

解:当输出短路时,功放管的最大集电极电流和功耗分别为

$$i_{Cmax} = \frac{V_{CC}-U_{CES}}{R_4} \approx 26 \text{ A}$$

$$P_{Tmax} = \frac{V_{CC}^2}{\pi^2 R_4} \approx 46 \text{ W}$$

8.11 在图 P8.11 所示电路中,已知 $V_{CC}=15$ V,T_1 和 T_2 管的饱和管压降 $|U_{CES}|=1$ V,集成运放的最大输出电压幅值为 ±13 V,二极管的导通电压为 0.7 V。

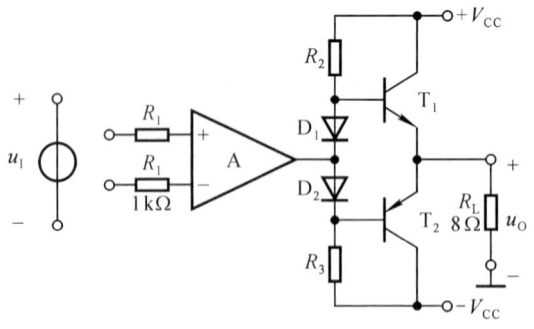

图 P8.11

(1) 若输入电压幅值足够大,则电路的最大输出功率为多少?
(2) 为了提高输入电阻,稳定输出电压,且减小非线性失真,应引入哪种组态的交流负反馈? 画出图来。
(3) 若 $U_i=0.1$ V 时,$U_o=5$ V,则反馈网络中电阻的取值约为多少?

解:(1) 输出电压幅值和最大输出功率分别为
$$u_{O\max} \approx 13 \text{ V}$$
$$P_{om} = \frac{(u_{O\max}/\sqrt{2})^2}{R_L} \approx 10.6 \text{ W}$$

(2) 应引入电压串联负反馈,电路如图解 P8.11 所示。

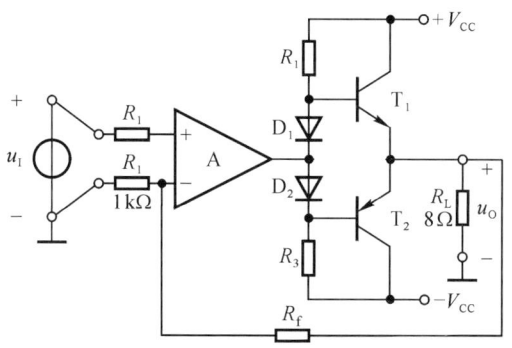

图解 P8.11

(3) 在深度负反馈条件下,电压放大倍数为
$$\dot{A}_u = \frac{\dot{U}_o}{\dot{U}_i} \approx 1 + \frac{R_f}{R_1} \quad \dot{A}_u = \frac{\dot{U}_o}{\dot{U}_i} = 50$$

因为 $R_1 = 1 \text{ k}\Omega$,所以 $R_f \approx 49 \text{ k}\Omega$。

8.12 OTL 电路如图 P8.12 所示。

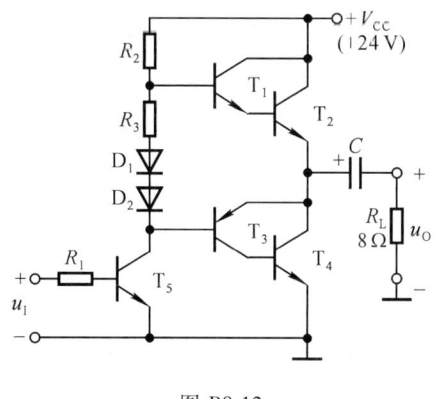

图 P8.12

(1) 为使得最大不失真输出电压幅值最大,静态时 T_2 和 T_4 管的发射极电位应为多少?若不合适,则一般应调节哪个元件的参数?

(2) 若 T_2 和 T_4 管的饱和管压降 $|U_{CES}| = 3$ V,输入电压足够大,则电路的最大输出功率 P_{om} 和效率 η 各为多少?

(3) T_2 和 T_4 管的 I_{CM}、$U_{(BR)CEO}$ 和 P_{CM} 应如何选择?

解:(1) 发射极电位 $U_E = V_{CC}/2 = 12$ V;若不合适,则当偏差小时应调节 R_3,当偏差大时应调

节 R_2。

(2) 最大输出功率和效率分别为

$$P_{om} = \frac{\left(\frac{1}{2} \cdot V_{CC} - |U_{CES}|\right)^2}{2R_L} \approx 5.06 \text{ W}$$

$$\eta = \frac{\pi}{4} \cdot \frac{\frac{1}{2} \cdot V_{CC} - |U_{CES}|}{\frac{1}{2} \cdot V_{CC}} \approx 58.9\%$$

(3) T_2 和 T_4 管 I_{CM}、$U_{(BR)CEO}$ 和 P_{CM} 的选择原则分别为

$$I_{CM} > \frac{V_{CC}/2}{R_L} = 1.5 \text{ A}$$

$$U_{(BR)CEO} > V_{CC} = 24 \text{ V}$$

$$P_{CM} > \frac{(V_{CC}/2)^2}{\pi^2 R_L} \approx 1.82 \text{ W}$$

8.13 已知图 P8.13 所示电路中 T_2 和 T_4 管的饱和管压降 $|U_{CES}| = 2$ V,导通时的 $|U_{BE}| = 0.7$ V,输入电压足够大。

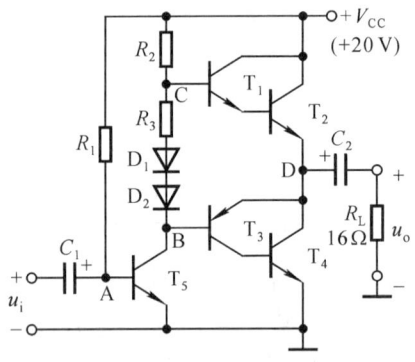

图 P8.13

(1) A、B、C、D 点的静态电位各为多少?

(2) 若管压降 $|U_{CE}| \geq 3$ V,为使最大输出功率 P_{om} 不小于 1.5 W,则电源电压至少应取多少?

解:(1) 静态电位分别为

$$U_A = 0.7 \text{ V}, \quad U_B = 9.3 \text{ V}, \quad U_C = 11.4 \text{ V}, \quad U_D = 10 \text{ V}$$

(2) 根据最大输出功率

$$P_{om} = \frac{\left(\frac{1}{2} \cdot V_{CC} - |U_{CES}|\right)^2}{2R_L} = \frac{\left(\frac{1}{2} \cdot V_{CC} - 3\right)^2}{2 \times 16} > 1.5 \text{ W}$$

可得 $V_{CC} > 19.9$ V。

8.14 LM1877N-9 为 2 通道低频功率放大电路，单电源供电，最大不失真输出电压的峰-峰值 $U_{OPP} = (V_{CC} - 6)$ V，开环电压增益为 70 dB。图 P8.14 所示为 LM1877N-9 中一个通道组成的实用电路，电源电压为 24 V，$C_1 \sim C_3$ 对交流信号可视为短路；R_3 和 C_4 起相位补偿作用，可以认为负载为 8 Ω。

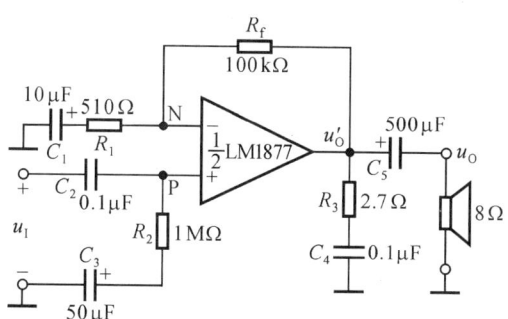

图 P8.14

（1）图示电路为哪种功率放大电路？

（2）静态时 u_P、u_N、u'_O、u_O 各为多少？

（3）设输入电压足够大，电路的最大输出功率 P_{om} 和效率 η 各为多少？

解：（1）因为图示电路是单电源供电，且输出端与负载用电容连接，所以该电路是 OTL 电路。

（2）静态时

$$u'_O = u_P = u_N = \frac{V_{CC}}{2} = 12 \text{ V}$$

$$u_O = 0 \text{ V}$$

（3）最大输出功率和效率分别为

$$P_{om} = \frac{\left(\dfrac{V_{CC}-6}{2}\right)^2}{2R_L} \approx 5.06 \text{ W}$$

$$\eta = \frac{\pi}{4} \cdot \frac{V_{CC}-6}{V_{CC}} \approx 58.9\%$$

8.15 电路如图 8.4.7[①] 所示，回答下列问题：

（1）$\dot{A}_u = \dot{U}_{o1}/\dot{U}_i \approx$ ？

（2）若 $V_{CC} = 15$ V 时最大不失真输出电压的峰-峰值为 27 V，则电路的最大输出功率 P_{om} 和效率 η 各为多少？

（3）为使负载获得最大输出功率，输入电压的有效值约为多少？

解：（1）电压放大倍数

$$\dot{A}_u = 1 + \frac{R_f}{R_1} = 1 + \frac{20}{0.68} \approx 30.4$$

---

① 《模拟电子技术基础》（第五版）P422。

(2) 最大输出功率和效率分别为

$$P_{om} = \frac{\left(\dfrac{U_{OPP}}{2\sqrt{2}}\right)^2}{R_L} = \frac{27^2}{(2\sqrt{2})^2 \times 8} \text{ W} \approx 11.4 \text{ W}$$

$$\eta = \frac{\pi}{4} \cdot \frac{U_{OPP}}{2V_{CC}} = \frac{\pi}{4} \cdot \frac{27}{2 \times 15} \times 100\% \approx 70.7\%$$

(3) 输入电压有效值

$$U_i = \frac{U_{OPP}}{2\sqrt{2}|\dot{A}_u|} \approx \frac{27}{2\sqrt{2} \times 30.4} \text{ V} \approx 314 \text{ mV}$$

8.16 TDA1556 为 2 通道 BTL 电路，图 P8.16 所示为 TDA1556 中一个通道组成的实用电路。已知 $V_{CC} = 15$ V，放大器的最大输出电压幅值为 13 V。

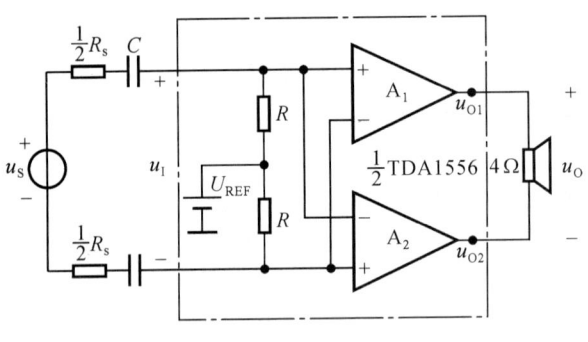

图 P8.16

(1) 为使负载上得到的最大不失真输出电压幅值最大，基准电压 U_{REF} 应为多少伏？静态时 u_{O1} 和 u_{O2} 各为多少伏？

(2) 若 U_i 足够大，则电路的最大输出功率 P_{om} 和效率 η 各为多少？

(3) 若电路的电压放大倍数为 20，则为使负载获得最大输出功率，输入电压的有效值约为多少？

解：(1) 基准电压 $U_{REF} = V_{CC}/2 = 7.5$ V。静态时 $u_{O1} = u_{O2} = 7.5$ V。

(2) 最大输出功率和效率分别为

$$P_{om} = \frac{U_{omax}^2}{2R_L} = \frac{13^2}{2 \times 4} \text{ W} \approx 21.1 \text{ W}$$

$$\eta = \frac{\pi}{4} \cdot \frac{U_{omax}}{V_{CC}} = \frac{\pi}{4} \cdot \frac{13}{15} \times 100\% \approx 68\%$$

(3) 输入电压有效值

$$U_i = \frac{U_{omax}}{\sqrt{2} A_u} = \frac{13}{\sqrt{2} \times 20} \text{ V} \approx 0.46 \text{ V}$$

8.17 TDA1556 为 2 通道 BTL，图 P8.17 所示为 TDA1556 中一个通道组成的实用电路。已知 $V_{CC} = 15$ V，放大器的最大输出电压幅值为 13 V。

（1）输入信号分别作用于 A_1、A_2 的同相输入端还是反相输入端？若输入电压为 $\dot{U}_i$，则 A_1、A_2 的输入各为多少？

（2）为使负载上得到的最大不失真输出电压幅值最大，基准电压 U_{REF} 应为多少伏？静态时 u_{O1} 和 u_{O2} 各为多少伏？

（3）若 U_i 足够大，则电路的最大输出功率 P_{om} 和效率 η 各为多少？

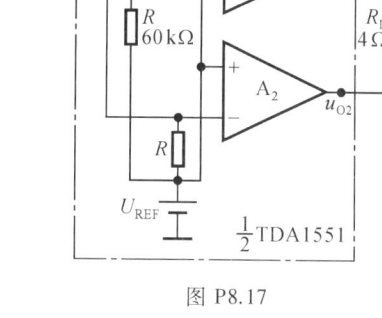

图 P8.17

解：（1）输入信号作用于 A_1 的同相输入端、A_2 的反相输入端。若输入电压为 $\dot{U}_i$，则 A_1、A_2 的输入均为 $\dot{U}_i$。

（2）基准电压 $U_{REF} = V_{CC}/2 = 7.5$ V。静态时 $u_{O1} = u_{O2} = 7.5$ V。

（3）最大输出功率和效率分别为

$$P_{om} = \frac{U_{omax}^2}{2R_L} = \frac{13^2}{2\times 4} \text{ W} \approx 21.1 \text{ W}$$

$$\eta = \frac{\pi}{4} \cdot \frac{U_{omax}}{V_{CC}} = \frac{\pi}{4} \cdot \frac{13}{15} \times 100\% \approx 68\%$$

8.18 已知型号为 TDA1521、LM1877 和 TDA1556 的电路形式和电源电压范围如表所示，它们的功放管的最小管压降 $|U_{CEmin}|$ 均为 3 V。

型号	TDA1521	LM1877	TDA1556
电路形式	OCL	OTL	BTL
电源电压	±7.5 ~ ±20 V	6.0 ~ 24 V	6.0 ~ 18 V

（1）设在负载电阻均相同的情况下，三种器件的最大输出功率均相同。已知 OCL 电路的电源电压 $\pm V_{CC} = \pm 10$ V，试问 OTL 电路和 BTL 电路的电源电压分别应取多少伏？

（2）设仅有一种电源，其值为 15 V；负载电阻为 32 Ω。问三种器件的最大输出功率各为多少？

解：（1）设 OTL 电路的电源电压为 V'_{CC}、BTL 电路的电源电压为 V''_{CC}。根据表 8.1.1 中三种电路最大输出功率的表达式可得

$$(V_{CC} - |U_{CEmin}|)^2 = \left(\frac{V'_{CC}}{2} - |U_{CEmin}|\right)^2 = (V''_{CC} - 2|U_{CEmin}|)^2$$

将 $V_{CC} = 10$ V、$|U_{CEmin}| = 3$ V 代入上式，求出 OTL 电路应取 $V'_{CC} = 20$ V，BTL 电路应取 $V''_{CC} = 13$ V。

（2）OTL、OCL 和 BTL 电路的最大输出功率分别为

$$P_{om(OTL)} = \frac{\left(\dfrac{V_{CC}}{2} - |U_{CEmin}|\right)^2}{2R_L} = \frac{(7.5-3)^2}{2\times 32} \text{ W} \approx 0.316 \text{ W}$$

$$P_{om(OCL)} = \frac{(V_{CC} - |U_{CEmin}|)^2}{2R_L} = \frac{(15-3)^2}{2\times 32} \text{ W} = 2.25 \text{ W}$$

$$P_{\text{om(BTL)}} = \frac{(V_{\text{CC}} - 2|U_{\text{CEmin}}|)^2}{2R_{\text{L}}} = \frac{(15 - 2 \times 3)^2}{2 \times 32} \text{ W} \approx 1.27 \text{ W}$$

8.19 电路如图 P8.19 所示。利用 Multisim 研究下列问题：

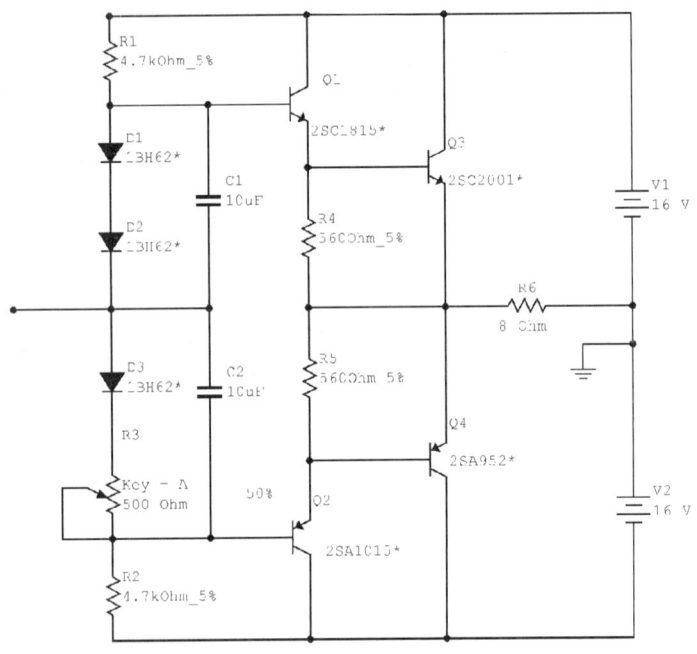

图 P8.19

(1) 负载 R_6 上能够获得的最大输出功率；

(2) 电容 C_1、C_2 的作用；

(3) 当输入电压的频率为 1 kHz、峰值为 5 V 的正弦波时，若 R_1 开路，将产生什么现象，解释原因。

解：(1) 用函数发生器作为信号源，输入频率为 1 kHz 的正弦波电压 u_1，用示波器监视 R_6 上的电压 u_0 波形。增大 u_1 幅值，至峰值为 15.4 V 时 u_0 开始失真；减小 u_1 峰值至 15.3 V，失真消除，从示波器上测得 u_0 的峰值为 15.04 V。因此，负载 R_6 上能够获得的最大输出功率

$$P_{\text{om}} = \frac{u_{\text{omax}}^2}{2R_6} = \frac{15.04^2}{2 \times 8} \text{ W} \approx 14.1 \text{ W}$$

(2) 在有无 C_1、C_2 情况下，u_1 为不同峰值时对应的 u_0 的峰值如表解 P8.19.1 所示，说明电容 C_1、C_2 是 $D_1 \sim D_3$ 和 R_3 的旁路电容，作用是减小输入信号的损失，使 u_0 与 u_1 的跟随特性更好。

表解 P8.19.1

u_{imax}/V		2	4	6	8	10
有 C_1、C_2	u_{omax}/V	1.931	3.919	5.903	7.889	9.874
无 C_1、C_2	u_{omax}/V	1.869	3.787	5.699	7.589	9.496

（3）从示波器测得电路静态和 u_1 为 1 kHz、峰值为 5 V 的正弦波时正常工作和 R_1 开路两种情况下输出电压峰值如表解 P8.19.2 所示，而且略有交越失真。由表可知，R_1 开路不但使两只管子的静态工作点不再对称，而且 u_0 正半周峰值电压小于负半周峰值电压的数值。

表解 P8.19.2

u_{imax}/V	u_0	正峰值电压/V	负峰值电压/V
0	正常工作	−0.055	
0	R_1 开路	−0.287	
5	正常工作	4.910	−5.022
5	R_1 开路	3.704	−5.141

由于电路对称性变差，使静态时的 u_0 更加偏离 0 V，造成两对复合管的放大能力不同，Q2、Q4 组成的复合管比 Q1、Q3 组成的复合管的电流放大倍数大。因此，当 $u_1>0$ 时，虽然信号通过 C_1 耦合至 Q1、Q3 管而放大，但是 u_0 正半周幅值明显小于负半周幅值。

8.20 电路如图 P8.19 所示。

（1）若输入正弦波的最大峰值为 1.4 V，则为使负载 R_6 上获得最大输出功率，应采用什么措施？画出电路图来。

（2）为使信号源与图示电路直流通路隔离，同时为了稳定输出电压，减小非线性失真，引入合适的交流负反馈，画出电路图来，并利用 Multisim 选择合适的电路参数，使输入电压有效值 $U_i = 0.1$ V 时，输出电压有效值 $U_o = 1$ V。

解：（1）从题 8.19 的解答中可知，当负载 R_6 上获得最大输出功率时 u_1 峰值为 15.3 V，因此若输入正弦波的最大峰值为 1.4 V，则应在功放输入端加放大电路，如比例系数为 11 的同相比例运算电路，如图解 P8.20(a) 所示。

（2）电路应引入电压串联负反馈，为使信号源与图示电路直流通路隔离，输入端采用阻容耦合，如图解 P8.20(b) 所示。经调试，使输入电压有效值 $U_i = 0.1$ V（峰值为 0.141 4 V）输出电压有效值 $U_o = 1$ V（峰值为 1.414 V），电阻 $R_7 = 44.36$ kΩ，$R_8 = R_9 = 5$ kΩ，电容 $C_3 = 100$ μF，如图中所标注。

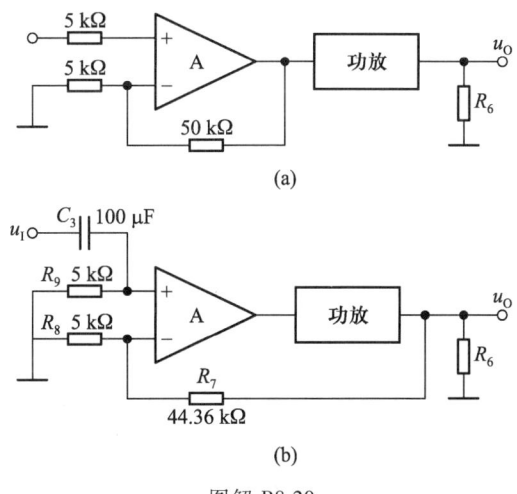

图解 P8.20

第九章 直流电源

本章介绍了直流稳压电源的组成,各部分电路的工作原理和各种不同类型电源电路的结构及工作特点、性能指标等。

9.1 内容概要

本章的重点是整流电路的分析方法、稳压管稳压电路的工作原理和限流电阻的选择、串联型稳压电源的工作原理及输出电压调节范围的估算、三端稳压器的使用方法。其次了解滤波电路的工作原理、滤波电容的选择、串联型稳压电源中调整管的选择、开关型稳压电源的工作原理及特点。

9.1.1 直流电源的组成及各部分的作用

直流稳压电源将交流电转换成直流电,由电源变压器、整流电路、滤波电路和稳压电路组成,如图 9.1.1 所示,每个方框输出的波形也如图所示。

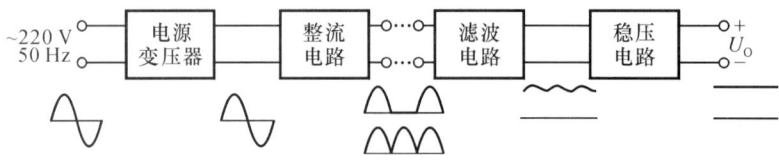

图 9.1.1 直流稳压电源的方框图

电源变压器将 50 Hz、220 V 的电网电压变换成合适幅值的交流电,多数情况下实现降压。整流电路将交流电压变为脉动的直流电压,有半波整流和全波整流之分。滤波电路减小电压的脉动使直流电压平滑。

按照国家标准,电网电压的波动范围为 $\pm 10\%$。在电网电压波动或负载电流变化时,变压器二次电压、整流电路和滤波电路输出电压均将产生相应的变化,因此还不适于作多数电子电路的工作电源。稳压电路的作用是在电网电压波动或负载电流变化时保持输出电压基本不变。

9.1.2 单相整流滤波电路

一、整流电路

表 9.1.1 所示为单相半波整流、全波整流、桥式整流电路,以及它们在变压器二次电压有效值为 U_2 时的输出电压和输出电流平均值 $U_{O(AV)}$、$I_{O(AV)}$,考虑到电网电压的波动范围为 $\pm 10\%$ 时整流二极管的最大整流平均电流 I_F 和最高反向工作电压 U_R。

表 9.1.1 单相整流电路及其主要参数一览表

电路名称	半波整流	全波整流	桥式整流
电路组成	~220 V 50 Hz 电路图	~220 V 50 Hz 电路图	~220 V 50 Hz 电路图
输入电压和输出电压的波形	波形图	波形图	波形图
$U_{O(AV)}$	$\approx 0.45 U_2$	$\approx 0.9 U_2$	$\approx 0.9 U_2$
$I_{O(AV)}$	$\approx \dfrac{0.45 U_2}{R_L}$	$\approx \dfrac{0.9 U_2}{R_L}$	$\approx \dfrac{0.9 U_2}{R_L}$
I_F	$> \dfrac{1.1 \times 0.45 U_2}{R_L}$	$> \dfrac{1.1 \times 0.45 U_2}{R_L}$	$> \dfrac{1.1 \times 0.45 U_2}{R_L}$
U_R	$> 1.1 \sqrt{2} U_2$	$> 1.1 \times 2\sqrt{2} U_2$	$> 1.1 \sqrt{2} U_2$

二、滤波电路

滤波电路有电容滤波电路、电感滤波电路和复式滤波电路,小功率电源多采用电容滤波电路。对于全波整流和桥式整流电路,若滤波电容取值满足 $R_L C = (3 \sim 5) T/2$(T 为电网电压的周期),则滤波电路的输出电压约为 $1.2 U_2$,考虑到电网电压的波动,滤波电容的耐压值应大于 $1.1\sqrt{2}\ U_2$。若负载电流较大时,如 2 A,则应采用电感滤波;若对滤波效果要求较高,如仪表中的电源,则应采用复式滤波。

9.1.3 稳压电路的性能指标

稳压电路的主要性能指标有输出电压 U_O、输出电流 I_O、稳压系数 S_r、输出电阻 R_o 和纹波电压等。

稳压系数是在负载电阻 R_L 一定的情况下,稳压电路输出电压 U_O 相对变化量与输入电压 U_I 相对变化量之比,即

$$S_r = \dfrac{\Delta U_O / U_O}{\Delta U_I / U_I}\bigg|_{R_L = 常量} = \dfrac{\Delta U_O}{\Delta U_I} \cdot \dfrac{U_I}{U_O}\bigg|_{R_L = 常量} \tag{9.1.1}$$

输出电阻是在电网电压不变(即 U_I 为常量)的情况下输出电压变化量和输出电流变化量之比,即

$$R_o = \dfrac{\Delta U_O}{\Delta I_O}\bigg|_{U_I = 常数} \tag{9.1.2}$$

通常用实测的方法得到纹波电压。

9.1.4 稳压管稳压电路

稳压管稳压电路由稳压管和与之匹配的限流电阻 R 组成,如图 9.1.2 所示。它结构简单,输出电压 U_o 等于稳压管的稳定电压,不可调;仅适用于负载电流较小且其变化范围也较小的情况。通常,稳压管的动态电阻 r_z 远小于限流电阻 R 和负载电阻 R_L,故其稳压系数和输出电阻为

$$\begin{cases} S_r \approx \dfrac{r_z}{R+r_z} \cdot \dfrac{U_I}{U_Z} \\ R_o \approx r_z \end{cases} \tag{9.1.3}$$

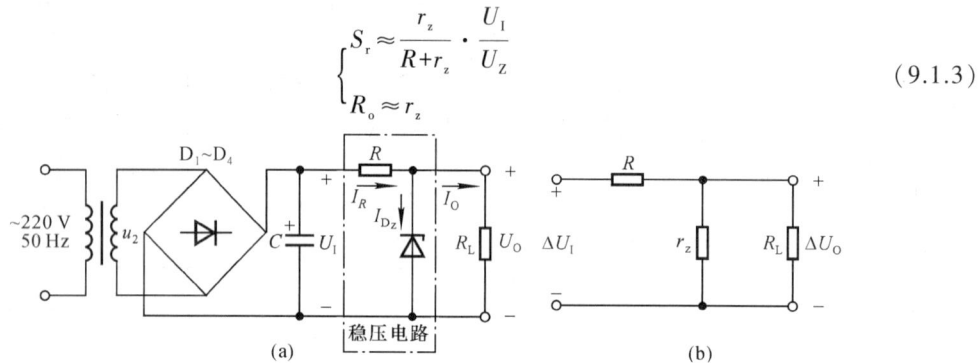

图 9.1.2 稳压管稳压电路及其交流等效电路
(a) 电路 (b) 交流等效电路

稳压管稳压电路依靠稳压管的电流调节作用和限流电阻的补偿作用,使得输出电压稳定。限流电阻是必不可少的组成部分,必须合理选择阻值,才能保证稳压管既能工作在稳压状态,又不至于因功耗过大而损坏。R 应满足

$$\dfrac{U_{Imax}-U_Z}{I_{ZM}+I_{Lmin}} < R < \dfrac{U_{Imin}-U_Z}{I_Z+I_{Lmax}} \tag{9.1.4}$$

9.1.5 串联型线性稳压电路

一、串联型稳压电源的组成

串联型稳压电源的原理电路如图 9.1.3(a)所示,由调整管、基准电压电路、输出电压采样电路和比较放大电路等四个基本部分组成。在实用电源中还有调整管的保护电路,方框图如图(b)所示。电路中引入了深度电压负反馈,从而使输出电压稳定。基准电压的稳定性和反馈深度是影响输出电压稳定性的重要因素。

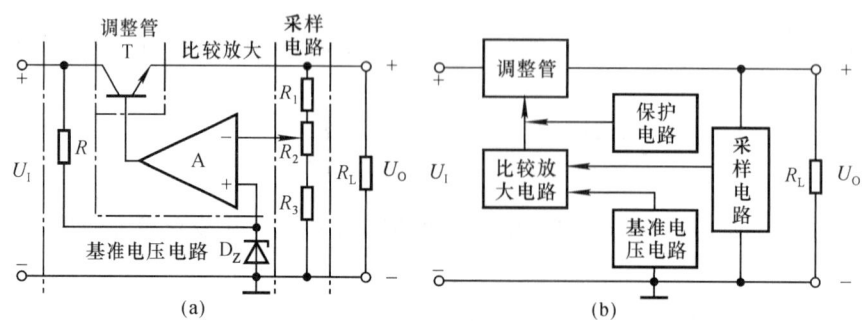

图 9.1.3 串联型稳压电路及其方框图
(a) 电路 (b) 方框图

图(a)所示电路输出电压为

$$\frac{R_1+R_2+R_3}{R_2+R_3} \cdot U_Z \leqslant U_O \leqslant \frac{R_1+R_2+R_3}{R_3} \cdot U_Z \tag{9.1.5}$$

根据输出电压的调节范围,可选择所用稳压管的稳定电压 U_Z 和采样电阻的阻值。

设输入电压 U_I 随电网电压波动 ±10%,最大负载电流为 I_{Lmax},且 I_{Lmax} 远大于采样电阻的电流,则选择调整管的最大发射极电流、最大管压降和集电极的最大功率为

$$\begin{cases} I_{Cmax} \approx I_{Emax} \approx I_{Lmax} \\ U_{CEmax} = 1.1 U_I - U_{Omin} \\ P_{Cmax} = I_{Cmax} U_{CEmax} \approx I_{Lmax}(1.1 U_I - U_{Omin}) \end{cases} \tag{9.1.6}$$

因而,为使调整管安全工作,其最大集电极电流 I_{CM}、c-e 间能够承受的最大管压降 $U_{(BR)CEO}$ 和集电极最大耗散功率 P_{CM} 应满足

$$\begin{cases} I_{CM} > I_{Lmax} \\ U_{(BR)CEO} > 1.1 U_I - U_{Omin} \\ P_{CM} > I_{Lmax}(1.1 U_I - U_{Omin}) \end{cases} \tag{9.1.7}$$

此外,还需根据手册为调整管安装合适的散热器。

二、W7800 集成稳压器及其应用

1. W7800 简介及基本应用

集成稳压器仅有输入端、输出端和公共端三个引出端,如图 9.1.4(a)所示,故称为三端稳压器。其内部电路为串联型稳压电路,使用方便,稳压性能好。

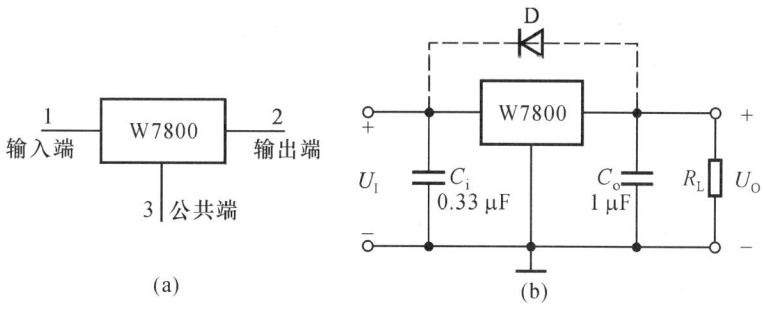

图 9.1.4 7800 系列三端稳压器

W7800 系列为固定式稳压器,输出电压有 5 V、6 V、9 V、12 V、15 V、18 V 和 24 V 七个挡次,输出电流有 1.5 A、0.5 A 和 0.1 A 三个挡次。例如,W7805 表示输出电压为 5 V、输出电流为 1.5 A,W78M05 表示输出电压为 5 V、输出电流为 0.5 A,W78L05 表示输出电压为 5 V、输出电流为 0.1 A;其余依此类推。

图 9.1.4(b)所示为 W7800 三端稳压器的基本应用,为抵消输入线较长时的电感效应加电容 C_i,为消除输出电压中的高频噪声加电容 C_o。当 C_o 容量较大时,一旦输入端断开,C_o 将通过三端稳压器放电而使之损坏;因而在稳压器的输入端和输出端之间跨接一个二极管,如图中虚线所画,以保护稳压器。

2. 扩大输出电流和输出电压的稳压电路

图 9.1.5(a) 所示为扩大输出电流的稳压电路,负载电流 I_L 可大于三端稳压器输出电流 I_{Omax}。电阻中电流为 I_R,I_L 的最大值为

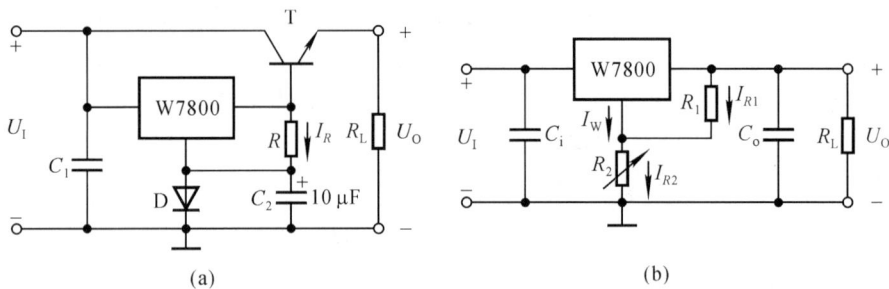

图 9.1.5　W7800 的应用

(a) 扩大输出电流的稳压电路　(b) 输出电压可调的稳压电路

$$I_{Lmax} = (1+\beta)(I_{Omax}-I_R) \tag{9.1.8}$$

图 9.1.5(b) 所示为扩大输出电压的稳压电路,也是输出电压可调的稳压电路,若 W7800 的输出电压为 U'_O,则输出电压的表达式为

$$U_O = \left(1+\frac{R_2}{R_1}\right)U'_O + I_W R_2 \tag{9.1.9}$$

式中 I_W 为三端稳压器公共端的电流,通常为几到十几毫安。

三、W117 集成稳压器及其应用

W117 为基准电压源电路,其输出电压为 1.25 V,可作为输出电压可调的稳压电路的基准电压。W117 及其基本应用如图 9.1.6(b) 所示。由 W117 实现的输出电压可调的稳压电路如图 (c) 所示,由于调整端的电流很小,可忽略不计,故可认为输出电压的表达式为

$$U_O = \left(1+\frac{R_2}{R_1}\right)U'_O = \left(1+\frac{R_2}{R_1}\right) \times 1.25 \text{ V} \tag{9.1.10}$$

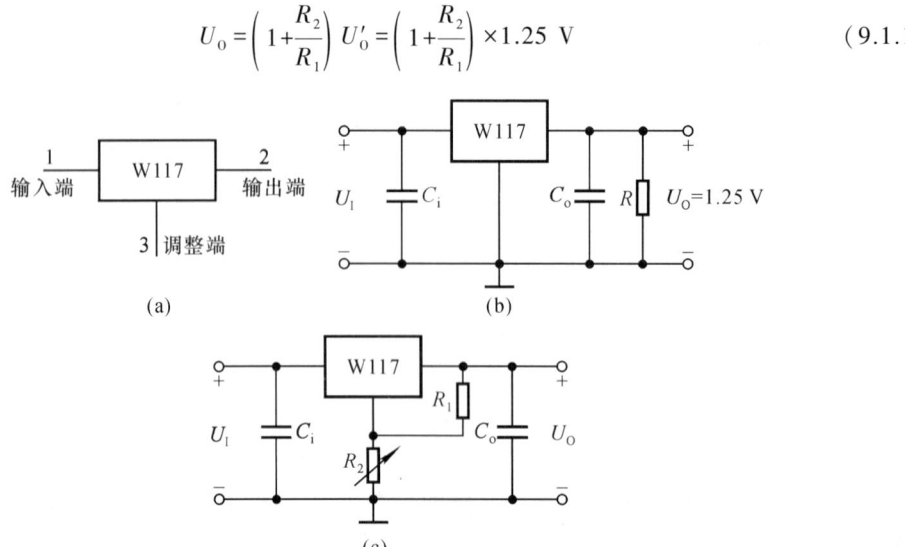

图 9.1.6　W117 及其应用

(a) W117　(b) 基本应用　(c) 输出电压可调的稳压电路

U_O' 为 W117 的输出电压。与式(9.1.9)相比,输出电压几乎不受稳压器电流的影响。

与 W7800 系列产品一样,W117、W117M 和 W117L 的最大输出电流分别为 1.5 A、0.5 A 和 0.1 A。利用图 9.1.5(a)的方法也可扩大稳压电路的输出电流。

W127、W137 与 W117 具有相同的引出端和输出电压,但工作温度范围不同,以 W117 工作温度范围最宽,为-55~150℃。

四、其它集成稳压器

W7900 系列集成稳压器与 W7800 相对应,也有七种输出电压和三种最大输出电流,只是输出电压为负值,可以组成负输出电压的稳压电路。

W237、W337 与 W117 相对应,和 W7900 相类似,输出负的基准电压-1.25 V。

9.1.6 开关型稳压电路

在串联型稳压电路中,由于调整管始终工作在线性区(即放大区),也称之为线性稳压电源。输出电压稳定性高,纹波电压小,适于作为模拟电子电路和系统的电源,但其功耗较大,因而电路的效率低。

开关型稳压电路中的调整管工作在开关状态,因而功耗小,电路效率高,但一般输出的纹波电压较大,适用于输出电压调节范围小、输出电流变化不大、且负载对输出纹波要求不高的情况。

串联开关型稳压电路是降压型电路。脉冲宽度调制式(PWM)串联开关型稳压电路如图 9.1.7(a)所示,调整管的基极和发射极电压波形如图(b)所示,输出电压近似为

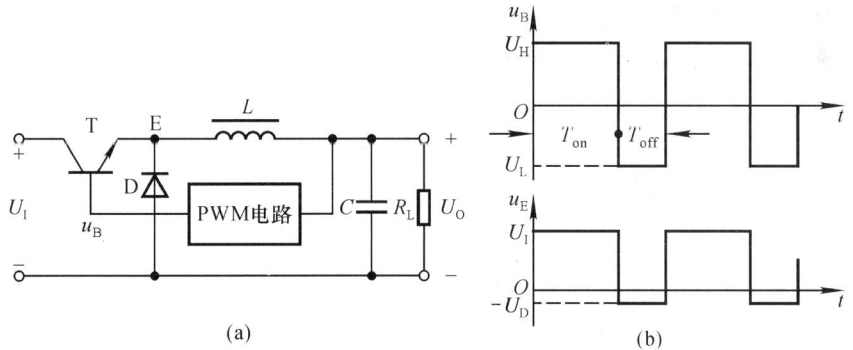

图 9.1.7 串联开关型稳压电路及波形分析
(a) 电路 (b) 波形

$$U_O \approx \frac{T_{on}}{T} \cdot U_I = qU_I \qquad (9.1.11)$$

当输出电压 U_O 由于某种原因升高时,作用于 PWM 电路,使调整管基极电压的脉冲宽度变窄,即占空比 q 减小,从而使 U_O 降低;当 U_O 因某种原因降低时,q 增大,从而使 U_O 升高;因此输出电压得到稳定。

脉冲宽度调制式(PWM)并联开关型稳压电路如图 9.1.8 所示,当电感 L 足够大时输出电压 U_O 将大于输入电压,因而并联开关型稳压电路是

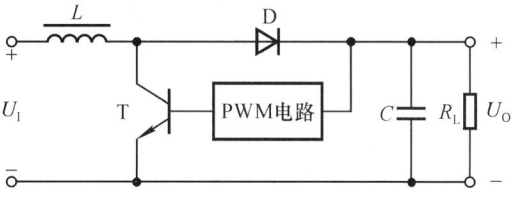

图 9.1.8 并联开关型稳压电路及波形分析

升压型电路。其稳压原理与图 9.1.7(a)所示电路相同。

9.2 难点释疑

9.2.1 倍压整流电路的分析

与一般二极管电路的分析方法一样,为了得到倍压整流电路输出电压的数值,需明确电路中的二极管什么条件下导通和什么条件下截止。为了使分析过程简单化,在分析时,常设负载电阻无穷大(即负载开路)且电路已进入稳态,然后对每个电容上的电压逐个分析,最后得到输出电压。

例如,在图 9.2.1 所示电路中,逐个研究 C_1、C_2、C_3 上的电压。为了便于叙述,设 B 点为"地"(如图中所标注),变压器二次电压有效值为 U_2。

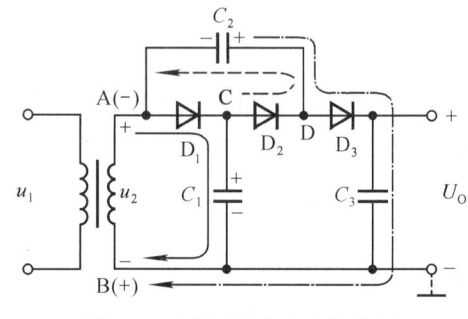

图 9.2.1 倍压整流电路的分析

C_1 上电压的分析:u_2 为正半周时,即 A 点为"+"B 点为"-"时,从 A 点经 D_1 向 C_1 充电的电流(见图中实线所示),进入稳态时 C_1 的电压为 $\sqrt{2}\ U_2$,极性如图中所标注。在 u_2 为正半周时 D_2 是否导通呢?要看 D 点电位是否低于 C_1 上电压,而 D 点电位决定于 C_2 上的电压。

C_2 上电压的分析:u_2 正半周时不可能通过 D_2 对 C_2 充电,而在 u_2 负半周时,即 A 点为"-"B 点为"+"时,u_2 与 C_1 上电压相加通过 D_2 对 C_2 充电(见图中虚线所示),因而进入稳态时 C_2 的电压可达 $2\sqrt{2}\ U_2$,极性如图中所标注。

C_3 上电压的分析:u_2 为正半周时,若 C_2 已进入稳态,则将与 u_2 相加通过 D_3 对 C_3 充电(见图中点画线所示),C_3 的电压可达 $3\sqrt{2}\ U_2$,极性如图中所标注。C_3 的电压就是输出电压,$U_0 = 3\sqrt{2}\ U_2$。

应当指出,上述只是分析方法,实际上,三个电容充电的过渡过程是同时发生的,空载情况下进入稳态后所有的二极管均截止;带上负载电阻并进入稳态后,在 u_2 的每个周期内各个电容都有充放电过程,但 $C_1 \sim C_3$ 上平均电压的比例关系基本不变。

9.2.2 串联型稳压电路必须引入深度电压负反馈

串联型稳压电路是小型的模拟电子系统,其基本原理是引入电压负反馈来稳定输出电压。因此,在组成串联型稳压电路时仅就反馈应注意以下问题:

(1) 引入的一定是电压负反馈,而不是正反馈。

(2) 比较放大部分中的放大管和调整管应在电网电压波动、负载电阻变化、输出电压调节过程中始终工作在放大状态,负反馈才起作用,输出电压才稳定。

(3) 电路不应产生自激振荡。

在图 9.2.2 所示电路中,当输出电压 U_0 由于某种原因升高时,通过采样电阻 $R_1 \sim R_3$ 使 T_3 管的基极电位 U_{B3} 随之升高,T_3 管集电极(即调整管 T_1 的基极)电位降低,T_1 的发射极电位随之降低,即输出电压 U_0 降低,U_0 基本不变。当输出电压 U_0 由于某种原因降低时,各物理量的变化与上述过程相反,U_O 也基本不变。在深度负反馈条件下 T_2 和 T_3 的基极电位近似相等,因而输出电压的调节范围为

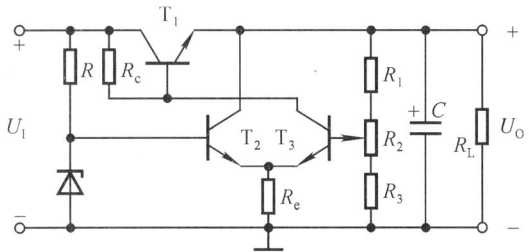

图 9.2.2　串联型稳压电路中的负反馈

$$\frac{R_1+R_2+R_3}{R_1+R_2} \cdot U_Z \leqslant U_O \leqslant \frac{R_1+R_2+R_3}{R_1} \cdot U_Z \tag{9.2.1}$$

在什么情况下电路中引入的不是负反馈呢？若 T_2 和 T_3 管的集电极所接电路互换,即 T_2 管的集电极接 R_c 和 T_1 管的基极,T_3 管的集电极接 T_1 管的发射极;则电路引入的是正反馈,电路不能正常工作。

在什么情况下差分放大电路中的放大管和调整管不能工作在放大区,而使负反馈失去作用,电路不再稳压呢？举例如下：

（1）当输入电压因电网电压降低而达到最小值 U_{Imin} 且输出电压又为最大值 U_{Omax} 时,若调整管 T_1 的管压降

$$U_{CE1} = U_{Imin} - U_{Omax} \leqslant U_{CES1}$$

T_1 进入饱和区,则电路不再稳压。

（2）环境温度升高,T_1 的穿透电流 I_{CEO} 增大且空载时,若 T_1 的管压降

$$U_{CE1} \approx U_I - I_{CEO}(R_1+R_2+R_3) \leqslant U_{CES1}$$

T_1 进入饱和区,电路出现高温失控现象,不再稳压。

（3）T_1 基极的节点电流方程为

$$I_{R_c} = I_{B1} + I_{C3}$$

即 R_c 的电流等于 T_1 基极电流和 T_3 集电极电流之和。若负载电流增大至使 $I_{B1} = I_{R_c}$,则 T_3 截止,差分放大电路不能正常工作,电路不再稳压。

（4）在差分放大电路中,T_2 和 T_3 的发射极电流之和等于 R_e 中的电流,而且 R_e 中的电流基本不变,即

$$I_{E2} + I_{E3} = I_{R_e} = \frac{U_Z - U_{BE2}}{R_e} \approx I_{C2} + I_{C3}$$

若空载,即 T_3 集电极电流最大时,$I_{C3} \geqslant I_{R_e}$,则 T_2 管截止,差分放大电路不能正常工作,电路不再稳压。

（5）若在输出端测得纹波电压不是几毫伏至十几毫伏,而是几百毫伏,甚至更大,则说明电路中产生了自激振荡,电路不能稳压,需消振。

综上所述,U_I 足够大、采样电阻不要太大避免空载时调整管饱和;R_e 与 R_c 相互配合,避免差分放大电路中的差分管截止;即调整管和差分管在电网电压的波动范围内、输出电压的调节范围

内和负载电流的变化范围内始终工作在放大状态,负反馈才起作用,电路也才能稳压。

9.2.3 如何理解稳压电路的性能指标

稳压电路的基本指标是输出电压和输出电流,对于实用直流电源,应给出输出电压的调节范围和最大负载电流(额定负载电流)。如何理解这两个性能指标呢?

若作为稳压电路的性能指标输出电压调节范围为 $U_{Omin} \sim U_{Omax}$,则说明在满载情况下,在电网电压允许的波动范围内输出电压均可从 U_{Omin} 调到 U_{Omax};若作为稳压电路的性能指标输出电流为 $0 \sim I_{Omax}$(满载),则说明输出电压在 $U_{Omin} \sim U_{Omax}$ 的任何数值下且在电网电压允许的波动范围内输出电流均可从 0 调到 I_{Omax}。

在图 9.2.3 所示串联型稳压电路的输入电压 U_I 是 50 Hz、220 V 的电网电压通过电源变压器、整流和滤波后得到的;电网电压允许的波动范围是 $\pm 10\%$,可以认为 U_I 的波动范围也是 $\pm 10\%$。若其性能指标输出电压调节范围为 $U_{Omin} \sim U_{Omax}$,输出电流为 $0 \sim I_{Omax}$,则电路应满足下列条件:

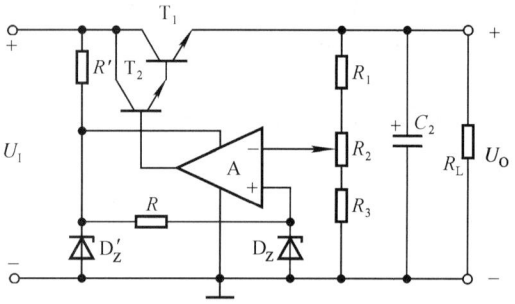

图 9.2.3 正确理解串联型稳压电路的性能指标

(1) T_1 的最大集电极电流

$$I_{CM} > I_{Omax} \tag{9.2.2}$$

并稍有余量。

(2) 在 $U_I = U_{Imin}$ 时 U_O 可调到 U_{Omax},即 T_1 不饱和,

$$U_{CE1} = U_{Imin} - U_{Omax} > U_{CES} \tag{9.2.3}$$

(3) 在 $U_I = U_{Imax}$、$U_O = U_{Omin}$ 且 $I_L = I_{Omax}$ 时,T_1 不会因集电极功耗过大而损坏,即

$$P_C \approx I_{Omax}(U_{Imax} - U_{Omin}) < P_{CM} \tag{9.2.4}$$

(4) 此外,集成运放的输出电压和电流应满足调整管基极电位和电流的需要。

从以上分析可知,(1)~(3)实际上是调整管的选择原则,(4)是集成运放的选择原则。若 $U_O = 5 \sim 15$ V;$U_I = 22$ V,波动范围为 $\pm 10\%$;$I_{Omax} = 1$ A,则应选择 T_1 的极限参数为

$$I_{CM} > I_{Omax} = 1 \text{ A}$$
$$U_{(BR)CEO} > 1.1 U_I - U_{Omin} = 19.2 \text{ V}$$
$$P_{CM} > I_{Omax}(1.1 U_{Imax} - U_{Omin}) = 19.2 \text{ W}$$

为留有一定的余地,可选取 I_{CM} 为 1.2 A、$U_{(BR)CEO}$ 为 25 V、P_{CM} 为 20 W 的调整管 T_1。T_1 管压降最小值

$$U_{CE1min} = 0.9 U_I - U_{Omax} = 4.8 \text{ V}$$

管子没有饱和,说明 U_I 选取合适,输出电压可从 5 V 调整到 15 V。

若 T_1、T_2 管的电流放大倍数分别为 30 和 50,b-e 间电压均为 0.7 V,则要求集成运放输出电流(即 T_2 管的基极电流)最大值为

$$I'_{Omax} \approx \frac{I_{Omax}}{\beta_1 \beta_2} \approx 0.67 \text{ mA}$$

要求集成运放输出电压的变化范围为

$$U_O + U_{BE1} + U_{BE2} = 6.4 \sim 16.4 \text{ V}$$

上述两项要求不难满足。

换一个角度理解性能指标,例如,若 $U_I = 18$ V,T_1 的饱和管压降 U_{CES} 为 3 V,则作为性能指标,输出电压的最大值仅为

$$U_O = 0.9U_I - U_{CES} = 13.2 \text{ V}$$

虽然在 $U_I \geq 18$ V 时输出电压可达 15 V,但是电网电压最低值时输出电压最大值只能调到 13.2 V,故 15 V 不能作为性能指标。又如,若集成运放输出的最大电流 I'_O 仅为 0.5 mA,则 $I_{Omax} = \beta_1 \beta_2 I'_O = 0.75$ A,而不是 1 A。

9.2.4 直流稳压电源中的过流保护电路

在实用的直流稳压电源中,为避免调整管损坏,至少要加过流保护电路。在集成稳压器中除了有过流保护,还有过压保护、过热保护等。在电源正常工作时,这些保护电路应不影响主电路的工作,而出现异常情况时应具有自动和快速的特点。

过流保护电路有限流型和截流型两种。

在图 9.2.4(a)所示电路中,R_0 为输出电流 I_O 的采样电阻。未过流时,T_2 管因 b-e 电压 $U_{BE2}(=I_O R_0)$ 小于开启电压 U_{on} 而截止,比较放大电路的输出电流全部流入调整管 T_1 的基极;当 I_O 增大到一定程度,$U_{BE2} > U_{on}$,T_2 导通,为 T_1 基极分流,从而保护了 T_1。T_2 一旦导通,U_{BE2} 变化不大,限制了 R_0 的电流,实际上就是限制了输出电流 I_O,可以认为

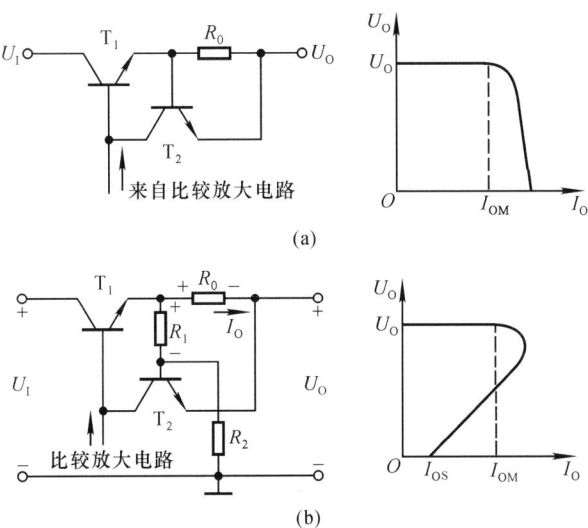

图 9.2.4 串联型稳压电源中的过流保护电路
(a)限流型 (b)截流型

$$I_{\text{OM}} \approx \frac{U_{\text{BE2}}}{R_0}$$

也就是说,当过流时输出电流被限制在 I_{OM},如图(a)曲线中所标注,故称之为限流型过流保护电路。从以上分析可知,限流型过流保护电路起作用时,输出电流很大,电路功耗也很大,而截流型过流保护电路在保护电路起作用时输出电流和输出电压均迅速减小,使调整管截止。

在图 9.2.4(b)所示电路中,R_0 也为输出电流 I_0 的采样电阻。设 R_1、R_0 的电压为 U_{R_1} 和 U_{R_0},其极性应如图中所标注,则 T_2 管 b-e 电压

$$U_{\text{BE2}} = -U_{R_1} + U_{R_0}$$

未过流时,$U_{\text{BE2}} < U_{\text{on}}$,$T_2$ 截止。当 $I_0 > I_{\text{OM}}$ 时,$U_{\text{BE2}} > U_{\text{on}}$,$T_2$ 导通,为 T_1 基极分流,从而保护了 T_1。一旦 T_2 导通,将使 I_0、U_0 减小,而 U_0 减小就是 T_2 发射极电位降低,因而 T_2 基极电流增大,导致集电极电流分流更强,使 I_0、U_0 进一步减小……产生正反馈过程,直至 T_2 饱和、T_1 截止,I_0 维持一个很小的数值,如图(b)曲线所标注。

9.2.5 开关型稳压电源及其电路中的负反馈

开关型稳压电源中调整管工作在开关状态,因而管耗小,电路效率大大高于线性电源。它有降压型和升压型两种,前者输出电压低于输入电压,后者输出电压高于输入电压。由于这两种电路中的调整管分别与负载串联和并联,故也称之为串联型和并联型开关电源,它们的组成如图 9.2.5 所示。在图(a)所示电路中,晶体管发射极 e 点电压 u_E 的波形是幅值约为 U_1 的矩形波,而输出电压 U_0 是 u_E 的平均值,故 $U_0 < U_1$。在图(b)所示电路中,在 T 截止时,U_1 与电感 L 上感生电动势之和对电容 C 充电,故若 L 足够大,则可以做到 $U_0 > U_1$。

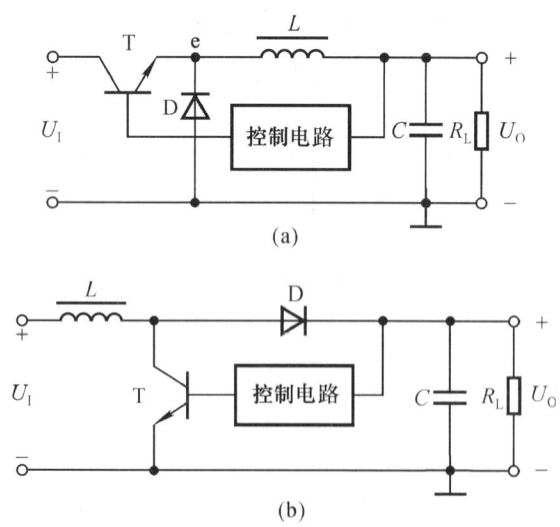

图 9.2.5 开关型稳压电源
(a) 降压型 (b) 升压型

开关型稳压电源的稳压原理仍然是引入负反馈,但是这种负反馈有别于放大电路中的负反馈。分析可知,两种电路的输出电压均正比于调整管基极电压 u_B 波形的占空比。它们的负反馈

表现在若由于某种原因使输出电压 U_o 增大,则通过控制电路使 u_B 波形的占空比减小,从而 U_o 减小,得到稳定;若由于某种原因 U_o 减小,则占空比增大,从而 U_o 增大,得到稳定。与线性稳压电源相同,开关型稳压电源的稳定输出电压的基本原理也是引入负反馈。

9.3 例题精解

本章习题的常见类型为:
(1) 直流电源的基本知识,包括整流、滤波、稳压电路的作用、不同电路的特点和在一定需求下电路的选择。
(2) 单相整流电路工作原理和波形分析、输出电压和电流平均值的估算、整流二极管的选择以及整流滤波电路的故障分析。
(3) 稳压管稳压电路的工作原理、分析计算和参数的选择。
(4) 串联型稳压电源的组成、输出电压调节范围的估算、调整管的极限参数以及故障分析;集成稳压器的应用电路分析及参数的选择。
(5) 开关型稳压电路的组成及特点。

由于串联型稳压电源除了涉及直流电源的整流、滤波、稳压电路等各个组成部分以及考虑性能指标时问题的复杂性外,还涉及大功率晶体管的极限参数、放大与负反馈的基本概念和分析方法等多方面的知识,故此类题目具有一定的综合性和难度。

9.3.1 直流电源的基本知识

【例 9.3.1】 判断下列说法是否正确,用"√"或"×"表示判断结果填入空内。
(1) 直流电源是一种将交流信号转换为直流信号的信号处理电路。( )
(2) 直流电源将交流能量转换为直流能量,是能量转换电路。( )
(3) 图 9.3.1(a) 所示为半波整流电路,图(b) 是全波整流电路;( )

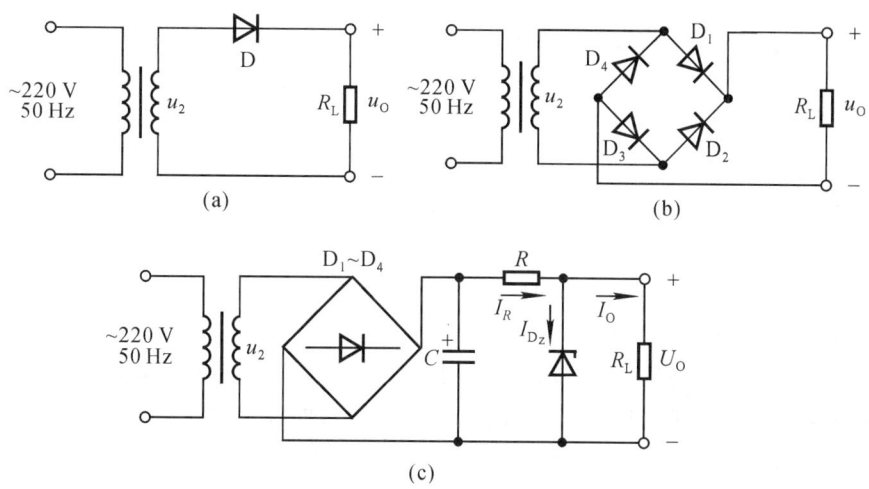

图 9.3.1 例 9.3.1 电路图

若变压器二次电压和负载电阻均相等,则后者输出电流平均值是前者输出电流平均值的 2 倍;(   )

因此,后者与前者的整流管平均电流之比为 2∶1;(   )

若 U_2 为电源变压器二次电压的有效值,二者均采用电容滤波,则两个电路在空载时的输出电压均为 $\sqrt{2}U_2$。(   )

(4) 电容滤波电路适用于负载电流较小的情况;(   )

而电感滤波电路适用于负载电流较大的情况。(   )

(5) 在图 9.3.1(c) 所示稳压管稳压电路中,限流电阻 R 是可有可无的元件;(   )

当负载电阻 R_L 变化时稳压管中的电流不变;(   )

当电网电压变化或负载电阻变化时输出电压绝对不变。(   )

(6) 只有当电网电压和负载变化时调整管始终工作在放大状态,串联型稳压电路才能正常工作;(   )

串联型稳压电路依靠引入电压负反馈来稳定输出电压;(   )

其稳压性能与负反馈的深度和基准电压的稳定性紧密相关;(   )

电路中引入的电压负反馈越深,输出电压越稳定。(   )

(7) 开关型稳压电源中的调整管工作在开关状态;(   )

它比线性稳压电源效率高;(   )

它与线性稳压电源一样,输出电压可以有较大的调节范围;(   )

所谓脉宽调制型,是指加在开关型稳压电源中调整管的开关信号的频率变化时脉冲宽度也变化的控制方式。(   )

提示:本题考查是否掌握直流电源的有关概念;包括是否了解单相整流电路、滤波电路和稳压管稳压电路的工作原理,以及线性稳压电路和开关型稳压电路的工作原理和主要区别。

解:直流电源是将电网电压的交流电转换成直流电的能量转换电路,故答案为:(1)×;(2)√。

(3) 图 9.3.1(a)所示为半波整流电路,(b)所示是桥式整流电路,为全波整流电路,因而在 U_2 相同的情况下电路(a)输出电压平均值仅为电路(b)的一半。但是,由于电路(b)的每只二极管仅在半个周期导通,因而两个电路整流管的平均电流相同。当它们均采用电容滤波且空载时,在稳态的情况下电容没有放电回路,因而输出电压均为 $\sqrt{2}U_2$。故答案为:√;√;×;√。

(4) √;√。

(5) 在稳压管稳压电路中,限流电阻 R 不但限制稳压管中的电流,使之既能工作在稳压状态又不至于损坏,而且在电网电压波动时其电压产生相反方向的变化,起补偿作用,使输出电压基本不变,因此是不可缺少的元件。

当负载电阻 R_L 变化时稳压管电流产生相反方向的变化,从而使输出电压基本不变。

当电网电压变化或负载电阻变化时,正是通过稳压管的稳定电压(输出电压)产生微小变化,改变其电流,从而进行调节,才使输出电压基本不变的。从另一角度说,若输出电压绝对不变,没有上述调节过程,则输出电压一定不稳定。

答案为:×;×;×。

(6) 串联型稳压电路依靠引入电压负反馈来稳定输出电压,因此调整管必须始终工作在放大状态,负反馈才起作用,输出电压才能够稳定。通常,其引入的应是深度电压负反馈。此外,基准电压的稳定性是影响稳压性能的另一个重要因素。

与一般负反馈放大电路一样,负反馈的深度是有限度的,所谓物极必反,若引入的负反馈过强,则电路将产生自激振荡,从而不能正常工作,即不能输出稳定的直流电压。

答案为:√;√;√;×。

(7) 开关型稳压电源因调整管工作在开关状态而得名。由于其调整管在截止时电流很小,在饱和时管压降很小,因而功耗较小,所以它比线性稳压电源的效率高。但它与线性稳压电源不一样,仅适用于输出电压固定或调节范围很小的应用场合。

所谓脉宽调制型,是指加在开关型稳压电源中调整管的开关信号在周期(频率)不变的情况下,利用脉冲宽度的变化来进行控制的方式。

答案为:√;√;×;×。

9.3.2 整流滤波电路的分析估算

分析整流电路,就是研究在变压器二次电压分别为正、负半周时各二极管的工作状态,由此得出输出电压和电流的平均值,以及二极管承受的最大反向电压和整流平均电流,如表9.1.1所示。

一、整流电路的分析计算

【例9.3.2】 电路如图9.3.2所示,变压器二次电压有效值 $U_{21} = 60$ V,$U_{22} = U_{23} = 30$ V。试问:

(1) 输出电压平均值 $U_{O1(AV)}$ 和 $U_{O2(AV)}$ 各为多少?

(2) 若考虑电网电压波动范围是±10%,则各二极管承受的最大反向电压为多少?

(3) 若在 R_{L2} 并联一个电容 C,且满足 $R_{L2}C = 2T$(T 为电网电压的周期)的条件,则 u_{O2} 的平均值 $U_{O2} \approx$?

提示:本题考查整流电路的分析方法。

解:(1) u_{O1} 是半波整流电路的输出,在变压器二次电压为正半周时,电流从 A 经 D_1、R_{L1} 到"地",负载电阻 R_{L1} 上的电压是 u_{21} 与 u_{22} 之和,因此其平均值

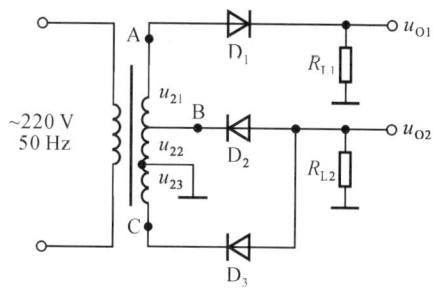

图9.3.2 例9.3.2电路图

$$U_{O1} \approx 0.45(U_{21}+U_{22}) = 40.5 \text{ V}$$

D_2 和 D_3 组成全波整流电路。当变压器二次电压 B 为"+"、C 为"−"时,D_3 导通,D_2 截止,电流从"地"经 R_{L2}、D_3 到 C,$u_{O1} = u_{23} = u_{22}$;当 B 为"−"、C 为"+"时,D_2 导通,D_3 截止,电流从"地"经 R_{L2}、D_2 到 B,$u_{O1} = -u_{22}$。故 u_{O2} 的平均值

$$U_{O2} \approx -0.9U_{22} = -27 \text{ V}$$

负号表示对"地"为"−"。

(2) 根据表9.1.1可知,D_1 的最大反向电压

$$U_R > 1.1\sqrt{2}(U_{21}+U_{22}) \approx 140 \text{ V}$$

D_2、D_3 的最大反向电压

$$U_R > 1.1 \times 2\sqrt{2}\, U_{22} \approx 93 \text{ V}$$

(3) 满足式 $R_{L2}C = 2T$,即满足 $R_L C = (3 \sim 5)T/2$ 的条件,故可以认为

$$U_{O2} \approx -1.2 U_{22} = -36 \text{ V}$$

二、整流滤波电路的故障分析

【**例 9.3.3**】 在图 9.3.3 所示电路中,已知变压器副边电压有效值 U_2 为 10 V,$R_L C \geqslant 3T/2$(T 为电网电压的周期)。已知可能出现的情况如下:

A.工作正常　　B.电容开焊　　C.负载开路　　D.一只二极管开焊

测得输出电压平均值 $U_{O(AV)}$,选择上述情况的一种填入空内。

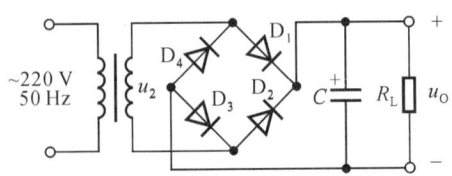

图 9.3.3　例 9.3.3 电路图

(1) 若 $U_{O(AV)} \approx 14$ V,则_____;

(2) 若 $U_{O(AV)} \approx 12$ V,则_____;

(3) 若 6 V $< U_{O(AV)} <$ 12 V,则_____;

(4) 若 $U_{O(AV)} \approx 9$ V,则_____。

提示:图 9.3.3 所示的单相桥式整流电容滤波电路是小功率直流电源中最常用的整流滤波电路,是必须掌握的电路。本题考查桥式整流滤波电路的故障分析,可参阅表 9.1.1。

解:(1) 因负载开路时 $U_{O(AV)} = \sqrt{2}\, U_2 \approx 14$ V,故答案为 C。

(2) 因电路正常工作时 $U_{O(AV)} \approx 1.2 U_2 = 12$ V,故答案为 A。

(3) 在单相桥式整流电容滤波电路中,若有一只整流管断开,电路成为半波整流电容滤波电路,电容上的电压波形如图 9.3.4 所示。当电容放电到 b 点时将继续按指数规律放电,至 c 点再充电,故答案为 D。

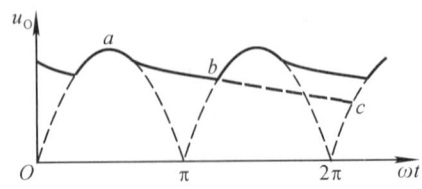

图 9.3.4　例 9.3.3 解图

(4) 因无电容滤波时整流电路的 $U_{O(AV)} \approx 0.9 U_2 = 9$ V,故答案为 B。

三、倍压整流电路的分析

【**例 9.3.4**】 电路如图 9.3.5 所示,试标出各电容两端电压的极性和数值,并分析负载电阻上能够获得几倍压的输出。

提示:目前倍压整流电路应用得不是太多,但是作为习题,可以考查是否掌握整流滤波电路的分析方法。

解：在图 9.3.5 所示电路中，A 为"+"B 为"-"时，通过 D_2 对 C_1 充电，最终得到上"+"下"-"的一倍压；A 为"-"B 为"+"时，通过 D_3 对 C_2 充电，最终得到上"-"下"+"的一倍压。与此同时，在 A 为"+"B 为"-"时，D_4 导通，u_2 与 C_2 电压之和对 C_4 充电，最终得到左"+"右"-"的二倍压；A 为"-"B 为"+"时，D_1 导通，u_2 与 C_1 电压之和对 C_3 充电，最终得到左"+"右"-"的二倍压。C_3 与 C_4 电压之和是负载电阻上的电压。因此，负载电阻上的电压为 4 倍压，极性左为"+"右为"-"。

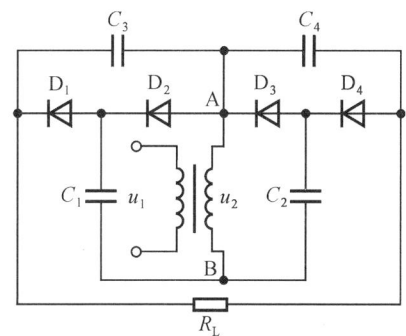

图 9.3.5　例 9.3.4 电路图

9.3.3　稳压管稳压电路的分析估算

【**例 9.3.5**】　在如图 9.3.6 所示稳压管稳压电路中，已知输入电压 U_I 为 15 V，波动范围为 ±10%；稳压管的稳定电压 U_Z 为 6 V，稳定电流 I_Z 为 5 mA，最大耗散功率 P_{ZM} 为 180 mW；限流电阻 R 为 250 Ω；输出电流 I_O 为 20 mA。回答下列问题：

（1）当 U_I 变化时，稳压管中电流的变化范围为多少？

（2）若负载电阻开路，则将发生什么现象？为使电路能空载工作，应如何改变电路参数？

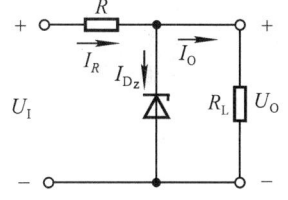

图 9.3.6　例 9.3.5 电路图

提示：只有在稳压管与其限流电阻相互匹配时，稳压管稳压电路才能正常工作。本题从不同的侧面考查是否理解稳压管参数的物理意义及限流电阻的选择原则。

解：根据已知条件，输入电压 U_I 的波动范围为

$$U_{Imin} = 0.9U_I = 0.9 \times 15 \text{ V} = 13.5 \text{ V}$$
$$U_{Imax} = 1.1U_I = 1.1 \times 15 \text{ V} = 16.5 \text{ V}$$

U_I 波动时 R 中电流的变化为

$$I_{Rmin} = \frac{U_{Imin} - U_Z}{R} = \frac{13.5 - 6}{250} \text{A} = 0.030 \text{ A} = 30 \text{ mA}$$

$$I_{Rmax} = \frac{U_{Imax} - U_Z}{R} = \frac{16.5 - 6}{250} \text{A} = 0.042 \text{ A} = 42 \text{ mA}$$

稳压管的最大稳定电流

$$I_{ZM} = \frac{P_{ZM}}{U_Z} = \frac{180}{6} \text{mA} = 30 \text{ mA}$$

(1) 由于负载电流为 20 mA, 稳压管电流的变化范围是

$$I_{\text{DZmin}} = I_{R\text{min}} - I_L = (30-20)\text{ mA} = 10\text{ mA}$$
$$I_{\text{DZmax}} = I_{R\text{max}} - I_L = (42-20)\text{ mA} = 22\text{ mA}$$

(2) 若负载电阻开路,则稳压管的电流等于限流电阻中的电流。当输入电压最高时,$I_{\text{DZ}} = I_{R\text{max}} = 42\text{ mA} > I_{\text{ZM}} = 30\text{ mA}$, 稳压管将因电流过大而损坏。为使电路能空载工作,应增大 R。根据式(9.1.4)

$$\frac{U_{\text{Imax}} - U_Z}{I_{\text{ZM}} + I_{L\text{min}}} < R < \frac{U_{\text{Imin}} - U_Z}{I_Z + I_{L\text{max}}}$$

$$R_{\min} = \frac{16.5 - 6}{30 + 0} \times 10^3\ \Omega = 350\ \Omega$$

$$R_{\max} = \frac{13.5 - 6}{5 + 20} \times 10^3\ \Omega = 300\ \Omega$$

可见,R 没有合理的取值范围,因而必须更换 I_{ZM}(即耗散功率)更大的稳压管,如选择 $I_{\text{ZM}} = 40$ mA 的稳压管,此时

$$R_{\min} = \frac{16.5 - 6}{40 + 0} \times 10^3\ \Omega \approx 263\ \Omega$$

可选取 R 为 270 Ω 或 280 Ω。

【例 9.3.6】 电路如图 9.3.7 所示,已知 u_2 的有效值 U_2 为 20 V,滤波电容足够大,电网电压波动范围为 ±10%,输出电压 $U_O = 5$ V,负载电流 I_O 的变化范围为 5~20 mA;D_{Z1} 稳定电压 $U_{Z1} = 12$ V,两只稳压管电流允许的变化范围均为 5~30 mA。试问:

(1) R_1 和 R_2 的取值范围各为多少?
(2) 整流二极管的最大整流平均电流 I_F 和最高反向工作电压 U_R 至少选取多少?

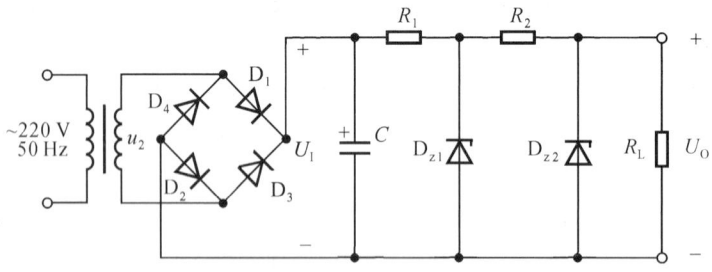

图 9.3.7 例 9.3.6 电路图

提示:本题是在已知电路形式的条件下选取电路参数,属于带有设计性质的题目,该电路是两级稳压电路。考查是否较为深入地理解了整流、滤波和稳压电路参数之间的关系,具有一定的综合性。

电子电路的分析是从输入开始,而电子电路的设计需从输出开始,从负载的需求,逐级向前级电路提出性能要求,从而确定参数。因此,本电路应首先根据 U_{Z1}(后级稳压电路的输入电压)、输出电压和电流求解 R_2 取值范围,并确定其具体数值;然后根据 R_2、U_1 求解 R_1 取值范围,并确定其具体数值;最后根据 U_1、R_1 确定整流二极管的两个极限参数 I_F 和 U_R。

解:(1) R_2 和 D_{Z2} 组成的稳压电路的输入电压是 U_{Z1},基本不变;$U_O = U_{Z2} = 5$ V,$I_O = 5$~20 mA。

因此，R_2 的取值范围

$$R_{2\min} = \frac{U_{Z1} - U_O}{I_{ZM} + I_{O\min}} = \frac{12-5}{30+5} \times 10^3 \Omega = 200\ \Omega$$

$$R_{2\max} = \frac{U_{Z1} - U_O}{I_Z + I_{O\max}} = \frac{12-5}{5+20} \times 10^3 \Omega = 280\ \Omega$$

按照电阻系列的值，可取 240 Ω、250 Ω、270 Ω 中的一个。若实际确定 $R_2 = 270\ \Omega$，则 R_1 和 D_{Z1} 组成的稳压电路的负载电流

$$I'_O = \frac{U_{Z1} - U_{Z2}}{R_2} = \frac{12-5}{270} A \approx 0.026\ A = 26\ mA$$

基本不变；输入电压 $U_1 \approx 1.2 U_2 = 24$ V。R_1 的取值范围

$$R_{1\min} = \frac{1.1 \times U_1 - U_{Z1}}{I_{ZM} + I'_O} \approx \frac{1.1 \times 24 - 12}{30+26} \times 10^3 \Omega = 257\ \Omega$$

$$R_{1\max} = \frac{0.9 \times U_1 - U_{Z1}}{I_Z + I'_O} \approx \frac{0.9 \times 24 - 12}{5+26} \times 10^3 \Omega = 310\ \Omega$$

按照电阻系列的值，可取 270 Ω、300 Ω 中的一个。实际确定 $R_1 = 300\ \Omega$。

为什么限流电阻 R_1、R_2 均选取其取值范围中接近上限值的电阻呢？这是因为当稳压管的动态电阻 r_z 远远小于限流电阻 R 时，稳压电路的稳压系数

$$S_r \approx \frac{r_z}{R} \cdot \frac{U_1}{U_Z}$$

所以在 U_1、U_Z、r_z 均确定的情况下，R 越大，在电网电压波动时输出电压的稳定性越好。

（2）由 U_1、R_1、U_{Z1}，可知整流滤波电路负载电流 I_L 的最大值为

$$I_{L\max} = \frac{1.1 U_1 - U_{Z1}}{R_1} \approx \frac{1.1 \times 24 - 12}{300} A = 0.048\ A = 48\ mA$$

由于整流二极管的电流为负载电流的二分之一，考虑到电网电压的波动，I_F 和 U_R 应

$$I_F > \frac{I_{L\max}}{2} = \frac{48}{2} mA = 24\ mA$$

$$U_R > 1.1\sqrt{2} U_2 = 1.1 \times \sqrt{2} \times 20\ V \approx 31\ V$$

9.3.4 串联型稳压电源的分析

串联型稳压电路是依靠引入深度电压负反馈来使输出电压稳定的。基准电压的稳定性和反馈深度是影响输出电压稳定性的重要因素。

一、串联型稳压电路的组成及基本原理

【例 9.3.7】 某同学在实验中将串联型稳压电源连接成如图 9.3.8 所示电路，试找出图中错误，说明其带来的后果，并改正。

提示：本题考查是否掌握串联型稳压电路的工作原理，涉及如何理解桥式整流电路中四只二极管的接法、滤波电容的极性、稳压管稳压电路中限流电阻的重要作用、串联型稳压电路中必须引入负反馈等有关直流电源的基本问题。

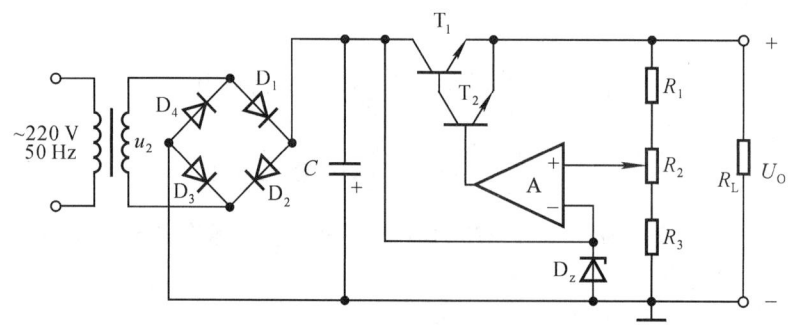

图 9.3.8　例 9.3.7 电路图

解：图示电路中有五处错误，分析如下：

（1）整流电路中 D_2 接反。D_1 和 D_2 将会因电流过大而烧坏，变压器也有可能因副边电流过大而烧坏。

（2）滤波电容接反。因滤波电容为电解电容，若接反则将损坏。

（3）基准电压电路稳压管无限流电阻，稳压管将因电流超过最大稳定电流而损坏。

（4）调整管的接法因不能构成复合管而截止。

（5）集成运放的同相输入端和反相输入端接反，使电路引入正反馈，不可能稳压。

由以上分析可知，只要有一个错误不纠正电路都不可能正常工作。改正后的电路如图 9.3.9 所示。

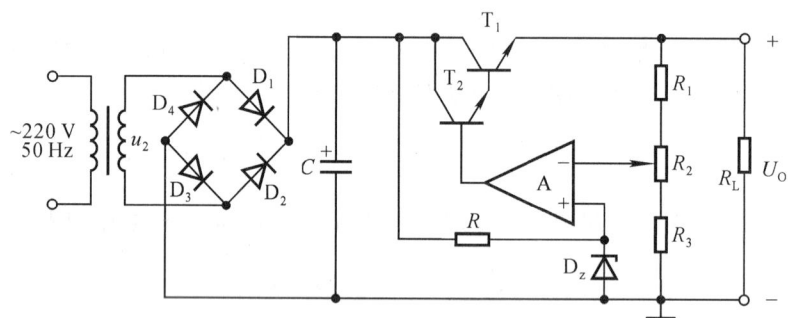

图 9.3.9　例 9.3.7 解图

【**例 9.3.8**】　图 9.3.10 所示为串联型稳压电源。已知输入电压 $U_1 = 25\ \text{V}$，稳压管的稳定电压 $U_Z = 6\ \text{V}$，$R_1 = R_2 = R_3$，所有晶体管的 U_{BE} 均约为 $0.7\ \text{V}$。填空：

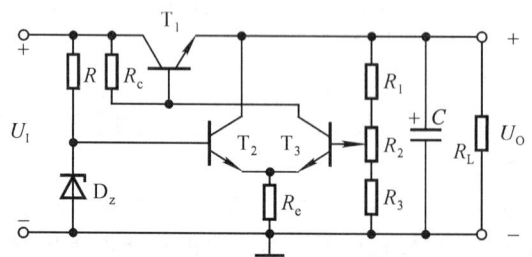

图 9.3.10　例 9.3.8 电路图

(1)电路中调整管是_____,基准电压电路由_____组成,比较放大电路由_____组成,采样电阻由_____组成,减小输出纹波电压的是_____。

(2)输出电压 U_O 的调节范围是_____ = _____V。(先填表达式,后填得数)。

(3)若 T_1 集电极和基极短路,则 $U_O \approx$ _____V;若 T_2 集电极和基极短路,则 $U_O =$ _____V;若 R_2 短路,则 $U_O =$ _____V。

提示:本题考查是否掌握串联型稳压电路的基本组成、工作原理以及是否具有一定的故障分析能力。

解:(1) T_1,R 和 D_Z,T_2、T_3、R_c 和 R_e,R_1、R_2 和 R_3,C。

(2) $\dfrac{R_1+R_2+R_3}{R_3+R_2} \cdot U_Z \leq U_O \leq \dfrac{R_1+R_2+R_3}{R_3} \cdot U_Z$,9～18 V。

(3)若 T_1 集电极和基极短路,则 $U_O = U_O' - U_{BE} \approx 24.3$ V;若 T_2 集电极和基极短路,则 $U_O = U_Z = 6$ V;若 R_2 短路,则 $U_O = \dfrac{R_1+R_3}{R_3} \cdot U_Z = 12$ V。答案是 24.3 V;6 V;12 V。

二、串联型稳压电路参数的选择

【例 9.3.9】 已知串联型稳压电源如图 9.3.9 所示,输出电压 U_O 的可调范围为 5～15 V,最大负载电流 $I_{Omax} = 800$ mA,$R_1 = R_3 = 1$ kΩ,电网电压波动范围为±10%。试问:

(1)稳压管的稳定电压 $U_Z = ?$ $R_2 = ?$

(2)若 T_1 饱和管压降 $U_{CES} = 3$ V,则为使电路正常工作,在电网电压为 220 V 时,滤波电容上的电压 U_C 至少应为多少?

(3)若集成运放输出的最大电流为 0.8 mA,则调整管的电流放大系数至少应为多少?

(4)若 $U_C = 22$ V,则 T_1 集电极的最大功耗为多少?

提示:本题考查是否理解稳压电源性能指标的意义和为了达到这些指标如何选择电路参数。

解:(1)根据已知电路可得输出电压 U_O 的调节范围

$$\dfrac{R_1+R_2+R_3}{R_3+R_2} \cdot U_Z \leq U_O \leq \dfrac{R_1+R_2+R_3}{R_3} \cdot U_Z$$

将 $U_O = 5$～15 V、$R_1 = R_3 = 1$ kΩ 代入解二元方程

$$\begin{cases} \dfrac{1+R_2+1}{1+R_2} \cdot U_Z = 5 \\ \dfrac{1+R_2+1}{1} \cdot U_Z = 15 \end{cases}$$

得出 $R_2 = 2$ kΩ,$U_Z = 3.75$ V。

(2)对于本题所示电路,当电网电压最低时也正是滤波电容上的电压 U_C 最低,此时若输出电压最大,则 T_1 管压降最小。若在上述条件下 T_1 不饱和,则其它情况下 T_1 均不会饱和,故

$$U_{CE1min} = 0.9U_C - U_{Omax} \geq U_{CES}$$

将 $U_{Omax} = 15$ V、$U_{CES} = 3$ V 代入,得 $U_C \geq 20$ V。

(3)若集成运放输出的最大电流 I'_{Omax} 为 0.8 mA,则调整管的电流放大系数

$$\beta \approx \beta_1 \beta_2 \geq \dfrac{I_{Omax}}{I'_{Omax}} = \dfrac{800}{0.8} = 1\,000$$

(4) 当电网电压最高、输出电压最低且满载时，T_1 集电极功耗最大，为

$$P_{C\max} = I_{C\max} U_{CE\max} \approx I_{O\max}(1.1U_C - U_{O\min})$$
$$= 0.8 \times (1.1 \times 22 - 5) \text{ W} \approx 15.4 \text{ W}$$

9.3.5 集成稳压器应用电路的分析

一、输出电压可调电路的分析

【例 9.3.10】 电路如图 9.3.11 所示，三端稳压器的输出电压为 U'_O。试求出输出电压调节范围的表达式。

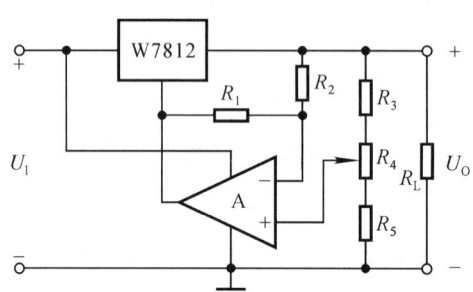

图 9.3.11　例 9.3.10 电路图

提示：本题考查是否熟悉串联型稳压电源的组成以及是否具有一定的读图能力。

图示电路是用三端稳压器组成的输出电压可调的串联型稳压电源。与常见电路不同之处在于基准电压 U_R 从 R_2 上获得，因而虽然电路有明确标注的"地"，但在分析时以三端稳压器的输出端作参考点最为方便。由于集成运放由 R_1 引入了负反馈，具有"虚短"和"虚断"的特点，所以其同相输入端和反相输入端电位相等。若 R_4 滑动端在最上端，则 R_3 上的电压与 R_2 上的电压相等；若 R_4 滑动端在最下端，则 R_3 和 R_4 上的电压之和与 R_2 上的电压相等。

解：基准电压

$$U_R = \frac{R_2}{R_1 + R_2} \cdot U'_O$$

式中 U'_O 是三端稳压器的输出电压。以三端稳压器的输出端作参考点可得

$$\frac{R_3 + R_4 + R_5}{R_3 + R_4} \cdot U_R \leq U_O \leq \frac{R_3 + R_4 + R_5}{R_3} \cdot U_R$$

即

$$\frac{R_3 + R_4 + R_5}{R_3 + R_4} \cdot \frac{R_2}{R_1 + R_2} \cdot U'_O \leq U_O \leq \frac{R_3 + R_4 + R_5}{R_3} \cdot \frac{R_2}{R_1 + R_2} \cdot U'_O$$

二、集成稳压器应用电路参数的选择

【例 9.3.11】 图 9.3.12 所示为 W117 组成的输出电压可调的稳压电源。已知 W117 的输出电压 $U_R = 1.25$ V，输出电流 I'_O 允许的范围为 10 mA～1.5 A，输入端和输出端之间的电压 U_{12} 允许的范围为 3～40 V，调整端 3 的电流可忽略不计。回答下列问题：

（1）R_1 的上限值为多少？

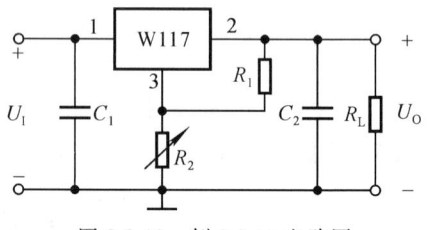

图 9.3.12　例 9.3.11 电路图

(2) 输出电压 U_O 的最小值为多少？
(3) 若 $R_1 = 100\ \Omega$，要想使输出电压的最大值为 30 V，则 R_2 应为多少？
(4) 输出电压的最大值能够达到 50 V 吗？简述理由。

提示：本题具有设计性质，需正确理解 W117 的参数。W117 是串联型稳压电源，1、2 相当于调整管的集电极和发射极。I'_O 为 10 mA～1.5 A，说明 W117 输出电流大于 10 mA 才能稳压，小于 1.5 A 才不至于损坏；U_{12} 为 3～40 V，说明 U_{12} 大于 3 V 调整管才工作在放大区，U_{12} 大于 40 V，调整管将击穿。

本题考查 W117 的基本用法及参数的选择方法。

解：(1) 考虑到电路可能开路，

$$R_1 \leq \frac{U_R}{I'_{Omin}} = \frac{1.25}{10} \times 10^3\ \Omega = 125\ \Omega$$

(2) 输出电压的最小值 $U_{Omin} = U_R = 1.25$ V。

(3) 输出电压

$$U_O = \frac{R_1 + R_2}{R_1} \cdot U_R$$

代入数据可得

$$R_2 = \frac{U_O R_1}{U_R} - R_1 = \left(\frac{30}{1.25} \times 100 - 100\right)\ \Omega = 2\ 300\ \Omega = 2.3\ k\Omega$$

(4) 输出电压的最大值不能够达到 50 V。因为电路输出电压的最小值为 1.25 V，若调到最大值 50 V，W117 U_{12} 的变化范围为 (50～1.25) V 超过其允许的参数 (40～3) V，说明在输出电压较低时 1、2 间电压将超过其耐压值。

三、跟踪电源的分析和计算

【**例 9.3.12**】 图 9.3.13 所示为稳压电路。已知 $U_{I1} = U_{I2} = 30$ V，波动范围为 ±10%；两路电源的最大输出电流 I_{Omax} 均为 1.4 A；W117 的输出电压 $U_R = 1.25$ V，1 和 2 之间电压 U_{12} 大于 3 V 才能正常工作。

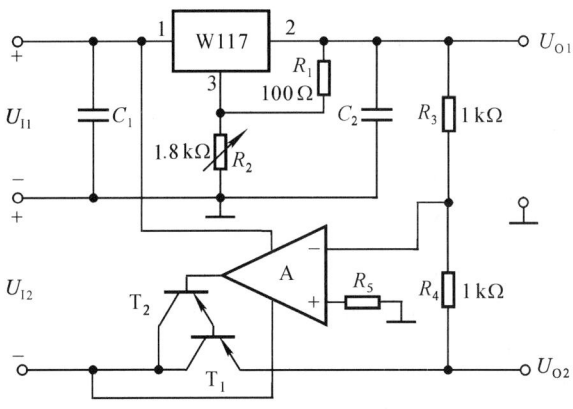

图 9.3.13 例 9.3.12 电路图

(1) 输出电压 U_{O1}、U_{O2} 的调节范围各为多少？
(2) 选择 T_1 时，其最大集电极功耗 P_{CM} 至少应取多少？

提示：在图示电路中，W117 和 R_1、R_2 组成输出电压可调的稳压电源，改变 R_2 滑动端的位置，可以调整输出电压 U_{O1}。而 A 与 T_1、T_2 组成放大电路，以 U_{O1} 作为输入、U_{O2} 作为输出，放大电路与 R_3、R_4 组成反相比例运算电路，A 的反相输入端为"虚地"，且 $R_3 = R_4$，所以 $U_{O2} = -U_{O1}$，即在调节 U_{O1} 时 U_{O2} 产生数值与之相同的变化，故称图示电路为跟踪电源。

电路中 U_{O1}（即 C_2 上电压）调节范围的分析与【例 9.3.11】中的方法相同。

本题考查直流电源的读图能力。

解：（1）U_{O1} 的最小值和最大值为

$$U_{Omin} = U_R = 1.25 \text{ V}$$

$$U_{Omax} = \frac{R_1 + R_2}{R_1} \cdot U_R = \frac{0.1 + 1.8}{0.1} \times 1.25 \text{ V} = 23.75 \text{ V}$$

$U_{O1} = 1.25 \sim 23.75$ V，故 $U_{O2} = -1.25 \sim -23.75$ V。

验证上述结论的正确性：当 $U_{I1} = U_{I1min} = 27$ V，且 $U_{O1} = U_{O1max} = 23.75$ V 时，稳压器输入端和输出端之间的电压最小，其值 $U_{I2} = U_{I1min} - U_{O1max} = 3.25$ V，大于其正常工作的最小电压 3 V，说明稳压器能够正常工作，因此上述输出电压调节范围的分析结论正确。

（2）在 $U_{I2} = 1.1U_{I2}$、$U_{O2} = -1.25$ V 且 $I_O = 1.4$ A 时 T_1 管压降 $|U_{CE}|$ 最大、集电极电流也最大，故集电极功耗最大，因此

$$P_{CM} > I_{Cmax}|U_{CEmax}| \approx I_{Omax}(1.1 \times U_1 - |U_{O2min}|)$$
$$= 1.4 \times (1.1 \times 30 - 1.25) \text{ W} = 44.45 \text{ W}$$

9.4 习题解答

9.4.1 自测题

一、判断下列说法是否正确，用"√"、"×"表示判断结果填入空内。

（1）直流电源是一种将正弦信号转换为直流信号的波形变换电路。（　　）

（2）直流电源是一种能量转换电路，它将交流能量转换为直流能量。（　　）

（3）在变压器二次电压和负载电阻相同的情况下，桥式整流电路的输出电流是半波整流电路输出电流的 2 倍。（　　）

因此，它们的整流管的平均电流比值为 2∶1。（　　）

（4）若 U_2 为电源变压器二次电压的有效值，则半波整流电容滤波电路和全波整流电容滤波电路在空载时的输出电压均为 $\sqrt{2}U_2$。（　　）

（5）当输入电压 U_I 和负载电流 I_L 变化时，稳压电路的输出电压是绝对不变的。（　　）

（6）一般情况下，开关型稳压电路比线性稳压电路效率高。（　　）

解：（1）×　（2）√　（3）√　×　（4）√　（5）×　（6）√

二、在图 9.3.1(a)①中，已知变压器二次电压有效值 U_2 为 10 V，$R_L C \geq \dfrac{3T}{2}$（T 为电网电压的

---

① 《模拟电子技术基础》（第五版）P440。

周期)。测得输出电压平均值 $U_{O(AV)}$ 可能的数值为

A.14 V B.12 V C.9 V D.4.5 V

选择合适答案填入空内。

(1) 正常情况 $U_{O(AV)} \approx$ _____;

(2) 电容虚焊时 $U_{O(AV)} \approx$ _____;

(3) 负载电阻开路时 $U_{O(AV)} \approx$ _____;

(4) 一只整流管和滤波电容同时开路,$U_{O(AV)} \approx$ _____。

解:(1) B (2) C (3) A (4) D

三、填空:在图 T9.3 所示电路中,调整管为_____,采样电路由_____组成,基准电压电路由_____组成,比较放大电路由_____组成,保护电路由_____组成;输出电压最小值的表达式为_____,最大值的表达式为_____。

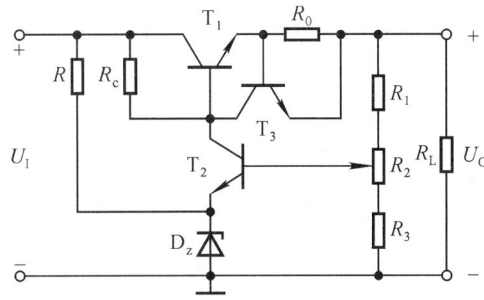

图 T9.3

解:T_1,R_1、R_2、R_3,R、D_Z,T_2、R_c、R_0、T_3;

$$\frac{R_1+R_2+R_3}{R_2+R_3}(U_Z+U_{BE2}),\quad \frac{R_1+R_2+R_3}{R_3}(U_Z+U_{BE2})$$

四、在图 T9.4 所示稳压电路中,已知稳压管的稳定电压 U_Z 为 6V,最小稳定电流 I_{Zmin} 为 5 mA,最大稳定电流 I_{Zmax} 为 40 mA;输入电压 U_I 为 15 V,波动范围为 ±10%;限流电阻 R 为 200 Ω。

(1) 电路是否能空载?为什么?

(2) 作为稳压电路的指标,负载电流 I_L 的范围为多少?

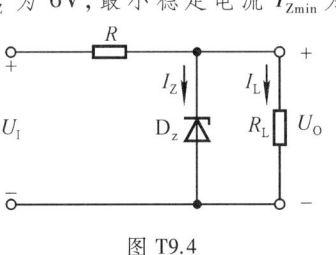

图 T9.4

解:(1) 由于空载时稳压管流过的最大电流

$$I_{D_Zmax}=I_{Rmax}=\frac{U_{Imax}-U_Z}{R}=52.5 \text{ mA}>I_{Zmax}=40 \text{ mA}$$

所以电路不能空载。

(2) 根据 $I_{D_Zmin}=\frac{U_{Imin}-U_Z}{R}-I_{Lmax}$,负载电流的最大值

$$I_{Lmax}=\frac{U_{Imin}-U_Z}{R}-I_{D_Zmin}=32.5 \text{ mA}$$

根据 $I_{D_Zmax}=\frac{U_{Imax}-U_Z}{R}-I_{Lmin}$,负载电流的最小值

$$I_{\text{Lmin}} = \frac{U_{\text{Imax}} - U_Z}{R} - I_{D_Z\text{max}} = 12.5 \text{ mA}$$

所以,负载电流的范围为 12.5~32.5 mA。

五、在图 9.5.23① 所示电路中,已知输出电压的最大值 U_{Omax} 为 25 V,$R_1 = 240 \text{ }\Omega$;W117 的输出端和调整端间的电压 $U_R = 1.25$ V,允许加在输入端和输出端的电压为 3~40 V。试求解:

(1)输出电压的最小值 U_{Omin};

(2)R_2 的取值;

(3)若 U_I 的波动范围为 ±10%,为保证输出电压的最大值 U_{Omax} 为 25 V,U_I 至少应取多少伏?为保证 W117 安全工作,U_I 的最大值为多少伏?

解:(1)输出电压的最小值 $U_{\text{Omin}} = 1.25$ V

(2)因为 $U_{\text{Omax}} = \left(1 + \dfrac{R_2}{R_1}\right) \times 1.25 \text{ V} = 25 \text{ V}$,所以 $R_1 = 240 \text{ }\Omega$,$R_2 = 4.56 \text{ k}\Omega$。

(3)输入电压的取值范围为

$$U_{\text{Imin}} \approx \frac{U_{\text{Omax}} + U_{12\text{min}}}{0.9} \approx 31.1 \text{ V}$$

$$U_{\text{Imax}} \approx \frac{U_{\text{Omin}} + U_{12\text{max}}}{1.1} \approx 37.5 \text{ V}$$

六、电路如图 T9.6 所示。合理连线,构成 5 V 的直流电源。

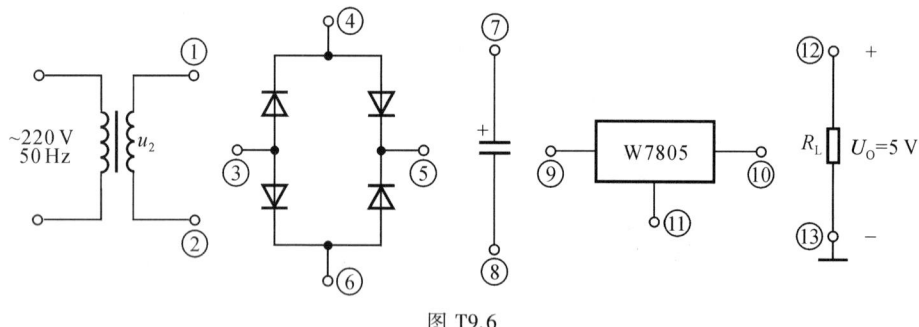

图 T9.6

解:1 接 4,2 接 6,5 接 7、9,3 接 8、11、13,10 接 12,如图解 T9.6 所示。

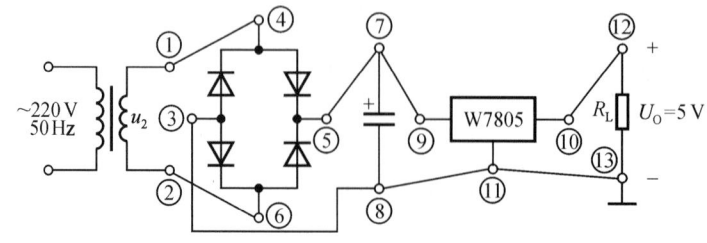

图解 T9.6

---

① 《模拟电子技术基础》(第五版)P467。

9.4.2 习题

9.1 判断下列说法是否正确,用"√"、"×"表示判断结果填入空内。
(1) 整流电路可将正弦电压变为脉动的直流电压。(   )
(2) 电容滤波电路适用于小负载电流,而电感滤波电路适用于大负载电流。(   )
(3) 在单相桥式整流电容滤波电路中,若有一只整流管断开,输出电压平均值变为原来的一半。(   )

解:(1) √。(2) √。(3) ×。

9.2 判断下列说法是否正确,用"√"、"×"表示判断结果填入空内。
(1) 对于理想的稳压电路,$\Delta U_o / \Delta U_I = 0$,$R_o = 0$。(   )
(2) 线性直流电源中的调整管工作在放大状态,开关型直流电源中的调整管工作在开关状态。(   )
(3) 因为串联型稳压电路中引入了深度负反馈,因此也可能产生自激振荡。(   )
(4) 在稳压管稳压电路中,稳压管的最大稳定电流必须大于最大负载电流;(   )
而且,其最大稳定电流与最小稳定电流之差应大于负载电流的变化范围。(   )

解:(1) √。(2) √。(3) √。(4) ×;√。

9.3 选择合适答案填入空内。
(1) 整流的目的是_____。
A.将交流变为直流   B.将高频变为低频
C.将正弦波变为方波
(2) 在单相桥式整流电路中,若有一只整流管接反,则_____。
A.输出电压约为 $2U_D$ B.变为半波直流
C.整流管将因电流过大而烧坏
(3) 直流稳压电源中滤波电路的目的是_____。
A.将交流变为直流   B.将高频变为低频
C.将交、直流混合量中的交流成分滤掉
(4) 滤波电路应选用_____。
A.高通滤波电路   B.低通滤波电路
C.带通滤波电路

解:(1) A。(2) C。(3) C。(4) B。

9.4 选择合适答案填入空内。
(1) 若要组成输出电压可调、最大输出电流为 3 A 的直流稳压电源,则应采用_____。
A.电容滤波稳压管稳压电路   B.电感滤波稳压管稳压电路
C.电容滤波串联型稳压电路   D.电感滤波串联型稳压电路
(2) 串联型稳压电路中的放大环节所放大的对象是_____。
A.基准电压   B.采样电压
C.基准电压与采样电压之差
(3) 开关型直流电源比线性直流电源效率高的原因是_____。

A.调整管工作在开关状态　　　　　　B.输出端有 LC 滤波电路
C.可以不用电源变压器

(4) 在脉宽调制式串联型开关稳压电路中,为使输出电压增大,对调整管基极控制信号的要求是_____。

A.周期不变,占空比增大　　　　　　B.频率增大,占空比不变
C.在一个周期内,高电平时间不变,周期增大

解:(1) D。(2) C。(3) A。(4) A。

9.5 在图 9.2.5(a) [①] 所示电路中,已知输出电压平均值 $U_{O(AV)} = 15$ V,负载电流平均值 $I_{L(AV)} = 100$ mA。

(1) 变压器二次电压有效值 $U_2 \approx$?

(2) 设电网电压波动范围为 ±10%。在选择二极管的参数时,其最大整流平均电流 I_F 和最高反向电压 U_R 的下限值约为多少?

解:(1) 输出电压平均值 $U_{O(AV)} \approx 0.9 U_2$,因此变压器二次电压有效值

$$U_2 \approx \frac{U_{O(AV)}}{0.9} \approx 16.7 \text{ V}$$

(2) 考虑到电网电压波动范围为 ±10%,整流二极管的参数为

$$I_F > 1.1 \times \frac{I_{L(AV)}}{2} = 55 \text{ mA}$$

$$U_R > 1.1\sqrt{2} U_2 \approx 26 \text{ V}$$

9.6 电路如图 P9.6 所示,变压器二次电压有效值为 $2U_2$。
(1) 画出 u_2、u_{D1} 和 u_O 的波形;
(2) 求出输出电压平均值 $U_{O(AV)}$ 和输出电流平均值 $I_{L(AV)}$ 的表达式;
(3) 求出二极管的平均电流 $I_{D(AV)}$ 和所承受的最大反向电压 U_{Rmax} 的表达式。

解:(1) 全波整流电路,波形如图解 P9.6 所示。
(2) 输出电压平均值 $U_{O(AV)}$ 和输出电流平均值 $I_{L(AV)}$ 为

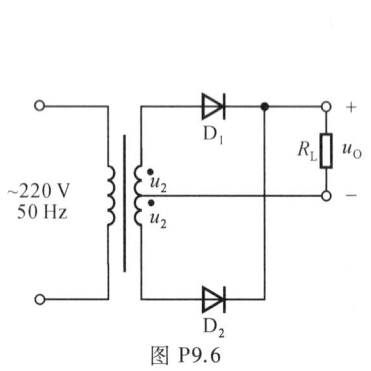

图 P9.6

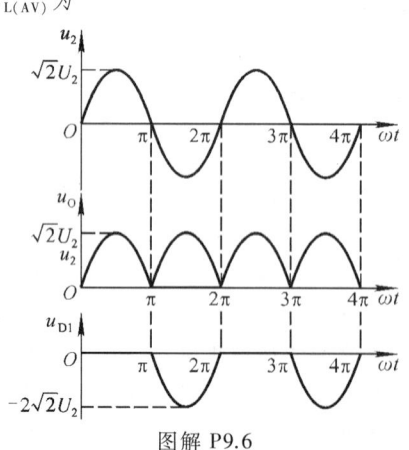

图解 P9.6

---

① 《模拟电子技术基础》(第五版) P437。

$$U_{O(AV)} \approx 0.9U_2 \quad I_{L(AV)} \approx \frac{0.9U_2}{R_L}$$

（3）二极管的平均电流 $I_{D(AV)}$ 和所承受的最大反向电压 U_R 为

$$I_D \approx \frac{0.45U_2}{R_L} \quad U_R = 2\sqrt{2}\,U_2$$

9.7 电路如图 P9.7 所示,变压器二次电压有效值 $U_{21}=50$ V, $U_{22}=20$ V。试问：
（1）输出电压平均值 $U_{O1(AV)}$ 和 $U_{O2(AV)}$ 各为多少？
（2）各二极管承受的最大反向电压为多少？

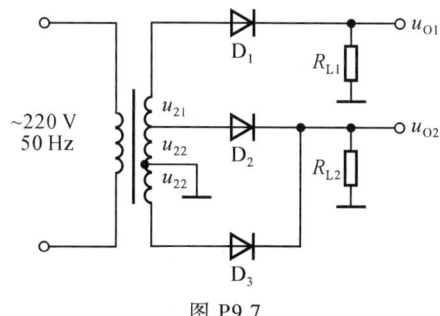

图 P9.7

解：（1）两路输出电压分别为

$$U_{O1} \approx 0.45(U_{21}+U_{22}) = 31.5 \text{ V}$$
$$U_{O2} \approx 0.9U_{22} = 18 \text{ V}$$

（2）D_1 的最大反向电压

$$U_R > \sqrt{2}(U_{21}+U_{22}) \approx 99 \text{ V}$$

D_2、D_3 的最大反向电压

$$U_R > 2\sqrt{2}\,U_{22} \approx 57 \text{ V}$$

9.8 电路如图 P9.8 所示。

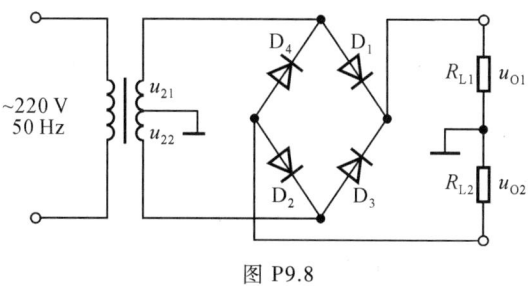

图 P9.8

（1）分别标出 u_{O1} 和 u_{O2} 对地的极性；
（2）u_{O1}、u_{O2} 分别是半波整流还是全波整流？
（3）当 $U_{21}=U_{22}=20$ V 时, $U_{O1(AV)}$ 和 $U_{O2(AV)}$ 各为多少？
（4）当 $U_{21}=18$ V, $U_{22}=22$ V 时,画出 u_{O1}、u_{O2} 的波形,并求出 $U_{O1(AV)}$ 和 $U_{O2(AV)}$ 各为多少？

解：（1）均为上"+"、下"-"。
（2）均为全波整流。

(3) $U_{O1(AV)}$ 和 $U_{O2(AV)}$ 为
$$U_{O1(AV)} = -U_{O2(AV)} \approx 0.9 U_{21} = 0.9 U_{22} = 18 \text{ V}$$

(4) u_{O1}、u_{O2} 的波形如图解 P9.8 所示，它们的平均值为
$$U_{O1(AV)} = -U_{O2(AV)} \approx 0.45 U_{21} + 0.45 U_{22} = 18 \text{ V}$$

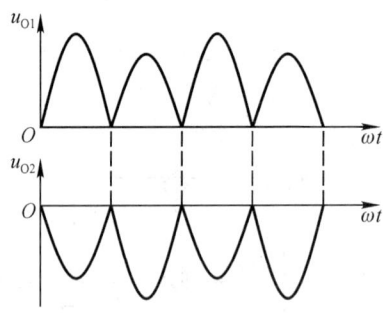

图解 P9.8

9.9 分别判断图 P9.9 所示各电路能否作为滤波电路，简述理由。

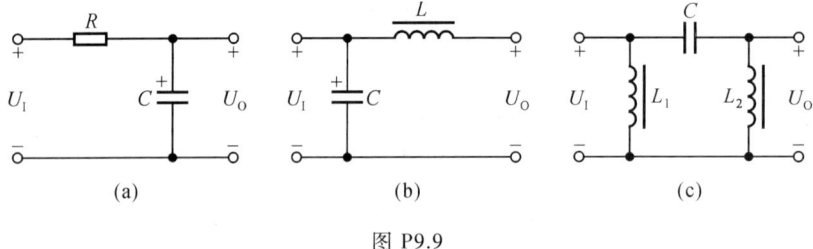

图 P9.9

解：图(a)、(b)所示电路可用于滤波，图(c)所示电路不能用于滤波。

因为电感对直流分量的电抗很小、对交流分量的电抗很大，所以在滤波电路中应将电感串联在整流电路的输出和负载之间。因为电容对直流分量的电抗很大、对交流分量的电抗很小，所以在滤波电路中应将电容并联在整流电路的输出或负载上。

9.10 试在图 P9.10 所示电路中，标出各电容两端电压的极性和数值，并分析负载电阻上能够获得几倍压的输出。

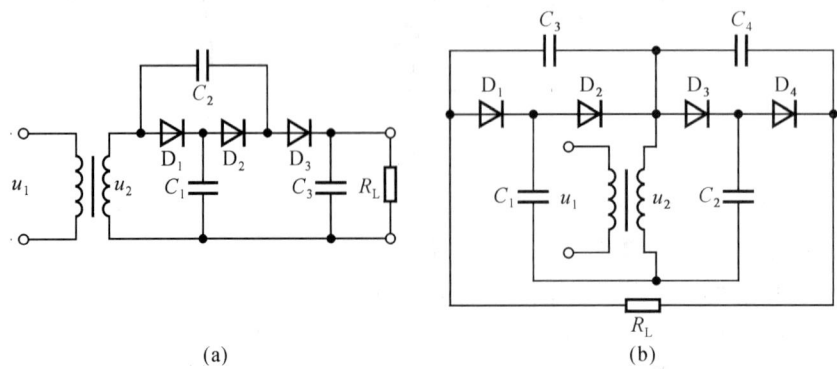

图 P9.10

解：在图(a)所示电路中，C_1 上电压极性为上"+"下"-"，数值为一倍压；C_2 上电压极性为右"+"左"-"，数值为二倍压；C_3 上电压极性为上"+"下"-"，数值为三倍压。负载电阻上为三倍压。

在图(b)所示电路中，C_1 上电压极性为上"-"下"+"，数值为一倍压；C_2 上电压极性为上"+"下"-"，数值为一倍压；C_3、C_4 上电压极性均为右"+"左"-"，数值均为二倍压。负载电阻上为四倍压。

9.11 电路如图 T9.4 所示，已知稳压管的稳定电压为 6 V，最小稳定电流为 5 mA，允许耗散功率为 240 mW，动态电阻小于 15 Ω。试问：

（1）当输入电压为 20~24 V、R_L 为 200~600 Ω 时，限流电阻 R 的选取范围是多少？

（2）若 $R = 390$ Ω，则电路的稳压系数 S_r 为多少？

解：（1）因为 $I_{Zmax} = P_{ZM}/U_Z = 40$ mA，$I_L = U_Z/R_L = 10$~30 mA，所以 R 的取值范围为

$$R_{max} = \frac{U_{Imin} - U_Z}{I_Z + I_{Lmax}} = 400 \text{ Ω}$$

$$R_{min} = \frac{U_{Imax} - U_Z}{I_{Zmax} + I_{Lmin}} = 360 \text{ Ω}$$

（2）当 $U_I = U_{Imax}$ 时稳压系数最大，为

$$S_r \approx \frac{r_z}{R} \cdot \frac{U_I}{U_Z} = \frac{15}{390} \times \frac{24}{6} \approx 0.154$$

9.12 电路如图 P9.12 所示，已知稳压管的稳定电压为 6 V，最小稳定电流为 5 mA，最大耗散功率为 240 mW；输入电压为 20~24 V，$R_1 = 360$ Ω。试问：

（1）为保证空载时稳压管能够安全工作，R_2 应选多大？

（2）当 R_2 按上面原则选定后，负载电阻允许的变化范围是多少？

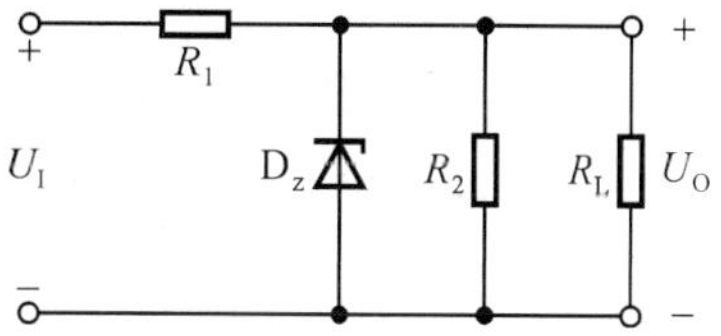

图 P9.12

解：R_1 中的电流和稳压管中的最大电流为

$$I_{R_1} = \frac{U_I - U_Z}{R_1} \approx 39 \sim 50 \text{ mA}$$

$$I_{Zmax} = \frac{P_{ZM}}{U_Z} = 40 \text{ mA}$$

（1）为保证空载时稳压管能够安全工作，R_2 中的电流

$$I_{R_2} = I_{R_1max} - I_{Zmax} = 10 \text{ mA}$$

故

$$R_2 = \frac{U_Z}{I_{R_2}} = 600 \text{ Ω}$$

（2）负载电流的最大值

$$I_{Lmax} = I_{R_1min} - I_{R_2} - I_{Zmin} = 24 \text{ mA}$$

负载电阻的变化范围

$$R_{Lmin} = \frac{U_Z}{I_{Lmax}} = 250 \text{ Ω}$$

$$R_{\text{Lmax}} = \infty$$

9.13 电路如图 T9.3 所示,稳压管的稳定电压 $U_Z = 4.3$ V,晶体管的 $U_{BE} = 0.7$ V,$R_1 = R_2 = R_3 = 300\ \Omega$,$R_0 = 5\ \Omega$。试估算:

(1) 输出电压的可调范围;

(2) 调整管发射极允许的最大电流;

(3) 若 $U_1 = 25$ V,波动范围为 $\pm 10\%$,则调整管的最大功耗为多少。

解:(1) 基准电压 $U_R = U_Z + U_{BE} = 5$ V,输出电压的可调范围

$$U_O = \frac{R_1+R_2+R_3}{R_2+R_3} \cdot U_Z \sim \frac{R_1+R_2+R_3}{R_3} \cdot U_Z$$

$$= 7.5 \sim 15\ \text{V}$$

(2) 调整管发射极最大电流 $I_{E\max} = U_{BE}/R_0 \approx 140$ mA

(3) 调整管的最大管压降和最大功耗分别为

$$U_{CE\max} = U_{I\max} - U_{O\min} = 20\ \text{V}$$
$$P_{T\max} \approx I_{E\max} U_{CE\max} \approx 2.8\ \text{W}$$

9.14 电路如图 P9.14 所示,已知稳压管的稳定电压 $U_Z = 6$ V,晶体管的 $U_{BE} = 0.7$ V,$R_1 = R_2 = R_3 = 300\ \Omega$,$U_1 = 24$ V。判断出现下列现象时,分别因为电路产生什么故障(即哪个元件开路或短路)。

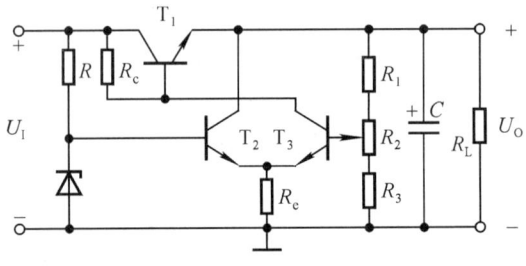

图 P9.14

(1) $U_O \approx 24$ V;(2) $U_O \approx 23.3$ V;(3) $U_O \approx 12$ V 且不可调;

(4) $U_O \approx 6$ V 且不可调;(5) U_O 可调范围变为 $6 \sim 12$ V。

解:(1) T_1 的 c、e 短路;(2) R_c 短路;(3) R_2 短路;(4) T_2 的 b、c 短路;(5) R_1 短路。

9.15 直流稳压电源如图 P9.15 所示。

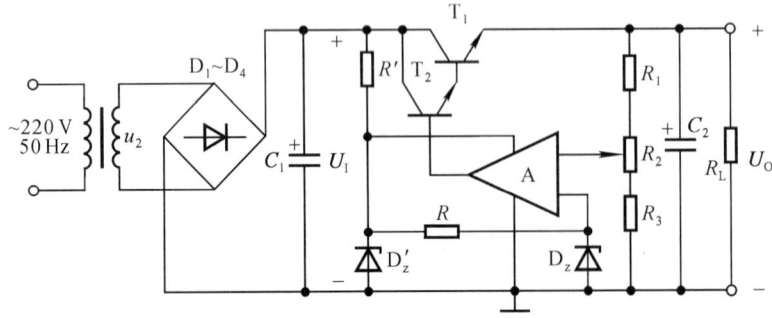

图 P9.15

（1）说明电路的整流电路、滤波电路、调整管、基准电压电路、比较放大电路、采样电路等部分各由哪些元件组成。

（2）标出集成运放的同相输入端和反相输入端。

（3）写出输出电压的表达式。

解：（1）整流电路：$D_1 \sim D_4$；滤波电路：C_1；调整管：T_1、T_2；基准电压电路：R'、D'_Z、R、D_Z；比较放大电路：A；采样电路：R_1、R_2、R_3。

（2）为使电路引入负反馈，集成运放的输入端上为"$-$"下为"$+$"。

（3）输出电压的表达式为

$$\frac{R_1+R_2+R_3}{R_2+R_3} \cdot U_Z \leq U_0 \leq \frac{R_1+R_2+R_3}{R_3} \cdot U_Z$$

9.16 电路如图 P9.16 所示，设 $I'_1 \approx I'_0 = 1.5 \text{ A}$，晶体管 T 的 $U_{EB} \approx U_D$，$R_1 = 1 \text{ }\Omega$，$R_2 = 2 \text{ }\Omega$，$I_D \gg I_B$。求解负载电流 I_L 的最大值约为多少？

解：因为 $U_{EB} \approx U_D$，$I_E R_1 \approx I_D R_2 \approx I'_1 R_2 \approx I'_0 R_2$，$I_C \approx I_E$，所以

$$I_C \approx \frac{R_2}{R_1} \cdot I'_0$$

$$I_L = I_C + I'_0 \approx \left(1+\frac{R_2}{R_1}\right) \cdot I'_0 = 4.5 \text{ A}$$

9.17 在图 P9.17 所示电路中，$R_1 = 240 \text{ }\Omega$，$R_2 = 3 \text{ k}\Omega$；W117 输入端和输出端电压允许范围为 $3 \sim 40 \text{ V}$，输出端和调整端之间的电压 U_R 为 1.25 V。试求解：

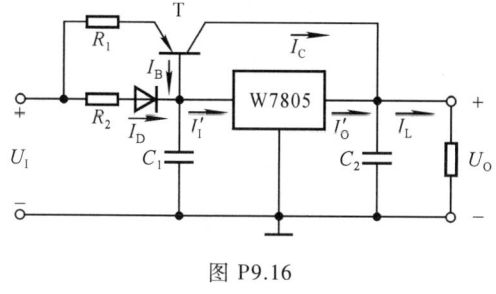
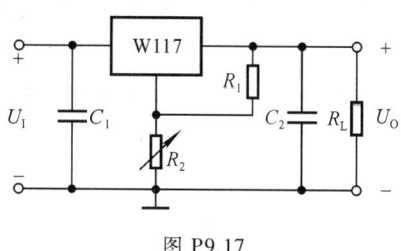

图 P9.16   图 P9.17

（1）输出电压的调节范围；

（2）输入电压允许的范围。

解：（1）输出电压的调节范围

$$U_0 \approx \left(1+\frac{R_2}{R_1}\right) U_{REF} = 1.25 \sim 16.9 \text{ V}$$

（2）输入电压取值范围

$$U_{Imin} = U_{O max} + U_{12min} \approx 20 \text{ V}$$
$$U_{Imax} = U_{O min} + U_{12max} \approx 41.25 \text{ V}$$

9.18 试分别求出图 P9.18 所示各电路输出电压的表达式。

解：在图（a）所示电路中，W7812 的输出为 U_{REF}，基准电压

$$U_R = \frac{R_2}{R_1+R_2} \cdot U_{REF}$$

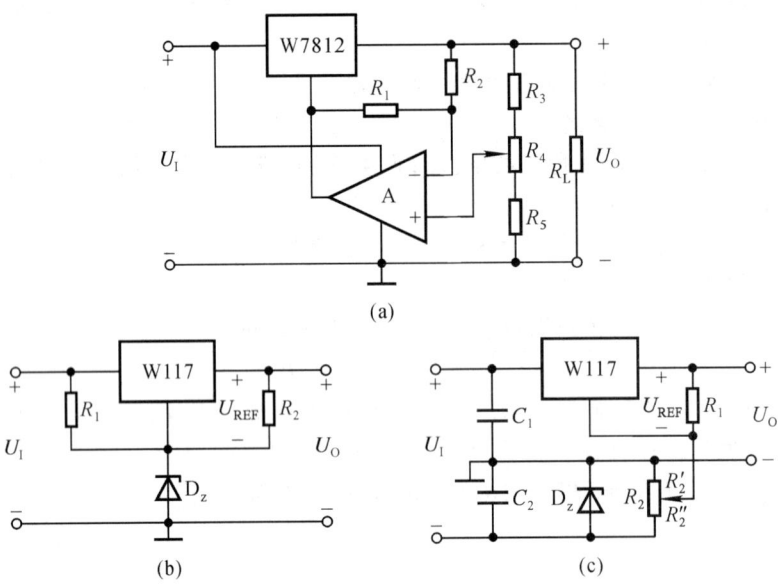

图 P9.18

输出电压的表达式

$$\frac{R_3+R_4+R_5}{R_3+R_4} \cdot U_R \leqslant U_O \leqslant \frac{R_3+R_4+R_5}{R_3} \cdot U_R$$

在图(b)所示电路中,输出电压的表达式

$$U_O = U_Z + U_{REF} = (U_Z + 1.25)\text{ V}$$

在图(c)所示电路中,输出电压的表达式

$$U_O = U_{REF} - \frac{R_2'}{R_2} \cdot U_Z = U_{REF} \sim (U_{REF} - U_Z)$$

9.19 两个恒流源电路分别如图 P9.19(a)、(b)所示。

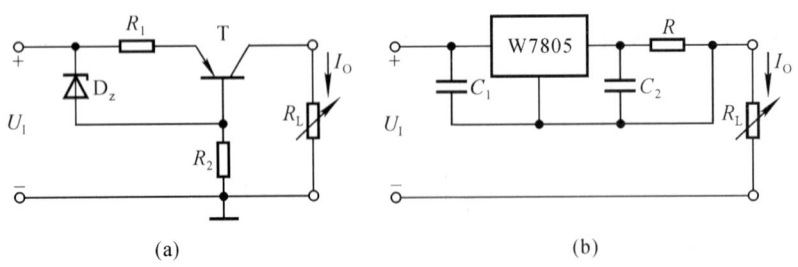

图 P9.19

(1) 求解各电路负载电流的表达式;

(2) 设输入电压为 20 V,晶体管饱和压降为 3 V,b-e 间电压数值 $|U_{BE}|=0.7$ V;W7805 输入端和输出端间的电压最小值为 3 V;稳压管的稳定电压 $U_Z=5$ V;$R_1=R=50$ Ω。分别求出两电路负载电阻的最大值。

解:(1) 图(a)所示电路的输出电流表达式为

$$I_O = I_C \approx I_E = \frac{U_Z - |U_{BE}|}{R_1}$$

设图(b)中 W7805 的输出电压为 U_O',则输出电流表达式为

$$I_O \approx \frac{U_O'}{R}$$

(2) 图(a)所示电路的输出电压的最大值、输出电流和负载电阻的最大值分别为

$$U_{Omax} = U_I - (U_Z - |U_{BE}|) - |U_{CES}| = 12.7 \text{ V}$$

$$I_O \approx \frac{U_Z - |U_{BE}|}{R_1} = 86 \text{ mA}$$

$$R_{Lmax} \approx \frac{U_{Omax}}{I_O} \approx 148 \text{ }\Omega$$

图(b)所示电路的输出电压的最大值、输出电流和负载电阻的最大值分别为

$$U_{Omax} = U_I - U_{12} - U_O' = 12 \text{ V}$$

$$I_O \approx \frac{U_O'}{R} = 100 \text{ mA}$$

$$R_{Lmax} = \frac{U_{Omax}}{I_O} \approx 120 \text{ }\Omega$$

9.20 在图 9.6.5① 所示电路中,若需要输出电压有一定的调节范围,则应如何改进电路,请画出电路来。

解:改进电路如图解 P9.20 所示。值得注意的是通常开关型稳压电源输出电压的可调范围很小,故 R_2 的取值比 R_1、R_3 要小得多。

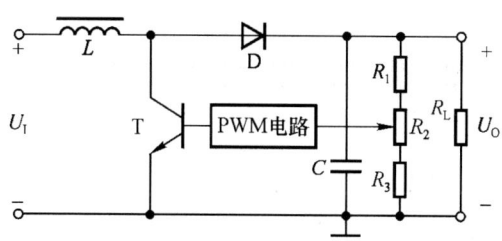

图解 P9.20

9.21 电路如图 P9.21 所示。已知输入电压为 50 Hz 的正弦交流电,来源于电源变压器二次侧;输出电压调节范围为 5~20 V,满载为 0.5 A;C_3 为消振电容。试利用 Multisim 作为工具,完成以下任务:

(1) 选择合适参数,使电路正常工作;
(2) 测试电路的各项性能指标。

---

① 《模拟电子技术基础》(第五版) P471。

384 第九章 直流电源

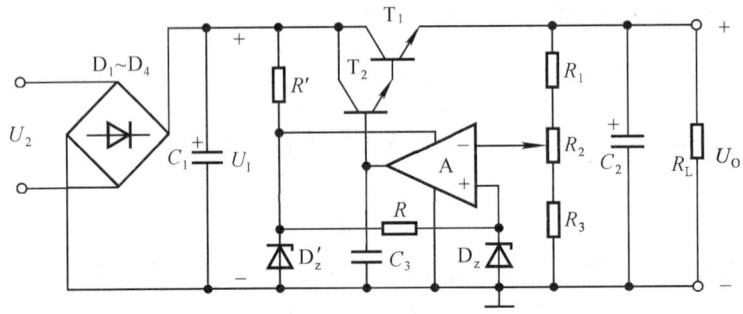

图 P9.21

解：(1) 选择调整管和集成运放，按图 P9.21 在 Multisim 中搭建电路，调整电路参数满足基本指标，如图解 P9.21(a)所示。图中以幅值为 40 V、频率为 50 Hz 的交流电压源模拟电源变压器二次电压。为选择参数方便，图中将电位器 R_2 用 R_{21}、R_{22} 代替；C_3 为消振电容。在图中所标注的参数下，在满载情况下，输出电压的可调范围为 4.871~20.227 V。

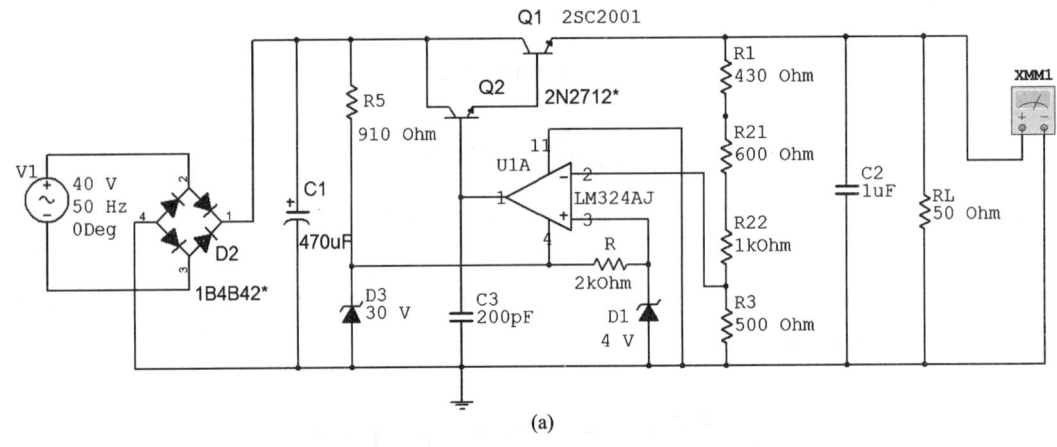

(a)

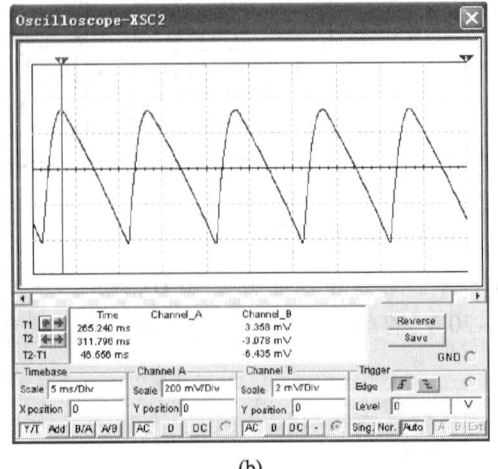

(b)

图解 P9.21

（2）测试电路，输出电压的可调范围为 4.871～20.227 V，最大输出电流可达 0.5 A。输出纹波电压的波形如图解 P9.21(b) 所示，满载时其峰值约为 3.4 mV。稳压系数及输出电阻测试和分析结果如表解 P9.21 所示。应当指出，表中所示是近似结果，实际电路将大于仿真值。

表解 P9.21

测试条件	V_1 峰值/V	40	41	44	36
	C_1 上电压/V	36.183	36.176	40.129	32.233
	R_L/Ω	50	30	50	50
输出电压	U_o/V	10.071	10.070	10.081	10.066
输出电阻	R_o/Ω	$R_o = \dfrac{\Delta U_o}{\Delta I_o}\bigg|_{U_1 = 36\ V} \approx 0.007\ 45\ \Omega$			
稳压系数	$S_r/\%$	$S_r = \dfrac{\Delta U_o}{U_o}\bigg/\dfrac{\Delta U_1}{U_1}\bigg|_{R_L = 50\ \Omega} \approx 1\%$			

9.22 利用 W117 设计一个稳压电路，要求输出电压的调节范围为 5～20 V，最大负载电流为 400 mA。利用 Multisim 对所设计电路进行仿真，并测试所有性能指标。

解：根据输出电流的要求，应选用 W117M，其最大输出电流为 500 mA。利用 W117 设计的稳压电路如图解 P9.22(a) 所示，各参数如图中所标注。图中以幅值为 30 V、频率为 50 Hz 的交流电压源模拟电源变压器二次电压；为选择参数方便，图中将电位器 R_2 用 R_{21}、R_{22} 代替。在满载情况下，当 R_2 取值为 270 Ω～3.07 kΩ 时，输出电压调节范围为 4.917～20.745 V。输出纹波电压的波形如图解 P9.22(b) 所示，满载时其峰值小于 1 mV。稳压系数及输出电阻测试和分析结果如表解 P9.22 所示。应当指出，表中所示是近似结果，实际电路将大于仿真值。

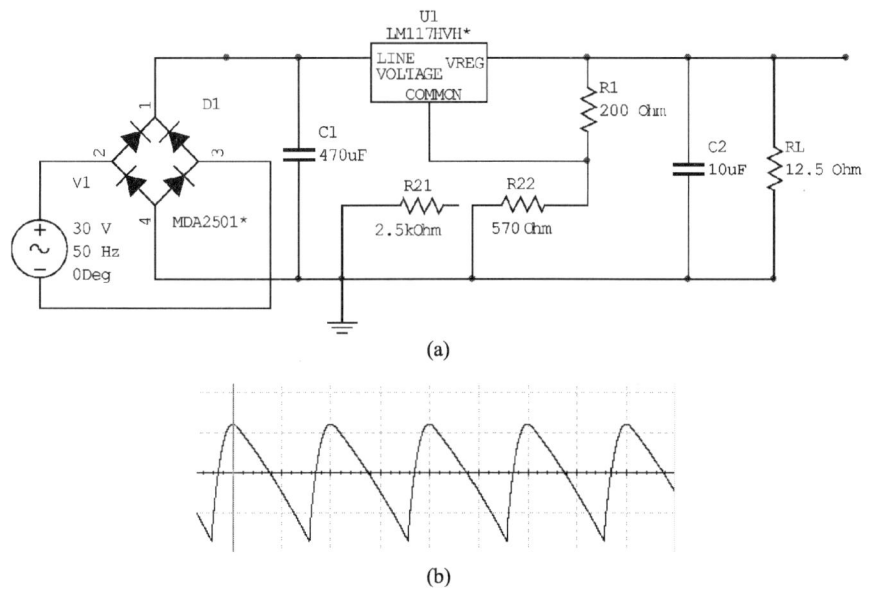

图解 P9.22

表解 P9.22

测试条件	V1 峰值/V	30	31	33	27
	C_1 上电压/V	26.928	26.995	29.906	23.954
	R_L/Ω	50	30	50	50
输出电压	U_o/V	9.991	9.979	9.990	9.994
输出电阻	R_o/Ω	$R_o = \dfrac{\Delta U_o}{\Delta I_o} \bigg|_{U_I \approx 27\ V} \approx 0.09\ \Omega$			
稳压系数	$S_r/\%$	$S_r = \dfrac{\Delta U_o}{U_o} \bigg/ \dfrac{\Delta U_I}{U_I} \bigg|_{R_L = 50\ \Omega} \approx 0.3\%$			

第十章 模拟电子电路读图

习题解答

10.1 电路如图 P10.1 所示,其功能是实现模拟计算,求解微分方程。

(1) 求出微分方程;
(2) 简述电路原理。

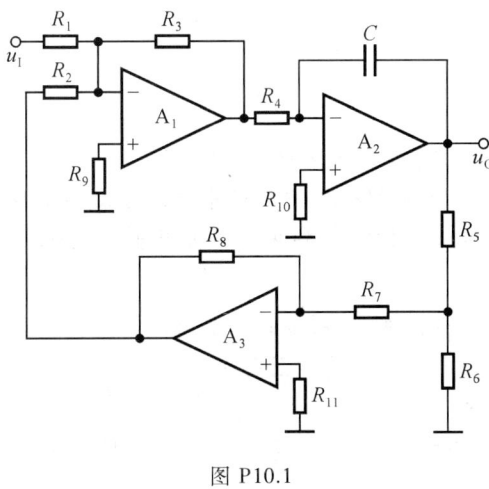

图 P10.1

解：(1) 设 A_1、A_3 的输出电压分别为 u_{O1}、u_{O3}。由于每个集成运放均引入了负反馈,根据"虚断"和"虚短"可得下列关系式及微分方程：

$$u_{O1} = -\frac{R_3}{R_1}u_1 - \frac{R_3}{R_2}u_{O3}$$

$$u_{O3} = \frac{R_6}{R_5+R_6}\left(-\frac{R_8}{R_7}u_O\right)$$

$$u_O = -\frac{1}{R_4C}\int u_{O1}\,dt$$

$$= -\frac{1}{R_4C}\int \left(-\frac{R_3}{R_1}u_1 + \frac{R_3}{R_2}\cdot\frac{R_6}{R_5+R_6}\cdot\frac{R_8}{R_7}u_O\right)dt$$

$$\frac{du_O}{dt} + \frac{R_3R_6R_8 u_O}{R_2R_4R_7(R_5+R_6)C} - \frac{R_3}{R_1R_4C}u_1 = 0$$

(2) 当参数选择合适时,输入合适 u_1,便可在输出得到模拟解 u_O。

10.2 图 P10.2 所示为反馈式稳幅电路,其功能是:当输入电压变化时,输出电压基本不变。主要技术指标为

图 P10.2

(1) 输入电压波动 20% 时,输出电压波动小于 0.1%;
(2) 输入信号频率从 50~2 000 Hz 变化时,输出电压波动小于 0.1%;
(3) 负载电阻从 10 kΩ 变为 5 kΩ 时,输出电压波动小于 0.1%。

要求:
(1) 以每个集成运放为核心器件,说明各部分电路的功能;
(2) 用方框图表明各部分电路之间的相互关系;
(3) 简述电路的工作原理。

提示:场效应管工作在可变电阻区,电路通过集成运放 A_3 的输出控制场效应管的工作电流,来达到调整输出电压的目的。

解:(1) A_1:反相比例运算电路;A_2:半波精密整流电路;A_3:二阶低通滤波器;T:等效成可变电阻。

(2) 图 P10.2 所示电路的方框图如图解 P10.2 所示。

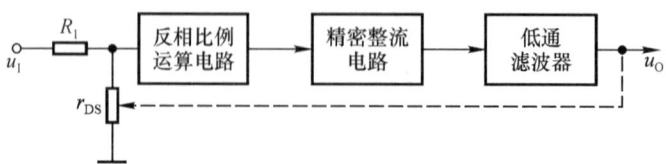

图解 P10.2

(3) 当参数选择合适时,若 u_1 幅值增大导致 u_0 增大,则 r_{DS} 减小,使得 u_{O2}、u_{O3} 减小,从而使 u_0 减小,趋于原来数值。过程简述如下:

$$u_1 \uparrow \to u_0 \uparrow \to r_{DS} \downarrow \to u_{O2} \downarrow \to u_{O3} \downarrow$$
$$u_0 \downarrow \leftarrow$$

若 u_1 幅值减小,则各物理量的变化与上述过程相反。

10.3 在图 P10.2 所示电路中,参数如图中所标注。设场效应管 d-s 之间的等效电阻为 r_{DS}。

(1) 求出输出电压 u_O 与输入电压 u_I、r_{DS} 的运算关系式,说明当 u_I 增大时,r_{DS} 应如何变化才能使 u_O 稳幅?

(2) 当 u_I 为 1 kHz 的正弦波时,定性画出 u_O 和 u_{O2} 的波形。

(3) u_{O3} 是直流信号,还是交流信号,为什么?为使 u_O 稳幅,当 u_I 因某种原因增大时,u_{O3} 的幅值应当增大,还是减小,为什么?

(4) 电位器 R_W 的作用是什么?

解:(1) 列 A_1 反相输入端的节点电流方程,可得

$$u_O = -\frac{R_3}{R_2} \cdot \frac{R_2 /\!/ r_{DS}}{R_1 + R_2 /\!/ r_{DS}} \cdot u_I$$

为了在 u_I 变化时 u_O 基本不变,u_I 增大时 r_{DS} 应减小。

(2) A_2 与 D_1、D_2、R_6 等组成半波整流电路,u_{O2} 和 u_O 的关系为

$$\begin{cases} u_{O2} = -u_O & (u_O \text{ 正半周}) \\ u_{O2} = 0 & (u_O \text{ 负半周}) \end{cases}$$

因此波形如图解 P10.3 所示。

(3) u_{O3} 为直流信号,因为 A_3 组成了二阶低通滤波器,所以 u_{O3} 是 u_{O2} 的平均值。u_I 增大时 u_{O3} 应增大,因为只有 u_{O3} 增大 r_{DS} 才会减小。

(4) 电位器 R_W 的作用是调零。

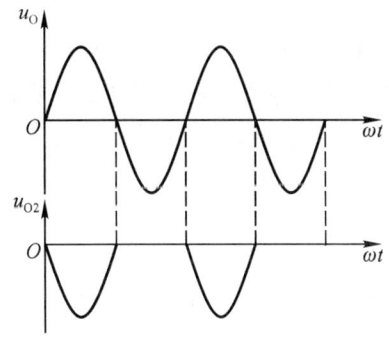

图解 P10.3

10.4 在图 P10.2 所示电路中,设场效应管 d-s 之间的等效电阻为 r_{DS}。为使得输入电压 u_I 波动 20% 时,输出电压 u_O 波动小于 0.1%,r_{DS} 应变化百分之多少?

解: 当 u_I 变化 20% 时,u_O 变化 0.1%。根据

$$u_O = -\frac{R_3}{R_2} \cdot \frac{R_2 /\!/ r_{DS}}{R_1 + R_2 /\!/ r_{DS}} \cdot u_I$$

此时 $\left(\dfrac{R_3}{R_2} \cdot \dfrac{R_2 /\!/ r_{DS}}{R_1 + R_2 /\!/ r_{DS}}\right)$ 变化 0.5%,即 $\dfrac{R_2 /\!/ r_{DS}}{R_1 + R_2 /\!/ r_{DS}}$ 变化 0.5%。

10.5 五量程电容测量电路如图 P10.5 所示,C_X 为被测电容,输出电压 u_O 是一定频率的正弦波,u_O 经 AC/DC 转换和 A/D 转换,送入数字显示器,即可达到测量结果。

(1) 以每个集成运放为核心器件,说明各部分电路的功能;

(2) 用方框图表明各部分电路之间的相互关系;

(3) 简述电路的工作原理。

解:(1) A_1:文氏桥振荡电路;A_2:反相比例运算电路;A_3:C-AC(电容-交流电压)转换电路;A_4:带通滤波器。

(2) 图 P10.5 所示电路的方框图如图解 P10.5 所示。

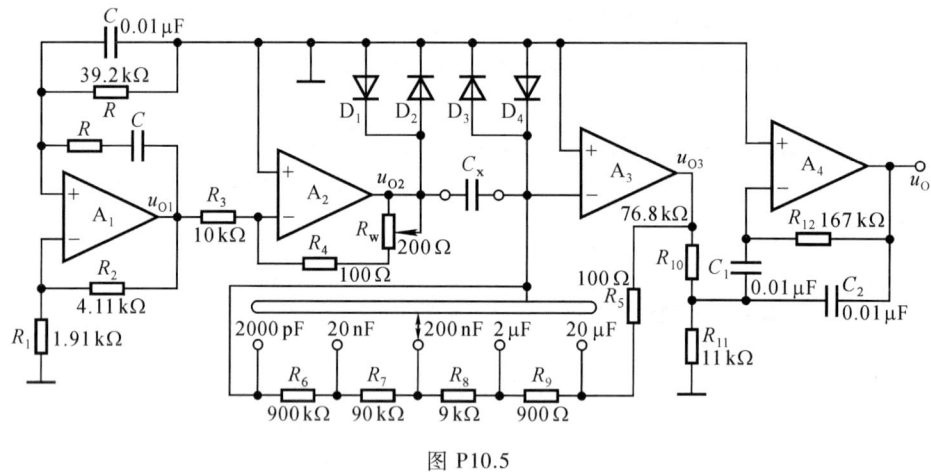

图 P10.5

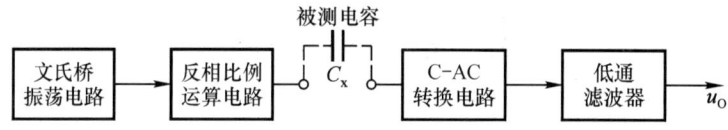

图解 P10.5

（3）文氏桥振荡电路输出频率为 f_0 的正弦波，经反相比例运算电路作用于被测电容，通过 C-AC 电路转换成与电容容量成正比的交流电压，再通过中心频率为 f_0 的带通滤波器输出频率为 f_0 的交流信号，因此输出交流电压的幅值正比于电容容量。

为了保证在每个测量挡内被测电容所转换的输出电压最大值均相等，C-AC 电路在不同挡的反馈电阻阻值不同，容量越高的挡，阻值越小，以保证转换系数的最大值基本不变。

可参考教材《模拟电子技术基础》(第五版) P495~P498。

10.6 电路如图 P10.5 所示，试求解：

（1）u_{O1} 的频率；

（2）u_{O2} 与 u_{O1} 的运算关系式；

（3）在五个量程中，u_{O3} 与 u_{O2} 的各运算关系式；

（4）A_4 及其有关元件所组成的电路的中心频率为多少？

解：（1）u_{O1} 的频率

$$f_0 = \frac{1}{2\pi RC} \approx 400 \text{ Hz}$$

（2）u_{O2} 与 u_{O1} 的运算关系式

$$u_{O2} = -\frac{R_4 + R_w}{R_3} \cdot u_{O1} = (0.01 \sim 0.03) \cdot u_{O1}$$

（3）u_{O3} 与 u_{O2} 的运算关系式

$$|\dot{A}_{u3}| = 2\pi j f_0 R_f C_x$$

测量挡自低向高 R_f 分别为 1 MΩ、100 kΩ、10 kΩ、1 kΩ、100 Ω。

（4）带通滤波器的中心频率

$$f_0 = \frac{1}{2\pi C_1}\sqrt{\frac{1}{R_{10}}\left(\frac{1}{R_{11}}+\frac{1}{R_{12}}\right)} \approx 400 \text{ Hz}$$

10.7 电路如图 P10.5 所示。回答下列问题：

（1）在不同量程下，u_{O3} 与 u_{O2} 转换系数的最大值为多少？为什么这样设计？简述理由。

（2）为什么 u_{O1} 的频率和由 A_4 及其有关元件所组成的电路的中心频率相同？简述理由。

（3）二极管 $D_1 \sim D_4$ 的作用是什么？

解：（1）在不同量程下，u_{O3} 与 u_{O2} 转换系数的最大值均为 $|\dot{A}_{u3}| \approx 5.03$。

为了保证在每个测量挡内被测电容所转换的输出电压最大值均相等，以便作为所接 A/D 转换电路的输入电压，C-AC 电路在不同挡的反馈电阻阻值不同，容量越高的挡，阻值越小，以保证转换系数的最大值基本不变。

（2）为了滤去其它频率的干扰和噪声，便于测量。

（3）二极管 $D_1 \sim D_4$ 起限幅作用，D_1、D_2 限制 A_2 的输出电压幅值，D_3、D_4 限制 A_3 的净输入电压幅值，以保护运放。此外，在误操作（即带电操作）时，也为被测电容提供低阻放电回路，以保护测量电路。

10.8 直流稳压电源如图 P10.8 所示。

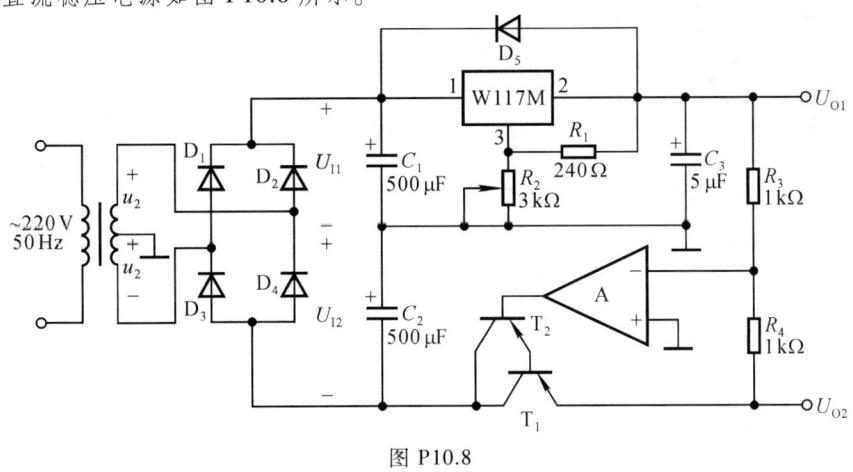

图 P10.8

（1）用方框图描述电路各部分的功能及相互之间的关系；

（2）已知 W117 的输出端和调整端之间的电压为 1.25 V，3 端电流可忽略不计，求解输出电压 U_{O1} 和 U_{O2} 的调节范围，并说明为什么称该电源为"跟踪电源"。

解：（1）方框图如图解 P10.8 所示。

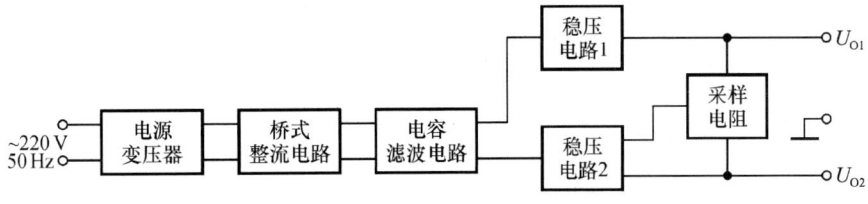

图解 P10.8

(2) 输出电压调节范围为

$$U_{O1} = -U_{O2} = \frac{R_1+R_2}{R_1} \cdot U_{REF} = 1.25 \sim 16.8 \text{ V}$$

因为在调节 R_2 时,U_{O2} 的数值始终和 U_{O1} 保持相等,故称之为"跟踪电源"。

10.9 电路如图 P10.8 所示。已知 W117 的输出端和调整端之间的电压为 1.25 V,3 端电流可忽略不计,输出电流的最小值为 5 mA;1 和 2 端之间电压大于 3 V 才能正常工作,小于 40 V 才不至于损坏;晶体管 T_1 饱和管压降的数值为 3 V;电网电压波动范围为 ±10%。

(1) 求解输出电压 U_{O1} 和 U_{O2} 的调节范围;
(2) 为使电路正常工作,在电网电压为 220 V 时,U_I 的取值范围为多少?
(3) 若在电网电压为 220 V 时,U_I = 32 V,则变压器二次电压有效值 U_2 约为多少伏?

解:(1) 输出电压调节范围为

$$U_{O1} = -U_{O2} = \frac{R_1+R_2}{R_1} \cdot U_{REF} = 1.25 \sim 16.8 \text{ V}$$

(2) 根据方程组

$$\begin{cases} 1.1U_I = U_{Omin} + U_{12max} \\ 0.9U_I = U_{Omax} + U_{12min} \end{cases}$$

输入电压的取值范围为 22.1~37.5 V。

(3) 变压器二次电压有效值

$$U_2 \approx \frac{U_I}{1.2} \approx 27 \text{ V}$$

10.10 电路如图 P10.8 所示。回答下列问题:
(1) 电路中各电容的作用;
(2) 二极管 D_5 的作用;
(3) 调整管为什么采用复合管。

解:(1) 滤波。
(2) 保护 W117,使电路在断电时 C_3 有一个放电回路,而不通过 W117 放电。
(3) 在负载电流一定时,减小 A 的输出电流;或者说,在 A 的输出电流一定时,增大负载电流。

郑重声明

高等教育出版社依法对本书享有专有出版权。任何未经许可的复制、销售行为均违反《中华人民共和国著作权法》，其行为人将承担相应的民事责任和行政责任；构成犯罪的，将被依法追究刑事责任。为了维护市场秩序，保护读者的合法权益，避免读者误用盗版书造成不良后果，我社将配合行政执法部门和司法机关对违法犯罪的单位和个人进行严厉打击。社会各界人士如发现上述侵权行为，希望及时举报，我社将奖励举报有功人员。

反盗版举报电话　　（010）58581999　58582371

反盗版举报邮箱　　dd@hep.com.cn

通信地址　北京市西城区德外大街4号　高等教育出版社法律事务部

邮政编码　100120